液压速度控制技术

张海平　编著

机械工业出版社

本书系统、深入地剖析了液压技术在多种工况下控制速度（流量）的百余种方法：从简单液阻控制开始，直到国外二十世纪八九十年代发展起来的各种负载敏感控制方法——AVR、CLSS、LSC、LUDV、EPC、容积控制等，很多回路采用压降图方法作了详尽的分析。这些都是目前国内鲜有专业书籍完整介绍的，而又是当前每个从事液压系统设计的技术人员都应该了解和掌握的关键技术。

本书由浅入深，力求通俗易懂，适合于机械类专业从业人员，各类机械、特别是工程机械和农业机械的系统设计师，以及大学、高职液压专业教师等参考使用；也可以作为在校机械类本科生和研究生流体动力控制专业课程补充读物，以及在职液压技术人员的培训教材，可以帮助他们深入认识液压技术的各种速度（流量）控制方法，为技术创新打下基础。

图书在版编目（CIP）数据

液压速度控制技术 / 张海平编著.
—北京：机械工业出版社，2014.9（2022.1重印）
ISBN 978-7-111-47272-8

Ⅰ. ①液… Ⅱ. ①张… Ⅲ. ①液压技术—速度控制—研究 Ⅳ. ①TH137

中国版本图书馆 CIP 数据核字（2014）第 148351 号

机械工业出版社（北京市百万庄大街 22 号 邮政编码 100037）
策划编辑：张秀恩 责任编辑：张秀恩 杨明远
责任校对：舒 莹 封面设计：陈 沛
责任印制：单爱军
北京虎彩文化传播有限公司印刷
2022 年 1 月第 1 版第 5 次印刷
169mm×239mm · 26.5 印张 · 1 插页 · 518 千字
5801—6600 册
标准书号：ISBN 978-7-111-47272-8
ISBN 978-7-89405-552-1（光盘）
定价：138.00 元（含 1CD）

凡购本书，如有缺页、倒页、脱页，由本社发行部调换

电话服务	网络服务
社服务中心：（010）88361066	教 材 网：http://www.cmpedu.com
销售一部：（010）68326294	机工官网：http://www.cmpbook.com
销售二部：（010）88379649	机工官博：http://weibo.com/cmp1952
读者购书热线：（010）88379203	**封底无防伪标均为盗版**

前　言

亲爱的读者，首先，感谢你购买和阅读本书。

我猜想，你是或将是液压机械的使用者、调试员或设计师。你打算阅读这本书，一定是希望知道，液压技术是怎么实现速度控制的。液压作为一门传动与控制技术，可完成的和只能完成的任务就是推动和限制某个机械部件运动。既然是运动，当然必须控制速度：太慢，则效率太低；太快，也会影响任务的合理完成，甚至导致事故发生。所以，你的愿望是朴素而又合理的。

不过，如果我现在告诉你："液压技术，在绝大多数场合，都不能直接控制运动速度，很少有液压元件能够直接控制执行器的速度！"你会不会大叫："又上当啦，又被一个'砖家'骗了！既然不能，何必要写此书？"不过，你也先不必忙于合上书本，且看完下面这段话。

你肯定知道，汽车驾驶员要对汽车的速度负责。可是，仔细想一想，汽车驾驶员能直接控制速度吗？不能！大多数汽车的驾驶员只能通过加速踏板控制进入气缸的燃料量，或通过制动踏板消耗汽车的运能，间接地控制汽车速度。汽车的实际运动速度还取决于许多其他因素。

液压技术也是这样，大多数液压元件只能通过控制进入执行器的流量来间接地影响执行器的运动速度，就是所谓的调速阀也不例外。唯一的例外——排量可变的马达，在输入流量不变的前提下，改变马达的排量，可以算是直接改变马达的转速。

因此，本书主要是围绕液压技术如何控制流量来展开讨论的。这确实是有点"挂羊头，卖狗肉"，名不副实。但这是真实情况，与其糊弄，不如坦白：你关心的是控制速度问题，液压只能控制流量，间接地影响速度。

尽管液压技术控速能力有限，可是，目前很多场合，还没有比它更适当的控制方式，所以液压技术还是获得了广泛的应用。明确地意识到流量控制与速度控制之间的差别，有助于正确应用液压技术。

应用液压传动技术的目的，就是为了利用液压执行器（液压缸和马达等），把液压能转化为需要的机械能，克服负载的反抗——力或转矩，使负载按希望的速度进行运动，或到指定的位置。在这里，是流量决定了速度。因此，如何调节流量，使执行器的运动速度（加速度）满足主机设计师及用户的要求，同时，还要尽可能地节能、降低投资成本和运营成本，就成了液压系统设计师的最基本、也最具挑战性的任务。

要造出优秀的液压系统，不仅需要性能优良的液压元件，还需要恰当的液压回路，能把它们最佳地组合在一起。在我编著《液压螺纹插装阀》[2]一书时，就有很多朋友提出，希望我多介绍一些实用的液压回路。只是那书篇幅已经不小，而近二三十年来，工业先进国家的液压技术在回路方面也有了长足的进步，出现了很多新的回路，即使单写一本书也是难以做到完全介绍、深入剖析的。

有鉴于此，作者结合自己二十余年来在德国从事液压系统研发的经验和心得，编著本书，介绍分析液压技术控制速度（流量）的各种方法，特别是一些二十世纪八九十年代以后出现的，用于移动工程设备，但目前尚未见有学术专著论述的一些方法。希望帮助读者系统地、深入地了解近代液压的各种速度（流量）控制回路，为技术创新打下基础。

著名的液压专家路甬祥教授指出："在我们学科，大量是**集成化**的创新应用，根据应用的需要和需求，把**已有**的技术、**最适合**的技术集成起来，组成一个新的技术，这也是创新，而且是非常有作为的创新。"液压技术中还有很多组合的可能性未被充分研究与实现。只要博采已有的技术，深入了解其特点与局限性，融会贯通之后，新主意就容易出来了。要想不花苦功，守株待兔，等待灵感的到来，那几率是极低的。秉承这样的宗旨，本书尽可能搜罗已有的技术，对流量控制方法作系统性的梳理，分析各种组合的可能性，为读者的创新铺路。

当然，本书不可能也不需要罗列所有速度（流量）控制回路，重点在于提供一些新的思考方法、思考角度。

作者非常赞同中国液气密工业协会沙宝森先生提倡的"凡事都要具体，只有具体才能深入"。因此，在本书中，尽可能地多用图，把论述具体化，以便深入。

本书采用压降图分析或表达液压回路，从而可以深入地、直观地反映出液压回路，特别是复杂回路中的压降过程和控制因素。因为压降是液压回路的核心本质。压降图可以通过测试验证，可以帮助使用者提高测试分析实际系统的能力，理解实测结果。

本书对流量控制方法的剖析扩展到了非正常工况。因为，作为一个工程师，一定要清醒地认识到在非正常工况下可能出现的后果，才能防范事故，减少损失。

当前，由于环保节能的大趋势要求，固定液压设备受到电驱动技术的竞争和排挤，发展相对缓慢。移动液压设备，特别是在车辆、工程机械和农业机械上的应用，则迅速发展，所占比重已大大超过了固定液压设备。有鉴于此，本书力求内容符合这一趋势，较近代化。如 HAWE、Eaton、Bucher 的平衡阀，AVR、CLSS、LSC、LUDV、东芝等回路，马达变速回路、功率分流等，都是出现于二十世纪八九十年代，而国内至今鲜有书籍深入分析介绍过的。

温故而知新，本书假定读者已读过大专或大学液压传动教材，对液压已有基础性的了解。从液压教材中已介绍过的基础知识出发，由简入繁，逐步深入，努力做到无缝衔接。有些回路可能读者已在其他书籍中看到，或从自己的工作中了解过，在本书中作者试图从另一个角度分析，以深化读者对它的认识。书中各部分大都以前面的介绍为基础，因此建议不要跳读。

现代的一些工程机械的液压回路，如挖掘机、旋挖钻、连续墙抓斗等，看上去相当复杂，但万变不离其宗，按执行器分解开来看，也不复杂。只要掌握了基本回路，理解整机的回路也就不难了。

作者认为，对于液压技术人员：

1）能掌握揭示液压技术内在规律的数学公式，肯定是好事。但是，公式推导要为分析实际工况服务，定性分析先于定量分析，因果关系重于数学公式。所以，本书尽可能地把一些复杂的数学推导放在附录中，以提高本书的易读性。

2）尽管液压技术中准确计算是不可能的，但是还是应该尽可能地做一些估算，以减少盲目性。为此，作者把一些常用的计算公式都转化成EXCEL计算表格，放在书附光盘中，以便读者应用、检验、理解。

由于国内的液压技术术语大多是舶来词，多人各自翻译，很不统一，有些直译未反映本意，似是而非，容易引起误解。本书尽可能列举各种同义词，纠正了一些名不副实的名称，以便利初学液压者。

关于**压力单位**问题。作者查阅了欧美所有世界知名液压公司的产品样本：压力单位全都使用bar，没有一家公司的产品样本中出现过MPa这个单位。但为了执行我国关于法定计量单位的规定，作者不得不花了很多精力，把所引用的材料中的bar都一一改为MPa。但希望读者还是能非常熟悉bar：1bar=0.1MPa。这样，将来在阅读国外产品样本时才不会有困难。

根据GB 3102.3—1993，质量流量的代号为q_m，体积流量的代号为q_v。鉴于在液压技术中，只使用体积流量，行业内也普遍接受代号q，所以为了简洁起见，本书中用q表示体积流量。

目前，在液压系统中使用的压力（工作）介质，虽说主要还是矿物油（约占85%～95%），但是，为了安全、环保等各种因素，其他液体，如难燃油、油包水、水包油悬浮液、可生物快速降解的合成酯、植物油等用做压力（工作）介质的也越来越多。为叙述简便起见，本书仍使用“液压油”代表所有压力介质。

全面地来说，输送液体的泵有容积式和动力式两大类。因为液压技术中几乎不使用动力式泵，所以本书中略去“容积式”，简称其为“液压泵”或“泵”。

“马达”一词，有时也用于称呼电动机和汽车发动机，但都属于不规范汉语，应该避免使用。按国家标准《GB/T 17446—2012 流体传动系统及元件　词汇》，马达含“液压马达”和“气动马达”。因为本书不涉及气动，所以，本书中的“马达”专指“液压马达”。

为缩减篇幅，本书使用下列简称代替全名。

IFAS——Institut für Fluidtechnische Antriebe und Steuerungen，RWTH Aachen 德国亚琛工业大学流体传动与控制技术研究所

伊顿——Eaton-Vickers 公司

派克——Parker Hannifin 公司

力士乐——Bosch-Rexroth AG 公司

布赫——Bucher Hydraulik 公司

哈威——HAWE Hydraulik SE 公司

贺特克——HYDAC International 公司

林德——Linde Hydraulics 公司

升旭——Sun Hydraulics 公司

丹佛斯——Danfoss 公司

川崎——Kawasaki Heavy Industries 公司

卡特——Caterpilar 公司

泰丰——山东泰丰液压股份有限公司

国瑞——上海国瑞液压机械有限公司

本书所附的光盘中有各章的数字版插图，读者在需要时，可以利用电脑放大观看。

本书分段较多，排版较松，是希望层次清晰，给读者在阅读时留出喘息、思索、批注的空间。通过批注，提出问题、疑惑，纠正错误，才能加深理解。作者至今为止所翻阅过的所有国内外液压教科书或专著多少都有错误或可改进之处。如果读者有判断能力，少量错误并不可怕。通过发现和纠正错误也可以学习和提高自己。

本书中很多内容不是抄现成的，而是作者自己想出来，编出来，译出来，属于“无中生有”，第一次见诸文字的，所以，尽管反复检查多次修改，难免还有错误。作者衷心欢迎读者提出意见和建议，作者电子信箱：hpzhang856@sina.cn。读者还可通过作者的博客 http://blog.sina.com.cn/lwczf，反映意见，查阅不断更新的勘误表。

同济大学闾耀保教授细致地审阅了本书全部初稿，哈尔滨工业大学姜继海教授审阅了第 12 章，香港联合出版集团资深编辑赵斌先生审阅了本书前言与尾声，他们都提出了中肯的指导性的改进意见，作者谨在此表示衷心感谢。并也在此特别感谢我的博士后导师巴克先生（前大学教授、博士工程师、多重名誉博士 Wolfgang Backé）。是他提醒我，要注重实际，到实际中去，使我从一个脱离实际的教师变成一个研究实际问题的工程师，并注重归纳和提炼总结实践中的生动经历和经验。

本书写作期间得到了上海同济大学“985 三期”模块化专家引智计划资助，作者谨在此表示衷心感谢。

感谢本书所引用的参考文献的所有作者。由于本书写作时间较长，有些引用文献可能遗漏标注，恳请有关作者谅解。

作　者

目　录

第1章　绪　论

1.1　测试是液压技术的基础

液压传动与控制技术发展至今，理论上做了很多研究，发现了很多规律，这是毋庸置疑的。

现代液压技术集微电子技术、传感检测技术、计算机控制技术及现代控制理论等众多学科于一体，成为一门高交叉性、高综合性的技术学科。尤其是与计算机技术相结合，使液压技术在元件系统设计、控制、故障诊断、模拟现实等方面有了长足的进步，出现了一些通用的和液压专用的仿真软件，使建模与求解都很方便。

就其基本规律来看，液压技术中，在绝大多数情况下，液体流动速度较高，处于湍流状态：液体分子团的惯性力超过了相互间的吸引力（宏观来说，就是黏性力），液体分子团相互碰撞、合并、散开、形成涡流，“各行其是”。目前，液压数字仿真还达不到模拟分子团的级别，所以液压流体的运动规律只能从统计学的角度来研究。液压流体的运动虽然有一定的规律，但受很多实际情况的影响，很难精确计算，所以，要掌握液压技术，始终不能忘记“测试是液压的基础”。

为了更深入地说明测试是液压的基础，先回溯一下液压技术的一些基础理论和基本规律。

1. 基础理论

（1）帕斯卡原理　液压技术（静压传动）的基础理论是1648年法国人帕斯卡（B. Pascal）提出的：密闭容器中静止液体压力传递各向相等。只要用到了计算式$F = pA$（力=压力×面积），就是用到了帕斯卡原理，前提是：液体是静止的。然而，如果液体是静止的，就只能传递压力，不能传递功率。为了传递功率，液体必须流动。所以，在液压技术中使用帕斯卡原理是有违其前提条件的。

在液压缸中，由于液体运动速度不是很高，应用误差不会很大；而在液压阀中，由于某些部位（开口处）的液体运动速度很高，再简单套用帕斯卡原理，常带来相当大的误差。所以，引进了“液动力”的概念，来补偿这一误差[30]。国内教材一般都不挑明说，“此时帕斯卡原理不完全适用”，而仅是说，动量改变引起了液动力。由于对液动力的本质没有从违反帕斯卡原理前提的角度去认识，国内有些使用多年的大学教材把液动力的方向都搞错了[30]。

（2）欧拉方程 1738 年瑞士人欧拉（L. Euler）采用连续介质的概念，把静力学中的压力概念推广到运动流体中，对某一瞬时，液流的微流束中的一段微元体积，在一维流动的情况下，建立了欧拉方程

$$j\frac{\partial z}{\partial s}-\frac{1}{\rho}\frac{\partial p}{\partial s}=u\frac{\partial u}{\partial s}+\frac{\partial u}{\partial t}$$

式中 j——单位质量力；

z——铅垂向上的坐标；

s——微元体积的位置；

ρ——微元体积的密度；

p——微元体积受到的压力；

u——微元体积的速度；

t——时间。

此方程只适用于无黏性流体，而在液压技术中使用的液压油，大多是有相当黏性的，所以欧拉方程对于液压技术的适用性有限。

（3）纳维-斯托克斯（N-S）方程 1827 年法国人纳维（C. L. M. Navier）建立了黏性流体的三维运动方程，1845 年英国人斯托克斯（G. G. Stokes）又以更合理的方法导出了这组方程，这就是沿用至今，作为流场仿真基础之一的 N-S 方程。它适用于黏性可压缩流体的非定常运动，在直角坐标系中的表现形式为

$$\frac{\partial u}{\partial t}+u\frac{\partial u}{\partial x}+v\frac{\partial u}{\partial y}+w\frac{\partial u}{\partial z}=X-\frac{1}{\rho}\frac{\partial p}{\partial x}+\frac{v}{3}\frac{\partial}{\partial x}\left(\frac{\partial u}{\partial x}+\frac{\partial v}{\partial y}+\frac{\partial w}{\partial z}\right)+v\left(\frac{\partial^2 u}{\partial x^2}+\frac{\partial^2 u}{\partial y^2}+\frac{\partial^2 u}{\partial z^2}\right)$$

$$\frac{\partial v}{\partial t}+u\frac{\partial v}{\partial x}+v\frac{\partial v}{\partial y}+w\frac{\partial v}{\partial z}=Y-\frac{1}{\rho}\frac{\partial p}{\partial y}+\frac{v}{3}\frac{\partial}{\partial y}\left(\frac{\partial u}{\partial x}+\frac{\partial v}{\partial y}+\frac{\partial w}{\partial z}\right)+v\left(\frac{\partial^2 v}{\partial x^2}+\frac{\partial^2 v}{\partial y^2}+\frac{\partial^2 v}{\partial z^2}\right)$$

$$\frac{\partial w}{\partial t}+u\frac{\partial w}{\partial x}+v\frac{\partial w}{\partial y}+w\frac{\partial w}{\partial z}=Z-\frac{1}{\rho}\frac{\partial p}{\partial z}+\frac{v}{3}\frac{\partial}{\partial z}\left(\frac{\partial u}{\partial x}+\frac{\partial v}{\partial y}+\frac{\partial w}{\partial z}\right)+v\left(\frac{\partial^2 w}{\partial x^2}+\frac{\partial^2 w}{\partial y^2}+\frac{\partial^2 w}{\partial z^2}\right)$$

此方程假定流体的黏度为常数。而众所周知，液压技术中目前所使用的所有液压油的黏度，都会随温度变化而显著变化。一般在油箱里或散热器出口温度最低。经过液压泵升压后，每经过一个液阻，压力降低，所损失的能量基本上都转化为热量，导致液压油温度升高，黏度降低。所以，即使采用这么复杂的偏微分方程组，也还是不能完全反映液压系统的实际工况。

（4）伯努利方程 1738 年瑞士人伯努利（D. Bernoulli）从经典力学的能量守恒出发，得到了流体定常运动下的流速、压力、流体高度之间的关系。

流线的伯努利方程为

$$\frac{v_1^2}{2g}+\frac{p_1}{\rho g}+Z_1=\frac{v_2^2}{2g}+\frac{p_2}{\rho g}+Z_2$$

式中 v_1、v_2——液流在流线上点 1 和点 2 处的速度；

p_1、p_2——液流在流线上点 1 和点 2 处的压力；

g——重力加速度；

ρ——液体密度；

Z_1、Z_2——点 1 和点 2 相对于某基准水平面的高度。

流束的伯努利方程，假定液流从过流断面 1 到过流断面 2 之间未装有液压泵和执行器，考虑损失后为

$$\frac{\alpha_1 v_1^2}{2g}+\frac{p_1}{\rho g}+Z_1=\frac{\alpha_2 v_2^2}{2g}+\frac{p_2}{\rho g}+Z_2+h_s$$

式中 v_1、v_2——液流在流束上过流断面 1 和过流断面 2 处的平均流速；

α_1、α_2——液流在过流断面 1 和过流断面 2 处的动能修正系数；

p_1、p_2——液流在流束上过流断面 1 和过流断面 2 处的平均压力；

g——重力加速度；

ρ——液体密度；

Z_1、Z_2——过流断面 1 和过流断面 2 相对于某基准水平面的高度；

h_s——液流从过流断面 1 到过流断面 2 的能头损失，包括沿程损失和局部损失。

伯努利方程适用于液压油，从形式上来说，很简洁。但是，好看不好用。因为，从这一个等式，为了得到一项，必须知道其余所有各项。

拿流束的伯努利方程来说，即使忽略高度的影响，还是需要知道其中 4 项，才能得到另外 1 项。

拿流线的伯努利方程来说，如果知道了在流线上点 1 处的压力和速度，并且知道了点 2 处的速度，则可以利用此方程求出点 2 处的压力。但是由于流体的运动通常很复杂，在湍流状态下，特别是在通流截面积变化处，如阀口、阻尼孔等，伴随有涡流，常无法得到实际速度的解析表达式，也就无从得到压力的解析表达式。近年来利用 CFD 流场分析软件做了一些尝试，取得了一些成果，但总的来说，还在摸索阶段。

2. 基本特性与常用计算

（1）流态与雷诺数 在液压阀、液压管道、液压泵、马达中，液体流动造成的压差对元件乃至系统的性能起着极其重要的作用。而液体的流态，湍流还是层流，又对压差的大小起着极大的影响。同样通过流量，按湍流和按层流公式计算，得到的压差有时会相差几十倍。

决定流态是湍流还是层流的雷诺数，是英国人雷诺经过上万次实验之后在1883年发现的。液体流动，从慢转快，在达到上临界雷诺数时，流态从层流转为湍流；从快转慢，在另一较低的下临界雷诺数时，流态又从湍流恢复为层流。对圆管有效的上临界雷诺数，根据雷诺自己的试验约为 12 000，后人曾在特别安静的环境中获得 40 000；下临界雷诺数，雷诺建议为 2 300，一般取 2 000。同心环缝的下临界雷诺数为 1 100，滑阀阀口的为 260。以上这些，都不是根据任何理论公式计算出来的，而是通过试验得到的，而各人的试验结果还有差别[18]。

目前常见的雷诺数-阻力系数图（见图 1-1）实际上是在尼古拉兹（J. Nikuradse，1932）等人的大量试验（见图 1-2）的基础上拟合出来的。

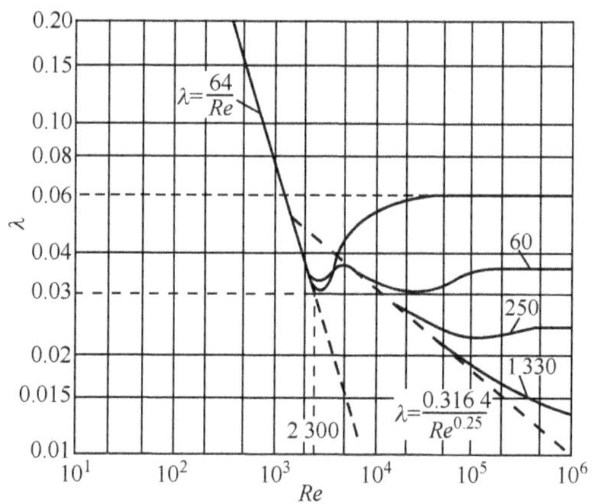

图 1-1 常见的雷诺数-阻力系数图[5]

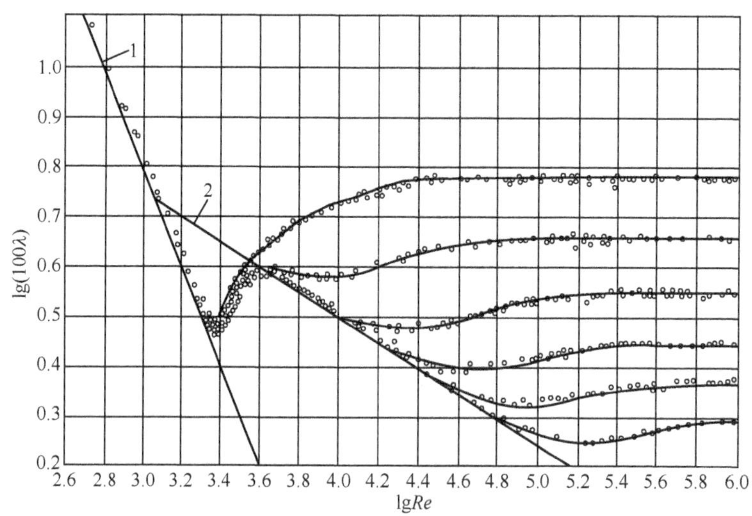

图 1-2 尼古拉兹图[26]

1—层流理论分布（$\lambda=64/Re$） 2—湍流经验分布（$\lambda=0.316\,4/Re^{0.25}$）

如果再去回顾一下，在雷诺之后，从勃拉修斯（H.Blasius，1913）、普朗特尔（L. Prandtl，1925）、尼古拉兹（J. Nikuradse，1932）等人在这方面做的大量试验研究报告[18]，就可以知道，以上的表述还是非常简化的，还有许多其他因素被忽略不计了。所以，根据那些简化公式算出来的压差流量的准确性是非常有限的。

（2）通过薄壁孔的流量　在液压技术中广泛使用的薄壁孔（见图 1-3）流量公式为

$$q = \alpha A\sqrt{2\Delta p/\rho} \tag{1-1}$$

式中　q——通过的流量；

α——与薄壁孔形状有关的流量系数；

A——薄壁孔的面积，$A = \pi d^2/4$，d 为孔直径；

Δp——孔两侧的压差，$\Delta p = p_1 - p_2$；

ρ——液体密度。

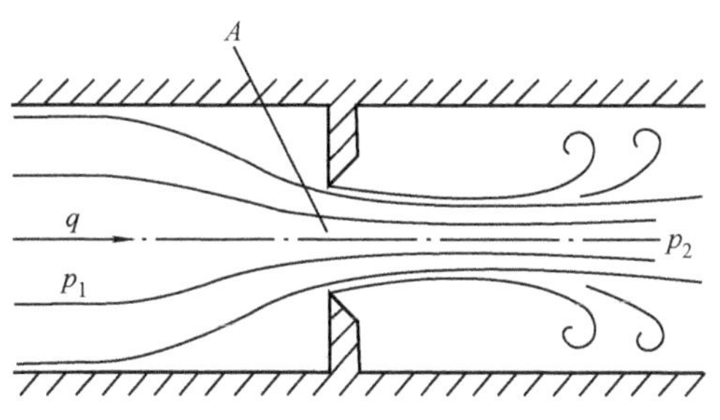

图 1-3　通过薄壁孔的流量

其实，这个公式有很多前提条件，流量系数α的变化范围很广（详见 4.2.3 节），实际应用中很难准确计算。

（3）滑阀开口通流量　实际工作中，滑阀开口的通流量常套用薄壁孔的公式来计算，这肯定会有误差。因为此公式对薄壁孔尚且不准，更何况实际应用的滑阀节流口有多种形状，图 1-4 所示仅为其中很少一部分。

对节流效果起决定性作用的，一般是液流通道中最小的截面。所以，不能只看开口的径向投影面积，还要将其与轴向通道的横截面积比较，才能确定节流效果，详见 4.3 节。

（4）锥阀口通流量　测试表明（见附录 A-13），锥阀口通流的流量系数也随阀口形状、液流的雷诺数的平方根而变。

（5）液动力　液动力不容易根据压力分布来计算，所以一般都用动量变化来估算。参考文献[16]对一个 NG20 的二通插装阀的稳态液动力做了详细的研究，把理论计算与实测作了对比，指出用动量变化算出的液动力往往大于实测。该参考文献用了 7 个曲线图介绍不同形式锥阀的液动力随开口的变化（图 1-5 所示为其中的一个），并指出“作者认为，采用上述测试方法，在工程上更近于实际情况，与作出大量简化以后进行理论分析的方法相比，能够得到包括许多在数学上难以描述的内部因素综合作用在内的稳态液动力实测曲线”[17]。可惜，这番过来人三十年前的真知灼见至今未得到很多中国教授的足够重视。

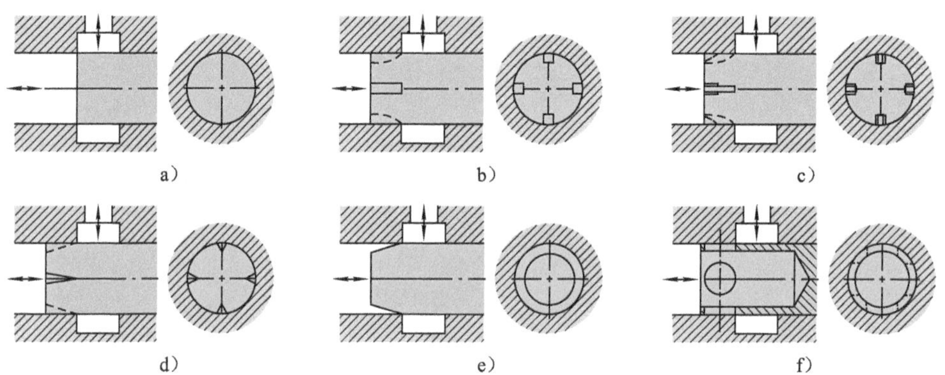

图 1-4 不同形状的滑阀节流口

a）全圆周 b）矩形槽 c）阶梯槽 d）三角槽 e）锥形阀芯 f）圆孔通道

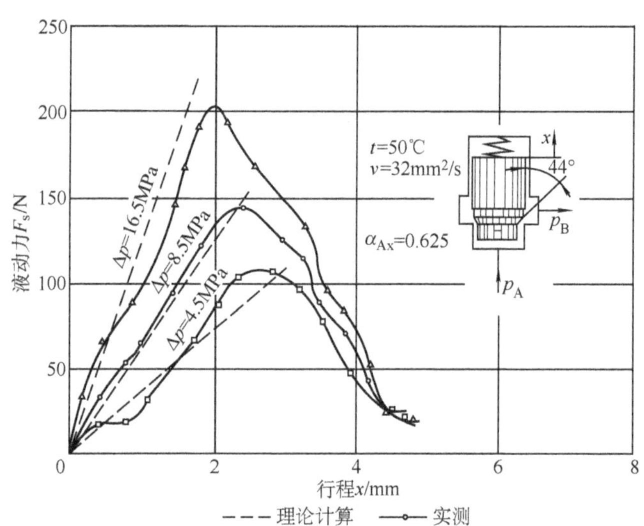

图 1-5 一个 NG20 二通插装阀的液动力曲线

（6）弹性模量 液压技术中使用的液压油都是可压缩的，通常用弹性模量来表征。此参数对液压元件和系统的动态性能起着至关重要的影响作用。然而，液压油的实际弹性模量受压力、温度、所含未溶解空气量以及使用的管道等多种因素的影响，详见 2.1.4 节。

此外，还有很多其他因素，不易在数学解析式中表述，如：

1）密封圈的摩擦力，随安装间隙、压力、温度、磨损状况而变。

2）滑阀阀芯与阀体间的摩擦力，随阀芯与阀孔的间隙、形状偏差而变。

3）通过细长孔的流量计算公式也只是在层流时有效。

4）液压介质的黏度随温度压力而变，这就影响到雷诺数，从而影响到流态的确定、液阻的计算。

5）比例阀的响应时间随电压、线圈温度、电磁铁的电感、电磁力、阀芯惯量、弹簧力、液动力等发生变化。

6）比例电磁铁的电感及电磁力的滞环非线性相当复杂，且实际上随行程而变。

7）很多分布参数由于种种原因只能近似为集中参数处理。

3．结论

从以上的分析可以引出下列结论：

1）液压技术的基本规律、最常用的计算公式，或是从一些理想化状态下推导出来的，或是从试验中归纳出来的，作为分析是很有用的，但用于计算，则计算结果会由于忽略了很多因素而不准确，超过了适用范围，就会产生谬误。

2）液压数字仿真就是根据这些基础理论公式，建立液压系统元件的数学模型，把其中的微分方程差分化，输入参数，利用计算机的高速计算能力，进行数值积分，得出结果的。

使用数字计算机计算，一般可以有32位甚至更多位有效数字，一次计算本身误差不大。但是，任何一种数值积分方法，都是用折线代替曲线，不可避免地会有偏差。虽然每一步误差不大，但累积起来，偏差就可能越来越大，特别是在系统中各环节的时间常数差别很大时，即所谓的Stiff（刚性）问题。

如果数学模型不全面，例如说，计算式里忽略了黏度变化、油液弹性模量变化，那仿真结果与实际工况的差别究竟有多大，就完全不知道了。

另外，计算机只能按人输入的参数计算，而在实际应用中还经常会有未曾预料到的工况。人不告诉计算机，计算机就算不出符合实际的结果。

3）仿真的目的是为了预测被仿真对象的特性，从而改进优化之。为此，“真”是对仿真最基本的要求。要知道是否“真”，就要利用实测来对比验证。

如果对比下来，偏差不大，说明这个数学模型及这组参数比较接近实际，比较“真”，那就可以用之预测仿真对象的性能，并在此基础上进行优化，缩短研发时间。

如果偏差很大，就说明这个数学模型还遗漏了一些重要因素。根据差别分析，改进仿真模型和参数，就可以加深对实际系统的理解，向实际靠拢。

所以，如果根本不去与实测对比，那顶多说明会用仿真软件，其他什么都说明不了。

4）如果把仿真作为教学工具，通过仿真大致了解液压系统中各元件的相互影响，虽然是纸上谈兵，也还是有一定作用的。

然而作为产品研发工具，实测就像数字“1”，仿真就像数字“0”。仿真脱离实测，什么价值也没有；和实测结合起来，就可以把实测的价值放大十倍甚至百倍。测试是基础，在测试的基础上搞仿真，才能建起“摩天高楼”，否则建的只能是“空中楼阁”而已。

5）因此，要非常重视测试，要把测试放在第一位。要把能测量液压系统的压力流量变化过程作为硕士研究生、助理工程师必须掌握的基本技能。试问，不会使用万用表，能当电工吗？那么，凭什么，当液压助理工程师就可以不会使用液压的“万用表”？

当然，进行测试，只能测有限的工况点，或某一些参数变化时的一些特性曲线，不可能测所有可能的工况。这就是为什么需要理论，需要仿真。在这几个工况点上，仿真结果和测试结果对照，就可以知道所建立的数学模型和所使用的参数的适用性和可靠性。

现在，那些世界级的流体技术大公司在研发新产品时，确实在初步设计阶段就采用了动特性仿真、有限元分析、流场分析等计算机辅助工具，大大加速了研发进程。但不要忘了，在此之前，他们曾进行了长期的、海量的测试，积累了极其丰富的数据和经验。在仿真之后，还要和实测对照。作者在 2013 年 4 月参观世界顶尖的费斯托（FESTO）公司时，就被告知，他们的仿真与实测对比，流量接近度已达 98%。

世界流体动力技术泰斗巴克教授，从 20 世纪 70 年代就开始组织研究液压元件与系统的数字仿真。然而，他始终坚持：没有测试手段的不仿真，一定先要建立了测试校验能力才去进行仿真[27]。

6）概括地说，就是液压技术有一定规律，准确计算很难；仿真极其有用，但仅在所使用的数学模型及参数的有效性被验证后；测试必不可少！

如果因为学了一些理论公式，学了仿真软件，就忘记了“测试是液压技术的基础”这一基本点，就会在实际工作中受到惩罚！

1.2 节能的必要性与基本途径

1. 节能的必要性

能耗状况分析和节能措施在本书中也占据了相当重要的地位，其原因如下：

（1）降低能耗与排放 地球上的化石能源终将消耗殆尽，以煤和石油为标志的能源时代终将过去，乐观地估计为 200 年，悲观地估计为 100 年。另外，使用化石能源也排放出大量 CO_2 与其他有害物质。所以，为了保护人类的生存环境，节能、降低排放，现在是每一个公民都应该考虑的。作为液压系统设计师，在改造旧系统、设计新系统时，更是义不容辞。

可估算出，一台功率 300kW 的挖掘机在其生命周期中大约消耗 2 000t 柴油，排放 6 000t CO_2。如果能够降低消耗 5%的话，就可以节省 100t 柴油，少排放 300t CO_2。如果这种设备成批生产的话，所降低的能耗和排放就更可观了。

（2）降低运营费用 据统计，机械设备的运营费用，特别是动力费用（用电和燃料费），目前已接近或超过设备购置费用。例如，美国 2010 年行走机械耗能 560 亿美元，固定机械耗能 420 亿美元，而整个液压元件市场才 260 亿美元。因此，从综合成本的角度出发，也要考虑节能。

（3）延长油液寿命 由于浪费的能量最终都变成热量，使油液发热（1MPa 压力损失使油温上升 0.57℃），一方面，使液压油黏度降低，泄漏增加；另一方面，导致油液的分子链断裂，添加剂化学成分变化，耐磨性降低，加速老化。据研究，80℃以上，油温每升高 10℃，油液寿命会缩短一半[5]。因此，在正常情况下，油液温度不应超过 70℃。

（4）延长设备使用寿命 油液升温会引起油液黏度降低，降低润滑油膜的厚度，增加机械磨损。液压系统中大量用做密封的高分子材料在高温下易老化，因此油液过热会降低密封元件的使用寿命。

（5）减少降温耗能 为了降低油液温度而使用风扇，也会带来附加的能量消耗。

（6）符合法令要求 现在很多国家都对节能减排制定了强制性法令。与世界其他地区相比，欧美与日本的节能减排法令对氮氧化物（NO_x）、碳氢化合物（HC）、微颗粒（PM）等的排放限值[g/（kW•h）]要严格得多。

根据这些法令，从 2014 年起，排放限值仅为 2012 年前的 10%。而且发动机装机功率越高，排放限制越严。

因此，现有的设备唯有进行重大改进，才准许在这些国家销售。这就会导致主机厂尽可能降低装机功率，并要求液压系统减少能耗，提高能效。

2．节能的基本途径

节能的效果，80%掌握在设计师手里，因此在开始设计系统时，就要考虑节能。

液压节能可以通过以下一些途径：

（1）选用高效元件 优先选用高效的泵、阀、马达，低摩擦的密封件，轻型结构，变速冷却风扇等。

例如，从总体上说，叶片泵的能效比齿轮泵高些，柱塞泵的能效比这两类泵都高。

（2）选用高效回路

1）尽可能使液压源根据需要提供流量，使用变量液压源代替定量液压源，避免提供过多的流量。

例如，采用恒压泵代替定量泵，对现有系统无需作很大改动，就可以起到很明显的节能效果。

或是，对传统的交流异步电动机进行变频控制。

2）根据负载情况，选择适当的执行器参数，尽量减小各执行器各工况下工作压力的差别。

3）根据执行器的工况，选择适当的控制回路。如有可能，尽量使用容积回路代替液阻回路，使用旁路节流代替进出口节流，使用三通流量阀代替二通流量阀，等等。

（3）回收能量 负载下降及制动时的能量有时也相当可观，可以考虑回收、储存及再利用。

（4）优化系统布置 布置液压回路时，不忘减少压力损失。如尽可能采用集成块、插装阀，少用管式阀，减小管长，减少管道转折，增大弯曲半径，选用较大的管径等。

如果管道压降在流量为 200L/min 时可以减少 1.5MPa 的话，就可以节省 5kW 的功率。很粗略的估算，柴油发动机一般每节省 3～4kW 功率，每小时就可以少消耗 1L 柴油。

有多个报告称，一些液压系统通过以上这些途径，能耗降低了 30%～70%。

1.3 压降图

几乎所有的液压系统都是这样：压力在液压泵出口达到最高，经过各个液阻和执行器后，又逐步下降。为了揭示回路各部分的压降过程和控制影响压降的因素，本书中，较多地使用了压降图（见图 1-6）。压降图这种表述形式在电工技术中应用甚多，但在液压技术中至今几乎尚未见应用。

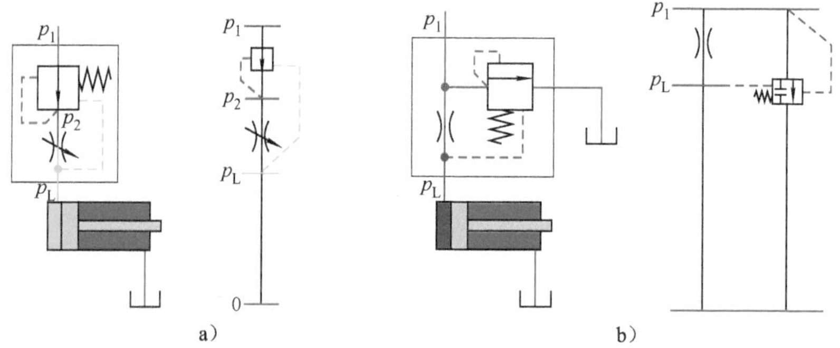

图 1-6 图形符号与压降图

a）含二通流量调节阀的回路 b）含三通流量调节阀的回路

压降图的表示原则：

1）水平粗实线表示一个压力水平。位置高则压力高，相同高度则表示压力相同。但其位置在定性分析时只有相对意义，不精确按比例。

2）垂直细实线表示一串联回路。

3）虚线表示这些点压力相同（见图 1-8d）。

4）控制阀间的细实线表示联动（见图 1-7b）。

5）液压元件的图形符号，以帮助理解与记忆。

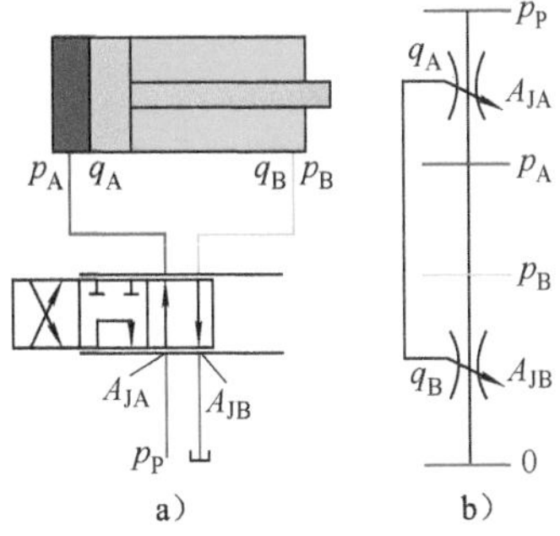

图 1-7 使用换向节流阀的回路

a）图形符号 b）压降图

差动缸由于两侧作用面积不同，进出口压力可能不按顺序下降（见图 1-8d）。如果要强调这个现象，可以用两段分开的垂直细实线来表示压降（见图 1-8e）。

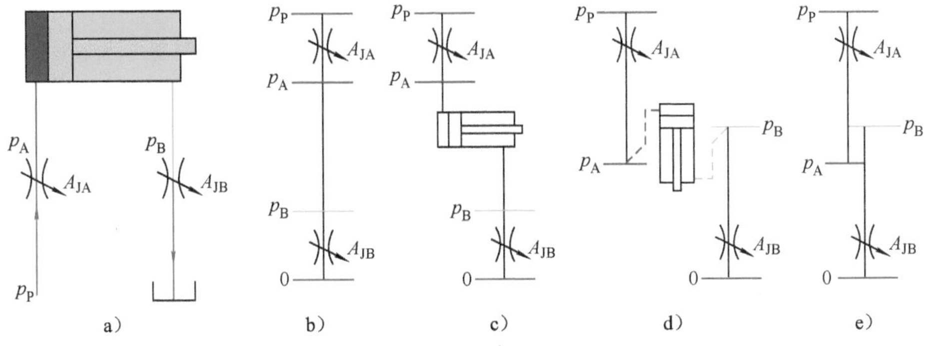

图 1-8 液压缸进出口节流回路

a）图形符号 b）～e）压降图

使用压降图的优点：

1）可以清晰直观地反映出液压回路，特别是复杂回路中的压降过程和控制因素，因为压降是液压回路的核心本质。

2）通过分析压降情况，可以帮助节能。

3）压降图反映液压回路在某一个稳态时的压力状况，把这搞清楚了，在此基础上进一步研究压力随时间、负载、阀开口、流量变化的状况，就不难了。

4）可以与实测曲线对比，以验证改进。

1.4 速度（流量）控制回路分类

现代（工程）机械的液压系统通常相当繁复。图 1-9（见插页）所示为一个小型挖掘机的液压回路图，如此繁复，只有先分解开来，才能深入理解掌握。

液压速度（流量）控制回路种类极其繁多，可从很多不同的角度来分类。

1.4.1 单泵回路与多泵回路

这里所说的单泵和多泵，依据的是可能连接在同一回路中，并且有时需要同时工作、驱动不同执行器的液压泵的数量。

虽说很多液压系统，特别是工程机械中，多泵居多，但如果它们的工作始终相互独立的话，例如，一个泵专供散热器的冷却风扇，一个泵专供转向器，仅仅共用一个油箱而已，就可以分割成几个子系统，分别作为单泵回路考察。

使用单泵的优点在于体积较小、投资成本相对较低，特别适用于多个执行器不同时工作的场合。不足之处在于，当多个执行器同时工作，而负载压力又相差很大时，能量浪费较大。

使用多泵的优点在于比较节能，不足之处在于体积较大、投资成本较高。

使用多泵的回路都是以单泵回路的原理为基础的。多泵回路只要再附加考虑合流、功率分配调节、卸荷、减少乃至避免干扰等功能即可。所以，本书以单泵回路为重点。

1.4.2 单执行器回路和多执行器回路

这里所说的单执行器和多执行器，依据的是在系统中，可能被连接到同一个液压源、有时需要同时工作、驱动不同负载的执行器的数量。

因为液压油总是流向压力低的场所，所以，如果一个液压源同时接通多个执行器，流向各个执行器的工作流量可能会随负载压力而变化，发生相互干扰。因此，多执行器系统就需要有一定的控制回路来分配流量，减少乃至消除干扰。

在一个系统中，如果有多个执行器，虽然连通到同一个液压源，但是通过液压阀切换、先后独立运动、绝不同时运动，则相互间不会由于共用一个液压源而相互干扰的话，就可以分割成几个子系统，采用相应的单执行器流量控制回路。

不仅机械性地连接在一起，而且液压源也并联在一起，同时运动、驱动同一负载的一组执行器在这里被看做单个执行器。

因为多执行器的工作原理是建立在单执行器的基础上的，所以，虽然单执行器系统在实际应用中很少见，本书还是首先花相当篇幅分析单执行器回路（第5～7章）。

1.4.3 定流量回路与变流量回路

根据液压源输出的流量是否可调，流量控制回路可以分为定流量回路和变流量回路。

过去的教科书中普遍都是根据液压泵的排量是否可调，来区分定流量回路与变流量回路的。其实，只要改变转速，定量泵的输出流量也会改变。而随着技术进步，现在原动机转速可调变得越来越容易和多见了，所以不应该再根据泵排量是否可调来分。

1. 定流量回路

如果采用定量泵且原动机转速也不可调，则输出的流量就一般不可调。这样，要调节执行器速度的话，只有通过以下两条途径：

1）如果是液阻回路，则需设置可调液阻，如节流阀、流量阀等，来调节进入执行器的流量。这时，多余的流量必须以工作压力通过溢流阀或其他阀返回油箱，不可避免地造成能量浪费。

2）如果是容积回路，则执行器的排量就必须可调。一般而言，只有马达的排量可调，因此，必须使用变量马达或液压变压器（详见 11.2 节）。

定流量液压源的投资成本较低、可靠性较高，因此定流量回路在中小流量系统中目前还是最普遍使用的。

2. 变流量回路

如果液压源采用排量可调的泵或转速可调的原动机（详见 3.1 节），可以根据需要提供流量的话，执行器回路的调流量元件有时可以省去，回路就相应简单一些。

流量可调的液压源，投资成本高些，但节能效果好些，因此，运营成本低些。所以，现在被使用得越来越多。第 9 章和第 10 章中所介绍的大多数回路都属于变流量回路。

3. 被动型定量回路

还有一种回路，介于前述的两者之间：液压源输出的流量是变化的，但不能根据液压执行器的需要来调节。

例如，在发动机驱动行走机构的车辆中，为了行走速度的需要，发动机的转速从最低到最高，可能变化好几倍。这样，与之相连的定量泵输出的流量也相应会变化几倍。这个变化对液压驱动的转向器而言，就带来太大的操作不重复性和不安全性。

因此，这种回路中就也必须要有相应的流量恒定措施（见第 6 章）。针对这个问题，现在还出现了通过吸油口节流来恒定流量的泵[41]。

1.4.4 开式回路与闭式回路

根据执行器出口与液压泵进口的连接状况，流量控制回路可以分为开式回路（Open Circuit）和闭式回路（Close Circuit）。

1. 开式回路

所谓开式回路，指的是液压泵的进口与执行器的出口都与油箱连通（见图

1-10），依靠油箱来补偿平衡管路系统及执行器中液压油体积的变化，帮助散热。

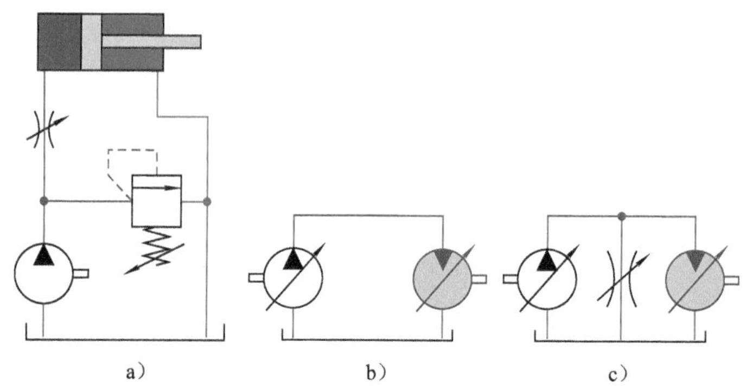

图 1-10　不同形式的开式回路

a）执行器为液压缸　b）执行器为马达　c）执行器为马达，带旁路阀

一般为了帮助排出油液中的空气，油箱的容积设计为泵每分钟输出流量的 1～5 倍。固定设备的油箱大些，移动设备的小些，航空航天的更小。油箱中油液表面的压力多为大气压。

为使回油路保持一定压力，也有使用压力油箱的。但由于其体积大，结构相对复杂、笨重，因此较少见。一般多是用在回油路中加入液阻（节流口、单向阀或低设定压力的顺序阀、溢流阀）的方法。不足之处，一是增加了能耗，二是无助于改善泵的进油口压力状况。

贺特克公司在 2011 年的汉诺威工业博览会上首次提出了负压油箱的概念，在 2013 年的汉诺威工业博览会上较详细地介绍了其结构。在该油箱中设有一个通大气的气囊，把液压油与大气隔开。油箱附有一个负压处理器，帮助排出油液中可能含有的空气与水分，另设置了过滤器与冷却器。这样，油箱就不需要再承担分离油液中的空气、水和固体杂质及散热的任务，而仅起补偿液体体积变化、补偿外泄漏的作用，油箱体积就不需要再遵守必须几倍于液压泵流量的设计准则了，甚至可以降到原有体积的 1/10。由于油液中含气量低，泵被气蚀的损伤也大大降低了。

2．闭式回路

所谓闭式回路，指的是执行器的出口直接与液压泵的进口连通，而不是回油箱（见图 1-11）。这样，泵输出的液压油经过执行器后，回到泵的进口，由泵吸入并再度排出，形成一个闭式循环。

相对于开式回路，闭式回路具有以下一些优点：

1）排量不可调节的执行器，或虽然可调节，但仅能单向调节的执行器，在闭式回路中，无须换向阀，就可以双向运动（见图 1-11a），只要液压源能双向输出液压油；或是泵能通过变排量机构实现单向旋转、双向出油；或是原动机和泵都能双向旋转。

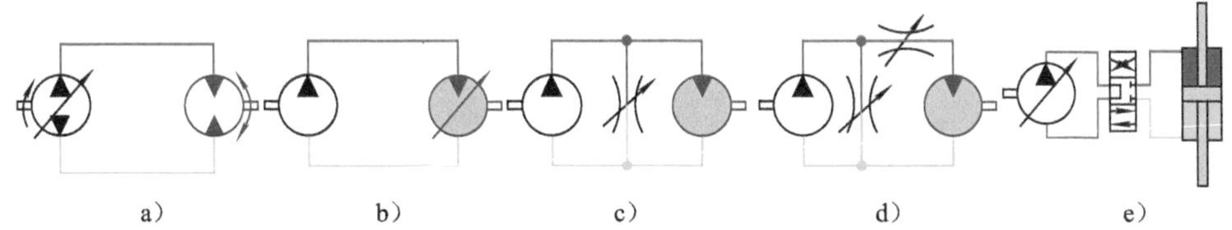

图 1-11 不同形式的闭式回路

a）变量泵回路 b）变量马达回路 c）定量泵带旁路液阻回路

d）定量泵带旁路、进口液阻回路 e）液压缸回路

这种工作方式对于需要双向运动的马达特别有价值，因为如果依靠马达换向的话，要经过排量为零的点，在这一工作点，马达理论转速无穷大。

2）闭式回路可以承受相当的负的负载（作用力与运动方向相同的负载，以下简称负负载）。此时，马达实现泵的功能，输出压力油。

3）闭式回路可方便地回收能量。此时，泵实现马达的功能，能量输入轴成为能量输出轴，可以带动同轴的其他液压泵，减少对发动机的功率需求；如果原动机是电动机的话，还可以作为发电机，把能量反输给电网。

4）泵的吸油区带压力，有利于泵的工作。

例如，在开式回路中，在吸油区，轴向斜盘柱塞泵的柱塞有脱离斜盘的倾向。这样，在进入排油区的瞬间，滑靴就会撞击斜盘，使滑靴边缘变形磨损过早失效。而在闭式回路中，因为泵的吸油区有压力，就可以把滑靴压在斜盘上，避免这个现象。这样，泵的转速可以比在开式系统中高很多。例如，力士乐公司的 A4 型泵，同样是排量为 40cm^3 的，其最高转速，用于开式回路的，只允许 3 200r/min，而闭式的，允许到 4 200r/min。这样，可以使用排量较小、体积较小的泵，输出同样多的液压油。这个特点对移动机械特别有利。

5）闭式回路的回油路较便于加压，空气就不易进入回路中。

6）在压力下，液压油的弹性模量较高，这有利于提高系统的响应速度和控制性能。

闭式回路系统有以下局限性：

1）由于执行器出口直接与液压泵的进口相连，不连通油箱，参与工作的液压油体积较小，热容量较小，容易升温和降温。所以，发热较多的液阻控制回路（见图 1-11c、d）不太适宜于闭式回路，一般只有发热较少的容积控制回路（见 1.4.5 节），才考虑采用闭式回路。

2）实际应用的闭式回路要考虑排热油、抗冲击负载等措施，详见第 11 章。

3）如果执行器两侧的作用面积不等，如差动缸、多级缸等，其闭式回路必须有相应措施平衡进出液压泵的流量（见图 1-12）。因此，这种回路也被称为半闭式。

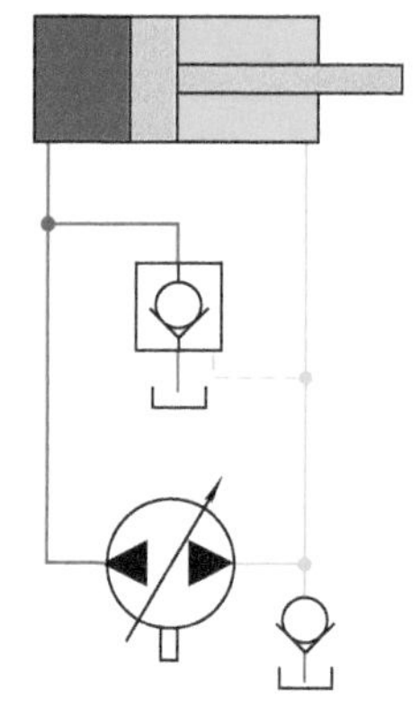

图 1-12 差动缸闭式回路原理图

闭式回路系统结构稍复杂，迄今为止，尚不多见应用。但由于其能效甚高，越来越受到重视。卡特公司在 2011 年推出的一台挖掘机样机中就是采用了这种回路，据称，发动机装机容量降低了一半，燃料消耗减少了 54%。

在 2013 年的汉诺威工业博览会上，德国 VOITH 公司展出的一套被称为 CLDP（Closed Loop Oil Circuit，闭式油循环）的自治缸也采用了闭式控制回路（见图 1-13，所谓自治缸：从电动机到泵、油箱、液压缸集合在一起，只要接上电源、给定位置或速度指令就可工作了），采用了变频电动机驱动内齿轮泵，平衡差动缸两侧液压油体积不同（见图 11-8），能效很高。这套缸动作如此灵巧，很容易使人误以为是气动缸。

a）

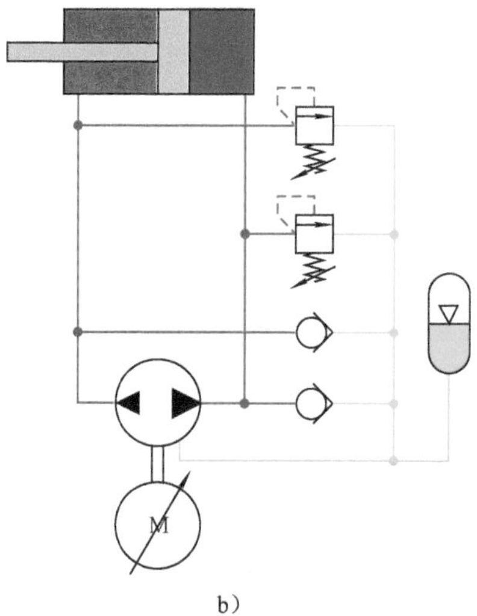

b）

图 1-13 差动缸闭式回路（德国 VOITH 公司）

a）外形 b）VOITH 对外提供的回路图

由于其高能效，将会对传统液压技术带来震撼性的变革。

1.4.5 液阻控制回路与容积控制回路

根据主流量回路中是否含有可调液阻，流量控制回路可分为液阻控制回路与容积控制回路。

1．液阻控制回路

液阻控制回路（Resistor Circuits），简称液阻回路，也称节流控制回路（Control with Throttle）：利用可调液阻来控制进入执行器的工作流量。

这里说的可调液阻可以是节流阀（4.4 节）、定压差阀（6.1 节）、二通流量阀（6.2 节）或三通流量阀（6.3 节）等，不包含换向阀。

液阻回路结构简单、耐用，一次性投资成本较低，因此，目前被极其广泛地采用，也就成为本书重点（第 4～10 章）。

可调液阻可以设置在执行器进口或出口，这样，进出执行器的流量经过可调液阻时，会引起相当的功率损失。可调液阻也可以设置在旁路，此时，虽然进出执行器的流量不经过可调液阻，但液压源提供的一部分流量经过旁路，未做功就回到油箱，也还会引起相当的功率损失。这些都导致运营成本较高，特别是在工作流量较大时。因此，液阻回路将来的应用会减少。

2．容积控制回路

容积控制回路，以下简称容积回路，是指液压泵输出的液压油不经过可调液阻，完全直接进入执行器的回路（见图 1-14）。

容积回路可开可闭，详见第 11 章。因为迄今为止，闭式回路中主要采用容积回路，且主要用于控制马达，因此形成了一种错误观念，把容积回路与闭式回路混为一谈，甚至把容积回路与闭式马达回路混为一谈。不理清这些概念，就会阻碍技术的创新。

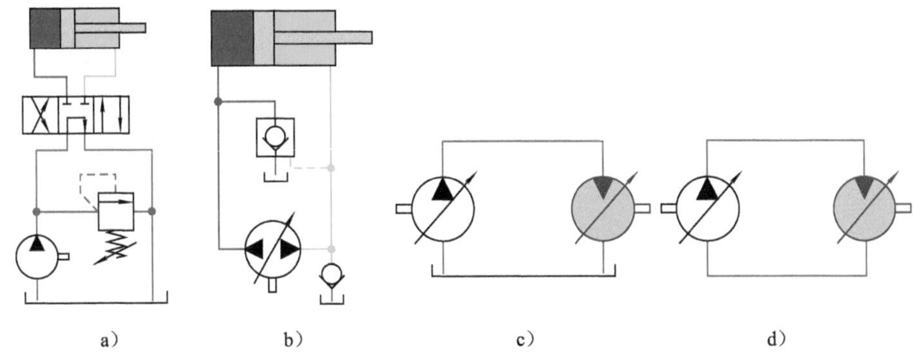

图 1-14　容积回路原理图

a）开式液压缸回路　b）闭式液压缸回路　c）开式马达回路　d）闭式马达回路

也有把控制回路分为阀控和泵控两类的：称液阻回路为阀控回路，称容积回路为泵控回路（Pump Controlled System）。但是，按这样分的话，采用恒压变量泵加液阻组成的回路，就必须称为泵阀控回路；而使用定量液压源、并且不使用流量阀的回路（见图 1-14a），就必须称为非泵非阀控回路。

国家标准 GB/T 17446—2012《流体传动系统及元件 词汇》对此没有明确的定义。

因为这两者在能效方面有原理性的差别，所以，本书还是按液阻回路与容积回路分。把采用恒压变量泵加液阻组成的回路，归为液阻回路；把使用定量液压源、不使用流量阀的回路，归为容积回路。

长远来看，容积回路会凭借其固有的高能效优势，在一些应用领域，逐步地挤占液阻回路。

1.4.6 简单液阻控制回路和含定压差阀控制回路

液阻控制回路主要有简单液阻控制回路和含定压差阀控制回路这两大类，另外还有含平衡阀控制回路。

1. 简单液阻控制回路

所谓简单液阻控制（Simple Throttle Control），就是仅使用节流阀或换向节流阀，不使用定压差阀的液阻控制（见第 5 章）。在多执行器回路中，所谓的负流量控制、正流量控制等，都属于简单液阻控制（见第 9 章）。

简单液阻控制回路的结构简单，抗污染能力较强。

使用简单液阻控制，所控制的流量一般总是会随负载而变化的。

2. 含定压差阀控制回路

含定压差阀的控制回路中，定压差阀可以在一定范围内保持节流口两侧压力之差的恒定，从而使所控制的流量基本不随负载变化。

二通流量阀或三通流量阀，都含定压差元件，所以都可以保持流量基本不随负载变化。

含定压差阀的多执行器控制回路在实际工程应用中被普遍称为负载敏感回路。

3. 含平衡阀（外控顺序阀）控制回路

平衡阀，既可以帮助控制负载的下降速度恒定，也可以使负载在不工作时保持在原位，在很多液阻控制回路中被用做控制流量的辅助手段，因此本书也对此作专门介绍（见第 7 章）。

由于定压差阀与平衡阀中都含有弹簧，液流通道开口大小受弹簧和阀芯质量的相互作用而有振动的倾向，因此就有一个不稳定因素，必要时要采用相应的减振措施。

1.4.7 开中心回路与闭中心回路

根据所有执行器都不工作时，油源口与回油口的连通状况，流量控制回路可分为开中心（Open Center）和闭中心（Close Center）两类。

1．开中心回路

所谓开中心回路，指的是在所有执行器都不工作时，从液压源来的流量可以经过换向阀（换向节流阀）或旁路阀，以较低的压力损失通回油。

开中心回路一般使用四通开中心或六通换向阀（换向节流阀）（见图 1-15，详见 4.4.2 节）。

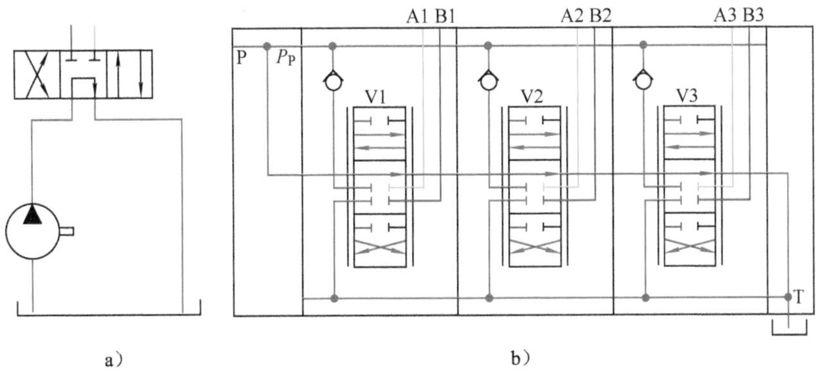

图 1-15 开中心回路

a）使用四通开中心换向阀 b）使用六通换向节流阀

有些回路，虽然换向节流阀是闭中心的，但附有一个起开中心作用的旁路阀（含 6.1 节所述定压差阀）（见图 1-16），则本质上还是开中心回路。

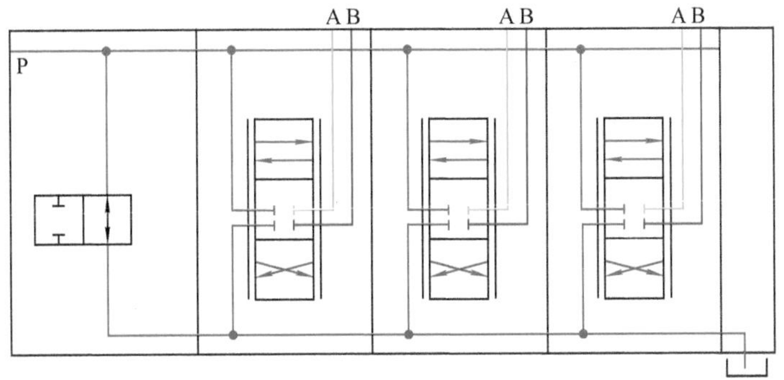

图 1-16 并联的闭中心换向节流阀加旁路阀组成开中心回路

定流量回路一般都使用开中心回路。表 1-1 所示为一些常见的多执行器的开中心回路。

表 1-1 一些常见的多执行器的开中心回路

回路	液压源	定压差阀
定流量回路（9.1 节）	定量	无
负流量控制回路（9.2 节）	负流量变量泵	
正流量控制回路（9.3 节）	正流量变量泵	
恒功率回路	恒功率变量泵	
定流量负载敏感回路（10.1 节）	定量	前置
开中心负载敏感回路（OLSS）	负流量变量泵	前置

由于在不工作时液压源还有流量输入，因此，这种回路带有一部分不必要的能耗，但由于始终有流量在等待着，因此可以有较快的响应特性。

2. 闭中心回路

所谓闭中心回路，指的是在所有执行器都不工作时，液压油不能通过换向阀（换向节流阀）回油箱。

构建闭中心回路可以使用四通闭中心换向阀（换向节流阀）：其供油口被封住，不通回油（见图 1-17）。

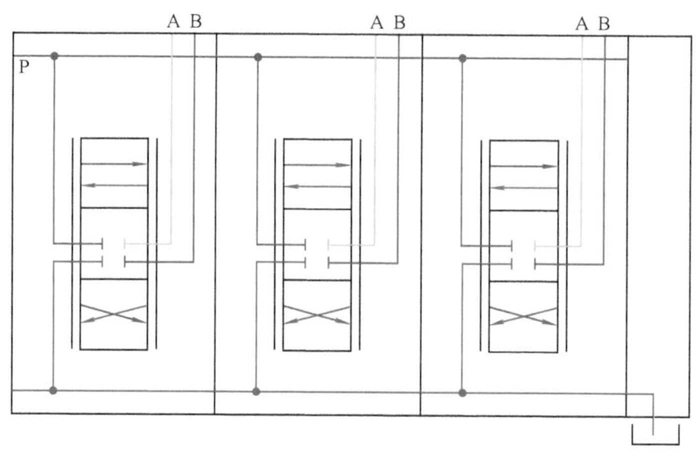

图 1-17 四通闭中心换向阀组成的回路

很多变流量系统都使用这种回路，因为在执行器不工作、阀在中位时，泵不提供流量，可以避免这部分的能耗。

定流量液压源如果配用这种回路，则由于在执行器不工作时泵提供的液压油不能通过换向（节流）阀回油箱，必须通过溢流阀以高压排出，能量浪费很大，所以应避免使用。如果能通过一个主定压差阀卸荷，则能量损失较小（见 10.1 节）。

表 1-2 所列为一些常见闭中心回路。

表 1-2 一些常见闭中心回路

名称	别名	液压泵	定压差阀	抗泵流量饱和
恒压网络（第 12 章）		恒压变量泵	无	不能
普通变量泵负载敏感控制（10.2 节）	LS	恒压差变量泵	前置	
小松闭中心控制系统（10.4.1 节）	CLSS		后置	可以
林德负载敏感控制（10.4.2 节）	LSC			
力士乐负载敏感控制（10.5 节）	LUDV			
回油节流控制（10.6 节）	东芝			

1.4.8 初级回路与次级回路

液压传动是通过液压源把机械能转化为液压能，再通过执行器把液压能转化为机械能的。因此，在液压系统中，一般以换向阀（换向节流阀）为界，把液压源一侧称为初级，执行器一侧称为次级或二级。例如，图 1-18 中，V1 可称为初级调压阀，V2 可称为次级调压阀，V3 可称为初级节流阀，V4、V5 可称为次级节流阀。

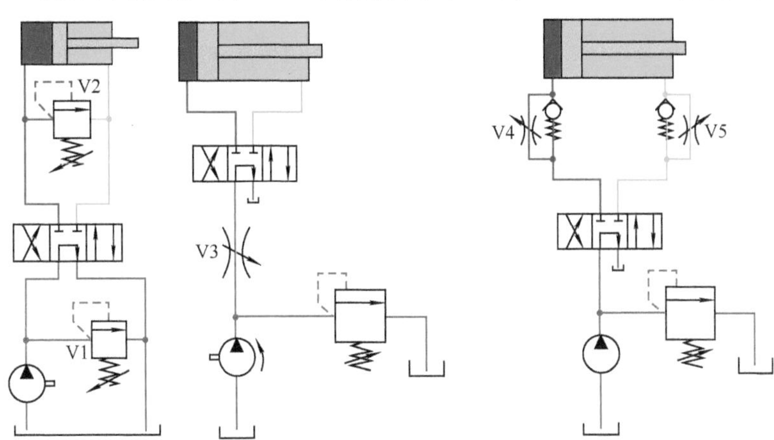

图 1-18 初级与次级元件

因此，利用液压源变量来调节执行器速度的（见图 1-19），被称为初级调速，利用马达变排量的称为次级调速，而液压源与马达排量都可调的称为初级与次级调速。

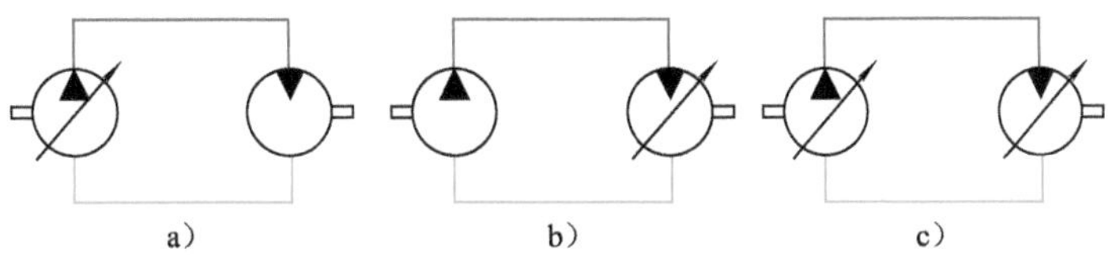

图 1-19 初级与次级调速回路

a）初级调速 b）次级调速 c）初级与次级调速

1.4.9 流量、压力与功率适应回路

最常见的定量泵加溢流阀加二通流量阀组成的回路，泵出口的压力与泵提供的流量基本都是固定的，不管执行器实际需要多少压力与流量。这从能效角度来看是很不利的。

为了改善能效，出现了压力、流量（见表 1-3）和功率适应回路。

压力适应回路（Pressure Adapting）中，泵出口的压力随负载压力而变。例如，采用三通流量阀的回路。

流量适应回路（Flow Adapting）中，泵只提供执行器需要的流量。例如，采用恒压泵的回路等。

功率适应回路（Power Adapting）中，泵只提供执行器需要的流量，泵出口的压力随负载压力而变。例如，容积回路、负载敏感回路等。这是最节能的。

表 1-3 压力、流量适应回路例

	固定流量	流量适应		
固定压力	定流量源+溢流阀+ 进出口节流（二通流量阀）	恒压泵+进出口节流		
压力适应	定流量源+旁路节流（三通流量阀）	负流量回路	正流量回路	负载敏感回路

1.4.10 根据执行器的特点分类

表 1-4 概括了各类常见执行器（详见 2.1.1 节）的特点。这些特点，导致了这些执行器的控制回路的不同。

表 1-4 各类常见执行器的特点

执行器 / 特点	差动缸、多级缸	双杆缸	旋转缸	摆动马达	定量马达	变量马达
两侧作用面积	不同	相同				
内泄漏	正常时无			一般都有		
行程	有限				无限	
有效作用面积（排量）	不可调					可调

1）两侧作用面积相同的执行器，因为进出流量基本一致，用于闭式回路时较简单。

两侧作用面积不同的执行器，比较不便于采用闭式回路，迄今仍多采用开式回路。所以，在目前多数多执行器回路中，两侧作用面积相同的执行器也跟着采用开式回路，以便共用液压泵。

目前也有一些应用中，作用面积相同的执行器，如回转部分或行走部分的马达，与专用的泵构成独立的闭式回路，以充分利用闭式回路的长处，也可以避免与其他执行器间的相互干扰。

2）无内泄漏的执行器，只要把两腔的出口封住，即可固定负载的位置。而有内泄漏的执行器，除个别情况外（见 12.1 节），回路中一般都要附加驻车制动措施。

3）对于行程无限的执行器来说，可以没有换向阀。如果采用闭式回路，要求的换向频率也不高的话，可以通过液压泵反向旋转或排量机构反向来达到换向的目的。

而对于行程有限的执行器来说，换向阀就几乎是非有不可的了，除非采用闭式回路，通过液压泵排量机构反向，或反向旋转来达到换向的目的。

4）作用面积（排量）。通常只有马达的排量可调，液压缸，包括旋转液压缸、摆动马达等，其有效工作面积被结构限制，不容易被任意调节。

对作用面积（排量）不可调的执行器而言，要调节速度，就一定要调节进出执行器的流量。如果采用液阻回路的话，还可以使用次级调节元件；而采用容积回路的话，就只能使用初级调节，即调节液压源输出流量的方式了。

由于这些特点，目前各种回路的大致应用状况见表 1-5。

表 1-5　不同执行器应用回路状况

回路＼执行器		行程有限类	行程无限类
液阻控制	开式回路	++++	+++
	闭式回路	+	++
容积控制	开式回路	++	++
	闭式回路		+++

注：+—极少，++—少，+++—很多，++++—常见。

小结

以上概略地介绍了各种速度（流量）控制回路的分类。作者希望在此强调：

1）分类只是为了梳理现状，以便于学习，只能作为学习的起点，绝非学习的终点。绝不能僵化死守分类而阻碍了创新。

2）任何分类都是不完善的。因为，在现实中总存在或者会出现介于两类之间的品种。这种情况下有时往往由于吸取了两类的优点或摒弃了两类的弱点而特别有生命力。

3）各类回路各有特点，各有适当的应用场合，这是因为世界之大，液压技术面临的对象之丰富，要求之多样性所造成的。

例如，起重机对微调性能的要求很高，而装载机的要求就相对低得多。装载机因为行驶较多，快速平稳行驶是第一位的。而对挖掘机而言，相比较起来，行驶少得多，而快速挖掘与平稳回转就更重要。由于工作时间很长，节能占据很重要的地位。而在某些场合，节能却不是第一目标。例如，对于耕地的拖拉机，如何充分利用发动机能提供的最大功率，高效地工作，抢季节是第一位的。对于造价昂贵的高档沥青铺路机，工作时还要许多其他机械车辆配合，它的能耗在总成本中只占很小一部分，这时最关心的是如何与其他机械车辆同步、高效地铺出坚实平整的路面。

所以，只有对某些应用比较适用的回路，没有“放之四海而皆优”的回路。只有对应用场合具体分析，才能选出最适当的回路。只有用好，没有最好。

本书中列举了一些实用回路，以尽可能地接近实际情况，但作者并不保证所有的回路图可以不作任何改动地应用在实际系统中。

1.5 液压技术中的基本因果关系

学习液压技术，很基本的一步，就是搞清楚各物理量之间的因果关系。只有正确理解了这些因果关系，才能正确理解液压元件乃至系统的功能，才能正确诠释和运用描述这些物理量之间关系的数学公式，才能正确设计系统，正确调节系统，迅速发现和排除故障。

液压技术中的基本因果关系可以大致地表达为图 1-20 和表 1-6。

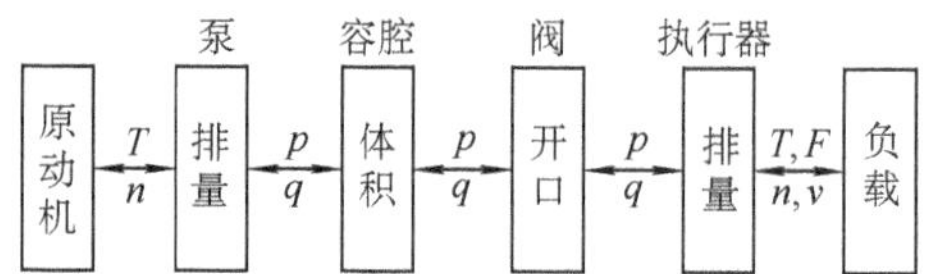

图 1-20 液压技术中的基本因果关系

p—压力 q—流量 T—负载转矩 F—负载力 n—转速 v—速度

表 1-6 液压技术中的基本因果关系

		外因	内因	结果
部位	液压泵	进出口压差	排量	转矩
		转速		流量
	容腔	流量差 温度变化	液压油体积 弹性模量	压力变化
	液压阀	进出口压差	通道开口	流量
	执行器	负载（力、转矩）	作用面积 （排量）	压力
		流量		速度

1）液压泵，把机械能（输入轴的转矩和转速）转化为液压能（液压油的压力和流量），决定输入轴转矩的主要因素是泵进出口的压差和泵的排量，摩擦力与液流阻力也有一定影响；决定泵输出流量的主要原因是输入轴的转速和泵排量，泄漏也有一定影响。

2）对任一个充满液体的密封腔，进出该腔的流量差及温度变化引起的热胀冷缩是外因，弹性模量及液压油的体积是内因，压力变化是结果（详见 2.1.4 节）。

3）液压阀，说到底，只能控制液流通道的开口，改变对液体流动的阻力而已（详见 4.1 节）。由于控制通道开口的机制不同，就使阀具有不同的压差-流量曲线（见图 1-21）。例如，有些阀的开口随进口或出口压力变化，造成通过流量随进口或出口压力变化很大的表象，如图 1-21 中曲线 *b*；有些流量阀的开口随通过流量变化，造成通过流量几乎不随压差变化的表象，如图 1-21 中曲线 *c*。然而，最终决定通过液压阀的流量的主要外因还是进出口之间的压差，内因则是阀口的大小和形状，虽然液体的黏性、密度有时也有一定影响。

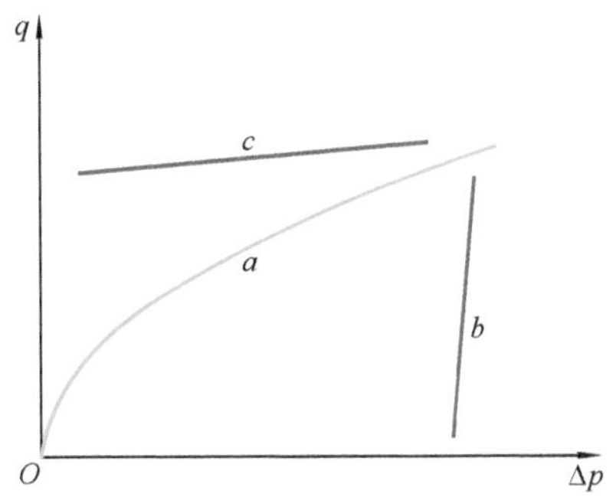

图 1-21　阀的压差-流量曲线

a—开口固定阀　*b*—压力阀　*c*—流量阀

4）液压执行器（液压缸和马达），克服负载——力或转矩，使负载按希望的速度运动（到指定的位置）。这里，笼统地说，是负载（力或转矩）决定了压力，流量决定了速度，但对于不同的执行器，在不同的工况，表现形式会有所不同。第 2 章对此作了详细的阐述。

第 2 章　液压执行器中的因果关系

液压执行器将液压能转化为需要的机械能，总体上来说，是负载（力或转矩）决定压力，流量决定速度。但是，在不同形式的执行器、不同工况时，这个因果关系有不同的表现形式，还存在一些次要的但在实际工作中也应该考虑的影响因素。

为简化叙述，以下，在文意自明时，负载作用于执行器的力或转矩也简称负载。

2.1　负载决定压力

所谓负载决定压力，指的是作用在执行器运动部分的负载是外因，而驱动压力的有效作用面积则是内因，两者共同决定驱动压力。液压执行器不会玩“太极”，不能“对空发力”，所以没有负载，就建立不起压力。因此，其他液压元件只能被动地限制或者间接地影响，不能直接主动地控制驱动压力。所谓压力控制阀，是依靠其内部弹簧的作用力和外负载一起共同决定系统压力的，实际上只是压力限制阀而已，详见 4.1 节。

“负载决定压力”这一因果关系是有条件的，有应用场合限制的，在不同执行器、不同工况时的表现形式不同，以下逐一展开分析。

2.1.1　简化稳态工况

先讨论在简化稳态工况时的情况，即：

1）进入和流出执行器的流量保持恒定，不随时间变化。

2）作用在执行器上的外力不随时间变化。

3）执行器和负载的运动速度不随时间变化。

4）密封的摩擦力忽略不计。

1．单作用液压缸

单作用液压缸（Single Acting Cylinder）：活塞杆靠液压油的作用伸出，返回只能靠外力，如图 2-1 所示。无背压，即假定有杆腔通大气，其中的液体或气体压力可以忽略不计。从液压技术来说，是最简单的一种执行器。

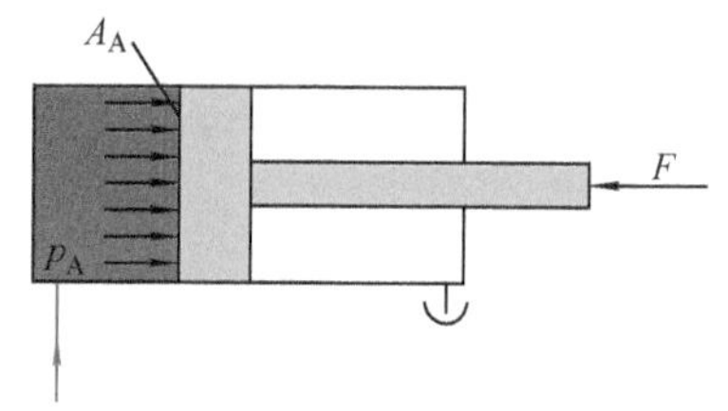

图 2-1　单作用液压缸

如果活塞的有效作用面积为 A_A，驱动腔里的压力（以下简称驱动压力）p_A 作用在活塞上的合力与负载 F 的方向相对，则根据力平衡原则，套用帕斯卡原理可以写出

$$p_A A_A = F$$

从而

$$p_A = F/A_A$$

即驱动压力与负载成正比。

尽管数学上也可以写作

$$F = p_A A_A$$

但是，从因果关系来说，是负载 F 与活塞面积 A_A 共同决定了驱动压力 p_A。对于某一个具体的液压缸，活塞面积 A_A 已是固定值，负载 F 就是决定驱动压力 p_A 的唯一的因素。没有负载 F，驱动压力 p_A 就建立不起来。负载 F 变化，驱动压力 p_A 也就会随之被动地相应变化（见图 2-2）。

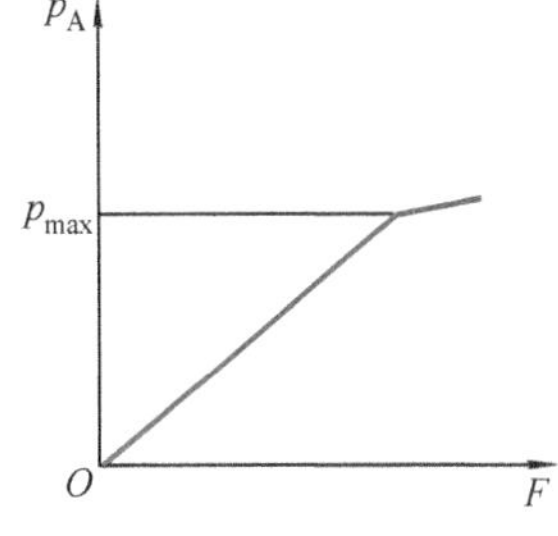

图 2-2　单作用缸的负载-驱动压力特性

F—负载　p_A—驱动压力

p_{max}—溢流阀的设定压力

在实际液压系统中，为保护液压缸和系统，总有一些限压措施，如溢流阀，在负载过大时不让驱动压力无限上升，负载超过部分由系统中其他部件承担。此时的负载-驱动压力特性就大致取决于溢流阀的特性。

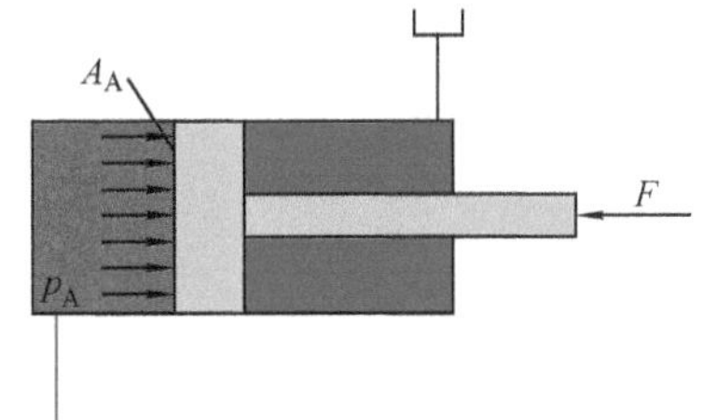

图 2-3　单作用缸，背压腔通油箱

图 2-1 所示的单作用液压缸，背压腔通大气，在露天环境中很容易把水汽吸进去，导致缸壁锈蚀，损坏密封圈。有一种解决办法是，把背压腔通油箱（见图 2-3），使之始终充满液压油，这样就不容易锈蚀了。

另有一种解决办法：除去活塞上的密封圈，仅留导向环，必要时，在活塞上再钻几个孔，使活塞两腔相通，都充满液压油（见图 2-4）。

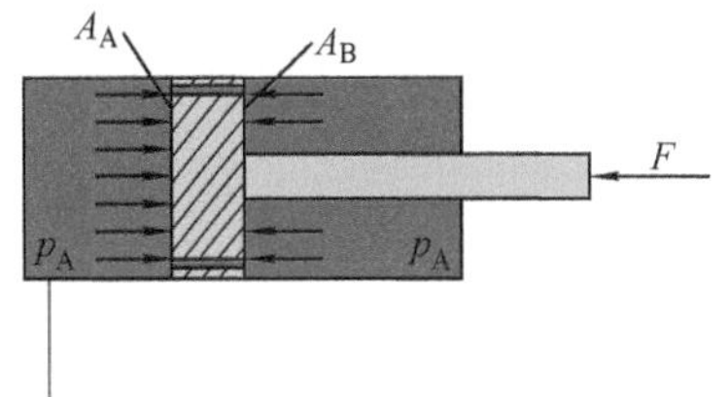

图 2-4　两侧相通的单作用液压缸

此时，有效作用面积不再是活塞面积，而是两侧面积之差 $A_A - A_B$，相当于活塞杆面积，则

$$p_A = F/(A_A - A_B)$$

如嫌作用面积太小，可以加粗活塞杆，或采用柱塞缸（见图 2-5a）。柱塞缸是单作用缸的特例，无活塞，柱塞的面积就是有效作用面积。

柱塞缸不能承受倾覆力矩，因此一定要有外导向。

柱塞不必实心，也可以是一厚壁管（见图 2-5b），以减轻重量。这时的有效作用面积还是按管外径计算，与管内径无关。

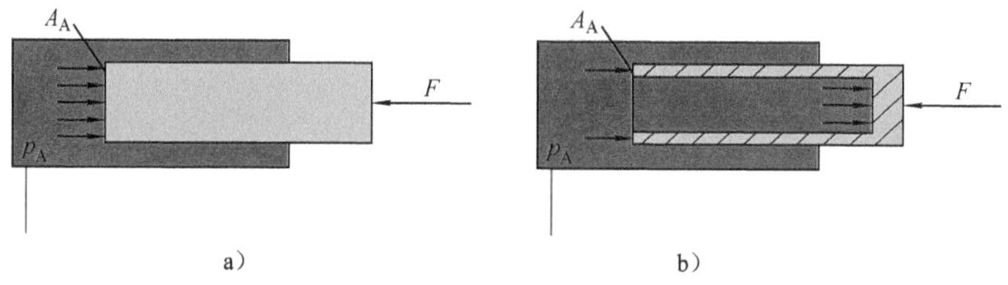

图 2-5 单作用柱塞缸

a）实心柱塞缸 b）空心柱塞缸

2. 双作用双活塞杆液压缸

所谓双作用缸（Double Acting Cylinder），指的是活塞两边都有液压油，活塞可以靠液压油的压力，双向往返运动（见图 2-6）。

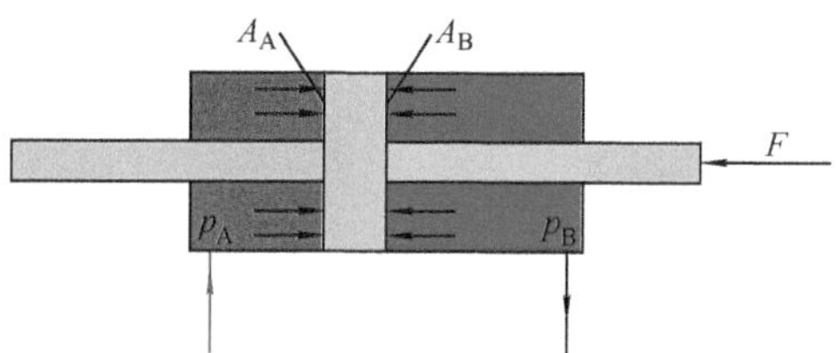

图 2-6 双作用双活塞杆液压缸

根据力平衡原理，可以写出

$$p_A A_A = F + p_B A_B \tag{2-1}$$

式中 p_B——背压腔压力，简称背压。

双活塞杆缸两边的活塞杆直径一般都相同，即

$$A_A = A_B$$

所以，式（2-1）就可以简写为

$$p_A = F/A_A + p_B$$

即驱动压力 p_A 由两部分组成：一部分 F/A_A，负载 F 与驱动压力的有效作用面积 A_A 之商，是由负载引起的，以下简称为负载压力 p_F；另一部分 p_B，是由背压引起的。背压一般不由负载直接决定，而是由出口管路状况决定，常随着出口流量，即活塞运动速度而变化。

在这种情况下，决定驱动压力的，就不仅有负载，还有背压。

3. 双作用单活塞杆液压缸

双作用单活塞杆液压缸（见图 2-7），两腔压力有效作用面积不同，通常称为

差动缸（Differential Cylinder），应用极广，据说占到所有实际应用的液压执行器的 80%以上。

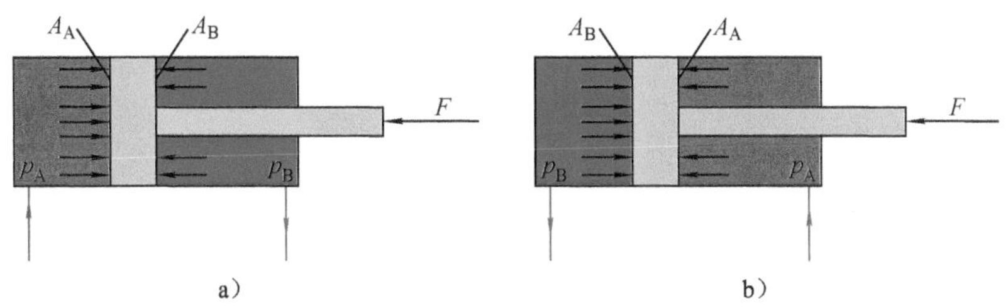

图 2-7　双作用单活塞杆液压缸

a）活塞杆外伸　b）活塞杆内缩

根据力平衡原理，可以写出

$$p_A A_A = F + p_B A_B$$

所以

$$\begin{aligned} p_A &= F/A_A + p_B A_B/A_A \\ &= p_F + p_B A_B/A_A \end{aligned}$$

即驱动压力 p_A 由两部分组成：一部分为负载压力 p_F；另一部分为 $p_B A_B/A_A$，是由背压 p_B 引起的，受到了两腔有效作用面积不同的影响。

注意：此时，两腔压差

$$p_A - p_B = p_F + p_B A_B/A_A - p_B = p_F + p_B(A_B/A_A - 1)$$

不等同于负载压力 p_F。

如果负载是反向的，即与活塞运动方向相同，则负载压力 p_F 数值为负。

4．多级缸

多级缸，也称伸缩式缸，其总行程可以是安装长度的好多倍。这一特点在安装空间十分有限时弥足珍贵，所以应用也很多。

多级缸也有单作用和双作用之分（见图 2-8）。

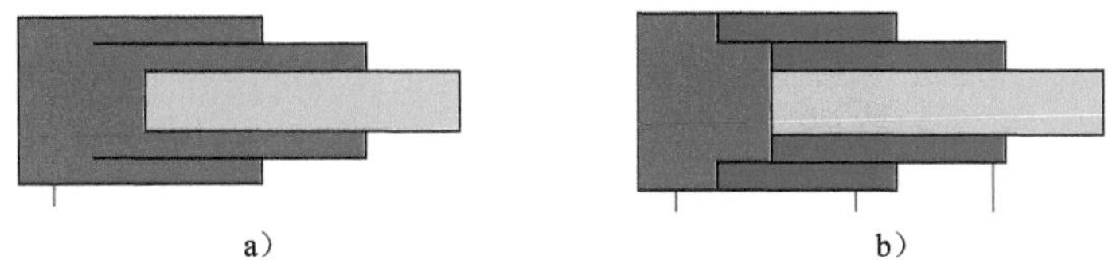

图 2-8　多级缸的图形符号

a）单作用缸　b）双作用缸

值得注意的是多级缸的以下特点：

（1）有效作用面积　很多结构简单的多级缸，其每一级的有效作用面积不同（见图 2-9）。工作时，面积最大的一级先伸出，然后是面积稍小的一级。因此，从

一级转到另一级时，即使作用在活塞杆上的负载没变，驱动压力还是会发生突跳性的变化，有时变化还很大。每一级的驱动压力为

$$p_A = F/A_i \quad (i=1，2，\cdots)$$

所以，虽然负载决定压力这一因果关系没变，但一定要考虑到有效作用面积的变化。

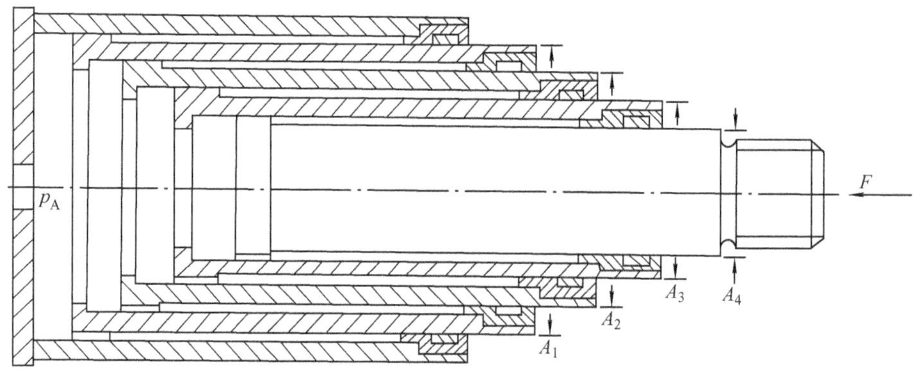

图 2-9　有效作用面积不同的单作用多级缸

有些多级缸，通过一些措施，例如图 2-10 所示的多级缸，可以使有效作用面积始终保持相同。这样，工作时，各级就会同时均匀伸出，因此工作相当平稳。液压电梯、升降工作台就需要使用这类多级缸。

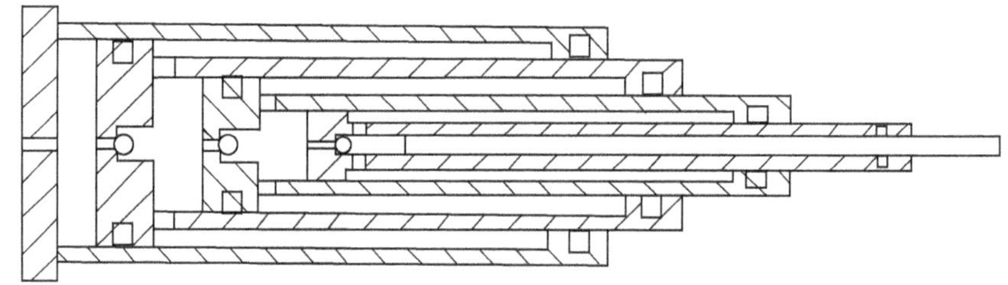

图 2-10　一个有效作用面积始终相同的单作用多级缸

（2）有杆腔的压力　双作用多级缸（见图 2-11），由于结构的限制，有杆腔和无杆腔的有效作用面积一般差别都很大，常有几倍甚至几十倍。这样，如果有杆

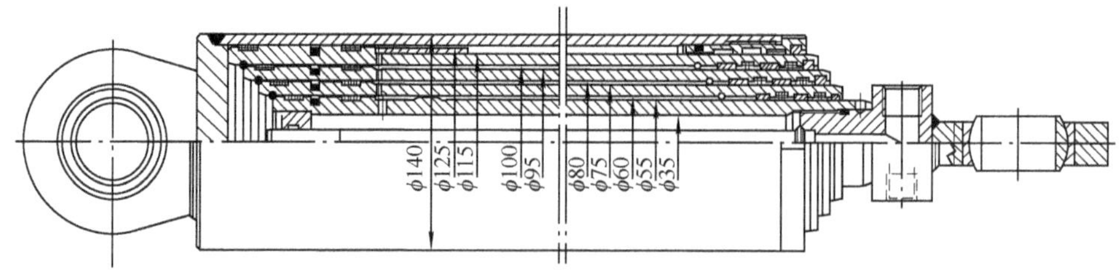

图 2-11　一个双作用四级缸

腔出口被封住，向无杆腔输入压力油，在负载很小时，则有杆腔内的压力[$p_B = (p_A A_A - F)/A_B$]就可能增高相应倍数，完全可能把有杆腔炸裂（见图 2-12）。因此，一定要采取相应措施，限制有杆腔的压力，保证有杆腔任何时候都不被封死。

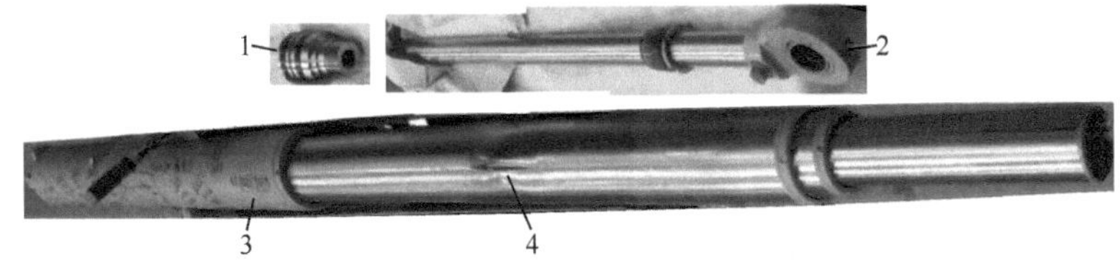

图 2-12 液压缸缸筒炸裂了

1—活塞 2—活塞杆 3—缸筒 4—裂口

5. 旋转液压缸

旋转液压缸，输出的是转动。由于其内部结构从本质上来说是直线运动的液压缸，因此，可输出的转角是有限的，不像大多数马达那样可以无限转动。

由于是转动，负载是转矩，所以是负载转矩决定压差。

旋转液压缸有几种不同的结构形式：

（1）齿条齿轮型 活塞通过齿条推动齿轮。有单缸型（见图 2-13）和双缸型（见图 2-14）的。

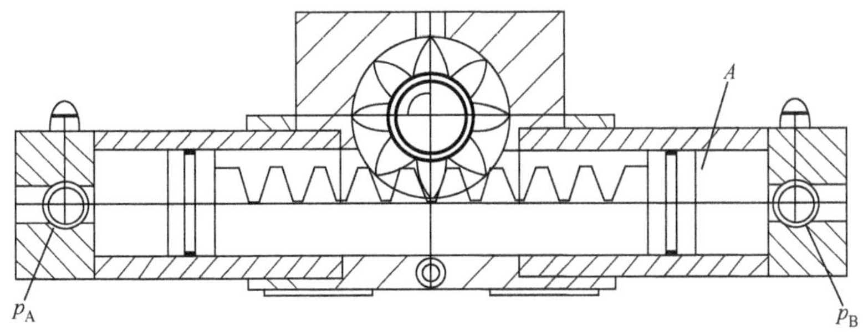

图 2-13 单缸型齿条齿轮旋转液压缸

单缸型的驱动压力为

$$p_A = T/(rA) + p_B$$

式中 T——作用在输出轴上的负载转矩；

r——齿轮节点圆半径；

A——活塞面积。

等效作用面积为 rA。

单缸型的，由于齿形的缘故，齿条在推动齿轮时对齿轮轴产生相当大的径向力，因此，能承受的负载转矩比较有限。齿条本身也受到很大的侧向力，很容易产生单边磨损。

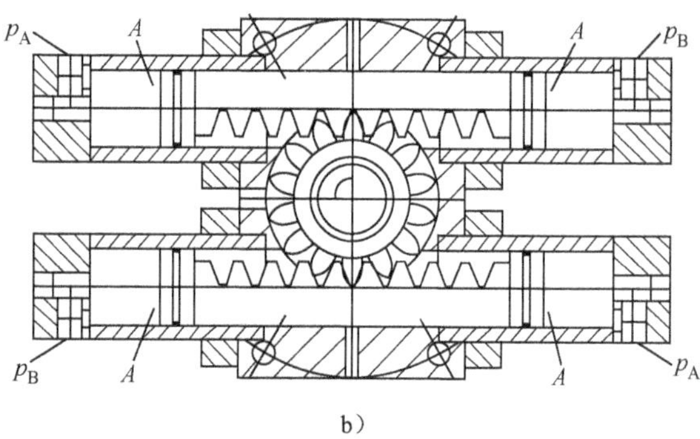

a）　　　　b）

图 2-14　双缸型齿条齿轮旋转液压缸

a）外形图　b）剖视图

而双缸型的，由于作用在齿轮轴上的径向力平衡，因此，可以承受较大的负载转矩，但齿条本身受到的侧向力依然存在。

其等效作用面积为 $2rA$，A 是单个活塞的作用面积。

（2）斜齿型　斜齿型旋转液压缸利用斜齿产生旋转运动。

图 2-15 所示为一单斜齿型旋转液压缸的剖视图。在活塞 2 上的活塞部分 A 受到液压力时，活塞 2 由于被外直齿部分 B 所限制，只能作直线运动。而其上的内斜齿环 C，就通过相啮合的旋转输出轴 3 上的外斜齿，推动主轴旋转。

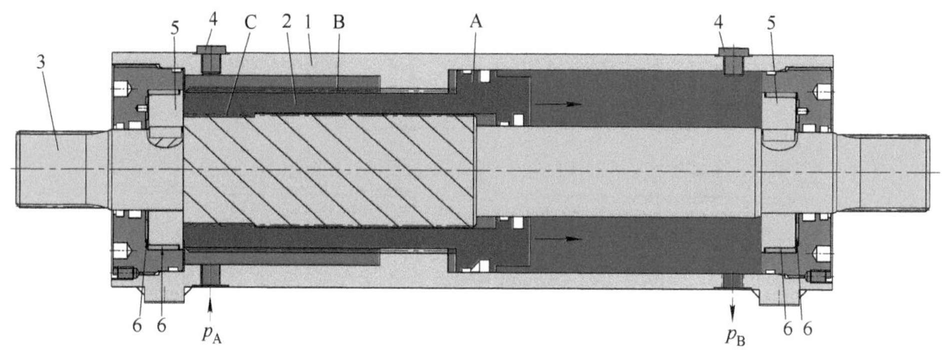

图 2-15　单斜齿型旋转液压缸剖视图

1—带安装座的壳体　2—带外直齿内斜齿的活塞　3—旋转输出轴　4—排气螺堵　5—支承块　6—支承滑动轴承

A—活塞部分　B—外直齿部分　C—内斜齿环

这时，驱动压力为

$$p_A = T/(rA\tan\alpha) + p_B$$

式中　T——作用在输出轴上的负载转矩；

r——齿轮节点圆半径；

α——斜齿斜角；

A——活塞环面积。

其等效作用面积为 $rA\tan\alpha$。

虽然其活塞形似差动缸，但由于没有活塞杆伸出缸外，因此，活塞两侧的作用面积相同。

如果活塞外部的直齿也做成斜齿（见图 2-16），则活塞在直线运动时，同时进行旋转运动。这样，可以在相同的活塞行程下获得更大的转角。当然，所需的驱动压力也相应增加了。

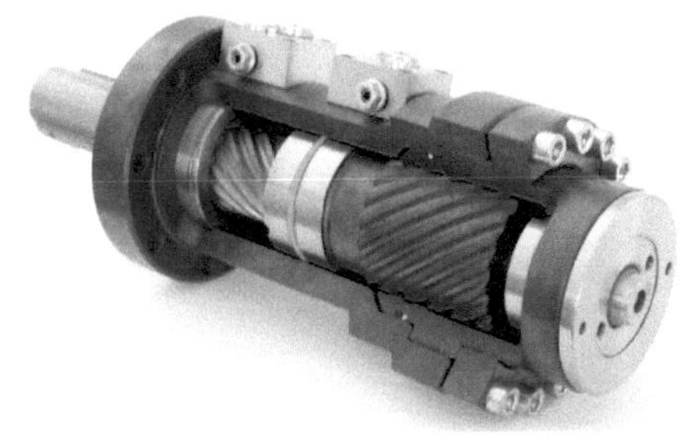

图 2-16　双斜齿型旋转液压缸（德国 HKS 公司）

这类旋转液压缸有以下特点：

1）与齿条齿轮型相比，结构紧凑得多。

2）与齿条齿轮型相比，由于高精度斜齿啮合的面积比齿条齿轮大得多，而且径向力平衡，因此，可驱动的负载转矩也大得多。目前市场可购的斜齿型旋转液压缸工作压力可达 25MPa，输出转矩可达 100000N•m。

3）由于其基本结构如同普通液压缸，可以做到两腔间完全密封，因此，即使有负载，也可以长时间停留在一个固定位置。

4）与普通液压缸相比，旋转液压缸没有进出缸体的活塞杆，也就不太会把外界的污染物带进来，油封和密封圈也就不易被污染颗粒或活塞杆的损伤所破坏。

5）由于全部摩擦副都浸泡在液压油中，可以有非常良好的润滑条件，只要使用合理，工作寿命可以比普通液压缸长得多。

6．摆动马达

图 2-17 所示为一种摆动马达，其外形与前一种旋转液压缸有点相似，功能也相似：输出转角有限的旋转运动，但结构简单得多（见图 2-18），造价也低得多。

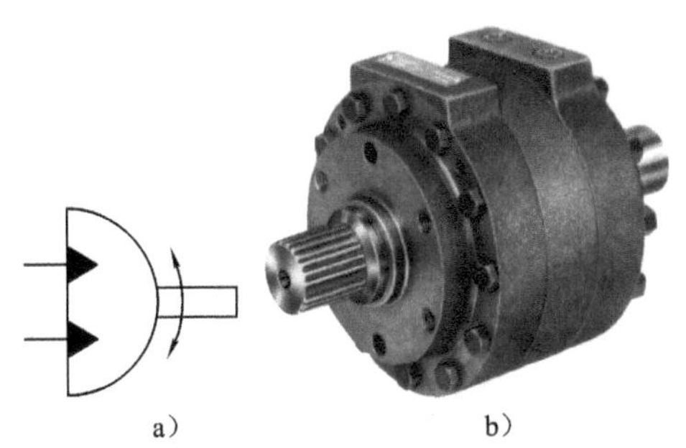

a）　　b）

图 2-17　摆动马达

a）图形符号　b）外形图

单叶片型的驱动压力为

$$p_A = 2T/[l(r_2^2 - r_1^2)] + p_B = T/[l(r_2^2 - r_1^2)/2] + p_B$$

式中　T——作用在主轴上的负载转矩；

r_1、r_2——叶片作用半径；

l——叶片长度。

其等效作用面积为 $l(r_2^2 - r_1^2)/2$。

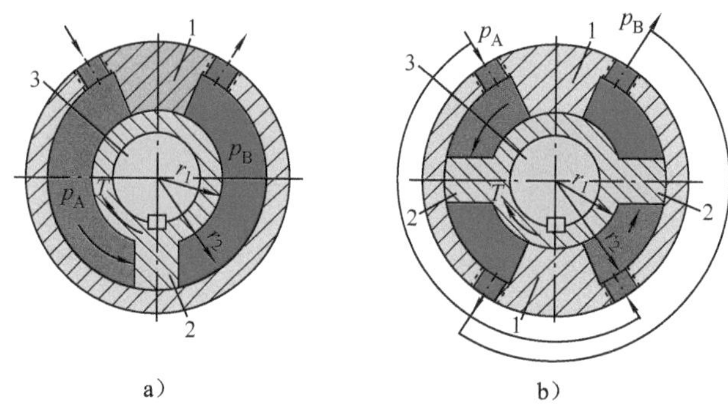

图 2-18　摆动马达工作原理图

a）单叶片型　b）双叶片型

1—固定叶片　2—旋转叶片　3—主轴

双叶片型的驱动压力为

$$p_A = T/[l(r_2^2 - r_1^2)] + p_B = T/[l(r_2^2 - r_1^2)] + p_B$$

式中　T——作用在输出轴上的负载转矩；

r_1、r_2——叶片作用半径；

l——叶片长度。

其等效作用面积为 $l(r_2^2 - r_1^2)$ 。

与前述旋转液压缸相比，摆动马达由于结构上的原因有两个很重要的不足之处：

1）单叶片型的，主轴由于受力不平衡，很容易弯曲变形，这就限制了这种液压缸的长度和工作压力。

如果做成双叶片的，虽然主轴受力是平衡了，但转角就大大减小了。扣除固定叶片和旋转叶片所占的角度，实际可摆动角度最多就只有约 140°了。

2）驱动腔和背压腔之间至今还不可能做到完全密封。因此，在有负载时，主轴不能长时间停留在一个固定位置。

这也就是前述的斜齿型旋转液压缸，尽管价格昂贵，仍有相当市场的原因。

7．马达

马达，旋转角度无限制，是液压技术中最广泛使用的用于产生转动的执行器。

马达的内部构造形式极多，有外齿轮、内齿轮、叶片、轴向柱塞、径向柱塞等。理论上来说，所有的泵都可以作为马达来使用，差别在于以下几点：

1）泵通常只要求单向旋转，而马达通常希望能正反转，因此，结构要对称。

2）泵的工作转速一般都在每分钟几百转以上，因此，对初始密封性一般没有什么要求。而马达一般都希望有大的转速范围，特别需要较低的稳定转速，这就对初始密封性有要求。

3）泵一般都希望具备自吸能力。而马达，因为液压油是外加的，因此不必具备自吸能力。

理论上，马达（见图 2-19）的驱动压力为

$$p_A = T/(V/2\pi) + p_B \qquad (2-2)$$

式中　T——作用在马达输出轴上的负载转矩；

V——马达的每转排量（注意：液压泵工作时是排出液压油，而马达工作时，则必须“吞入”液压油，所以，也有文献称为“吞量”[5]，以凸显差别）。

这里的 $V/2\pi$，即每弧度排量，就是等效作用面积。

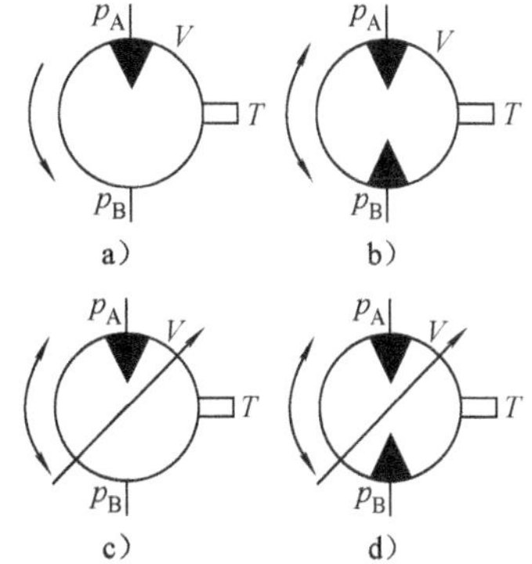

图 2-19　马达图形符号

a）定量，单向流动单向旋转

b）定量，双向流动双向旋转

c）变量，单向流动双向旋转

d）变量，双向流动双向旋转

有些结构的马达的排量很容易改变，如斜盘、斜轴柱塞马达等。有些马达，则其排量基本固定，如外齿轮、内齿轮、双作用叶片马达。但现在也出现了很多新的设想，一些以前排量不能变的也可以变了。

（变量）马达的负载-压差和排量-压差特性可以根据式（2-2）表达成图 2-20 所示的曲线。

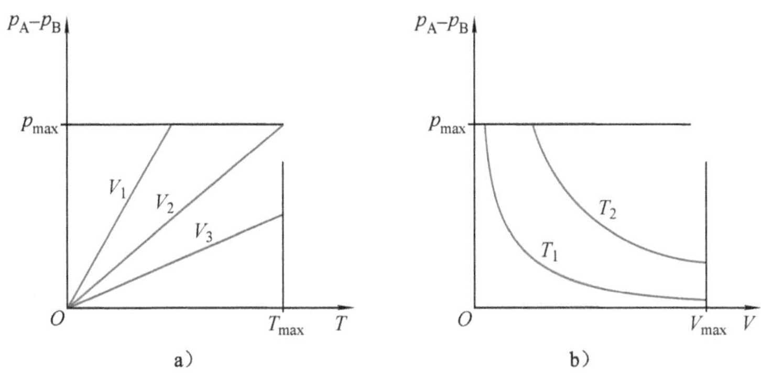

图 2-20　马达稳态理论特性

a）不同排量时的负载-压差特性　b）不同负载时的排量-压差特性

V—马达的每转排量，$V_1 < V_2 < V_3$　T—作用在马达输出轴上的负载转矩，$T_1 < T_2$

在负载保持恒定，但马达排量趋于零时，理论上，驱动压力趋于无穷大。实际上当然是不可能的，回路中会有溢流阀，限制驱动压力在一定水平。但这时，若无其他保护措施，就可能发生马达高速反转，工作在泵工况，输出液压油，甚至损坏。

综合以上分析可以看到，对于执行器而言，尽管表现形式各不相同，在稳态

时，驱动压力由负载（力或转矩）和背压决定，这一因果关系是始终不变的。

2.1.2 非稳态工况

如果工况不是稳态的，即执行器运动速度不是恒定的，特别是在输入的流量发生变化，引起速度改变，即有加速度（减速度）时，执行机构、特别是负载的惯量就要对驱动压力产生影响。这时，“负载决定压力”中的负载必须包含负载的惯量。

以下举例说明。

1．单作用液压缸

在图 2-21 中，假定负载向右运动为正方向，即越来越快时加速度为正值，越来越慢时加速度为负值，则根据力平衡原理可得驱动压力

$$p_A = (F + ma)/A_A = F/A_A + ma/A_A = p_F + ma/A_A$$

即除了负载压力 p_F 外，还要加上由惯性力引起的压力 ma/A_A。

在减速时，a 为负值，就可能出现负负载，即负载力与运动方向相同。

2．双作用缸

差动缸（见图 2-22）则可以写出以下力平衡方程式

$$p_A A_A = F + p_B A_B + ma$$

从而可得

$$p_A = (F + p_B A_B + ma)/A_A = F/A_A + p_B A_B/A_A + ma/A_A = p_F + p_B A_B/A_A + ma/A_A$$

即驱动压力由负载压力 p_F、背压及惯性力引起的压力三部分组成。

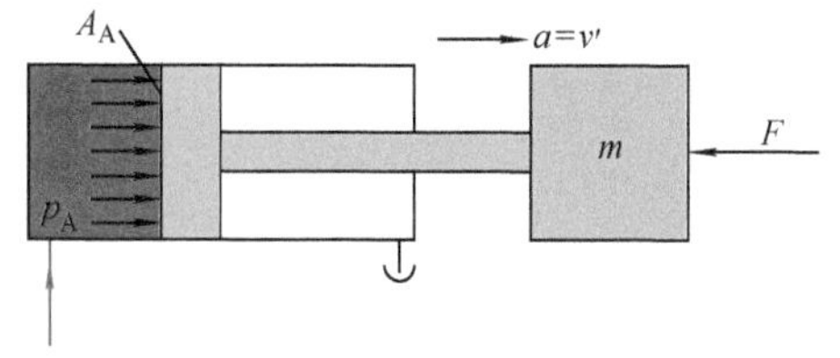

图 2-21 单作用缸，考虑惯量的影响

v—速度 a—加速度

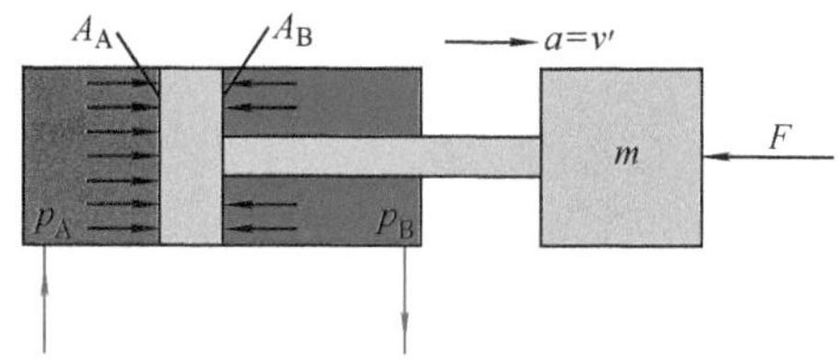

图 2-22 双作用缸，考虑惯量的影响

v—速度 a—加速度

3．马达

马达（见图 2-23）的驱动压力为

$$p_A = T/(V/2\pi) + p_B + J\beta/(V/2\pi)$$

式中 T——作用在马达输出轴上的负载力矩；

V——马达的每转排量；

J——负载的转动惯量；

β——负载转动角加速度。

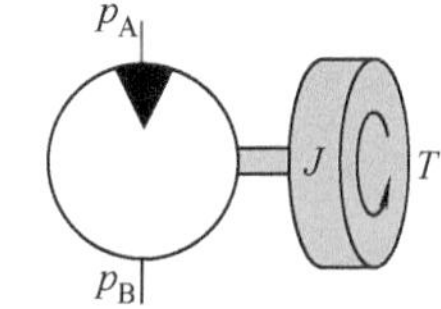

图 2-23 马达带转动惯量

与稳态时相比，多一项由转动惯量 J 引起的压力 $J\beta/(V/2\pi)$。转动惯量的估

算可见附录与书附光盘中的估算表格。

2.1.3　各种类型的负载

除了前述的与运动的加速度有关的惯性力以外，还有很多其他类型的负载。负载，既是液压技术需要克服的对象，也是液压技术赖以生存的基础——没有负载需要驱动，也就不需要液压了。所以，对负载特点的研究必须放在第一位，而且必须是非常全面深入的。

在液压技术中会接触到的负载，按影响的因素，大致可分成如下几类。

1．与运动方向有关的负载

（1）重力　重力是机械工作时液压缸要克服的最常见的负载。可是，要精确计算重力作用在活塞上的分力，通常不那么简单。例如，工程机械中常见的三连杆机构可以简化成图2-24所示。光是动臂自身的重量对液压缸而言是一个分布载荷，就不容易精确计算。如果动臂的重量相对负载的重量mg可以忽略，或可以设法折算入负载的重量mg，那么根据力矩平衡原理，可以估算出作用到活塞上的负载为

$$F = mgL_m/L_F$$

式中　L_m、L_F——力臂的长度。

以上说明，活塞上受到的力F，不仅与负载的重量mg有关，还和力臂的长度L_m、L_F有关。而力臂的长度，在活塞运动时，又始终在不断地改变。

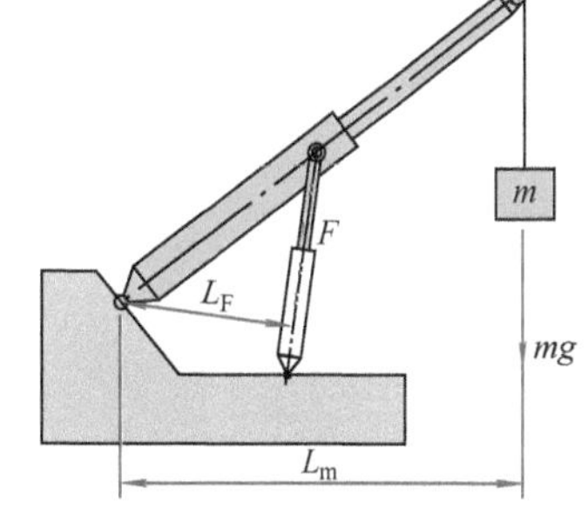

图2-24　重力性负载对液压缸的作用示意图

L_m、L_F—力臂的长度　F—液压缸受到的负载

（2）液压力　当液体静止不动时，液体对固体表面的作用力，如帕斯卡原理所描述，处处相等，其合力可以按下式估算

$$F = pA$$

式中　A——作用力F方向的投影面积。

如果液体运动速度不高，如在大多数液压缸中，那么用此式估算，误差也不大。

2．与运动所导致的位移有关的负载

（1）弹性力　如果运动导致弹簧被压缩（或拉伸），就会引起弹簧力。在应用很多的（卷扬机、风力发电机等）液压制动中，利用液压力克服弹簧力动作，弹簧力就成了直接负载。

在液压技术中极其普遍使用的圆柱形弹簧大致满足所谓胡克定律：弹簧力与压缩量成正比（见图2-25），即

$$F_1 = S_1C = (L_0 - L_1)C$$

式中　C——弹簧刚度，可以根据弹簧的参数估算，详见附录与书附光盘中的估算表格。

液压阀在组装时，弹簧往往已经被一定程度地压缩了，这时的弹簧力就称为预紧力。

在液压技术中，常使用“弹簧力与反向液压力有效作用面积的商”，为叙述简便起见，本书中将此简称为弹簧压力，将“弹簧预紧力与反向液压力有效作用面积的商”称为弹簧预紧压力（Bias Spring Value）。

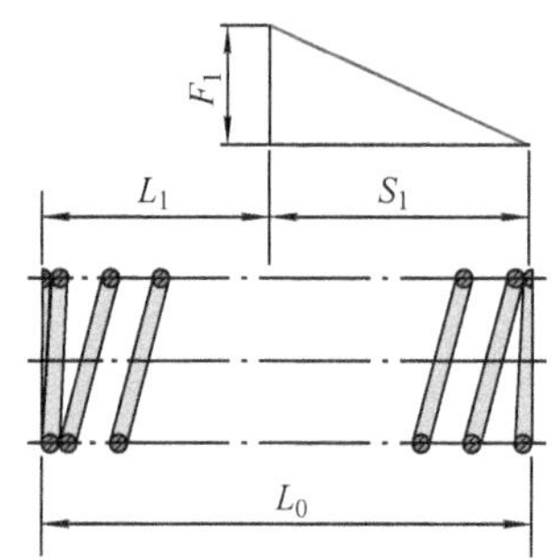

图 2-25　压缩弹簧的行程-力特性示意图
S_1—压缩量　F_1—在压缩量 S_1 时的弹簧力
L_0—原始长度　L_1—弹簧压缩后长度

（2）液动力　当液体流动时，其压力就不再是处处相等的了，速度越高的地方压力越低。压力的变化理论上可用伯努利方程计算，但通常不那么简单。所以，一般还是先按压力处处相等计算，即 $F = pA$。在影响不可忽略时，再加一个修正量，称之为液动力。在液压阀中，液动力与阀开口，即阀芯运动导致的位移有关。理论上，有时也可以利用动量变化的方法估算，详见参考文献[30]。

（3）气体压缩的反作用力　如果液压执行器的运动导致气体被压缩，则压缩气体的压力与其体积大致成反比关系（见图 2-26），即

$$p_1 = p_0(V_0/V_1)$$

式中　p_1——压缩气体的压力；

V_1——压缩气体的体积；

V_0——压缩气体的原始体积；

p_0——压缩气体的原始压力。

详见 12.3 节。

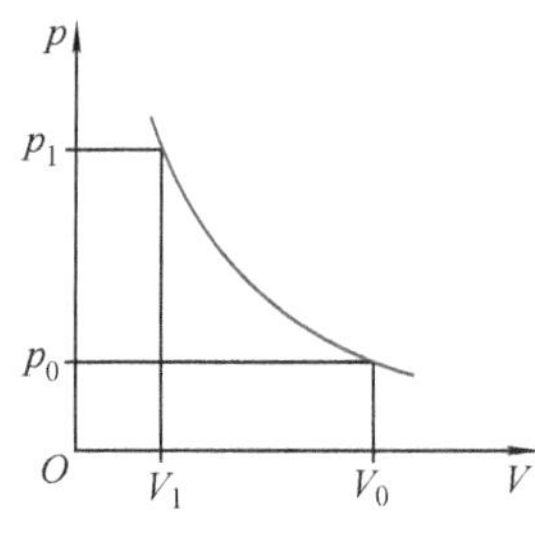

图 2-26　气体压缩时压力与体积成反比

（4）电磁力　电磁线圈在通电后会产生电磁场，推动磁场中的衔铁运动。电磁力除了与线圈的匝数、通过线圈的电流强度大致成正比外，还与衔铁中的磁感应强度有关。衔铁的位移导致工作气隙变小，从而使磁感应强度增高，电磁力也相应增大。衔铁套筒组件中隔磁环的形状影响了磁感应强度随工作气隙而变的特性（见图 2-27），详见参考文献[2]第 10 章“电比例换向阀”。

在现代液压技术中，电磁力相对液压缸的驱动力而言太小了，所以极少成为液压缸的负载。但在液压阀中，作为电液转换器，把控制器发出的电控信号传递给液压系统，迄今为止，几乎是唯一的手段。利用压电晶体磁致伸缩原理进行电-机-液转换的研究二十世纪就已开始进行了，目前尚未进入实用阶段。

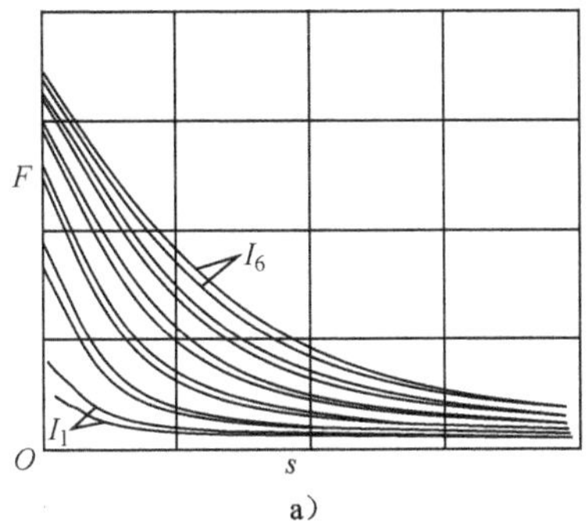

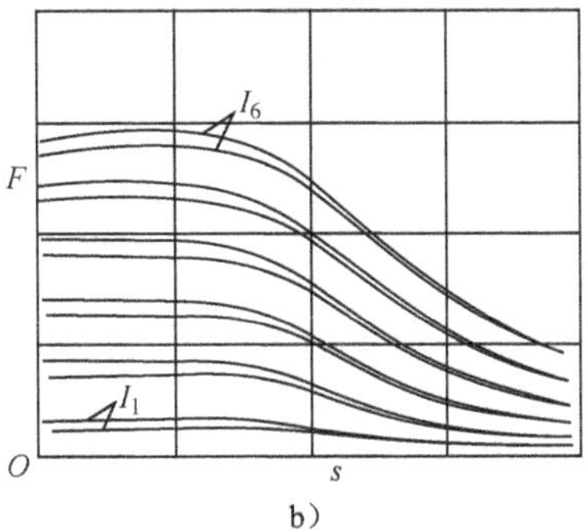

图 2-27　不同电流时的工作气隙-电磁力特性[5]

a）开关型衔铁套筒组件　b）比例型衔铁套筒组件

s—工作气隙　F—电磁力　I—电流，$I_1 < I_6$

3．与运动的速度有关的负载

（1）摩擦力　液压执行器推动负载运动，必须克服摩擦力。摩擦力的特性受润滑状况的影响很大（见图 2-28）。采用滑动轴承、滚动轴承、静压轴承等可以减小摩擦力。

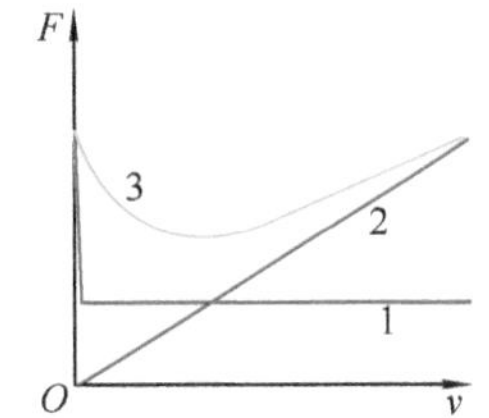

图 2-28　各类摩擦力随速度的变化示意图

F—摩擦力　v—速度　1—干摩擦　2—液体摩擦　3—混合摩擦

在液压阀中，滑阀阀芯与阀体间，为了减小摩擦力，一般都不使用柔性密封。因此，工作时有泄漏流量通过，带来液体摩擦力。液体摩擦力的估算可见附录 A-12。

（2）密封圈摩擦力　在液压缸中普遍使用密封圈。金属弹性密封圈摩擦阻力很小，但密封性较差，用得较少。用得较多的是用高分子材料制作的柔性密封圈，形式很多（见图 2-29），摩擦力差别很大。

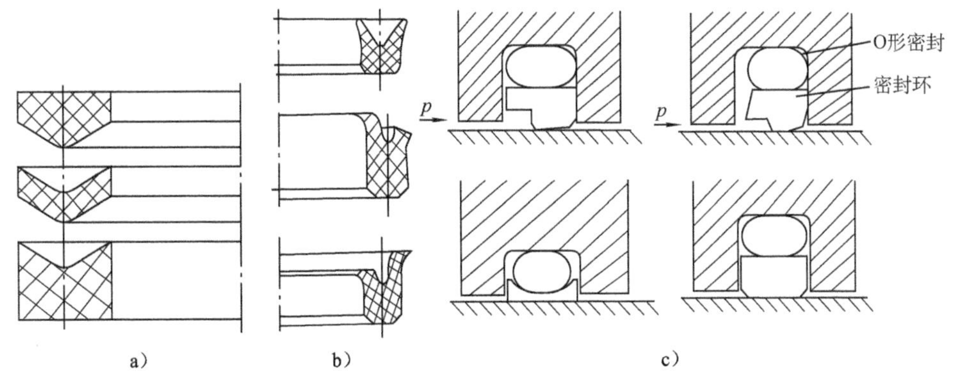

图 2-29　各种形式的柔性密封圈

a）V 形　b）Y 形　c）组合型

组合型（如斯特封、格莱圈等）采用摩擦因数很小的材料，如聚四氟乙烯（PTFE，商标名 Teflon 特氟龙）；或填充改性，使之具有自润滑特性（商标名 Turcon 特尔康、Turcite 特开）；或全氟醚橡胶（FFKM）、弹性聚氨酯（AU 和 EO）、聚酰亚胺（PI）及超高分子量聚乙烯（UHMWPE）等，作为密封环，再用弹性较大的材料来提供预紧力，效果很好，因此应用越来越广。

使用时要注意以下几点：

1）接触面的表面粗糙度对密封性和密封圈的寿命影响很大。

2）密封槽尺寸的加工偏差对密封圈摩擦力的影响很大，设计加工时不可掉以轻心。

3）多数液压缸的活塞采用柔性密封，基本没有泄漏，因此基本属于干摩擦，摩擦力一般不随速度增加而明显增加（见图 2-30）。

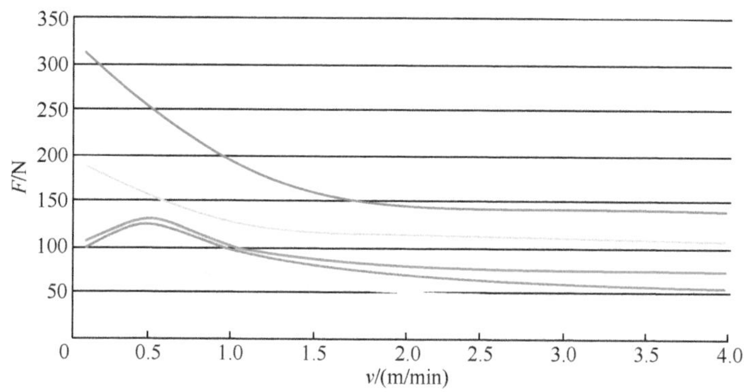

图 2-30　一些不同类型的密封圈在不同速度时的摩擦力

v—速度　F—摩擦力

但是，有研究报告称，有些密封圈在使用过一段时间后，由于磨损，与密封表面的接触面积增大后，摩擦力的情况就会有明显变化（见图 2-31）：静止和低速时的摩擦力显著增大，而高速时的摩擦力则显著减小。

4）有些密封圈的摩擦力随着工作压力增加而明显增加，有些则不那么明显（见图 2-32）。

密封圈在单向受压与双向受压时的摩擦力也常会有显著差别。

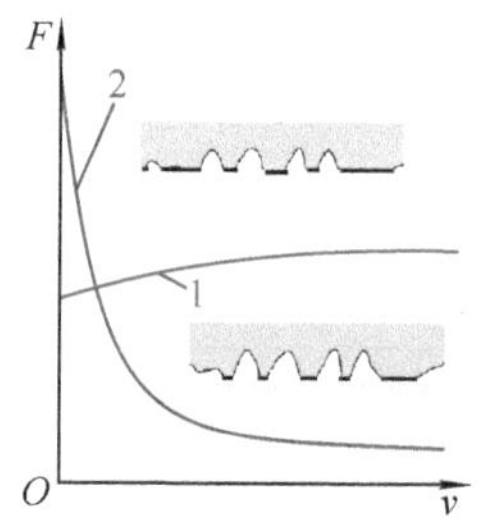

图 2-31　新旧密封圈在不同速度时的摩擦力

1—新密封圈　2—用旧了的密封圈

从以上介绍可以看到，密封圈的摩擦力情况很不相同。密封圈的摩擦力是决定液压缸空载起动压力的最主要因素，也是引起低速爬行（见 2.2.1 节）的主要原因。所以，能否忽略不计，要根据具体应用情况分析和测试决定。

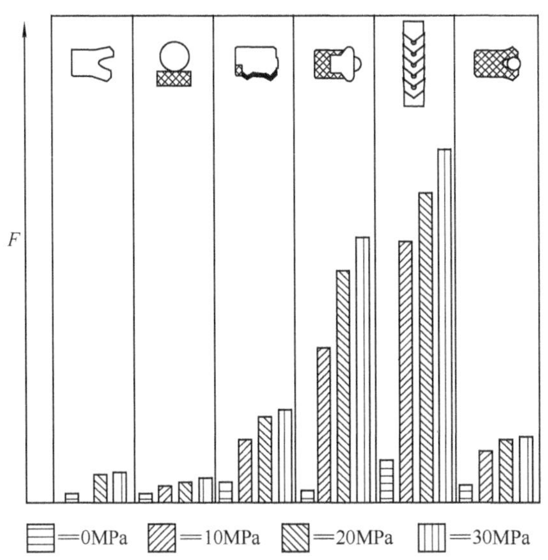

图 2-32　不同类型密封圈在不同压力下的摩擦力[5]

F—摩擦力

（3）切削阻力　执行器推动负载进行运动有多种目的，切削是其中很重要的一种。

切削阻力来自于两方面。一方面是切削工具与材料间的摩擦力，主要与切削速度有关；另一方面是材料的变形阻力，主要与材料的强度和硬度有关。如被切削材料是金属等紧密材料（金属加工机床），以后者为主。若是泥土之类松散材料（挖掘机、装载机），则以前者为主。

（4）液体阻力

1）执行器在工作时，背压腔的液体流量随着执行器的工作速度而增加。这个流量在回到油箱前总要通过一定的液阻。流量越大，引起的压降越高。因此，作为负载来考虑，背压一般是随着速度增加的，往往不容忽视。

2）液压油在通过液压缸的进出口、马达内部的流道时，也会有一定压降。这个压降也是随着流量增加而增加的。

3）关于液压机械效率。执行器在运动时，即使在稳态，进出口间的压差也总是高于为了克服外负载所需的压差。这是因为在执行器里不仅存在着机械摩擦力，还存在着液体阻力，为此引入了“液压机械效率”

$$\eta_m = \Delta p_t/\Delta p_e$$

式中　Δp_t——根据负载和执行器有效作用面积（排量）计算出来的理论压差；

Δp_e——实际压差。

图 2-33 所示为一马达的液压机械效率曲线。

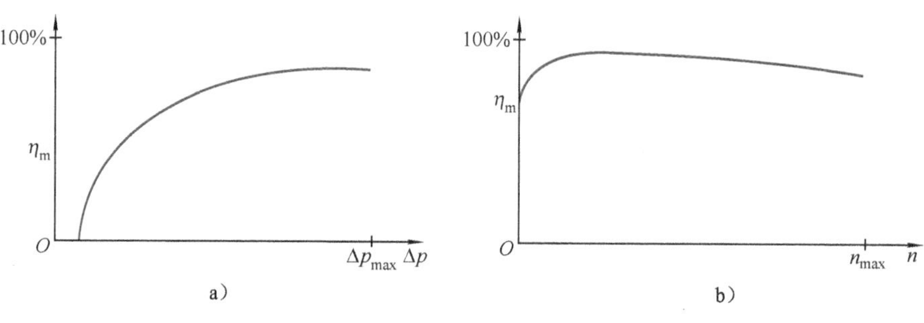

图 2-33 马达的液压机械效率 η_m[5]

a）随压差变化 b）随转速变化

从图 2-33a 可以看到：

1）在压差很低时，η_m 几乎为零。这是因为，需要一个起动压差，以克服密封和轴承的静摩擦力。

2）当压差增大时，η_m 呈增长态势。这主要不是因为摩擦力下降，而是因为摩擦力所占的比重在下降。

从图 2-33b 可以看到：

1）在转速较低时，η_m 呈增长态势。这主要是因为动摩擦力一般低于静摩擦力。

2）当转速增大到一定程度后，η_m 又呈下降态势。这主要是因为液体阻力随流量上升。

“液压机械效率（Hydromechanical Efficiency）”早在国家标准 GB/T 17446—1998《流体传动系统及元件 术语》（现行版本为 2012）中就定义了。所以，继续对液压执行器使用“机械效率”而不作任何说明是不妥的。

（5）空气阻力 物体运动时受到的空气阻力大致与运动速度的平方成正比。多数液压缸的运动速度不是很高，因此，受空气阻力的影响不是很大。但是，当用马达驱动冷却风扇时，空气阻力就是几乎唯一的负载了。如果要提高转速的话，马达进出口间的压差就会按平方增加。再考虑到流量的增加，液压泵的输入功率就需要按立方增加。

以上分别介绍了各类负载，而实际上的负载通常是综合的。例如，冷却风扇在起动时，一方面要克服叶片的惯量，另一方面要克服逐渐增大的空气阻力。

深刻认识各种类型负载的共性与差异是很重要的。例如，在测试台上可以用一个小的节流孔或一个溢流阀模拟一个沉重的负载。对于稳态过程来说，它们都可以在被测元件的出口造成高压。但由于液体阻力与大惯量刚性负载的惯性力具有本质上的不同，动态过程就完全不同。

2.1.4　液压系统中压力多变

液压系统在工作时，其中的压力变化通常是很剧烈的。用普通的压力表一般观察不到，因为，为了保护压力表的指针，市售的压力表一般都加入了阻尼和缓冲。如果用响应速度较高，如优于 1000Hz 的压力传感器去测量一下，就可以认识到，压力波动几乎是时刻存在的，压力尖峰也会经常出现。图 2-34 所示为一个液压系统工作时在液压泵出口处实测的压力曲线（采样节拍 1ms）。在时间 1.9～2.1s 段，看似压力稳定，但放大来看（见图 2-34b），也是波动不停的。

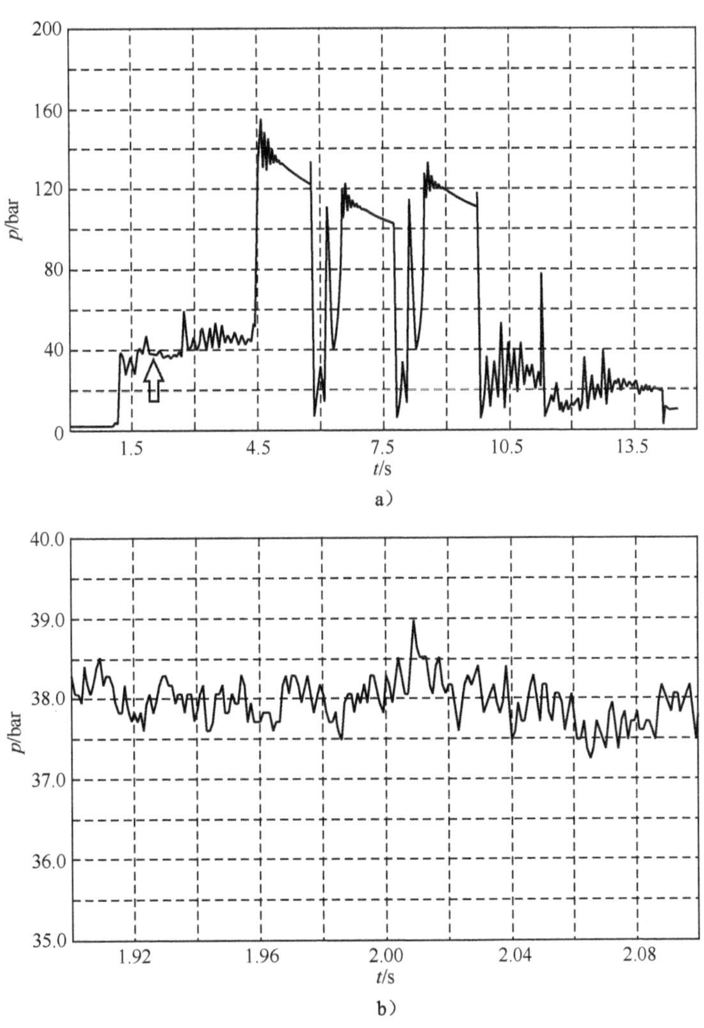

图 2-34　液压系统中的压力变化

a）全过程　b）局部放大

为了更深入精细地监测液压系统中压力的变化，德国 HYDROTECHNIK 公司在 2013 年的汉诺威工业博览会上推出了最小采样节拍 0.1ms 的测试仪及频响高于 10000Hz 的压力传感器。

1．描述液压系统中不同压力状况的术语

为了描述液压系统中多变的压力，GB/T 17446—2012 建议了多个术语（见图 2-35）。

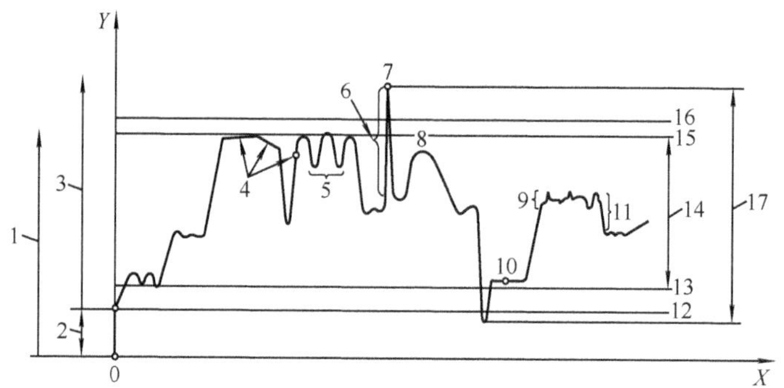

图 2-35　液压系统中压力术语图解

X—时间　Y—压力　1—绝对压力（Absolute Pressure）　2—（表）负压力（Negative Gauge Pressure）
3—（表）正压力（Positive Gauge Pressure）　4—稳态（平均）压力（Steady-State Pressure）
5—压力脉动（Pressure Pulsation）　6—压力突跳（Pressure Pulse）　7—压力峰值（Pressure Peak）
8—压力起伏（Pressure Surge）　9—压力颤动（Pressure Fluctuation）　10—空载压力（Idling Pressure）
11—压降（Pressure Drop）　12—大气压力（Atmospheric Pressure）　13—最低工作压力（Minimum Working Pressure）
14—工作压力范围（Working Pressure Range）　15—最高工作压力（Maximum Working Pressure）
16—最高许用瞬态压力（Maximum Pressure）　17—实际承受压力范围（Operating Pressure Range）

2．造成压力多变的原因

1）负载突变，特别是在某些工程机械中，如挖掘机，负载的变化更是剧烈。

2）负载的惯量在速度变化时带来的影响。液压泵输出的流量并不是稳定不变的，通常是带有脉动的。这就引起速度波动和压力脉动（见 3.3 节）。

3）溢流阀需要一定的响应时间，这也会导致在系统中有压力超调——压力峰值。

4）液压油的高弹性模量。液压技术所使用的液压油一般都有相当的“硬度”：需要很大的压力才能使液压油的体积稍稍变小。反过来说，就是，如果往一个已充满液压油的容器里压入少量体积的液压油，就会引起压力很大的增加。如果用“弹性模量”的概念——单位体积变化相应的压力改变值，则

$$\Delta p = E\Delta V/V$$

式中　Δp——压力改变值；

　　　V——液体体积；

ΔV——液体受压后的体积变化量；

E——液体的（体积）弹性模量。

由于 E 很高，所以Δp 很大。

图 2-36 所示为一液压技术中常用的 HLP46 号矿物油在几乎不含空气时实测的弹性模量。从中可以看出，矿物油的弹性模量随压力和温度变化，在低压常温下，约 1800MPa。这意味着，如果往一个已经充满液压油的密闭容器中再压入 1%的液压油，压力就会上升 18MPa。

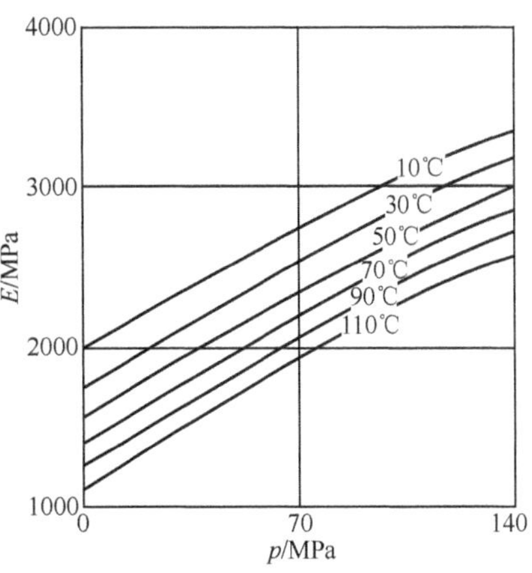

图 2-36　HLP46 矿物油的弹性模量[5]

p—压力　E—弹性模量

因此，液压油的热胀冷缩也就不可轻视。一个液压缸曝晒在烈日下，油温上升 50℃是完全可能的。如果没有限制的话，体积膨胀率$\Delta V/V$ 可达 3%。如果此时液压缸是完全密封的，液压油的体积不可能改变，那压力上升就会达到约 54MPa，会导致液压缸损坏。

3. 液压油的实际弹性模量

还有一些因素也会影响液压油的实际弹性模量。

（1）未溶解空气　与液体相比，气体容易被压缩，即弹性模量低得多（见图 2-37）。而液压油中常混有未溶解的空气，一般在 5%～10%，这就会降低液压油的实际弹性模量，使之变得“软”一些，约为 700～1400MPa。

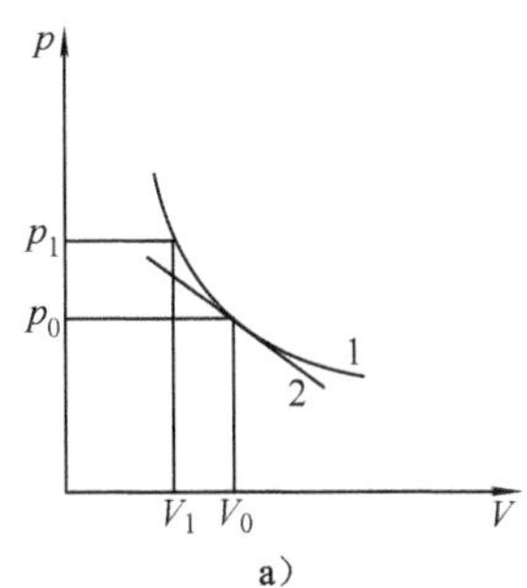

a）

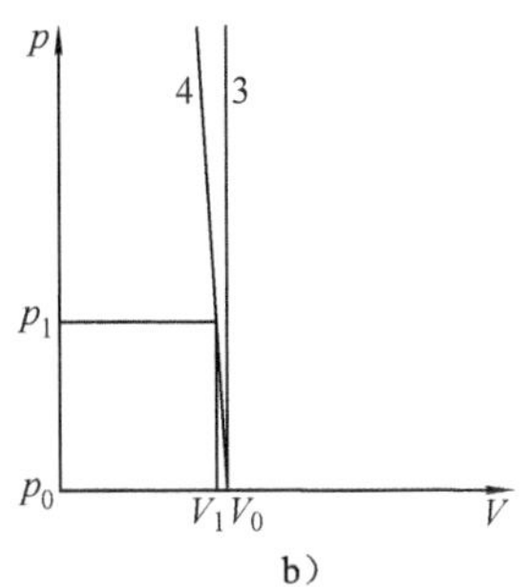

b）

图 2-37　空气与液体的压力-体积特性[5]

a）空气　b）液体

1—空气的压力-体积特性　2—曲线 1 的切线　3—液体受压理论曲线　4—液体实际压力-体积特性

图 2-37a 中直线 2 是空气的压力-体积特性曲线 1 在 p_0、V_0 处的切线，其斜率即空气在 p_0、V_0 的弹性模量。从该图可以看到，空气被压缩后，体积缩小，压力增高，其弹性模量上升。所以，混有未溶解空气的液压油的弹性模量会随着压力

升高而升高，变得“硬”一些。

液压油中的空气一般来自于泵吸入口的不密封，以及回油口的涡流。如果液压油中加入了空气分离剂，并且在油箱中的滞留时间长些，则已混入的空气就比较容易析出。现在也有生产商推出部分负压的油箱，以帮助油中的空气排出。

（2）管材与壁厚　在液压系统中，多少总是有些管道的。管道的刚性也会对系统的实际弹性模量产生影响。使用厚壁钢管时，影响较小，但软管的影响就大得多。图 2-38 所示为一对比测试结果，从中可以看出，在工作压力从低压上升到 20MPa 时，厚壁钢管中液压油的实际弹性模量约从 700MPa 上升到 2000MPa 左右；而软管中，液压油的实际弹性模量约从 300MPa 上升到 600MPa 左右，仅为钢管的 1/3 左右。

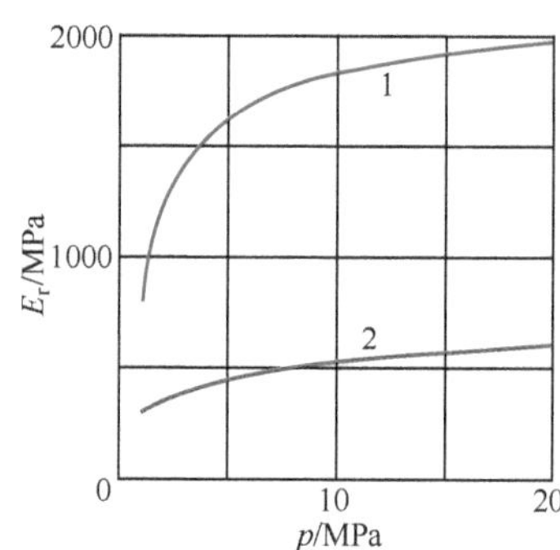

图 2-38　装在钢管和高压软管里的液压油的实测弹性模量对比[5]

1—钢管（外径 30mm，壁厚 4mm，长 3m）

2—高压软管（内径 30mm，长 3m）

E_r—实际弹性模量

4．吸空与气蚀

液压油中可以溶解一定量的空气（见图 2-39a）。实验证明，溶解的空气对液压油的物理性质没有什么直接的影响。但溶解的空气在压力降低时会析出（见图 2-39b），成为未溶解的空气，降低液体的实际弹性模量。

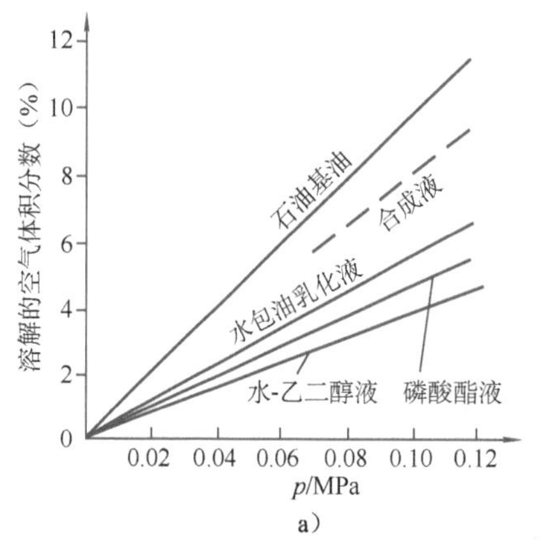

a）

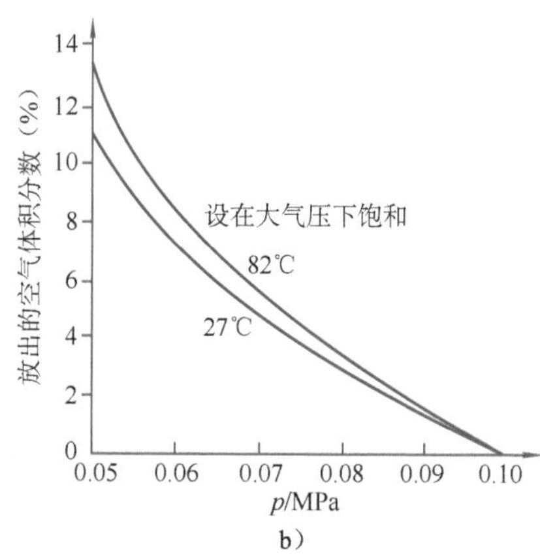

b）

图 2-39　液压油中可溶解的空气量

a）压力-空气溶解量　b）压力-析出的空气量

p—绝对压力

如果液压泵、管道、阀、执行器中，由于某种原因形成负压，除了原先溶解的空气分离出来外，液压油也会变为蒸气，即出现所谓“吸空”现象，又称“气穴”。此时，由于液体中混有大量气体，负载力-负载压力、流量-速度的对应关系不再有效，影响了驱动精度，降低了系统效率。

混有气泡的液压油高速进入高压区后，气泡被压缩崩溃，造成局部冲击力，使与液压油接触的金属发生表面疲劳腐蚀，此即所谓“气蚀”现象，会对泵、阀和管道等带来严重的损坏。在很多工作过的泵部件内表面都可观察到的所谓“麻点”，就是由气蚀造成的。

气泡受到快速压缩时（见图 2-40），如同在绝热状态下，其温升大致可以根据泊松定理估算，即

$$\frac{T_{abs}}{T_{0,abs}}=\left(\frac{p_{abs}}{p_{0,abs}}\right)^{\frac{K-1}{K}}$$

式中　T_{abs}——压缩气体的绝对温度；

$T_{0,abs}$——未压缩气体的绝对温度；

p_{abs}——压缩气体的绝对压力；

$p_{0,abs}$——未压缩气体的绝对压力；

K——泊松比，一般常取 K=1.4。

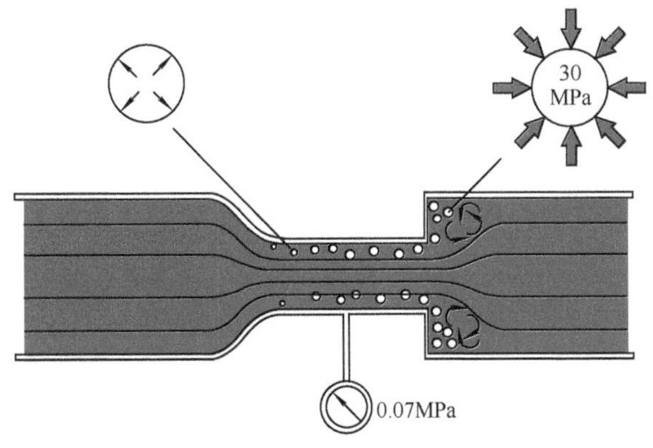

图 2-40　气蚀现象示意图

假设 $T_{0,abs}$=40℃=313K，$p_{0,abs}$=0.07MPa，p_{abs}=30MPa，那么压缩后气泡内的温度为

$$T_{abs} = (30/0.07)^{(1.4-1)/1,4}\times313\text{K} = 5.6\times313\text{K} = 1768\text{K} = 1495℃$$

在此高压高温下，矿物油和其他可燃液压油的蒸气会发生与在柴油发动机活塞缸内类似的情况，被压缩爆炸，此即所谓的“微柴油燃烧（mini-Diesel）”现象，使油液加速老化发黑。在溢流阀出口，即使总体来说非高压，但高速喷出的液体在小区域内还是会形成局部高压，在此区域内同样会产生高温。在升旭德国子公

司的实验室里，作者曾亲眼见到从一个溢流阀（在 8MPa，100L/min 流量时）的各流出孔处喷出芝麻大小的蓝色火焰（阀块为有机玻璃）。

综上所述，是负载决定压力，但具体应用时，要考虑到以下几个因素：

1）有效作用面积。

2）背压。

3）不同类型负载的特性。

4）特别是在速度变化时，惯量的影响。

2.2 流量决定速度

液压技术中，进出执行器的流量是外因，执行器的有效作用面积是内因，两者共同决定执行器运动部件的速度。对于一个现存的执行器，如果其有效作用面积不改变的话，就可以简单地说，流量决定速度。

要注意的是，在没有吸空及泄漏的情况下，不仅进入执行器的流量，流出执行器的流量也决定执行器的速度。

液压技术中，控制流量的目的，虽有例外，但主要都是为了控制执行器的运动，因此：

1）希望流量能够根据操作者的意愿被调节。

2）希望进出执行器的流量不受或少受负载波动的干扰。

3）因为执行器的运动情况也对许多种类的负载产生影响，也间接地影响着工作压力的平稳。因此，适当控制流量，特别是在起动或制动时，可以减小液压冲击，从而提高液压系统乃至整机的工作寿命。

常可以见到这样的表述，“提高压力，使负载运动得快”，好像是压力决定了速度。其实不然。在一些应用场合，负载的大小随速度而变。如果提高了系统的限制压力，确实可以提高负载的速度，但前提还是在于要能供应相应的流量。如果没有足够的流量输入，那限制压力的溢流阀拧得再紧，负载速度也提不高。

如果负载的大小完全不随速度而变的话，那只要增加流量，不必增高系统的压力限制，就可以提高执行器的运动速度。

2.2.1 液压缸的流量速度特性

1. 基本关系

简单地说，稳态时，对做平动的执行器（液压缸）而言有

$$速度 = 流量/有效作用面积$$

在图 2-41 所示的回路中，在稳态且没有泄漏时，进入和流出液压缸的流量有一固定的比例关系，因此，活塞的移动速度 v 既可以从进入的流量 q_A，也可以从

流出的流量 q_B 计算得出，即

$$v = q_A/A_A = q_B/A_B$$

式中　A_A、A_B——驱动腔、背压腔的有效作用面积。

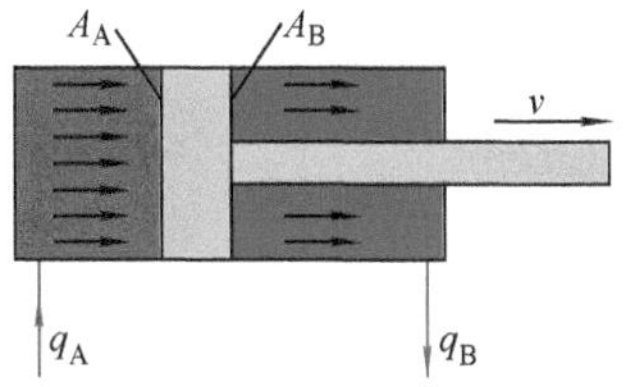

图 2-41　进入和流出液压缸的流量决定了活塞的移动速度

液压缸的活塞一般都采用柔性密封，正常情况下基本没有泄漏。因此，泄漏对速度的影响通常可以忽略。其流量速度特性可以表示为如图 2-42 所示。

2. 液压缸的最高运动速度

液压缸的最高运动速度，理论上并没有限制。输入多大流量，就引起多高速度。所以，液压缸供货商一般都不给出最高运动速度。

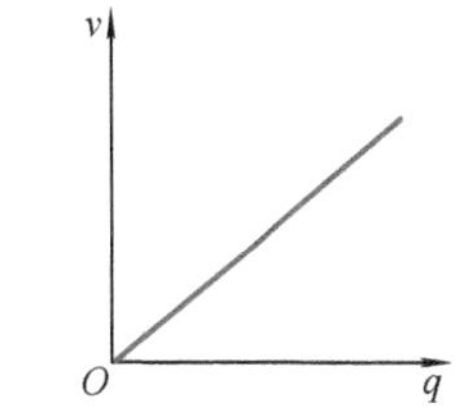

图 2-42　普通液压缸的流量速度特性
q—进入或流出液压缸的流量
v—活塞移动的速度

但是，随着流量的增大，液压油流过液压缸进出口（由于结构的限制，孔径通常都不很大）的压力损失会按平方增高，其他一些阻力（见 2.1.3 节）也会增高。这些都会增高驱动压力，又进一步导致密封圈的摩擦力上升及发热。这些因素限制了液压缸实际上的最高运动速度。

此外，因为液压缸的行程都是有限的，如果活塞在到达终端时还有相当速度，就会冲击液压缸端盖，引起噪声和机械性损坏。这是另一个很重要的限制因素。

3. 液压缸的最低运动速度

液压缸在极低速运行时会出现速度压力波动，常称低速爬行。

（1）引起低速爬行的原因　因为负载的摩擦力，可以通过滚动轴承、静压轴承等一定程度降低。所以，低速爬行的主要原因在于液压缸里密封圈的摩擦力。从前述图 2-31 可以看到，密封圈的摩擦力主要是干摩擦性质的：在低速时并不低。特别是从图 2-32 可以看到，一些密封圈在磨损后，呈现明显的干摩擦特性：低速时摩擦力很大。

（2）形成爬行的过程　液压缸推动负载，因为液压油有弹性，负载有惯量，类似一个弹簧惯量系统（见图 2-43）。当液压缸的驱动力 pA 低于干摩擦力 F_G 时，负载不动，但弹性元件被压缩。当 pA 高于 F_G 时，负载运动，储存在弹性元件中的压缩能释放，使运动速度高于平均速度，导致驱动压力下降。如此周而复始，走走停停，运动速度始终不能稳定。

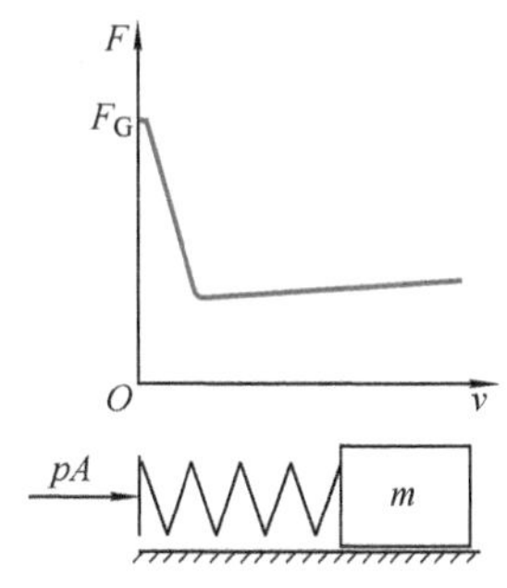

图 2-43　形成爬行的过程
F—摩擦力　F_G—干摩擦力
v—速度　pA—驱动力

（3）爬行的危害 低速爬行会导致运动部件不能平稳运动，特别是不能精确定位。

（4）消除爬行的一些措施 关键是要降低摩擦力。

1）有些摩擦副可采用附加的静压轴承。先建立油膜，消除了干摩擦力后再起动。

2）液压缸里采用金属密封圈来降低摩擦力，伺服用液压缸普遍如此，但一般会有些泄漏。

2.2.2 液压缸终端缓冲装置

为了减小对液压缸端盖的冲击，液压缸中通常加入终端缓冲装置（End Position Cushioning，见图 2-44），以降低活塞接近终端时的速度。

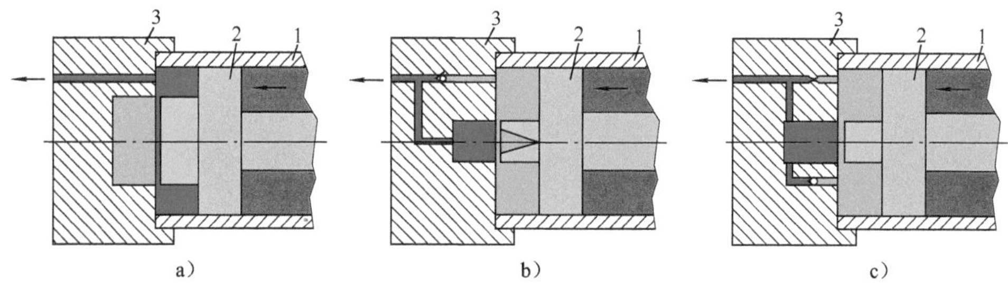

图 2-44 一些终端缓冲装置

a）通过环形间隙 b）通过三角槽 c）通过节流口

1—缸体 2—活塞 3—端盖

其实，绝大多数液压缸的终端缓冲装置，只是增加液压油流出的液阻而已，并不能直接降低活塞的运动速度，还是流量决定速度。所以：

1）这些装置很难直接将活塞速度降低到零。因为，速度越低，则流量越低，阻尼作用也越弱。

2）如果液压源工作在恒流量工况（见第 3.2 节），终端缓冲不能减少进入液压缸的流量的话，也就不能达到降低速度，避免冲击的目的。

例如，在图 2-45a 所示的系统中，液压缸在工作过程中的压力为 3MPa，溢流阀设定的开启压力为 20MPa。那么，即使活塞到达了开始缓冲位置，液压油流出的液阻开始增大，但在驱动腔压力升到 20MPa 前，液压泵排出的流量还是全部进入液压缸，活塞速度依然保持不减。一直要等到溢流阀打开，一部分流量从溢流阀排出后，活塞速度才会减慢。图 2-45b 所示为实测曲线。从中可以看到两个高达 23MPa 的压力尖峰。在运行时，在这两点有明显的撞击声。

在采用了终端辅助分流措施后，才消除了压力尖峰（见图 2-45c），运行明显柔和。

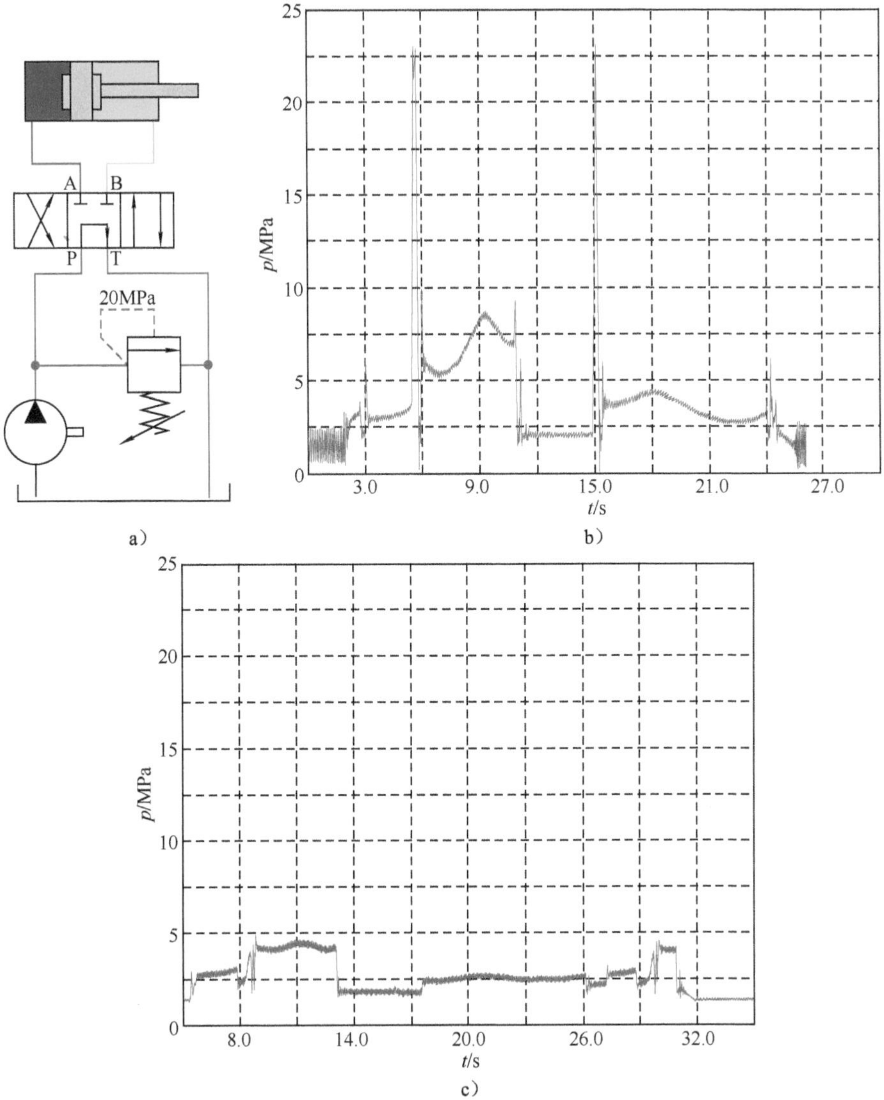

a）　　b）

c）

图 2-45　液压缸终端缓冲的效果

a）回路　b）无辅助分流　c）带辅助分流

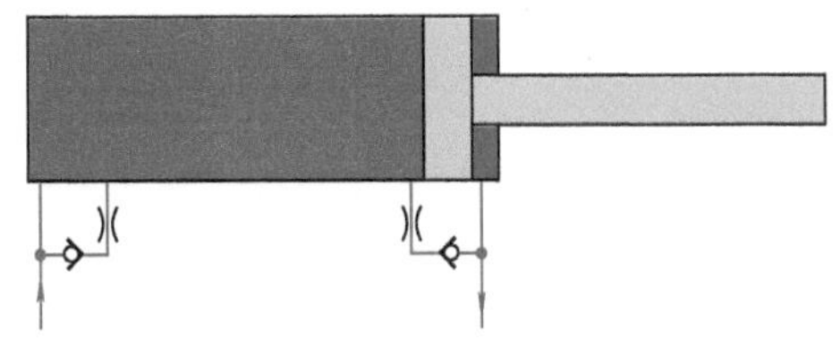

图 2-46　分流型液压缸终端缓冲原理图

如果终端缓冲的结构类似图 2-46 所示，在活塞接近液压缸终端时可以产生分流，使一部分进入液压缸的流量通过单向节流阀旁路掉，则缓冲效果可以不依赖于液压源的工况。只是在这种结构中，密封圈要越过分流孔，很容易损坏，需要采用特殊的措施，因此，很少应用。

2.2.3 流量突变时压力速度的动态变化过程

以上所介绍的主要是稳态工况，即负载、压力、流量、速度都不随时间变化的情况。如果（由于换向阀切换等引起）流量突然变化，情况就有所不同，因为执行器运动部分和负载都有惯性，它们的速度不可能也随之立即改变。这时，执行器的速度与进入的流量不平衡，多余（或欠缺）的流量就会引起驱动腔内压力的上升（或下降）。这又引起压力与负载力的不平衡，带来加速度（或减速度），直至执行器的速度与流量平衡为止。

1）以下以一个简化模型为例，对这一变化过程作一粗浅的说明（见图 2-47）。

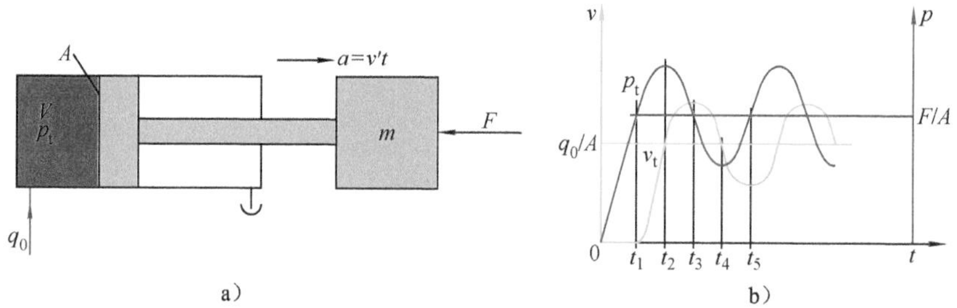

图 2-47 考察流量突变时压力速度变化状况

a）简化模型 b）动态响应过程

① 初始状态：无流量，负载速度 v_t 为零。负载 F 通过活塞，完全作用在液压缸左端盖上，因此，液压缸驱动腔压力 p_t 为零。

② 在刚有流量输入时，由于活塞还未开始运动，输入流量 q_0 完全被压缩，导致 p_t 上升，上升速率

$$p_t' = q_0 E/V$$

式中 V——从泵的高压腔、连接管道一直到执行器驱动腔容纳液压油的容积；

E——液压油的实际弹性模量。

③ 到时刻 t_1 后，驱动力 p_tA 超过负载力 F 后，开始推动活塞运动，加速度为

$$a = (p_tA - F)/m$$

由于活塞开始运动，输入的流量只有一部分继续使 p_t 上升，因此压力上升速率为

$$p_t' = (q_0 - v_tA)E/V$$

上升速率开始下降。

④ 在时刻 t_2～t_3，活塞运动速度 v_t 超过了输入流量所对应的速度 q_0/A，p_t' 变为负值，p_t 开始下降。

由于此时 p_t 仍然超过负载压力 F/A，活塞继续加速运动，只是加速度开始下

降。

⑤ 在时刻 t_3～t_4，p_t 低于 F/A，活塞开始减速运动。

由于活塞运动速度仍超过输入流量所对应的速度 q_0/A，因此 p_t 继续下降。

⑥ 在时刻 t_4～t_5，活塞运动速度低于输入流量所对应的速度 q_0/A，p_t 重又开始上升。由于此时 p_t 仍然低于 F/A，活塞运动速度继续下降。

如果完全没有摩擦力及其他减振因素的话，压力 p_t 和速度 v_t 会持续振荡不已（振荡频率的导出与计算见附录 A-3）。实际系统中，多少会有些摩擦力，会阻碍活塞运动速度的变化，振荡的幅度逐渐减小。经过一段时间后，运动进入稳定状态。

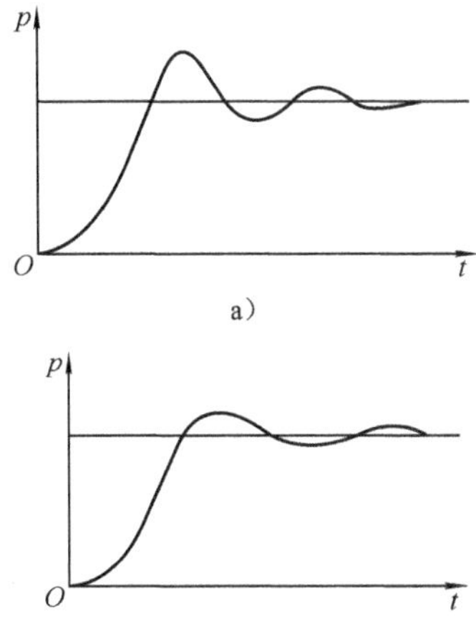

图 2-48　不同阻尼时的压力阶跃曲线
a）阻尼较小　b）阻尼较大

如果背压腔充满液压油，经过一节流口通油箱。那么，活塞运动速度越高，背压也越高，这样也可以使振荡较快平息。

在摩擦力与回路液阻不同的情况下，压力阶跃曲线会有不同的形态（见图 2-48）。

图 2-49 所示为向一处于静止状态的液压缸输入一流量后压力变化过程的实测曲线，从中可以清楚地看到压力振荡过程。

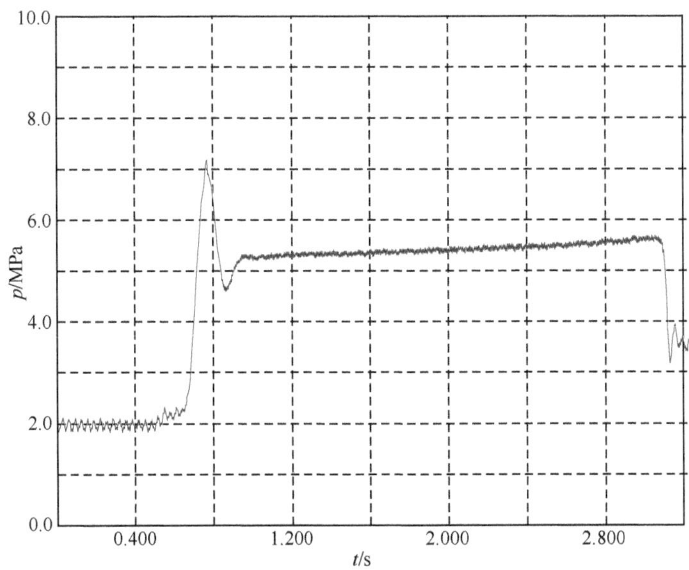

图 2-49　流量突变时压力的实测曲线

说明：

① 由于该测压点设在液压泵的出口，在时刻约 0.6s 前的压力约 2MPa，是泵流量通过开中心换向阀旁路造成的，不是负载压力。

② 由于该液压缸与被驱动机构是三角铰接，开始移动后，驱动力臂逐渐缩短，所以驱动压力也逐渐增加。

2）减小液压冲击的措施。从以上分析和实测可以看出，如果给液压缸输入一个突变的流量，会带来液压冲击。以下措施可以减小液压冲击，延长机件寿命，提高系统乃至整机的可靠性。

① 延长切换时间，从而延缓流量的变化。

为了延长电磁换向阀的换向时间，有生产厂在衔铁套筒组件中加入了阻尼孔，但总的来说，不太容易，能延长的量也相当有限。也有生产厂推出缓起动接头，利用脉宽调制技术，延长电磁换向阀的换向时间，参见参考文献[2]第 10 章。

使用电液换向阀的话，可以通过增加液控部分的阻尼来延长换向时间。

使用电比例换向阀，使开口逐渐变化，从而使流量逐渐变化，可以有效地消除液压冲击。

② 在执行器进出口加入节流，可以显著减小振荡，只是增加了能耗。

所有随速度增长的负载，从描述系统运动的微分方程的角度来看，都是一阶项，都可以减小振荡。

③ 在泵出口与执行器进口节流间加入适当的蓄能器（见图 2-50），使从泵输入的流量可以分流，不再是阶跃性的，压力增长较慢，也可以有效地减小冲击。

④ 如果采用适当的控制手段，把阶跃的输入流量分解成若干个叠加的小阶跃，适当控制，使产生的振荡互相抵消，也可以得到较平缓的压力速度上升过程。

从以上的分析可以看到，所谓“流量决定速度”，深入来看，是有一个过程的：输入的流量，在执行器里遇到负载，建立起压力，这个压力根据牛顿第二定律的原理，推动负载，作加速运动，逐步达到力平衡后，停留在一个稳定的速度。

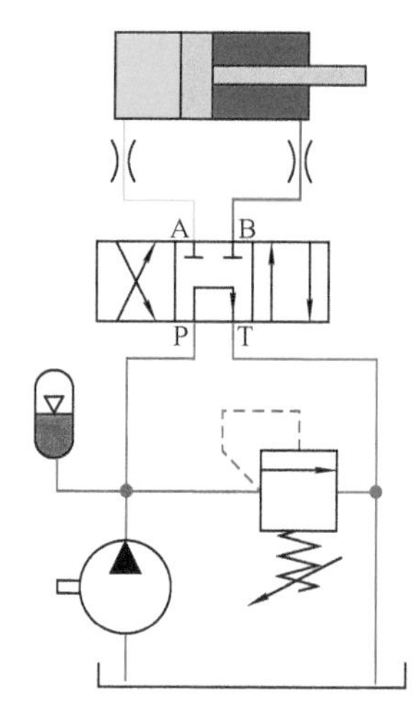

图 2-50　利用蓄能器减少起动冲击

2.2.4　马达的流量转速特性

1．稳态

理论上，如果不考虑泄漏的话，作摆动或转动的执行器（旋转液压缸、摆动马

达、马达）的转速（见图 2-51）也是由进入驱动腔或离开背压腔的流量决定，即

$$n = q/V$$

或

$$\omega = q/(V/2\pi)$$

式中 n——马达转速；

V——马达的每转排量；

q——进入或离开马达的流量；

ω——马达转动角速度。

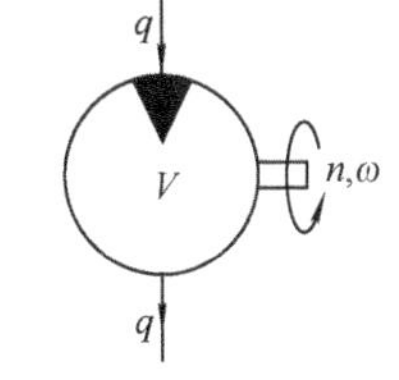

图 2-51 进入或离开马达的流量决定马达的转速

2. 泄漏与容积效率

马达内部的泄漏主要有两种：一是从驱动腔到背压腔，一是从驱动腔到泄漏口。前者随两腔压差而增加，后者随驱动压力而增加，虽然不同类型的马达情况不同，但总体来说，总是马达的实际转速低于理论转速，随负载而变。为反映这一特性，一般常使用“容积效率（Volumetric Efficiency）”这一概念。

$$n = q\eta_V/V$$

或

$$\eta_V = nV/q$$

式中 n——马达实际转速；

V——马达的每转理论排量；

q——进入马达的流量；

η_V——马达的容积效率。

从图 2-52 中可以看到：

1）容积效率在压力高时较低，那是因为泄漏增加了。

2）容积效率随转速升高而升高，这不是因为泄漏减少了，而是因为总流量增加了。

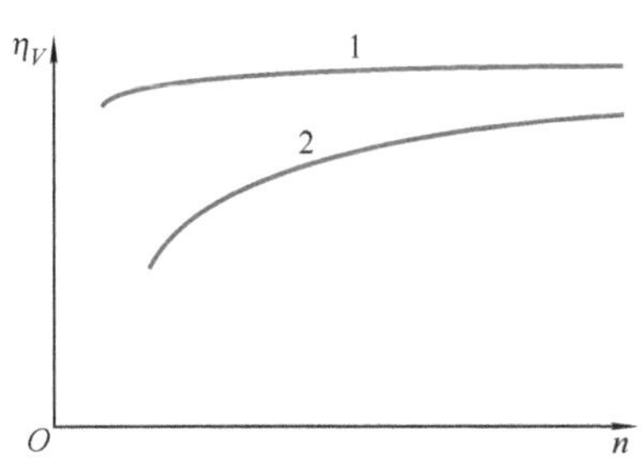

图 2-52 一个马达实测的容积效率[7]

n—转速 η_V—容积效率

1—压差为 20MPa 2—压差为 40MPa

图 2-53 示意了马达的实际流量转速特性。如果输入流量很小，全都泄漏了，就没有转速。只有当输入流量超过泄漏量 q_0 以后，才会有转速。虽说流量是决定转速的原因，但是转速与流量并没有非常严格的一一对应关系。

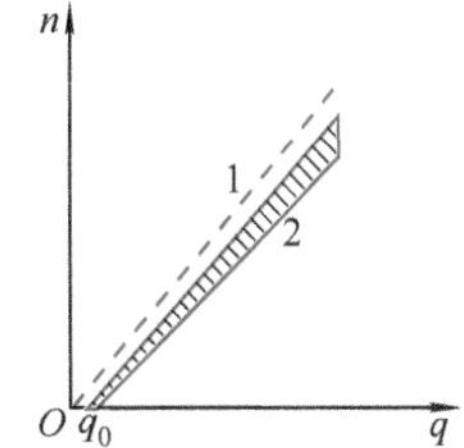

图 2-53 马达的流量转速特性

1—理论特性 2—实际特性

q_0—泄漏流量

3. 总效率

通常使用总效率（Overall Efficiency）来衡量马达的能效。

总效率 η_t 既可以从马达的液压机械效率

η_m和容积效率η_V导出

$$\eta_t = \eta_m \eta_V$$

也可以从马达的输入功率P_{in}和输出功率P_{out}导出

$$\eta_t = P_{out}/P_{in}$$

图2-54所示为一马达的总效率随转速和压差变化的曲线。从中可以看到：

1）在转速和压差较低时，总效率呈增长态势，这主要是因为，转动以后，动摩擦力低于静摩擦力。

2）当转速和压差增大到一定程度后，总效率又呈下降态势，这主要是因为在进出口流道液体阻力随流量上升，并且，泄漏随压差增大。

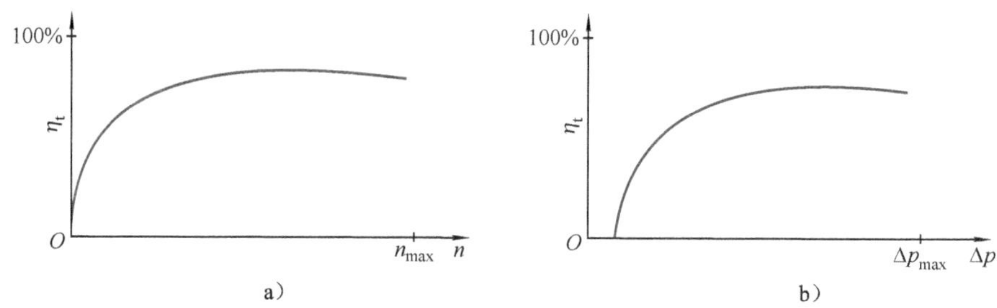

图2-54　马达的总效率[5]

a）随转速而变　b）随进出口压差而变

值得一提的是，在低压差低转速时效率较低，是因为此时输出功率很低，而不是因为损耗功率很高。

把总效率随转速和随压差变化的特性结合在一起，就可以得到图2-55所示的总效率图。从中可以看到，该马达的最高总效率发生在转速约为最高许用转速的45%、压差约为25MPa时。

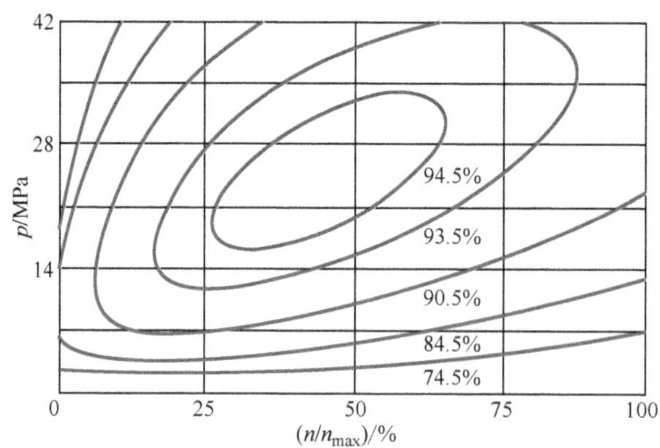

图2-55　一个斜轴柱塞马达的总效率图[7]

4．最低稳定转速

1）马达在静止时，特别是静止了一段时间后，由于外负载的作用，一些摩擦副之间的液压油被挤出。因此，在刚开始要运动时，这些摩擦副之间是干摩擦力在起作用。直到移动后，液压油才被逐渐带入摩擦副之间，形成可承受载荷的油膜，液体摩擦力才开始起作用。

2）马达的泄漏量会随转角而变。图 2-56a、b 所示分别为一个斜轴柱塞马达和一个斜盘柱塞马达的泄漏量随转角变化的实测曲线。由于结构原因，马达的理论排量一般也会随转角变化，有排量脉动。

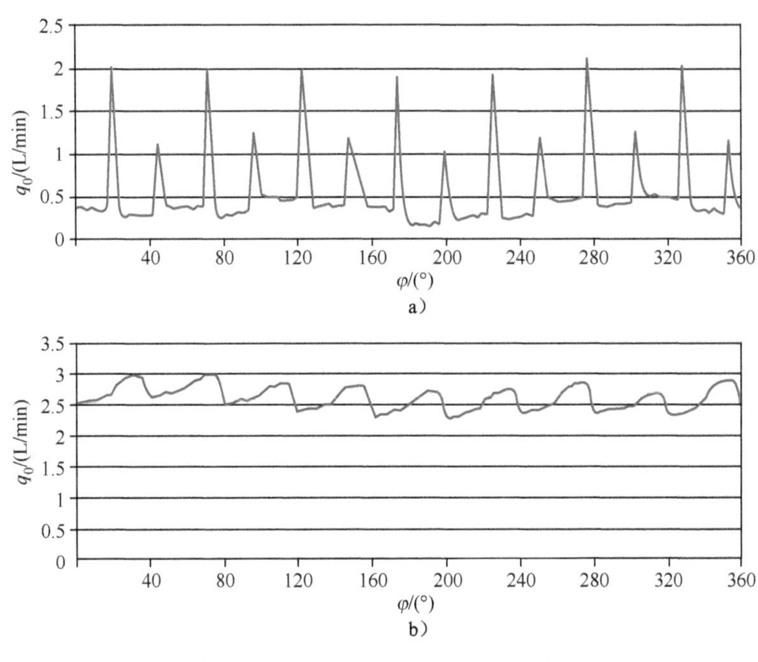

图 2-56　泄漏量随转角变化实测曲线[5]

a）斜轴柱塞马达（7 柱塞）　b）斜盘柱塞马达（9 柱塞）

q_0—泄漏量　φ—转角

以上这些因素，转速越低时，影响越大。所以，即使输入流量绝对平稳，转动也不可能完全平稳。任何马达都有一个最低稳定转速，无论产品说明书上是否给出。

因为泄漏量受压力和压差影响，所以最低稳定转速也不是一个固定值。例如，力士乐的 A6VM 马达的说明书曾给出，按速度波动不超过 20%的判据，最低转速在压差 10MPa 时为 20r/min，20MPa 时为 45r/min。

5．马达的最高转速

马达做旋转运动，没有行程限制，因此，其最高运动速度没有终端冲击这一限制因素。但是，随着旋转速度的增高，一些摩擦副间的相对线速度随之增高，润滑性能变坏，另外，旋转部件的离心力随转速的平方增大，这些因素限制了马达的最高运动速度。一旦超过，很可能造成不可修复的损坏。

马达供货商在产品说明书中都会给出最高许用转速，但马达自身一般都不带转速限制机构，因此，用户必须采取适当措施限制马达转速，特别在以下两种工况：

1）马达由于外加的负负载而被动地高速旋转。这可以通过限制出口流量来避免（参见 7.1 节）。

2）变量马达的排量降到很小时。这可以通过机械定位限制最小排量来避免（见 2.2.5 节）。

马达负载转动惯量系统在流量突变时也会出现与液压缸类似的压力转速振荡现象，其固有频率估算见附录 A-4。

2.2.5 马达排量调节

前已述及，执行器的速度是由（输入、输出）流量与有效作用面积（排量）共同决定的。因为绝大多数执行器的有效作用面积（排量）是不可调的，所以可以简单地说，流量决定速度。而对于排量可调的马达（简称变量马达），就不能再这么简单地说了。

变量马达可以在输入流量不变的情况下，改变马达的转速，因此获得很多应用。

变量马达有多种类型。径向柱塞马达可以通过外部切换实现两级排量，单作用叶片马达可以通过改变偏心距无级调节排量。此外，还出现了一些新的设想，如：

1）渐开线内齿轮马达，通过将月牙形隔板分成可相对移动的两部分来改变排量。

2）双作用叶片马达，通过缩回叶片来减小排量[31]。

尽管如此，目前主要在应用的变量马达还是轴向柱塞型的，斜轴或斜盘式。因此以下也主要围绕这两种变量马达展开。

1．特性

前已述及，马达转速为

$$n_M = \eta M_V q / V_M$$

马达进出口间的压差为

$$\Delta p = 2\pi T / (\eta_{Mm} V_M)$$

式中　ηM_V——马达容积效率；

η_{Mm}——马达液压机械效率。

即马达的转速、进出口压差与其排量成反比，如图 2-57 所示。

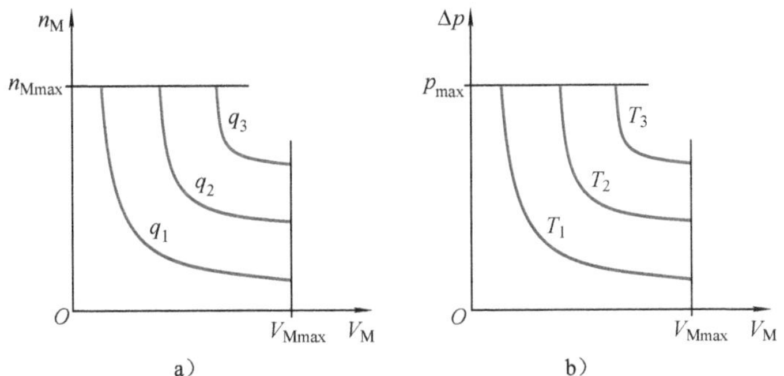

图 2-57　马达排量 V_M 改变时的转速、压差

a）不同输入流量的马达转速 n_M　b）不同负载扭矩的进出口压差Δp

V_{Mmax}—马达最大排量　n_{Mmax}—马达最高转速　p_{max}—马达许用压力

流量 $q_1<q_2<q_3$　转矩 $T_1<T_2<T_3$

2．最高转速限制

任何马达都有一个最高转速的限制。对斜盘马达而言，最高转速一般是个固定值，与实际排量无关。而斜轴马达，则在排量较小时，许用的最高转速可以高于名义转速（见图 2-58）。

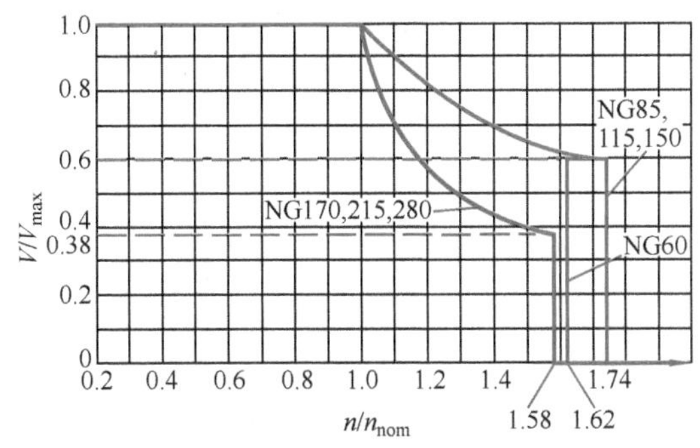

图 2-58　最高许用转速与排量有关（力士乐 A6VM）

n—最高转速　n_{nom}—名义转速　V—实际排量　V_{max}—最大排量　NG—规格

压力可以通过压力阀（溢流阀）限制，流量可以通过（二通）流量阀限制，但转速限制就不那么简单。对于定量马达，只要在设计时考虑到这点，限制进出的最大流量即可。但对变量马达而言，情况就要复杂一些。

因为，理论上，无论怎么小的一个输入流量，在排量不断减小时，变量马达的转速还是会越来越高，导致超过最高转速，所以，马达排量是不可以任意减小的。例如，力士乐的 A10VM 斜盘型马达的最小排量约为最大排量的 1/4；A6VM 斜轴型马达最小排量可以为零，同时提供可以限制马达最小排量的机械限位，把确定最小排量的责任交给用户。

因为图 2-58 所示曲线是在近乎实验室的工况下得到的，而流量与机械限位的设定都会有偏差，超速又可能带来不可修复的损坏，所以，实际应用时，最好保守些，设计最高转速不要超过许用转速的 90%。

3．排量调节方式

为满足不同应用的需要，马达排量有很多种调节方式，大致可分为外控与内控两大类。

（1）排量外控

1）图 2-59 所示为一应用于闭式回路的排量两级控制型：只有两个排量，V_{min} 和 V_{max}。通过两个单向阀选出的负载压力 p_L，一方面直接进入变量缸上腔，另一方面经过控制阀 V1，作为变量压力 p_C，进入变量缸下腔。

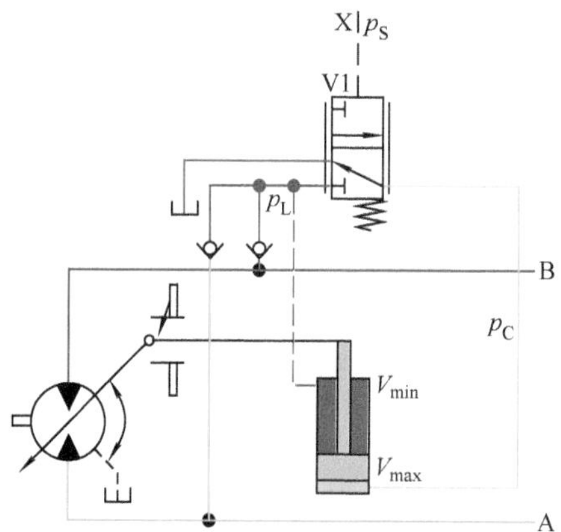

图 2-59　排量两级控制型（力士乐 A6VM*HZ，简化）

如果通过口 X 引入的控制压力 p_S 低于阀 V1 的预紧压力，阀 V1 处于下位，则 p_C 为零，p_L 使排量达到最大 V_{max}。

如果 p_S 高于阀 V1 的预紧压力，阀 V1 处于上位，则 p_C=p_L，由于变量缸的作用面积差，排量关到最小 V_{min}。

排量两级控制的马达可用于变流量的回路。变速主要依靠液压源，马达只是扩大了调节范围。

2）图 2-60a 所示为一应用于闭式回路的排量负控制型。负载压力 p_L 一方面直接进入变量缸上腔，另一方面经过控制阀 V1，作为变量压力 p_C 进入变量缸下腔。控制压力 p_S 越高，则 p_C 越高，排量 V 就越小。由于变量活塞的位置通过弹簧转化为力，反馈作用于阀 V1 的阀芯，因此，在稳态时，V1 的阀芯停在某个与排量和控制压力 p_S 有关的力平衡位置，不再有流量进出变量缸。

图 2-60b 所示为在此基础上附加了压力限制阀 VP。如果 p_L 低于阀 VP 弹簧的

预紧压力，则 VP 处于下位，p_C 由 p_S 确定。如果负载增加，导致 p_L 高于 VP 弹簧的预紧定压力，则推动 VP 往下，导致 p_C 降低，排量 V 变大，p_L 就会下降。

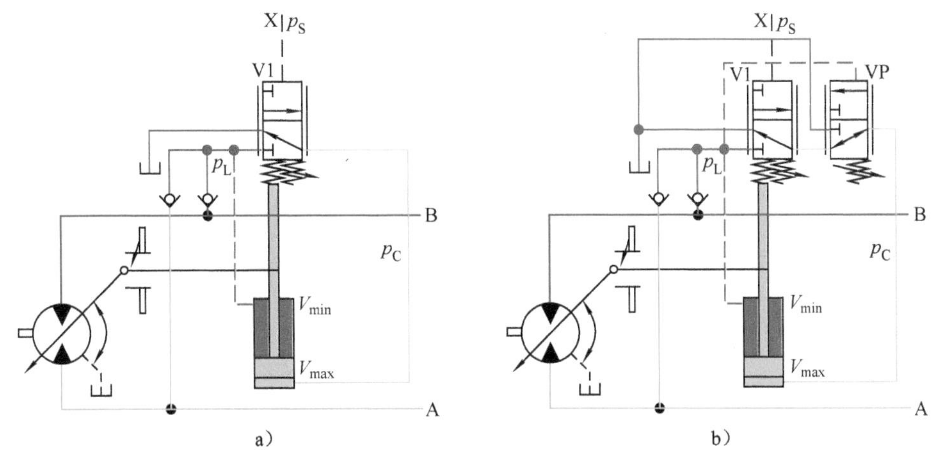

图 2-60　排量外控压力调节（力士乐 A6VM*HP6，简化）

a）不带负载压力限制　b）带压力限制（HP6D1）

3）图 2-61 所示为电比例调节取代了液压调节。工作原理与图 2-60a 所示的相似。

（2）排量内控

1）图 2-62a 所示为根据负载压力自动调节马达排量型。通过两个单向阀选出的负载压力 p_L，不仅如前述各类型一样，进入变量缸上下腔，作为驱动变量机构的动力，而且被引到控制阀 V1 的端面，作为变量控制信号。

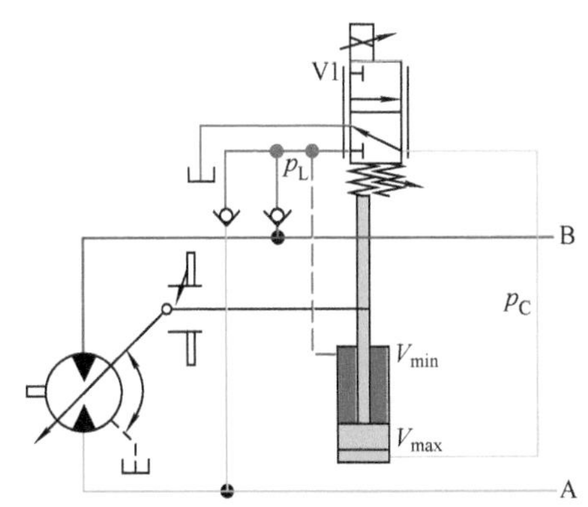

图 2-61　排量电比例调节（力士乐 A6VM*EP6，简化）

如果 p_L 低于阀 V1 的预紧压力，则阀 V1 处于上位，p_C 为零，p_L 通过变量缸使排量达到最小 V_{min}。

如果 p_L 超过阀 V1 的预紧压力，阀 V1 切换到下位，则 p_C=p_L，由于变量缸的作用面积差，排量达到最大 V_{max}，使负载压力相应减小。由于变量活塞的位置不反馈到阀 V1，所以，几乎无中间排量：p_L 增加约 1MPa，排量就从 V_{min} 增加到 V_{max}。

2）在图 2-62b 中，因为变量活塞的位置通过弹簧转化为力，反馈作用于阀 V1，因此，在稳态时，阀芯停在某个与排量和负载压力 p_L 有关的力平衡位置，不再有流量进出变量缸。所以，马达排量会在负载压力增高时，逐渐增大。p_L 增高约 10MPa，排量从 V_{min} 增加到 V_{max}。

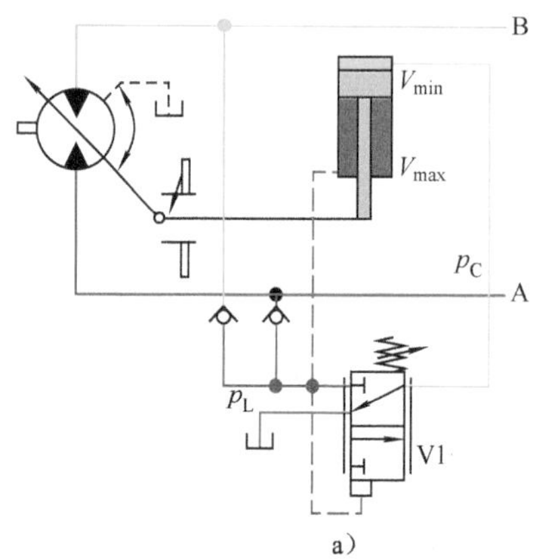

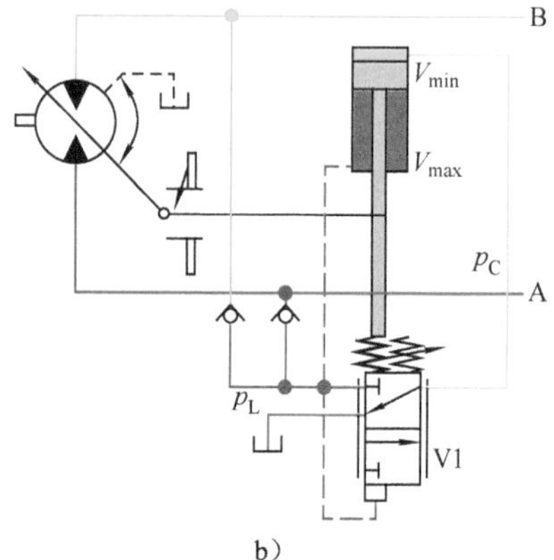

图 2-62 马达排量自动调节型（力士乐 A6VM*HA，简化）

a）几乎无中间排量（HA1） b）有中间排量（HA2）

3）图 2-63 所示机构中，允许从外控口 X 通过控制压力 p_S，对排量施加影响。所以，该回路是一种介于内控与外控之间的类型。

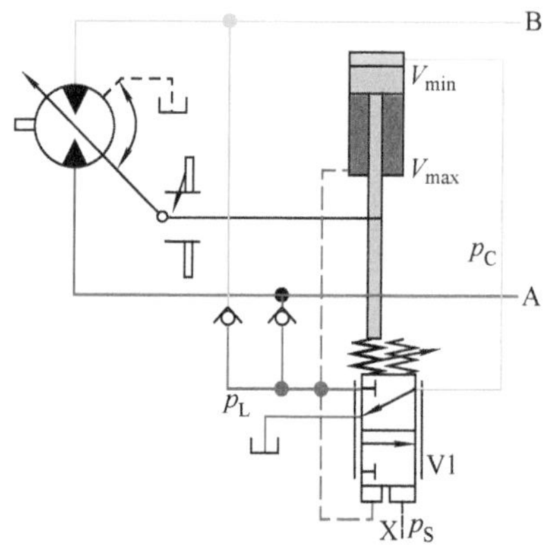

图 2-63 马达排量自动调节，可外控（力士乐 A6VM*HA.T3）

2.2.6 闭环速度调节系统

从以上各节的介绍可知，平时所说的速度控制，其实除了少数调节马达排量以外，绝大多数只是流量控制而已。马达排量、流量对速度的影响因素大致如图 2-64 所示。

1）随负载变化，原动机的转速 n 也会多少有变化（见 3.1 节），泵的理论输出流量 nV 也会随之变化。

2）泵的理论输出流量 nV 扣除泵的内泄漏 q_{PL}，才是泵实际输出的流量。而泵的内泄漏 q_{PL} 是随负载压力变化的。

3）液阻回路所能控制的，只是液阻而已，分流准确度还会受到其他各种因素影响。容积回路没有分流，相对准确一些。

4）进入执行器的流量决定执行器的速度，前提也是没有泄漏。外泄漏在多数情况下是可以察觉的。但内泄漏，往往是不易察觉的。而马达内泄漏总是有的，而且随工作压力而变。

5）改变马达排量，相当于改变了执行器的等效面积，也会影响执行器速度。

所以，光是依靠设计时的理论计算，希望开环的系统在各种工况都准确地实现预定的速度，是不可能的。平时感到液压可以控制速度，那或者是要求不高，快些慢些都可以；或者就是因为有操作者在根据实际速度情况，通过操作手柄或电位器，不断调整流量。而这，实际上是一个闭环系统。

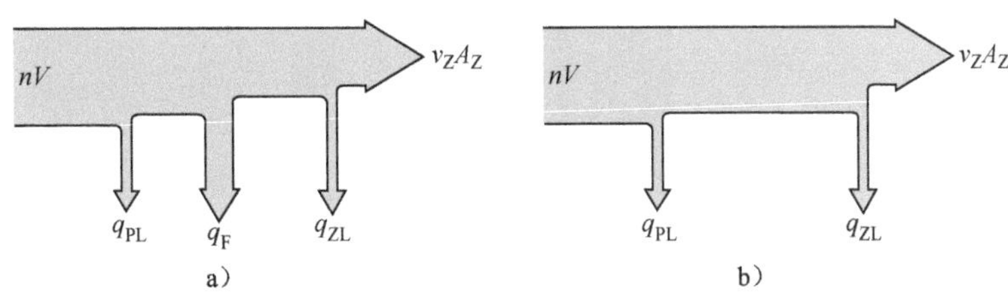

图 2-64　流量对速度的影响因素

a）液阻回路　b）容积回路

n—泵转速　V—泵排量　q_{PL}—泵内泄漏　q_F—液压阀分流　q_{ZL}—执行器内泄漏

A_Z—执行器等效面积　v_Z—执行器速度

如果希望自动、准确地控制速度，那就必须用仪表闭环来代替人工闭环：在执行器的输出部分安装速度传感器，用闭环方法控制，例如图 2-65 所示。

在闭环控制中，最重要的是速度传感器的准确性和快速响应性，其次是流量控制阀的动态响应特性。否则还是无法准确地控制速度。

采用闭环控制可以部分或完全消除由于泄漏和分流引起的速度偏差，但不能消除由于系统中本质非线性所引起的爬行、起动阶跃等现象，也很难消除泵流量脉动（见 3.3 节）引起的速度波动，因为一般液压控制阀的响应速度都跟不上。

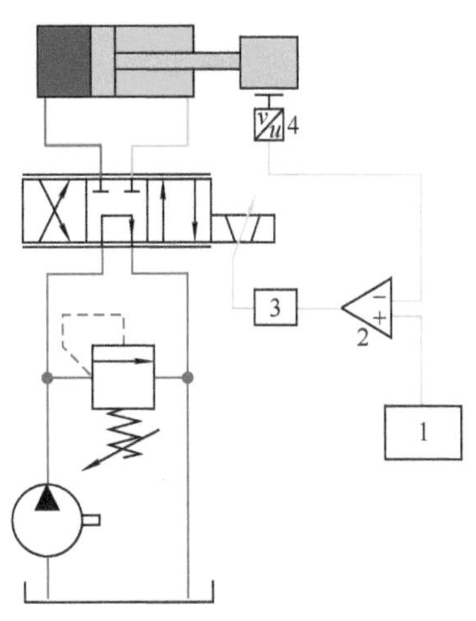

图 2-65　闭环速度调节系统示意图

1—速度指令给出器　2—信号比较器

3—信号放大器　4—速度传感器

综上所述，可以看到，是流量决定速度，但具体应用还要考虑到以下因素的影响：

1）有效作用面积（排量）的变化。

2）随压力、速度、黏度而变的泄漏。

3）压力变化时液压油的弹性模量。

4）泵提供的流量一般都有脉动。

第3章 液 压 源

作为液压传动系统，总是需要液压源作为能量来源的。

传统的提法，液压源指的就是液压泵，顶多还包括附带的，为实现恒压工况的溢流阀。然后根据液压泵是定（排）量泵还是变（排）量泵，把液压源分为定流量或变流量两大类。

然而，泵输出的流量是由泵转速与泵排量共同决定的。

自 20 世纪 90 年代以来，变速电动机驱动液压泵实现流量调节的技术，渐趋成熟，由于节能效果显著，在一些应用领域内（如注塑机）已成为主流方案。

而自 21 世纪以来，为了节能减排，在工程机械应用中，也日益注重柴油机和液压泵工作点的联合调节。一些公司开发了柴油机液压联合控制器，通过对柴油机的转速和液压泵的排量联合调节，使系统保持在最佳工况点，应用逐渐增多。

所以，考察液压源的特性还应包括原动机的特性。本书以下所提到的液压源，包含原动机、液压泵和附带的阀。

3.1 原动机的特性

目前，驱动液压泵的原动机大致有以下几种模式。

绝大多数固定液压系统都使用电动机，目前较多的还是以交流异步电动机作为原动机。一些小功率的移动液压系统使用小型直流电动机（12V、24V）作为原动机。大多数中大功率的移动液压系统都使用内燃机，主要是以柴油机作为原动机。所以，有必要大致了解一下它们的有关特性。

3.1.1 交流电动机

固定液压系统普遍使用交流电动机，这是因为固定的交流电网现在几乎到处都有。

用于驱动液压泵的交流电动机至今为止绝大多数为异步电动机。因为，异步电动机可以通过简单的开关（继电器）和保护装置直接与交流电网相接，结构简单、结实，能效很高，一般可达 80%～87%。由于在全世界大量生产，所以价格也相对低廉。

对一个交流异步电动机的定子绕组加一个交流电压，扣除了在当时转速下的反电动势之后，就决定了通过电动机的电流，决定了转子可以输出的转矩。这个转矩，扣除了负载转矩后，剩余的部分就使转子加速。转子加速，反电动势增加，电流下降输出转矩下降。最后，转速保持在输出转矩与负载转矩平衡的工作点。这就是交流异步电动机大致的工作原理。

交流异步电动机的转速为

$$n = 60f(1-s)/P$$

式中 f——交流电频率，中国的交流电网皆为 50Hz；

s——转差率，随负载而变，一般约为 0.03；

P——极对数，2 极电动机 $P=1$，4 极电动机 $P=2$。

从此式可以看出，极数越少，转速越高，相应可使用较小排量的泵，体积小，价格低。极数越少，电动机体积也越小。但 2 极电动机的额定转速约 2900r/min，对很多液压泵来说偏高。而 4 极电动机的额定转速在 1450r/min 左右，因此应用较普遍。

1．转矩特性曲线

图 3-1 所示为一个 4 极交流异步电动机的实测转矩特性。从中可以看出：

1）从额定工况点 C 出发，如果负载减小，转速就上升，最高至理论空载转速（D 点）；如果负载转矩增大，转速就下降，输出转矩相应增加，直到与负载转矩平衡。

2）D—C—B 是正常工作区。输出转矩约在 1300r/min（工况 B 点）时达到最大，约为额定转矩的 2.5 倍。所以短时间的超载是可以的。至于这个“短时间”是多长、到底会超载多少，需要液压系统设计师对系统回路和使用工况进行非常严肃认真的调研分析与测试，全面考虑。然后向电气系统设计师提供相关信息，与电气系统设计师共同商量决定电动机的选用，并选择恰当的热保护继电器。

3）A—B 是不稳定区，必须避免。因为，如果负载转矩超过最大输出转矩，转速下降，同时输出转矩减小，导致停转。

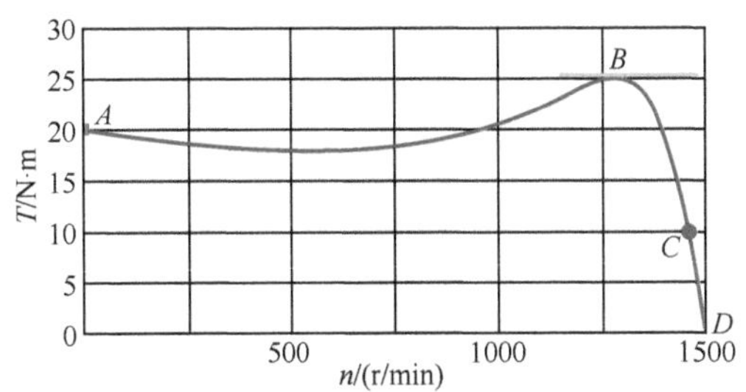

图 3-1 一个 4 极交流异步电动机的实测转矩特性曲线

n—转速 T—输出转矩 A—起动工况点 B—最大转矩点

C—额定工况点 A—B—不稳定区 B—C—D—正常工作区

2．起动电流

一般异步电动机起动时电流很大，约为额定电流的 4～7 倍，会给电网电压带来冲击，对连接在同一电网上的其他电器带来不利影响。所以，尽管在电动机起动时（A 工况点），起动转矩约为额定转矩的 2 倍，还是应尽可能不要给液压泵加载，使电动机转子能迅速加速，尽快渡过工况不稳区，进入正常工作区。实在不得已时，可以进行电气调速，如采用起动器、变频起动等，以限制起动电流。

3．输入电压

输入电压对输出转矩有很大影响，在一定范围内输出转矩按平方变化（见图 3-2）。因此，电压不足时，可输出转矩会大大下降，无法驱动负载，导致转速下降，反电动势下降，电流迅速上升、发热，甚至烧毁线圈。

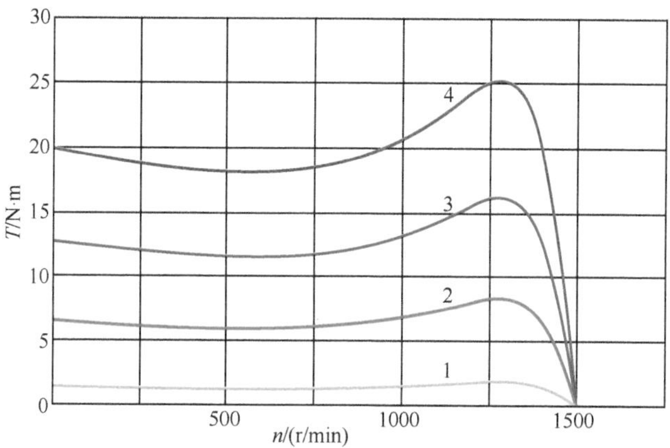

图 3-2　一个异步电动机在不同输入电压下的输出转矩特性曲线

n—转速　T—输出转矩　1—110V　2—230V　3—320V　4—400V

另一方面，在电压增高时，由于磁饱和，在转速不变的情况下，通过的电流增加更快（见图 3-3），也会严重发热，时间一长就会烧毁电动机。因此，不宜长时间欠压或超压。

4．转子电阻

改变转子电阻，转矩特性曲线也会随之改变（见图 3-4）。有些电动机起动器就是根据此原理工作的。

5．能效

图 3-5 所示为交流异步电动机的工作特性曲线。从中可以看出：

1）输出功率增大，电流按指数形式增加。所以，若电动机容量选择过小，电动机长时间过载，则会由于电流过大发热而影响其寿命，甚至损坏。

2）在承受部分载荷时能效下降不很大，但在

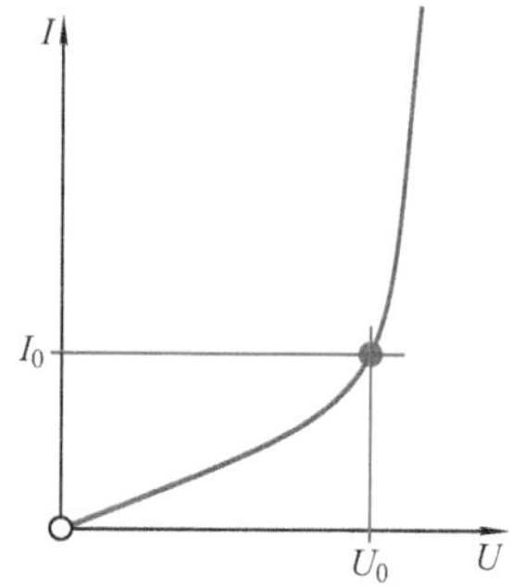

图 3-3　通过电动机定子的电流随电压而增加

U_0—额定电压　I_0—额定电流

载荷很小时，功率因数很低，能效低。所以，若电动机容量选择过大，电动机长期处于轻载运行，不但投资成本高，运行成本也由于能效低而不经济。

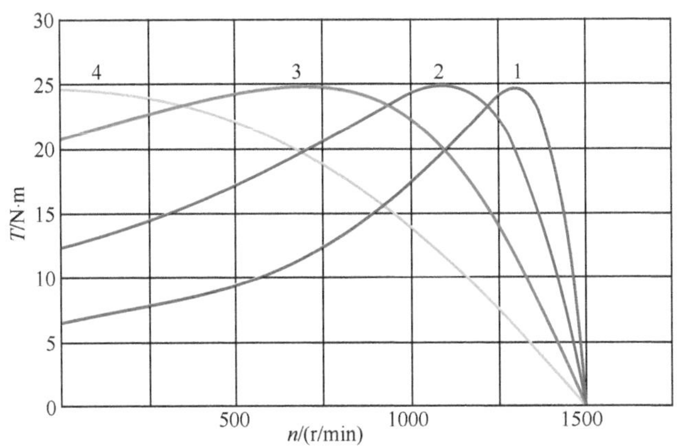

图 3-4 转子电阻对转矩特性的影响

n—转速 T—输出转矩 1—标准电阻 2—2 倍电阻 3—4 倍电阻 4—8 倍电阻

6. 变频驱动

如前已述，交流异步电动机的转速 $n=60f(1-s)/P$，因此，改变交流电频率 f 或极对数 P，都能改变电动机转速，这分别被称为变频、变极。

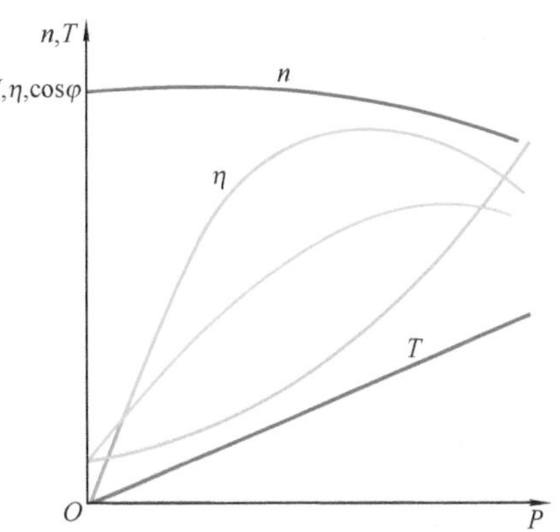

图 3-5 交流异步电动机的工作特性曲线

P—输出功率 n—转速 η—能效

T—输出转矩 I—定子电流 cosφ—功率因数

变频驱动，通过变频器改变交流电的频率，可以获得很好的调速效果，但长期以来被复杂昂贵的变频设备所限制，变频控制部分的价格超过了电动机本身。直到 20 世纪 90 年代以来，随着晶闸管技术的长足进步，异步电动机的交流变频调速才得到了飞跃发展。现在，甚至普通家庭空调都使用了变频调速。空调行业中应用的变频技术进入了液压行业，在 2011 年就已可实现：转速 3000～300r/min，输出功率达到 10kW 以上，能效在大部分功率范围内都可以达到 90%以上，转矩可达到 120N•m 以上，如图 3-6 所示。由于空调机产量远高于液压产品，这就为降低研发、生产成本创造了有利条件。

使用变频驱动具有以下优点：

1）变频电动机容积控制（DDVC-Direct Drive Volume Control，直接驱动容积

控制，也被译为直驱容积调速），由于液压泵的转速可以根据需要控制，这样，与液阻控制相比，节流损失的能量大大减少。节能效果取决于使用工况。有报道说，在一些注塑机上，节能达 34%，甚至 50%。

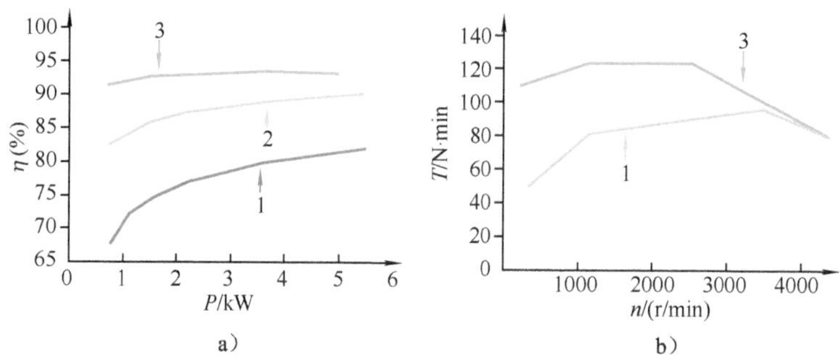

图 3-6 变频电动机特性（大金）

a）输出功率-能效特性 b）转速-转矩特性

1—普通伺服电动机 2—高效伺服电动机 3—IPM 电动机

2）由于发热少，也大大降低了散热费用。

3）可以大大降低工作周期的噪声，因为液压泵的噪声在低速时很低。

4）变频控制器结合压力传感器、转速传感器，可以通过控制转矩实现恒压力，通过控制转速实现恒流量。

5）使用现代的变频器，可以无级调节起动时的电压，获得需要的转矩曲线，省去普通电动机需要的起动器。

目前尚有的不足之处：

1）转矩限制。在输入频率较低时，由于转子铁心的磁饱和，最大转矩并不能增加（见图 3-7a）。

在输入频率较高时，电动机线圈阻抗增加。如果电压不增高，电流就会降低，转矩也就相应降低（见图 3-7b）。

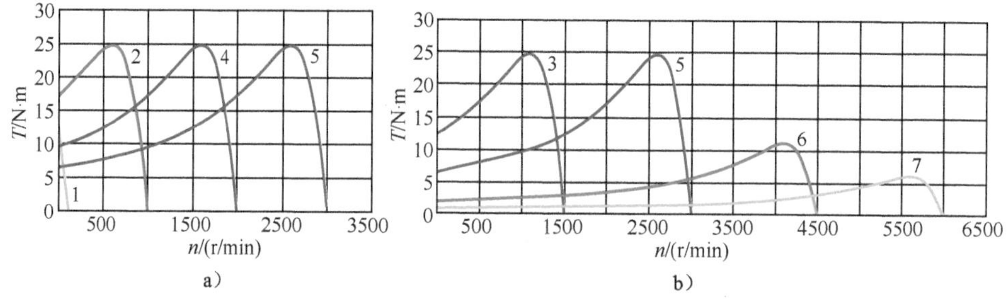

图 3-7 一个两极异步电动机在不同频率时的转速-转矩曲线

a）频率较低时 b）频率较高时

1—1.7Hz 2—16.7Hz 3—25Hz 4—33.3Hz 5—50Hz 6—75Hz 7—100Hz

但如果能采用适当的措施提高电压，可以保持转矩不下降的话，就可以使输出功率显著提高。

2）动态响应特性稍差。变频驱动由于变频器价格下降而现实可行，但如果电动机转子惯量几十倍于液压马达的情况不改变的话，就会影响变频驱动的动态响应特性。

图 3-8 所示为两个变频驱动系统动态响应特性的对比。从中可以看到，在给入的流量指令 q_0 没有发生变化时：

① 给入阶跃压力下降指令 p_0 后（时间 6.9s 时），系统 1 的电动机转速发生短暂的下跌，但较系统 2 的要少。系统 1 的压力下降没有超调，而系统 2 的压力就有少许超调。

② 给入阶跃压力上升指令 p_0 后（时间 7.9s 时），系统 1 的电动机转速短暂上升，但持续时间较系统 2 的要短，因此，压力超调很小。而系统 2 的压力则有明显超调。

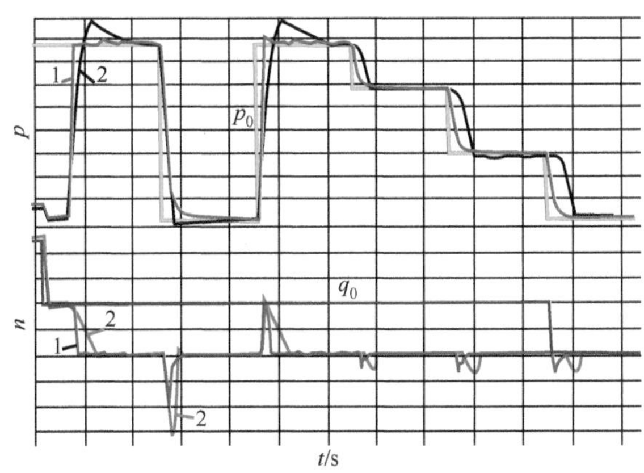

图 3-8 两个变频驱动系统动态响应特性的对比（PTC ASIA 2011）

p_0—压力指令 p—系统实际压力 q_0—流量指令 n—电动机转速 1—系统 1 2—系统 2

现已研制成功永磁式同步电动机，其动态特性、低速稳定性已得到了明显的改善。

3）使用异步电动机，调速精度不易保证，这意味着可能有多余或欠缺的流量。

如果附加转速检测器，根据转速情况，相应地调节定子电流，可以使异步电动机获得伺服驱动的特性。

4）使用变频器时，电动机温升相对标准频率可能会有所上升。原因：

① 变频器输出中的高频谐波会增加电动机的铜损和铁损。

② 在电动机低速运转阶段，电动机冷却风扇的转速也相应下降，降低了散热能力。

5）变频驱动定量泵在经常用到的保压阶段的工况不佳。因为，此时一方面为了弥补泄漏，还需要有一定的流量，电动机不能停。另一方面，由于保压，受到的负载转矩很大。在这样的工况下，电动机的能效很低，并且液压泵的磨损加剧，因为摩擦副间的油膜在低速时稳定性差。为避免这个工况，有以下一些措施：

① 要求电动机根据液压泵的情况保持一定的最低转速，例如，轴向柱塞泵100r/min，齿轮泵至少200r/min，径向柱塞泵至少400r/min。然而，此时泵排出的流量大部分是多余的，节流后流到油箱，白白浪费了。

② 采用双联定量泵——高压小流量、低压大流量，再加一高低压泵切换阀（见图3-9a）。在保压阶段仅使用高压小流量泵，低压大流量泵卸荷。

使用这个组合，保压阶段所消耗的能量可以大大减少。据介绍，在一个典型的注塑周期中能量消耗可以减少70%。

因为液压泵需要的输入转矩减小了，所以可以使用功率较小的电动机。

例如，在2011年展出的变频电动机系统配双联定量泵，已可实现最高压力20.6MPa，最大流量109L/min（见图3-9b），角功率（Corner Power，工作中可能会出现的最高压力和需要的最大流量之积）约35kW，而电动机实际输出功率仅约10kW，从最低转速到最高转速的响应时间在0.1s以下。当时还不能反转，因而不适用于要求双向旋转的闭式回路。据介绍，在2013年，最低转速已可达到2r/min，角功率500kW。

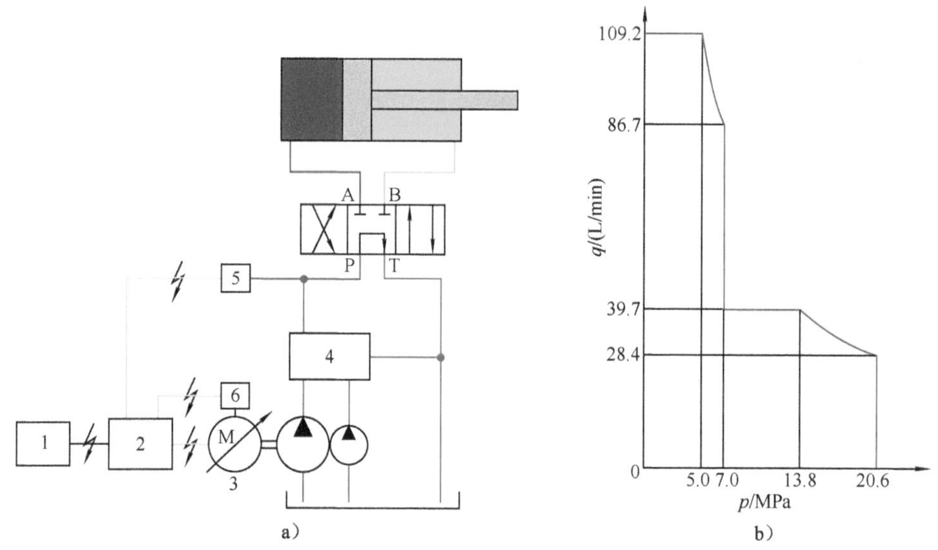

图3-9 变频驱动双联泵（大金）

a）回路图 b）可实现的压力流量特性

1—流量限压指令器 2—变频控制器 3—变频电动机 4—含安全阀和高低压泵切换阀的阀组 5—压力传感器 6—转速传感器

③ 采用变频电动机驱动变量泵。用一个变量泵代替上述方案中的两个定量泵，在要保压时，电动机还是以对其最有利的转速旋转，同时变量泵减小排量，这样，可以显著降低泵的磨损。动态特性也比单纯使用变频电动机有所改善，因为调节变量泵的排量明显快于改变电动机的转速。由于动态特性改善了，这种驱动方式可用于迄今还不能采用变频驱动的场合。

图 3-10 所示为一个变频电动机同时驱动两个变量泵和一个定量泵。

图 3-10 一个变频电动机同时驱动两个变量泵和一个定量泵（力士乐）

使用变量泵的不足之处在于变量泵的成本比定量泵要高一些，但因为电动机功率可以显著减小，因此总投资成本增加不多，而提高能效也可以降低运营成本。

鉴于液压泵的变频驱动具有很大的发展潜力，在 2013 年的汉诺威工业博览会上，几乎所有世界级公司都展出了变频调速组合泵站，如派克、布赫等。力士乐则展出了 FcP（基本型）、DFEn（改进型）、SvP（高性能型）三种性能级别的变频调速组合泵。

7. 高速电动机

伴随着变频驱动的发展，高速电动机的研发也取得了长足的进步。高速电动机使用的铜铁量与常规电动机相同，转矩相近，但由于其转速高，输出功率可以成倍增长。目前，德国已开始系列生产转速最高可达 22 500r/min 的高速电动机。其体积与 2kW 常规电动机相同，功率已可达到 22kW，功率重量比已能达到 2～3kW/kg。而且，功率重量比能达到与高压泵同等水平——5～6kW/kg 的样品也已试制出来了。因此，其动态特性也得到了较大的改善。而且高速电动机加减速器的成本甚至比相同功率的常规电动机还低。

今后，随着变频器-电动机一体化、高速化、控制高性能化、数字化的实现，高速变频驱动肯定会在液压领域中获得更广泛的应用。

3.1.2 直流电动机

因为微型直流电动机结构简单、价格便宜，所以现在国内外市场上，利用微型直流电动机驱动液压泵，带控制阀和油箱的小型液压动力站相当常见。图 3-11a 所示为一电动机外置式，图 3-11b 所示为电动机与液压泵都装在油箱里的紧凑型动力站。

a）

b）

图 3-11　小型液压动力站

a）外置式（德国 Fluitronics）　b）内置式（哈威）

因为移动机械的蓄电池可以提供 12V 或 24V 直流电源，所以使用 12V 或 24V 的微型直流电动机驱动液压泵，在移动机械中，小功率的场合也有相当多的应用。图 3-12 所示为一个微型直流电动机的特性（12V，额定功率 2kW）。

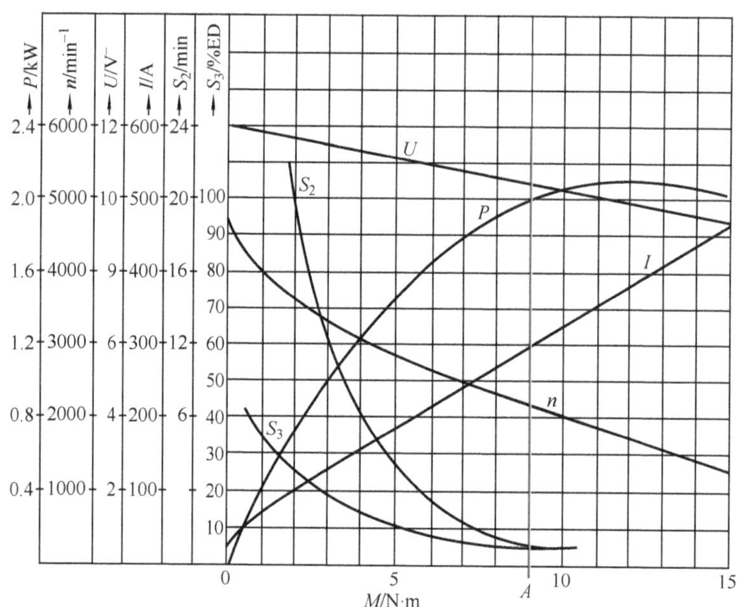

图 3-12　一个微型直流电动机的特性曲线

M—负载转矩　n—转速　I—电流　P—功率　U—电压

S_2—每 30min 允许持续工作的时间　S_3—每 10min 允许工作时间的百分比　A—额定工况

从图 3-12 中可以看出：

1）在负载转矩上升时，转速会明显下降，液压泵的输出流量肯定会随之下降。

2）电动机线圈容易发热。该电动机在额定工况（*A*），即输出功率有 2kW 时，每 30min 只允许持续工作 1min（S_2），每 10min 只允许工作约 5%的时间（S_3）。所以微型直流电动机一般只用于断续工作。

3.1.3 内燃机

1．工作模式

移动机械的发动机为行走机构和液压泵提供动力，大致有如下几种模式：

1）发动机通过变速箱（齿轮或液力或机液复合）驱动行走机构——轮或，同时通过取力器驱动液压泵。

2）发动机直接或通过变速箱驱动液压泵，再通过液压马达来驱动行走机构。

3）发动机直接或通过变速箱驱动液压泵，仅驱动液压工作执行器，不驱动行走机构，例如混凝土拖泵。

不管何种驱动方式，都要注意以下几点：

1）发动机的转速，不一定就是液压泵的转速，其间可能有传动比固定或可变的变速箱。

2）液压执行器的负载直接或间接地决定了液压泵出口的压力，从而决定了液压泵输入轴上的转矩。

3）发动机的转速是由负载和燃料供应量（通过油门）共同决定的。如保持燃料供应量不变，则负载增大时，转速下降。在负载不变时，增大燃料供应量会提高发动机转速。

4）很多工程机械的发动机都带有转速自动恒定调节机构。在发动机工作时，它检测输出轴的实际转速，自动调节油门开度，努力使转速保持恒定，不随负载变化。但是，在任一转速下总有一个最大输出转矩。此时，再怎么增大燃料供应量也无济于事。

目前移动机械中驱动液压泵最普遍使用的发动机是内燃机，其中主要是柴油机。其特性与电动机明显不同。

2．柴油机的特性

图 3-13 所示为某柴油机的转速性能曲线。从中可以看出，该发动机：

1）在转速为 1100～1200r/min 时，可输出的最大转矩 T_{max} 值最大。之后，随着转速增加，T_{max} 下降。

2）随着转速 n 增加，因为输出功率 $P = nT/2\pi$，可输出的最高功率 P_{max} 也随之增加；在转速为 1700～1900r/min 时，P_{max} 达到最大。

3）在转速约 1200r/min 时，输出单位能量的耗油量 R 最小。

所以，应该根据目标选择工作转速：是追求最高输出功率，最大转矩，还是最低燃料消耗。

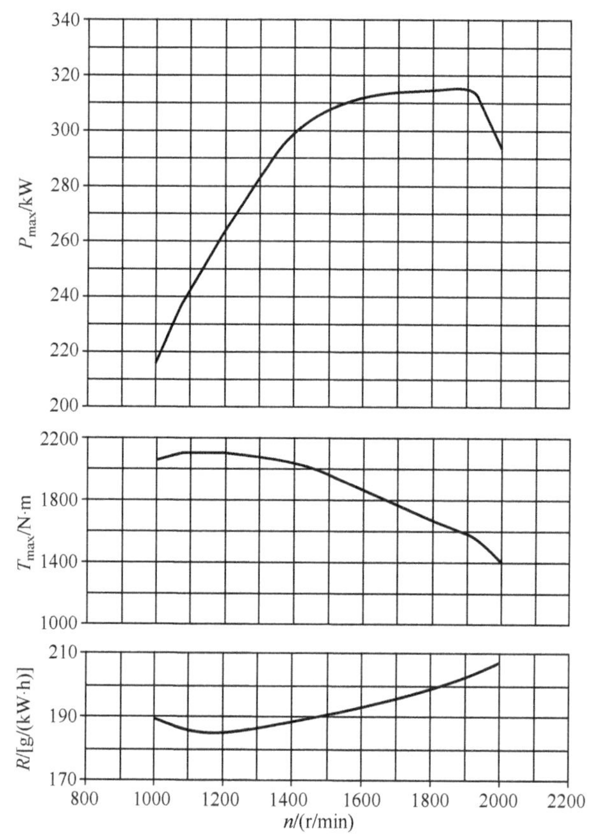

图 3-13 某柴油机的转速性能曲线

n—转速 R—输出单位能量的耗油量 T_{max}—最大输出转矩 P_{max}—最高输出功率

在需要发挥发动机最高功率时，发动机应工作在高转速。

如果要追求最低燃料消耗，则发动机应该工作在低转速。另外，发动机转速越低，噪声也越低。由于发动机的噪声水平一般都大大超过液压泵，所以要降低移动机械的噪声也必须降低发动机转速。

柴油机的特性曲线和输出功率不是固定不变的，还受到环境温度、空气密度（平地、高原）的影响。

3. 控制策略

鉴于以上特性，现在发动机-液压泵节能匹配控制系统出现了多种控制策略。

1）“多工况控制策略”：把负载分为重载、一般、轻载、怠速等工况。然后使发动机尽量工作在较低的转速，只要输出功率够用即可。

2）“自动怠速”：当所有液压换向阀都在中位（即系统不工作）的时间超过预设的时间后，自动转入怠速状态。

3）“极限载荷控制”：当检测到发动机转速由于负载过大而低于设定转速时，立刻减小变量泵的排量，从而减小液压泵的输入功率，以避免发动机熄火。这是一种“事后匹配”，调节速度范围有很大局限。

4）新一代的“全功率控制”技术，通过检测液压系统压力的变化，自动调节液压泵马达的排量，以充分利用发动机可能输出的最大功率；自动调节油门，以满足对发动机的功率需求。

奔驰卡车使用的发动机可通过CAN总线在电子控制器里设置4000余个参数，以实现最需要的控制。

3.2 液压源的工况

液压源可能处于的工况有多种：恒排量工况、恒流量工况、恒压工况、恒压差工况恒功率工况以及负流量控制、正流量控制等。

这些工况，目前大多通过改变泵的排量来实现，其实也可通过改变泵的转速来实现。

有些液压源可以实现多种工况，但任何液压源都不可能同时处于几种工况。

在一定前提条件满足时，能实现恒压工况、恒功率工况的液压泵常被简称为恒压泵、恒功率泵等。但要注意避免误解，因为这些液压泵都不能始终保持在某一种工况。

3.2.1 恒排量工况

定量泵的排量一般粗略地认作是恒定的，任何变量泵也总有一个恒排量工况，即排量达到最大后的工况。

因为液压泵提供的理论流量是排量与转速之积，所以一般常粗略地认为，当泵处于恒排量工况时，液压源工作在恒流量工况，即输出的流量不随出口压力而变，如图3-14中虚线1a所示。

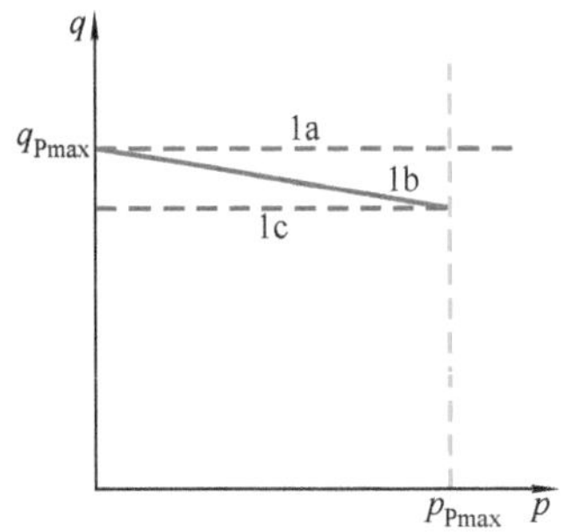

图3-14 恒排量工况

1a—理想恒流量特性

1b—实际流量特性

1c—通过限流阀得到的恒流量特性

p_{Pmax}—系统限压

q_{Pmax}—泵能提供的最大流量

但实际上，输出流量不可能始终保持恒定，不随出口压力变化。原因如下：

1）如果压力过高，原动机-液压泵-管道-控制阀-执行器传动链中的某一环节就会损坏。所以，总得设置一个压力上限p_{Pmax}，压力达到这个上限后液压源就不能再恒流了。

2）压力增高时泵的内泄漏会增加。

3）原动机，特别是电动机，其转速一般也都会在负载增加时降低。

所以，即使是在许用压力范围内，液压源的输出流量还是会随着出口压力的增加而减少，如图 3-14 中实线 1b 所示。

如果在液压源出口再附加一个限流阀（三通流量阀），在流量较高时旁路掉一部分流量（见图 3-15），可以得到较平坦的恒流量特性，如图 3-14 中虚线 1c 所示。

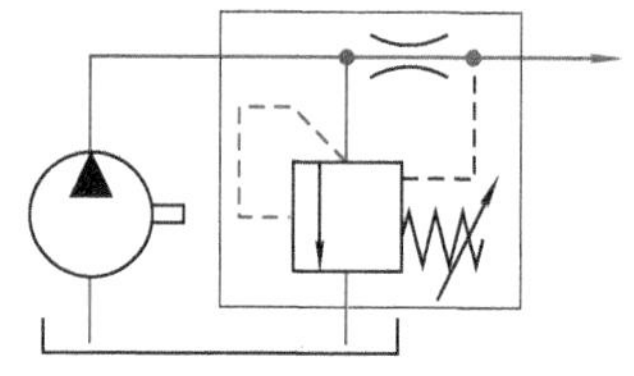

图 3-15　液压泵出口加限流阀改善恒流量特性

利用具有恒压差特性的液压泵也可以实现流量稳定且能效更高的恒流量工况，见 3.2.3 节。

3.2.2　恒压工况

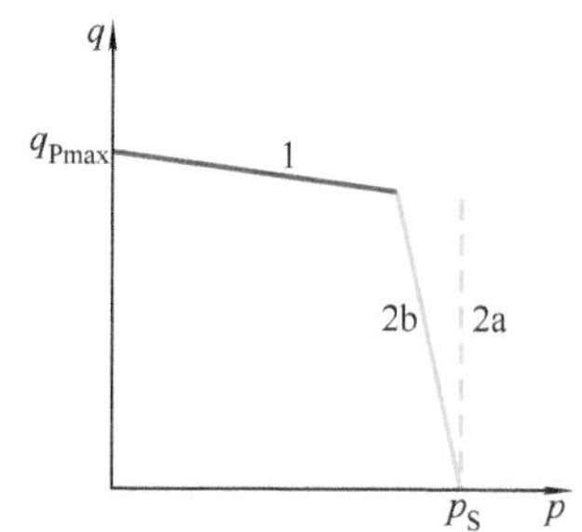

图 3-16　恒压工况特性

1—恒排量工况

2a—理想恒压特性

2b—实际恒压特性

q_{Pmax}—液压源最大输出流量

p_S—液压源设定压力

在很多情况下，特别是在第 5 章要讨论的进口、出口节流控制回路中，如果液压源输出的流量始终不变，就无法改变进入执行器的流量，也就无法改变执行器的速度。所以，要采用一些可以使液压源不处于恒流量工况的措施。所谓恒压工况，就是其中之一。

恒压工况指的是，此时液压源可以提供需要的流量，以维持出口压力基本不变。理想特性与实际特性分别如图 3-16 中虚线 2a 和实线 2b 所示。

说是恒压，但实际上，因为负载决定压力，如果负载很低，或者根本没有负载，液压源即使输出最大流量，还是建立不了出口压力，就不可能恒压。这时，液压源工作在恒排量工况，如图 3-16 中实线 1 所示。

以下一些措施可以使液压源工作在恒压工况。

1. 液压泵加溢流阀

在液压泵出口加溢流阀（见图 3-17a）。在泵出口压力 p_P 达到溢流阀的设定压力 p_S 后，泵输出的部分流量 q_Y 从溢流阀流出，出口压力 p_P 就基本保持在溢流阀的设定压力 p_S，不随实际输出流量 q_P 而变。这时，液压源就被认为工作在恒压工况。

但实际上，这时的恒压特性一般也并不能保持压力绝对不变，而是如图 3-17b 中的实线 2 所示，依赖于溢流阀的调压特性，详见参考文献[2]第二章。

而当液压源出口压力低于溢流阀的设定压力 p_S，溢流阀不再溢流时，流往系统的流量 q_P 达到泵输出的流量 q_{Pmax}，就不再是恒压工况，而是恒排量工况了，如图 3-17b 中的实线 1 所示。

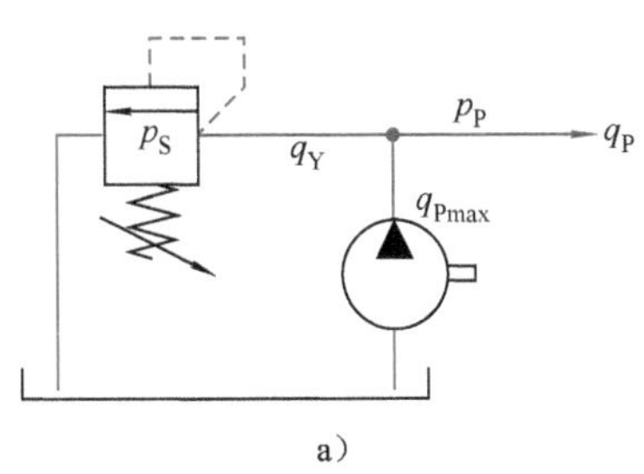

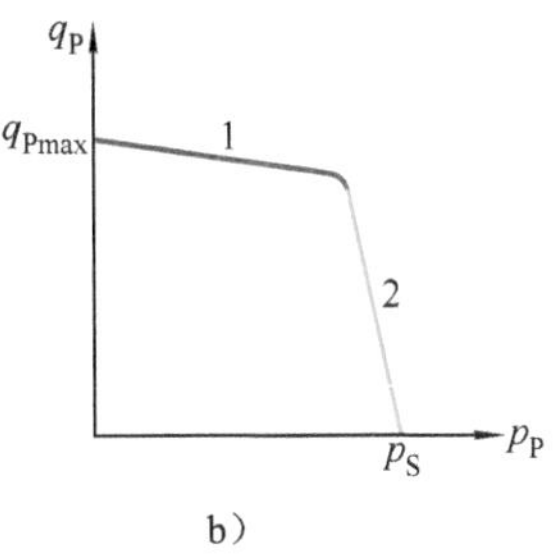

图 3-17　定量泵加溢流阀组成的液压源

a）回路　b）特性

1—恒排量工况　2—恒压工况

这是结构最简单、投资成本最低、使用最广的恒压措施，但能效不高，特别是在执行器所需的流量较低时，因为有很大一部分流量持续地从溢流阀溢出，浪费了。

2．用蓄能器平衡流量维持恒压

如图 3-18a 所示，如果在泵出口再增加一个液压蓄能器，当流往系统的流量 q_P 低于泵输出的流量 q_{Pmax}（见图 3-18b，阶段 I 和 II）时，液压油进入蓄能器。当流往系统的流量 q_P 超过泵输出的流量 q_{Pmax} 时（阶段III），蓄能器里的液压油就流出来，提供补充，从而可以在短时间里继续维持一个相对恒压的工况。

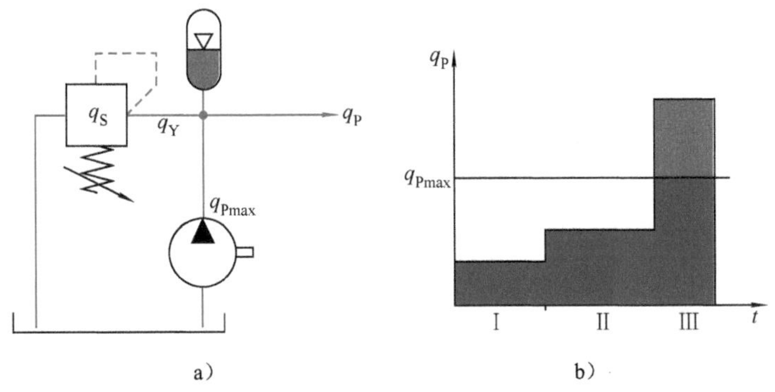

图 3-18　利用蓄能器平衡流量维持恒压

a）回路图　b）一个工作周期里不同阶段需求的流量

系统的最高工作压力为溢流阀的设定压力 p_S，实际工作压力是蓄能器里液压油的压力。因为蓄能器里液压油的压力随着输出液压油的体积而呈双曲线下降，所以这个恒压有多“恒”，“短时间”有多长，就取决于蓄能器的容量。蓄能器的容量越大，可维持恒压的时间就越长，详见 12.3 节。使用这个措施，可以适当减小泵的设计流量，从而减少能量浪费。

3. 定量泵+蓄能器+减压阀

如果在上述定量泵加蓄能器的基础上，再增加一个减压阀（见图 3-19），恒压效果就会更好。这个液压源可以在输出流量不长时间超过液压泵的输出流量时，保持出口压力基本恒定在减压阀的设定压力 p_j（见图 3-19b，实线 2b）。当然，减压阀也有其压力流量特性，出口压力大小也会随通过流量而变，详见参考文献[2] 4.1 节“减压阀”。

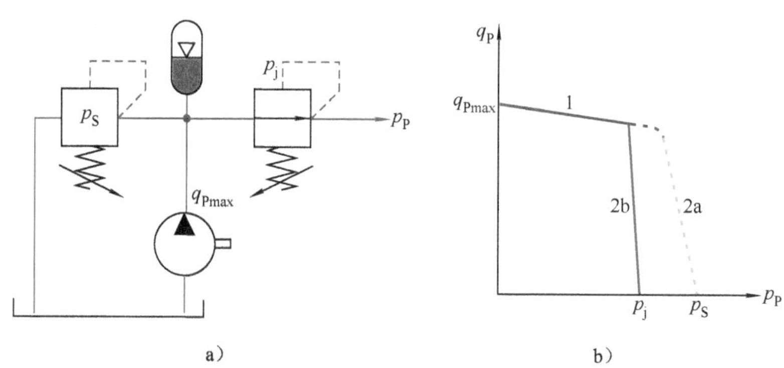

图 3-19 定量泵+蓄能器+减压阀组成的液压源

a）回路 b）特性

p_S—溢流阀设定压力 p_j—减压阀设定压力 2a—溢流阀特性 2b—加减压阀后特性

4. 恒压变量泵

恒压变量泵的变量机构（见图 3-20），可以根据出口压力调节排量：如果负载压力偏离设定值的话，就改变排量，从而改变输出的流量，以期维持一个相对恒定的出口压力。

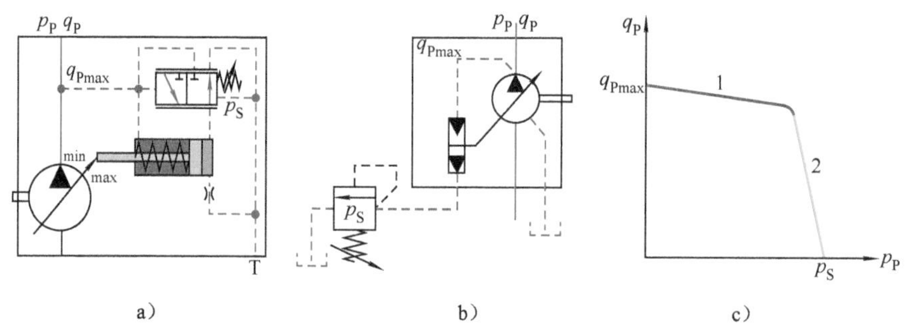

图 3-20 恒压变量泵

a）工作原理图 b）GB/T 786.1—2009 推荐的图形符号 c）特性曲线

1—恒排量工况 2—恒压工况

这个所谓的恒压泵，本质上只是限压泵，因为如果负载很低，泵排量增到最大时，还建立不起来压力，就不可能再维持恒压工况，而转为恒排量工况，如图

3-20c 中曲线 1 所示。

图 3-20a 中，变量缸活塞腔通过一个小节流口连油箱，目的在于保持始终有液流通过，避免过热的液体滞留在活塞腔。

用恒压变量泵实现恒压工况，特别适合于在快速行程后需要小流量工进或保压的系统，具有明显的节能效果，因为完全消除了经过溢流阀溢出的这部分浪费流量。

使用时要注意以下几点：

1）所谓恒压，并非绝对恒定。压力随输出流量增加而减少，总有一定偏差。这也是恒压变量泵的一个重要性能指标，严肃的供货商都会在产品样本中提供这一数据。例如力士乐 A4V 恒压泵的压力偏差≤0.3MPa（见图 3-21）。

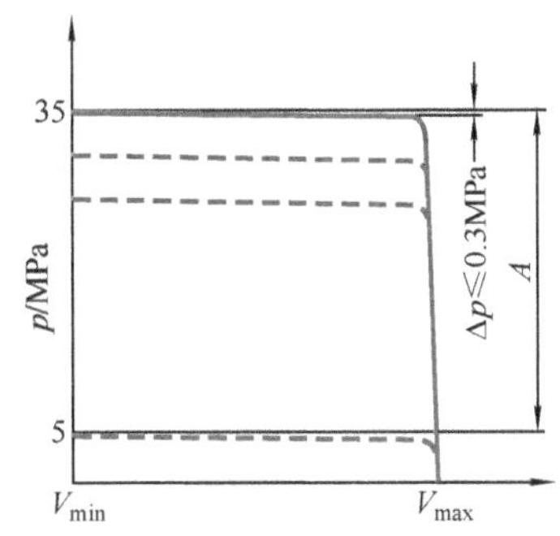

图 3-21　A4V 的恒压特性（力士乐）

2）即使在执行器不工作，即不需要输出流量时，变量泵的排量也不应该完全为零，而是保持一个小排量，以冲洗冷却摩擦副。在有的回路中，还要为变量机构提供控制流量，以便“从睡眠中醒来”。

3）因为恒压变量泵本质上也还是限压泵。所以，如果由于执行器受到很大的负载，而使泵出口压力高于泵的设定压力，变量机构除了把排量关至最小外无计可施。而排出的流量及从执行器来的液体除少量通过泵泄漏外无处可走，就会导致超压，严重情况下会损坏泵、执行器或管道。所以，在使用恒压变量泵时，应该另装一个溢流阀 2 作为安全阀（见图 3-22）。安全阀 2 的开启压力 p_Y 应略高于恒压变量泵的设定压力 p_S，常闭。

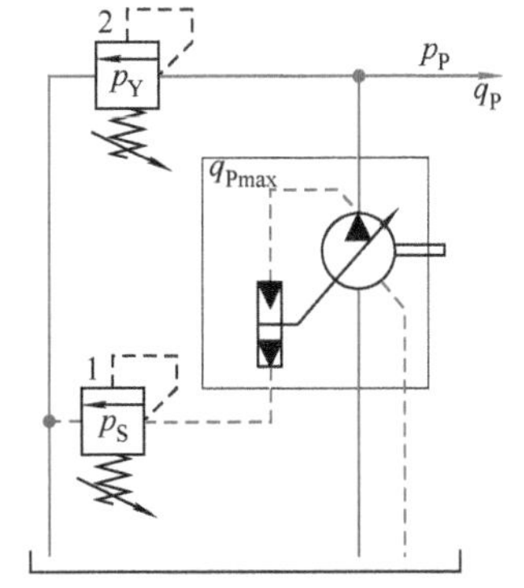

图 3-22　恒压变量泵附加安全阀
1—恒压泵压力设定阀　2—安全阀

4）恒压变量机构的响应速度一般不如溢流阀，因此系统工作时容易出现欠压或压力峰。

例如，图 3-23 所示为力士乐 A4VSO 恒压变量泵动态响应特性的测试回路和响应曲线。泵设定压力 p_S 为 35MPa。模拟负载的溢流阀 Y 的设定压力 p_Y 分别为 2MPa 和 32MPa。

二通电磁阀得电，泵出口从关闭到开启，出口压力 p_P 从 p_S 降到 p_Y，泵排量 V 从最小 V_{min} 开到最大 V_{max} 的时间为 t_{SA}。

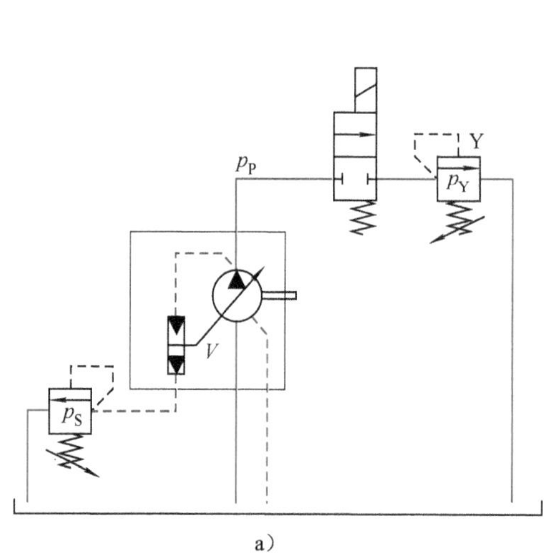

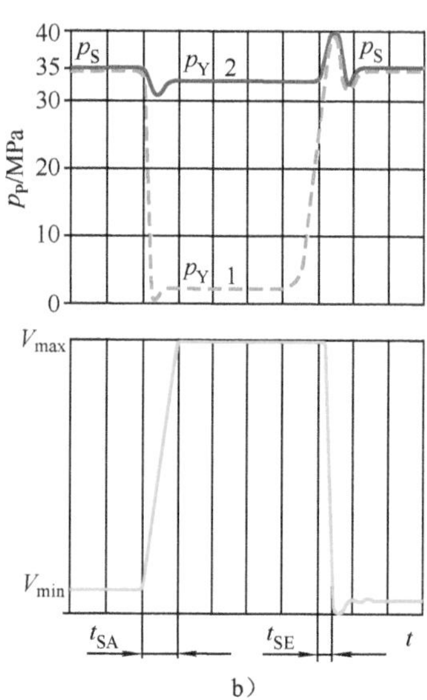

图 3-23　恒压变量泵的动态响应特性（力士乐）

a）测试回路　b）响应曲线

1—$p_Y = 2$MPa　2—$p_Y = 32$MPa

二通电磁阀失电，泵出口从开启到关闭，p_P 从 p_Y 升到 p_S，V 从最大 V_{max} 关到最小 V_{min} 的时间为 t_{SE}。

t_{SA} 和 t_{SE} 的具体值与排量有关，见表 3-1。

表 3-1　恒压变量机构的响应时间

V_{max}/cm^3	t_{SA}/s		t_{SE}/s
	$p_Y = 2$MPa	$p_Y = 32$MPa	
40	0.12	0.08	0.02
1000	1.50	0.90	0.20

如果在液压源出口再加一个高频响的蓄能器，并联一个设定压力略高的小溢流阀（见图 3-24），可以改善动态响应状况。

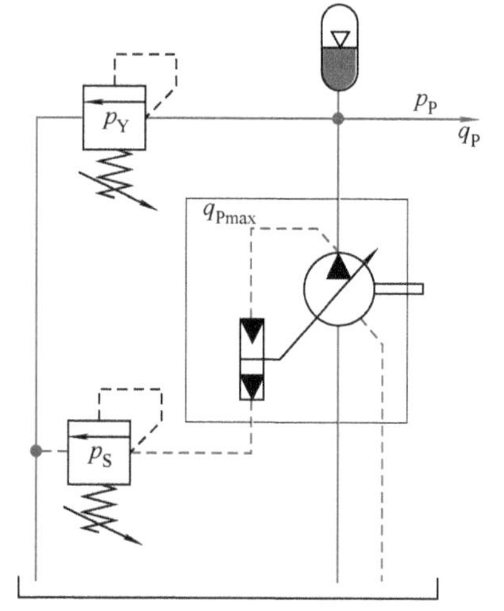

图 3-24　改善恒压源的动态响应特性

使用恒压工况的长处在于，可以很方便地添加执行器，基本不会干扰原有执行器的运行。

不足之处在于，会有原理性的能耗。因为实际工作的压力是由负载决定的，负载压力通常是多变的，为此，恒压工况的设定压力必须始终高于最高负载压力，但在多数时间是多余的。或者必须通过液阻消耗掉，则不但造成额外的能耗，而且引起液压油发热。或者通过其他途径转换或储存（见第 12 章），则需要额外的设备投资。

3.2.3 恒压差工况

有些液压源可以工作在恒压差工况：液压源的输出流量受一个控制压力影响，努力保持出口压力比控制压力高一个恒定压差。

维持恒压差工况也是有条件的：

1）输出流量必须低于液压源能够提供的最大流量。

2）出口压力必须在许用压力范围内。

1．实现

（1）定量泵+定压差阀 定量泵+定压差阀实现恒压差工况有两种方式。

1）如图 3-25a 所示，在定量泵的出口串联一个定压差阀（也称定差减压阀，详见 6.1 节），通过节流，努力使阀出口压力 p_P 比控制压力 p_{LS} 高一个恒定值——定压差阀的弹簧压力Δp_D。定量泵提供的多余流量通过溢流阀，未做功排出。这种方式，泵出口始终维持高压 p_S，耗能较多。

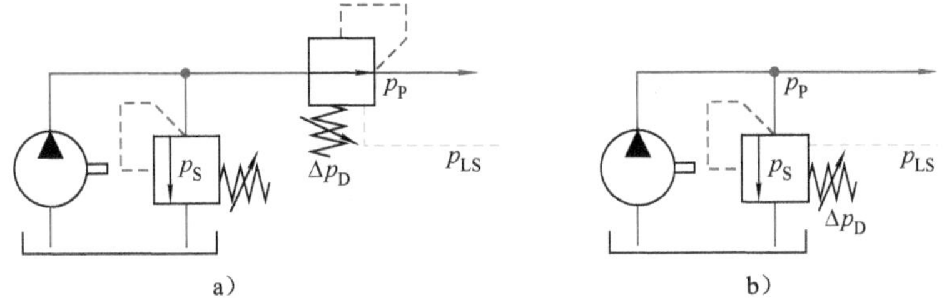

图 3-25 定量泵+定压差阀实现恒压差工况

a）串联定压差阀 b）并联定压差阀

2）在定量泵的出口并联一个定压差阀（见图 3-25b），通过旁路，努力使 p_P 比控制压力 p_C 高一个恒定值——定压差阀的弹簧压力Δp_D。这种方式，p_P 随负载压力而变，相对前一种方案节能，但因为有部分流量未做功而从旁路流出，还是有些浪费的。

（2）恒压差变量泵 这是目前最常见的方式。利用一个定压差阀控制泵的变量机构（见图 3-26），努力使泵出口压力 p_P 比控制压力 p_{LS} 高一个恒定值——弹簧压力Δp_P，一般为 1.5～3MPa。

这种方式因为泵只输出必要的流量，出口压力也随负载而变，也即所谓的功率匹配，所以更节能。

（3）电比例恒压差泵 在恒压差变量机构中再加入比例电磁铁（见图 3-27），就可以实现恒压差的电控：改变输入电流，即改变了作用在阀芯上的电磁力，既相当于改变了弹簧的预紧力，即改变了恒压差。

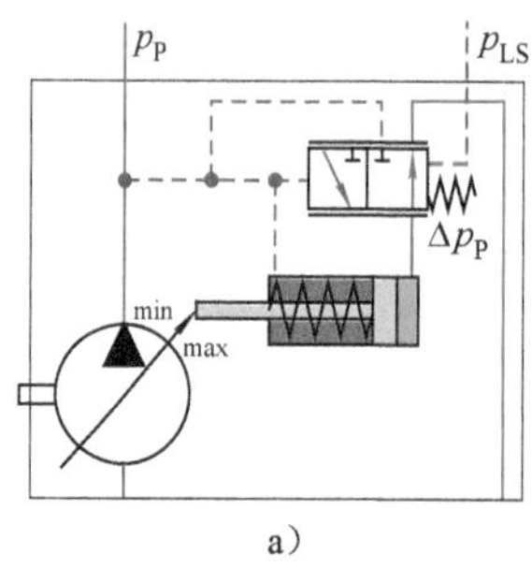

a）

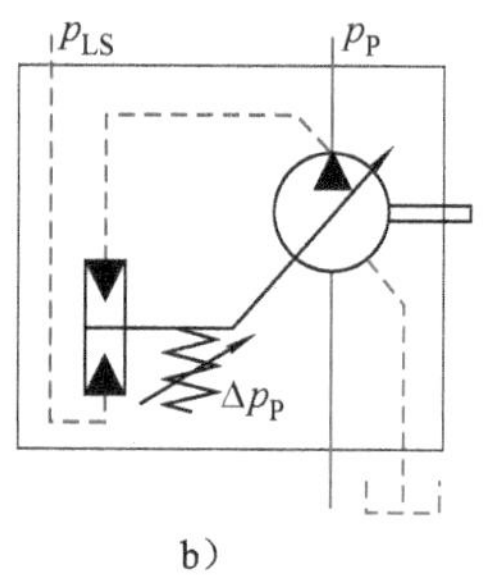

b）

图 3-26 恒压差变量泵

a）工作原理图 b）GB/T 786.1—2009 推荐的图形符号

p_P—泵出口压力 p_{LS}—控制压力 Δp_P—恒压差

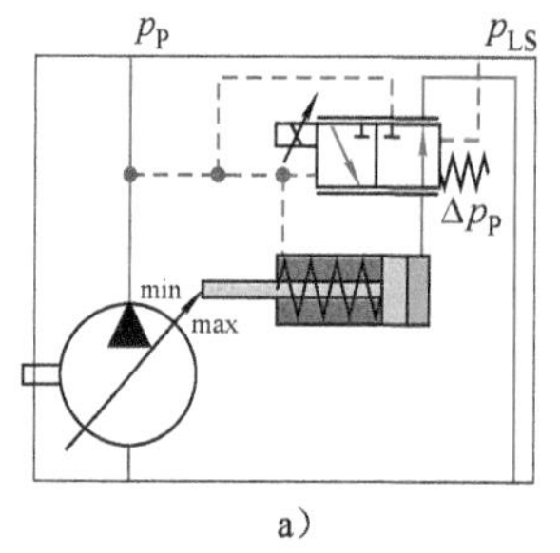

a）

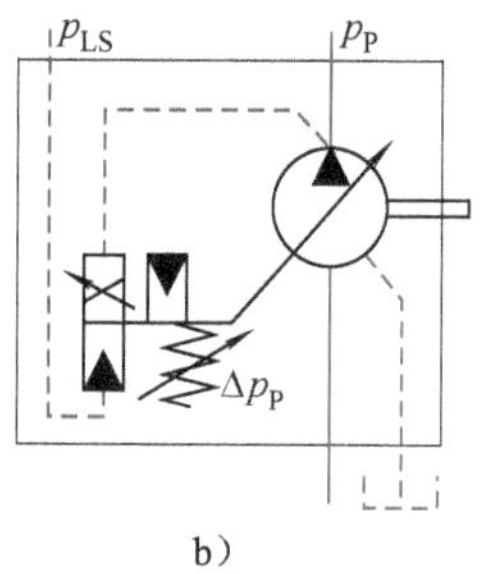

b）

图 3-27 电比例恒压差泵

a）工作原理图 b）根据 GB/T 786.1—2009 推荐的图形符号

2. 应用

（1）实现恒流量工况 在恒压差变量泵出口加一个流量感应口 J，在 J 后引出控制压力 p_{LS} 来控制泵的排量（见图 3-28），由于落在 J 两侧的压差（$p_P - p_{LS}$）始终恒定，所以，这样组成的液压源可以实现恒流量工况。这个节流口 J 起检测流量作用，故可称流量感应口。

这样实现的恒流量工况有以下特点：

1）可以消除由于液压泵内泄漏引起的非恒流现象。

2）可以在原动机转速变化一定范围内还保持恒流量。

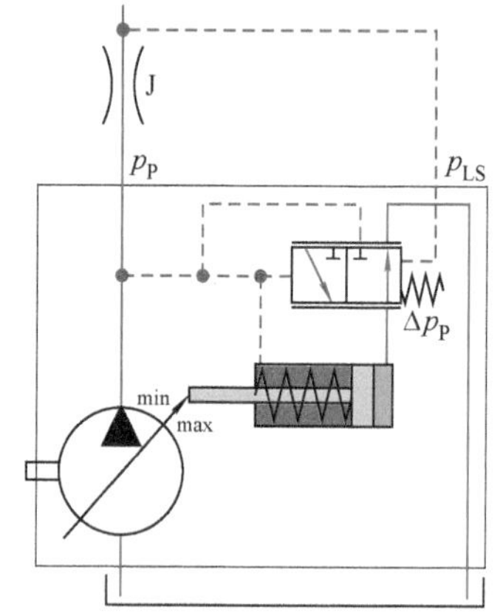

图 3-28 恒压差泵加节流口实现恒流量工况

p_P—泵出口压力 p_{LS}—控制压力 Δp_P—恒压差 J—外加节流口

（2）与换向节流阀组合构成负载敏感回路 恒压差泵实际上被大量用于构成负载敏感回路，只要用换向节流阀代替图 3-28 中的流量感应口即可（见图 3-29），详见第 10 章。所以，恒压差泵也常被称为负载敏感泵。

（3）组合恒压机构 恒压差变量泵还常常组合成恒压变量机构（见图 3-30 中 V1），以限制最高工作压力。

1）在 p_P 较低时，阀 V1 停在右位。阀 V2 移动到中间位置，其出口压力经过 V1，进入变量缸，调节排量。当阀 V2 的阀芯处于力平衡位置时，$p_P = p_{LS} + \Delta p_P$，即 $p_P - p_{LS} = \Delta p_P$ 为恒值。所以，通过流量感应口 J 的流量恒定，液压源工作在恒流量工况。

2）在 p_P 超过 V1 的弹簧预紧压力 p_{Pmax} 时，阀 V1 移至左位，变量缸右腔压力接近 p_P，减小排量，不受 p_{LS} 影响。液压源工作在恒压工况。

小节流口 J1 保持始终有流量通过变量调节缸，使缸内油温不致过高。

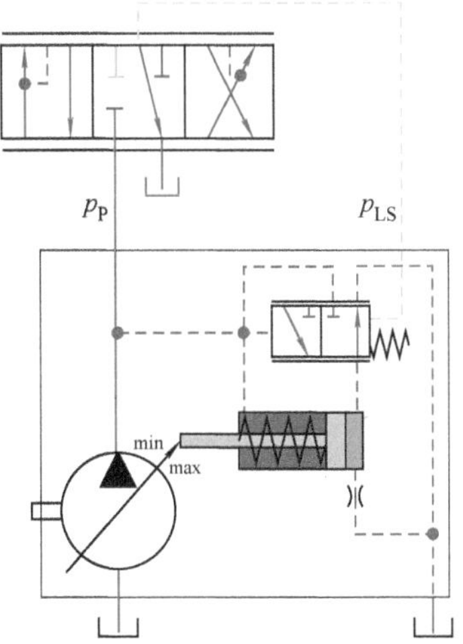

图 3-29 恒压差泵加换向节流阀构成负载敏感回路

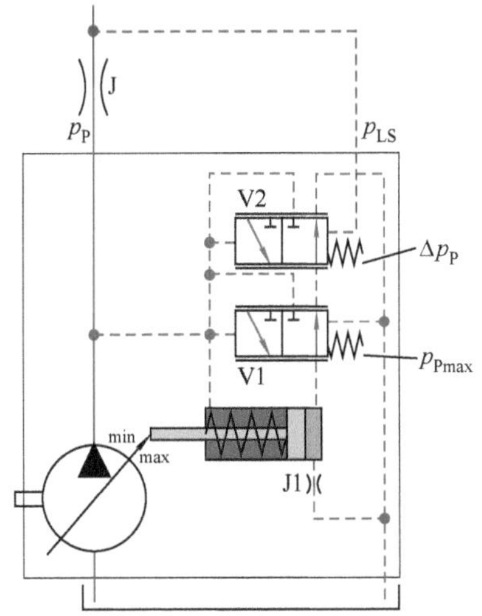

图 3-30 恒压差变量泵组合恒压机构

p_P—泵出口压力 p_{LS}—负载压力 J—流量感应口 V1—限压阀 V2—定压差阀

这种泵常被称为 PQ 泵——通过改变排量，既能限制压力，又能保持流量恒定。要注意的是，这两个工况不是同时发生的。

3.2.4 恒功率工况

恒功率工况指的是液压源的输出功率保持基本不变的工况。

使用恒功率工况的目的，实际上是为了保持液压源的输入功率恒定，以便最充分地利用原动机的装机功率。

1．特性

因为，液压源的输出功率

$$P = pq$$

式中　p——液压源出口压力；

q——液压源输出流量。

所以，如果能够实现，液压源的输出流量为

$$q = P_S/p$$

式中　P_S——设定功率。

就能保持输出功率 P 恒定在设定功率 P_S。理想曲线如图 3-31 中实线所示。

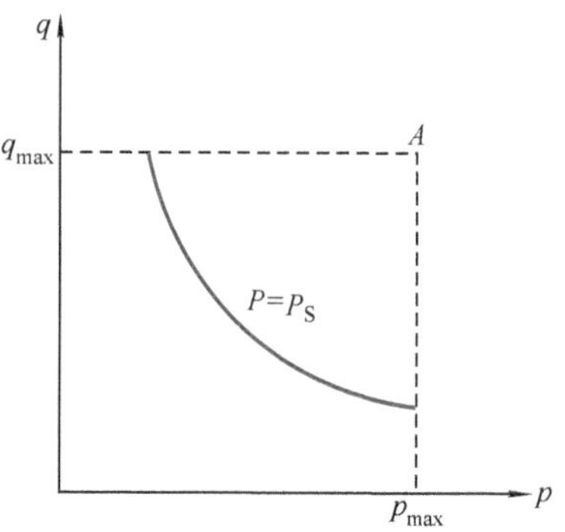

图 3-31　恒功率曲线 $q = P_S/p$

A—角功率

液压系统在工作中可能会出现的最高压力 p_{max} 和需要的最大流量 q_{max} 之积，称为角功率。如果原动机按角功率配用，很可能大部分功率是多余的，因为，在很多液压系统中，最高压力和最大流量不会或不需要同时出现。采用恒功率调节机构（Horsepower Limiter）就是避免这种资源浪费的一种措施：既可以在低负载压力时达到最大流量，也可以在很高的压力下工作；既可以充分利用发动机的功率，同时也避免对发动机加载过大，特别是避免内燃机由于加载过大，导致熄火。

要注意的是：所谓恒功率泵，虽然目的是为了充分利用发动机的输出功率，但被控制的只是液压泵的输出功率，而非液压泵的输入功率，即发动机的输出功率。这里还应考虑到泵的总效率，一般在 0.8～0.9 之间，即应该是恒功率工况的设定功率

$$P_S < \eta P_{max}$$

式中　P_{max}——发动机能输出的最大功率；

η——液压泵的总效率。

另外，发动机实际能够输出的最大功率也不是恒定的，例如，当空气温度和密度发生变化后，发动机实际能输出的最大功率也会变化，所以，也要为此留出余地。

2．实现

以下所介绍的方案，都是通过改变变量泵的排量来实现恒功率的。因为，理论上作用在泵输入轴——发动机输出轴上的转矩

$$T = pV/2\pi$$

式中　p——液压泵出口压力；

V——液压泵每转排量。

调节排量 V，使 pV 保持恒定，就使 T 保持了恒定，所以，本质上是恒转矩。

只有在转速 n 恒定时，输入功率 $P=2\pi nT$ 才保持恒定。但以下从习惯上还是称之为恒功率。

（1）利用双弹簧变量缸 图 3-32 所示机构利用双弹簧变量缸来逼近恒功率曲线。

泵出口压力 p 引入变量机构，推动变量拉杆 3，使排量 V 趋于变小。弹簧 1、2 推动变量拉杆 3，使排量 V 趋于变大。

在 p 较低时，p 与弹簧 1 的压力平衡，决定变量拉杆 3 的位置。因此，压力-排量特性由弹簧 1 的刚度决定，如直线 4 所示。

在 p 较高时，不仅弹簧 1，而且弹簧 2 也被压缩。两者的弹簧力共同起作用，决定变量拉杆 3 的位置。此时，压力-排量特性由弹簧 1 和弹簧 2 的刚度之和决定，如直线 5 所示。

适当的弹簧刚度与预紧力可以使直线 4、5 逼近理想恒功率曲线 6。

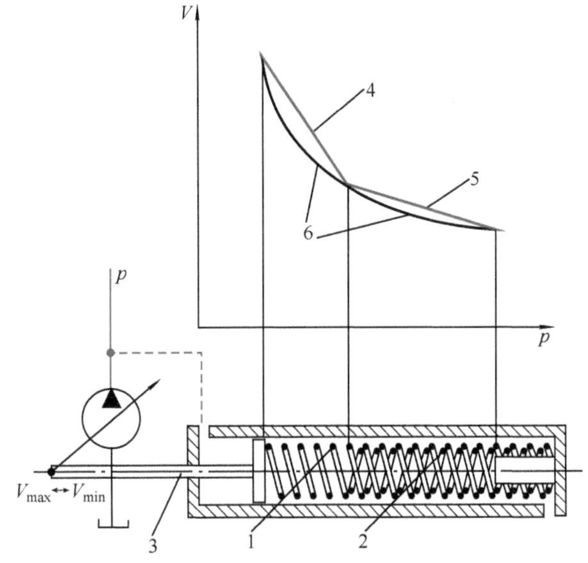

图 3-32 用双弹簧来逼近恒功率曲线原理[7]

1—弹簧 1 2—弹簧 2 3—变量拉杆 4—特性曲线 1 5—特性曲线 2 6—理想恒功率曲线

V—排量 p—泵出口压力

鉴于此，GB/T 786.1—2009《流体传动系统及元件图形符号和回路图》（等同于 ISO 1219—1:2006）推荐以简化图形符号表示恒功率泵，如图 3-33 所示。

由于实际调节的是排量，不是流量，而流量是排量与转速之积。所以，在设定双弹簧的初始预紧压力时，还要考虑到泵的转速。

（2）采用液控减压阀控制变量液压缸压力 图 3-34 所示机构采用了一个液控减压阀来控制变量缸的压力，也是用双弹簧来逼近恒功率曲线。

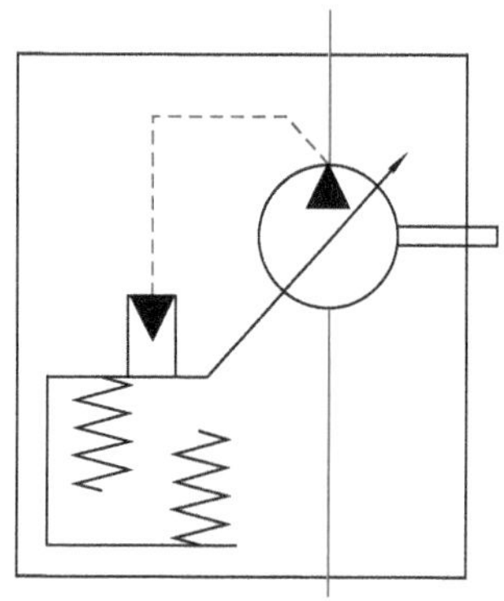

图 3-33 恒功率泵根据 GB/T 786.1—2009 的简化图形符号

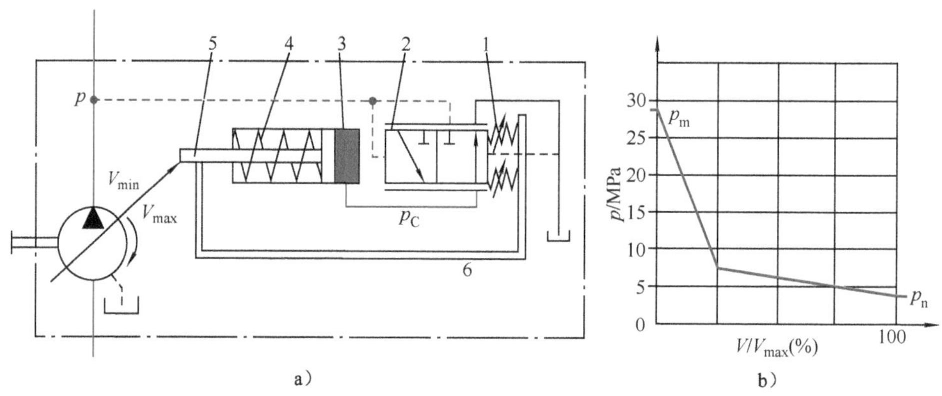

a） b）

图 3-34 利用液控减压阀来控制排量（力士乐 A10V0LA）

a）工作原理图 b）特性

1—弹簧 2—液控减压阀阀芯 3—变量缸活塞腔 4—变量缸弹簧 5—变量活塞杆 6—弹簧基座

p_C—变量控制压力 p—泵出口压力

其作用原理如下：

1）泵出口的压力 p 被引到阀芯 2 的左端，与双弹簧 1 的力平衡决定了阀芯 2 的位置。

2）阀芯 2 的位置决定了控制压力 p_C。

3）p_C 在变量缸活塞腔 3 内与变量缸弹簧 4 的力平衡决定了变量活塞杆 5 的位置。

4）杆 5 的位置决定了泵的排量 V。

5）由于双弹簧 1 被固定在随杆 5 移动的基座 6 上，杆 5 的位置通过基座 6 和双弹簧 1，反馈到阀芯 2，控制 p_C。

6）这样，在 $p > p_m$ 时，阀芯 2 处于左位，$p_C = p$，排量 V 最小。p 越低，p_C 也越低，排量 V 也越大。在 $p < p_n$ 时，V 达到 V_{max}。

与前例相似，双弹簧的预紧长度不同。因此，在 p 较低时，仅一根弹簧起作用。设定双弹簧的预紧压力，形成的两根特性折线就可逼近恒功率曲线（见图3-34b）。

由于在这种方案中，出口压力 p 作用于先导阀，不直接作用于变量机构，因此，可以得到较精确、稳定的控制特性。由于双折线与恒功率曲线还有差别，因此，发动机的装机功率还没有得到充分利用。

（3）利用杠杆原理实现恒功率特性 利用图3-35所示机构可以得到较吻合的恒功率特性曲线，其工作原理如下。

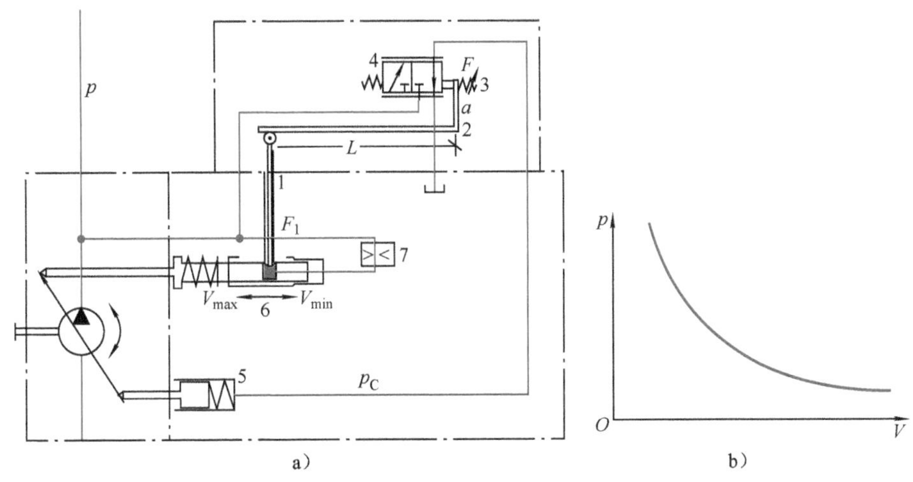

图3-35 利用杠杆原理实现恒功率特性（力士乐A11V）

a）工作原理图 b）特性

1—顶杆 2—杠杆 3—阀弹簧 4—机控减压阀 5、6—变量调节缸 7—阻尼孔

泵出口压力 p 通过阻尼孔7引入顶杆1的下腔，产生力 F_1。所以，F_1 与 p 成比例，即

$$F_1 \propto p$$

F_1 通过顶杆1作用于直角形杠杆2，力臂长度为 L。顶杆1随变量机构移动，所以，泵排量 V 与 L 成比例，即

$$V \propto L$$

所以

$$pV \propto F_1 L$$

因为作用于杠杆2的转矩平衡式可写为

$$F_1 L = Fa$$

式中 F——弹簧3对杠杆2的作用力；

a——F 作用于杠杆2的力臂长度。

所以，

$$pV \propto F_1L = Fa$$

因为 Fa 是不随压力变化的常数，所以 pV 也可以保持恒定，不随压力变化。因此，在泵转速恒定的前提下，泵的输出功率

$$P = pq = pVn \propto Fan$$

功率 P 也可以保持恒定，不随 p 变化。

3．组合

实际应用的恒功率变量机构通常还可组合其他一些控制机构。

（1）组合恒压机构（见图 3-36）　以限制最高工作压力。工作原理如下：

1）在泵出口压力 $p_P \leqslant p_0$ 时，V0、V1 都处于右位，泵处于恒排量工况，输出流量 q_P 为最大流量 q_{Pmax}，如图 3-36c 中曲线 1 所示。

2）在 $p_0 < p_P < p_{Pmax}$ 时，液压源处于恒功率工况；V0 起作用，排量随 p_P 变化，如图 3-36c 中曲线 2 所示。

3）如果 p_P 达到预设的最高工作压力 p_{Pmax}，V1 切换到左位，变量机构就转入恒压工况，排量减小，维持 p_P 在 p_{Pmax}，如图 3-36c 中曲线 3 所示。

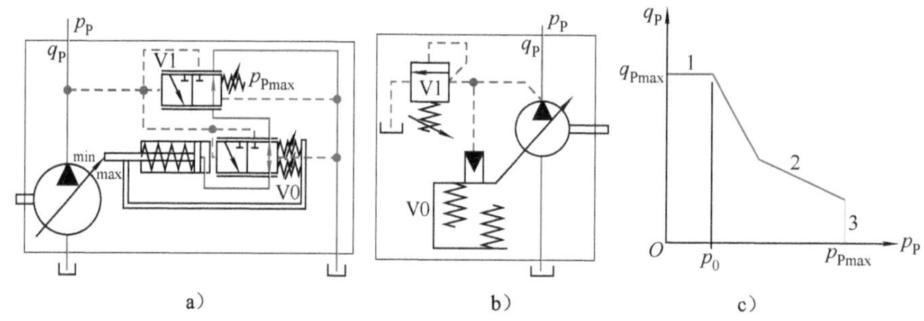

图 3-36　恒功率变量机构与恒压控制机构组合

a）原理图　b）根据 GB/T 786.1—2009 简化后的图形符号　c）特性曲线

1—恒排量工况　2—恒功率工况　3—恒压工况　V0—恒功率调节机构　V1—限压阀

（2）组合恒压差机构（见图 3-37）　可以与流量感应口一起实现恒流量功能。在与恒功率控制一起工作时，恒压差优先。

1）在泵出口压力 p_P 较低时，液压源工作在恒压差工况（见图 3-37c 特性线 1），泵的实际输出流量 q_1 由 V1 预设定的定压差 Δp_P 和流量感应口 J 的大小决定，不随 p_P 变化。

因此，图 3-37c 中，恒排量线 1a 和恒功率曲线 2 以下的阴影区都是可能的工况点。

这时，发动机的功率并未充分利用。

2）如果流量感应口 J 很大，排量开到最大，泵处于恒排量工况，输出流量 q_P

达到 q_{Pmax}，如图 3-37c 中线 1a 所示。

3）当 p_P 达到了恒功率曲线（见图 3-37c 曲线 2）上流量 q_1 所对应的压力 p_1，泵的输出功率 p_Pq_P 达到预设的功率，液压源进入恒功率工况。此时，p_P 越高，q_P 越低。

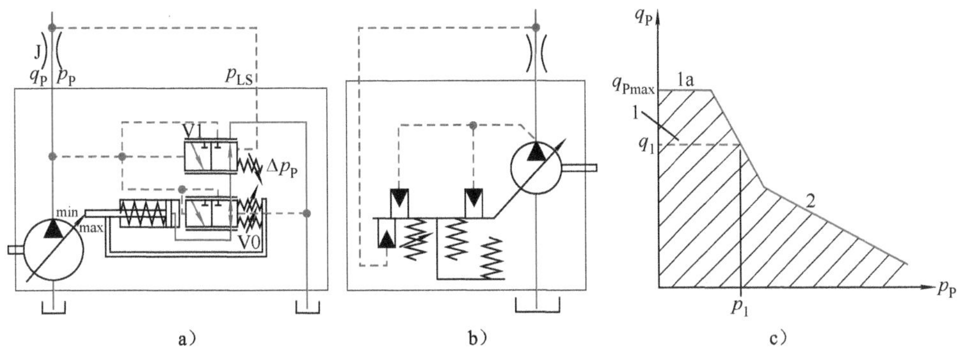

图 3-37 恒功率变量机构与恒压差控制机构组合

a）原理图 b）根据 GB/T 786.1—2009 简化后的图形符号 c）特性曲线

1—恒流量工况 1a—恒排量工况 2—恒功率工况 V0—恒功率调节机构 V1—定压差阀

（3）实际应用得最多的是同时组合恒压与恒压差机构（见图 3-38） 工作原理与前者相似，唯一的不同：如果泵出口压力 p_P 达到限压阀 V2 设定的 p_{Pmax}，则液压源进入恒压工况（见图 3-38c 线 3）。

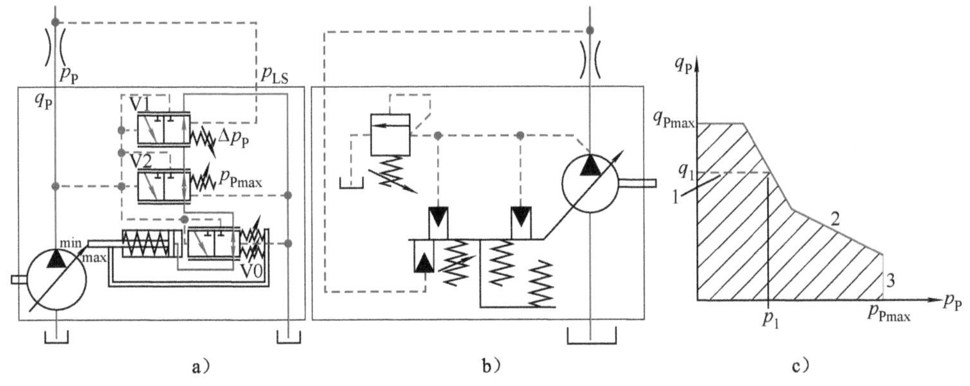

图 3-38 恒功率变量机构与恒压恒压差控制机构组合

a）原理图 b）根据 GB/T 786.1—2009 简化后的图形符号 c）特性曲线

1—恒流量工况 2—恒功率工况 3—恒压工况

V0—恒功率调节机构 V1—定压差阀 V2—限压阀

3.2.5 外控调节排量概述

以上各种工况的实现，都是通过调节泵排量完成的，而且大都属于内控类，即根据液压源内部的压力状况自动调节。虽说恒压差工况是根据外部压力信号调节的，但它们都有一个共同点：一旦设定之后，工作时排量就不需要也不能人为改变。

变排量还有外控类，可从液压系统外部（人为）输入指令调节排量。大致有以下几种：

1．手动

过去，曾采用过像连接自行车手刹车与刹车片之间的钢丝那样，可以从一定距离之外直接改变排量(DDC——Direct Displacement Control)的手动或机动控制。由于液压泵工作压力越来越高，作用于变量机构的力越来越大，因此，后来更多的是采用手轮通过螺杆方式调节。即便如此，通常还是必须花很大的力。因此，现在手动控制（MDC——Manuel Displacement Control）一般采用伺服变量，利用液压力帮助改变排量。

但总的来说，手动调节速度慢，不方便，因此只用于不需要经常调节的场合。

2．电控

电控（EDC——Electrical Displacement Control），一般使用（步进）电动机，通过螺杆螺母或蜗轮蜗杆减速器调节，调节时间一般在10～60s，因此也只用于不需要迅速调节的场合。

3．液控

液控（HDC——Hydraulic Displacement Control），一般需要一个压力恒定的先导供油，通过手动减压阀、换向节流阀等，控制先导压力，先导压力作用于调节排量的活塞，压缩变量机构的弹簧，直至液压力与弹簧力平衡。调节时间一般低于1s。

4．电比例控

电比例控（PDC——Proportional Displacement Control），控制器输出电信号给比例电磁铁，作用于变量机构。

由于比例电磁铁能够输出的力较小，一般都只能控制很小的变量机构。因此，一般是通过电比例压力阀（溢流阀或减压阀），控制作用于调节活塞的先导压力，间接地控制变量机构。因此，也常被称为电液比例控。调节时间一般低于1s。

3.3 液压泵的流量脉动

至此为止的介绍都把液压泵的排量看做是均匀的，不随转角而变的，从而泵的输出流量也是均匀稳定的。

其实，液压泵输出的流量一般都是多少带有脉动的。脉动的流量在遇到阻力（节流口或带负载的液压缸）时，就引起了压力脉动。由于流量脉动的频率较高，一般在几百至上千赫兹，少有流量传感器能直接测出。因此，一般都用压力传感器来观察流量脉动。图 3-39 所示为一个柱塞泵，其出口仅有一个固定的节流口，出口的压力在不同负载、不同转速情况下的实测。从中可以看出，转速越高，压力越高，压力脉动就越大，说明流量脉动也越大。

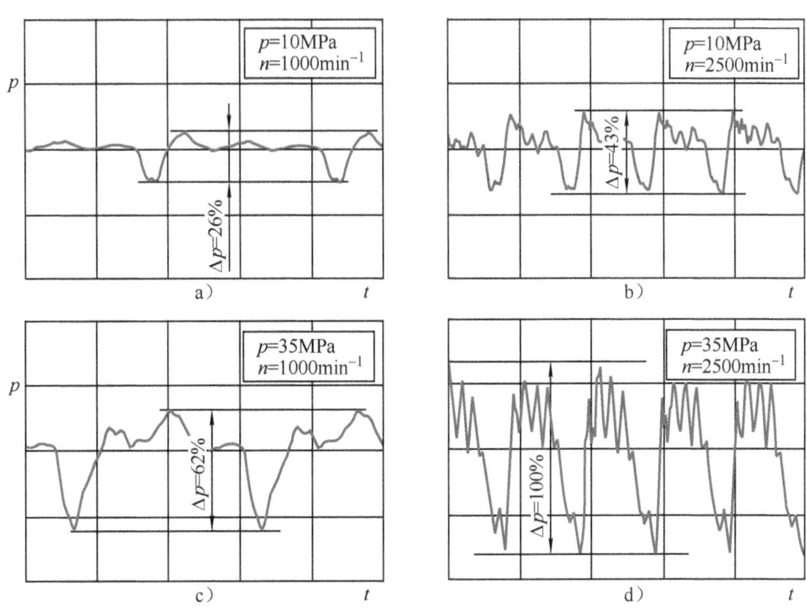

图 3-39 一个柱塞泵在不同负载、不同转速情况下的出口压力实测[5]

当然，实际测出的压力脉动幅度还受到泵出口的容积与液压油的弹性模量的影响，只有相对的意义，并非真实的流量脉动。

3.3.1 流量脉动的原因

液压泵输出流量的脉动主要来自以下两方面。

1. 工作原理决定的排量脉动

（1）柱塞泵 轴向柱塞泵工作时，柱塞作往返运动，其运动速度并非恒定的，而是随缸体转角按正弦曲线而变。因此，单个柱塞的瞬态排量，从而在泵匀速转动时输出的流量是半个正弦曲线（见图 3-40）。

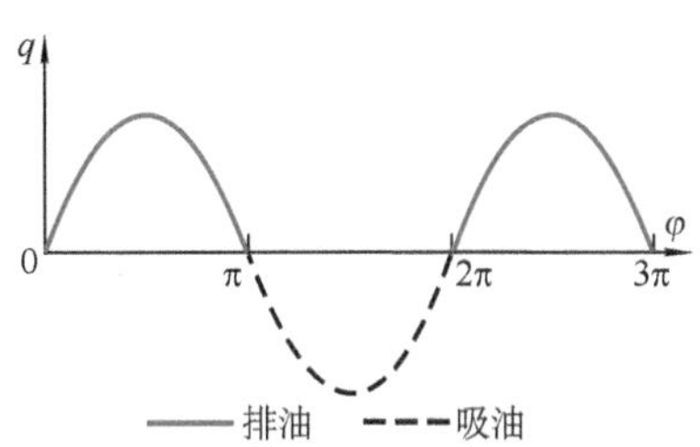

图 3-40 单个柱塞的输出流量

φ—转角

图 3-41 所示为柱塞数 Z 分别为 3、4 和 5 的理论输出流量的迭加曲线。从中可以看出，由于正弦曲线的周期性，在 4 个柱塞时，

流量脉动比 3 个柱塞的还要大。

柱塞数大于 2 的柱塞泵，其理论流量脉动率（见图 3-42）为

$$\delta = 1 - \cos(90°/Z)，Z 为奇数$$

$$\delta = 1 - \cos(180°/Z)，Z 为偶数$$

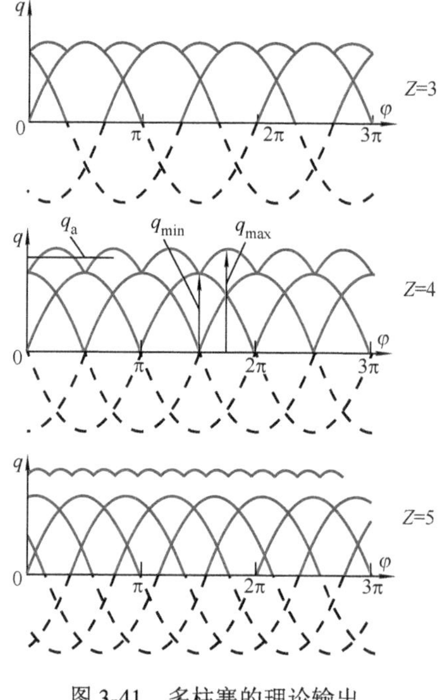

图 3-41 多柱塞的理论输出流量的迭加曲线[5]

Z—柱塞数 q_a—平均流量

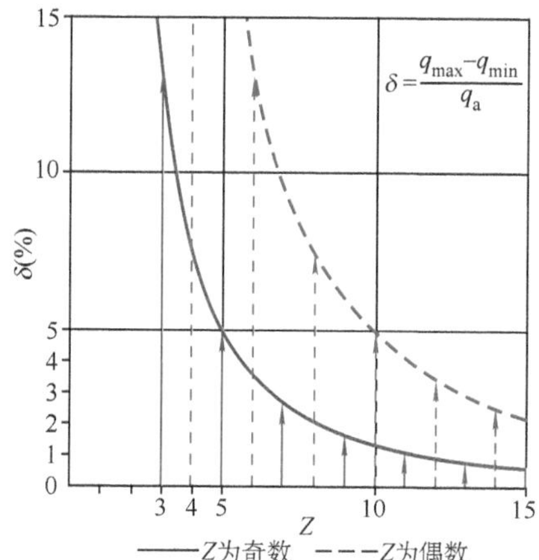

图 3-42 柱塞数 3 到 15 的柱塞泵的理论流量脉动率[5]

Z—柱塞数 q_a—平均流量 δ—流量脉动率

斜轴柱塞泵，如果轴与缸体之间采用万向联轴器连接，则即使轴的转速是均匀的，缸体的转速也不均匀，这就加大了原理性流量脉动。

（2）齿轮泵 外齿轮泵（也称为外啮合齿轮泵）由于渐开线的齿廓有约 14%的脉动率。内（啮合）齿轮泵的脉动率要小得多，约为 3%。

（3）叶片泵 由于定子曲线可任意设计，因此，设计得好的叶片泵理论上没有原理性流量脉动。

（4）螺杆泵 螺杆泵理论上没有原理性流量脉动。

2．工作腔接通高压瞬间引起的流量脉动

泵的工作腔在吸入区时是低压，在排出区时是高压。在刚从吸入区移到排出区，从低压升为高压的一霎那，不仅没有排出液体，反而由于液压油的弹性，从高压区吸入了液体（见图 3-43），这样就会导致泵的输出流量瞬间减少。工作腔越大，排出区的压力越高，造成的流量脉动就越严重。

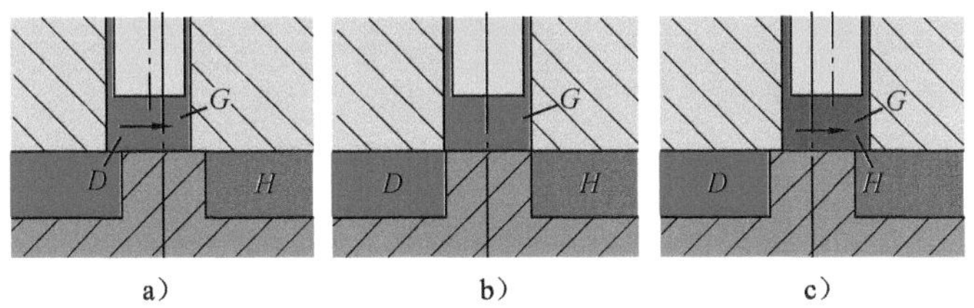

图 3-43 柱塞泵工作腔从吸入区进入排出区的过渡过程

a）工作腔在吸入区 b）工作腔在两区之间 c）工作腔进入排出区

D—低压区 *H*—高压区 *G*—柱塞工作腔

这个现象在几乎所有类型的泵上都会发生。

3．综合

图 3-44 综合了一些类型的泵的流量脉动实测结果。从中可以看到，常见的轴向柱塞泵的流量脉动率在高压时可能超过 20%，叶片泵可能达到 8%左右。

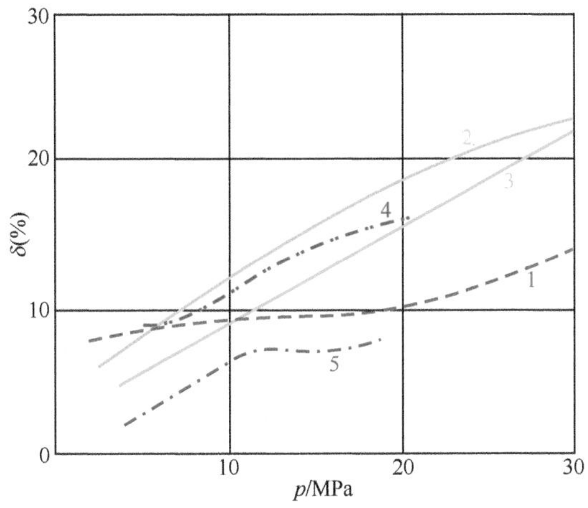

图 3-44 一些类型的泵在转速 1500r/min 时的输出流量脉动率δ的实测结果[5]

1—径向柱塞泵（7 柱塞） 2—斜轴轴向柱塞泵（7 柱塞） 3—斜盘轴向柱塞泵（9 柱塞）

4—叶片泵（4 叶片） 5—叶片泵（10 叶片）

流量脉动的基本频率f，理论上与柱塞数、齿轮数或叶片数Z，以及泵的转速n成正比。即

$$f=nZ$$

例如，柱塞数Z=7 的柱塞泵在转速 2000r/min 时的理论流量脉动频率为

$$f=7\times2000/60\text{Hz}=233\text{Hz}$$

3.3.2 流量脉动的影响

流量脉动会引起系统中压力的脉动及执行器运动速度的脉动。

以下的介绍基于图 3-45a 所示的简化液压系统，忽略了摩擦力、泄漏，只考虑负载惯量，假定外力 F 为一恒值。

如果把脉动的流量 q_t 简化为一个平均值 q_0 迭加了一个频率为 f、相对振幅为 δ 的正弦波（见图 3-45b），则

$$q_t = q_0[1 + \delta\sin(2\pi ft)]$$

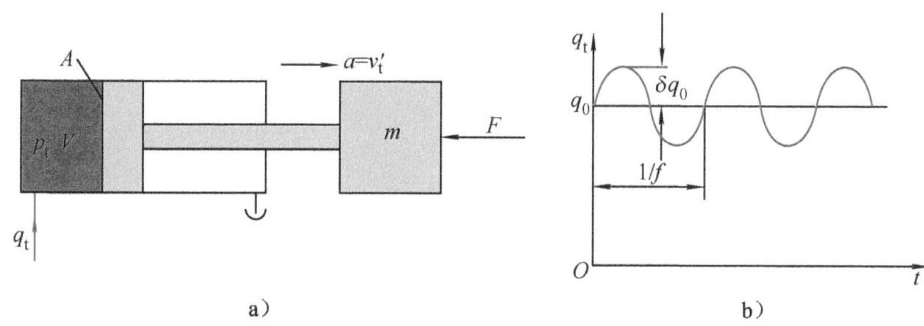

图 3-45 考察流量脉动影响的简化模型

a）液压系统 b）脉动的流量

1．流量脉动对执行器速度的影响

可导出（导出过程见附录 A-5），执行器的速度是一个振动频率为 f，相对振幅为 δ_v 的正弦波

$$v_t = v_0[1 + \delta_v \sin(2\pi ft)]$$
$$\delta_v = \delta / \left| 1 - f^2/f_z^2 \right| \quad (3\text{-}1)$$
$$f_z = \sqrt{A^2E/(Vm)}\,/\,2\pi$$

式中 v_0——平均速度，$v_0 = q_0/A$；
f_z——系统固有频率；
m——负载惯量；
A——活塞作用面积；
V——从泵的高压腔、连接管道一直到执行器驱动腔容纳液压油的容积；
E——液压油的弹性模量。

根据式(3-1)画成曲线，大致如图 3-46 所示。

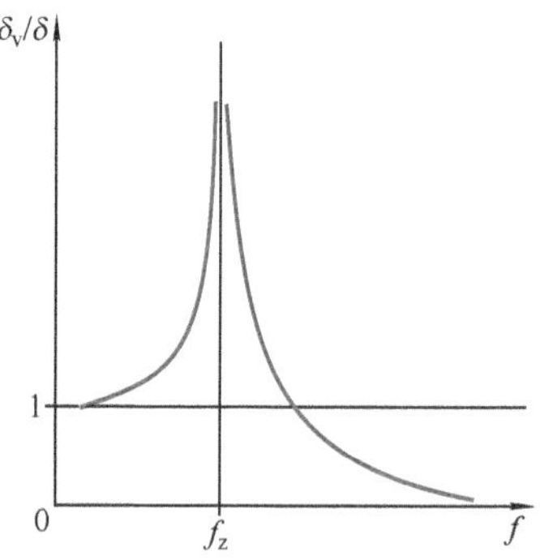

图 3-46 在不同频率时流量脉动率对速度脉动率的影响

δ—流量脉动相对振幅 δ_v—速度脉动相对振幅
f—流量脉动频率 f_z—系统固有频率

由图 3-46 可以看到：

1）当 f 高于 f_z 时（这是大多数情况），f 越高，δ 对 δ_v 的影响就越小。

2）在 f 接近 f_z 时，振幅很大，应该避免。

3）理论上，在$f=f_z$时会发生共振，δ_v可能达到无穷大。这实际上不会发生，因为：

① 随着活塞移动，驱动腔的容积V会变化，因此，f_z不是一个固定不变的量。

② 流量脉动不是一个简单的正弦波。

③ 被忽略了的摩擦力和背压起着很重要的阻尼作用。

2．流量脉动对驱动腔压力的影响

类似可得到，驱动腔中的压力也会发生频率为f、相对振幅为δ_P的振动（导出过程见附录 A-5）

$$p_t=p_0[1+\delta_P\cos(2\pi ft)]$$

$$\delta_P=2\pi fmq_0\delta/(AF\left|f^2/f_z^2-1\right|)$$

式中 p_0——平均压力，$p_0=F/A$。

从中可以看出，在$f>f_z$时，脉动频率f越高，压力脉动幅度越低。

具体估算表格见附录与本书所附光盘中“液压估算 2013.xls”。

3.3.3 降低流量脉动的措施

泵输出流量的脉动不仅引起速度、压力脉动和系统振动，更令人讨厌的是导致噪声。因此，液压技术人员一直在寻找降低流量脉动的措施。这些措施，有被动型的，如通过蓄能器或谐振腔，也有主动型的。但要完全消除流量脉动并不容易，因为脉动频率并不是单一频率的，而是多频率的，且是随工况变化的。

（1）外齿轮泵 力士乐公司在 2011 年研发出了一种新型的外齿轮泵，称之为 Silence Plus“特安静”（见图 3-47）。采用圆弧斜齿，其流量脉动幅度降低 75%，频率降低 35%（见图 3-48）。因此，噪声比普通齿轮泵（见表 3-2）平均降低 11dB（A），而且移至人耳较能忍受的低音区。许用压力 28MPa，排量为 12～28mL[40]。

a）

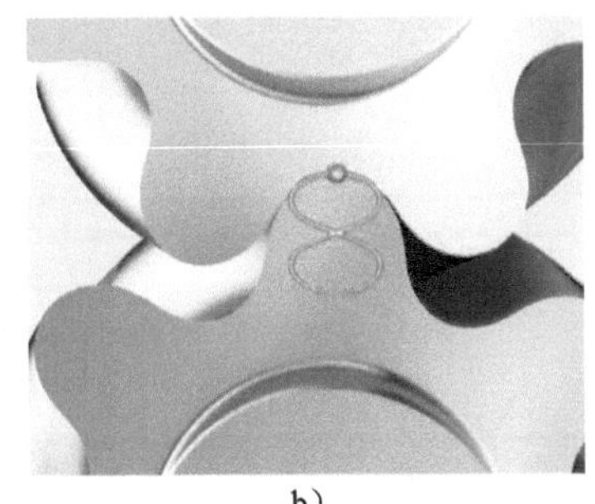

b）

图 3-47 “特安静”齿轮泵（力士乐）

a）结构示意图 b）啮合线

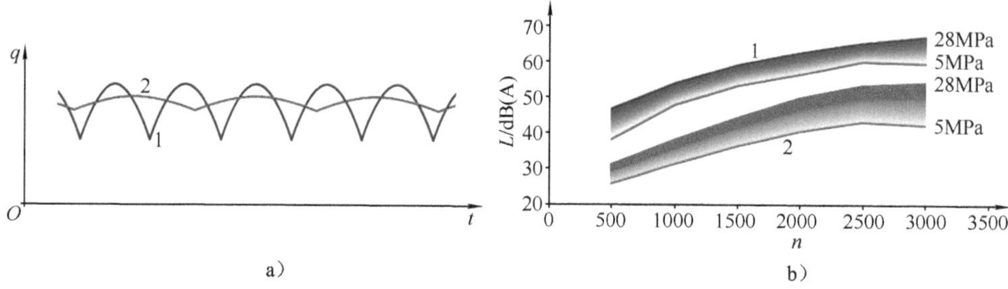

图 3-48 与普通外齿轮泵对比（力士乐）

a）输出流量脉动 b）噪声对比

1—普通外齿轮泵 2—“特安静”泵

表 3-2 各类齿轮泵性能对比（力士乐）

类型	普通外齿轮泵	低噪声泵	内齿轮泵	“特安静”泵
工作原理	单共轭点	双共轭点	单共轭点	共轭点连续
噪声[dB(A)]	作为基础	–5～–3	–8～–6	–20～–12
流量脉动幅度	14%	3.5%	3%	3%
频率	作为基点 100	200	108	65

（2）柱塞泵 在 20 世纪 90 年代 IFAS 提出了预压腔（PCV，Pre-Compression Volume）的设想专利（见图 3-49）：在低压的吸入区 D 与高压的排出区 H 之间设一个压力居中的预压腔 Z，活塞腔在刚离开吸油区时，先与预压腔相通，压力适当升高。这样，再与高压区相通时，吸入的液体就不会那么多了。

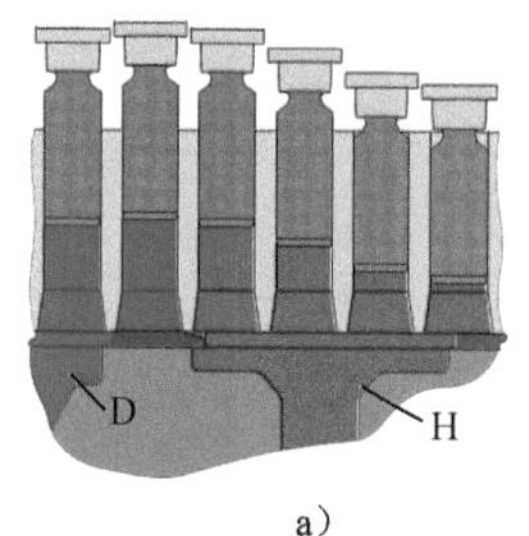

a）

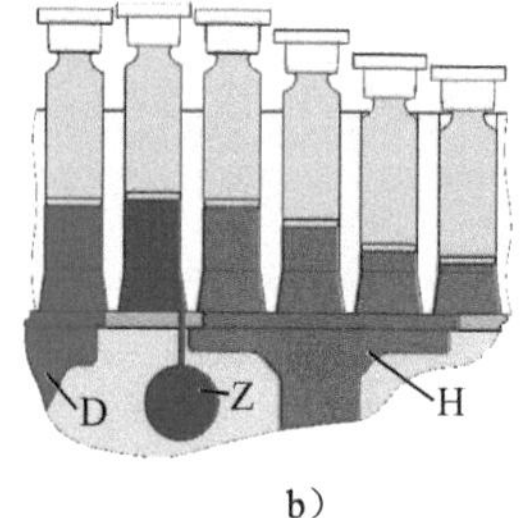

b）

图 3-49 轴向柱塞泵吸排油过程[5]

a）普通泵 b）带预压腔

D—吸油区 H—排油区 Z—预压腔（PCV）

有三个大的泵生产商采用了这个措施，一定程度上降低了流量脉动，最多达 50%（见图 3-50）。

（3）泵出口腔加高频响的蓄能器 泵出口腔加高频响的蓄能器（见图 3-51），也可以一定程度地降低泵流量脉动对速度与压力的影响。

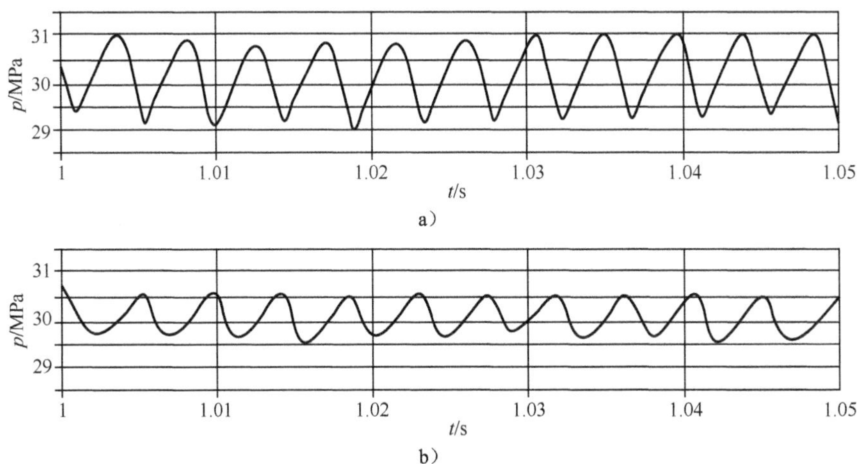

图 3-50 预压腔减小流量脉动的实测结果

a）不带预压腔 b）带预压腔

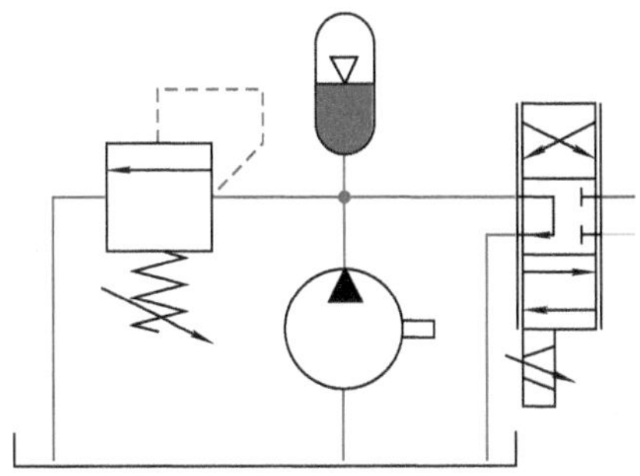

图 3-51 泵出口腔加高频响的蓄能器降低流量脉动

第4章 液　　阻

液阻就是对液体流动的阻力。“液阻控制”简单而言就是通过液压阀产生一定的液阻来实现控制。所以，本章首先介绍液压阀的本质，以及固定液阻（节流口）、可变液阻的特性，然后再讨论各类可调液阻——节流阀的结构与特性。

在节流口处（见图 4-1），压差是产生流量的原因：在节流口两侧加一个压差，就必然通过一定的流量。

通过节流口的流量、压差与液阻的关系有点类似电工学中的电流、电压与电阻的关系：如果把流量类比作电流，压差类比作电压，液阻就可以类比作电阻。

只是，在液压技术中，在绝大多数情况下，这个关系是非线性的，不能像欧姆定律“电阻=电压/电流”那样，可以简单地从“压差/流量”计算出一个固定的、不随压差变化的液阻。

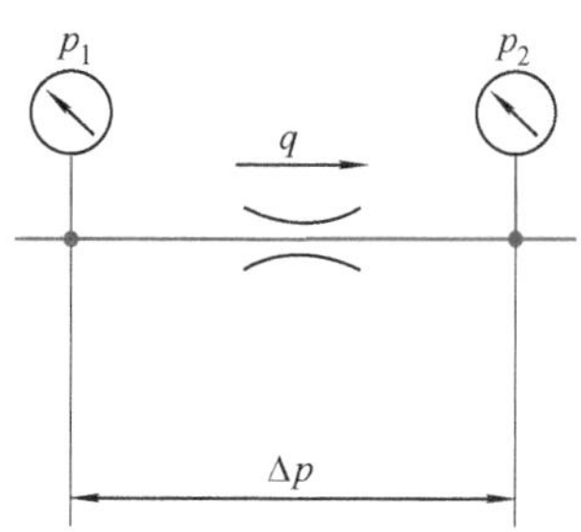

图 4-1　通过节流口的流量与压差

q—流量　p_1—节流口前压力

p_2—节流口后压力　Δp—压差 p_1-p_2

4.1　液压阀的本质

国家标准 GB/T 17446—2012《流体传动系统及元件 术语》中定义“阀——控制流体方向、压力或流量的元件。”

这个提法只说到了阀的用途，或者说是良好的愿望。愿望，尽管良好，却不一定能实现。

液压阀，本质上来说只是一个“其液阻可调的装置”，仅此而已，不多也不少。所有的液压阀都必须能做到“液阻可调”，而且也只能做这件事，无一例外。

从这个本质出发，就能够比较容易地全面理解液压阀，特别是一些组合阀、一些结构复杂的液压阀，在实际液压系统中，也就不难理解不同工况下可能有的种种效应和现象。

这个提法有以下一些含意：

1）因为“液阻”是对液体流动的阻力，所以，液压阀必须具有至少一条液流通道。

2）要有一条液流通道，那就要有至少两个液流的通口。

一根液压软管，有两个通口，可形成一条液流通道。用力挤压液压软管，可以改变液流通道的液阻，理论上也可以算作一个液压阀——节流阀。只是现代液压技术使用的高压软管如此之硬，挤压软管如此费力，并且会大大降低软管寿命，一般情况下都不使用这个方法。

有的教科书中把压力开关（也称压力继电器）归入液压阀类，这不妥当。因为，压力开关只有一个液体端口，不能构成一条液流通道，不能通过流量，只能根据压力状况输出电信号。因此，它和压力传感器同属一大类。只是一个输出开关量，一个输出模拟量而已。而且现在已经出现了实质上是压力传感器，同时带有可设定开关信号工作点的所谓数字式压力开关，压力开关和压力传感器之间已没有截然的界限了。所以，压力开关不应该归入液压阀，而应该归入检测仪器。

3）液压阀一般都有至少一个阀体。个别类型的阀没有自己独立的阀体，而是利用集成块，与其他阀共用阀体。

液压阀都有至少一个可相对阀体运动的阀芯。

液压阀一般都是利用阀芯与阀体所形成的开口来作为主要液阻的。开口的大小与形状决定了液阻。开口越大，液阻越小。开口关闭，即液阻极大。开口全开，即液阻接近零。

4）液压阀液流通道两端的压差和阀的液阻，是决定通过液压阀的流量的基本原因。所有液压阀都有在某一开口时的压差-流量特性。

5）液压阀都是利用阀芯在阀体中的相对移动所形成的开口变化来改变液阻的。

目前仅有的例外，是使用“电流变液”（ERF）和“磁流变液”（MRF）的控制阀。这种阀不需要阀芯，仅仅通过对液流通道施加电场或磁场，改变液体的黏度，从而影响通过的流量，起到与改变开口同样的作用。这项技术，一旦全面进入实用阶段，会对整个液压技术带来颠覆性的变化。只是这项研究已进行几十年了，目前仅有极少量的样品，什么时候、能否进入实用阶段还很难说。

所以，在以下的讨论中，不把液压软管和电（磁）流变液控制阀考虑在内。

所谓调节液压阀，实际上只是在调节开口的大小，或是弹簧预紧力，或是电磁作用力而已。是这些变化造成了液压油压力、流量、流通方向的改变。

固定节流口（见4.2节）会产生一定液阻，但由于其不可调，所以不能称为阀。

6）液压阀与液压油相连的端口，可以分为通口和控制口。

会有持续的工作流量通过的端口，称为通口。液压阀有至少两个通口，在工作时，至少有一个是进口，一个是出口。由于液流通道多少总是有些液阻的，所以，在有液流时，出口的压力总是低于进口，但进出口并非始终固定不变，完全可能交换。

没有持续工作流量通过的端口，称为控制口，一般是与阀芯端面或弹簧腔连通的盲口，主要是为了引入控制压力信号，以推动阀芯，或在阀芯移动时排出液压油。个别控制口有时会有极少量先导液流或泄漏流量持续通过。泄漏用的口也可算作控制口，因为，通过泄漏口也可影响阀芯的运动。

7）说液压阀是一个“其液阻可调的装置”而不提其用途——控制压力、流量、方向，是希望突出，一个液压阀能否调节液压回路中流体的方向、压力或流量，还取决于回路中其他部件的状态。比如说，泵根本没有运转，或另有一旁路通油箱，那么无论怎样改变溢流阀，也是无法控制压力的。

8）液压阀阀芯是一个机械部件，只服从力平衡原则。阀芯在且只在力的作用下移动，停留在这些力平衡的位置。所导致的液流通道开口的形状和大小——液阻，就和系统中其他元件的状态一起决定液流的方向、流量，从而影响系统某部分的压力、执行器的运动和停止。

在液压技术中经常使用的提法——流量阀、方向阀，指的仅是这些阀的功能或用途。液压阀阀芯本身并不能直接感知流量和流动的方向。流量和流动方向是通过在节流口产生的压差间接地来影响阀芯位置的。

9）有些阀芯，受外部作用力控制，如手动力、机械力、气压力、先导液压力或电磁力；有些阀芯则也受或仅受内部物理量，如一个或多个压力、弹簧力或摩擦力的作用。在现代液压技术中，阀芯的重量相对这些力的作用，往往小得多，通常都可以忽略不计。但其惯量，对响应速度、动态过程的影响却往往是不可不考虑的。

10）阀芯的移动，都有至少两个极限位置，一般都是通过机械结构来限定的，有些可调。有些阀中，还有一个利用弹簧力平衡而形成的所谓弹簧对中位置。

液压阀可分为开关阀和连续调节阀。

开关阀的阀芯在正常工作时，一般都停留在极限位置，或弹簧对中位置。如不能达到这些位置，则往往是非正常工作状态，也是值得关注的。单向阀、换向阀都是开关阀。

连续调节阀的阀芯，在正常工作时，一般都应该可以停留在任意中间位置。如果不能稳定地停留在某个位置上，则这个阀甚至整个系统就可能会不稳定。流量阀、压力阀一般都是连续调节阀。

11）在学校里学习液压阀，为了简化，往往只考虑液压阀处于理想工作状况时的表现和特性。这对初学者是可以的。但是，作为一个工程师，特别是液压系统的设计师，则不仅要考虑液压阀在正常工作时的情况，也要考虑这些阀在非正常工作条件下的表现。还要考虑到，在系统中某些元件没有正常工作时，液压阀乃至整个系统会出现的状况。这样，才能提高系统的可靠性、安全性，减少事故。

12）要想真正了解液压阀，就决不能被那些阀的名称，特别是中文名称所迷惑。因为，我们现在通常使用的液压阀名称往往是从不同的角度来命名的，且大多是翻译而来的，不同的译者有不同的译法，有些是名不副实的。例如：

①“溢流阀”说的是现象——“溢流”，“减压阀”说的是其功能。其实两者的作用都是限压：溢流阀限制进口压力，减压阀则只是限制出口压力。减压阀并不一定会减低压力：如果进口压力低于阀的设定压力，减压阀就不起减压作用了。

②“调速阀”说的是打算：打算用它来调节运动速度。实际上，它能调节的仅仅是流量，并不能直接调速。而且只有在进出口之间的压差超过阀的最低工作压差时，才能起调节流量的作用。

③“节流阀”只是能改变液阻而已，不一定能节制流量。

④“平衡阀”并不是用来保持平衡的。

⑤“压力补偿阀”其实并不能补偿压力，而是消耗压力。

⑥“压力切断阀”其实还是限压，指的是在闭式回路中，通过降低泵的排量来限制压力，以避免压力持续过高。

⑦“定差溢流阀”“定差增压阀”常被笼统地称为定差减压阀，其实，两者的功能是不同的。

⑧“比例阀（Proportion Valve）”一词在欧美也是被混用了的。有些厂商用其指可无级连续调节，停留在任意中间位置的换向节流阀，是相对开关型换向阀而言，不管采用什么控制方式。有些则是专指电比例阀，阀的控制量与输入的电流（电压）成比例，而不管它具有什么控制功能。GB/T 17446—2012《流体传动系统及元件 术语》定义“电比例阀”为“一种电气调制的连续控制阀，…”，定义“比例阀”为“输出与输入成比例的阀”。

所以，阀的名称通常只是表象或一个美好的愿望，甚至一个翻译错误而已。愿望不一定就能实现，翻译错误要靠自主思考来识别。

个别术语名不副实，还可以约定俗成。但很多术语名不副实，就会给初学者带来很大困惑。

13）关于阀的分类。液压阀可以从不同的角度命名，从控制方式、从结构、从功能等。

根据用途命名是使用最广的。这样，相同的阀，由于在不同的行业有不同的用途，从而有了不同的名称。而绝大多数阀并不限定于某一个具体应用。所以，作为通用的液压技术书，一般不应该使用根据特定用途的命名。

在国内液压技术中经常使用“三大类阀”的提法：压力阀、流量阀、方向阀。其中，“方向阀”包含了“换向阀”和“单向阀”。其实，在欧美都不使用“三大类阀”这一提法，而是把液压阀分为压力阀、流量阀、换向阀和单向阀这四大类，没有一个对应中文术语中“方向阀”这么一个包含单向阀和换向阀的术语。在ISO 6403和力士乐公司、伊顿公司、派克公司、英国Sterling Hydraulics公司、英国Integrated Hydraulics等公司的产品样本中，Directional Control Valve和Check Valve

（Non-return Valve）是并列的。在 ISO 5598：2008《流体传动系统及元件 术语》中，Directional Control Valve 和 Non-return Valve 单向阀也是并列的。所以，GB/T 17446—1998 根据字面意思将 Directional Control Valve 直译为方向阀，是错误的，2012 版已改译成“换向阀”。GB/T 786.1—2009，译自 ISO 1219-1：2006，同样译错了。

其实，液压技术发展至今，已经出现了很多种类的液压阀，特别是工程机械中，有很多复合阀。它们具有多种功能[2]，相互间已没有截然的界限了。例如：

① 节流阀常被归为流量阀，而单向节流阀的功能则介于流量阀与单向阀之间。

② 顺序阀与溢流阀的功能结构差别不大，与液控换向阀也无截然的差别。

③ 电比例节流阀与电比例换向阀间也无明显界限。

④ 液压逻辑元件最初得名，是因为它能够实现简单的开和关，就如逻辑判断中的是和非。但以后又发展出结构相近的变形：阀芯能够停留在全开和关之间的任意位置，以实现对压力和流量的连续调节。但它还是被称作液压逻辑元件，虽然已经完全名不副实了。

有些阀同时具有几个功能。例如：

① 单向阀被归入方向阀，但也可被用作低压不可调的溢流阀。

② 许多减压阀都同时含有溢流功能。

③ 平衡阀是溢流阀、节流阀和单向阀三合一的组合阀。

图 4-2 所示在一定程度上反映了这些阀在功能上错综复杂的关系。

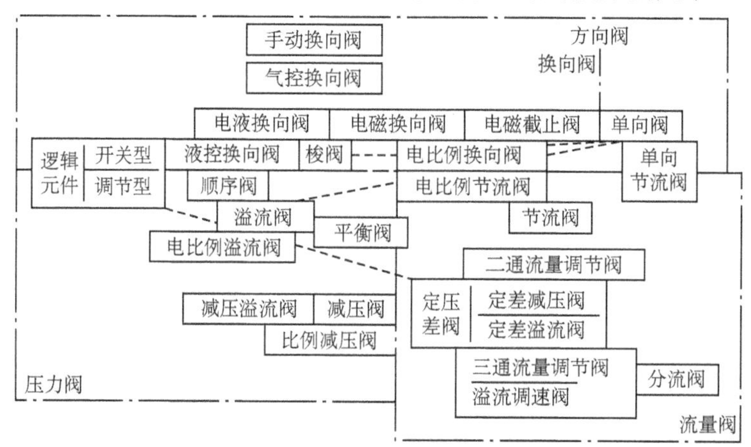

图 4-2 一些液压阀在功能上的相近关系

阀分类的观念要适应现代液压，特别是以螺纹插装阀为代表的多品种多功能的状况，不能再拘泥于简单的功能分类。在 ISO 5598：2008（相应国标 GB/T 17446—2012）《流体传动系统及元件 术语》中干脆取消了这些分类，而是简单地按名称字母顺序排列，大概也是基于这个原因吧。

在此再次强调：

① 分类只是为了梳理现状，以便于学习，只能作为学习的起点，决非学习的终点。绝不能僵化死守分类而阻碍了创新。

② 任何分类都是不完善的，因为，在现实中常存在或者会出现介于两类之间的品种。而这些品种往往由于吸取了两类的优点或摒弃了两类的弱点而特别有生命力。

14）液压阀的图形符号大致反映了阀的工作原理，比名称要有用得多。但是，必须看到：

① 有些产品样本上提供的图形符号是简化了的，从中不能看出阀的工作原理和动作细节。

② 有些产品样本上的图形符号并没有执行国际标准 ISO 1219。

③ 也有些国际知名公司产品样本上的图形符号根本就是画错了的。

④ 靠图形符号也很难看出阀可能出故障的部位。

15）因此，要完全理解一个液压阀，特别是复合阀的功能，不要先去看各个部分是溢流阀还是所谓“调速阀”，而是首先要把它当做一个机械零件。根据剖视图（产品样本提供的）仔细了解它的结构，了解作用在阀芯上有哪些力，这些力又是从何而来、受何影响的，从而理解它的动作原理。然后，才能把它当做一个流体技术元件，了解它对压力和流量的控制功能，以及其功能的局限性。

认识及选用液压阀要面向实际应用，先定性，再定量，最后还要注意细节，否则是达不到要求的。具体来说，大体就是这么几步：

① 通过阀的结构来了解阀的功能。

② 通过阀的特性曲线来认识阀的特性。

③ 根据应用的要求来选择恰当的产品。

④ 根据样机测试结果来确认所选择的阀的适用性。

4.2 固定液阻

固定液阻有多种形式，因为一般液压教科书都有介绍，以下仅对常见的几种——缝隙、细长孔、薄壁孔的液阻作一简介。书附的光盘中有估算表格软件。

4.2.1 缝隙的液阻

如果两个平行表面相对固定，之间的缝隙远小于表面的宽度（见图 4-3），则在流态为层流时，通过这个缝隙的流量 q 可以按式（4-1）估算。

$$q = bh^3\Delta p/(12\nu\rho l) \tag{4-1}$$

式中 b——缝隙的宽度；

l——缝隙的长度；

h——缝隙的高度；

Δp——压差，即 p_1-p_2；

ν——液体运动黏度；

ρ——液体密度。

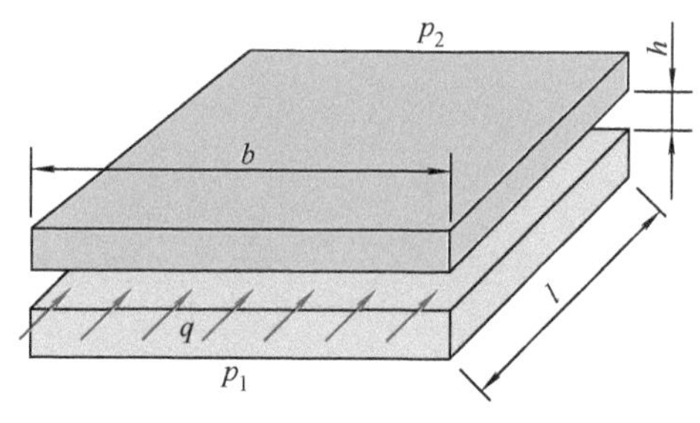

图 4-3 缝隙的液阻

从式（4-1）可以看出，这时，通过的流量 q 与压差Δp 大致成正比，液阻可以类似欧姆定律写成

$$q/\Delta p = bh^3/(12\nu\rho l)$$

与此相似，可得到圆柱形阀芯与阀体之间间隙的液阻

$$q/\Delta p = \pi ds^3/(12\nu\rho l)$$

式中 d——阀芯直径；

s——阀芯与阀体之间的间隙；

l——间隙密封长度。

这些公式的前提是层流，所以，一定要校验雷诺数。否则，可能得到荒谬的结果。

4.2.2 细长孔的液阻

假如细长孔的条件满足（见图 4-4）孔长度大于孔半径的 8 倍，且流态为层流，则通过的流量 q 与孔两端的压差Δp 大致呈线性关系。

$$q = [\pi r^4/(8\nu\rho l)]\Delta p$$

式中 q——流量；

Δp——压差；

ν——液体运动黏度；

ρ——液体密度；

r——孔半径；

l——孔长度。

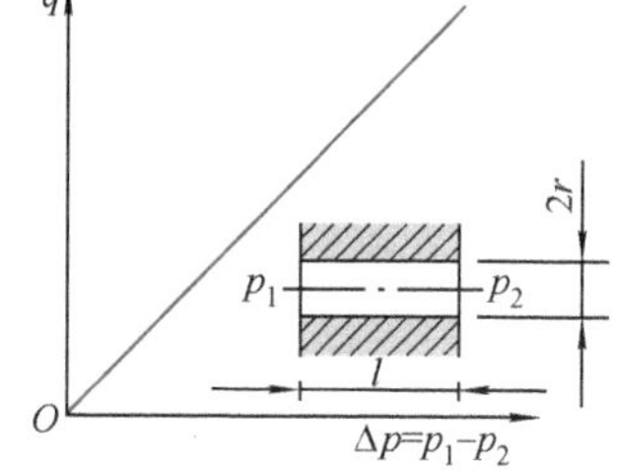

图 4-4 细长孔的液阻

同样，此公式的前提是层流，所以，一定要校验雷诺数。

4.2.3 薄壁孔的液阻

在壁厚小于孔半径、孔前通道直径超过孔直径 7 倍以上，流态为湍流（见图 4-5）等前提条件满足时，该孔可以看做理想薄壁孔，通过的流量 q 与孔两端的压差Δp 的平方根大致呈线性关系，不直接受黏度影响。即有

$$q = \alpha A\sqrt{2\Delta p/\rho} \tag{4-2}$$

式中 q——通过孔的流量；

α——与孔形状有关的流量系数；

A——孔的面积，$A = \pi d^2/4$；

Δp——压差，$\Delta p = p_1 - p_2$；

ρ——液体密度。

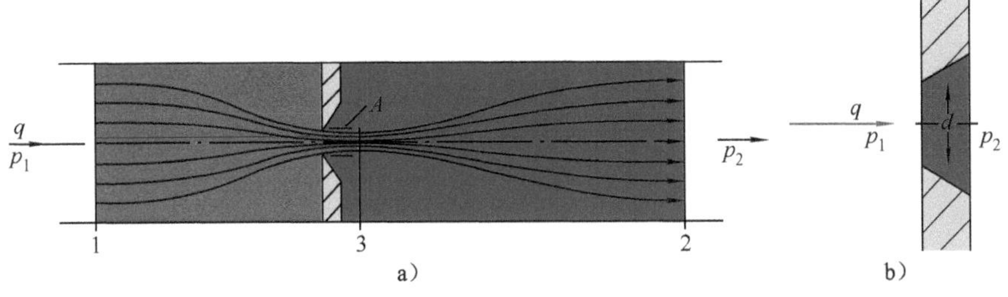

图 4-5 理想薄壁孔

a）通流状况 b）孔的形状

在小孔处流速通常很高，如果Δp为 5MPa 的话，流速约为 100m/s，为 10MPa 的话，流速约为 150m/s。由于惯性，液流发生收缩（截面 3），导致流量系数 0.6，详见参考文献[18]。

要注意以下几点。

1）式（4-2）仅在薄壁孔的理想状况下有效。实际应用的小节流孔通常如图 4-6 所示：在一个内六角螺堵中钻一个孔。这些，甚至有现成产品可购，也便于更换，只是很少能满足理想薄壁孔的前提条件。因为加工不便，能做到壁厚小于孔直径就不错了。因此，实际流量与理论公式计算出的值会有所不同。

2）式（4-2）仅对如图 4-5b 所示的流动方向成立。如果反向，如图 4-7 所示，则通过的流量 q 会显著不同。

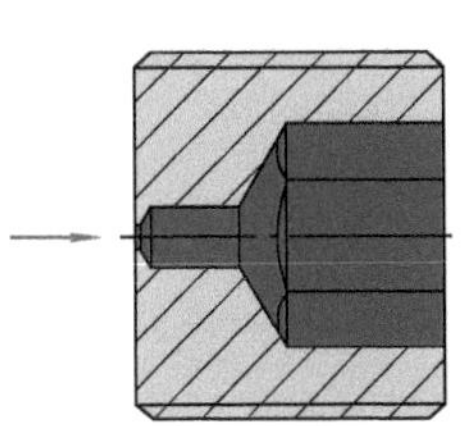

图 4-6 实际应用的薄壁孔

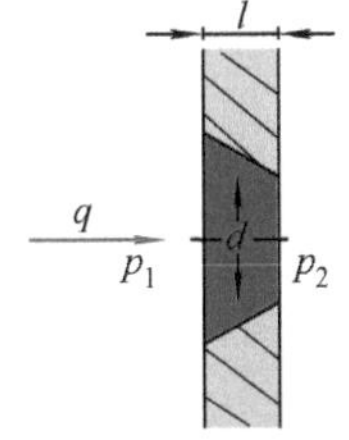

图 4-7 反向薄壁孔

3）有测试报告称，当 $d = l$，无倒角（见图 4-8a）时，α为 0.72～0.77。在略有倒角时（见图 4-8b），α可能达到 1。这表示在同样压差下，通过的流量后者更大。

4）其实，随孔的形状而变的不仅是流量系数，甚至平方根的关系也不一定能保证。因此，有的文献把薄壁孔的流量压差关系表示成

$$q = \alpha A(2\Delta p/\rho)^m$$

式中 $m = 0.5 \sim 1$。

为简便起见，在以下的讨论中，近似地认为通过薄壁孔的流量

$$q = kA\sqrt{\Delta p}$$

或

$$q \propto A\sqrt{\Delta p}$$

式中 k——流量系数α、液体密度ρ的综合常数；

A——薄壁孔面积；

Δp——压差。

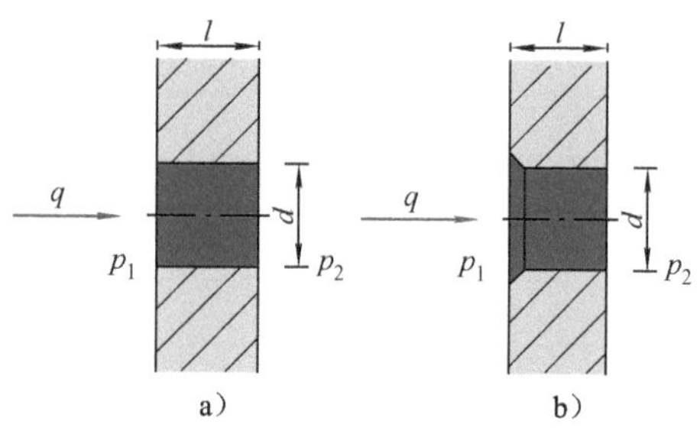

图 4-8 不完全薄壁孔

a）无倒角 b）有倒角

5）如果孔径很小，就很容易被污染颗粒堵塞。所以，在实际应用的液压系统中，一般避免使用直径 0.6mm 以下的薄壁孔。不得已时，使用 2 个 0.6mm 的孔串接。孔前有时再加入小型的过滤网。

在液压回路中常有意加入薄壁孔，其目的大致有两种：

1）产生压差用。这类孔，当系统处于稳态工况时，有液流持续通过，在其两侧产生一个压差，为其他元件提供控制信号。

2）延缓变化用。这类孔，一般设置在通往液压阀芯端面的控制腔或泵、马达变量机构的控制回路中，仅在系统处于动态变化过程中，相关部件处于运动时，才有液流通过。当系统进入稳态，相关部件位置不变后，就不再有液流通过。利用这类孔减少通过的流量，可以延缓变化，减少振荡，所以也常被称为阻尼孔。

还值得一提的是，通过节流口的压力损失先是转化为涡流，相互摩擦，最终转化为热能。根据能量守恒定律，可以计算出，1MPa 压降大约引起矿物油温度升高 0.57K。

4.3 可变液阻

在所有连续调节阀，如压力阀、流量阀、节流阀、换向节流阀、定压差阀、电比例阀等中，都需要使用可变液阻——通过改变阀芯行程，以改变液阻。

作为可变液阻，通常希望做到以下几点。

1. 通流特性少受液压油黏度影响

因为液压系统在工作时，液压油的温度压力时常在变，因此其黏度也时常在变。如前所述，孔的长径比越大，通过孔的流量受黏度的影响越大。所以，可变液阻，可能的话，往往追求比较接近薄刃口。但实际上受结构与加工成本的限制，

流量压差特性往往介于薄壁孔与细长孔之间。

以下为便于分析，还是套用薄壁孔的计算式。

2．小流量时不易堵塞

这取决于开口形状。理论上来说，通流面积可以做到无穷小而不为零。但实际上，小到一定程度后，一方面容易被污染颗粒堵塞，另一方面液压油在阀芯阀体表面会形成薄薄的极化分子层，阻碍液体流动。

对于差动缸，由于无杆腔的面积大于有杆腔，因此在运动时，进出无杆腔的流量总是大于有杆腔。因此，在最低运动速度被节流阀的最小控制流量限制时，控制无杆腔较为有利。

3．需要的话，开口可以完全封闭，无任何流量通过

锥阀面可以做到通道基本全封闭，无通流。但锥形阀芯最多只能控制两条液流通道。

圆柱形阀芯可以同时控制多条液流通道，但圆柱阀芯与阀体间径向总是有一定间隙的。所以，即使轴向开口为零，还是有一定的通流面积。为了减少通流，一般采用一定的重叠量——负开口的方式，如图 4-9b 所示。但是，阀芯的位移都有一定的限制，采用了负开口，那用于正开口的位移就少了，结果全开时的通流面积（见图 4-9c）也就少了。

因为

$$A_{max} = \pi D X_{max}$$

$$A = \pi D(X - X_0)$$

所以，特性曲线的斜率最高为πD，任何特性曲线的斜率都不可能超过πD。所以，所有负开口的特性曲线都在阴影区内。

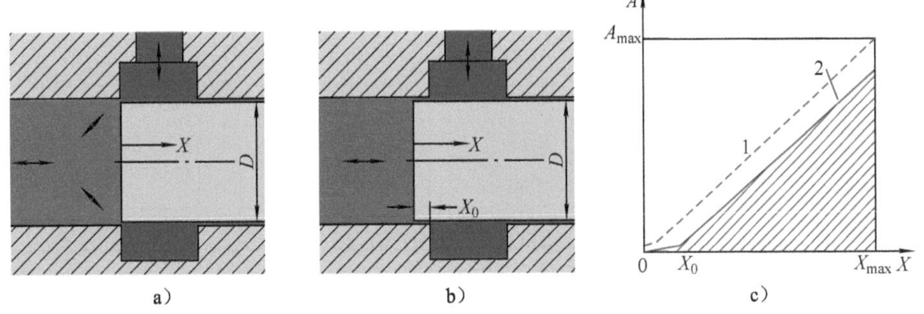

图 4-9 全圆周开口阀芯

a）零开口 b）负开口 c）位移-通流面积特性

D—阀芯直径 X—位移 X_0—重叠量 A—通流面积 1—零开口 2—负开口

4．有大的调节范围，即最大最小通流面积比（一般希望在 100 以上）

理论上一个阀口的最大通流量是无限的：只要加在阀口两侧的压差足够大，

就可以得到任何需要的流量。但实际上，液压系统——阀、管道、液压泵等，总有一个许用压力的限制，不可能无限加压。而且，系统的许用压力，还要扣除负载压力，才是留给阀口的压降，这就很有限了。所以，阀口的实际通流量是有限的。但简单用一个流量数值来表示又是不全面的，所以，有的供货商给出最大节流口面积，有的供货商给出在一定压差（0.5 或 1.0MPa）下可通过的流量，有的则既给出一个流量数值供大致的参考，同时还给出详细的流量压差曲线，如图 4-10 所示。

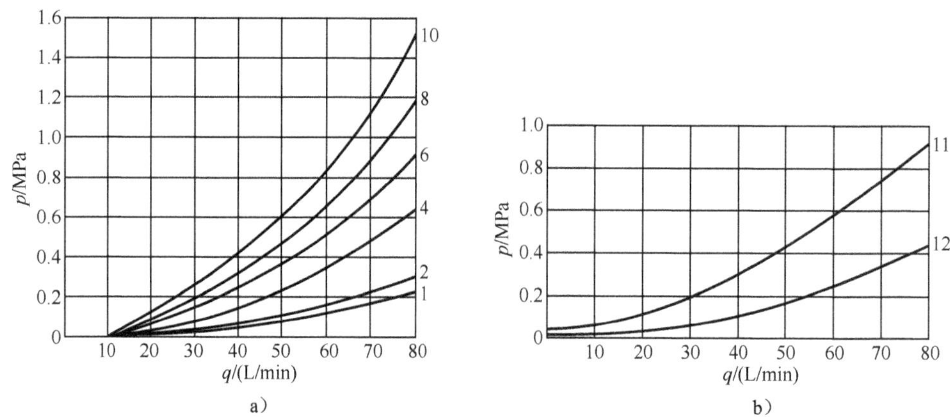

图 4-10　一种换向节流阀的流量-压差特性（力士乐 SM-12）

a）中位　b）工作位

1～10—阀芯代号　11—P→A、B　12—A、B→T

圆柱阀芯全圆周开口的通流面积和流量可以利用书附光盘中表 4-1 给出的估算表格作大致的估算。

表 4-1　圆柱阀芯实际开口-通流面积-流量估算示例

物理量	阀口压差	流量系数	实际开口量	阀芯直径	通流面积	流量
符号	p	α	$X-X_0$	D	$A=\pi DX$	$q=\alpha A\sqrt{(2\Delta p/\rho)}$
单位	MPa		mm	mm	mm^2	L/min
数值	1	0.6	2.5	22	173	299.8

5．带槽圆柱阀芯

阀的位移-通流面积特性曲线的起始部分对阀的微调性能起着关键性的作用。

因为对液阻起决定性影响的是通流面积，而液压阀实际所能控制的只是阀芯的位移。所以，阀设计师能做的，只有选择不同的开口槽形状（见图 4-11），以获得不同的位移-通流面积特性，从而获得不同的调节特性。

图 4-11 中的通流面积仅为开口的径向投影面积，这只有在其远小于轴向通道

的横截面时才反映节流效果，因为对节流效果起决定性作用的是液流通道中最小的截面。

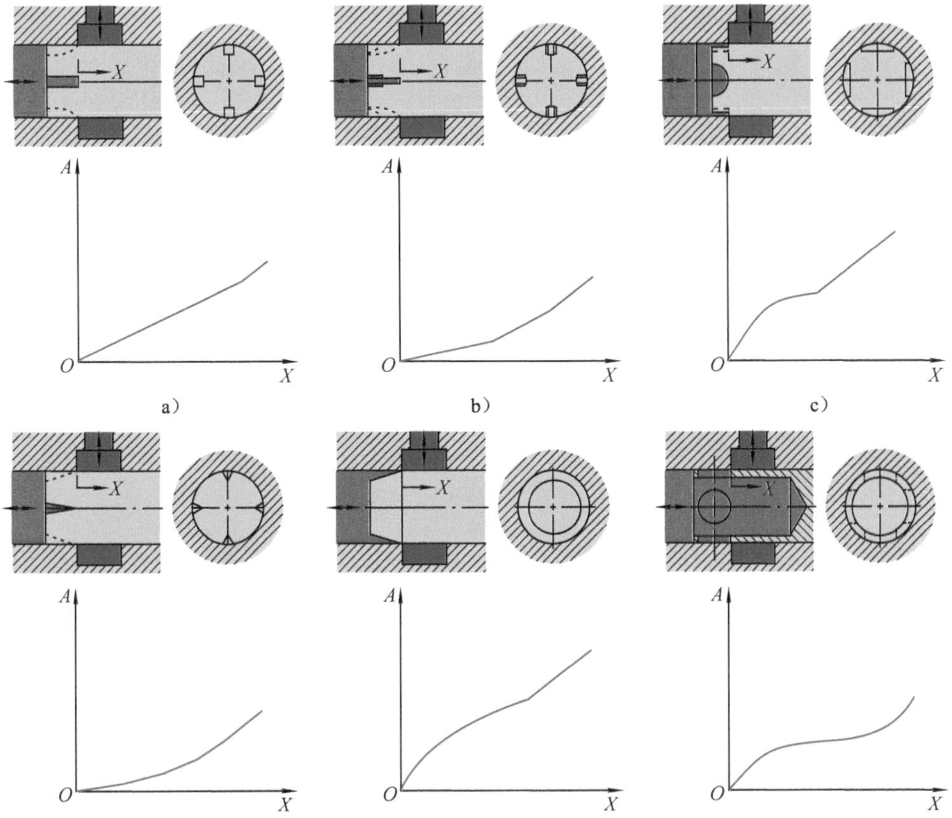

a）　b）　c）

d）　e）　f）

图 4-11　不同形状开口槽的阀芯位移-通流面积特性示意图[17]

a）矩形槽　b）阶梯槽　c）半圆槽　d）三角槽　e）锥形阀芯　f）圆孔通道

X—位移　A—通流面积

除图 4-11 所示以外，节流口还有很多形式。例如，图 4-12 所示为一液控节流阀的阀芯，采用双圆孔。利用小孔获得在小位移时的微调特性，利用大孔获得在大位移时的大通流面积。

图 4-12　大小圆孔作为开口的阀芯

液控的阀，控制压力免不了会有波动。由于平衡弹簧的作用，阀芯位移与控制压力大致成正比，因此，控制压力的波动会引起阀芯位置的波动。阀芯位置的波动又会带来通流量的波动，在有些回路，又会反过来影响控制压力的波动，引起谐振。

特性曲线的斜率越小，阀芯位置的波动对通流面积波动的影响越小。因此，选择槽形一般追求的是使阀芯位置波动对所引起的通流面积的波动相对较小，但全开时又有较大的通流面积。理论上来说，如果位移-通流面积曲线能近似指数曲线，既可以使波动比较小，又可以使全开时面积较大。

但是，不但要考虑需要实现的位移-通流面积特性，还要考虑加工工艺，降低制作成本。一般都是采用铣削的方式，也有些生产厂采用模具冲压，工效很高，槽形几乎任意。关键是要处理好冲压引起的变形。

4.4 节流阀

节流阀，其液阻可根据外控指令连续调节，除手动之外，还有机动的、液控的、电比例控制的、电液先导控制的。

节流阀可分单通道和多通道两大类。

4.4.1 单通道节流阀

单通道节流阀，即常称的节流阀（Restrictor，Throttle），有两个通口，含一个可调液阻，仅能控制一条液流通道（见图 4-13）。它有多种类型。

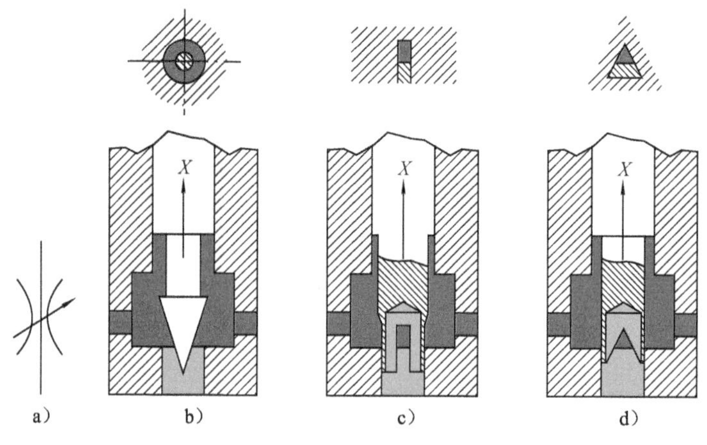

图 4-13 节流阀的发展

a）图形符号 b）外锥形 c）带圆柱段 d）切口形

1. 手动调节节流阀

手动调节的节流阀是最普通的，一旦调定，就不经常改动了。

最早的手动调节节流阀大多都通过一个角度很小的外锥形的阀芯实现（见图 4-13b），所以在欧美，节流阀又常被称为针阀（Needle Valve）。但随着技术的改进，为了获得更精细的微调，阀芯上增加了圆柱段，其上开有细槽（见图 4-13c）。虽然已经根本不像针了，但还继续被称为针阀。

之后，又出现了切口形（见图 4-13d），它采用锐棱边节流。因此，可以把流量受黏度的影响降至最低。在小开口时，同样通流面积的切口形的湿周（有效截面的周界长度）比外锥形的要短得多，不易堵塞，因此最小可控流量要小得多。

图 4-14 所示为一些市场可购的节流阀的结构。

普通的、不带单向阀的手动调节流阀，结构简单，成本低。由于无运动部件，无弹簧，因此其动特性就像一个纯电阻一样，没有滞后，不会造成超调和振荡。因此，只要可能，应该首选。

2．电比例节流阀

在电比例节流阀中，由电磁线圈产生的电磁力大致与输入电流成正比，与弹簧力相平衡后就决定了阀芯的位置（见图 4-15）。

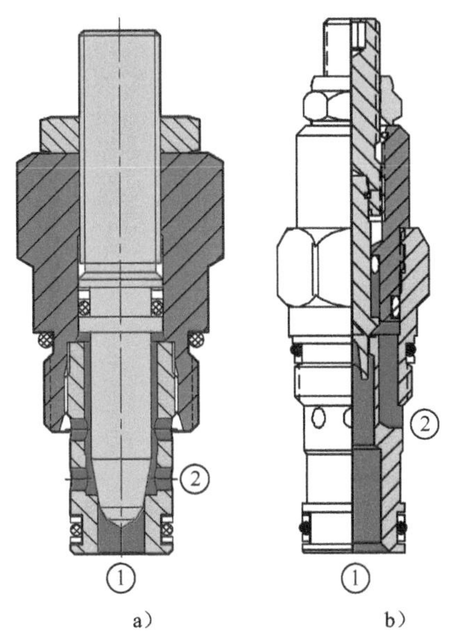

图 4-14 一些市场可购的节流阀
a）外锥形 b）切口形

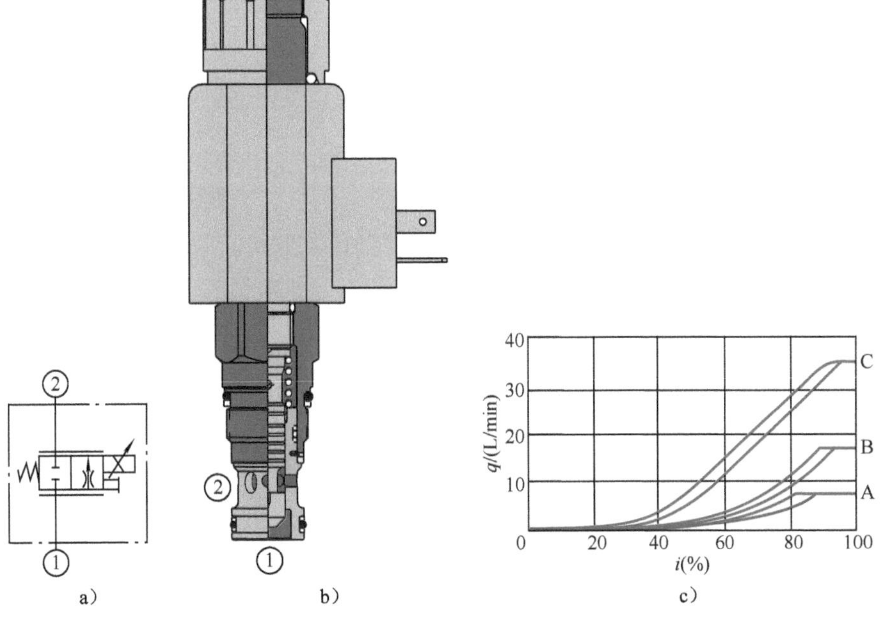

图 4-15 FPCC 型电比例节流阀（升旭）
a）图形符号 b）剖视图 c）电流流量特性

由于受液动力的影响和电磁力的限制，电比例节流阀的工作流量较小，故多用作大流量阀的先导控制。详见参考文献[2]第 6 章。

从图 4-16 可以看到，由于采取特别的阀芯开口形状，引起了液动力的不同，结果 FPCC 型的压差流量曲线与普通节流阀的有很大的不同。

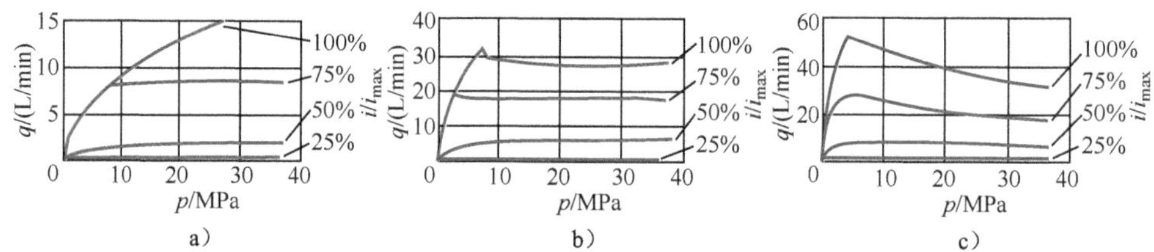

图 4-16　FPCC 型节流阀，不同形式阀芯的压差流量特性

a）A 型阀芯　b）B 型阀芯　c）C 型阀芯

3．普通盖板式二通插装阀

盖板式二通插装阀由于结构简单，理论上可用于任何大流量（见表 4-2）。虽然一般在大流量时，由于节流的能量损失和发热都很严重，所以，往往避免使用液阻控制，而是采用容积控制（见第 11 章）。但是，由于液阻控制的响应速度目前高于容积控制，所以还是有一定的应用。

表 4-2　不同通径的盖板式二通插装节流阀在压差 0.5MPa 时能通过的最大流量

公称通径/mm	25	32	40	50	63
最大流量/（L/min）	440	700	1250	1650	2500

主阀芯上带有节流缓冲头：一个延长的圆柱体，上带矩形窗口或三角槽。因而，在小开口时，通流面积随位移呈非线性缓慢增长，这样可以更精确地控制主通道的液阻，减小开启关闭时的冲击。它有多种控制方式。

（1）手动调节型　图 4-17 所示的手动调节型，可以通过调节螺杆 3 限制阀芯在通道开启时的位置，从而限制最大通流面积。

可以通过 X 口加压关闭通道 A↔B。如果把堵头 2 换为节流孔，则可以利用 A 口到 X 口的液流所造成的压差开启通道 A↔B。

通径从 16～100mm。在压差 1MPa 时可通过的最大流量达 7000L/min。

（2）电比例控节流阀　电比例控节流阀（见图 4-18）使用电比例换向节流阀 2 作为先导阀，控制控制腔压力 p_C，p_C 与弹簧压力及 A、B 腔压力共同作用于主阀芯，决定了主阀芯 1 的位置。主阀芯 1 上带有位移传感器 3，可以把主阀芯的实际位移反馈至控制器 4，与输入的位置指令比较，以调节输入阀 2 的电流，从而改变 p_C，使阀芯逼近指定位置。

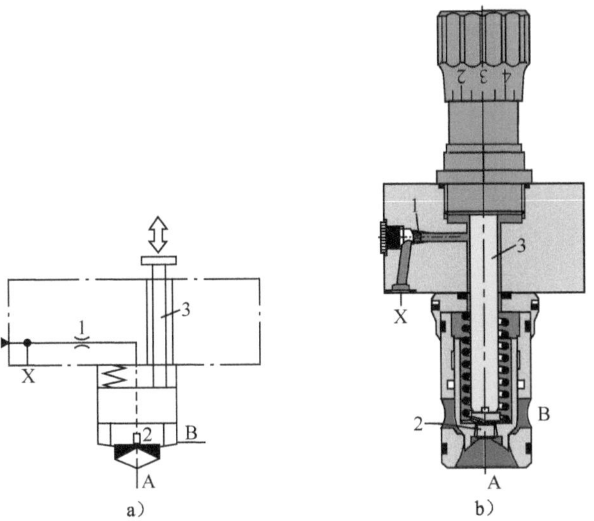

图 4-17 手动调节型盖板式二通插装节流阀（派克 C111 系列）

a）图形符号 b）剖视图

1—阻尼孔 2—堵头 3—调节螺杆

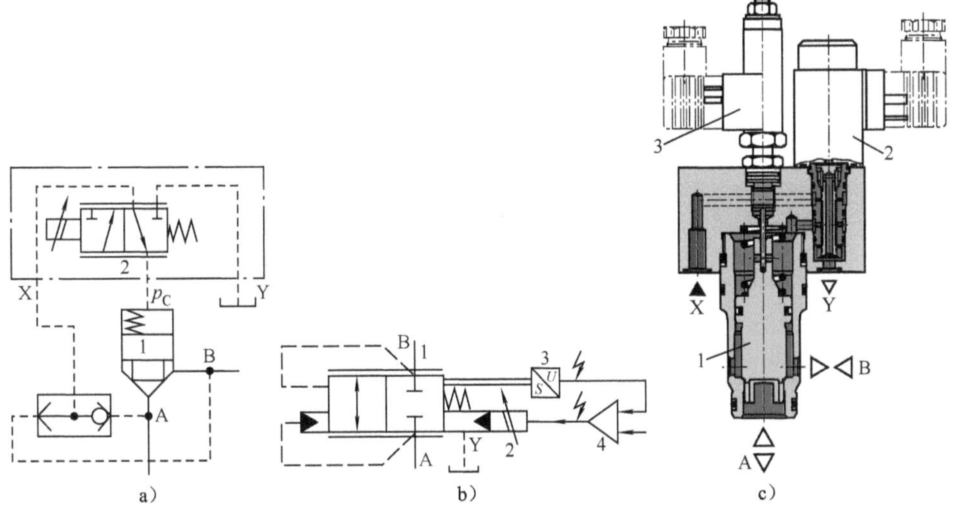

图 4-18 电比例控节流阀

a）阀的图形符号 b）含控制器的图形符号 c）结构图

1—主阀芯 2—电比例换向节流阀 3—位移传感器 4—控制器

4. 双主动型双反馈电比例盖板式二通插装节流阀（以下简称双主动型盖板式节流阀）

（1）结构与功能 双主动型盖板式节流阀（见图 4-19）由带位移传感器的电比例换向节流阀 6、主阀套 1、主阀芯 2、主阀芯位移传感器 5 和控制器 7 等组成。

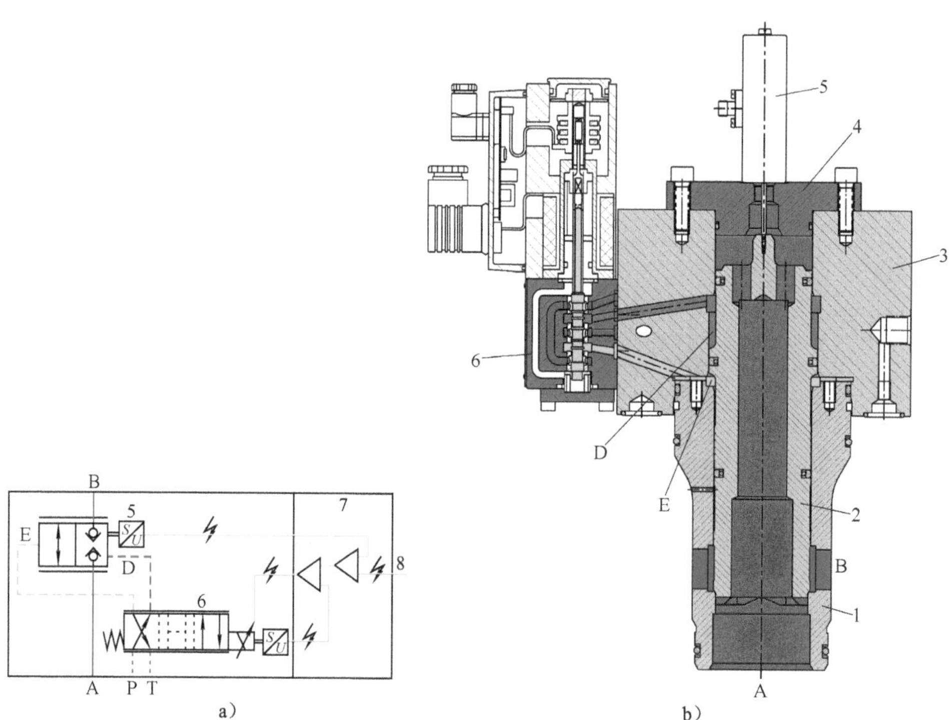

图 4-19 双主动型盖板式节流阀（泰丰）

a）含控制器的图形符号 b）阀结构图

1—主阀套 2—主阀芯 3—盖板 4—阀盖 5—主阀芯位移传感器

6—电比例换向节流阀 7—控制器 8—指令信号

有不同通径。公称通径 100mm 的阀在压差 1MPa 时可通过的流量达 14000L/min。

（2）工作原理 控制器 7 根据输入的指令信号 8 与主阀芯 2 当前位移之差，提供适当的驱动电流，开启阀 6 的控制通道。从附加压力源来的液压油经过阀 6 到达控制腔 D 或 E，驱动主阀芯 2。主阀芯 2 的实际位移再通过传感器 5 反馈给控制器，从而实现对主阀芯位移的精确控制，达到电比例控节流的目的。

由于主阀芯 2 的位移是由附加压力源通过控制腔 D、E 双向主动控制的，而主通口 A、B 对主阀芯 2 的作用力基本平衡，因此，主阀芯 2 的开启关闭速度基本不受主通口 A、B 的压力和通过流量的影响。

由于阀 6 也带有阀芯位移传感器，具有闭环反馈，因此被称为双反馈。可以实现快速精确控制。响应时间在 15～90ms 之间，滞回小于 0.5%，重复定位精度优于 0.2%。

4.4.2 多通道节流阀

多通道节流阀是指可同时调节两条及以上液流通道液阻的阀。这类阀一般为滑阀型的。

ISO 1219-1：2006《流体传动系统和元件　图形符号和回路图》称其为“Proportional Directional Control Valve”，相应的国标 GB/T 786.1—2009 译为“比例方向控制阀”。此名字源自早期的类型，指的是阀芯位置不是像普通换向阀那样的开关型——全开或全关，而是可以连续调节，通流面积与控制量成比例。但今天实际应用的阀，所控制的通流面积与控制量大多已不再呈比例关系，流量更不成比例；而且称其为比例阀，容易与电比例阀混淆。所以，本书的以下内容，根据其功能——既可换向，也可节流，称其为换向节流阀，简称换节阀（见图 4-20）。

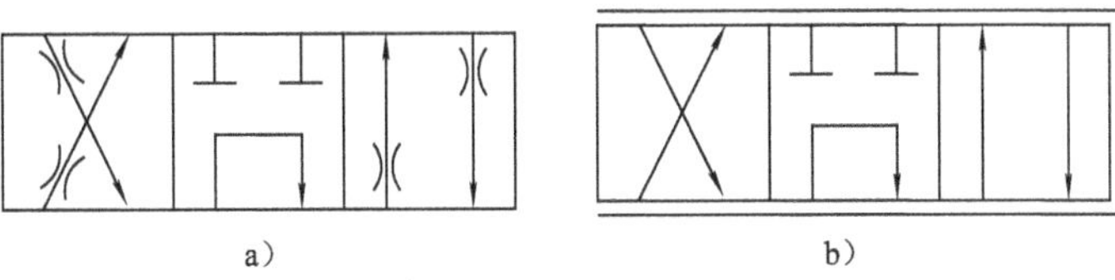

图 4-20　换节阀的图形符号

a）常见的表述方法　b）按照 ISO 1219-1：2006

在移动液压机械中大量使用的多路阀（Multiway Valve，机械行业标准 JB/T 8729—2013《液压多路换向阀》将其译为 Multiple Directional Valve），即以换节阀为主体，再附加一些溢流阀、补油阀、单向阀等，形成一个单元（见图 4-21），多联构成。

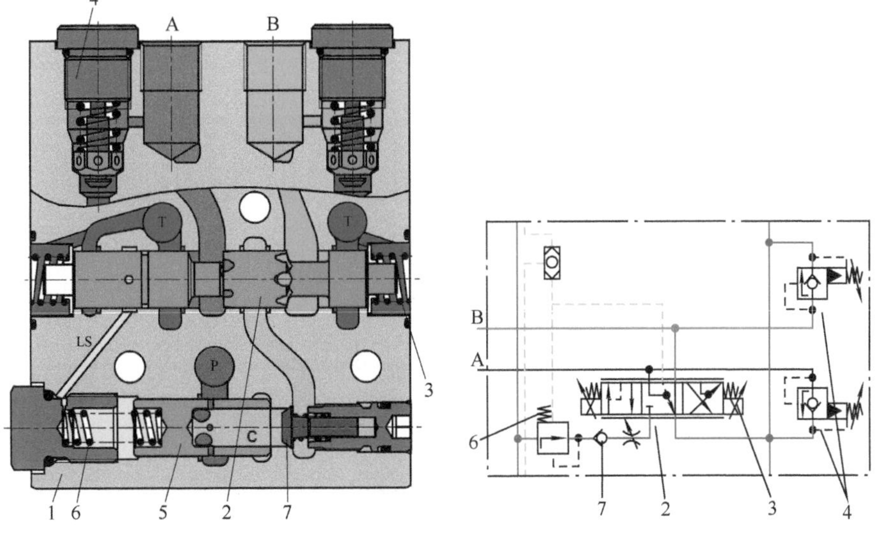

图 4-21　一片多路阀的剖面（力士乐 SP-08）

1—阀体　2—换节阀芯　3—弹簧　4—溢流补油阀　5—定压差阀芯　6—定压差弹簧　7—单向阀

1. 安装连接形式

单联的换节阀一般制成普通管式或板式。用得最普遍的是在多路阀中，被制成片式（见图 4-22a）、片板式（见图 4-22b）或集成块式的（如力士乐公司的 M9，川崎公司的 KMX，见图 4-22c）。

a）

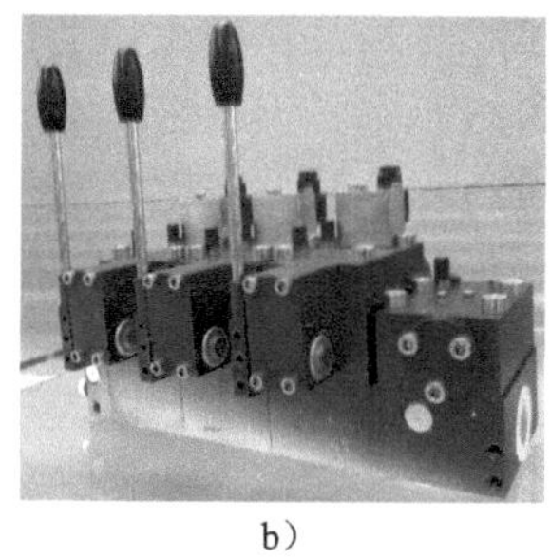
b）

c）

图 4-22　换节阀的安装连接形式

a）片式　b）片板式（哈威）　c）集成块式（川崎）

2. 通口数

为了要构成多通道，至少要有 3 个通口，一般 4～6 个，甚至更多。

从原理上来说，控制一个单作用缸，一个三通阀就够了（见图 4-23a），控制双作用缸才需要四通阀（见图 4-23b）。但在实际使用中，为了减少阀变型种类，往往还是使用四通阀来实现三通功能（见图 4-23c）。

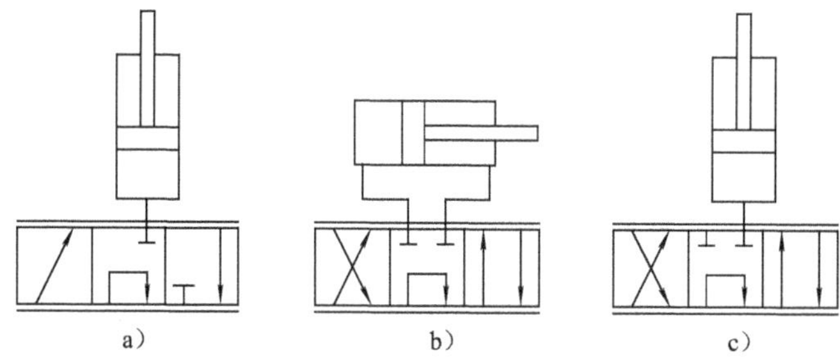
a）　b）　c）

图 4-23　控制液压缸

a）三通阀控制单作用缸　b）四通阀控制双作用缸　c）四通阀控制单作用缸

3. 工作位

为了实现换向，就必须要有至少两个工作位。大量使用的是三个工作位，以控制执行器的进、退、停。

为了实现液阻无级可调，理论上需要无数个工作位，但至少有两个极限位，有的有三个，中位往往是通过一根或两根弹簧的力平衡实现的。

4. 开中心阀与闭中心阀

换向（节流）阀可根据在中位时，P 口与 T 口是否连通，分为开中心与闭中心阀。

图 4-24 所示为一些开中心四通阀的结构示意图。其中 M 型的，由于 P 口必须分别与 A、B、T 口相通，必须在阀芯中开一细长孔作为通道，因此，压力损失较高。

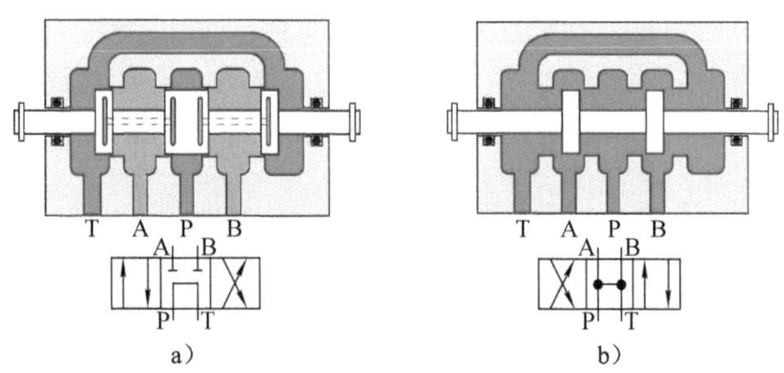

图 4-24 开中心四通阀

a）M 型 b）H 型

图 4-25 所示为一些闭中心四通阀的结构示意图。

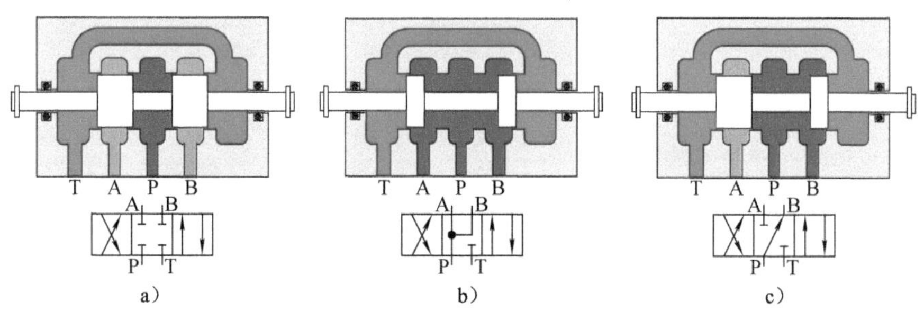

图 4-25 闭中心四通阀

a）O 型 b）P 型 c）N 型

被更广泛应用的是六通换节阀，因为它可以同时控制旁路通道 PP→PT（见图 4-26），实现开中心的功能。而在其他阀切换后，旁路通道就被切断，实现闭中心的功能。所以，也可以说它是介于开中心与闭中心之间的阀。

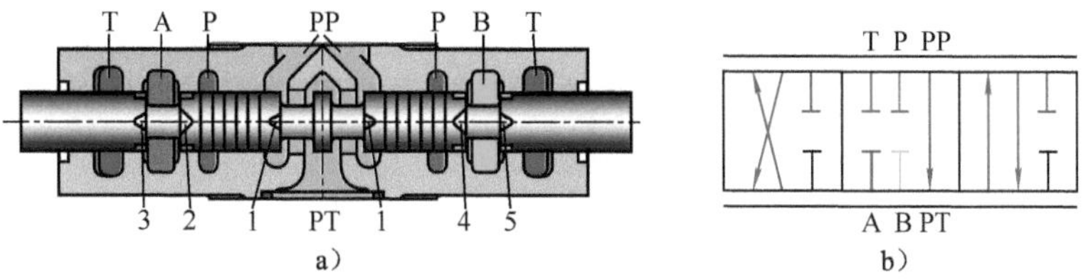

图 4-26 一个开中心六通换节阀

a）结构示意图 b）图形符号

1—节流口 PP→PT 2—节流口 P→A 3—节流口 A→T 4—节流口 P→B 5—节流口 B→T

从图4-26中可以清楚地看到，每一液流通道都可以有相应的节流口。

力士乐的SM-12、M8、MO，川崎的KMX15R，东芝的UX28，都是开中心六通换节阀。

5．阀芯位移-通流面积特性

在换节阀阀芯上制有各种形状的开口槽（见图4-27），从而可以通过阀芯的轴向移动改变各通道的通流面积。各个节流口的面积大小和相对比例可以根据需要设计。例如，形成非对称液压阀，从而实现液压阀与非对称液压缸之间的匹配控制。

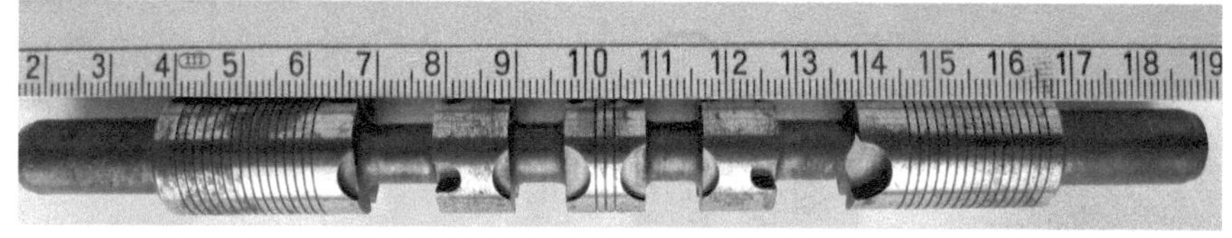

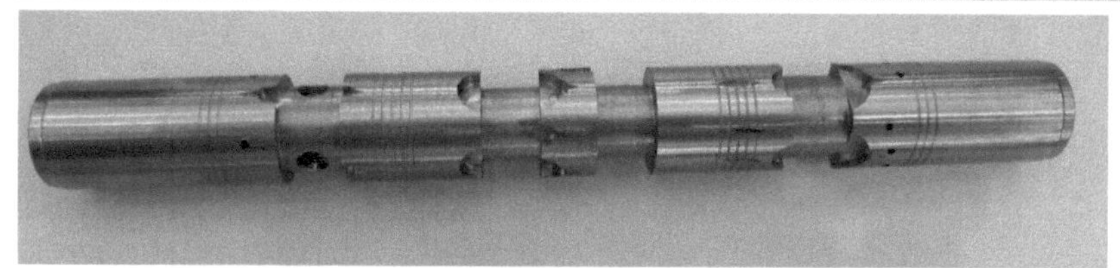

图4-27 一些换节阀的阀芯

换节阀的阀芯位移-通流面积特性一般大致如图4-28所示。

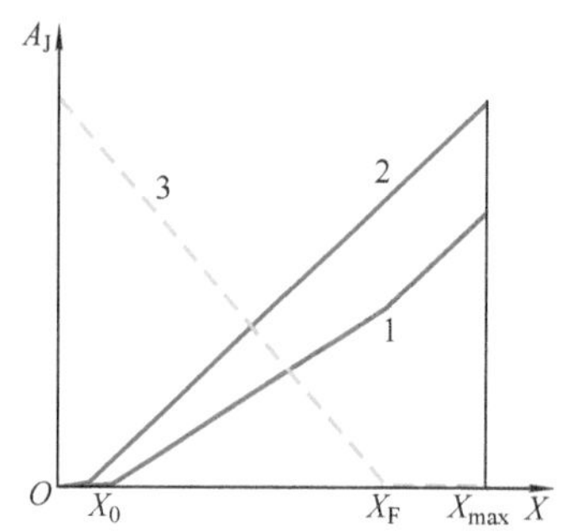

图4-28 换节阀的阀芯位移-通流面积特性示意

1—进口通道（P→A或B） 2—出口通道（B或A→T） 3—旁路通道（PP→PT）

A_J—通流面积 X—阀芯位移 X_0—重叠区 X_F—旁路全关 X_{max}—最大位移

在进口通道（P→A、B）的全行程中，一般20%～30%为重叠区（X_0），以减少中位泄漏，约50%为微调区，剩余行程为全开。

出口通道（A、B→T），一般开得比进口通道早些，以减少起动阻力。

由于槽形经常需要根据液压执行器的不同几何尺寸、负载情况及操作习惯调整，很难预先准确计算，一些大公司的应用工程师会带着如家用缝纫机般大小的专用微型数控铣床到现场，根据测试曲线，当场修改配制槽形。

6. 控制方式

控制换节阀阀芯的移动有多种方式。

为安全起见，一般都带定中心弹簧：在输入信号为零时，自动回到中位。弹簧一般还带一定的预紧力，以防止振动动或无意触碰引起误动作。

（1）手控 也称直动，操作者通过操作手柄直接控制换节阀阀芯的位置（见图4-29）。一般，越趋于极限位置，弹簧力越强。由于需要的操控力大，而且布管不便，因此应用越来越少。

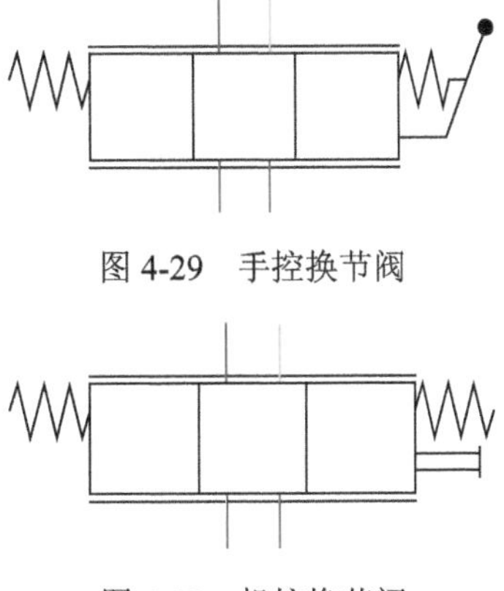

图4-29 手控换节阀

图4-30 机控换节阀

（2）机控 机械装置通过推杆推动换节阀阀芯（见图4-30）。

（3）液控 也称手液控（见图4-31）。在P口有控制源压力时，通过操作手柄推动先导减压阀a或b，控制先导压力p_a或p_b。先导压力与弹簧压力平衡，决定换节阀阀芯的位置，从而起调节液阻作用。

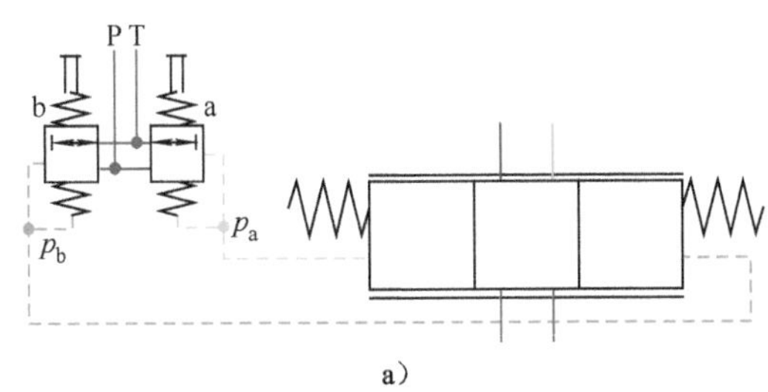

a）

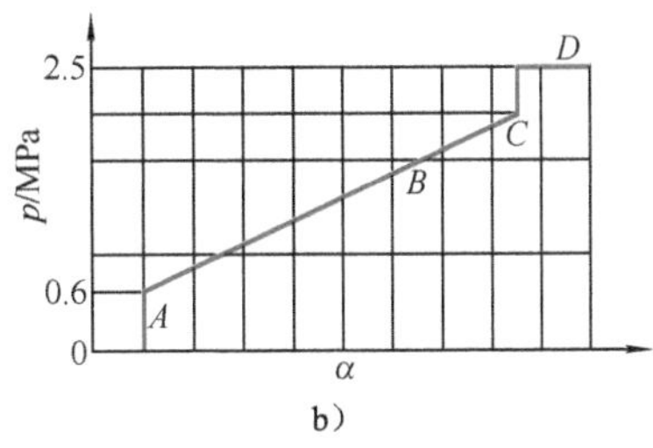

b）

图4-31 液控换节阀

a）图形符号 b）手柄偏转角-先导压力特性（力士乐）

α—手柄偏转角 p—先导压力 A—初始工作点 B—阻力点 C—最高控制压力 D—先导源压力

先导压力一般可达2～3MPa。若换节阀阀芯直径为20mm的话，驱动力可达600～900N，足以克服比较硬的弹簧与液动力，所以液控成为最普遍使用的方式。

图4-31b所示为一先导减压阀的特性。输出的先导压力p与手柄偏转角α大体

成线性。为了避免无意识触碰而误动作，设置了初始工作点 A。在达到最高控制压力（C 点）前，有意识让操作阻力明显增加（B 点），使操作手有感觉。C 点之后，就不再减压，直接输出先导源压力。

（4）电比例控 控制器输出适当的驱动电流给相应的电磁比例线圈 a 或 b，直接驱动换节阀阀芯（见图 4-32）。

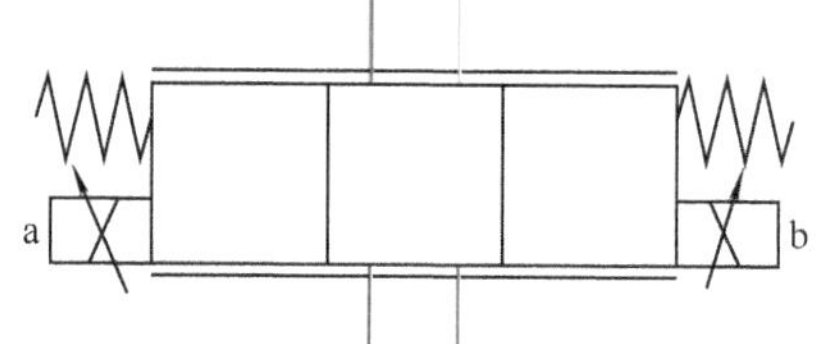

图 4-32 电比例控换节阀

被液动力和比例电磁铁的功率（约 30W，电磁力低于 100N）所限，电比例控换节阀的流量一般都不大（约 20L/min 以下）。为了充分利用阀的通流能力，也可以把一个四通型的电比例换节阀的通口并联（见图 4-33），当作一个二通型的阀使用。

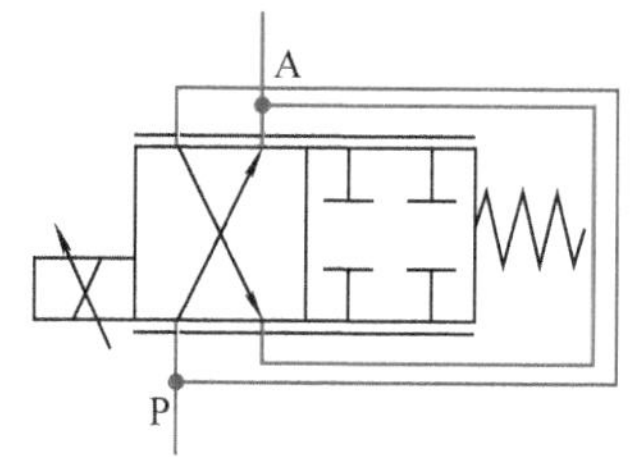

图 4-33 四通型电比例换节阀用作一个二通型阀

换节阀阀芯可以带位移传感器，通过反馈控制，获得更高的准确度。

控制放大器可以结合在电磁线圈插头里。

（5）电液比例控 可以通过控制器给出适当的驱动电流，控制电比例先导减压阀（见图 4-34a）或溢流阀（见图 4-34b），提供先导压力，驱动换节阀阀芯。

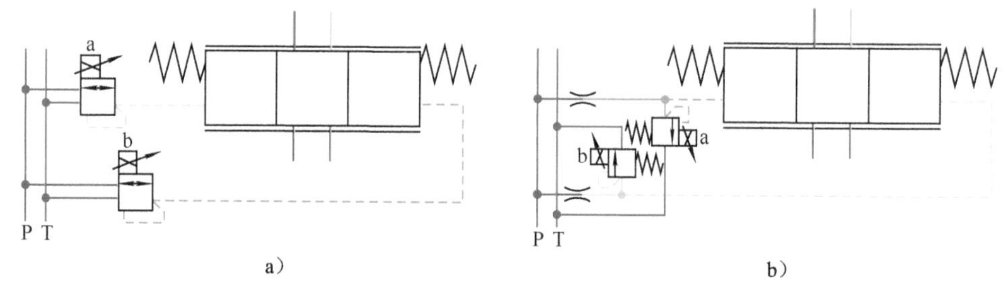

图 4-34 电液比例控换节阀

a）先导阀为电比例减压阀 b）先导阀为电比例溢流阀

由于液压力可以很强，所以电液比例控可以轻松地克服液动力、弹簧力及其他阻力，适用于任何直径的换节阀阀芯。例如，使用 3 通径的电比例减压阀作为先导阀，和 2.5MPa 的先导源压力，控制 25 通径的换节阀游刃有余。

有的电液比例阀带 CAN 总线解码器。输入阀芯位置指令的 CAN 总线可以直接连接到阀的插头上（见图 4-35）。为了应对万一电控系统出故障失效，有的电液比例阀带应急操作手柄。

由于电液比例控可以精确快速地控制液阻，可以实现远程控制和无线遥控，为自动化提供了条件，被越来越多地应用。

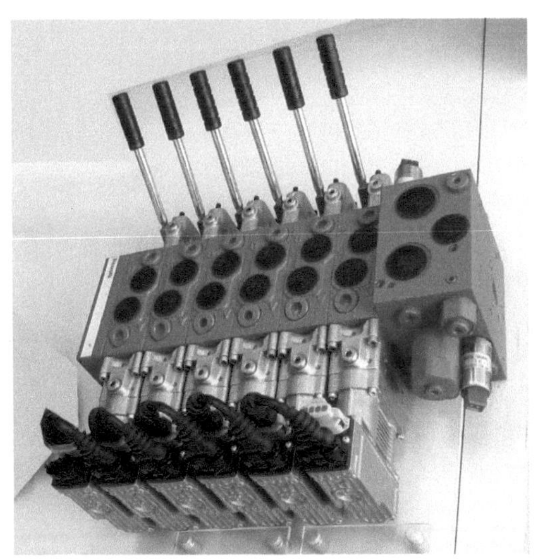

图 4-35　CAN 总线控制的带应急手柄的电液比例控多路阀（力士乐 M4）

在特殊情况下，换节阀可以用作换向阀，如以下两种状况。

（6）电控　通过电磁线圈 a 或 b，直接驱动换向阀阀芯（见图 4-36）。被液动力和电磁铁的功率所限，阀芯直径一般都不大于 10mm。

（7）电液控　通过电磁线圈 a 或 b，驱动先导阀，切换液流，推动换向阀阀芯（见图 4-37）。

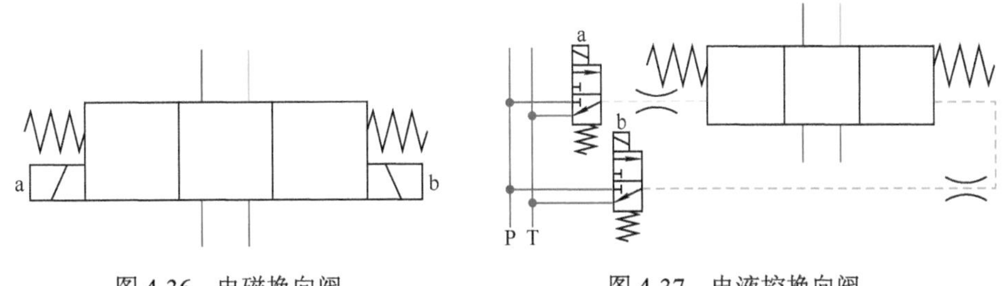

图 4-36　电磁换向阀　　　　图 4-37　电液控换向阀

由于液压力很强，所以电液控可以轻松地实现换向。这里可能带来的问题是相反的：由于推动过快，引起系统中发生冲击。所以，一般阀芯两端要加入阻尼孔，减缓主阀芯的切换速度。

始终要记住的是：节流阀只能改变通流面积，也即液阻而已，并不总是能节流的。

第5章　单泵单执行器简单液阻控制回路

“简单液阻控制”——仅使用节流阀或换节阀来控制，不使用定压差阀，就是国内多年来常称的“节流调速”。因为“节流调速”这一称法不精确，所以本书弃之不用。

本章以下所说的节流阀含换节阀。

由于使用节流阀控制流量结构简单，可靠性较高，一次性投资较低，因此，在实际系统中获得广泛应用。在挖掘机液压回路中普遍应用的所谓负流量控制、正流量控制，都属于简单液阻控制，只不过是多执行器而已。

使用节流阀控制流量的特点：所控制的流量随负载与液压源压力而变。有人认为这是不稳定：明明给出同样的操作指令，结果执行器速度却不同。但也有人认为这是柔和：负载轻的时候快些，负载重的时候慢些。所以，这是长处也是缺点，要视应用场合与操作者习惯而定。

相对于执行器，节流口可以有三种基本的设置位置（见图 5-1)。因为各有特点，所以在实际应用中，更多的是两种或三种结合使用。

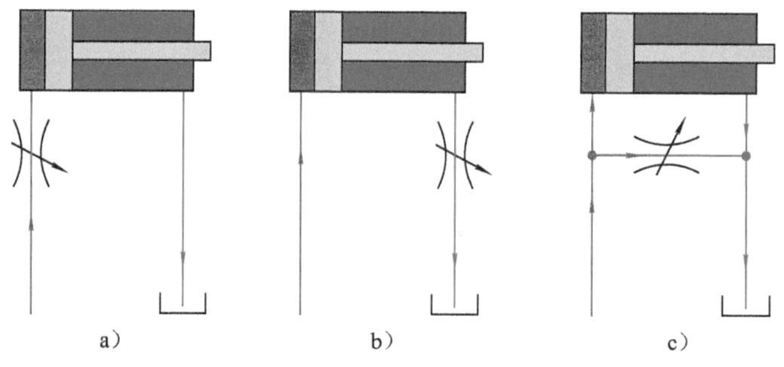

图 5-1　各类简单液阻控制回路

a）进口节流　b）出口节流　c）旁路节流

5.1　进口节流回路

5.1.1　组成

1. 回路

所谓进口节流（Meter-in）回路，就是节流口处于液压源与执行器之间（见图

5-2）。

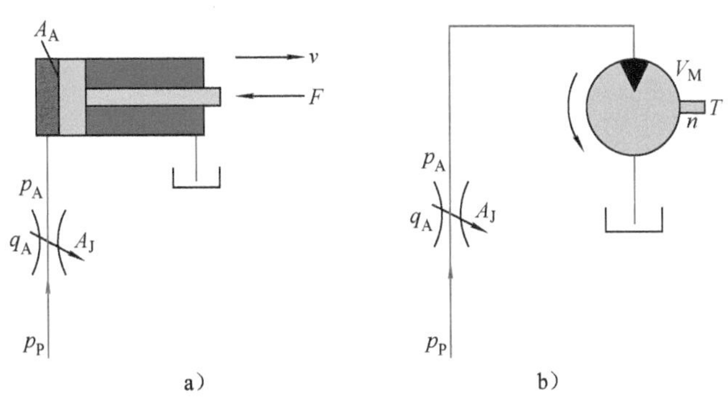

图 5-2 进口节流回路示意图

a）驱动液压缸 b）驱动马达

p_P—液压源出口压力即节流口前压力 p_A—节流口后压力 A_J—节流口通流面积

q_A—通过节流口进入执行器的流量 F—负载 A_A—液压缸驱动腔作用面积 v—活塞运动速度

T—负载转矩 V_M—马达每转排量 n—马达转速

在执行器的进口设置节流口，目的是为了调节执行器的速度。但实际上，如已述及，节流口所能影响的只是进入执行器的流量。而流量对速度的影响：

1）如果执行器是液压缸，其中的泄漏可以忽略的话，则活塞运动速度

$$v = q_A / A_A$$

式中 q_A——通过节流口进入液压缸的流量；

A_A——液压缸有效作用面积。

2）如果执行器是马达的话，其中总有泄漏，那么，马达转速

$$n = q_A \eta_{MV} / V_M$$

式中 q_A——通过节流口进入马达的流量；

η_{MV}——马达容积效率；

V_M——马达每转排量。

为简便计，以下叙述主要针对液压缸，马达可以类推。

2. 适用的液压源工况

如果液压源工作在恒流量工况，通过节流口进入执行器的流量就不可调。所以，进口节流回路流量可调的必要条件就是液压源不能工作在恒流量工况。

应用于进口节流回路的液压源大多是工作在近似恒压工况，即液压源出口压力 p_P 近似为一恒值。

1）最常见的恒压源是定量泵加溢流阀（见图 5-3a）：定量泵输出流量 q_{Pmax}。如果液压源出口压力 p_P 达到溢流阀的设定压力 p_S 的话，溢流阀开启，部分流量 q_Y 通过溢流阀直接回油箱，液压源实际输出流量 $q_P = q_{Pmax} - q_Y$。如果 p_P 低于 p_S，则液压源转入恒排量工况，输出的流量 $q_P = q_{Pmax}$。

2）也可使用恒压变量泵（见图 5-3b）：如果液压源出口压力 p_P 达到恒压变量泵的设定压力 p_S，则其输出流量 q_P，也就是进入液压缸的流量 q_A，小于泵可能提供的最大流量 q_{Pmax}。如果 p_P 低于 p_S，则液压源转入恒排量工况，输出的流量 $q_P = q_{Pmax}$。

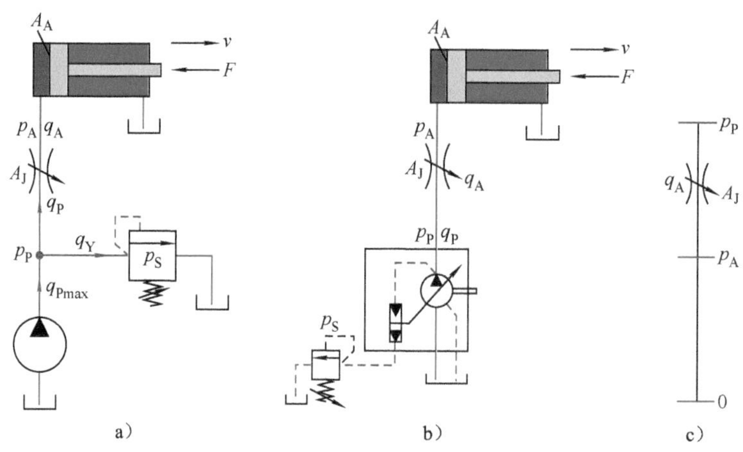

图 5-3　进口节流回路的液压源

a）使用定量泵加溢流阀　b）使用恒压变量泵　c）压降图

以下叙述主要针对定量泵加溢流阀，使用恒压变量泵可以类推。

进口节流回路的压力下降过程很简单，如图 5-3c 所示。

节流口后压力，也即驱动压力 p_A，由负载 F 决定。

通过节流口进入执行器的流量 q_A 由压差 $p_P - p_A$ 和节流口通流面积 A_J 共同决定。

3. 正常工作区

必须满足以下两个前提条件，进口节流才能正常工作。

1）负载 F 正向。此时，$p_A = F/A$，驱动压力就是负载压力。

2）p_A 不超过液压源的设定压力 p_S。

5.1.2　特性

1. 流量调节特性

如已述及，所有节流回路中，可调节的只有节流口的通流面积。流量调节特性，就是描述负载不变时节流口通流面积对通过流量的影响。

假定节流口是薄刃口、流量系数不变，其压差流量特性（参见 4.2 节）可以近似地表述为

$$q_A = kA_J\sqrt{p_P - p_A} \tag{5-1}$$

式中　k——含流量系数、液压油密度等的一个系数。

即节流口通流面积 A_J 对流量 q_A 的影响是线性的。这意味着，不管节流口通流面积多大，同样的通流面积变化引起的流量变化是相同的。

1）在某一固定负载时，进口节流的流量调节特性可以根据式（5-1）表示为如图 5-4 所示。

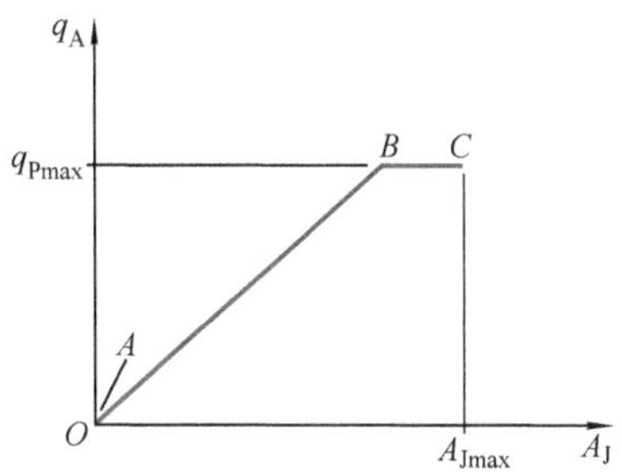

图 5-4　负载较小时的流量调节特性

A_J—节流口通流面积　A_{Jmax}—节流口最大通流面积　q_{Pmax}—液压源能提供的流量　q_A—进入液压缸的流量

图 5-4 中，工况点 *A*：节流口完全关闭，无流量通过节流口。

A-B 是流量可调区。这时，改变节流口的通流面积 A_J 可以改变进入液压缸的流量 q_A。

工况点 *B*：进入液压缸的流量 q_A 达到液压源能提供的最大流量 q_{Pmax}，液压源从恒压工况转入恒流量工况。

工况点 *C*：节流口通流面积 A_J 开至最大 A_{Jmax}。

B-C 是流量不可调区：改变节流口的通流面积 A_J 不能改变进入液压缸的流量 q_P。如果一定要避免这种工况的话，液压源所能提供的流量就必须足够大。

2）不同负载下的流量调节特性如图 5-5 所示，驱动压力 $p_{A1}<p_{A2}<p_{A3}$。由图 5-5 可知，驱动压力越高，能进入液压缸的流量就越小，就越不会出现液压源输出流量饱和的现象。

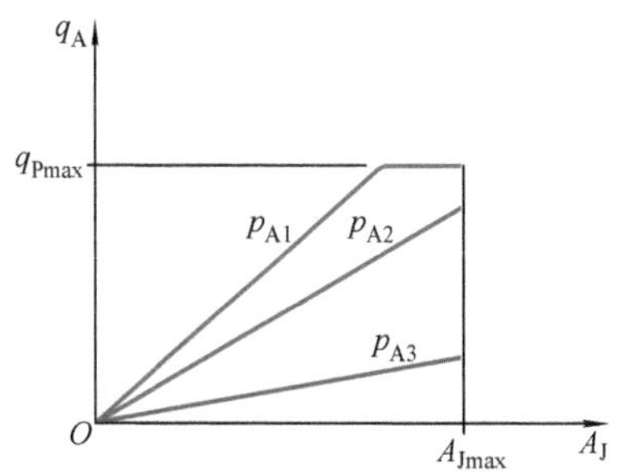

图 5-5　不同负载的流量调节特性

A_J—节流口通流面积　A_{Jmax}—节流口最大通流面积　q_P—液压泵提供的流量

q_A—进入液压缸的流量　p_{A1}、p_{A2}、p_{A3}—驱动压力，$p_{A1}<p_{A2}<p_{A3}$

在实际应用中，节流口通流面积的改变只是阀芯移动的结果，无法直接控制。

所以，一般都使用阀芯位移-流量特性。这时，就要考虑到节流口的形状所导致的位移与通流面积的关系，详见 4.3 节。

2．负载-流量特性

所谓负载-流量特性，指的是节流口通流面积不变时流量随负载变化的特性。

1）在某一节流口时，进口节流的驱动压力-流量特性可以根据式（5-1）表示为如图 5-6 所示。

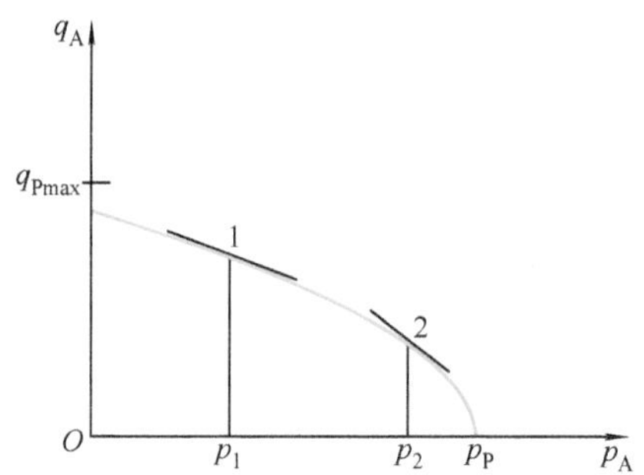

图 5-6　进口节流回路的驱动压力-流量特性

q_A—进入液压缸的流量　q_{Pmax}—液压源可能提供的最大流量　p_A—驱动压力　p_P—液压源的设定压力　1、2—工况点

驱动压力-流量特性曲线上某一工况点的切线的斜率，反映了流量在该驱动压力时随驱动压力变化的状况。切线越平，即流量变化越小。从图 5-6 中可以看出：

① 驱动压力较低时，流量变化较小，也即工况点 1 的流量变化小于工况点 2 的变化。这里，斜率的倒数被称为“流量刚度”。即：切线越平，流量刚度越高。工况点 1 的流量刚度较工况点 2 的流量刚度高。

② 在驱动压力 p_A 接近恒压源设定压力 p_P 时，流量刚度很低：驱动压力稍有变化，流量就会发生很大变化。

2）在不同节流口面积时的驱动压力-流量特性如图 5-7 所示。从中可以看出，节流口面积较小时，流量刚度较高。

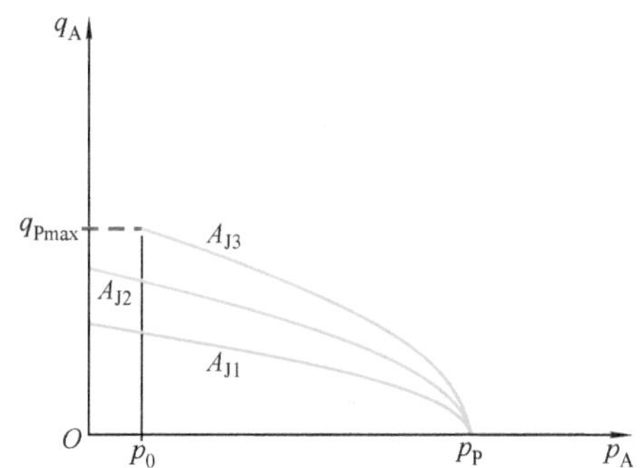

图 5-7　不同节流口面积时的驱动压力-流量特性

q_A—进入液压缸的流量　p_A—驱动压力　p_P—液压源的设定压力　A_{J1}、A_{J2}、A_{J3}—节流口面积，$A_{J1} < A_{J2} < A_{J3}$

当节流口面积较大，驱动压力较低时，液压源输出流量会达到极限 q_{Pmax}，即称泵流量饱和。若称此时的驱动压力为泵流量饱和驱动压力 p_0，则可以从式（5-1）得到

$$q_{\text{Pmax}} = kA_{\text{J}}\sqrt{p_{\text{P}} - p_0}$$

$$p_0 = p_{\text{P}} - (q_{\text{Pmax}}/kA_{\text{J}})^2$$

以上所提供的特性曲线都是根据节流口流量压力的理论公式画出来的，是以节流口始终是薄刃口、流量系数始终不变为前提的，只能作为一个大致的参考。实际特性如何，还需要通过测试来确定。

3．能耗状况

（1）不考虑液压源　回路在工作时的输入功率 $p_{\text{P}}q_{\text{A}}$（见图 5-8）可以分成两部分：

1）实际做功的功率 I，从液压能的角度是 $p_{\text{A}}q_{\text{A}}$，从机械能的角度是 $Fv = Fq_{\text{A}}/A_{\text{A}}$，两者是相同的，随驱动压力 p_{A} 和工作流量 q_{A} 而变。

2）$(p_{\text{P}} - p_{\text{A}})q_{\text{A}}$，未做功功率 II，消耗在节流口处，最终转化成热量。

因此，可以得到回路的能效为 $p_{\text{A}}/p_{\text{P}}$。进口节流回路大多使用恒压工况，$p_{\text{P}}$ 通常根据可能出现的最高驱动压力设定。因此，在实际驱动压力 p_{A} 较低时，能效就会很低。

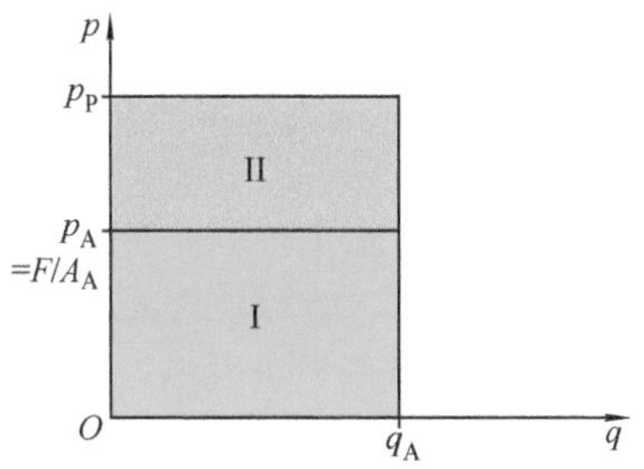

图 5-8　进口节流回路的能耗状况

I—做功功率　II—未做功功率

（2）考虑液压源

1）使用恒压变量泵作为液压源。如果使用恒压变量泵作为液压源（见图 5-3b），则液压泵输出的流量就是进入液压缸的流量 q_{A}，没有额外的流量损耗。所以，能耗状况同图 5-8。

2）使用定量泵和溢流阀作为液压源。如果液压源由定量泵和溢流阀组成（见图 5-3a），因为溢流阀开启，流量 q_{Y} 通过溢流阀溢出，则功率损耗还要大（见图 5-9）。还有一部分功率 III——$p_{\text{P}}q_{\text{Y}}$ 消耗在溢流阀上。

此时，能效为 $p_{\text{A}}q_{\text{A}}/p_{\text{P}}q_{\text{P}}$。

从图 5-9 中可以看出，有两条途径可以一定程度地节能。

① 减少 q_{Y}，尽量使泵提供的流量 q_{Pmax} 不要过多地超过执行器需要的最大流量。

② 降低溢流阀的设定压力 p_{S}，使之不要过多地超过执行器可能遇到的最高驱动压力。可能的话，采用如多级溢流阀或电比例溢流阀，根据执行器不同工况，使用不同的设定压力。

当执行器不工作，不需要流量时，为降低能耗，做法如下：

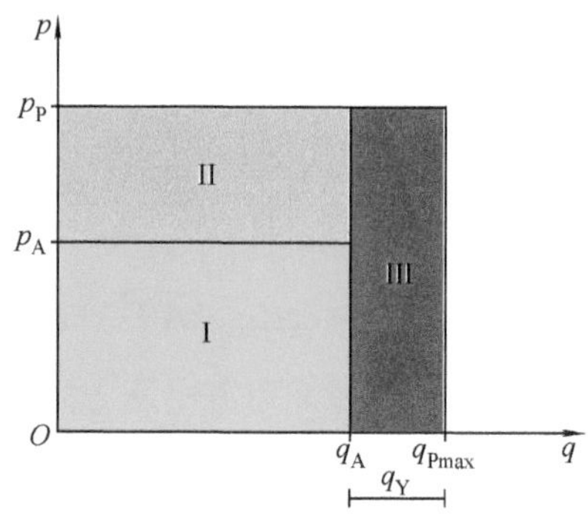

图 5-9 使用定量泵溢流阀的能耗状况

q_{Pmax}—定量泵提供的流量 q_A—进入液压缸的流量 q_Y—通过溢流阀流出的流量 p_P—泵出口压力 p_A—驱动压力 I—做功功率 II—消耗在节流口处的功率 III—消耗在溢流阀上的功率

1）如果是定量泵，应有旁路，把泵提供的流量直接引到油箱。

2）如果是恒压变量泵，采用旁路的话，泵进入最大流量工况，会带来一定能耗。如果出口完全封闭，则压力最高，排量转为最小，理论上没有能耗，但这对泵的散热不利，一般还是通过一个小节流口，让少量流量通过。

5.1.3 实际应用

1. 全工况负载-流量特性

以上所讨论的是进口节流在正常工作区中的特性。但是，在实际应用中什么都可能发生：负载过大，或者反向，即负载方向与运动方向相同。此时，驱动压力与负载、流量与速度之间的基本固定的关系可能不复存在。图 5-10 所示为各种负载时的压力流量（速度）状况，可分为 4 个区域。

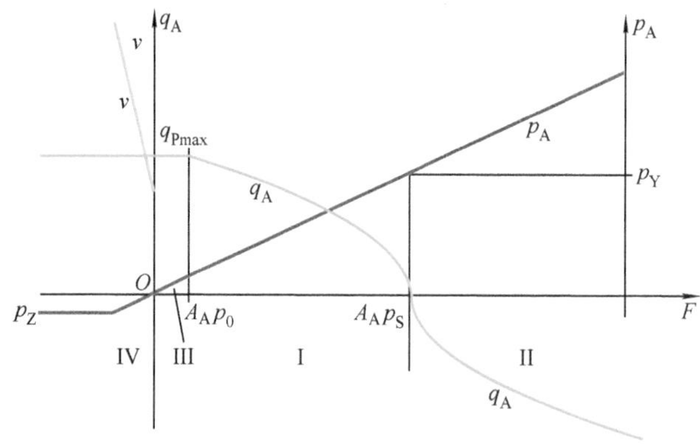

图 5-10 进口节流回路的负载-流量（速度）状况示意图

I—正常工作区 II—过载区 III—流量饱和区 IV—负负载区 p_A—驱动腔压力 p_S—液压源设定压力 q_A—进入液压缸的流量 q_{Pmax}—液压源最大输出流量 p_0—泵流量饱和驱动压力 p_Z—液压油的饱和蒸气压力

（1）区域 I——正常工作区　负载 F 小于 $A_A p_S$，大于零。

（2）区域 II——过载区　负载 F 过大，超过 $A_A p_S$，即驱动压力 p_A 超过液压源的设定压力 p_S（见图 5-11）。

如果液压源是恒压变量泵的话，在 p_P 超过 p_S 后，恒压变量泵除了把排量关到最小外无计可施，液压缸中的液体无处可走，活塞停止在原处。压力增高可能会损坏泵。因此，有必要在泵出口再设置一个作为安全阀用的溢流阀。

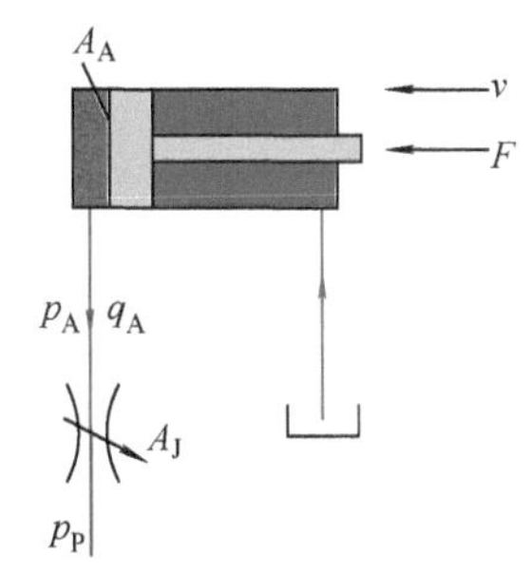

图 5-11　进口节流回路在过载区的状况

如果液压源是定量泵加溢流阀的话，液压缸中的液压油会反向通过节流口，从液压源处的溢流阀流出，液压缸反向运动。经过节流口的流量

$$q_A = kA_J\sqrt{p_A - p_P}$$

这是很不正常的。但只要不超过系统（液压缸、阀、泵等）的许用压力，不致引起永久性损坏，还是可控的：如果关闭节流口，负载就会停止运动。所以，偶尔出现在某些应用场合在一定程度上还是可以容忍的。如果一定希望避免出现，就必须把液压源的设定压力 p_S 调到高于任何可能出现的驱动压力，但这样一来，持续性的未做功功率就会增加，能效就会进一步下降。

（3）区域 III——泵流量饱和区　在节流口通流面积 A_J 较大，并且负载 $F < A_A p_0$ 时，液压源转入恒排量工况。经过节流口进入液压缸的流量为一恒定值 q_{Pmax}，不随负载变化。

在 A_J 较小时，不会出现流量饱和区。

（4）区域 IV——负负载区　负载与运动方向相同，变成拉力（见图 5-12）。由于液压缸出口没有任何节流，所以液压缸的运动速度理论上就没有任何限制。进入液压缸驱动腔的流量 q_A 不再受负载 F 影响，保持恒定值 q_{Pmax}。“驱动腔”形成负压，出现“吸空”现象。

所以，纯进口节流只能用在仅有正负载的场合，包括在需要制动时，如液压电梯。不能应用在任何可能出现负负载的场合。

2．回路

图 5-13 所示为实际应用的回路。注意：

1）由于液压缸两边的有效作用面积不同，单个节流口面积 A_J（见图 5-13a），会导致不同的负载-流量特性；

2）在执行器不工作，换向阀在中位时，液压油必须通过节流口回油箱，带来一个不必要的能量损耗。

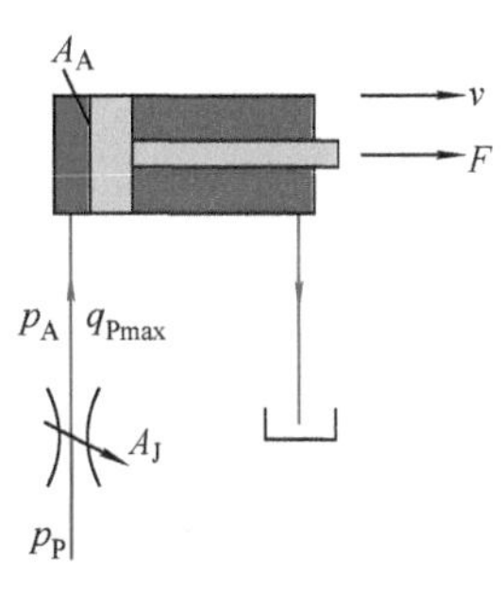

图 5-12　进口节流回路在负负载区的状况

图 5-13b 所示的回路则没有这两个问题。

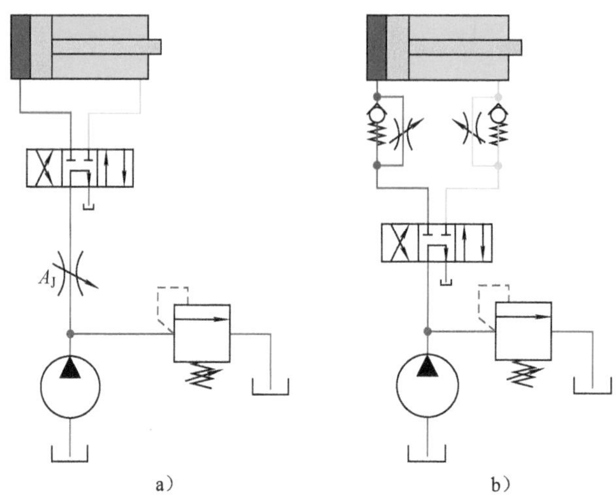

图 5-13　实际可用的进口节流回路

a）单节流　b）分别节流

3．长处与不足之处

进口节流的长处：

1）在活塞运动到终点，被液压缸端盖，或外部挡铁挡住后，驱动腔的压力立刻上升到液压源的设定压力。此特性可以被用来控制换向阀立刻切换，以减少不必要的压力损失。

2）由于负载状况从执行器进口侧感知比较方便后续处理，因此，在多执行器的负载敏感回路中，进口总设置一个节流口（见第 10 章）。

进口节流除了在负负载时不能调节流量外，还有以下不足之处：

1）在使用定量液压源时的能效较旁路节流（见 5.3 节）低。

2）液压油通过节流口，损失的压力能转化为热能，使油的温度升高。因此，进入液压缸的液压油温度比较高。通过换向，热的液压油轮流进入到执行器的两侧。这对液压缸的柔性密封的工作寿命带来不利影响，也容易增加马达的泄漏。5.2 节要介绍的出口节流就没有这样的问题。

5.2　出口节流回路

5.2.1　组成

1．回路

所谓出口节流（Meter-out），就是节流口处于执行器与油箱之间（见图 5-14）。为简便计，以下叙述主要针对液压缸，马达可以类推。

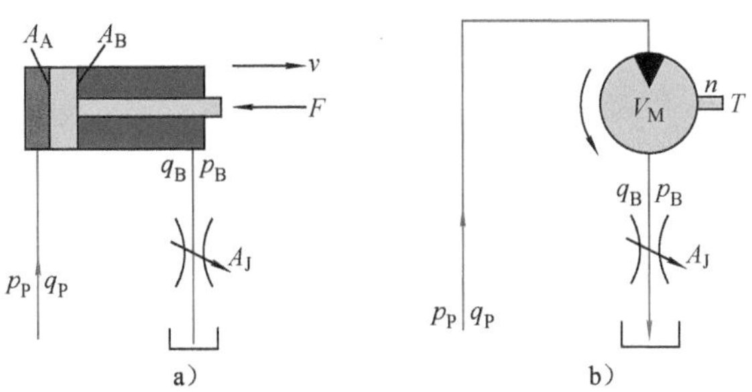

图 5-14　出口节流回路示意图

a）控制液压缸　b）控制马达

p_P—液压源出口压力　q_P—液压源提供的流量　p_B—执行器出口压力　A_J—节流口通流面积　q_B—流出执行器的流量　F—负载　A_A—液压缸驱动腔作用面积　A_B—液压缸背压腔作用面积　v—活塞运动速度　n—马达转速　V_M—马达排量　T—负载转矩

2．适用的液压源工况

在出口节流回路中，液压源提供的流量全部进入到执行器，液压源提供的流量就是执行器的输入流量。因此，如果液压源工作在恒流量工况，进入执行器的流量就不可调，相应流出执行器的流量也就不可调。所以，出口节流回路流量可调的必要条件与进口节流回路的相同，即液压源不能工作在恒流量工况。

应用于出口节流的液压源大多工作在近似恒压工况，即 p_P 近似为一恒值。

1）最常见的恒压液压源是定量泵加溢流阀（见图 5-15a）：定量泵提供流量 q_{Pmax}。如果液压源出口压力 p_P 达到溢流阀的设定压力 p_S，溢流阀开启，部分流量

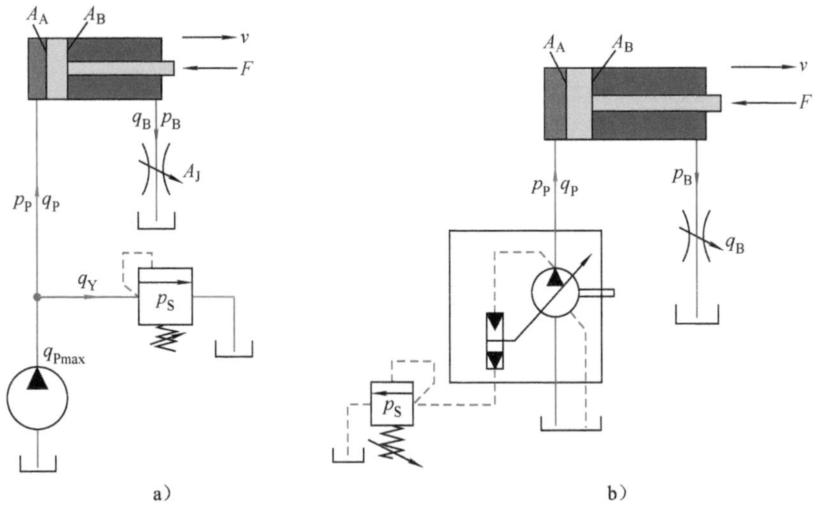

图 5-15　出口节流回路的液压源

a）使用定量泵加溢流阀　b）使用恒压变量泵

q_Y通过溢流阀直接回油箱，整个液压源输出的流量$q_P = q_{Pmax} - q_Y$。如果p_P低于p_S，则液压源转入恒排量工况，输出的流量$q_P = q_{Pmax}$。

2）也可使用恒压变量泵（见图 5-15b）：如果p_P达到恒压变量泵的设定压力p_S，则其输出流量q_P，也就是进入液压缸的流量，小于泵可能提供的最大流量q_{Pmax}。如果p_P低于p_S，则泵转入恒排量工况，输出的流量$q_P = q_{Pmax}$。

以下叙述主要针对定量泵加溢流阀，使用恒压变量泵可以类推。

3．正常工作区

必须满足以下前提条件，出口节流才能处于正常工作区（见图 5-15a）。

1）负载F正向，但所造成的驱动压力p_P不超过液压源的设定压力p_S。

2）负载可以反向，但q_P必须低于q_{Pmax}，否则液压源就不再能维持恒压工况。

满足这两个前提条件时，液压源出口压力

$$p_P = (F + A_B p_B)/A_A$$

所以，背压腔压力，也即节流口前压力p_B，可以用式（5-2）计算

$$p_B = (A_A p_P - F)/A_B \tag{5-2}$$

4．压降图

对马达以及同直径双活塞杆液压缸而言，因为其驱动、背压两腔作用面积相同，所以两腔压力在负载的作用下依次下降，如图 5-16a 所示。

而差动缸，因为进出口两腔的作用面积不同，所以两腔压力不一定依次下降。

当无杆腔为驱动腔时，从式（5-2）可推导出，当

$$F < (A_A - A_B)p_P$$

时，

$$p_P < p_B$$

即背压腔压力高于驱动腔，如图 5-16c 所示。

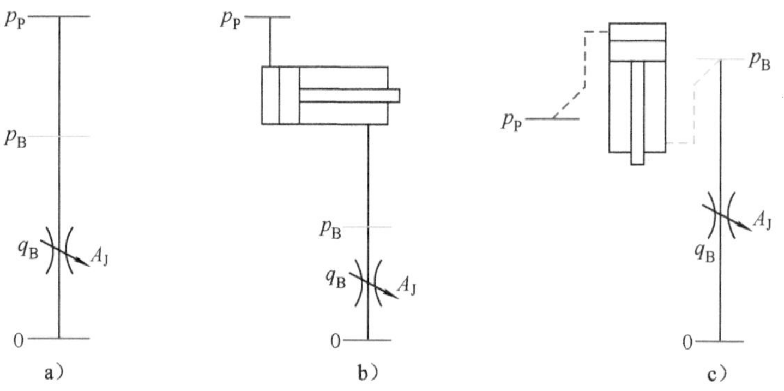

图 5-16　出口节流回路的压降图

a）两腔作用面积相同　b）差动缸，背压腔压力低于驱动腔　c）差动缸，背压腔压力高于驱动腔

5.2.2　特性

1．流量调节特性

流量调节特性，即负载不变时节流口通流面积对流量的影响。

假定节流口是薄刃口、流量系数不变，则其压差流量特性（见图 5-15a）可以近似地表述为

$$q_B = kA_J\sqrt{p_B} \tag{5-3}$$

$$= kA_J\sqrt{(A_A p_P - F)/A_B} \tag{5-4}$$

式中　k——含流量系数、液压油密度等的一个系数。

即流量 q_B 与节流口面积 A_J 是线性的。这意味着，不管节流口面积多大，同样的节流口面积变化引起的流量变化是相同的。

1）在某一固定负载时，出口节流的流量调节特性可以根据式（5-3）表示为如图 5-17 所示，与进口节流的相似。

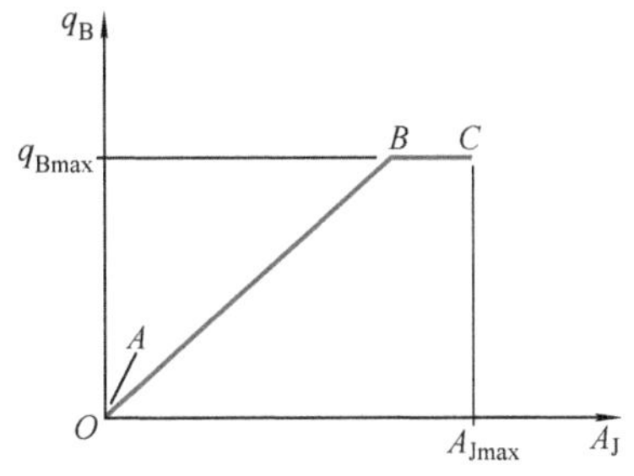

图 5-17　流量调节特性

A_J—节流口面积　A_{Jmax}—最大节流口面积　q_B—从液压缸流出的流量
q_{Bmax}—可从液压缸流出的最大流量，$q_{Bmax}=q_PA_B/A_A$

图 5-17 中，工况点 A：节流口完全关闭，无流量流出液压缸。

A-B 是流量可调区：这时，改变节流口面积 A_J 可以改变流出液压缸的流量 q_B，从而改变活塞的运动速度。

工况点 B：进入液压缸的流量达到液压源的最大输出流量 q_{Pmax}，q_B 也因此相应达到最大值 q_{Bmax}。液压源从恒压工况转入恒流量工况。

工况点 C：节流口面积 A_J 达到最大值 A_{Jmax}。

B-C 是流量不可调区：改变通流面积 A_J 不能改变流出液压缸的流量 q_{Bmax}。如果这种工况一定要避免的话，液压源所能提供的流量就必须足够大。

2）不同负载的流量调节特性如图 5-18 所示，负载越大，流出液压缸的流量就越小，就越不会出现液压源流量饱和的现象。

在实际应用中，节流口面积的改变只是节流阀阀芯移动的结果，无法被直接

控制。所以，一般都使用阀芯位移-流量特性。

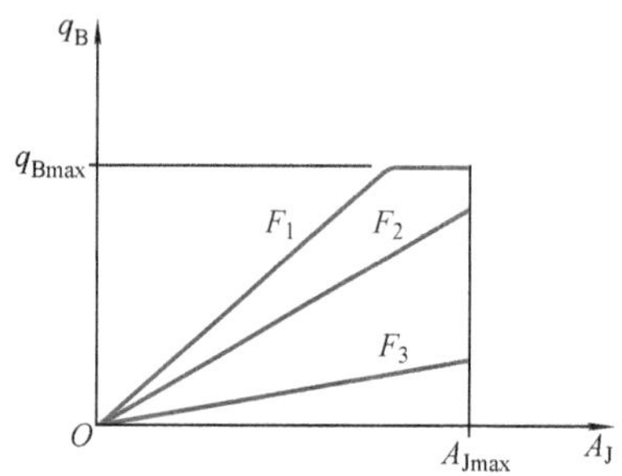

图 5-18　不同负载的流量调节特性

A_J—节流口面积　A_{Jmax}—最大节流口面积　q_B—流出液压缸的流量

q_{Bmax}—流出液压缸的最大流量　F_1、F_2、F_3—负载，$F_1 < F_2 < F_3$

2．负载-流量特性

与进口节流回路类似，在节流口面积较大，负载较小时，也可能出现泵流量饱和现象，即液压源输出的流量达到最大 q_{Pmax}。此时，从液压缸流出的流量

$$q_{Bmax} = q_{Pmax}A_B/A_A$$

若称此时背压腔压力为 p_{B0}，则从式（5-3）可得

$$p_{B0} = q_{Bmax}{}^2/(kA_J)^2 \qquad (5\text{-}5)$$

式（5-4）代入式（5-5）可得到此时的负载——泵流量饱和负载

$$F_0 = A_A p_P - A_B p_{B0} = A_A p_P - A_B q_{Bmax}{}^2/(kA_J)^2 \qquad (5\text{-}6)$$

1）在某个固定节流口时，出口节流的负载-流量特性可以根据式（5-4）和（5-6）表示为如图 5-19 所示。

流量刚度状况与进口节流相似。

2）不同节流口面积的负载-流量特性曲线如图 5-20 所示。该图反映了，当节流口面积 A_J 较小时，流量在负负载时也可调。节流口面积越小，可控的负负载越大。

以上所提供的特性曲线都是根据节流口流量压力的理论公式作出来的，只能作为一个大致的参考。实际特性还需要通过测试来确定。

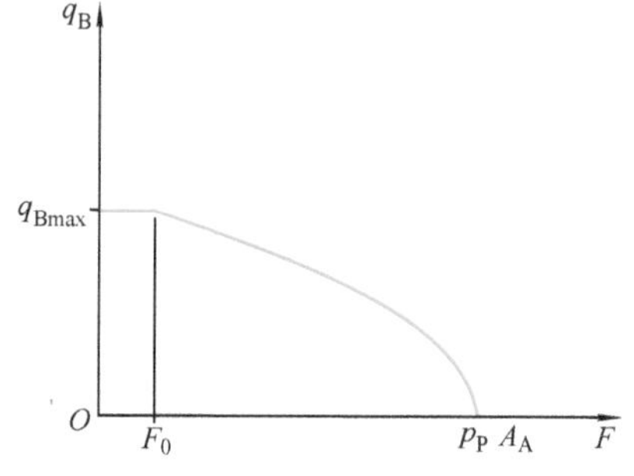

图 5-19　出口节流回路的负载-流量特性

q_{Bmax}—从液压缸流出的最大流量

F_0—泵流量饱和负载

3．能耗状况

在正常工作区的能耗状况。

（1）不考虑液压源　出口节流回路的能耗状况如图 5-21 所示。

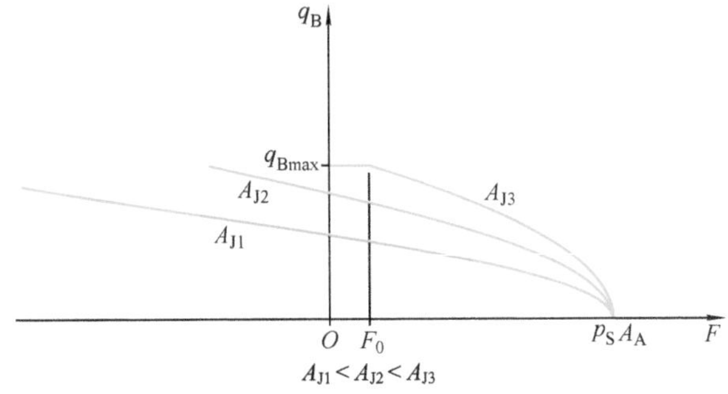

图 5-20　不同节流口通流面积的负载-流量特性

p_S—液压源的设定工作压力

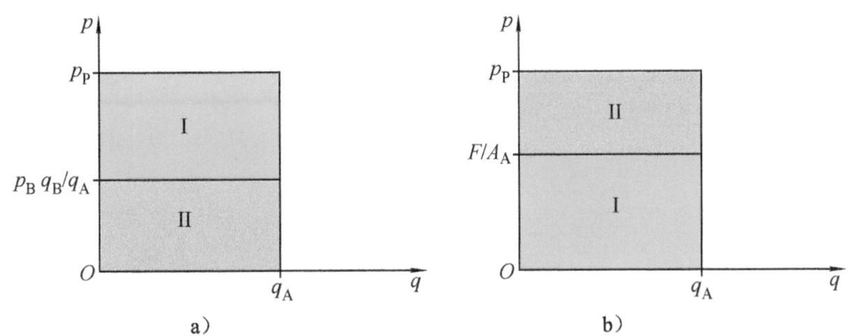

图 5-21　出口节流回路在工作时的能耗状况

a）液压能形式　b）机械能形式

I—做功功率　II—消耗在节流口处的功率

输入功率 $p_P q_A$ 主要可以分成两部分（见图 5-21a）。

I——$(p_P - p_B q_B/q_A)q_A$，实际做功的功率；随负载和工作流量而变。

II——$p_B q_B$，消耗在节流口处的未做功功率。在使用恒压工况时，p_S 通常根据可能出现的最高负载设定。因此，在实际负载较低时，p_B 较高，这部分的损耗就会很可观。

因为实际做功的功率从机械能的角度也可以表示为 $q_A F/A_A$，所以，能耗状况也可表示为如图 5-21b 所示，即出口节流回路与进口节流回路（见图 5-8）有相同的能耗状况。

（2）考虑液压源

1）使用恒压变量泵。如果使用恒压变量泵作为液压源（见图 5-15b），则泵提供的流量就是进入液压缸的流量，没有额外的流量损耗，所以能耗状况同图 5-21 所示。

2）使用定量泵和溢流阀。如果液压源由定量泵和溢流阀组成（见图 5-22a），因为溢流阀开启，流量 q_Y 通过溢流阀溢出，还有一部分功率 III——$p_P q_Y$ 消耗在溢流阀上，所以功率损耗还要大（见图 5-22b）。

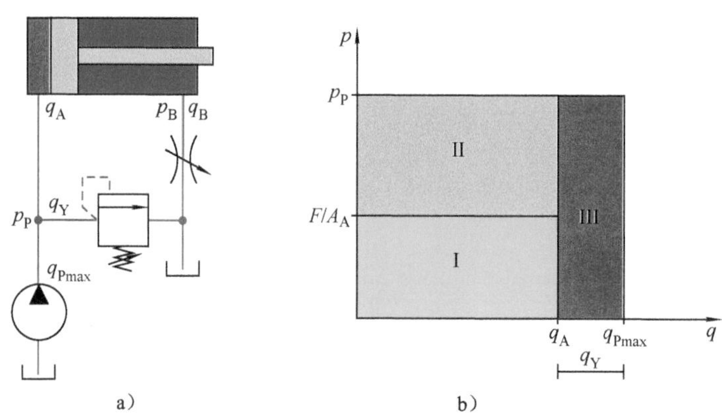

图 5-22　使用定量泵溢流阀的出口节流

a）回路　b）能耗状况

q_{Pmax}—定量泵输出的流量　q_A—进入液压缸的流量　q_Y—通过溢流阀流出的流量　q_B—流回油箱的流量　p_P—泵出口的压力　p_B—节流口前的压力　I—做功功率　II—消耗在节流口处的功率　III—消耗在溢流阀上的功率

5.2.3　实际应用

1. 全工况负载-流量特性

以上所讨论的是出口节流在正常工作区中的特性。图 5-23 所示为实际应用中可能发生的各种工况的负载-流量（速度）特性。可分为 4 个区域。

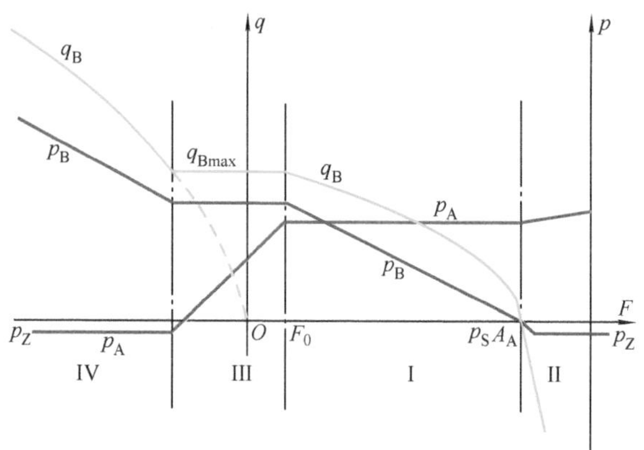

图 5-23　出口节流回路的全工况负载-流量（速度）特性示意图

I—正常工作区　II—过载区　III—流量饱和区　IV—负负载过大区　p_A—驱动腔压力　p_B—背压腔压力　p_S—液压源设定压力　p_Z—液压油的饱和蒸气压　q_B—流出液压缸的流量　q_{Bmax}—液压源最大输出流量时流出液压缸的流量　F_0—泵流量饱和负载

（1）区域 I——正常工作区　在 A_J 较小时，正常工作区一直延伸到负负载，如图 5-20 所示。

（2）区域 II——过载区　负载 F 过大，超过 $p_S A_A$，使驱动腔压力 p_A 超过液压源的设定工作压力 p_S（见图 5-24）。

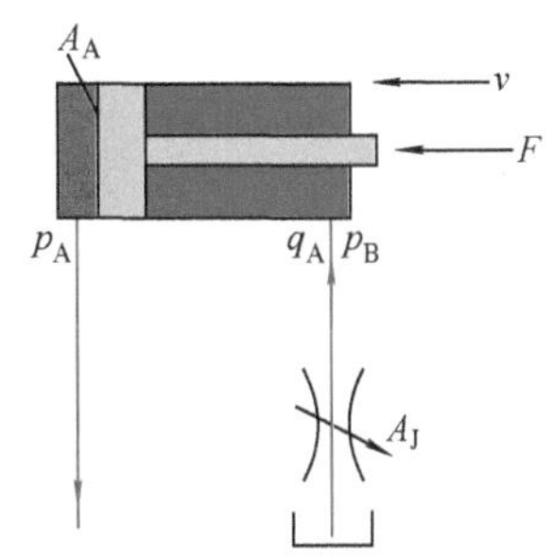

图 5-24　出口节流回路在推力过载区的状况

如果液压源是恒压变量泵的话，在泵出口压力 p_P 超过设定压力 p_S 后，恒压变量泵除了把排量关到最小外无计可施，液压缸中的液体无处可走，活塞停止在原处。

如果液压源是定量泵加溢流阀的话（见图 5-15a），驱动腔中的液体会反向从溢流阀流出，活塞反向运动，运动速度由溢流阀的压差流量特性决定。背压腔的压力 p_B 降至负压——液压油的饱和蒸气压 p_Z，油箱里的液压油在大气压力的作用下通过节流口反向进入背压腔，出现"吸空"。

这是很不正常的。虽然只要不超过系统（液压缸、阀等）的许用压力，不致引起永久性损坏；但是，此时已是不可控了：不管如何调节节流口，对负载运动都无影响。是否可以容忍，要视场合而定。如果一定要避免其出现，就必须把液压源的设定压力 p_S 调到高于任何可能出现的负载压力 F/A_A，但这一来，持续性的未做功功率就会增加。

（3）区域 III——泵流量饱和区　如果 A_J 较大，在负载 F 低于泵流量饱和负载 F_0，或是反向变成拉力时，驱动压力 p_A 低于液压源恒压工况的设定压力 p_S，液压源转入恒流量工况。进入液压缸的流量为一恒定值 q_{Pmax}，不再受负载影响。流出液压缸、通过节流口的流量 q_B 也为一恒定值 q_{Bmax}。

背压腔压力

$$p_B = q_{Bmax}{}^2/(kA_J)^2$$

也为一恒定值。

驱动压力

$$p_A = (F + p_B A_B)/A_A$$

随着负载下降而下降。

（4）区域 IV——负负载过大区　负载拉力增大到一定程度，活塞运动速度超过 q_{Pmax} 所对应的速度 q_{Pmax}/A_A 后，p_A 降低为液压油的饱和蒸气压 p_Z，出现"吸空"现象（见图 5-25）。

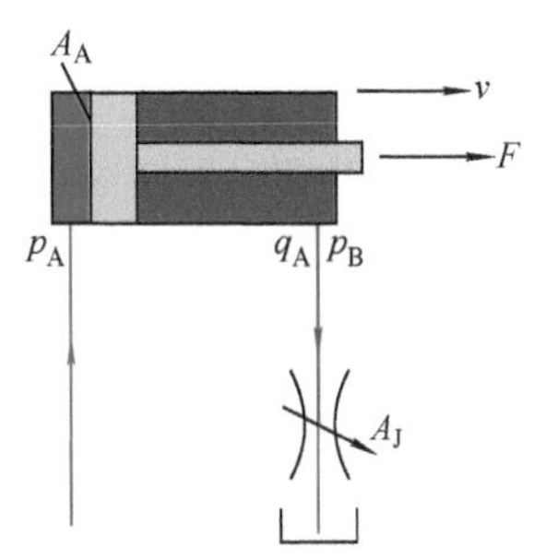

图 5-25　出口节流回路在负负载过大区的状况

背压腔的压力 p_B 完全由负载 F 决定，流出液压缸的流量

$$q_B = kA_J\sqrt{-F/A_B}$$

虽然此时的流量还是可控的，但由于驱动腔会出

现“吸空”，所以也应避免这种工况经常出现。

2．回路

实际可用的回路如图5-26所示。注意：

1）由于液压缸两边的有效作用面积不同，同样的节流口面积 A_J 会导致不同的负载-流量特性。

2）不是所有换节阀的回油口都能承受压力。

3）在执行器不工作，换向阀处于中位时，液压油必须通过节流口回油箱，这带来能量损耗。

如果把单向节流阀安装在换向阀与液压缸之间（见图5-27），则可以避免以上问题。

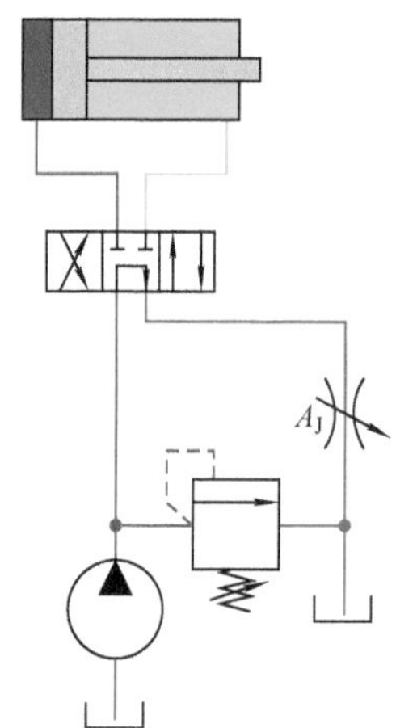

图5-26 实际可用的出口节流回路

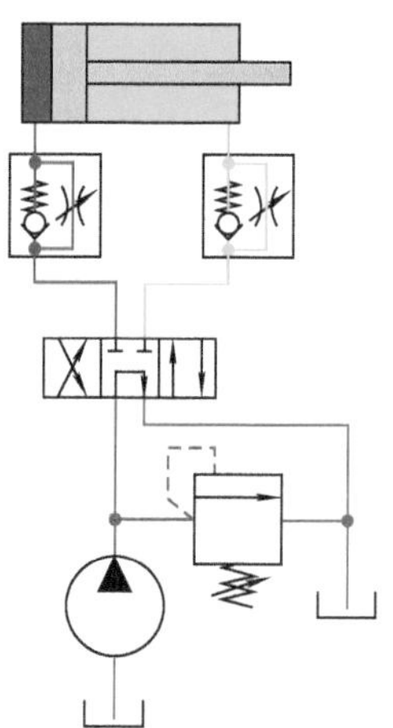

图5-27 节流口在液压缸一侧（次级调速）

3．长处与不足之处

出口节流除了可承受负负载以外，还有以下长处：

1）液压油通过节流口，损失的压力能转化为热能，使油温升高。在出口节流回路，热油直接流回油箱，与油箱中温度较低的液体混合。因此，进入液压缸的液压油温度比进口节流的要低。

2）工作时，由于液压缸两腔都有压力，液压油的弹性模量较高，可压缩性小，因此，在负载波动时，活塞运动较平稳。

3）使用恒压源时，可以方便地与其他使用恒压源的回路并联。

出口节流有以下不足之处：

1）能耗较旁路节流（见5.3节）高。

2）在使用差动缸，有杆腔作为出口时，由于出口压力

$$p_B=(A_Ap_A-F)/A_B=A_Ap_A/A_B-F/A_B$$

在负载 F 很小或为零时，p_B 会高于 p_A。特别是在 A_A/A_B 很大时，p_B 可能数倍于 p_A。所以，要注意液压缸的耐压等级，采取适当的保护措施。

3）由于活塞两侧皆有压力，所以要注意选择密封圈。因为有些密封圈在两侧受压时，摩擦力会显著增加。

4）如果节流阀的出口直接与油箱相连，压力很低，因此，就很容易产生气蚀，发出噪声。

一个解决办法是逐步降压。有研究报告称，如能通过多个液阻，每个最多降压 70%左右，噪声会显著降低。一般常见的方法是，出口管路中再设置 0.3～0.5MPa 的背压。例如，使用单向阀、过滤器、散热器或出口管道略细一些。

5）当执行器运动到终点时，只是背压下降为零，驱动压力保持不变，因此，驱动压力不能用作终点检测信号。

6）在执行器停止运动后，由于泄漏，某些场合下，执行器两腔中的油液会通过节流口逐渐流回油箱，而使执行器两腔处于一定程度的真空。在再次起动的瞬间，出口节流无效，容易前冲。

5.3　旁路节流回路

5.3.1　组成

1．回路

所谓旁路节流（Bleed-off），就是节流口处于液压源与油箱之间（见图 5-28）。

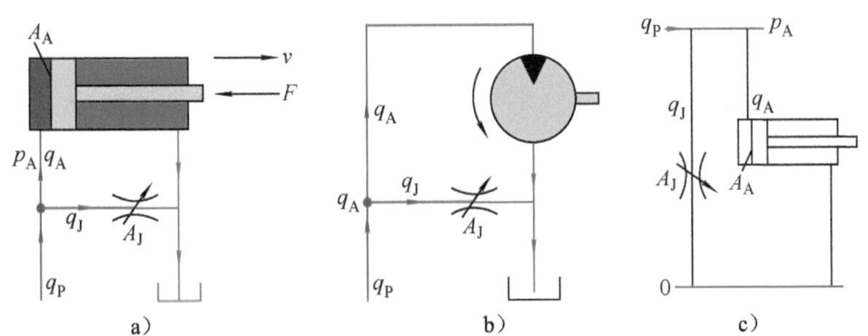

图 5-28　旁路节流回路

a）驱动液压缸　b）驱动马达　c）压降图

p_A—液压源出口压力　q_P—液压源提供的流量　q_A—进入执行器的流量　q_J—进入节流口的流量

A_J—节流口的通流面积　F—负载　A_A—液压缸驱动腔作用面积　v—活塞运动速度

因为节流口与执行器是并联的，所以

$$q_A + q_J = q_P$$

驱动压力 p_A 就是液压源出口压力，也是节流口的进口压力。

从因果关系来说，负载 F 决定了驱动压力 p_A

$$p_A = F/A_A$$

p_A 和节流口的压差流量特性共同决定了通过节流口旁路的流量 q_J，从而决定了进入执行器的流量

$$q_A = q_P - q_J$$

为简便计，以下叙述主要针对液压缸，马达可以类推。

2．适用的液压源工况

在旁路节流回路中，如果液压源工作在恒压工况，进入执行器的流量 q_A 就不受旁路流量 q_J 的影响，就不可调。所以，它的流量可调的必要条件与进口节流、出口节流回路的完全不同，即液压源不能工作在恒压工况。

应用于旁路节流的液压源多数工作在近似恒流量工况，最常见的是定量泵（见图 5-29a）。虽然它也装有溢流阀，但此时溢流阀只是作为安全阀，正常工作时并不开启。

也可使用由恒压差变量泵组成的恒流量源（见图 5-29b）。但从能效角度来看，并无长处。

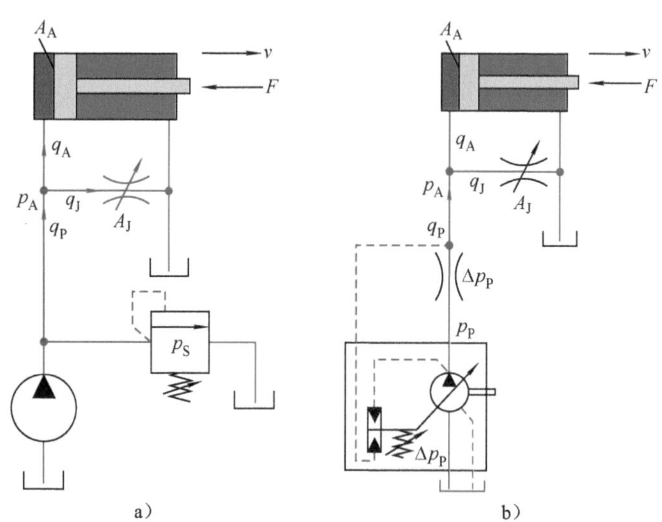

图 5-29　旁路节流回路的液压源

a）使用定量泵　b）使用恒压差变量泵

以下叙述主要针对液压源使用定量泵，使用其他泵的情况可类推。

3．旁路节流的正常工作区

要使旁路节流回路处于正常工作区，必须满足以下条件（见图 5-29a）：

1）负载 F 正向。此时驱动压力

$$p_A = F/A_A$$

就是负载压力。

2）要保证 q_A 正向，即始终有流量进入液压缸。则负载压力 p_A 既不能超过液压源输出的流量 q_P 全部通过旁路节流口流出所造成的压力 p_{Am}，也不能超过液压源设定的最高工作压力 p_S。

5.3.2　特性

1．流量调节特性

假定节流口在正常工作区的压差流量特性（见图 5-28a）可以近似地表述为

$$q_J = kA_J\sqrt{p_A}$$

那么，进入液压缸的流量可以写为

$$q_A = q_P - q_J = q_P - (k\sqrt{p_A})A_J \tag{5-7}$$

即工作流量 q_A 与节流口面积 A_J 的关系是线性的。

1）某一负载下的旁路节流流量调节特性可以根据式（5-7）表示为如图 5-30 所示。

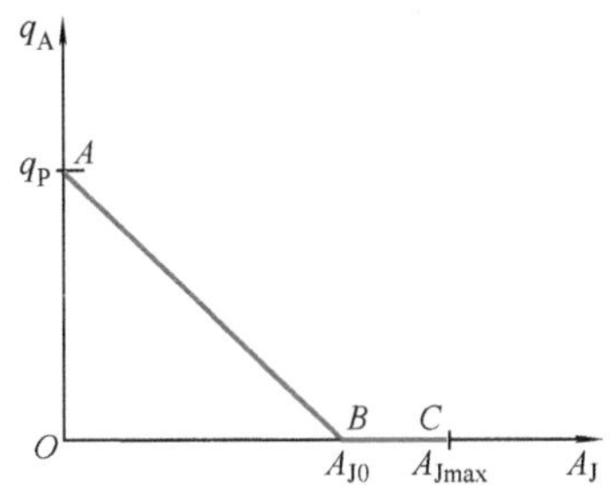

图 5-30　某个负载压力下的流量调节特性

A_J—节流口面积　A_{Jmax}—最大节流口面积　q_P—液压源提供流量
q_A—进入液压缸的流量　A_{J0}—零工作流量节流口面积

图 5-30 中，工况点 A：节流口完全关闭，无流量通过节流口。液压源提供的流量 q_P 全部进入执行器。

A-B 是流量可调区：节流口面积 A_J 增大，经过节流口的流量 q_J 也因此相应增大，进入执行器的流量 q_A 则相应减小。

工况点 B：节流口较大，液压源提供的流量 q_P 全部经过节流口旁路，进入执行器的流量 q_A 降至零。这时的节流口面积可称为负载压力 p_A 时的零工作流量节流口面积 A_{J0}。

$$A_{J0} = q_P/(k\sqrt{p_A})$$

工况点 C：节流口开到最大。

B-C 是流量不可调区：节流口面积 A_J 改变，但进入执行器的流量 q_A 始终为零。

2）不同负载压力的流量调节特性如图 5-31 所示。

① 负载压力越小，进入液压缸的流量越大。

② 在负载压力较低时，不会出现零工作流量的现象。

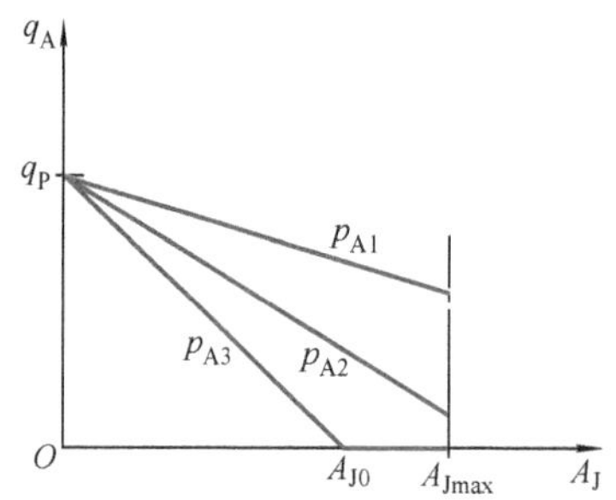

图 5-31　不同负载压力的流量调节特性

A_J—节流口面积　A_{Jmax}—最大节流口面积　q_P—液压源提供流量

q_A—进入液压缸的流量　p_{A1}、p_{A2}、p_{A3}—负载压力，$p_{A1}<p_{A2}<p_{A3}$

2．负载压力-流量特性

式（5-7）也可以写作

$$q_A = q_P - kA_J\sqrt{p_A} \tag{5-8}$$

1）在某个节流口时的负载压力-流量特性根据式（5-8）可以表示为如图 5-32 所示。从该曲线可以看出：

① 负载压力越高，工作流量越小。

② 负载压力高达一定程度时，进入液压缸的工作流量 q_A 为零。此时的负载压力 p_{Am} 可称为节流口面积 A_J 时的零工作流量负载压力。根据式（5-8）可以写出

$$q_A = q_P - kA_J\sqrt{p_{Am}} = 0$$

即

$$p_{Am} = q_P{}^2/(kA_J)^2$$

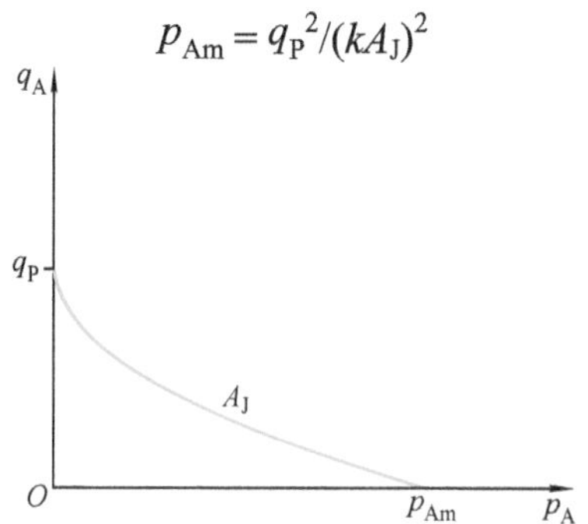

图 5-32　旁路节流口为 A_J 时的负载压力-流量特性

q_A—进入液压缸的流量　q_P—液压源提供的流量　p_A—负载压力　p_{Am}—零工作流量负载压力

③ 与进口节流和出口节流回路相反，旁路节流在负载压力较高时，流量变化较小，即流量刚度较高。

2）不同节流口面积的负载压力-流量特性曲线如图 5-33 所示。该图反映了，当节流口较小时，零工作流量负载压力较高。

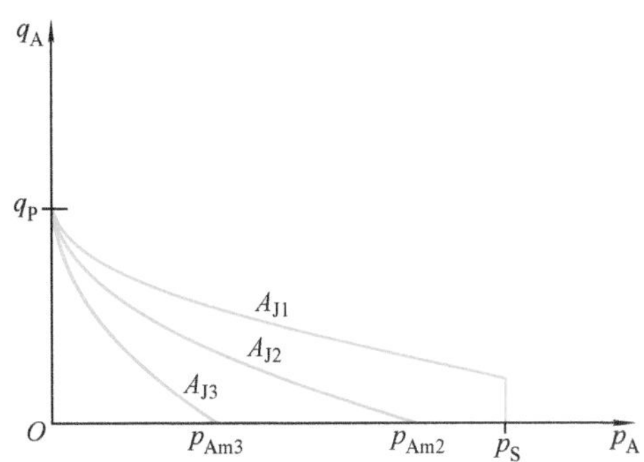

图 5-33　不同节流口面积的负载压力-流量特性

A_{J1}、A_{J2}、A_{J3}—节流口面积，$A_{J1} < A_{J2} < A_{J3}$

3. 能耗状况

（1）不考虑液压源　不考虑液压源时，旁路节流回路的能耗状况如图 5-34a 所示。输入功率 $p_A q_P$ 可以分成两部分：

I——$p_A q_A = q_A F/A_A$，是实际做功的功率。

II——$p_A q_J$，消耗在旁路节流口处的未做功功率。

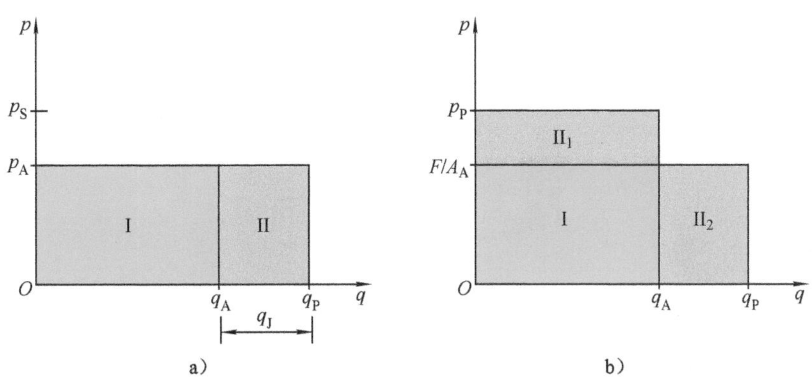

图 5-34　能耗状况

a）旁路节流回路　b）与进口节流回路对比

I—做功功率　II、II_2—消耗在旁路节流口上的功率　II_1—消耗在进口节流口处的功率

在旁路节流回路中，泵出口压力 p_A 随实际负载而变，不像进口节流回路和出口节流回路那样，固定在一个根据最高负载压力设定的值。然而，旁路节流回路

有一个旁路流量损失，因此，仅从回路对比（见图 5-34b），不能笼统地断言哪一种回路能效更高一些。

（2）考虑液压源

1）如果使用定量泵作为液压源（见图 5-29a），则因为溢流阀常闭，没有额外的流量损耗，所以能耗状况如图 5-34a 所示。而同样使用定量泵作为液压源，进口节流回路则由于溢流阀持续开着，能效更低（见图 5-35）。

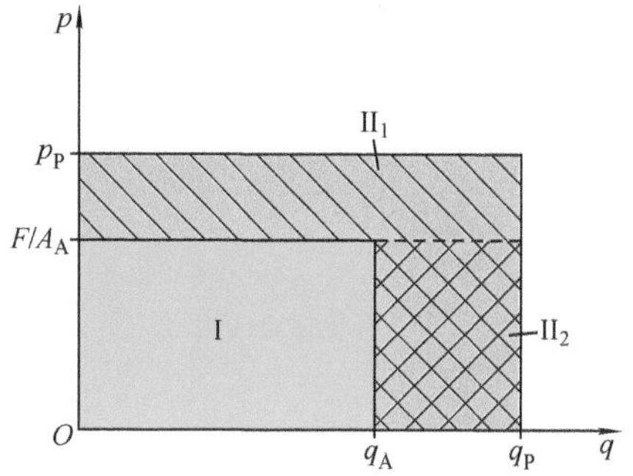

图 5-35　使用定量泵作为液压源时的能耗状况对比

I—做功功率　II_1—进口节流回路的未做功功率　II_2—旁路节流回路的未做功功率

2）如果使用恒压差变量泵作为液压源（见图 5-29b），则旁路节流回路还有一个附加的节流损失——$\Delta p_P q_P$（见图 5-36）。

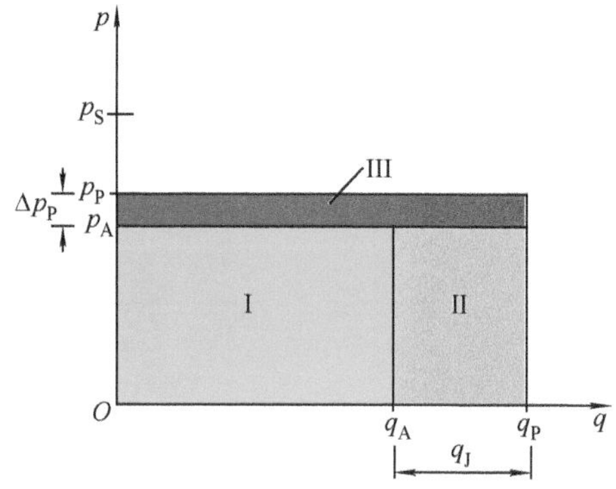

图 5-36　旁路节流回路在工作时的能耗状况

I—做功功率　II—消耗在旁路节流口上的功率　III—消耗在液压源出口节流口上的功率

5.3.3　实际应用

1. 全工况负载压力-流量特性

以上所讨论的是旁路节流在正常工作区中的特性。图 5-37 所示为在各种可能工况时的负载-流量（速度）特性。可分为 4 个区域。

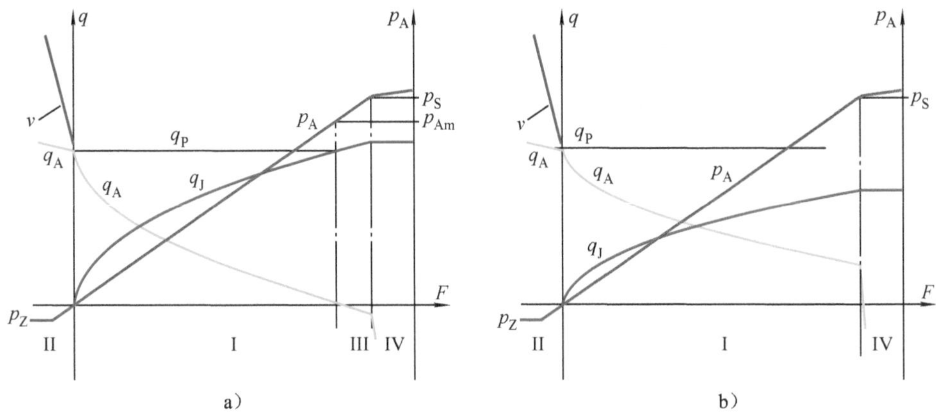

图 5-37　旁路节流回路的负载-流量（速度）特性示意

a）节流口面积较大，$p_{Am}<p_S$　b）节流口面积较小，$p_{Am}>p_S$

F—负载　p_A—驱动腔压力　p_Z—液压油的饱和蒸气压　q_A—进入液压缸的流量　q_J—通过节流口的流量　q_P—液压源提供流量　p_{Am}—q_P 通过旁路节流口产生的压力　p_S—液压源设定最高压力　v——活塞移动速度

（1）区域 I——正常工作区　负载 F 大于零，但驱动腔压力不超过 p_{Am} 和 p_S。

（2）区域 II——负负载区　负载反向，变成拉力（见图 5-38）。由于液压缸出口没有液阻，背压腔内的液压油理论上可以无压差地回油箱。所以，活塞运动速度 v 会不受限制地急剧上升。驱动腔压力 p_A 降低到液压油饱和蒸气压 p_Z，出现“吸空”。q_P 全部进入驱动腔。关系式

$$p_A = F/A_A$$

$$v = q_A/A_A$$

不再成立。

（3）区域 III——过载区　驱动腔内液压油流出，活塞反向运动。

在旁路节流口面积较大，液压源提供的流量 q_P 全部通过旁路节流口所造成的压力 p_{Am} 尚未超过液压源设定的最高工作压力 p_S 时，溢流阀仍未开启，驱动腔内液压油 q_A 也经过旁路节流口回油箱（见图 5-39）。

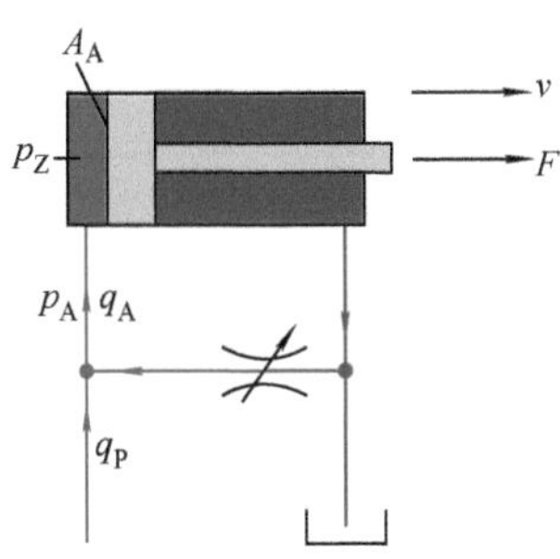

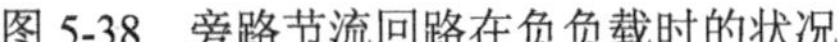

图 5-38　旁路节流回路在负负载时的状况

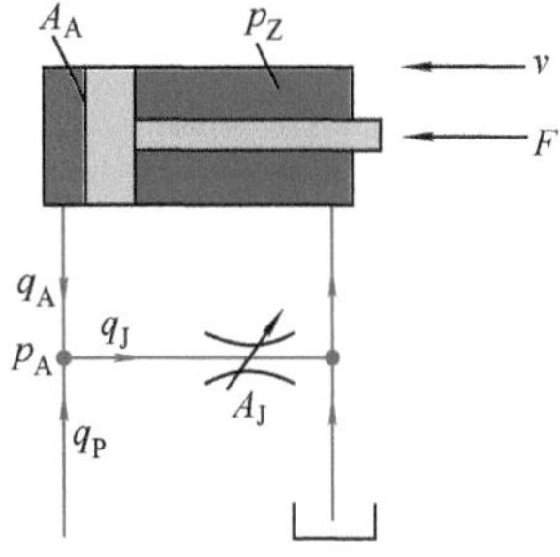

图 5-39　旁路节流回路在过载区的状况

背压腔的压力降至负压——液压油的饱和蒸气压 p_Z，油箱里的液压油在大气压力的作用下进入背压腔。

不考虑背压腔负压的影响的话，关系式

$$p_A = F/A_A$$

还继续有效。这时，通过旁路口的流量

$$q_J = kA_J\sqrt{p_A}$$

$$q_A = q_J - q_P$$

$$v = q_A/A_A$$

（4）区域 IV——过过载区 负载很大，驱动腔压力 p_A 达到溢流阀的设定压力 p_S。溢流阀开启。

如果旁路节流口通流面积较大（见图 5-37a），则液压源提供的液压油部分经过溢流阀回油箱，部分经过节流口回油箱（见图 5-40a）。

如果旁路节流口通流面积较小（见图 5-37b），则不仅液压泵提供的液压油，而且部分液压缸流出的液压油也经过溢流阀回油箱，如图 5-40b 所示。

在这两种情况下，活塞运动速度都只受溢流阀特性限制，系统失控。

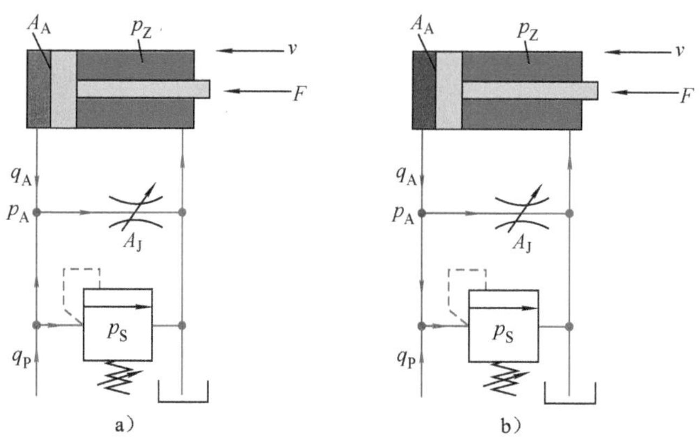

图 5-40 旁路节流回路在推力过载区与过过载区的状况

a）节流口面积较大，$p_{Am}<p_S$ b）节流口面积较小，$p_{Am}>p_S$

2. 回路

实际应用的回路一般如图 5-41 所示。

在执行器不工作，即换向阀在中位时，液压油主要可以通过换向阀的中位回油箱，压降较低，基本上没有不必要的能耗。

3. 长处与不足之处

旁路节流回路有以下长处：

1）进入液压缸的液压油就是液压源提供的，没有经过节流，因此温度比进口节流要低。

2）由于旁路节流回路中，进出液压缸的主流量都不必经过节流口，因此旁路节流回路也被用作在主流量很大时一定程度地调节流量。

旁路节流回路有以下不足之处：

1）不可承受负负载。

2）在小工作流量时流量刚度较低。

3）由于工作时无背压，活塞运动平稳性较低。

4）节流口的出口直接与油箱相连，压力很低，就很容易产生气蚀，发出噪声。

5）由于不能使用恒压源，因此就不便于与其他使用恒压源的回路并联。

进口、出口、旁路节流回路的特性对比见表5-1。

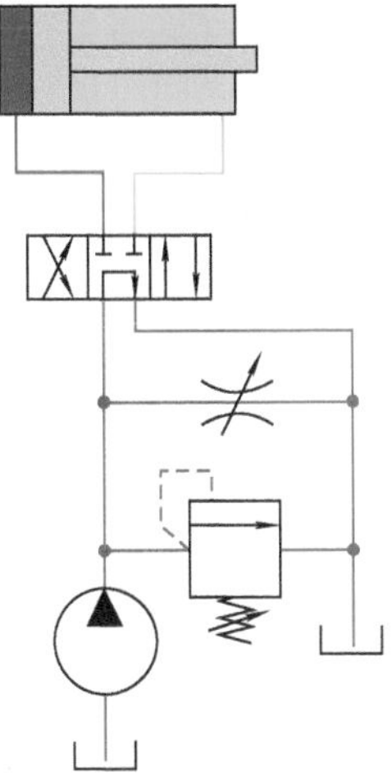

图5-41 实际应用的旁路节流回路

表5-1 进口出口旁路节流回路特性对比

	进口节流	出口节流	旁路节流
承受过载	可以	不可以	
承受负负载	不可以	可以	不可以
泵流量饱和	可能		恒流量
液压缸温度	较高	较低	较低
配恒压差工况	可以	不可以	
工作时能效	较低		较高
工作平稳性	稍差	较好	差
起动前冲	较小	可能较大	

5.4 进出口节流回路

鉴于进口节流回路和出口节流回路有各自的长处和局限性，所以在绝大多数应用，特别是在负载有正有负的场合中，把两者结合使用。所以，进出口节流回路是最值得关注深入研究的节流回路。

5.4.1 组成

1. 回路

进出口节流回路，就是液压源与执行器之间和执行器与油箱之间都有节流口（见图5-42a）。

在工程机械上，往往利用换节阀实现进出口节流（见图 5-42b、c）。在操作时，两个节流口同时被调节。

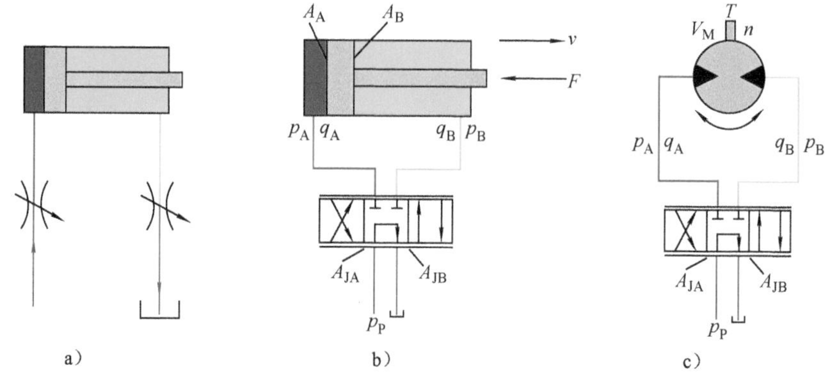

图 5-42　进出口节流回路

a）独立节流阀　b）使用换节阀控制液压缸　c）控制马达

为简便计，以下叙述主要针对液压缸，马达可以类推。

2．适用的液压源工况

就像进口节流回路和出口节流回路一样，如果液压源工作在恒流量工况，进入执行器的流量就不可改变。所以，进出口节流回路流量可调的必要条件就是：液压源不能工作在恒流量工况。

应用于进出口节流回路的液压源大多工作在近似恒压工况，即 p_P 近似为一恒值。

最常见的恒压液压源是定量泵加溢流阀（见图 5-43a）：定量泵提供流量 q_{Pmax}。

1）如果液压源出口压力 p_P 达到溢流阀的设定压力 p_S，溢流阀开启，部分流量 q_Y 通过溢流阀直接回油箱，整个液压源提供的流量 $q_P = q_{Pmax} - q_Y$。

2）如果 p_P 低于 p_S，则液压源转入恒排量工况，输出流量 q_{Pmax}，进入液压缸的流量 $q_A = q_{Pmax}$ 就不再可调节了。

也可使用恒压变量泵（见图 5-43b）：

1）如果液压源出口压力 p_P 达到恒压变量泵的设定压力 p_S，其输出流量 q_P，也就是进入液压缸的流量 q_A，低于泵可能提供的最大流量 q_{Pmax}。

2）如果 p_P 低于 p_S，则液压源转入恒排量工况，输出的流量 $q_P = q_{Pmax}$，进入液压缸的流量就不再可调节了。

以下叙述主要针对定量泵加溢流阀，使用恒压变量泵可以类推。

3．进出口节流的正常工作区

要进出口节流能够处于正常工作区，必须满足以下两个前提（见图 5-43a）。

1）驱动压力 p_A 不超过液压源的设定工作压力 p_S。

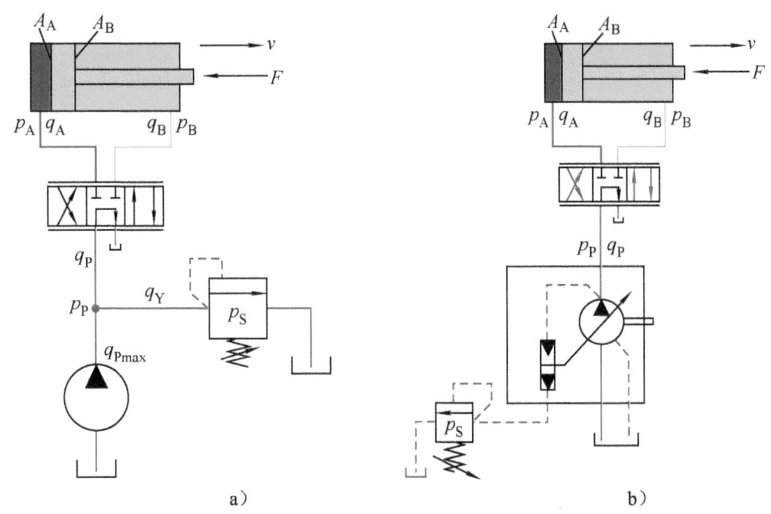

图 5-43　进出口节流回路的液压源

a）使用定量泵加溢流阀　b）使用恒压变量泵

2）负载可以反向，但进入液压缸的流量 q_A 低于液压泵所能提供的流量 q_{Pmax}。此时，以下力平衡方程式成立

$$A_A p_A = F + A_B p_B \tag{5-9}$$

或

$$p_A = F/A_A + A_B p_B/A_A$$

即驱动压力 p_A 中除负载压力外，还有背压 p_B 的影响。

4．压降图

如果执行器的驱动、背压两腔作用面积相同，则其在正常工作区时两腔压力在负载的作用下依次下降的过程如图 5-44a 所示。

如果执行器是差动缸，则因为进出口两腔的作用面积不同，两腔压力不一定依次下降。

当差动缸的无杆腔为驱动腔时，从式（5-9）可以导出，当

$$F < (A_A - A_B)p_A$$

时，驱动压力将低于背压

$$p_A < p_B$$

如图 5-44b 所示。

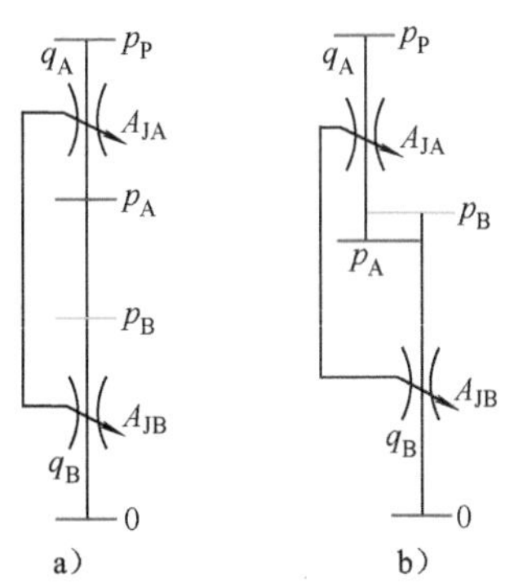

图 5-44　进出口节流回路的压降图

a）两腔作用面积相同

b）差动缸，驱动腔压力低于背压腔

5.4.2 特性

1．流量调节特性

在节流口为薄刃口、流量系数不变的前提下，通过节流口的流量（见图 5-44）

$$q_A = kA_{JA}\sqrt{p_P - p_A} \tag{5-10}$$

$$q_B = kA_{JB}\sqrt{p_B} \tag{5-11}$$

式中 k——含流量系数、液压油密度等的一个系数，假定对两个节流口可以近似看作相同。

另外，根据进出液压缸的液压油的连续性，有

$$q_A/A_A = q_B/A_B \tag{5-12}$$

将式（5-10）和式（5-11）代入式（5-12）得

$$kA_{JA}A_B\sqrt{p_P - p_A} = kA_{JB}A_A\sqrt{p_B}$$

整理可得

$$p_A = p_P - A_{JB}^2 A_A^2/(A_{JA}A_B)^2\, p_B \tag{5-13}$$

将式（5-13）代入力平衡方程式

$$A_A p_A = A_B p_B + F$$

整理可得

$$p_B = (A_A p_P - F)/[A_A A_{JB}^2 A_A^2/(A_{JA}A_B)^2 + A_B] \tag{5-14}$$

将式（5-14）代入式（5-11），得到 q_B 与负载 F 及节流口通流面积 A_{JA}、A_{JB} 的关系

$$\begin{aligned} q_B &= kA_{JB}\sqrt{(A_A p_P - F)/[A_A A_{JB}^2 A_A^2/(A_{JA}A_B)^2 + A_B]} \\ &= kA_B\sqrt{(A_A p_P - F)/(A_A^3/A_{JA}^2 + A_B^3/A_{JB}^2)} \end{aligned} \tag{5-15}$$

将式（5-15）代入式（5-12），可以导出

$$q_A = kA_A\sqrt{(A_A p_P - F)/(A_A^3/A_{JA}^2 + A_B^3/A_{JB}^2)} \tag{5-16}$$

如果 $A_{JB} = \infty$，即该回路为纯进口节流回路，则从式（5-16）可以导出

$$q_A = kA_{JA}\sqrt{p_P - p_A}$$

等同于式（5-1）（见 5.1.2 节）。

如果 $A_{JA} = \infty$，即该回路为纯出口节流回路，则从式（5-15）可以导出

$$q_B = kA_{JB}\sqrt{(A_A p_P - F)/A_B}$$

等同于式（5-4）（见 5.2.2 节）。

由此可见，式（5-15）与式（5-16）对各类进出口节流都是有效的。

很幸运，在这里，我们得到了比较简洁的解析表达式。只是，这些表达式是在一系列假设的前提下导出的，与实际工况肯定有差异。因此，只可作为分析与

估算用。

在 4.4.2 节中已提及，节流口面积 A_{JA}、A_{JB}，虽说在实际工作时，是制作在一根阀芯上，相互关联的，但在设计时是相互独立的，可由设计师随意确定。

1）因此，在某个较小的固定的负载下，进出口节流回路的流量调节特性如图 5-45 所示。

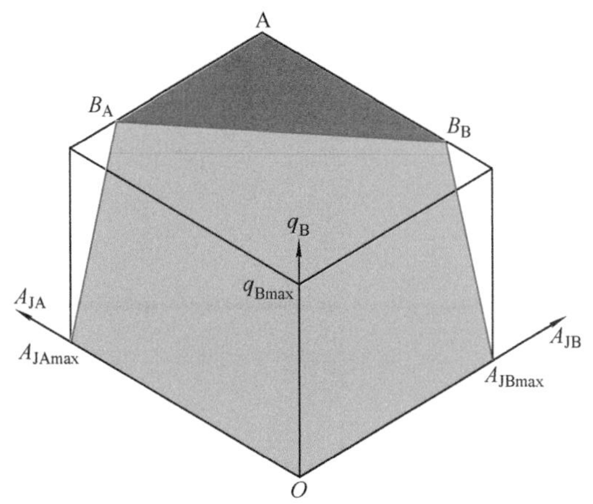

图 5-45　在某个较小的负载时的流量调节特性示意图

A_{JA}、A_{JB}—节流口面积　A_{JAmax}、A_{JBmax}—最大节流口面积

q_B—从液压缸流出的流量　q_{Bmax}—可从液压缸流出的最大流量

节流口 A_{JA} 或 A_{JB} 关闭，即通流面积为零时，无流量通过节流口。

$A_{JAmax}B_AB_BA_{JBmax}$ 是流量可调区：改变 A_{JA} 或 A_{JB} 可以改变进出液压缸的流量。

工况点 B_A、B_B：节流口面积 A_{JA} 或 A_{JB} 增大到一定程度，进入液压缸的流量 q_A 达到液压源的最大输出流量 q_P，液压源从恒压工况转入恒排量工况。

工况点 A：节流口面积 A_{JA} 和 A_{JB} 都达到最大值 A_{JAmax}、A_{JBmax}。

B_AB_BA 是流量不可调区：改变节流口面积 A_{JA} 和 A_{JB} 都不能改变流出液压缸的流量 q_{Bmax}。如果这种工况一定要避免的话，液压源所能提供的流量就必须足够大。

2）图 5-46 所示为不同负载时的流量调节特性：负载越大，流出液压缸的流量越小。在负载较大时，不会出现液压源输出流量饱和的现象。

2．负载-流量特性

1）根据式（5-15）

$$q_B = kA_B\sqrt{(A_Ap_P - F)/(A_A^3/A_{JA}^2 + A_B^3/A_{JB}^2)}$$

和式（5-16）

$$q_A = kA_A\sqrt{(A_Ap_P - F)/(A_A^3/A_{JA}^2 + A_B^3/A_{JB}^2)}$$

可以得到某一组节流口面积的负载-流量特性，如图 5-47 所示。

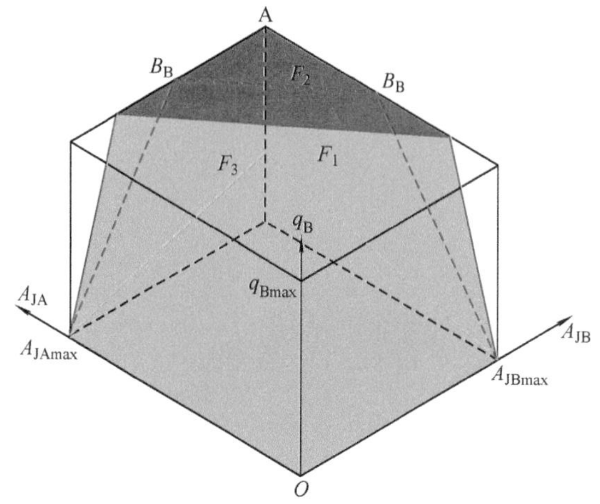

图 5-46　不同负载的流量调节特性

A_{JA}、A_{JB}—节流口面积　A_{JAmax}、A_{JBmax}—最大节流口面积　q_B—从液压缸流出的流量

q_{Bmax}—可从液压缸流出的最大流量　F_1、F_2、F_3—负载，$F_1<F_2<F_3$

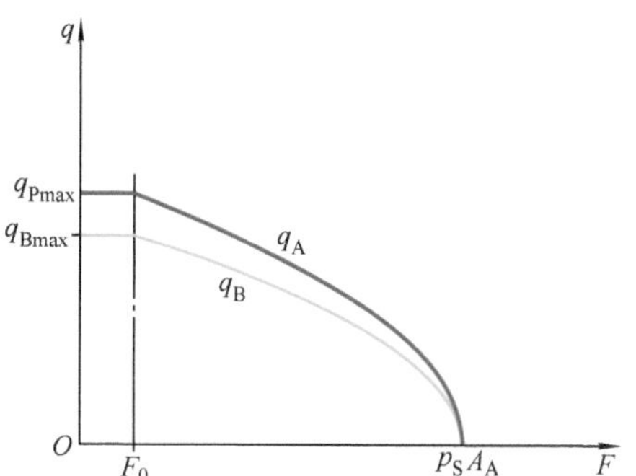

图 5-47　某一组节流口的负载-流量特性示意图

q_{Pmax}—液压源最大输出流量　q_{Bmax}—可从液压缸流出的最大流量

p_S—液压源的设定工作压力　F_0—泵流量饱和负载

在开口都比较大，而负载又较小时，可能会出现泵流量饱和。若称此时的负载为泵流量饱和负载 F_0，则可以从式（5-16）得到

$$F_0 = A_A p_P - q_{Pmax}^2 (A_A^3/A_{JA}^2 + A_B^3/A_{JB}^2)/(kA_A)^2$$

2）图 5-48 所示为在不同节流口时的负载压力-流量特性曲线。该图反映了：

① 当节流口较小时，进出口节流的流量在负负载时也可调。

② 节流口越小，可控的负负载越大。

3．能耗状况

（1）不考虑液压源　在不考虑液压源时，进出口节流回路的能耗状况可表示为如图 5-49 所示。

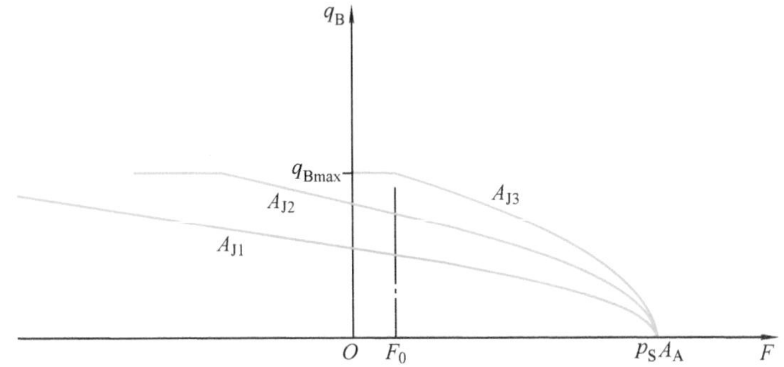

图 5-48　节流口不同通流面积时的负载-流量特性

q_{Bmax}—可从液压缸流出的最大流量　p_S—液压源的设定工作压力　F_0—流量饱和负载

A_{J1}、A_{J2}、A_{J3}—节流口面积组，$A_{J1}<A_{J2}<A_{J3}$

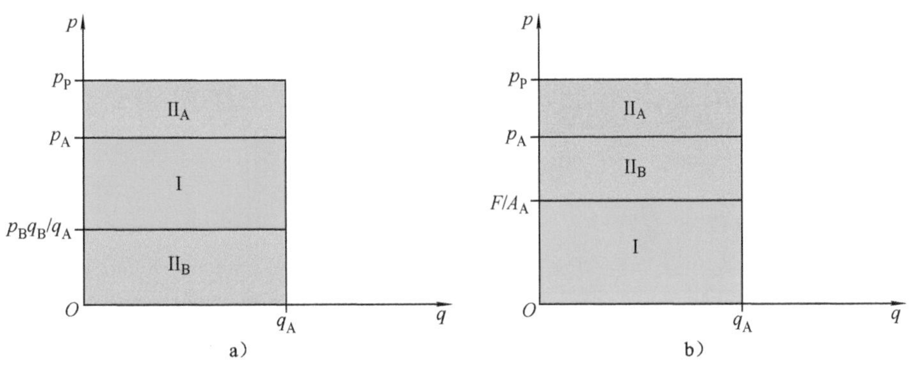

图 5-49　进出口节流回路在工作时的能耗状况

a）液压能形式　b）机械能形式

I—做功功率　II_A—消耗在进口节流口上的功率　II_B—消耗在出口节流口上的功率

输入功率 $p_P q_A$ 可以分成三部分（见图 5-49a）：

I——$(p_A q_A - p_B q_B)$或 $q_A F/A_A$，实际做功功率。

II_A——$(p_P - p_A)q_A$，消耗在进口节流口上的功率。

II_B——$p_B q_B$ 或$(p_A - F/A_A)q_A$，消耗在出口节流口上的功率。

因为实际做功的功率也可表示为 $q_A F/A_A$，所以，能耗状况也可表示为如图 5-49b 所示。由此可见，进出口节流回路与进口节流回路（见图 5-8）及出口节流回路（见图 5-21），在相同的液压源设定压力 p_P、相同的工作流量 q_A、相同的负载 F 时，有相同的能效

$$\eta_E = (p_A q_A - p_B q_B)/p_P q_A = (p_A - p_B A_B/A_A)/p_P = F/(A_A p_P)$$

（2）考虑液压源　如果使用恒压变量泵作为液压源（见图 5-43b），则泵提供的流量 q_P 就是进入液压缸的流量 q_A，没有额外的流量损耗，所以能耗状况同图 5-49 所示。

如果液压源由定量泵和溢流阀组成（见图 5-43a），工作时，溢流阀开启，流量 q_Y 通过溢流阀溢出，则功率损耗还要大（见图 5-50）。因为这时的输入功率 p_Pq_P 中还有一部分 III——p_Pq_Y 消耗在溢流阀上。

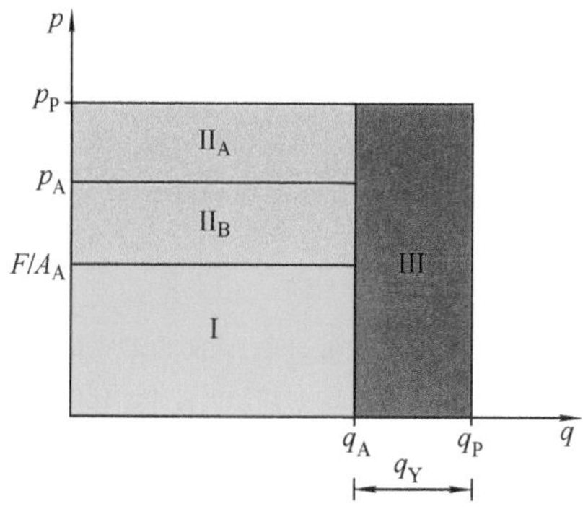

图 5-50 含溢流阀的进出口节流回路在工作时的能耗状况

I—做功功率 II_A—消耗在进口节流口上的功率 II_B—消耗在出口节流口上的功率 III—消耗在溢流阀上的功率

5.4.3 实际应用

1. 全工况负载-流量特性

图 5-51 所示为在某一组节流口时负载变化引起的各种工况。可分 4 个区域。

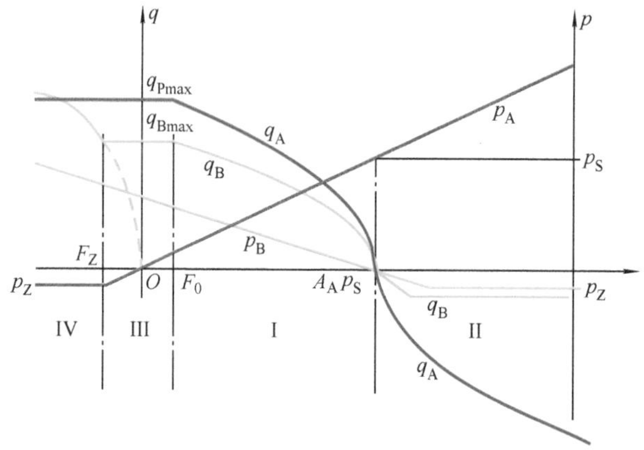

图 5-51 进出口节流回路的负载-压力流量特性

p_Z—液压介质的饱和蒸气压 F_0—泵流量饱和负载 F_Z—驱动腔吸空负载

（1）区域 I——正常工作区 负载正向 F，不超过 A_Ap_S，不低于泵流量饱和负载 F_0。在节流口较小时，一直延伸到负负载区（见图 5-48）。

（2）区域 II——过载区 负载正向 F 过大，超过 A_Ap_S，即 p_A 超过 p_S。

如果液压源是定量泵加溢流阀的话，驱动腔中的液压油反向通过节流口 JA，

从液压源出口处的溢流阀流出（见图 5-52），流量

$$q_A = kA_J\sqrt{F/A_A - p_P}$$

同时，背压腔形成负压，低到液压油的饱和蒸气压 p_Z，出现“吸空”。油箱里的液压油在大气压力的作用下通过节流口 JB 反向进入背压腔。

理论上，此时的运动还是可控的：关闭节流口 JA，可以使负载停止运动。比纯出口节流不可控要强些。

如果液压源采用恒压变量泵的话，在泵出口压力超过设定压力后，恒压变量泵除了把排量关到最小外无计可施，液压缸中的液体无处可走，活塞停止在原处。所以，应该设置一安全阀。

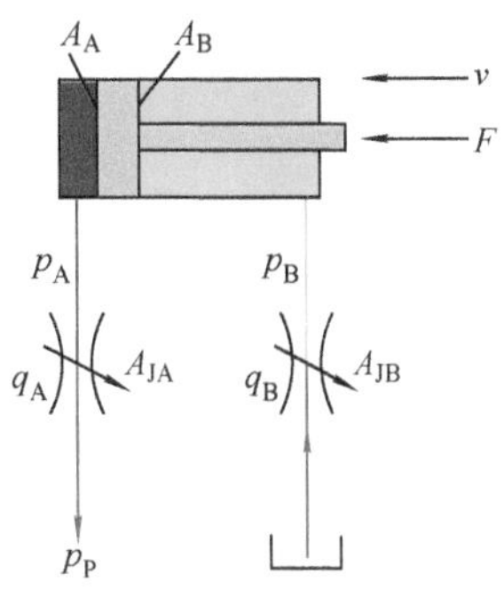

图 5-52　进出口节流回路在过载区的状况

总的来说，这种工况是不正常的，但只要不超过系统（液压缸、阀等）的许用压力，不致引起永久性损坏。因为还是可控的，也许在某些场合偶尔出现，还是可以容忍的。因为，如果一定要避免其出现，就必须把液压源的设定压力 p_S 调到高于任何可能出现的负载压力 F/A_A。但这样一来，持续性的未做功功率就会增加。

（3）区域 III——泵流量饱和区　如果节流口面积 A_{JA}、A_{JB} 较大，那么在负载 F 低于流量饱和负载 F_0 时，会出现泵流量饱和，p_P 低于 p_S，液压源进入恒排量工况，进出液压缸的流量基本恒定。

如果节流口面积 A_{JA}、A_{JB} 较小，则不会出现泵流量饱和区。

（4）区域 IV——负过载区　如果负负载低于驱动腔吸空负载 F_Z（负值），则“驱动腔”形成负压，出现“吸空”，活塞的运动速度 v 仅受到 A_{JB} 的限制（见图 5-53）。

$$v = q_B/A_B = kA_{JB}\sqrt{-F/A_B}/A_B$$

造成“驱动腔”出现负压的原因，总的来说，都是由于 A_{JB} 过大，进入液压缸的流量 q_A 受 A_{JA} 限制，不足以补偿活塞运动速度。具体情况有两种（见图 5-54）。

1）A_{JA} 较小，因此没有出现泵流量饱和，液压源还处于恒压工况，即

$$q_A/A_A = kA_{JA}\sqrt{p_P}/A_A < q_B/A_B = kA_{JB1}\sqrt{-F/A_B}/A_B$$

从而可得

$$F < -p_P A_{JA}^2 A_B^3/(A_{JB1}^2 A_A^2)$$

由此可得这种情况下的驱动腔吸空负载

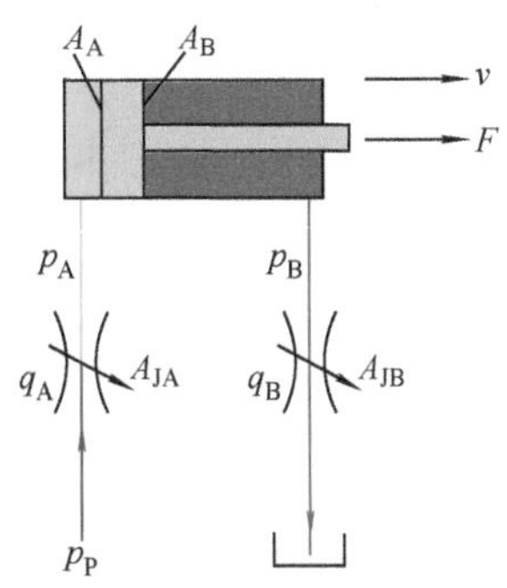

图 5-53　进出口节流回路在负过载区的状况

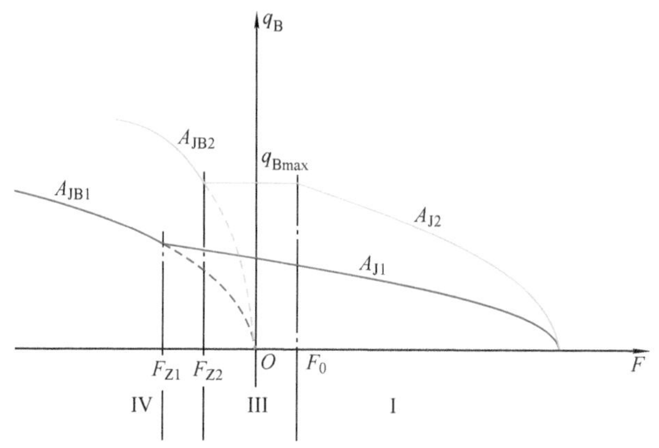

图 5-54 进出口节流回路在负过载区的特性

A_{J1}、A_{J2}—节流口面积组 A_{JB1}、A_{JB2}—出口节流口面积 F_0—泵流量饱和负载

F_{Z1}—无泵流量饱和时的驱动腔吸空负载 F_{Z2}—有泵流量饱和时的驱动腔吸空负载

$$F_{Z1} = -p_P A_{JA}^2 A_B^3 / (A_{JB1}^2 A_A^2)$$

2）A_{JA}较大，液压源已转入恒流量工况，提供的流量q_{Pmax}全部进入液压缸，但仍不足以补偿活塞运动速度，即

$$q_{Pmax}/A_A = q_{Bmax}/A_B < kA_{JB2}\sqrt{-F/A_B}/A_B$$

从而可得

$$F < -q_{Bmax}^2 A_B / (k^2 A_{JB2}^2)$$

由此可得这种情况下的驱动腔吸空负载

$$F_{Z2} = -q_{Bmax}^2 A_B / (k^2 A_{JB2}^2)$$

2. 进出节流口面积比

进出节流口面积，在设计时，为了调节流量，理论上，可以相对独立选择（见图 5-55）。

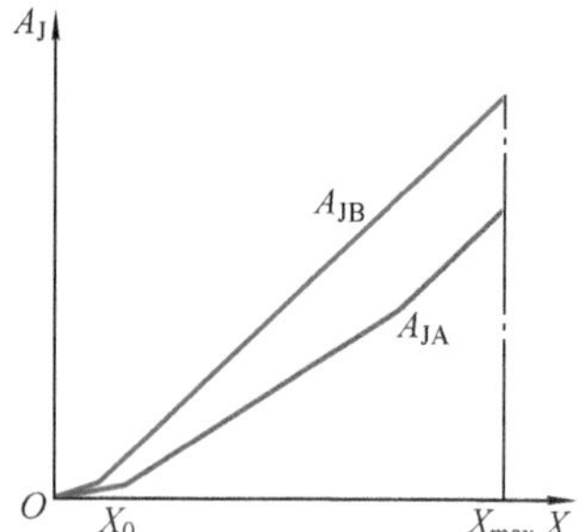

图 5-55 进出节流口的阀芯位移-节流口面积特性

A_J—节流口面积 X—阀芯位移

X_0—重叠区 X_{max}—阀芯最大位移

A_{JA}—进口节流口面积 A_{JB}—出口节流口面积

但实际上，如在本节开始时所述，采用进出口同时节流的目的就是为了使进出口两腔均保持有压力，以增加运动稳定性。如果出口节流口面积相对进口的过大，则，在负载正向时，背压就会过低；在负载反向时，驱动压力就会过低。虽说，只要出口节流口面积足够小，就可以保证工作压力足够高，但过小的话，会导致很大的能量损失。所以，出口和进口节流口面积之

比有一定限制。这个限制随负载以及不希望低于的压力下限 $p_{\min}$ 而变。

若令驱动腔背压腔工作面积之比 A_A/A_B 为 k_A，出口与进口节流口面积之比 A_{JB}/A_{JA} 为 k_J，可以导出（详见附录 A-15 节）负载正向时必须

$$k_J < \sqrt{(p_P - F/A_A)/p_{\min} - 1/k_A}/k_A$$

负载反向时必须

$$k_J < \sqrt{(p_P - p_{\min})/((p_{\min} - F/A_A)k_A^3)}$$

利用本书所附的估算表格，对给定的液压缸，在可能的负载范围内，可以估算出，为保证驱动压力和背压不低于 $p_{\min}$，所需要的最高进出节流口面积比。在据此选择了实际进出节流口面积后，估算表格会自动计算出理想工况时不同负载下相应的压力流量，供校验。

表 5-2 所示为使用该表格软件做的一个实例。液压缸活塞/活塞杆直径为 125/70mm，液压源设定压力 30MPa，希望工作时两腔压力始终不低于 $p_{\min}$=0.5MPa。

表 5-2　进出节流口面积的选择与影响

	估算　$p_B > p_{\min}$			选择进出节流口面积			校验			
	物理量	负载	最高出进口节流口面积比	出口	进口	面积比	背压腔压力	驱动腔压力	背压腔流量	驱动腔流量
	符号	F	$k_J=$	A_{JB}	A_{JA}	$k_J=$	$p_B=$	$p_A=$	$q_B=$	$q_A=$
负载正向	单位	kN		mm²	mm²		MPa	MPa	L/min	L/min
	数值	0	5.29				16.0	10.9	104	152
		50	4.91				13.8	13.5	97	141
		100	4.50				11.6	16.1	89	129
		150	4.05				9.5	18.7	80	117
		200	3.55				7.3	21.3	70	102
		220	3.32				6.4	22.3	66	96
	估算　$p_A > p_{\min}$						校验			
	物理量	负载	最高出进口节流口面积比	15.0	20.0	0.75	背压腔压力	驱动腔压力	背压腔流量	驱动腔流量
	符号	F	$k_J=$				$p_B=$	$p_A=$	$q_B=$	$q_A=$
负载反向	单位	kN					MPa	MPa	L/min	L/min
	数值	0	4.37				16.0	10.9	104	152
		−50	1.44				18.1	8.4	111	162
		−100	1.05				20.3	5.8	117	171
		−150	0.87				22.5	3.2	123	180
		−200	0.75				24.6	0.6	129	188
		−250	0.68				26.8	−2.0	135	196

从中可以看到，在正向负载 0～220kN 时，为保证 $p_B > p_{min}$，推荐的节流口面积比相应为 3.32～5.29，在负向负载–250～0kN 时，为保证 $p_A > p_{min}$，推荐的节流口面积比相应为 0.68～4.37。

如果实际选择的节流口面积比为 0.75 的话，可以看到，在负向负载为–250kN 时，p_A 会低于 p_{min}。

当然，以上所提供的所有特性计算都是根据理想状态作出来的，只能作为分析和设计时的一个大致参考。实际系统特性还需要通过测试来验证改进。

5.5 综述

5.5.1 可能配合的液压源工况

以上所叙述的，进口、出口和进出口节流回路与恒压工况，旁路节流回路与恒流量工况配合使用，是最常见的。其实，简单液阻控制回路还可和其他一些液压源工况相配（见表 5-3）。

表 5-3 简单液阻控制回路与一些液压源工况组合

回路／工况	进口节流	出口节流	旁路节流	进出口节流
恒压工况	✓	✓	×	✓
恒流量工况	×	×	✓	×
恒压差工况	✓	×	×	✓
恒功率工况	✓	✓	×	✓

×—流量不可调 ✓—流量可调

1．与恒压差工况配合

进口节流和进出口节流回路可与恒压差工况配合使用，取节流口 JA 出口的压力作为控制压力来控制恒压差工况（见图 5-56），则正常工况时，工作流量 q_A 仅由节流口面积 A_{JA} 和设定压差Δp_P 决定，不随负载及节流口 JB 而变化，

$$q_A = kA_{JA}\sqrt{p_P - p_A} = kA_{JA}\sqrt{\Delta p_P}$$

此外，还有以下特点。

1）因为，液压泵只输出需要的流量，没有多余的流量要通过溢流阀排出，因而能效较高。

2）此回路只适用于单个执行器。

单纯出口节流回路和旁路回路则因为取不到适当的控制压力，无法与恒压差工况配合工作。

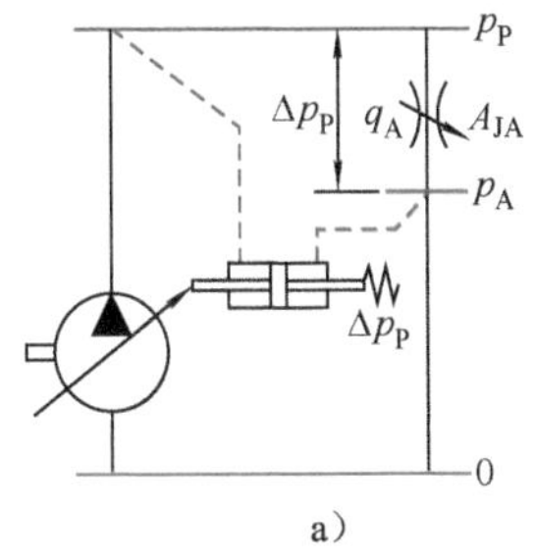

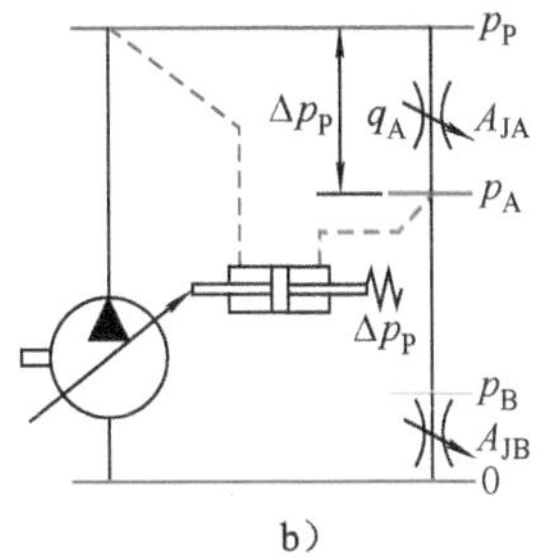

图 5-56　配合恒压差工况的压降图

a）进口节流回路　b）进出口节流回路

p_P—泵出口压力　Δp_P—恒压差工况的设定压差　A_{JA}、A_{JB}—进、出口节流口面积　q_A—工作流量

2．与恒功率工况配合

从原理上来说，液压源处于恒功率工况时，进口、出口节流也可调节流量：改变节流口面积，液压源出口压力就会改变，恒功率变量机构也就会相应改变输出流量，也即通过节流口进入液压缸的流量。

当液压源处于恒功率工况时，旁路节流回路的流量也可调节：在执行器进口压力不变的情况下，液压源的恒功率变量机构也不会改变输出的流量，改变节流口面积，就改变了通过节流口旁路流走的流量，进入液压缸的流量也就会随之改变。

但目前应用尚不多见，囿于篇幅，这里就不展开了。

5.5.2　其他可能的节流口组合

除前述进出口组合节流外，还有其他很多组合的可能性。图 5-57 所示为其中一些回路的压降图与能耗状况。

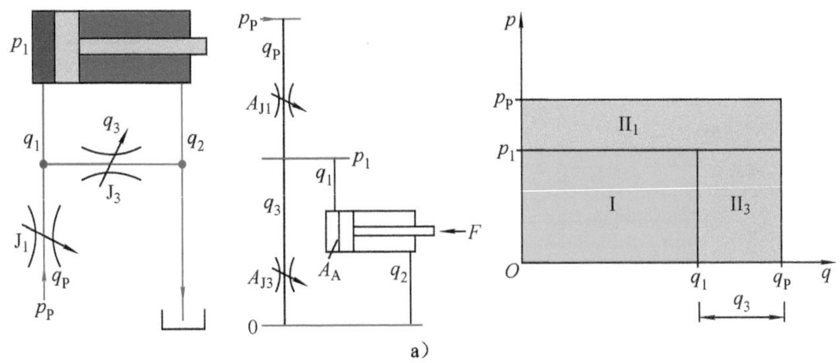

图 5-57　一些组合节流回路

a）进口节流串联旁路节流　b）旁路节流串联出口节流　c）旁路节流并联进口节流

d）旁路节流并联出口节流　e）旁路节流并联进出口节流　f）进出口节流串联旁路节流

I—做功功率　II_1、II_2、II_3—分别消耗在节流口 J_1、J_2、J_3 的功率　p_Y—最高压力

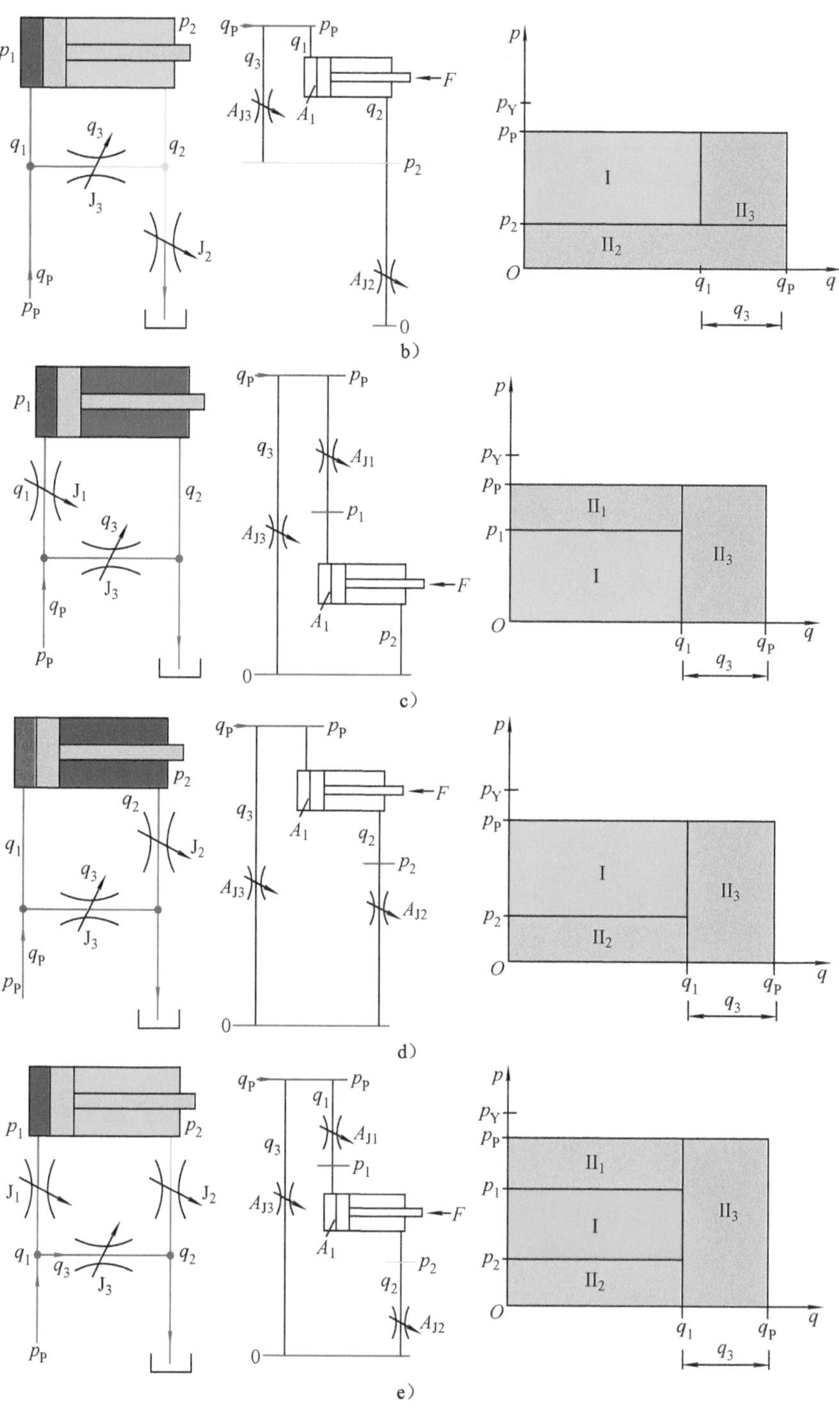

图 5-57 （续）

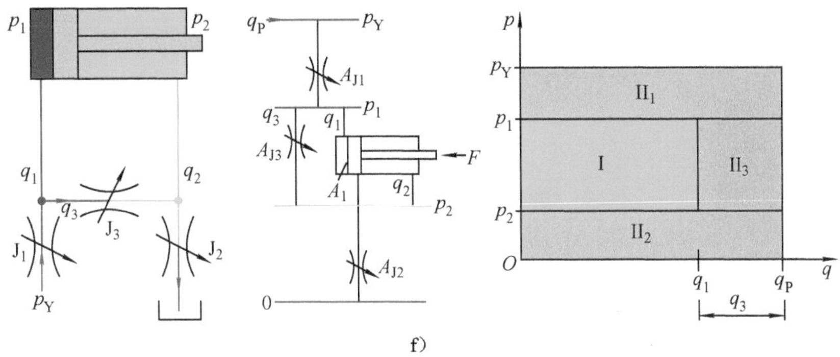

f)

图 5-57 （续）

图 5-57 中，a)、f）如果使用恒流量工况的话，节流口 J_1 和 J_2 失去使用意义。

b)、c)、d)、e）如果使用恒压工况的话，节流口 J_3 失去使用意义。如果使用恒流量工况，液压源出口的压力随负载而变，相对可以节能一些。

b)、d)、e)、f）可以改善旁路回路承受负负载的能力。

第6章　单泵单执行器含定压差阀的液阻控制回路

如在第 5 章中所述，使用简单液阻，所控制的流量一般都会随负载压力而变，除了与恒压差液压源配合的以外。如果希望所控制的流量不随负载而变，就需要保持节流口两侧压力之差恒定。定压差阀就能实现这一功能。

6.1　定压差阀

定压差阀在欧美被称为 Pressure Compensator，被译为压力补偿阀。但实际上它并不能“补偿”压力，而是**消耗**压力。这个名称也没有反映出这种阀最重要的功能是对压差作出反应，调节通道开口，消耗压力，以保持压差恒定。所以，本书中根据其功能称其为定压差阀。

掌握定压差阀的功能特性，对理解下文要叙述的二通、三通流量调节阀及负载敏感回路，是不可或缺的。

6.1.1　基本结构与工作原理

定压差阀的基本结构如图 6-1 所示，由阀体、弹簧、阀芯组成。阀芯都是滑阀型，两端有效作用面积相同。本节以下将与无弹簧腔相通的控制压力端口 1 简称为高压端，与有弹簧腔相通的控制压力端口 2 简称为低压端。

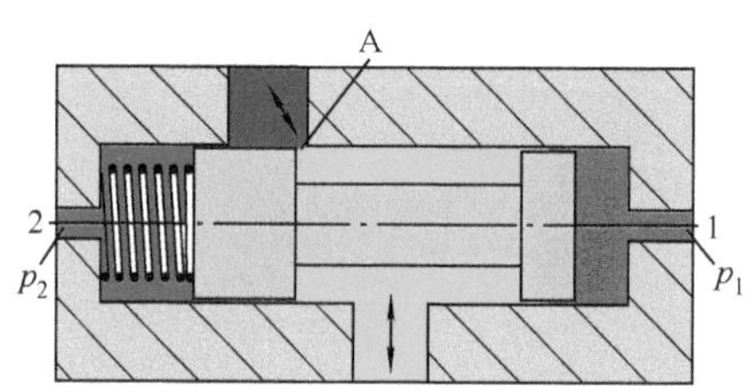

图 6-1　定压差阀工作原理

p_1、p_2—控制压力　A—被控的液流通道开口

阀芯受到高低压端口的控制压力 p_1、p_2（及液动力）和弹簧力的作用。

如果能停在非极限位置，则所受到的这些力平衡，那么，这两个控制压力之间的差，也即 $p_1 - p_2$，基本等于弹簧压力，近似为一恒定值。为叙述简洁起见，以下简称Δp_D。

一旦两端口的压力差 $p_1 - p_2$ 改变，阀芯就会相应移动，直至与弹簧压力平衡，或到某个极限位置为止。

阀芯相对阀体的位置决定了液流通道开口的大小。至于液流通道是通是断，通过流量多少，阀芯对此并不关心。

为直观起见，图 6-1 所示为已有一定控制压力，阀芯处于非极限位置。

6.1.2　类型

从图 6-1 的基本结构出发，把控制口与进口或出口相连，可以衍生出多种型式的定压差阀。

1．二端口型定压差阀

如果把高压端与进口、低压端与出口分别相连（见图 6-2），可以构成一个原始意义上的定差减压阀。它可以通过调节通道开口大小，努力维持出口压力比进口压力低Δp_D。

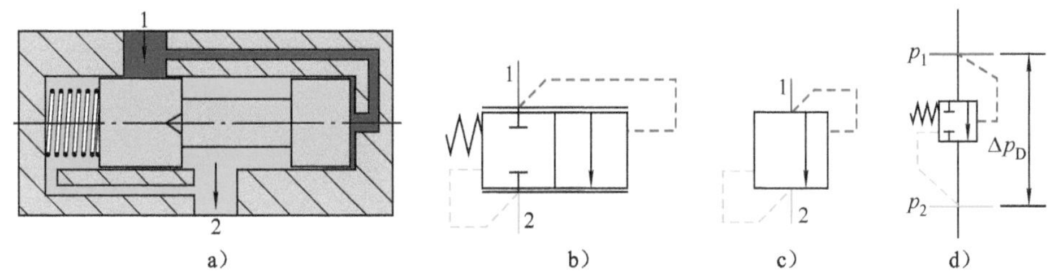

图 6-2　二端口型定压差阀

a）结构示意图　b）详细符号　c）简化符号　d）压降图

2．三端口二通型定压差阀

较多见应用的是仅有一控制口在阀的内部与进口或出口相通。把低压端或高压端与进口或出口相连，在控制压力低于设定值时使液流通道开（常开）或是闭（常闭），可以构成多种变型（见图 6-3）。

在图 6-3a 和图 6-3b 中，端口 2 连通外来的控制压力。在图 6-3c 和图 6-3d 中，端口 1 连通外来的控制压力。压降图中，为了更明显地表示出控制压力对节流口大小的影响，定压差阀的图示方法没有完全照搬国标建议的图形符号。

不管如何组合，当阀芯处在非极限位置时，总是端口 1（高压端）的压力比端口 2（低压端）的压力高Δp_D。

注意：定压差阀的恒定压差Δp_D并不一定等于定压差阀自身进出口之间的压差。为了达到恒定压差Δp_D，定压差阀需要通过关小开口，来把多余的压力消耗掉，常常要在 0.5～20MPa 之间，而恒定压差Δp_D一般仅为 1.5～3MPa。

三端口型不应简单归入定差减压阀，因为，如在 4.1 节中已述，习惯上，称限制进口压力的是溢流阀，限制出口压力的是减压阀。如果按这一习惯来命名的话，则图 6-3b 和图 6-3c 所示的阀应称为定差溢流阀，而图 6-3a 和图 6-3d 所示的阀才可称为定差减压阀，但与前述二端口型定差减压阀又不同，所以，本书一概称之以“定压差阀”。

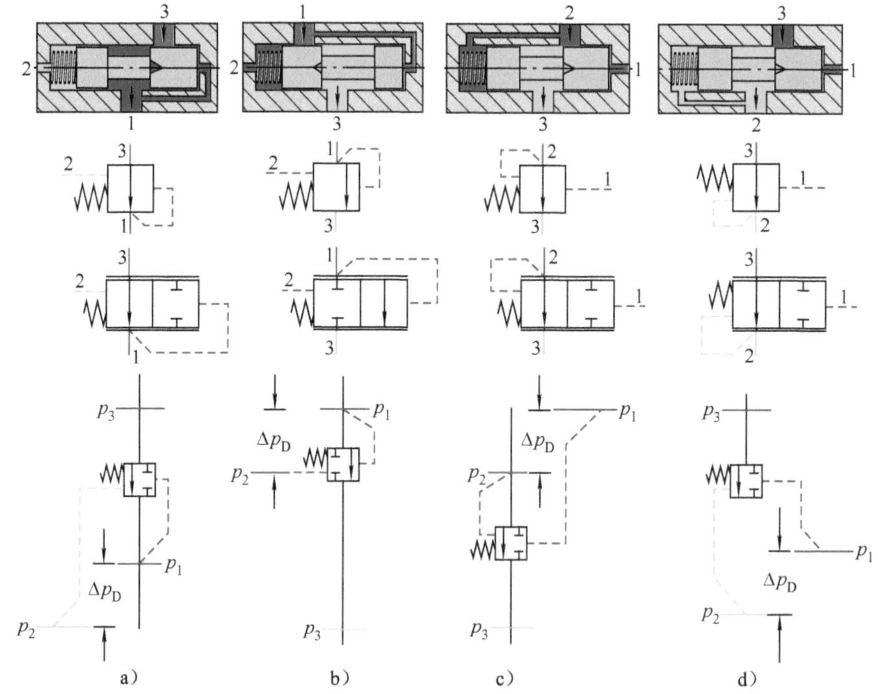

图 6-3 各种类型的三端口二通定压差阀的结构示意图、简化符号、详细符号和压降图

a）高压端连出口，常开型 b）高压端连进口，常闭型 c）低压端连进口，常开型 d）低压端连出口，常开型

3. 多通道型定压差阀

定压差阀也可以制成多通道型的，如图 6-4、图 6-5 所示。

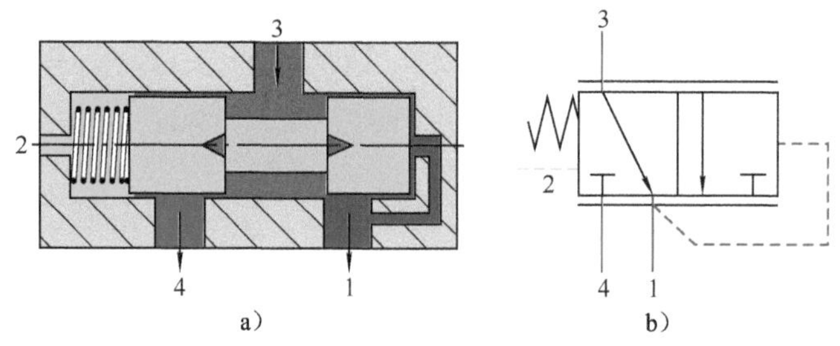

图 6-4 四端口三通型定压差阀

a）结构示意 b）图形符号

与二通型的相同，当阀芯能停在非极限位置时，总是端口 1（高压端）比端口 2（低压端）高Δp_D。

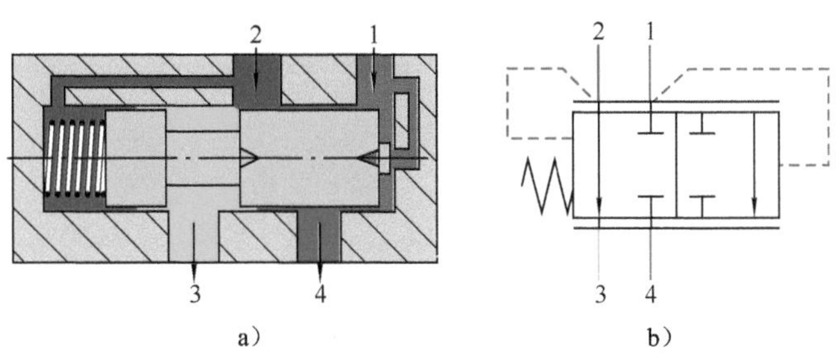

图 6-5　四端口四通型定压差阀

a）结构示意　b）图形符号

4. 实际结构

以上的结构图都是示意的。因为定压差阀常常需要把多余的压差消耗掉，通过的流量变化也很大。所以，节流口既要能关得很小，以便在小流量时消耗掉大压差；也要能开得很大，在大流量时，只消耗很小的压差。表 6-1 所示是根据薄刃口流量压差公式计算出来的，在给定压差下通过指定流量需要的节流口面积的一个示例。从中可以看到，要实现这些工况，节流口面积小要到 0.33mm^2 以下，大要到 140mm^2 以上。

表 6-1　给定压差下通过指定流量的节流口面积

节流口面积/mm^2		压差 p/MPa			
		0.5	1	10	20
流量 q/（L/min）	3	2.1	1.47	0.47	0.33
	80	56	39.5	12.5	8.5
	200	140	99	31	22

所以，实际使用的阀芯上一般都带有三角槽或其他槽型开口。

图 6-6 所示为一高压端连出口型的三端口定压差阀，利用几个直径不同的径向孔作为节流口。

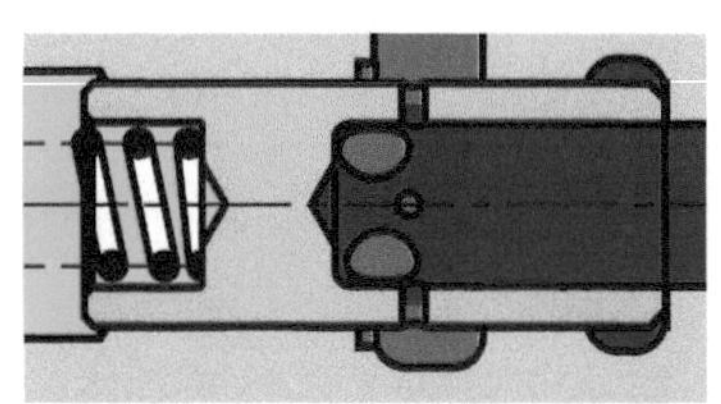

图 6-6　直径不同的径向孔作为节流口

图 6-7 所示为一个高压端连出口型的三端口定压差阀，利用 4 个径向圆孔的轴向截面作为渐开的节流口，利用两个小孔，把出口压力引到高压端。

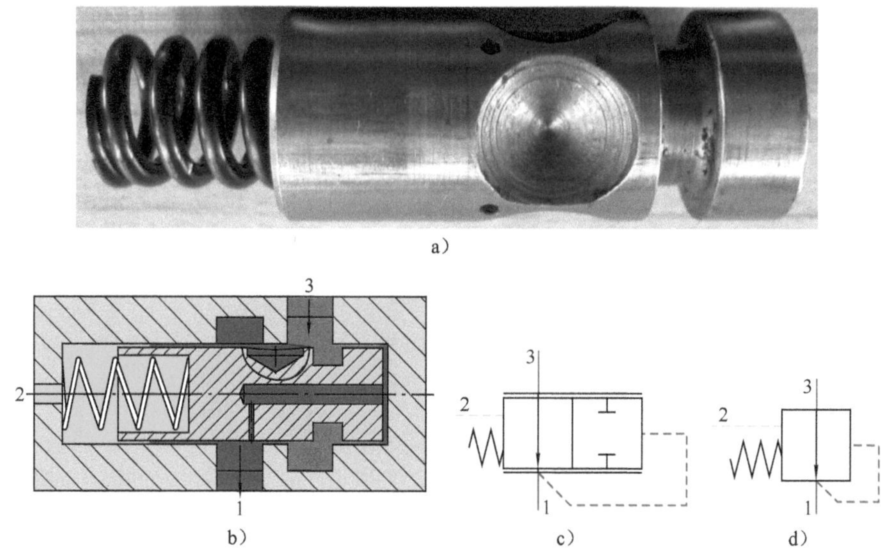

图 6-7　一个定压差阀阀芯

a）实物　b）结构图　c）详细符号　d）简化符号

6.1.3　稳态特性

1. 恒压差特性

保持Δp_D恒定是定压差阀最重要的功能。在稳态时，希望Δp_D不随阀两侧压差与通过流量而变化。但实际上Δp_D并非始终为一恒值，主要是由于弹簧力和液动力的影响。反映恒定压差Δp_D不恒定的特性被称为恒压差特性。

（1）弹簧力　当需要通过较大流量时，开口必须增大；当需要消耗较高压差时，开口必须关小，因此阀芯的位置不是固定的。

当阀芯处于不同位置时，弹簧被压缩的程度不同，弹簧力会改变（见图 6-8）。因此，Δp_D不可能是恒定的。

如图 6-8 所示，在同样预紧力 F_0 和同样的压缩量 S 的条件下，软弹簧弹簧力的改变就比较小，从而Δp_D的变化也小。

（2）液动力　在开口两侧保持恒压时，与开口的大小成正比；在通过流量保持恒定时，与开口大小成反比；总是趋于关闭阀口的方向。详见参考文献[30]。这也会影响Δp_D。

（3）恒压差特性实测　图 6-9 所示为一高压端连出口型定压差阀实测的恒压差特性的实测。由于低压腔直接接回油，可以忽略不计，因此 p_2 就是定压差Δp_D。调节溢流阀，可以改变 p_1。从测试曲线可以看到：

1）当进口压力 p_1 较低时，出口压力 p_2 也低于Δp_D。

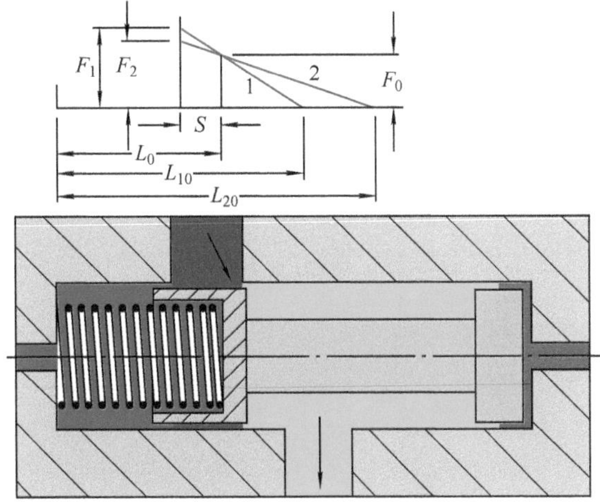

图 6-8　弹簧力对定压差的影响

1—硬弹簧　2—软弹簧　L_{10}—硬弹簧的原始长度　L_{20}—软弹簧的原始长度　F_0—弹簧预紧力
S—进一步压缩量　F_1—硬弹簧压缩后的弹簧力　F_2—软弹簧压缩后的弹簧力

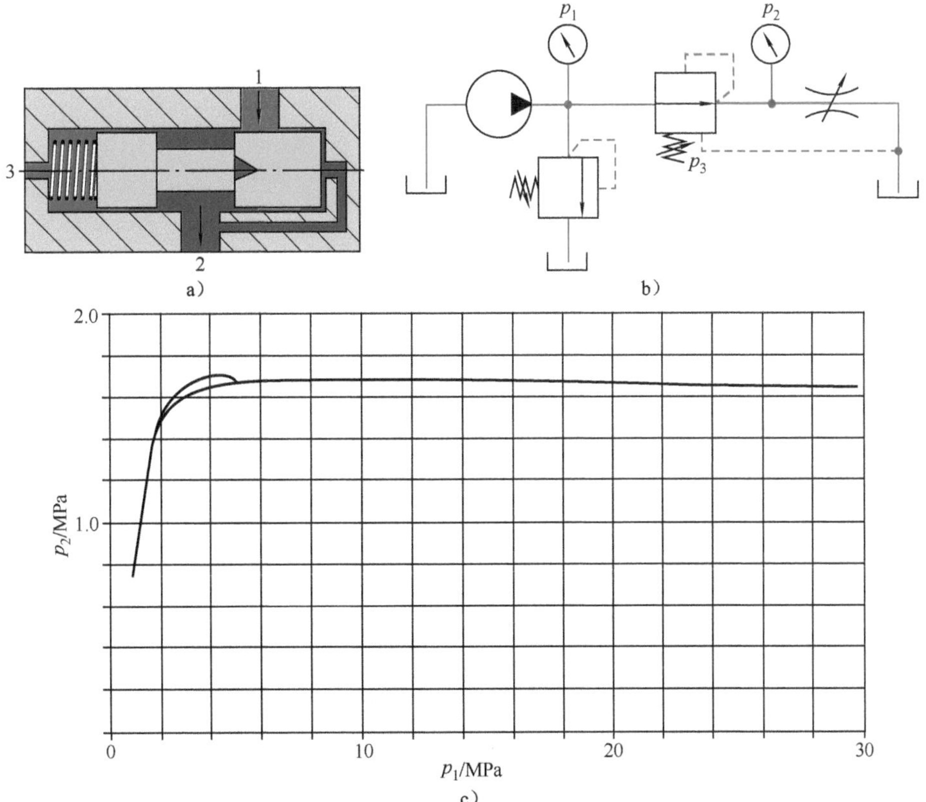

图 6-9　一个高压端连出口型的定差特性

a）阀结构　b）测试回路　c）实测曲线

2）在进口压力 p_1 高于约 3MPa 后，出口压力 p_2 就大致保持恒定在设定的 Δp_D，约 1.7MPa。

2．压差流量特性

因为定压差阀的液阻是可变的，所以没有单一的压差流量关系。通常使用阀口全开时的压差流量特性，以反映阀的最大通流能力（见图 6-10）。这也是定压差阀在工作时必须有的最低压差。若低于这个压差，即使定压差节流口全开，也不起调节作用。

多通道型则可能有多条曲线。

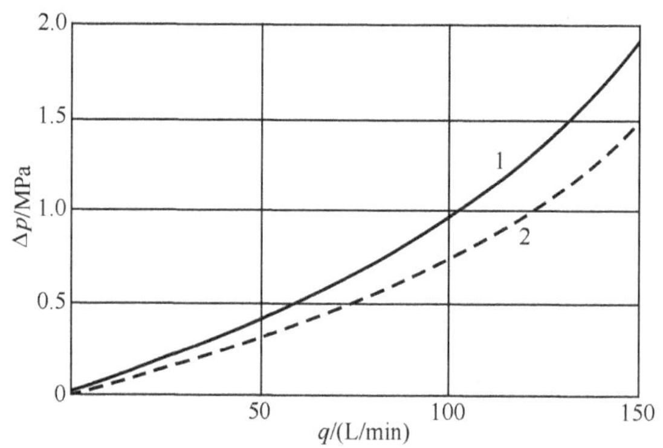

图 6-10　一个两通道型定压差阀的压差流量特性

1—通道 1　2—通道 2　Δp—进出口间的压差

6.1.4　动态特性

1．响应过程

定压差阀所控制的恒定压差 Δp_D 并非始终如一，还有一个动态调整过程。

以图 6-11 为例。在不工作时，精确地说，是当两控制口间的压差很低时，阀芯在弹簧的作用下，移到极限位置，需要控制的液流通道是完全开启的（见图 6-11a）。只有在控制口间的压差建立后，阀芯才在控制压差的作用下，移向作用力

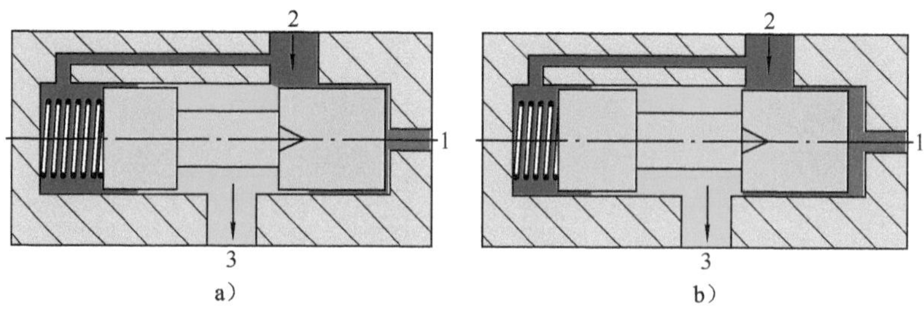

图 6-11　定压差阀的开启过程

a）无控制压力时　b）有控制压力后

平衡的位置，关小液流通道的开口（见图 6-11b）。这需要一些时间，约为几至几十毫秒。在这段时间内，控制压差没有达到希望的Δp_D。

2．固有频率

由于定压差阀阀芯有一定惯量，在调节过程中常会冲过头，导致弹簧压力高于控制压差，再反向运动，造成振动。振动的频率，即阀的固有频率，主要由阀芯的惯量和弹簧的刚度决定（估算见附录 A-6）。

如果这个频率与系统中执行器或其他阀的固有频率相近，就容易发生谐振。一般应设法使之尽可能错开。

3．阻尼

如果决定阀芯位置的控制压力有波动，就会引起阀芯位置波动。而阀芯位置的波动又会引起开口的波动，从而影响通过流量。

为了减少控制压力波动对阀芯位置的影响，可以在阀芯两端控制压力的进出口设置阻尼孔，如图 6-12 所示。阻尼孔越小，阻尼作用越大。这样可以减少振动，但一定程度上延长了响应时间。

由于主要是出口的阻尼孔对降低阀芯运动速度起作用，而如在 5.4 节（进出口节流回路）中已述及，过小的进口节流阻尼孔可能会引起吸空，导致在反向运动时，失去阻尼作用。所以，最好采用单向阻尼孔（见图 6-13），以保证两腔始终充满液体，持续有阻尼作用。

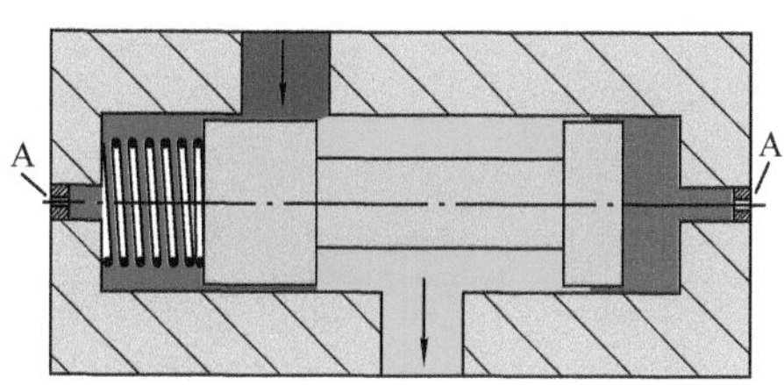

图 6-12　定压差阀的阻尼孔

A—阻尼孔

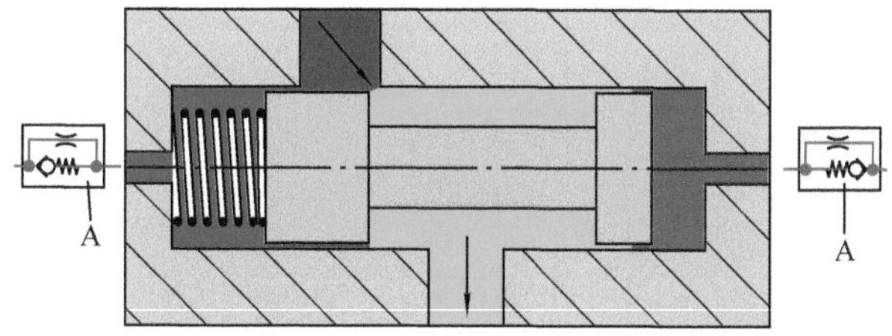

图 6-13　采用单向阻尼孔

A—单向阻尼孔

由于定压差阀阀芯直径一般都不大（10～25mm），行程一般只有几毫米，所以进出液体量十分有限。因此，阻尼孔一般要很小（0.6～1.2）mm 才能起作用。

为控制流量，定压差阀总是与一个节流口合作起作用。这个节流口可以与定压差阀结合在一起，如在以下 6.2 节和 6.3 节所要叙述的二通、三通流量阀；也可以是分离的（见 6.4 节），如节流阀或换节阀。

6.2 使用二通流量调节阀的流量控制回路

带压力补偿的二通流量控制阀，过去长期被称为调速阀，GB/T 17446—1998也将其译作调速阀，但那是不精确的。因为，它只能限制流量，不能直接调速。在ISO 5598:2008中定义其为“series flow control valve，two-port flow control valve，pressure-compensated flow control valve（3.2.652 串联流量控制阀，二通流量控制阀，压力补偿的流量控制阀）”，GB/T 17446—2012将其译作“串联流量控制阀”，但此称呼目前在国内业界基本没有使用。GB/T 786.1—2009根据ISO 1219：2007将其称作“二通流量控制阀（6.1.4.4）”。ISO 5598：2008的德文版称其为“Zwei-Wege-Stromregelventil，2-Wege-Stromventil（二通流量调节阀，二通流量阀）”以强调其带反馈功能，因此，本书中称其为二通流量调节阀，以下简称二通流量阀，这也是目前国内业界普遍能接受的称呼。

6.2.1 二通流量阀

1. 结构

二通流量阀由两部分串联而成：流量感应器（Metering Restrictor）和定压差元件（见图6-14）。这两部分各有一个节流口。流量感应器的节流口的通流面积不随进出口压力而变，因此也被称作固定节流口，其实称流量感应口更贴近其实际功能。定压差节流口（以下简称定压差口）的通流面积则随阀进出口之间的压差而变化。

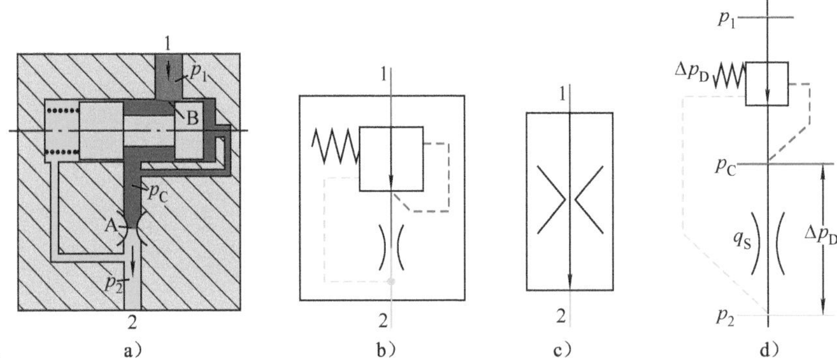

图6-14 二通流量阀

a）结构示意图 b）详细图形符号 c）简化图形符号 d）压降图

A—流量感应口 B—定压差口

2. 功能原理

流量感应口两侧的压力p_C、p_2（见图6-14a）被引入定压差元件两端。定压差阀芯在这两个压力和弹簧力（还有液动力）的作用下移动。如果能够停在非极限位置，则这两个压力之间的差，也即流量感应口两侧的压差，大致保持在一个恒定值Δp_D。这样，通过流量感应口的流量，可称设定流量 q_S，就可以大致保持恒定，不受流量阀进出口压力差的影响。

改变流量感应口的通流面积，即可改变阀的通流量。

3．变型

1）从原理上来说，定压差元件不但可以如图 6-14 所示，置于流量感应口之前，也可以置于其后（见图 6-15）。板式的二通流量阀多为定压差元件前置，螺纹插装式的多为后置的，详见参考文献[2]6.2 节。

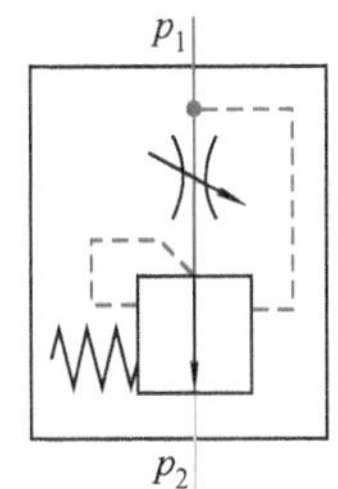

图 6-15　定压差元件后置型

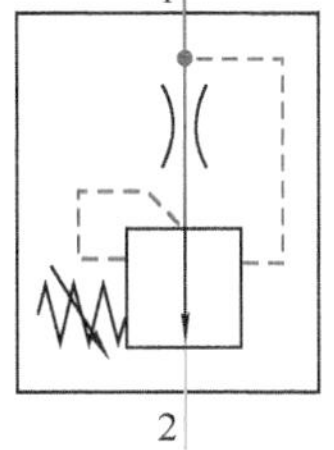

图 6-16　调节弹簧预紧力型二通流量阀

2）从薄刃口流量公式（见 4.2.3 节）

$$q = kA\sqrt{\Delta p}$$

可知，要调节流量，除了如上所述，调节流量感应口的大小 A 外，也可以调节弹簧的预紧力，改变恒定压差值Δp_D（见图 6-16）。只是由于受阀体积及弹簧长度的限制，调节范围小些。市售的一般在设定值±30%以内。

3）当压差反向（2→1）时（见图 6-14a），由于$p_C < p_2$，定压差阀芯会在弹簧力的作用下，移向并停留在右极限位置，定压差口全开，成为一个固定节流口，不起调节作用。整个阀就成为由两个固定节流口串联而成的节流阀，压力损失较大。要减少反向流通的压力损失，可使用带反向单向阀的二通流量阀（见图 6-17）。

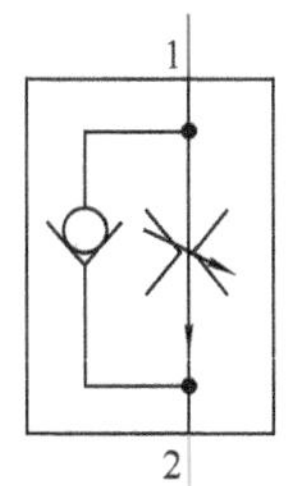

图 6-17　带反向单向阀型的二通流量阀

二通流量阀也有电比例型，它可通过电流形成的磁力代替（部分）弹簧力，改变电流即可改变压差，从而调节流量，详见参考文献[2]6.2.6 节。

4．稳态特性

二通流量阀的稳态特性主要通过其压差流量特性反映出来（见图 6-18）。可分为两个区域。

（1）区域 I——压差过低区　当阀进出口间的压差$p_1 - p_2$低于弹簧预紧压力，

即阀的最低工作压差Δp_{min}时，定压差口全开，没有调节作用。整个阀如同两个固定节流口串联而成的节流阀，失去保持流量恒定的功能。

（2）区域II——正常工作区 阀进出口间的压差高于Δp_{min}。定压差口部分关闭，可以发挥消耗压力、保持恒定压差的作用。这样，通过的流量就基本不受阀进出口间的压差影响，维持在设定流量q_S。

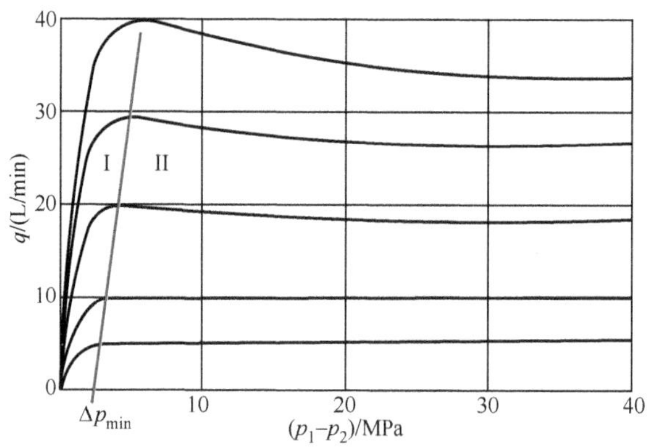

图 6-18 二通流量阀的压差流量特性

Δp_{min}—最低工作压差

深入来看，阀进出口间的压差增大后，定压差口必须关得更小些。因此，弹簧压力会增大，导致流量感应口两侧的压差稍稍变大，通过的流量会稍稍增大，特性曲线呈上升态势。

另一方面，阀进出口间的压差越大，定压差阀芯受到的液动力也越大，这又有减小压差，减小流量的作用，特性曲线呈下降态势。

所以，压差流量特性曲线的斜率是由弹簧力和液动力共同决定的。一般而言，在低设定流量时是上升的，在高设定流量时是下降的。

从以上分析可以看出，实际上，二通流量阀所能做到的也仅仅是改变液阻，限制通过的流量而已。

二通流量阀稳态特性的测试回路、测试方法和一些市售螺纹插装阀可见参考文献[2]。

5．动态特性

（1）流量初始突跳 普通二通流量阀在刚开始通流时，流量会突跳。其原因在于，定压差元件有一个响应延迟过程。在二通流量阀进口或出口关闭、没有流量通过时，定压差元件两端压力相等（见图 6-19a），$p_2=p_C$。在弹簧预紧力的作用下，阀芯右移，定压差口开到最大。在进口和出口开启后，定压差元件需要一段时间才能到达需要的节流位置（见图 6-19b）。在此之前，通过的流量就会大于设定值（见图 6-20）。

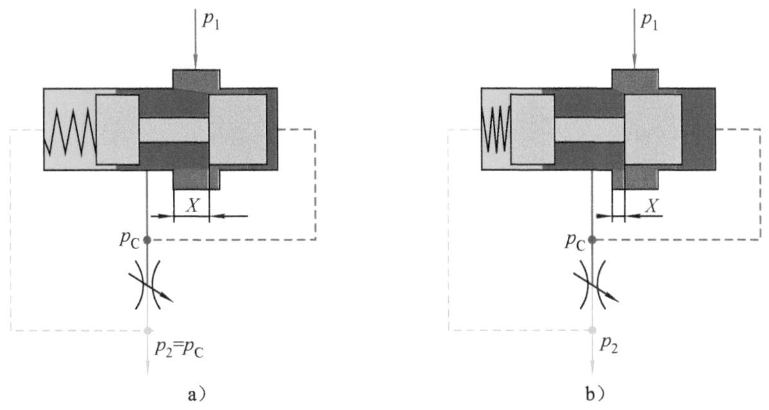

图 6-19　发生流量初始突跳的原因[5]

a）$q=0$　b）$q>0$

X—定压差阀芯位移

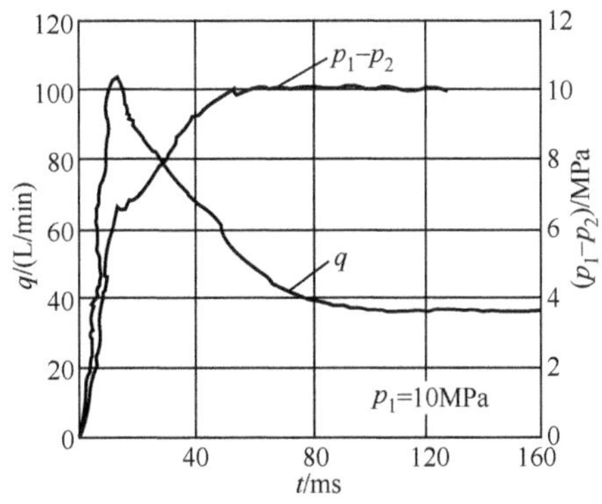

图 6-20　一个实测的流量初始突跳[5]

为了进一步揭示在此过程中各相关物理量的变化情况，在 IFAS 对另一个二通流量阀进行了实测和仿真（见图 6-21）。

（2）减少与避免流量初始突跳的措施

1）在没有流量时流量感应口封闭的阀。

从结构上来说（见图 6-22），这个阀也是由定压差元件 1 和流量感应器 2 这两部分组成。不同的是，这个阀的流量感应器的阀芯像定压差元件一样，可在压差作用下在一定范围内移动。

在没有流量通过，$p_1=p_2$ 时，阀芯 2 会在弹簧的作用下，移至极限位置，封闭液流通道。这样，在阀进出口刚开启，$p_1>p_C$ 时，虽然定压差口是全开的，但由于流量感应口全闭，所以没有流量通过。随着流量感应口逐渐开启，才有流量通过，在定压差元件 1 两端造成压差，定压差口逐渐关小。因此，没有流量初始突跳问题。

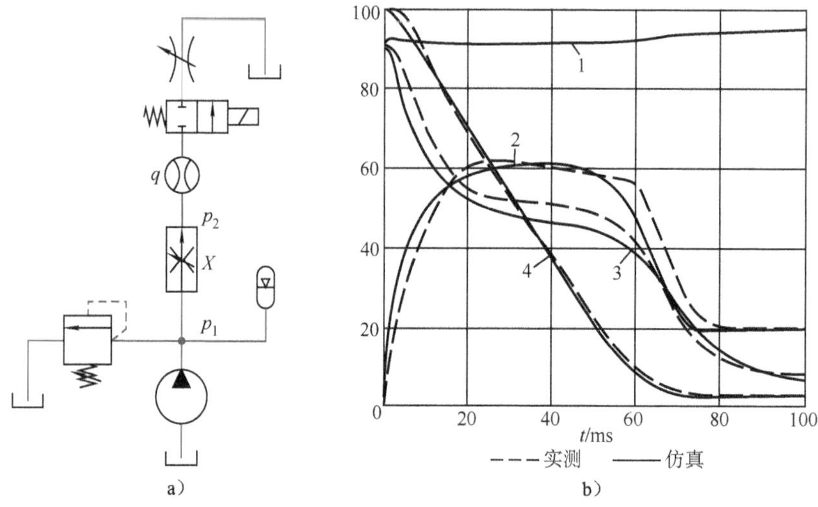

图 6-21 一个二通流量阀的流量初始突跳[4]

a）测试回路 b）实测和仿真对比

1—进口压力 p_1/p_{max} 2—通过流量 q/q_{max} 3—出口压力 p_2/p_{max} 4—阀芯行程 X/X_{max}

注：p_{max} = 10MPa

阻尼孔 J_1、J_2、J_3 起减少振动作用。

2）利用旁通阀减少流量初始突跳的回路（见图 6-23）。

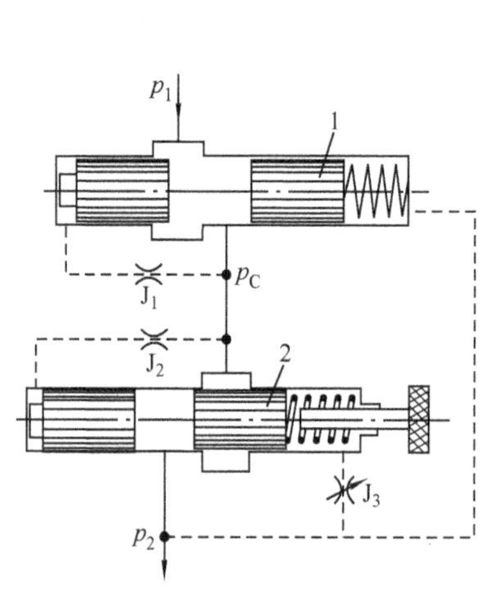

图 6-22 一个可以避免流量初始突跳的阀

1—定压差元件 2—流量感应器

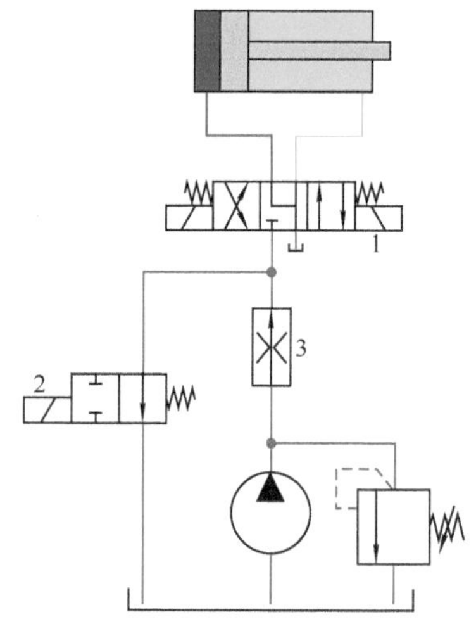

图 6-23 一个避免流量初始突跳的回路

1—换向阀 2—旁路阀 3—二通流量阀

换向阀 1 在中位时，旁路阀 2 处于失电状态，泵提供的流量经过阀 3、阀 2 去油箱。在阀 1 切换到工作位置后，再延迟约 30ms，阀 2 才得电关闭旁路通道。

这样，二通流量阀始终有流量通过，初始流量突跳问题就可以一定程度缓解。

（3）负载突变时　由于定压差元件的响应延迟性，所以，不仅在开始工作时流量会有突跳，在负载发生突变时，流量也会发生波动。因为，需要等待一段响应时间，直到定压差元件的阀芯达到新的平衡位置后，流量才能回到原来的设定值（见图 6-24）。

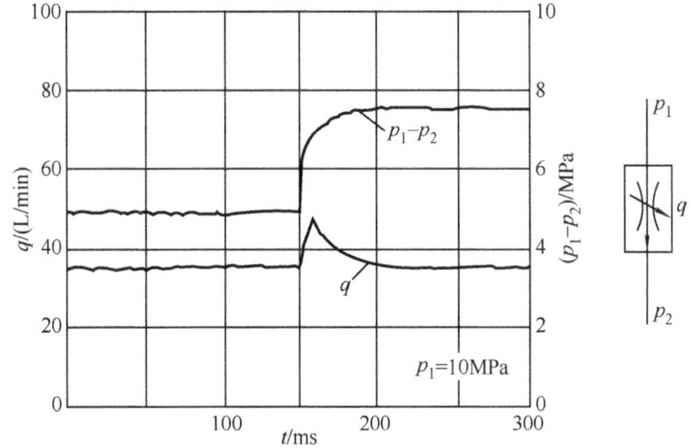

图 6-24　一个实测的负载突变时的流量波动[5]

（4）定压差元件在回路中的位置的影响　二通流量阀在回路中的位置与定压差元件在阀中的位置对系统的动特性也有影响。定压差元件用作进口节流时，最好将定压差元件前置（见图 6-25a），而用作出口节流时最好后置（见图 6-25b）。因为这样，负载的变化可以较早地到达定压差元件，从而较早地引起响应。

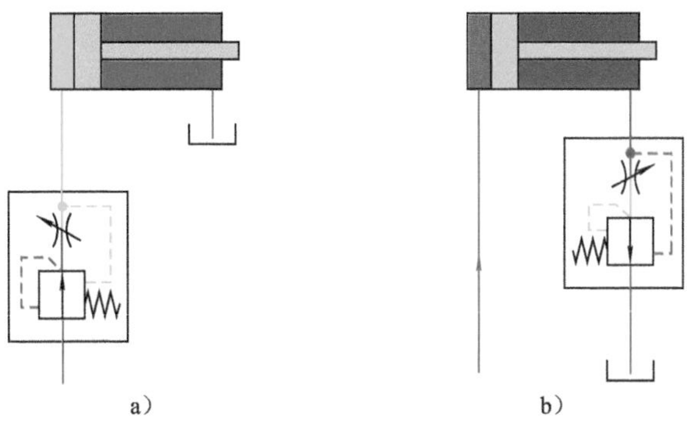

图 6-25　定压差元件的位置对系统动特性的影响
a）定压差元件前置　b）定压差元件后置

图 6-26 所示为一定压差元件后置的阀，其上半部所示为无流量通过时的状态，下半部所示为有流量通过，定压差阀芯已移至工作位置的状态。从该图可以看到，进口 B 的压力变化会立刻作用到定压差阀芯的端面 C 上。而出口 A 的压力变化，

先要经过定压差口 4，在弹簧腔建立压力后，才会作用到定压差阀芯端面 D 上。因此，响应就会慢一些。

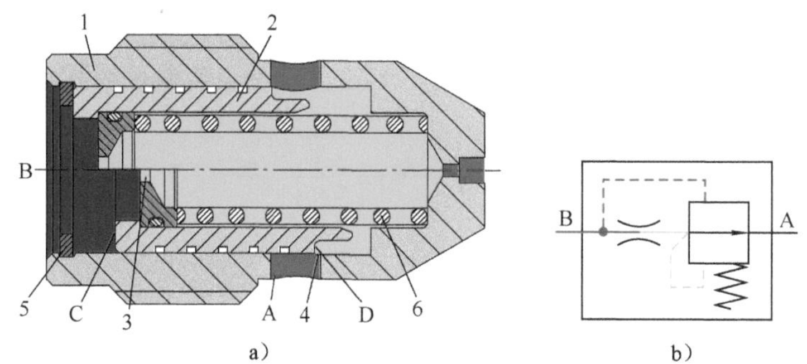

图 6-26 一个定压差元件后置的二通流量阀

a）剖面图 b）图形符号

1—阀体 2—定压差阀芯 3—流量感应口 4—定压差口 5—挡圈 6—弹簧

（5）固有频率 二通流量阀中含有的定压差元件的固有频率（见 6.1.4 节）决定了阀的固有频率。如果和执行器或系统中其他元件的固有频率接近，就可能发生谐振。

6.2.2 二通流量阀设置在执行器进口或出口

与节流阀相比，二通流量阀仅多了一个可变液阻——定压差元件而已，因此在回路中的很多特性及应用很相似。

1. 回路

为了控制进出执行器的流量，二通流量阀可以设置在执行器进口或出口（见图 6-27）。

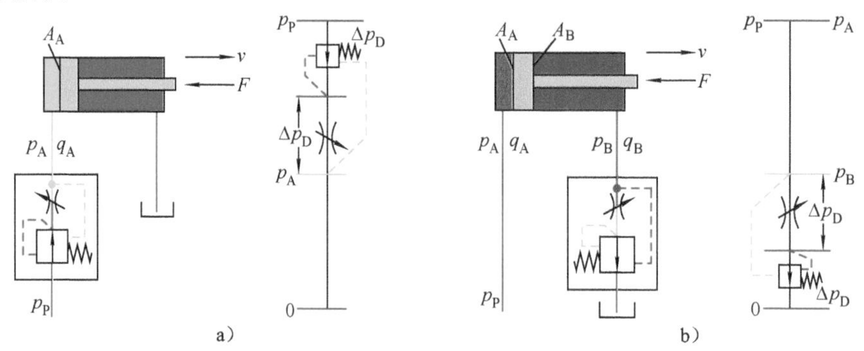

图 6-27 含二通流量阀的回路与压降图

a）设置在进口 b）设置在出口

p_P—液压源出口压力 p_A—执行器进口压力 p_B—执行器出口压力 q_A—进入执行器的流量 q_B—流出执行器的流量 F—负载力 A_A—液压缸驱动腔作用面积 A_B—液压缸背压腔作用面积 v—活塞运动速度

2．液压源工况

与应用节流阀类似，二通流量阀用在执行器进口或出口以调节流量的必要条件也是：液压源不能工作在恒流量工况。

实际应用于此的液压源大多是工作在近似恒压工况，即 p_P 近似为一恒值。这时，整个二通流量阀两侧的压差是随负载压力变化的。但是，流量感应口两侧的压差 Δp_D 基本保持恒定。其余压差（进口节流：$p_P - p_A - \Delta p_D$，出口节流：$p_B - \Delta p_D$）在定压差口处被消耗了。

3．进出口节流

与使用节流阀类似，仅在执行器进口使用二通流量阀的回路不能承受负负载，仅在执行器出口使用二通流量阀的回路在受到过载时也会失控。

如果在执行器进出口都设置二通流量阀的话，如图 6-28a 所示，进出执行器的流量就只受到设定流量相对工作面积较小的那个二通流量阀控制，那个设定流量相对较大的二通流量阀中的定压差元件，因为通过流量感应口的流量不足，就把节流口开到最大极限，失去流量调节作用。

当然，如果在差动缸的两侧同时使用单向二通流量阀，如图 6-28b 所示，分别控制差动缸伸出缩回的速度，则另当别论。

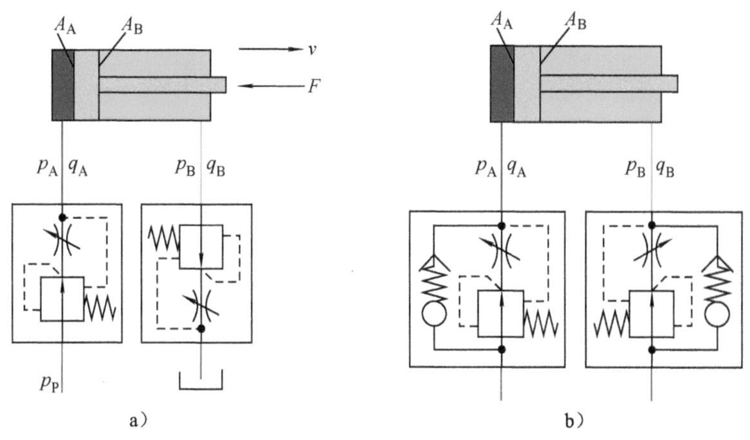

图 6-28　同时使用两个二通流量阀

a）进口和出口节流　b）使用单向二通流量阀实现进口节流

所以，如果需要的话，可以在执行器进口使用二通流量阀，而在执行器出口使用节流阀（见图 6-29a）。随着负载的增大，执行器两腔压差 $p_L = p_A - p_B$ 逐渐增大，各点压力也相应变化，可分为两个区域（见图 6-29c）。

（1）区域Ⅰ——正常工作区　这时，通过的流量 q_A 由二通流量阀决定。q_A 在节流阀处引起一个压降 $p_J = p_B$。p_B 与 p_L 决定了二通流量阀两侧的压差 $p_P - p_A = p_P - p_L - p_B$。流量感应口两侧的压差 Δp_D 可以基本保持恒定。其余压差 $p_D =$　$p_P - p_L$

$-p_B-\Delta p_D$在定压差口处被消耗了。随着p_L增大，定压差口开大，p_D减小，以保持Δp_D恒定。

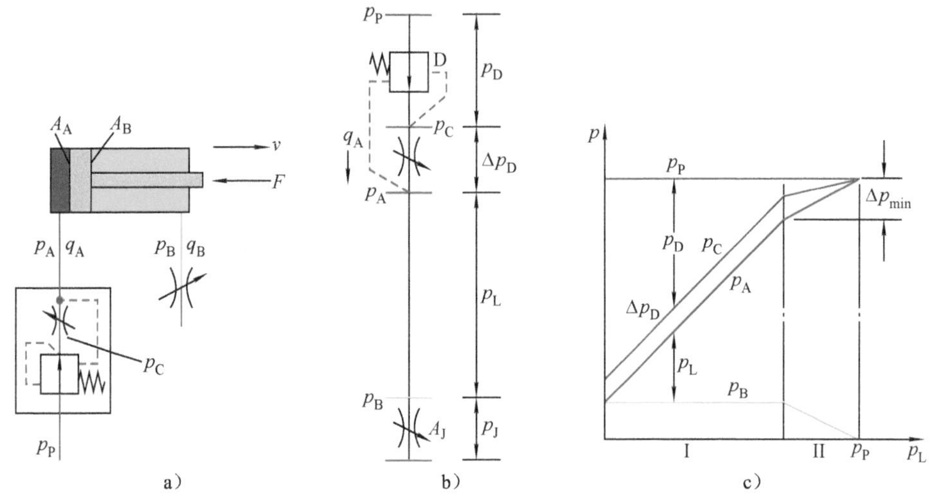

图 6-29　在执行器进口设置二通流量阀，出口设置节流阀

a）回路　b）压降图　c）各点压力随两腔压差p_L变化的情况

（2）区域 II——流量降低　二通流量阀两端压差低于Δp_{min}，阀中的定压差口已经开到最大，已不能保持Δp_D恒定。q_A减少，p_B随着下降。

如果需要的话，也可以相反，在执行器进口使用节流阀，而在执行器出口使用二通流量阀（见图 6-30）。

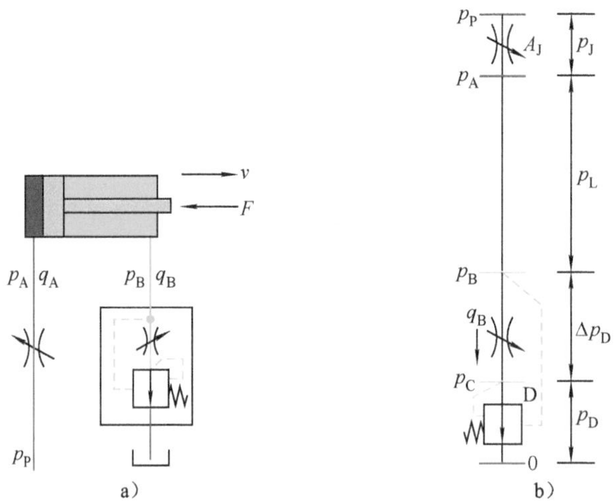

图 6-30　在执行器进口设置节流阀，出口设置二通流量阀

a）回路　b）压降图

4．负载-流量特性

（1）二通流量阀回路特性　从与节流阀的对比（见图 6-31）可以看到，同样用于进口节流回路，由于定压差元件的调节作用，因此使用二通流量阀的回路的流量刚度高得多。只有当负载很高，落在二通流量阀两侧的压差低于Δp_{min}时，流量刚度才会下降。

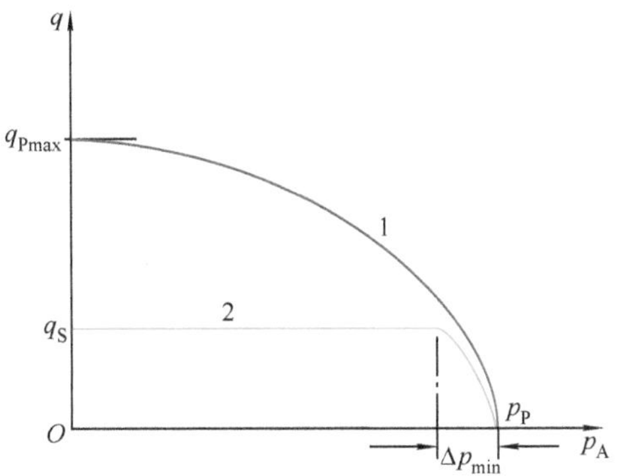

图 6-31　负载-流量特性，二通流量阀与节流阀对比

1—节流阀　2—二通流量阀　Δp_{min}—二通流量阀的最低工作压差　q_S—二通流量阀的设定流量

（2）恒压泵回路特性　二通流量阀可以与恒压变量泵组成回路（见图 6-32a）。其理论负载-流量特性曲线（见图 6-32b）显示了：

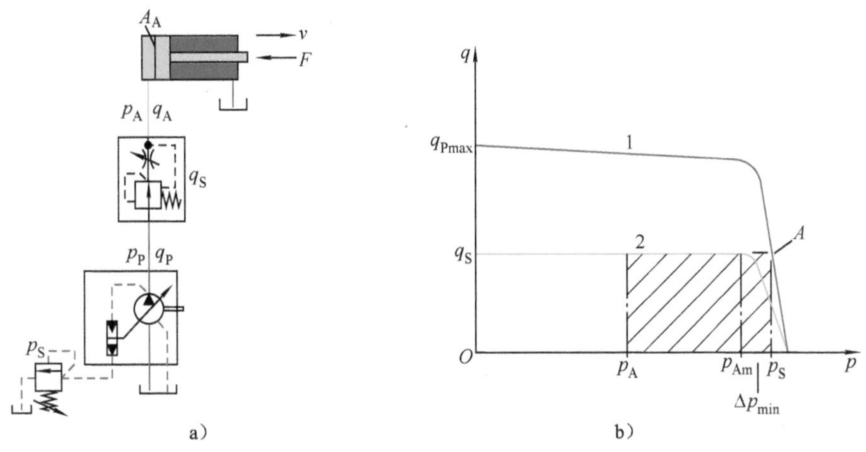

图 6-32　恒压差泵回路特性

a）回路　b）负载-流量特性

1—泵特性　2—二通流量阀特性

A—泵的工况点　Δp_{min}—二通流量阀的最低工作压差　p_{Am}—能使二通流量阀保持流量恒定的最高驱动压力

q_S—二通流量阀的设定流量

1）能使二通流量阀保持流量恒定的最高驱动压力$p_{Am}=p_S-\Delta p_{min}$。

2）在$p_A<p_{Am}$时，泵只有一个工况点 A——输出流量q_S，功率$(p_P-p_A)q_S$

消耗在二通流量阀处。

3）当 $p_A > p_{Am}$ 时，通过二通阀的流量下降，泵输出的流量随之下降。

4）图 6-32b 中阴影部分为消耗在二通阀的功率。

5. 流量初始突跳的影响

在液压缸起动时，驱动腔的压力要克服负载的惯性力、负载力和背压。

1）二通流量阀设置在执行器进口时，在起动时，由于定压差口最初全开，液压源输入的流量会全部涌向执行器，而这时，执行器尚处于静止状态，就会引起较大压力冲击，见 2.2.3 节。

2）当二通流量阀设置在执行器出口时，背压是由执行器排出的流量和二通流量阀的液阻决定的。由于二通流量阀中的定压差口在初始时全开，所以，背压腔的压力就低于进入稳态后的压力，背压是逐渐升上去的。这样，在起动时引起的压力冲击会比设置在进口时的小。

6. 能耗状况

在进口节流（见图 6-33）、出口节流及进出口节流回路，二通流量阀的能耗状况都与使用节流阀的相似。只是未做功能耗含两部分：消耗在定压差口上（II_1）和流量感应口（II_2）上。因此，一般高于简单节流。

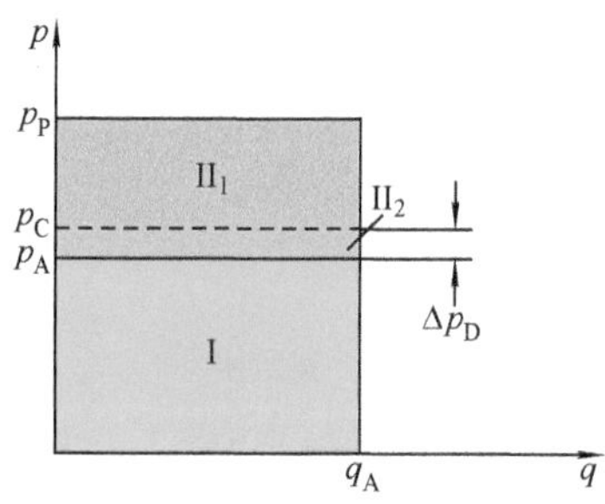

图 6-33　二通流量阀（前置型）用作进口节流时回路的能耗状况

I—做功功率　II_1—消耗在定压差口上的功率　II_2—消耗在流量感应口上的功率

6.2.3 用二通流量阀构成旁路节流回路

1. 回路

理论上，二通流量阀也可以设置在旁路回路中（见图 6-34），负载压力 p_A 就是泵出口压力 p_P。

流量可调的必要条件就是：液压源不能工作在恒压工况。

应用于旁路节流的液压源最常见的是定量泵加溢流阀。但此时溢流阀只是作为安全阀，正常工作时并不开启。泵输出的流量 q_P 中，q_S 通过二通流量阀直接回油箱，剩余部分 $q_A = q_P - q_S$ 进入液压缸驱动负载。调节 q_S，即可改变 q_A。

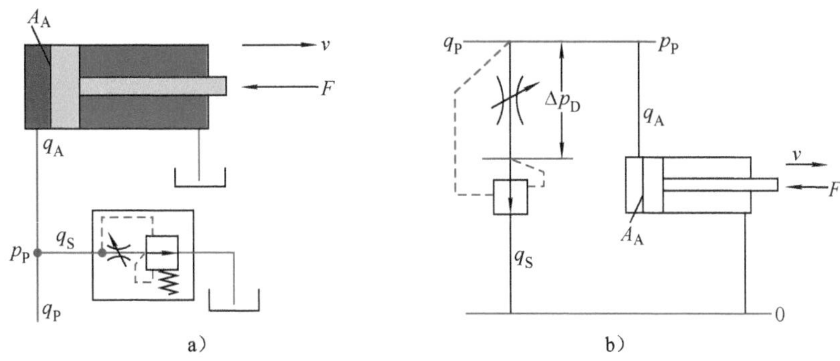

图 6-34　二通流量阀设置在旁路回路中

a）回路图　b）压降图

其正常工作区与使用简单液阻的旁路节流回路相同。

2．负载-流量特性

负载-流量特性如图 6-35 所示。

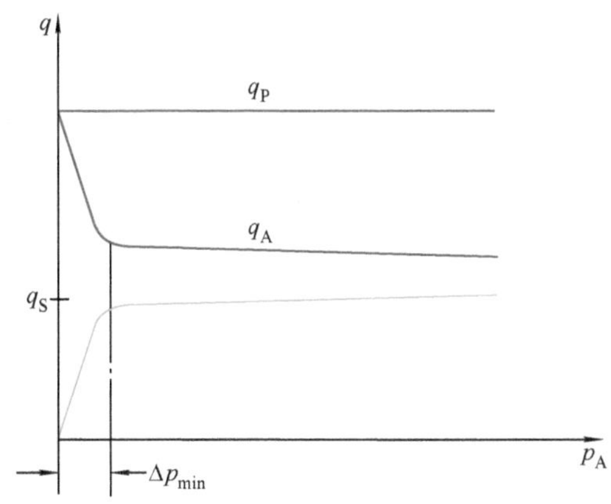

图 6-35　旁路回路的负载-流量特性

当 p_A 低于 Δp_{min} 时，经过二通流量阀旁路的流量低于设定值 q_S，液压源提供的流量 q_P 多流入执行器。

当 p_A 较高时，旁路流量保持基本恒定，进入执行器的流量 $q_A = q_P - q_S$ 也基本恒定。

在起动时，由于流量阀的“流量初始突跳”现象，较多的液压油旁路，这有利于减小起动时的压力冲击。

3．能耗状况

二通流量阀设置在旁路回路，在正常工作时的能耗状况如图 6-36 所示。总输入功率 $p_P q_P$ 主要可以分成两部分：

I——$p_P q_A$，实际做功的功率。

II——$p_P q_S$，未做功能耗。这部分能耗由两部分组成：消耗在定压差口（II_1）和流量感应口（II_2）的功率。

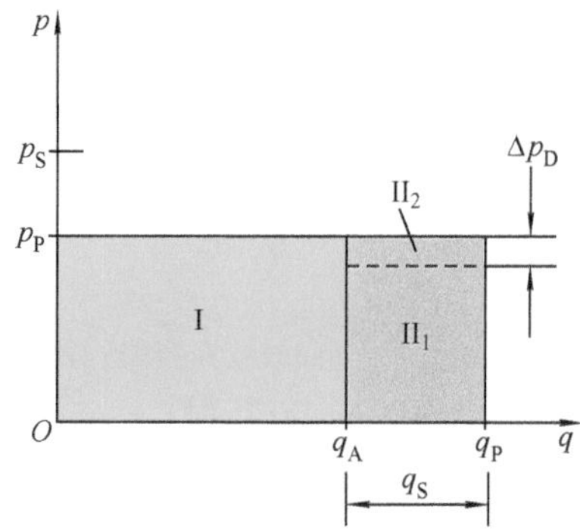

图 6-36 二通流量阀（后置型）用在旁路回路时的能耗状况

I—做功功率 II_1—消耗在定压差口的功率 II_2—消耗在流量感应口的功率

6.2.4 用二通流量阀作为出口与旁路节流的一个控制回路

图 6-37a 所示回路可用于依靠负载重量下降，负载重量变化范围很大的单作用缸。

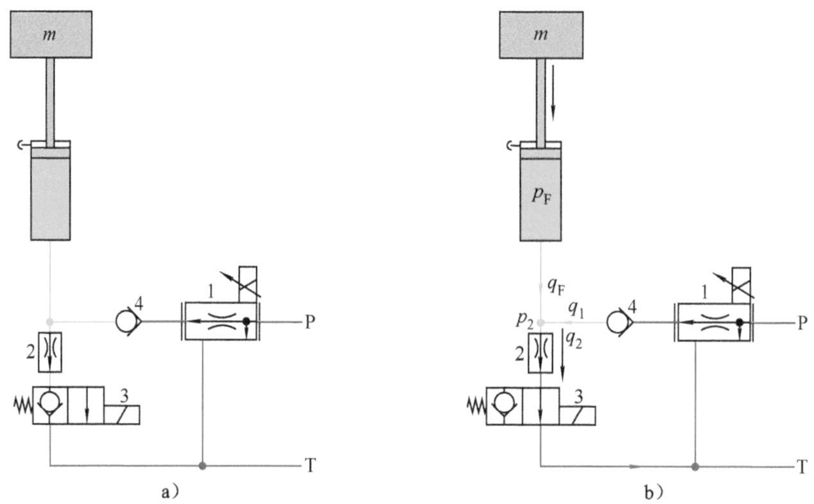

图 6-37 供油减速回路（德 Zoeller-Kipper 公司）

a）静止和上升工况 b）下降工况

1—电比例三通流量阀 2—下降流量限制阀 3—下降阀 4—上升阀

此回路由电比例三通流量阀 1、用于限制下降流量的二通流量阀 2、用于下降的二通电磁开关阀 3 和在上升时用的单向阀 4 组成。

阀 1 既可以控制上升速度，也可以一定程度地控制下降速度。

1. 静止工况（见图 6-37a）

在进油通道的单向阀 4 和带单向功能的阀 3 可以保证，负载在无进油时静止不下沉。

2. 上升工况（见图 6-37a）

通过输入电流给阀 1，可以控制通过流量，从而控制负载的上升速度。

3. 下降工况（见图 6-37b）

阀 3 得电，负载可以下降。被阀 2 限制，即使负载压力很高，下降速度也不会很快。

如果希望慢速下降，可以给阀 1 输入适当电流，提供一定的流量 q_1。由于阀 2 的设定流量 q_2 的限制，从液压缸流出的流量 q_F 就会减少为 $q_2 - q_1$。

注意：q_1 超过 q_2 时，负载会上升。

6.2.5　用二通流量阀构成流量有级变换控制回路

把多个二通流量调节阀串联或并联，用换向阀切换，就可以实现流量的有级变换。

1. 二通流量阀并联

在图 6-38 中，如果换向阀处于右位，则流向执行器的流量 $q_S = q_1$；如果换向阀处于左位，则流向执行器的流量 $q_S = q_1 + q_2$。

正常工作条件是：泵输出流量 $q_0 > q_1 + q_2$。

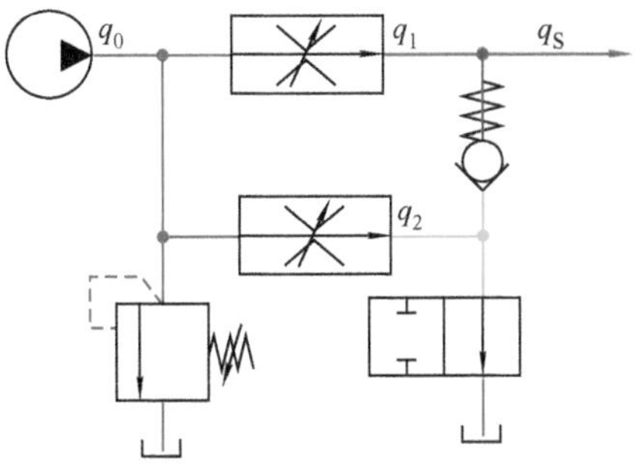

图 6-38　二通流量阀并联

如果在此回路中，两个二通流量阀的规格相同，则因为它们的固有频率相同，可能会出现谐振。而如果使用如图 6-39 所示回路，则不会有此问题。因为该回路中，不同时使用两个二通流量阀。如果换向阀处于上位，则流向执行器的流量经过 V1；如果换向阀处于下位，则流向执行器的流量经过 V2。

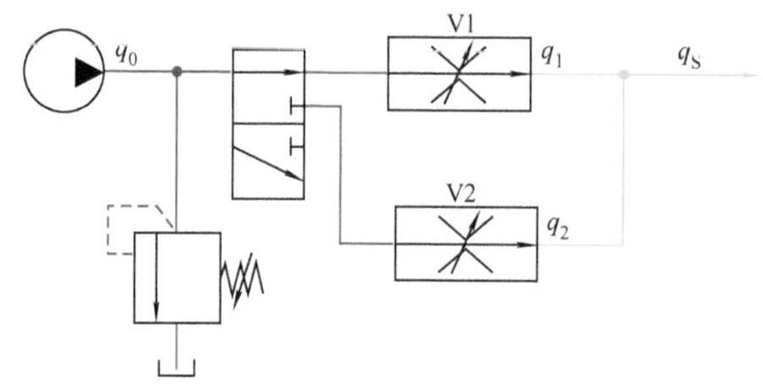

图 6-39　二通流量阀并联

2. 二通流量阀串联

两个二通流量阀串联如图 6-40 所示，也可以正常工作。正常工作条件是：泵输出流量 $q_0 > q_1 > q_2$。

如果换向阀处于上位，则流向执行器的流量 $q_S = q_1$。如果换向阀处于下位，则流向执行器的流量 $q_S = q_2$。此时，阀 V1 只有流量 q_2 通过，其定压差口开到最大。

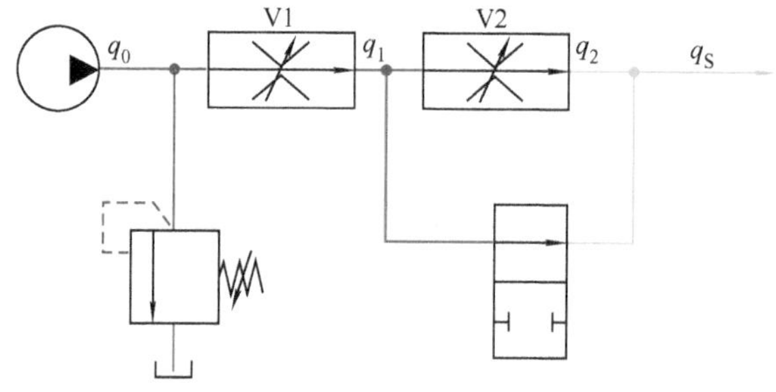

图 6-40　二通流量阀串联

6.3　使用三通流量调节阀的流量控制回路

三通流量调节阀（Three-port Flow Control Valve），以下简称三通流量阀。它与二通流量阀的最大不同在于，进口压力随出口压力浮动（一般高 1.2～3MPa）。

6.3.1　三通流量阀

板式连接结构的三通流量阀，国内常称为溢流节流阀。其实，还有螺纹插装式的三通流量阀，结构有所不同，功能更广一些。

1. 溢流节流阀

溢流节流阀，一般是由两部分并联而成：流量感应器和定压差元件（见图 6-41）。这两部分分别控制一个节流口。

流量感应器的节流口 A 的通流面积不随进出口压力而变，常被称作固定节流口，其实称流量感应口更贴近其实际功能。

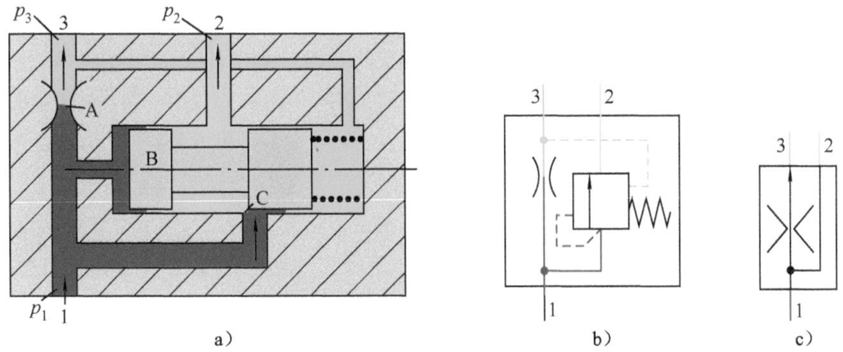

图 6-41　溢流节流阀结构

a）结构原理图　b）详细图形符号　c）简化图形符号

1—进口　2—旁路口　3—优先口

A—流量感应口　B—定压差阀芯　C—旁路节流口

定压差阀芯 B 控制的旁路节流口 C，因为其通流面积随进出口之间的压差而变化，因此也被称为可变节流口。

定压差阀芯 B 受到流量感应口 A 两侧的压差 p_1-p_3 和弹簧力作用。阀芯 B 停留在非极限位置时，压差 p_1-p_3 就等于弹簧压力，基本恒定。因此，能使通过流量感应口 A 到优先口 3 的流量保持恒定。

2. 螺纹插装式三通流量阀

螺纹插装式的三通流量阀（见图 6-42）与溢流节流阀部分相似，也有流量感应器和一个定压差元件。

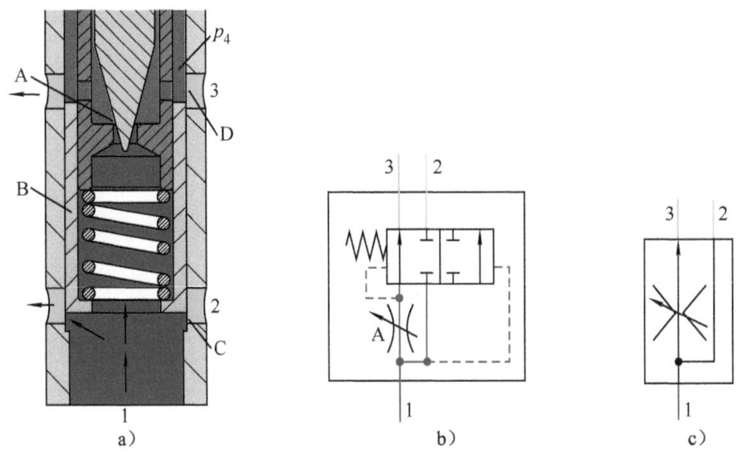

图 6-42　螺纹插装式的三通流量阀

a）结构原理图　b）详细图形符号　c）简化图形符号

1—进口　2—旁路口　3—优先口

A—流量感应口　B—定压差阀芯　C—旁路节流口　D—优先节流口

与溢流节流阀不同的是，其定压差元件是四通型的，阀芯 B 同时控制着两个可变节流口：旁路通道的旁路节流口 C 和优先通道附加的优先节流口 D。

定压差阀芯 B 受到流量感应口 A 两侧的压差和弹簧力的作用，停在非极限位置时，流量感应口 A 两侧的压差等于弹簧压力，使通过的流量保持基本恒定，不受进口或出口压力的影响。

3．功能比较

两者结构不同，导致了功能及应用上的差别：溢流节流阀的旁路口压力 p_2 不能高于优先口上接的负载压力 p_3，所以旁路口一般都接油箱；而螺纹插装式的三通流量阀则无此限制，完全可以接另一个负载。原因如下（见图 6-43）。

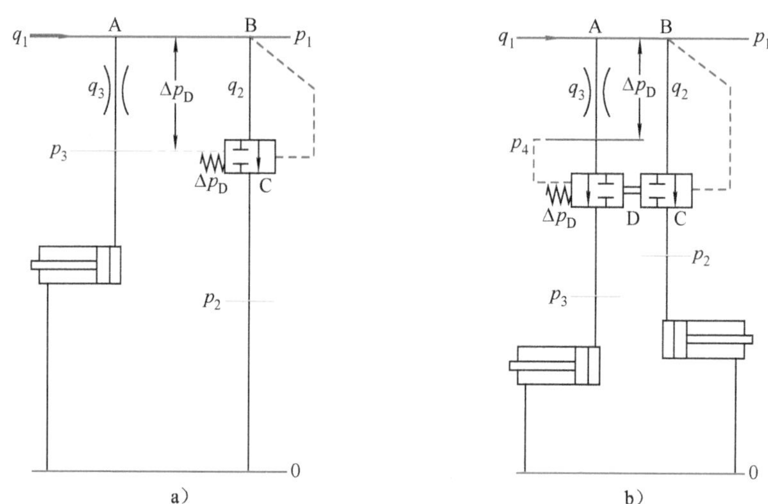

图 6-43　三通流量阀的压降图

a）溢流节流阀　b）三通流量阀

A—优先通道　B—旁路通道　C—旁路节流口　D—优先节流口　Δp_D—定压差

在溢流节流阀中，定压差元件通过节流来维持 p_1 比 p_3 高 Δp_D。如果由于 p_2 很高，导致 p_1 高于 $p_3+\Delta p_D$，即 $p_1-p_3>\Delta p_D$，则定压差阀芯会被推动，开大旁路节流口，移至极限位置，开到最大，失去定差调节作用，q_3 也不再恒定。

因此，溢流节流阀的旁路口一般都不接第二个执行器。

而螺纹插装式的三通流量阀却不同（见图 6-42b）。因为，其定压差阀芯能同时控制旁路节流口 C 和优先节流口 D。如果 p_2 很高，虽然 p_1 会随之升高，推动定压差阀芯，但在开大旁路节流口 C 时，也同时关小优先节流口 D，这样就能升高 p_4，使流量感应口 A 两侧的压差 p_1-p_4 始终保持恒定。所以，其旁路出口 2 可以接第二个执行器。

如果把三通流量阀的定压差阀芯做得很短，使得定压差阀芯移动时，优先节流口 D 的开口不会改变，那其功能就等同于传统的溢流节流阀。

4．变型

因为螺纹插装式的三通流量阀的定压差阀芯同时也调节优先通道的开口，所以，如果在阀块上把旁路口 2 堵住，三通流量阀也可作为二通流量阀使用。

与二通流量阀相似，三通流量阀除了流量感应口可调型（见图 6-44a）外，还有流量感应口不可调型（见图 6-44b），其定压差弹簧的预紧力可调，也即流量感应口两侧的压差可调，同样也可以达到调节流量的目的。详见参考文献[2]的 6.3.5 节。

此外，还有外控卸荷型（见图 6-44c）：如果端口 4 通油箱，则旁路节流口开到最大，几乎所有的液压油都流向旁路口 2。

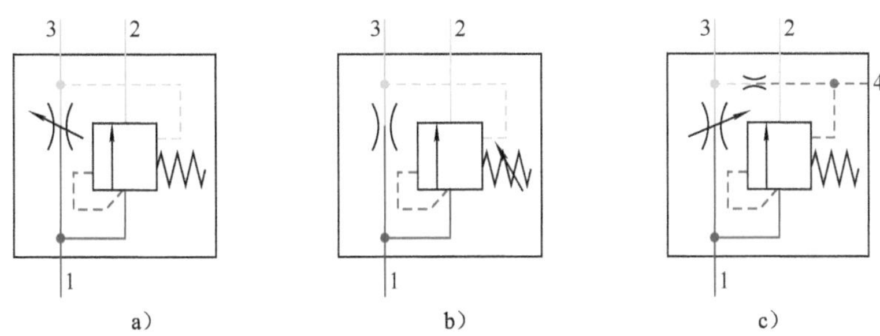

图 6-44　不同类型的三通流量阀

a）节流口可调型　b）节流口不可调型　c）外控卸荷型

5．压差流量特性

使用三通流量阀的目的，是为优先口提供一个恒定的流量。但是实际上，通过优先口的流量不仅会受进口流量的影响，而且也会受优先口压力 p_3，以及旁路口压力 p_2 的影响。由于 p_2 完全可能超过 p_3，所以压差流量特性由两部分组成（见图 6-45）：区域 I 是优先口压力 p_3 高于旁路口压力 p_2；区域 II 是旁路口压力 p_2 高于优先口压力 p_3。

6．动态特性

在进口或出口关闭，没有流量通过时，定压差阀芯由于弹簧的作用，把旁路节流口完全关闭，把优先节流口完全开启（见图 6-46）。在进出口刚开启时，由于定压差阀芯需要响应时间，所以，也会像二通流量阀一样，短时间出现流量突跳现象：全部流量从优先通道流出。

因为含四通型定压差元件的三通流量阀的阀芯同时控制旁路通道的节流口 C 和优先通道的附加节流口 D，所以，它对进出口压力变化的响应速度要快于含二通型定压差元件的溢流节流阀。有时甚至过于灵敏：如果优先口负载出现突跳，阀芯会由于惯量过冲，短时间可能把旁路节流口完全关闭。

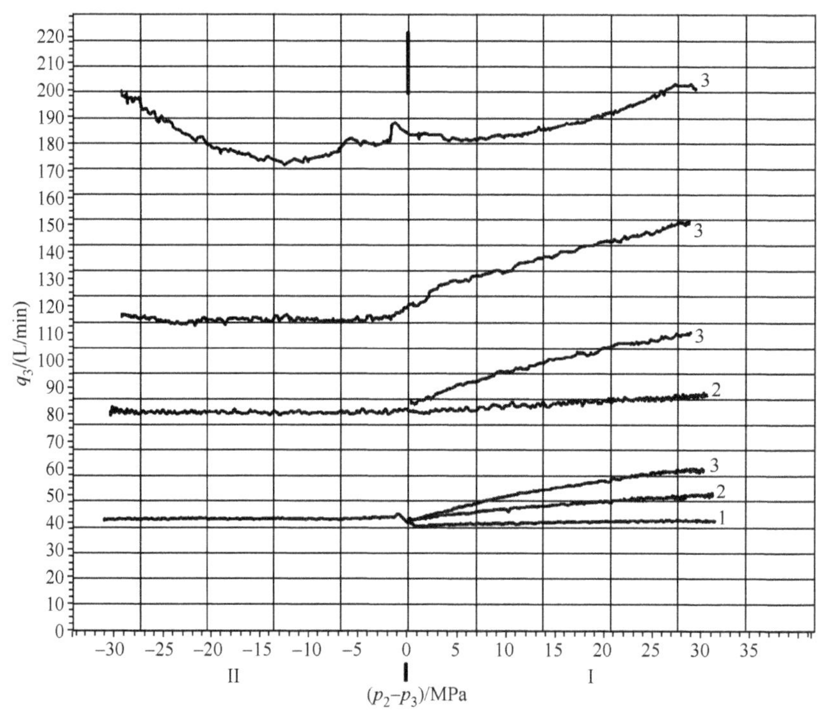

图 6-45　一个三通流量阀实测的压差流量特性

1—进口流量 60L/min　2—进口流量 120L/min　3—进口流量 240L/min

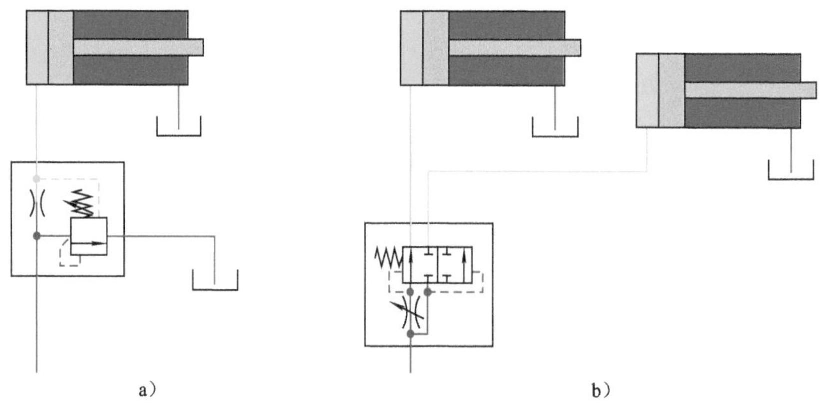

图 6-46　三通流量阀设置在执行器进口

a）单执行器　b）双执行器

6.3.2　三通流量阀的应用

1. 回路

因为三通流量阀本身已经含有优先口节流和旁路节流，所以，仅有设置在执行器进口时（见图6-46），才能调节进入执行器的流量。如果设置在执行器的出口和作为旁路（见图6-47），则起不到调节作用。

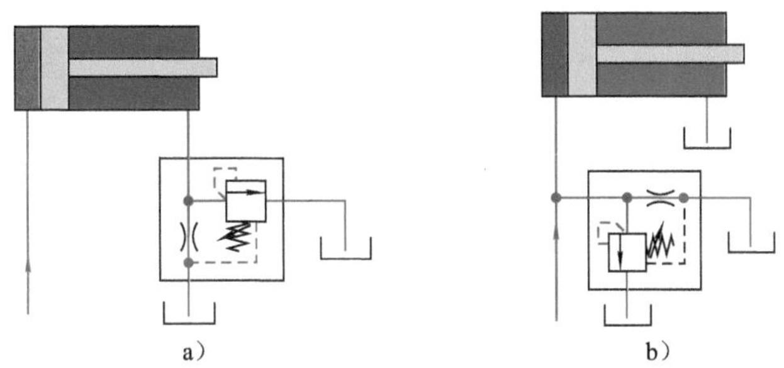

图6-47　三通流量阀不能调节工作流量

a）设置在执行器出口　b）设置在旁路

2. 液压源的工况

由于三通流量阀依靠旁路掉多余的流量而工作，因此，如果液压源工作在恒压工况，进入执行器的流量就不可调。所以，三通流量阀用在执行器进口以调节流量的必要条件就是液压源不能工作在恒压工况。

实际应用于此的液压源大多是工作在近似恒流量工况，即 q_P 近似为一恒值。最常见的是定量泵（见图6-48）。溢流阀作为安全阀，常闭。

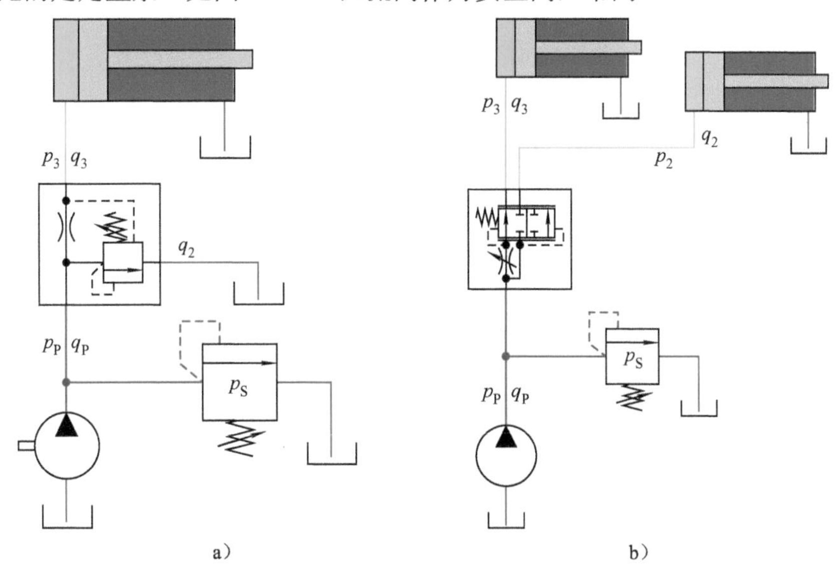

图6-48　使用定量泵作为液压源

a）单执行器　b）双执行器

3. 正常工作区

要使三通流量阀回路（见图6-48）正常工作，必须满足以下两个条件。

1）负载压力非负

$$p_2、p_3 \geqslant 0$$

2）负载压力p_2、p_3不超过液压源的最高工作压力p_S

$$p_2、p_3 < p_S$$

对于溢流节流阀还有一个附加条件：

$$p_2 < p_3 + \Delta p_D - \Delta p_{min}$$

式中　Δp_{min}——多余流量通过旁路节流口全开时的压差。

4．能耗状况

三通流量阀回路的能耗状况如图6-49所示。总输入功率$p_P q_P$可以分成两部分：

I——实际做功的功率，其中I_1——$p_3 q_3$，优先回路实际做功的功率；I_2——$p_2(q_P - q_3)$，旁路回路实际做功的功率。

II——未做功功率，消耗在节流口上，最终转化成热量。

这部分能耗含两部分：消耗在流量感应口和优先节流口上（II_1）及旁路节流口上（II_2）。

因为$\Delta p_D = p_P - p_3$基本是固定的，所以消耗在流量感应口上的功率II_1也基本是固定的。

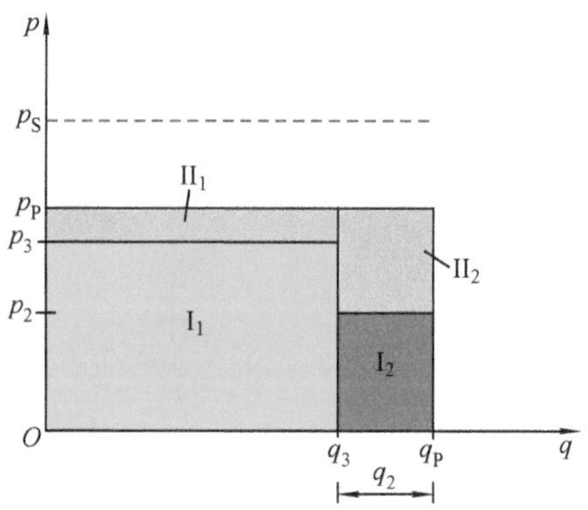

图6-49　三通流量阀回路的能耗状况

I_1—优先回路做功功率　I_2—旁路回路做功功率

II_1—消耗在流量感应口和优先节流口上的功率　II_2—消耗在旁路节流口上的功率

从图6-49中还可以看出，在有两个执行器时，更节能一些。因为，旁路的那部分功率也被部分地利用了。

在采用定量泵加溢流阀作为液压源时，三通流量阀也要比二通流量阀节能，特别是在负载压力变化较大时（见图6-50）。即使只有一个执行器，因为它的进口压力p_{P3}只需要比负载压力p_F再高一个固定值（1.2～3MPa），即会随着负载压力p_F而浮动，而不像使用二通流量阀时，始终固定在一个最高值p_S。

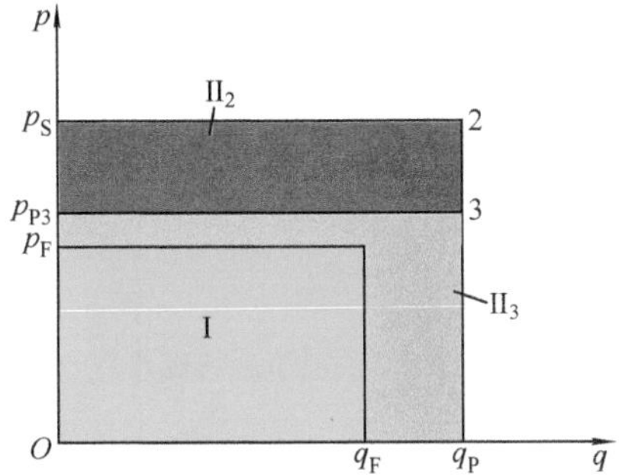

图 6-50 二通流量阀与三通流量阀消耗功率比较

p_F—负载压力 p_S—溢流阀设定压力 p_{P3}—三通流量阀的进口压力 q_P—泵提供流量 q_F—做功流量

I—做功功率 II_2—采用二通流量阀时的未做功功率 II_3—采用三通流量阀时的未做功功率

2—二通流量阀回路输入功率 3—三通流量阀回路输入功率

6.3.3 用三通流量阀构成流量有级变换控制回路

三通流量阀与换向阀配合，可以实现流量的有级变换。

1．用一个三通流量阀实现两级流量控制

回路如图 6-51 所示，如果换向阀处于右位，则只有设定的优先流量 q_1 流向执行器 A；如果换向阀处于左位，则泵输出的全部流量 q_P 流向执行器 A。

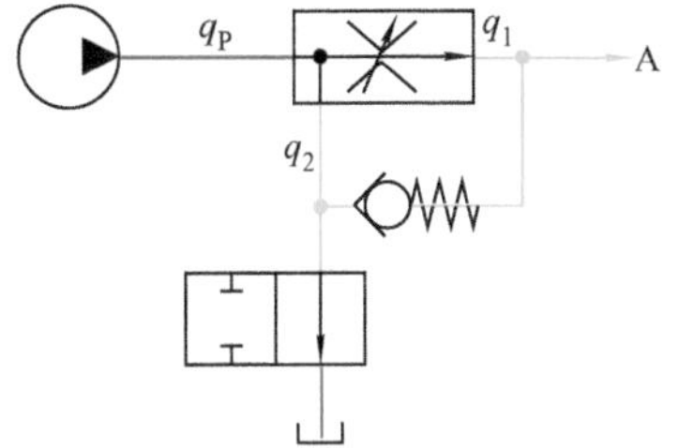

图 6-51 一个三通流量阀实现两级流量控制回路

2．两个三通流量阀回路

两个三通流量阀并联是无法正常工作的，如图 6-52 所示。但如果旁路口与进口串联是可以工作的，如图 6-53 所示，是可以正常工作的，只要泵供流量 q_P 大于两个阀的输出流量之和 q_1+q_2。

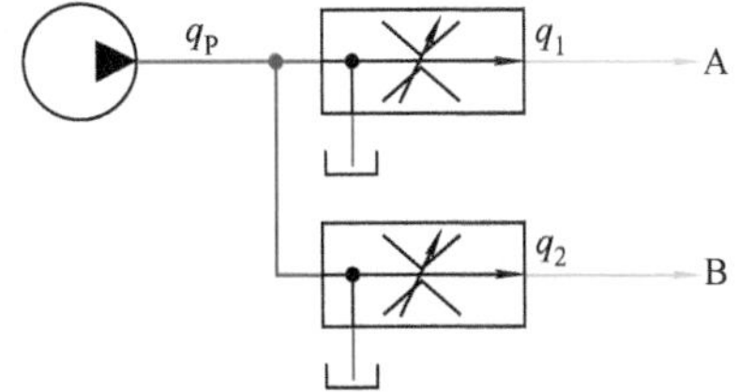

图 6-52 两个三通流量阀并联，无法正常工作

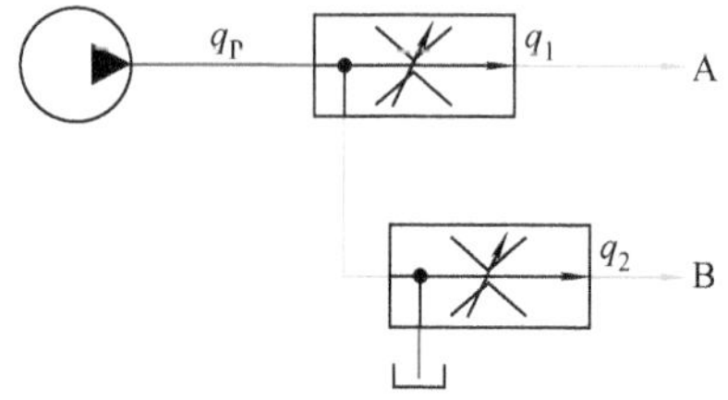

图 6-53　两个三通流量阀串联

因此，可以把两个三通流量阀串联，构成如图 6-54 所示的回路，实现两级流量控制。

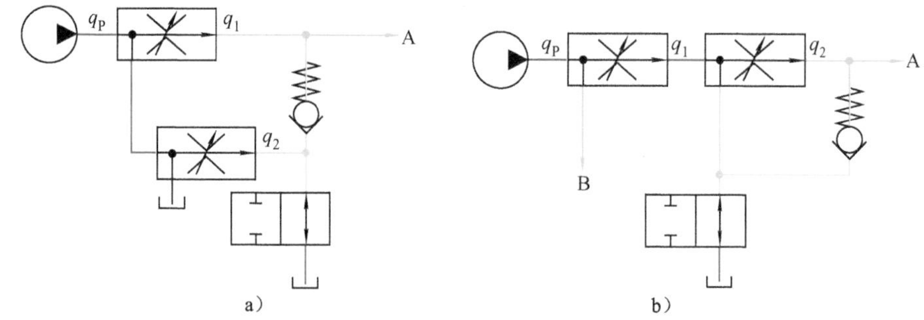

图 6-54　两个三通流量阀串联实现两级流量控制回路

a）旁路口进口串联　b）优先口进口串联

只是这些回路的能耗要比单个阀高一些，因为通到执行器去的流量要经过两次节流，压力损失大一些。

6.4　定压差阀与流量感应口分离的回路

以上所叙述的二通、三通流量阀，是定压差元件与流量感应口结合在一起，组成一个阀使用。但实际上，特别是在工程机械中，使用得更多的是定压差阀与流量感应口相分离的。因为，这样灵活得多。既可使用普通节流阀，也可使用换节阀作为流量感应口。既可以用于进出口节流，也可以用于旁路节流。流量感应口既可以与定压差阀相邻，直接连接，也可以是跨越执行器连接的。

6.4.1　进出口节流

1. 回路

（1）仅含定压差阀和流量感应口的回路　图 6-55 以压降图的形式列出了一些仅含定压差阀和流量感应口的回路。在这些回路中，定压差阀通过节流，努力维持流量感应口两侧压差为恒值Δp_D，从而维持通过流量为恒值。

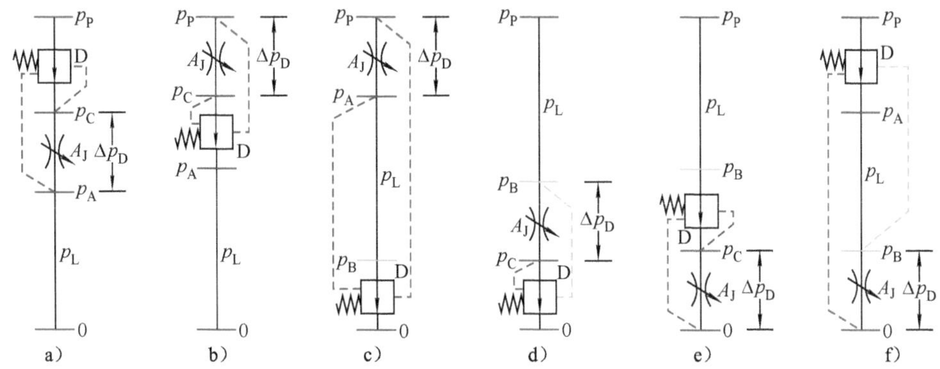

图 6-55　仅含定压差阀和流量感应口回路的压降图

a）流量感应口在进口，定压差阀前置　b）流量感应口在进口，定压差阀后置

c）流量感应口在进口，定压差阀跨接　d）流量感应口在出口，定压差阀后置

e）流量感应口在出口，定压差阀前置　f）流量感应口在出口，定压差阀跨接

D—定压差阀　Δp_D—恒定压差　p_L—执行器进出口间压差

（2）含附加节流口的回路　要能在过载和负负载时都不失控，就需要进出口同时节流。所以，在实际应用中，更多见的是带附加节流口。即，使用换节阀，进出口都有一个可调的节流口，其中一个作为流量感应口。定压差阀通过节流，努力维持流量感应口两侧压差为Δp_D，从而维持通过流量不随负载变化。附加节流口只影响回路的压降，对通过流量没有直接影响。

附加节流口可以设置在邻接型回路中（见图 6-56）。

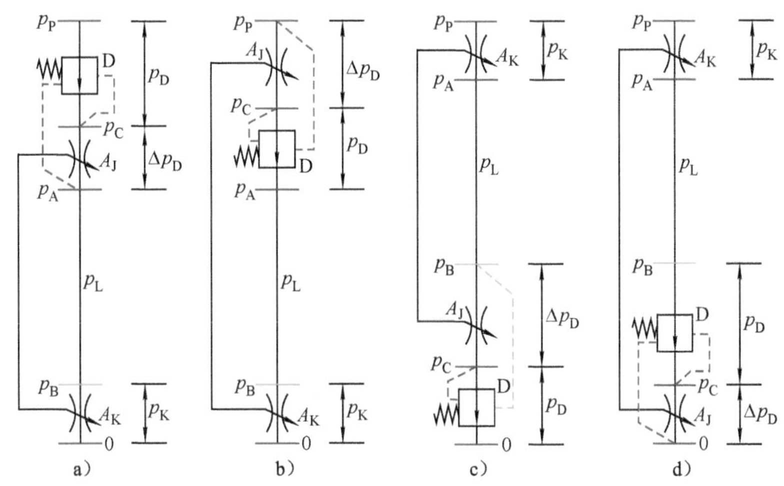

图 6-56　含附加节流口的邻接型回路的压降图

a）流量感应口在进口，定压差阀前置　b）流量感应口在进口，定压差阀后置

c）流量感应口在出口，定压差阀后置　d）流量感应口在出口，定压差阀前置

p_D—定压差阀压差　A_K—附加节流口通流面积　p_K—附加节流口压差

附加节流口也可以设置在跨接型回路中（见图 6-57）。

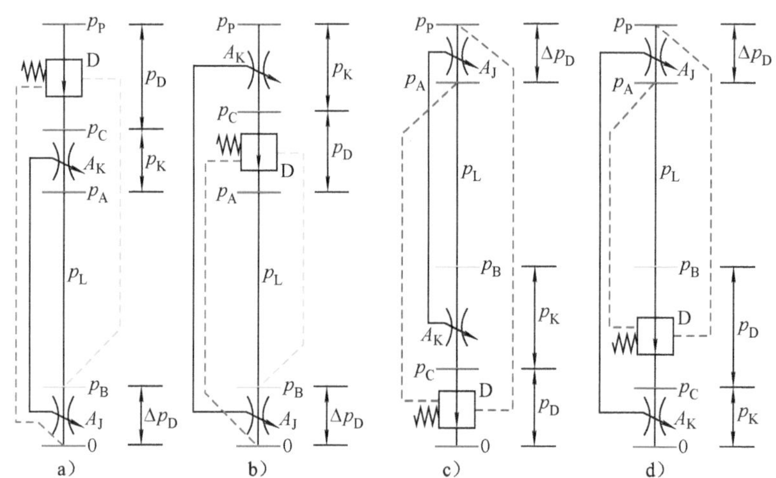

图 6-57 含附加节流口的跨接型回路的压降图

a）流量感应口在出口，定压差阀进口前置 b）流量感应口在出口，定压差阀进口后置

c）流量感应口在进口，定压差阀出口后置 d）流量感应口在进口，定压差阀出口前置

图 6-57 中的回路 a、b 只能在较有限的负负载时调节流量。因为，随着负负载增高，定压差阀除了把节流口关小，降低 p_A 以外，无计可施。当 p_A 降到饱和蒸气压以后，通过流量感应口 A_J 的流量就会随负载而变化了（见 5.2 节）。图 6-56a、b 所示的回路也类似。

2．液压源工况

与单纯使用节流口的进口与出口节流回路一样，上述这些回路都不能与恒流量工况配合工作。

（1）与恒压工况配合 这些回路都可以与恒压工况配合工作。

在正常工作的前提条件满足时，Δp_D 和 A_J 共同决定通过流量

$$q = kA_J\sqrt{\Delta p_D}$$

如果回路中还有附加节流口的话，流量 q 经过执行器，在附加节流口 A_K 造成相应压降 p_K。

则定压差阀通过节流，消耗掉多余的压力

$$p_D = p_P - p_L - \Delta p_D - p_K$$

（2）与恒压差工况配合 以上回路如果能与恒压差工况配合，液压源不仅只提供需要的流量，而且只维持比负载压力高一恒定值的压力，就可以比恒压工况更节能。

这样有两个定压差机构组合使用，看似冗余，但由于定压差阀的动态响应比液压源的变量机构快，因此，可以使系统在节能的同时还有较快的动态响应特性。

在与恒压差液压源组合时，很重要的一点是，如何取恒压差工况的控制压力 p_{LS}。因为这个 p_{LS} 必须取自执行器的驱动腔一侧，以反映驱动压力的状况。因此，这些回路中，驱动腔与泵出口直接相连者，如图 6-55d、图 6-55e 等，都取不到恰当的 p_{LS}。

而且也并非所有可以取到 p_{LS} 的回路都能与恒压差工况恰当地配合工作。以下举例说明。

【例 1】　流量感应口在进口，定压差阀前置

1）图 6-55a 所示的回路，取流量感应口前压力作为 p_{LS}，如图 6-58 所示，可以在恒压差工况下工作。液压源维持定压差阀两侧的压差 p_P-p_C 为恒压差工况的设定压差 Δp_P，所以，只要 Δp_P 高于定压差阀在通过最大工作流量下需要的压差，定压差阀就能发挥作用，保持流量感应口两侧压差为 Δp_D，与 A_J 一起决定通过流量。

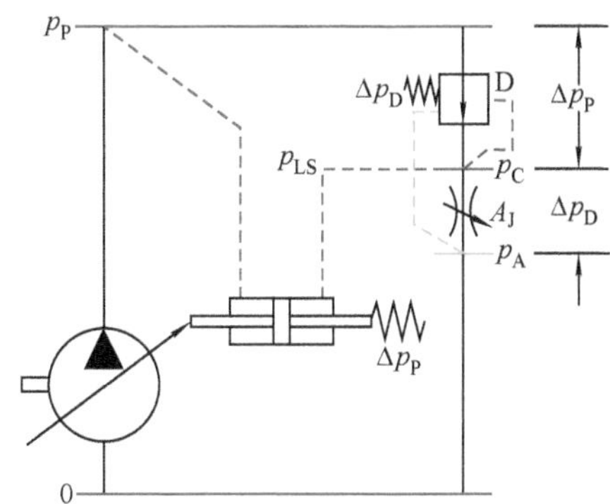

图 6-58　定压差阀前置的进口节流回路与恒压差工况组合的压降图

2）如果取流量感应口后压力作为 p_{LS}，如图 6-59 所示，则液压源维持压差 p_P-p_A 等于 Δp_P。而因为流量感应口 A_J 两侧的压差 p_C-p_A 等于 Δp_D，所以，定压差阀自身消耗的压差 p_D 就限制在 $\Delta p_P-\Delta p_D$。因此，$\Delta p_P-\Delta p_D$ 必须高于定压差阀在最大工作流量下需要的压差，定压差阀才能正常发挥作用。所以，这个回路中的 Δp_P 要比图 6-58 中的高 Δp_D，这对提高恒压差变量机构的响应灵敏性有利。

【例 2】　定压差阀后置

图 6-56b 所示的定压差阀后置回路与恒压差工况组合，如果取定压差阀前压力 p_C 作为 p_{LS}，如图 6-60a 所示，则由于两者冲突，而有下述两种情况。

1）如果设定的 $\Delta p_P<\Delta p_D$，则通过流量由 A_J 与 Δp_P 决定。定压差阀的节流口在弹簧的作用下开到最大，不起调节作用。

2）如果设定的 $\Delta p_P>\Delta p_D$，则为了达到希望的 Δp_D，定压差口不断关小，结果导致 p_P 上升至液压源的设定压力，液压源转入恒压工况，不能再维持 Δp_P。仅定压差阀在起作用。

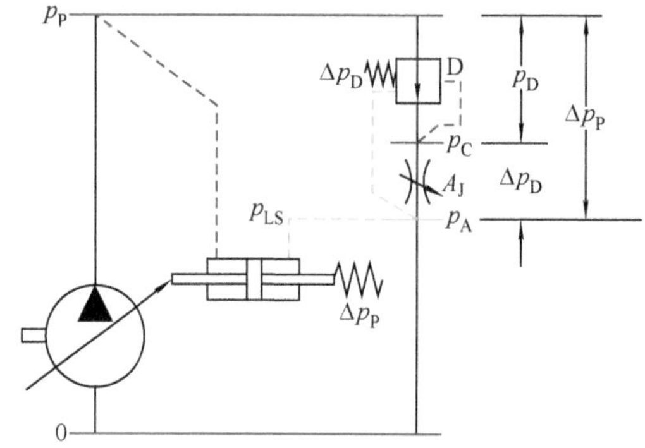

图 6-59　取流量感应口后压力作为恒压差控制压力的压降图

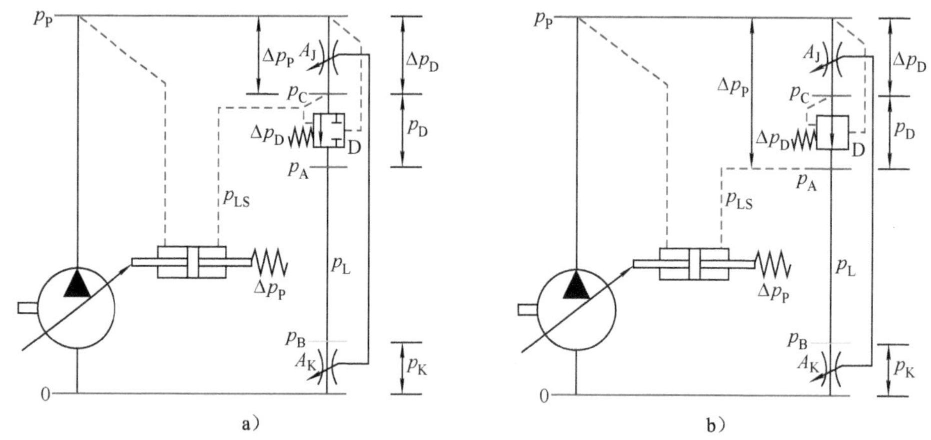

图 6-60　定压差阀后置的进口节流回路与恒压差工况组合的压降图

a）定压差阀前压力作为 p_{LS}　b）定压差阀后压力作为 p_{LS}

如果类似图 6-59，取定压差阀后压力 p_A 作为 p_{LS}（见图 6-60b），则可以正常工作。

【例 3】　跨接型

图 6-61 所示为一些跨接型回路（见图 6-57a、b）与恒压差工况的组合。

其中，图 6-61a 所示回路的特性与例 1 的 1）类似。

图 6-61b、c 所示回路的特性与例 1 的 2）相近。

图 6-61d 所示回路中，Δp_P 与 A_K 确定一个流量 q_K，Δp_D 与 A_J 确定一个流量 q_J，则有下述两种情况。

1）如果 $q_K < q_J$（根据液压缸作用面积折算的），则通过流量为 q_K。定压差口开到最大，不起定压差作用。

2）如果 $q_K > q_J$，则定压差口不断关小，希望达到 q_J，导致 p_P 上升至液压源设定压力，液压源转入恒压工况，仅定压差阀在起作用。

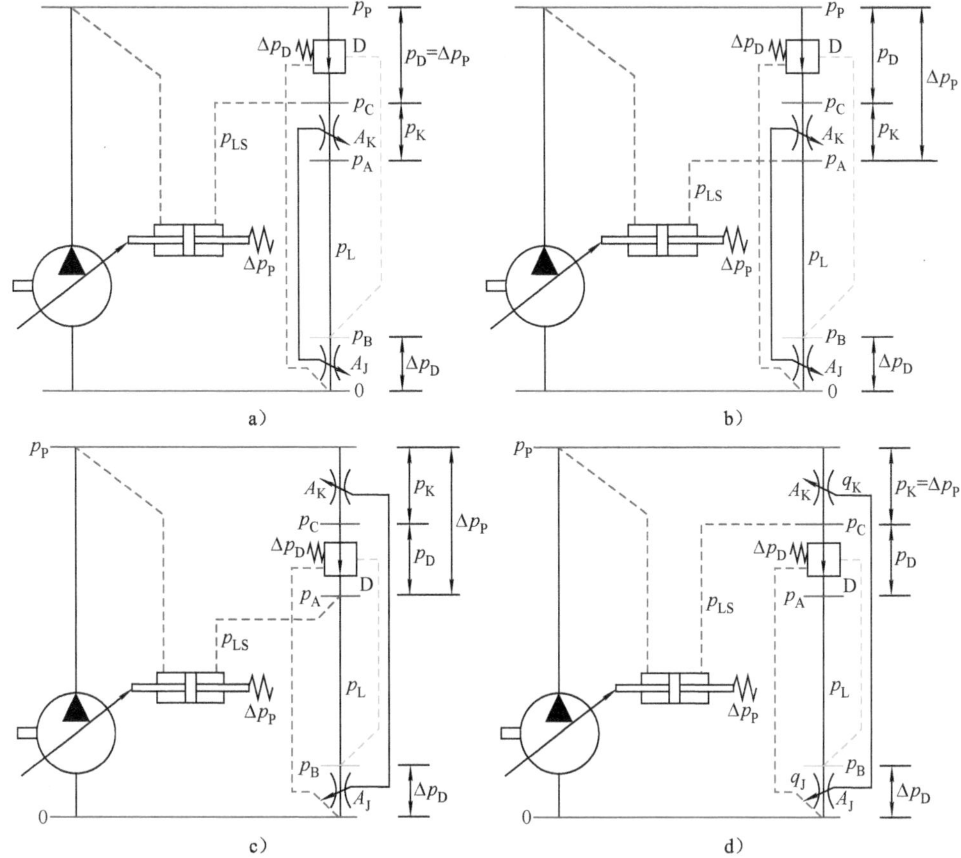

图 6-61　流量感应口在出口的跨接型带附加节流口与恒压差工况组合的压降图

a）定压差阀前置，p_C 作为 p_{LS}　b）定压差阀前置，p_A 作为 p_{LS}

c）定压差阀后置，p_A 作为 p_{LS}　d）定压差阀后置，p_C 作为 p_{LS}

3. 应用回路

【例 1】　与四端口换节阀配合

如图 6-62 所示中，定压差阀和四端口换节阀构成了一个进出口节流回路，其压降图如 6-56a 所示。

在换节阀切换入工作位置后，通过梭阀选出 p_{LS}。定压差阀通过节流，尽量保持 p_C 比 p_{LS} 高 Δp_D。这样，通过换节阀的流量就不会随负载压力变化。泵输出的多余流量从溢流阀溢出。如果把定压差阀看作液压源的一部分，则表面上好似用定量泵实现了一个恒压差液压源，但实际能效与普通进口节流回路（见 5.1 节）基本相似。

由于差动缸两腔的工作面积不同，在无杆腔作为驱动腔，并且负载很低或反向时，背压 p_B 可能高于驱动压力 p_A（见 2.1.1 节）。这时，梭阀就会选出 p_B 作为

p_{LS}，高于 p_A，结果流量感应口两侧的压差

$$p_C - p_A = (p_{LS} + \Delta p_D) - p_A = p_B + \Delta p_D - p_A > \Delta p_D$$

所通过的工作流量就会高于期望值。

在执行器不需要工作，换节阀移到中位时，从定压差阀流出的流量可以几乎无压降地回油箱，p_C 很低。而定压差阀为使 p_C 高于 $p_{LS}+\Delta p_D$，把节流口全开。因此，p_P 很低，液压源转入恒排量工况，溢流阀关闭，能耗较低。

但是，如果选用的换节阀阀芯中位的 P→T 通道很小，以致 $p_C > \Delta p_D$，在 p_{LS} 为零时，定压差阀就会不断关小节流口，直至溢流阀开启，部分流量从溢流阀流出。这样，系统未能卸荷，功率浪费严重。

【例 2】 与五端口换向阀配合

图 6-63 所示回路使用五端口换节阀，驱动压力通过换节阀阀芯内的通道，与 p_{LS} 相连。因此，不需要梭阀，也不会出现上述把背压腔压力误作驱动压力的现象。

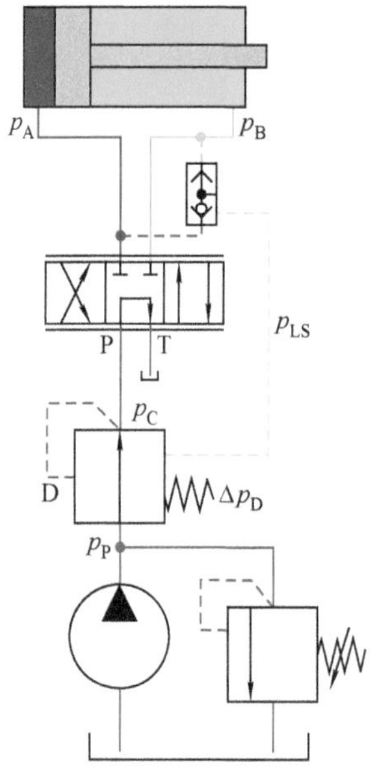

图 6-62 与四端口换节阀组成的进出口节流回路

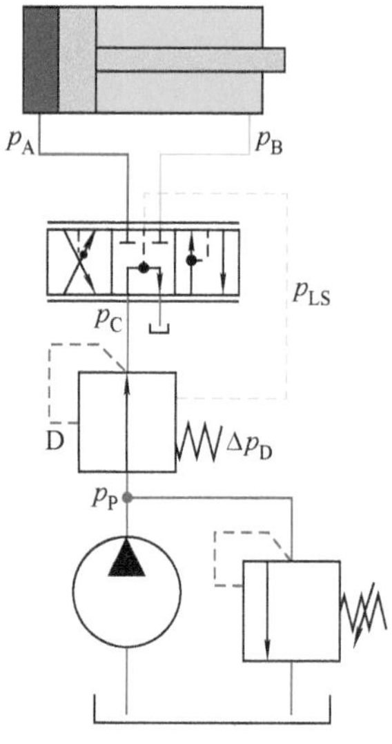

图 6-63 前置定压差阀与五端口换节阀组成的进口节流回路

【例 3】 出口节流回路

在图 6-64 所示的回路中，工作时，p_{LS} 通过换节阀阀芯内的通道与液压缸背压腔相连。定压差阀设置在换节阀的 T 口，通过节流，努力维持 p_{LS} 与 p_C 之差恒定，从而使工作流量不随负载变化。压降图如图 6-56c 所示。

【例 4】 跨接型回路

图 6-65 所示的回路中，p_{LS} 通过换节阀阀芯内的通道与执行器驱动腔相连。

四端口定压差阀 D 设置在换节阀的 T 口，通过节流，努力维持 p_P 与 p_{LS} 之差恒定，从而使工作流量不随负载变化。压降图如图 6-57c 所示。

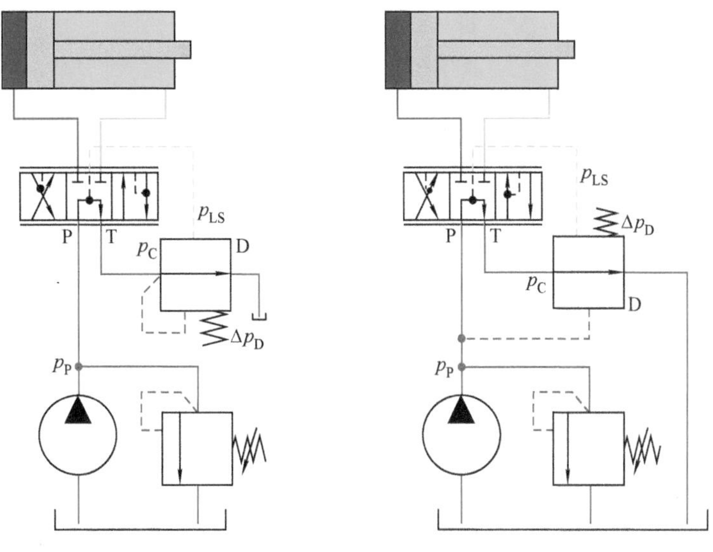

图 6-64　出口节流回路　　图 6-65　跨接型出口节流回路

在换节阀回复到中位时，p_{LS} 通过换节阀与 P 口相连，$p_{LS}=p_P$。在弹簧作用下，定压差节流口开到最大，系统卸荷，能耗较低。

6.4.2　旁路节流

1．原理图

图 6-66 所示为一些含定压差阀的旁路节流回路及它们在正常工作区的压降图。

图 6-66 中，回路 a、b 不能承受负负载，回路 c 可以一定程度地承受负负载。

与简单旁路节流回路相似，含定压差阀的旁路回路也不能和恒压工况、恒压差工况组合工作。通常与恒流量工况配合。

2．应用回路

图 6-67 系图 6-66b 的回路配恒流量液压源。定压差阀 D 和换节阀构成了一个旁路节流型流量控制回路。

在换节阀切换入工作位置后，p_{LS} 通过换节阀与驱动腔相连。定压差阀通过旁路尽量保持相应的流量感应口两侧压差为 Δp_D。这样，通过换节阀的流量就不随负载压力变化。

在换节阀中位时，p_{LS} 通过换节阀与油箱相连卸荷，则泵出口压力降至 Δp_D。

溢流阀在此处仅作安全阀，常闭。

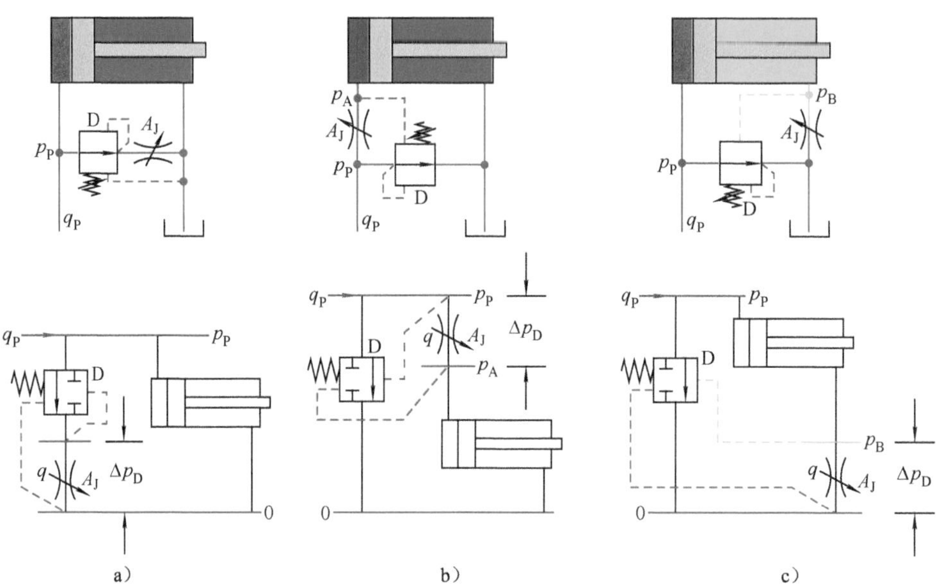

图 6-66　含定压差阀的旁路节流回路

a）仅旁路节流回路　b）定压差阀旁路，进口节流　c）定压差阀旁路，出口节流

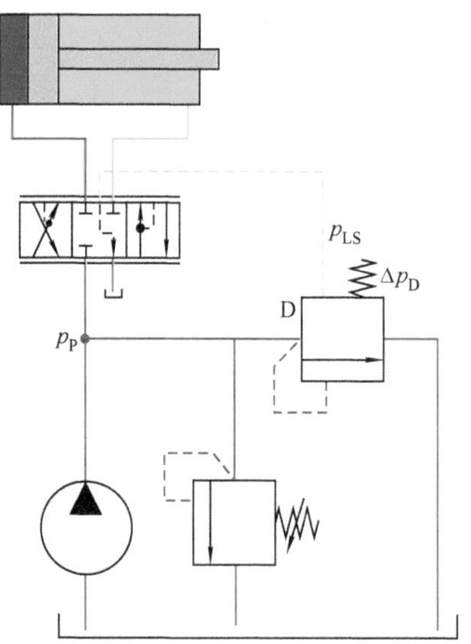

图 6-67　定压差阀旁路节流回路

第 7 章　其他使用液阻的流量控制回路

本章介绍平衡阀和其他一些控制流量的液压阀及其回路。

7.1　平衡阀概述

平衡阀，英语中被称为 Counterbalance Valve[抵消（重力影响）阀]、Load Control Valve（负载控制阀）、Motion Control Valve（运动控制阀）、Overcentre Valve（过中心阀）、Boom Lock Valve（上升锁住阀）。其实，此阀与保持物体平衡无关，倒是其德文名称 Lasthaltensventil（负载保持阀），或 Senkbremsventil（下降减速阀）更贴近其关键功能，但考虑到国内习惯，本书还是称为平衡阀。

7.1.1　功能

需求推动技术发展，平衡阀也是为了满足实际应用中的以下功能需求而被开发出来的。

1．负载保持功能

在很多实际应用场合中，希望负载在无上升液流（换节阀处于中位、泵停转）时能较长时间保持在相对固定的位置。这就要求控制阀不能有泄漏。能做到无泄漏的，必须是座阀（含锥阀、球阀等），而滑阀都有泄漏。

普通液控单向阀可以实现负载保持功能（见图 7-1）。通口 2→1，允许液流以很低的压力损失通过，进入液压缸，举升负载。然后锁住通道 1→2，保持负载位

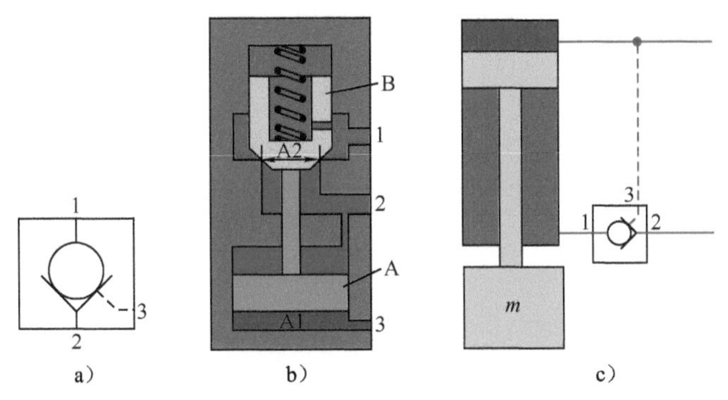

图 7-1　液控单向阀

a）图形符号　b）工作原理图　c）应用回路

置不变。直到端口3有控制压力，推动控制活塞A，顶开单向阀芯B，开启通道1→2，负载才下降。

2．下降减速功能

液控单向阀属于开关型阀，只能开或关，停留在两个极限位置，做不到精细控制，很容易出现运动速度不稳定的现象。而在许多应用场合，不仅在两个稳态（静止和下降）要非常稳定，而且在过渡阶段（从静止开始下降和从下降回复到静止）也需要非常柔和，例如升降工作台、剧院舞台、起重机吊重物等。因此，液控单向阀就不适用于这种场合。

在实际应用中，有负负载的场合很多，除了如液压电梯下降时，起重机、挖掘机、装载机等的动臂下降等以外，还有负载减速运动，如行走机械制动时，惯性力也是一个负负载。还有在很多场合，负载方向在一个运动过程中会交替变化（见图7-2），从而要求控制回路，无论负载方向如何，都要保持流量恒定。

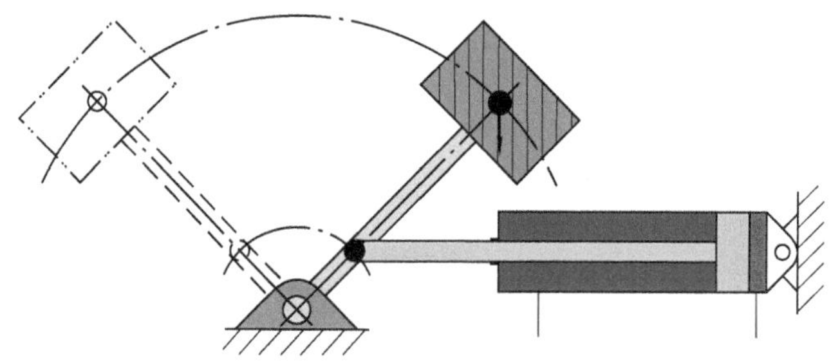

图7-2 负载方向交替变化

从第5章的分析可知，在执行器出口设置液阻节流，能够控制负负载。若使用简单液阻，则所控制的流量随负载而变化。只有在出口使用可随负载而变的液阻，如定压差阀，才可以使流量一定程度地不随负载变化。

两者的嫁接就产生了平衡阀。平衡阀可以做到关闭时无泄漏，保持负载不下降；开启时可精微连续调节，控制负载运动速度不受负载方向与大小影响。

平衡阀的应用类似液控单向阀：把液压缸的上腔压力作为控制压力，与控制压力口3相连（见图7-3）。利用这一端口压力的变化来控制节流口的开启量。因为液压缸上腔的压力取决于进入该腔的流量与活塞实际下降所需要的流量之差，所以，如果负载下降太快，上腔所需要的流量超过进入该腔的流量，压力就会下降，就会关小节流口，从而降低液压油从下腔流出的流量。这样，就可以通过控制输入上腔的流量来控制下降速度了。所以，所谓下降减速功能，实际上就是液控节流功能。

3．溢流功能

在实际应用中，还可能会出现这样的情况。液压缸中的活塞已经上升到上终点，端口 3 无控制压力，通口 1→2 关闭，由于如外力或热膨胀，导致液压缸下腔压力显著上升。为了避免液压缸由于超压而损坏，就需要有溢流功能：当端口 1 的压力超过设定压力时，通口 1→2 开启，溢流限压。

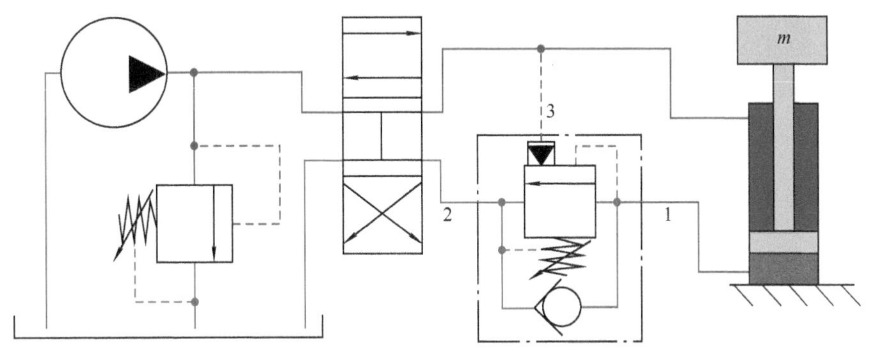

图 7-3　用平衡阀控制负负载

1—负载口　2—回油口　3—控制压力口

大多数平衡阀都具有这一功能。这时，其设定压力一般应该是系统主溢流阀开启压力的 130%以上，以保证在正常情况下以最高工作压力举升的负载不致因为平衡阀的溢流功能而下降。

4．低液阻上升功能

当然，负载不能只下降，还要上升，而上升时要克服的重力已是够大的了。所以，希望这时阀的液阻要尽可能小，为此设置了单向功能。

所以，平衡阀，一般来说，是集四种功能于一身。

平衡阀若直接装在液压缸的出口，可以减少负载端的容积，提高液压缸的运动刚性，还可在爆管时起到安全阀的作用。

7.1.2　稳态特性

1．控制比与其在系统中对控制压力的影响

平衡阀中，控制压力的作用面积与负载口压力的作用面积之比，即为控制比（Control Ratio），也就是，为了开启液控节流通道所需的负载口压力与控制压力之比。

这里的负载口压力，包含了液压缸里负载引起的压力和控制压力引起的附加压力。

常见的平衡阀根据负载口压力的作用方向可以分为两类。

一类，其负载口压力趋向关闭液流通道，开启通道完全要依靠控制压力。例如布赫公司的 BBVC 阀（见 7.2.3 节）。因此，控制比这一参数具有完全不同的影响，就不在本节中讨论了。

另一类，负载口压力趋向于开启液流通道，但由于有效作用面积小，需要的压力很高。而控制压力的作用面积大得多，因此开启通道所需要的压力就低得多。大多数平衡阀属于这一类。本节针对此类平衡阀的控制比进行讨论。

控制比是平衡阀和液控单向阀特有的参数，也是平衡阀对系统影响最大的参数，决定了开启液控节流功能所需的最低控制压力，一般从 1.5 到 10 不等。

控制比低，一般来说稳定性好，但能耗高。因为控制压力通过液压缸或马达，又增加了另一腔，也即平衡阀负载口的压力。

以下对不同应用场合下的最低控制压力（见图 7-4）分别作一分析。

令设定压力，即无背压、无控制压力刚开始溢流时的压力为 p_S，则平衡阀液控节流功能的开启条件为

$$p_A + p_B K_C > p_S \tag{7-1}$$

式中 K_C——控制比；

p_B——控制压力；

p_A——负载口压力。

令活塞面积为 A_A，有杆腔的环形面积为 A_B，负载力为 F。

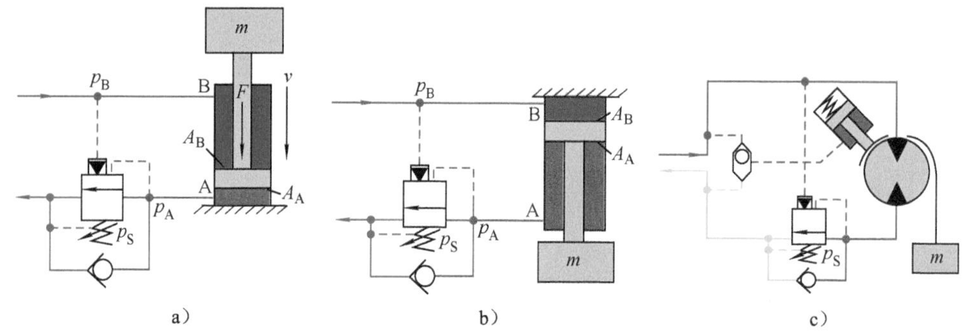

图 7-4 平衡阀的开启条件

a）负载作用于无杆腔 b）负载作用于有杆腔 c）两腔作用面积相同时

1）如果负载作用于无杆腔（见图 7-4a），则作用在活塞上的力平衡方程式为

$$F + p_B A_B = p_A A_A$$

从而可得

$$p_A = F/A_A + p_B A_B/A_A = p_F + p_B K_A \tag{7-2}$$

式中 K_A——液压缸有杆腔与无杆腔面积比，$K_A = A_B/A_A < 1$；

p_F——负载压力，即 $p_F = F/A_A$。

把式（7-2）代入式（7-1），则得到平衡阀在该系统中的开启条件

$$p_F + p_B K_A + p_B K_C > p_S$$

即控制压力

$$p_B > (p_S - p_F)/(K_C + K_A)$$

从此式中可以看出，设定压力 p_S 越高，负载压力 p_F 越低，控制比 K_C 越小，则需要的控制压力 p_B 越高。

控制压力在负载口压力中引起的附加压力

$$p_A - p_F = p_B K_A > (p_S - p_F)K_A/(K_C + K_A)$$

2）如果负载作用于有杆腔（见图 7-4b），开启条件相同

$$p_B > (p_S - p_F)/(K_C + K_A)$$

只是此时，$K_A = A_B/A_A > 1$。

3）如果两腔作用面积相同（见图 7-4c），类似可得开启条件

$$p_B > (p_S - p_F)/(K_C + 1)$$

从以上分析可以看出，不管哪种情况，负载压力 p_F 越低，开启所需的控制压力 p_B 越高。如果次级有溢流阀的话，其设定值必须高于负载压力最低时的控制压力 p_B。

2．控制压力-流量特性

平衡阀的控制压力-流量特性（见图 7-5）反映了负载口压力不变时，控制压力变化对被控流量的影响。

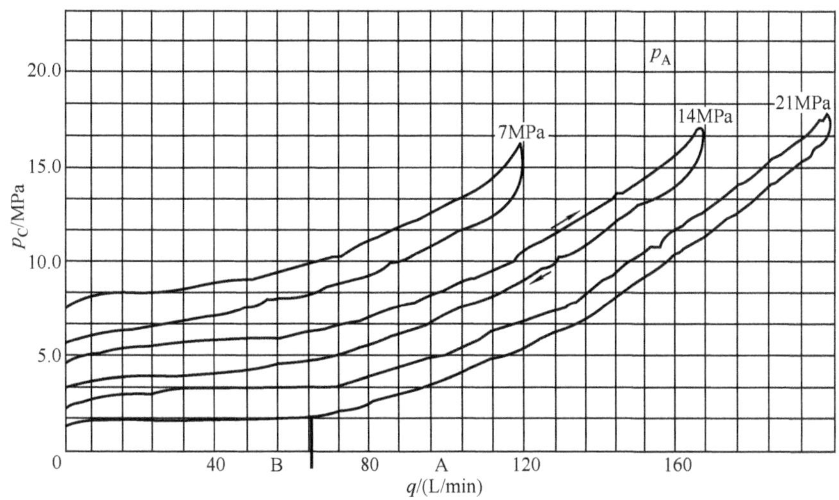

图 7-5　一组实测的控制压力-流量特性曲线族（$p_S = 28$MPa）

q—被控流量　p_C—控制压力　p_S—设定压力　p_A—负载口压力

曲线比较平，如在区域 B，表示即使控制压力很小的变化，也可能使被控流量在一个较大的范围变化。而曲线比较陡，如在区域 A，则表示控制压力必须明显增加，被控流量才增加，运动速度就比较容易控制。所以应该尽可能地在区域 A 工作，避开区域 B。

3．名义流量与控制流量

平衡阀的**名义流量**（**Norminal Flow**）指的是在一定压差下能通过单向功能的

流量，取决于阀的几何尺寸，通常比平衡阀在液控节流时需要通过的流量大得多。

控制流量。平衡阀在液控节流时，阀芯处在一个动态平衡位置，负载口压力，特别是控制压力的波动，会引起阀芯位置的波动，进而是开口面积的波动，从而引起被控流量的波动，导致负载运动速度的波动。特别是在小流量、开口较小时，相对波动就会更大。

为了应对这种情况，升旭及其他公司设计了许多带不同节流特性，实际上是不同通流面积梯度的平衡阀。因为，在同样阀芯位置波动下，通流面积梯度小，通流面积波动就小。这样，流量波动也就因此较小。这样，就可以使平衡阀尽可能地工作在控制压力-流量特性的 A 区域。

图 7-6 所示为几个外形尺寸相同的平衡阀的控制压力-流量特性曲线的对照。它们的名义流量相同，控制比均为 3，设定压力均为 28MPa，负载口压力为 7MPa。CBEA 为标准型，CBDC 为半节流型，CBDA 为节流型。

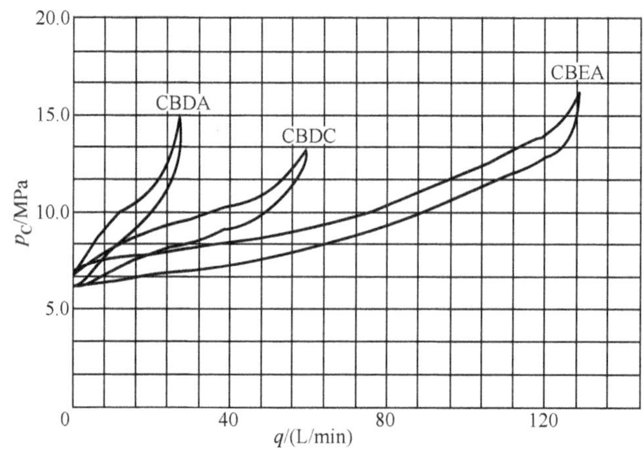

图 7-6　不同节流特性的阀的控制压力-流量曲线（升旭）

q—被控流量　p_C—控制压力

图 7-6 中的曲线越陡，意味着$\Delta q/\Delta p_C$越小，即被控流量对控制压力的变化越不敏感，负载运动速度就相对稳定些。从曲线对比可以看出，在被控流量小于约 25L/min 时，节流型 CBDA 比其他类型更稳定。

因此，在选用平衡阀时，既要根据通过单向功能的流量确定所需的名义流量，也要兼顾实际被控流量的需要。流量不大但压力波动大的系统，如有可能的话，选用（半）节流型，控制效果会稳定些。

4．负载口压力-流量特性

负载口压力-流量特性是平衡阀在某个控制压力下，被控流量随负载口压力而变的特性。典型测试曲线如图 7-7 所示。在控制压力较小（p_{C1}）时，需要很高的负载口压力，通道才能开启。这时，开口随流量增加较慢，液动力随流量的增加超过了弹簧力随流量的增加，因此，曲线呈下降趋势。

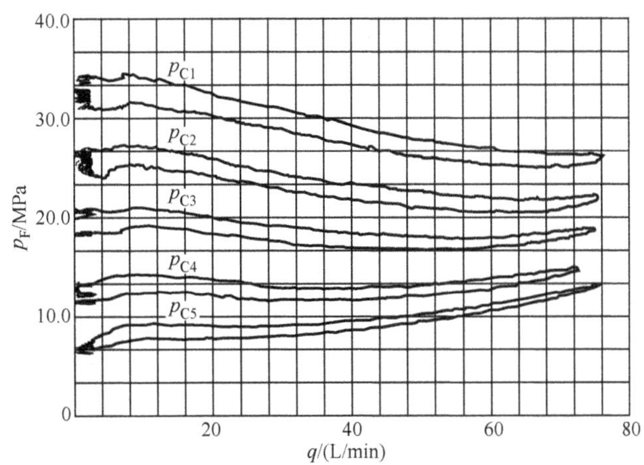

图 7-7　某平衡阀在不同控制压力下实测的负载口压力-流量特性曲线

q—被控流量　p_F—负载口压力　p_C—控制压力，$p_{C1}<p_{C2}<p_{C3}<p_{C4}<p_{C5}$

在控制压力较大（p_{C5}）时，不要很高的负载口压力，通道就开启。开口随流量增加较快，液动力随流量的增加小于弹簧力随流量的增加，因此，曲线呈上升趋势。

必须指出，以上这两种测试与实际应用的工况还有一些不同。因为，在实际应用中，控制压力与负载口压力会且必须反向同步变化，以保持流量近似不变。

另外，该测试只模拟了液阻型负载，实际系统中常常还同时有惯性负载、力负载及弹性负载，情况复杂得多。

至今尚未见专门针对平衡阀测试的国际标准。参考文献[2]的 5.1.6 节给出了测试回路与测试过程的建议。应用同一测试系统对不同厂家不同类型的平衡阀进行测试，就可以比较出它们的适用性。

7.1.3　系统稳定性和阀的瞬态响应特性

1．系统稳定性问题

在平衡阀的诸项功能中，最重要的就是要使负载按希望的速度不受干扰地平稳下降：柔和开启，稳定在某一状态，柔和关闭。因此，平衡阀在受到干扰或工况变化后的瞬态响应特性是至关重要的。

图 7-8a 所示为系统不稳定时，振动越来越严重。图 7-8b 所示为使用了恰当的平衡阀后，系统即使受到干扰后，仍能保持稳定工况。

可惜的是，没有供货商在其产品样本中给出平衡阀的瞬态响应特性指标，不过，这也确实不易给出。

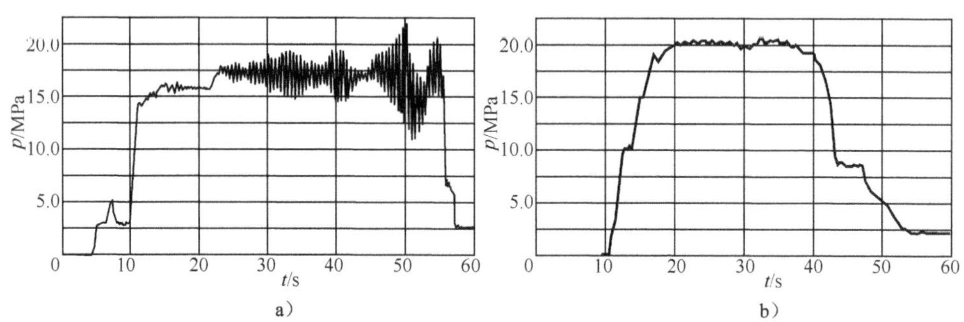

图 7-8 在一台挖掘机上实测的液压缸压力（伊顿）

a）不稳定工况 b）稳定工况

2．振动的原因

1）平衡阀含有弹簧，弹性力与阀芯惯量组合起来，就是一个振动系统，在外界有干扰时就可能振动。

2）从控制工程的角度来看，含平衡阀的系统是闭环系统。图 7-9 所示为一含平衡阀的子系统。从其简化的信息流图中可以看出，即使不考虑速度 v 对负载力 F 的影响，该子系统中也含有至少两个闭环。有闭环，就可能不稳定。

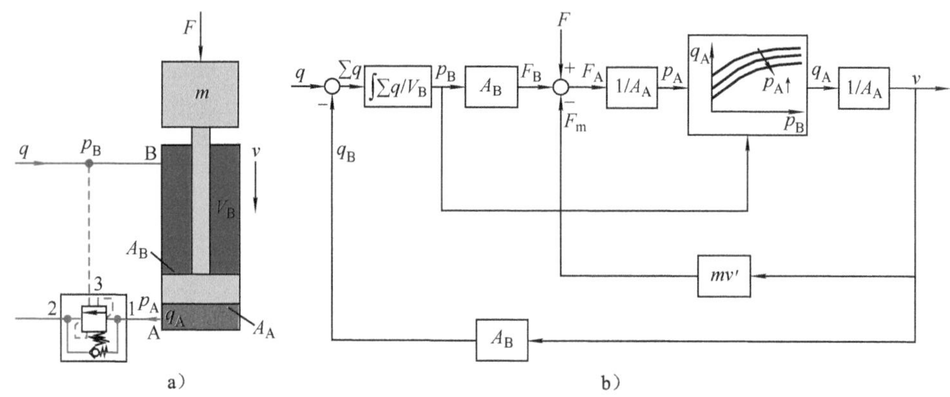

图 7-9 含平衡阀的子系统

a）液压回路图 b）简化信息流图

F—外力 F_B—上腔压力对活塞的作用力 F_m—负载惯性力 F_A—活塞受到的合力

3）平衡阀所在的系统中，某些部件惯量可能很大，例如，起重机、升降工作台等。液压缸一般是通过杠杆（动臂）推动负载的，负载的惯量对液压缸而言，放大了数倍。系统中通常还带有弹性很大的元件（液容，如蓄能器、长软管等，也是弹性元件）。这些惯量与弹性元件组合在一起，就形成了一个振动系统。

由于这些元件的惯量与弹性常常不是固定的，而是随着运动过程不断改变的。所以，固有频率也不是几个常数，而是在一个很广的范围内变化。这些都增加了控制的难度。

所以，系统的稳定性不仅仅取决于平衡阀，也受系统中其他元件特性的影响。

3．减少振动的措施

（1）寻找振动根源　因为是闭环系统，一旦发生振动，往往整个系统都在振动，使用压力传感器记录压力变化时，往往各点的压力都有振动，只是振幅大小不同而已。因此，很难确定振动的根源何在。

一条途径是，根据压力传感器记录的压力波形，估算出基波的频率。对系统与元件的固有频率进行估算，从而确定振动的根源，设法错开相应部分的固有频率。

（2）通过增加控制压力管路的液容来减小控制压力的波动（见图 7-10）

1）使用细长管引入控制压力。增加管道长度，例如，通过螺旋形。

2）加入很小的阻尼孔，在靠近平衡阀的一侧采用软管。

3）加单向节流阀。

4）在控制压力端口加一高频响的小蓄能器。

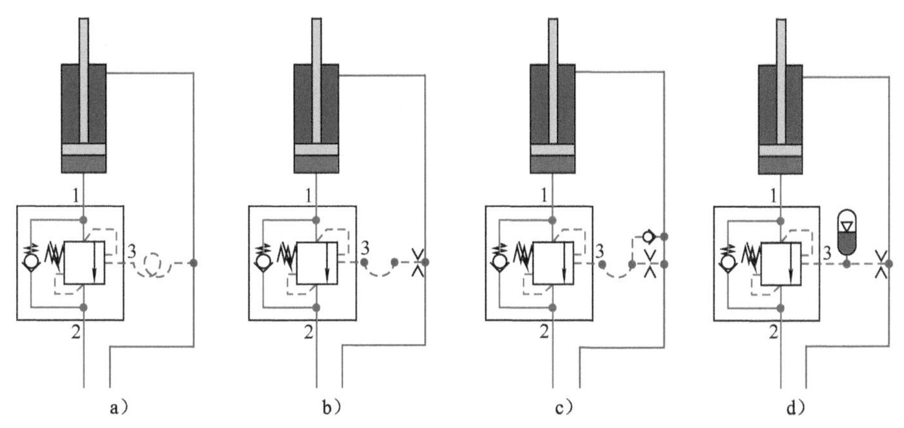

图 7-10　增加控制压力管路的液容

a）使用细长管引入控制压力　b）阻尼孔加软管　c）加单向节流阀　d）加蓄能器

这些措施，一般可以一定程度地减少控制压力的波动，从而减少整个系统的振动。

（3）液压缸负载口附加节流　在液压缸负载口与平衡阀之间加入适当节流口，如图 7-11 所示，有几个作用。

1）可以分散压降，消耗振动能量。

2）落在平衡阀节流口两侧的压降小了，节流口就会开得大些，对于振动就不那么敏感了。

3）可以避免，在通道刚开启时的瞬间，由于流量过大而引起的冲击损坏锥阀座。

只是，简单节流口在负载上升时，消耗了不必要的能量。所以，最好采用单向节流阀。

（4）更换平衡阀种类

1）采用控制比较小的平衡阀。

2）采用带附加阻尼型平衡阀（见 7.2.1 节）。

3）更换平衡阀类型。例如，采用两级开启型（见 7.2.2 节），或布赫 BBV 型（见 7.2.3 节）。

（5）改变系统中其他元件 某些波动可能甚至根本没有一个平衡阀能完全消除，必须从其他地方找改进点。

例如，一液压系统采用定量泵加普通流量阀加换向阀（见图 7-12a）。在换向阀切换到左位时，由于输入液压缸的流量突变，引起相应的压力 p_1 突变。这对该系统是一个阶跃信号，很容易引起压力 p_2 很大的波动。图 7-12b 中，曲线 A 是使用普通溢流阀，曲线 B 是使用了一个软溢流阀。它可提前开启，使压力 p_1 上升缓慢一些，由此造成的压力 p_2 跌落就要小得多。

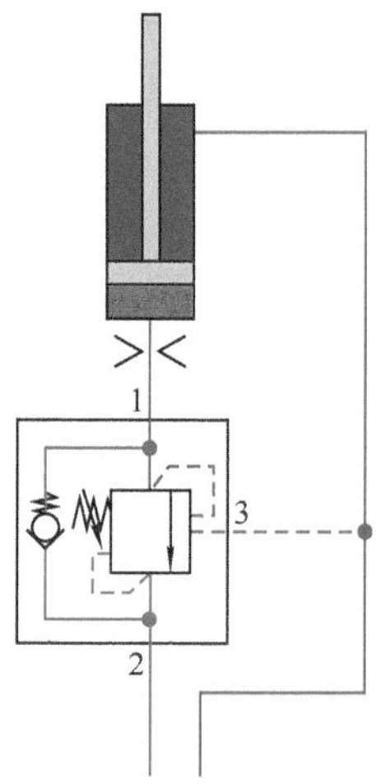

图 7-11 用附加节流分散压力降

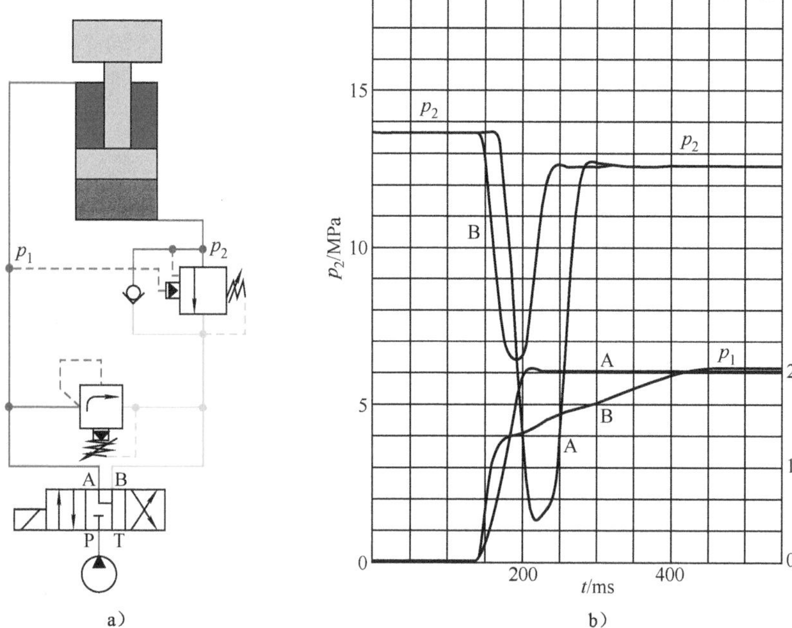

图 7-12 用软溢流阀改善系统瞬态响应（升旭）

a）回路图 b）瞬态响应过程

p_1—控制压力 p_2—负载口压力 A—使用普通溢流阀 B—使用软溢流阀

若能在换向阀切换时，使 B→T 保持开启或早于 P→A 开启，或者采用（电比例）换节阀，降低切换速度，也有助于减小 p_1 的压力突跳，从而改善 p_2 的瞬态响应。

7.1.4 其他特性

除了以上特性外，在选用平衡阀时还要注意其以下特性。

1. 许用负载压力

指液控节流功能可以保持负载以正常工作速度下降的最高压力。

2. 许用溢流压力

指溢流功能最高可设定的开启压力。

考虑到溢流压力一般要比负载压力高 30%，因此，许用溢流压力就需要比许用负载压力高些。

3. 关闭压力

平衡阀的开启曲线与关闭曲线一般都不重合（见图 7-5、图 7-6、图 7-7），即存在滞回，类似溢流阀。这是很难避免的。滞回越大，可控性越差。但在产品样本中一般都不告知。只是有的生产商保证，关闭压力不低于开启压力的 85%。

4. 密封性

因为平衡阀的另一重要功能就是，在没有控制压力时，要保持负载位置不变。因此平衡阀在没有控制压力时的密封性也是不可掉以轻心的。

即使是锥阀，如果密封面不绝对同心，也不可能绝对密封。因此，没有生产商保证绝对的密封。一般都以每分钟几滴（一般矿物油 16～20 滴为 1mL）来表示。曾有生产商制造平衡阀带较软的阀座，以取得更好的密封，同时也声明，寿命不如硬阀座。关键是实际系统能容忍多大的泄漏。

即使平衡阀出厂时有很好的密封性，液压油中的污染颗粒也可能损坏密封面，造成泄漏。

此外，在负载下降过程中，平衡阀必须把负载可能具有的巨大势能转化为热量。例如，流量为 480L/min，负载压力为 20MPa 时，约 160kW 的功率必须先转化为动能然后转化为热能，这都发生在直径十几毫米的阀座阀芯接触处附近，材料所承受的载荷可想而知。

还要注意到，从控制端口到出口一般都有泄漏，也要检查确定是否可以容忍。

5. 单向功能的开启压力与通流压力损失

这两项都会带来不希望的能量损失，所以也应仔细核查。

单向功能的开启压力一般在 0.03～0.3MPa 范围内。

通流压力损失则可根据阀的压差流量特性来检查。

7.1.5 一些应用回路

平衡阀只能根据进入驱动腔的流量来调节流出背压腔的流量，并不能调节进入液压缸的流量。它也没有换向功能，所以实际应用时还需另配流量调节阀与换向阀，或换节阀。

1. 应用于成组液压缸

普通平衡阀的负载口压力越高，开启需要的控制口压力就越低（见 7.1.3 节）。而布赫的 BBV 型则相反，负载口压力越高，开启需要的控制口压力也越高（见 7.2.3 节）。

成组控制同一负载下降时，一般走得快而处于较低位置的液压缸分担较小的负载。如图 7-13a 所示，每个液压缸使用一个普通平衡阀。这时位置较低，因此负载低的液压缸出口处的阀会趋于关小，使液压缸下降速度减慢，从而均衡负载。如果使用布赫 BBV 型，则阀口会趋于开大，使液压缸运动更快，导致负载更不均衡。如果采用如图 7-13b 所示的回路就不会有这样的问题。

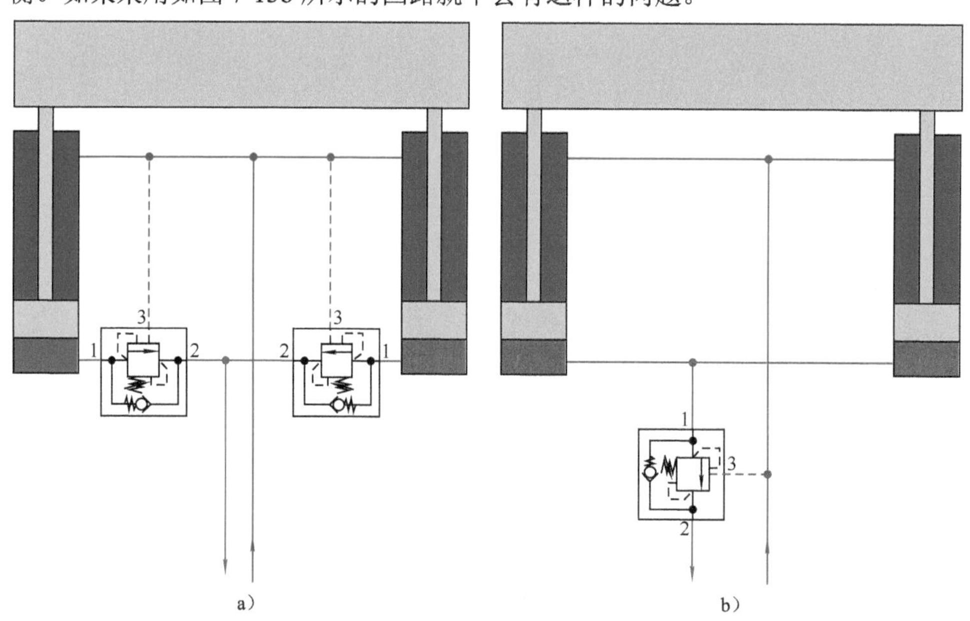

图 7-13 液压缸成组并联

a）两侧各用一个平衡阀 b）两侧共用一个平衡阀

2. 行走机构

在马达驱动的行走机构中，有时使用平衡阀以避免在行进中出现不希望的前冲或后退（见图 7-14）。

因为马达本身总有泄漏，所以，平衡阀在这里起不了保持负载位置的作用，而是仅发挥其液控性能。在正常行走时，泵出口的压力开启此阀。若机械出现“溜坡”现象，马达转速超过了泵提供的流量，泵出口失压，则此阀关小，以限制速度。因此也被称为“限速阀”。

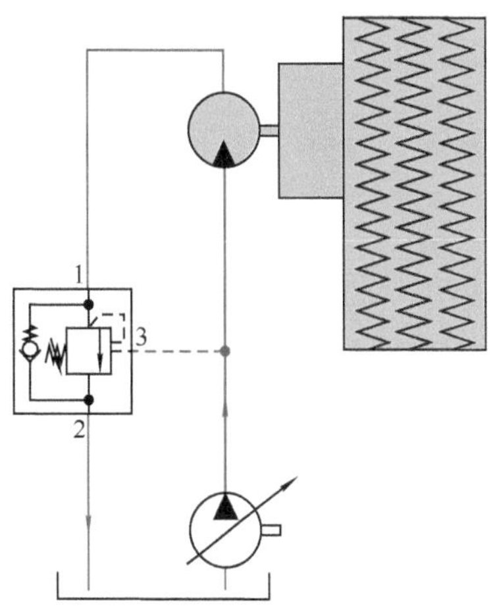

图 7-14 行走机构

3．绞车

因为马达本身总有泄漏，所以，马达驱动的机械一般都需要附加驻车制动器。在图 7-15 所示绞车中，采用一个平衡阀与一个液控换向阀结合，以保证：

1）希望工作时，只有当马达的驱动压力达到一定值，足以切换液控换向阀时，才松开驻车制动器，以免在松开的一刹那出现“溜车”现象。

2）不工作时，负载能依靠驻车制动器停留在任意位置。

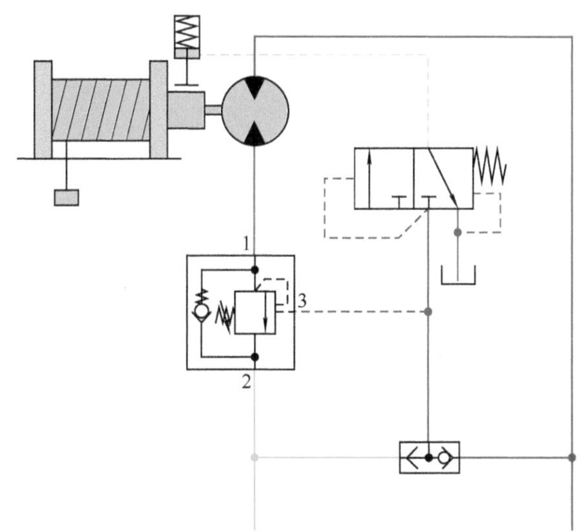

图 7-15 绞车的驻车制动器控制回路

4．平衡阀作为旁路阀

在图 7-16 所示的回路中，从液压缸排出热的液压油经过平衡阀后，不再经过换向阀，而是直接回油箱，这有利于降低执行器的温度。这时，平衡阀中的单向功能就只起补油作用，避免液压缸两腔吸空。此回路适用于负载方向频繁变化、活塞行程幅度小、换向阀距液压缸较远的场合。平衡阀应设置在靠近液压缸处。

5．提高安全性的措施

对于安全性要求较高的设备，可以考虑液控单向阀串联平衡阀（见图 7-17）。

控制压力要足够高，能使液控单向阀全开。在没有控制压力时，如果两个阀中有一个失效不能关闭，另一个还可以保证负载停住。

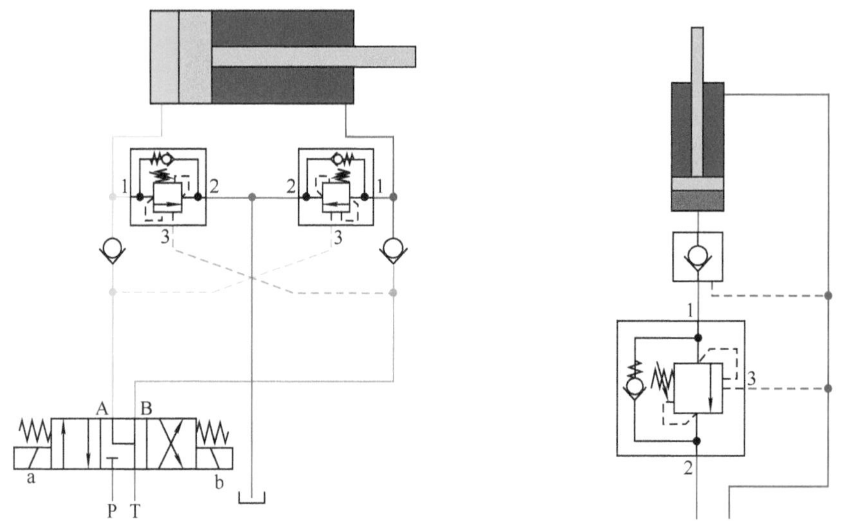

图 7-16　平衡阀作为旁路阀（伊顿）　　图 7-17　液控单向阀串联平衡阀，提高安全性（升旭）

6. 双阀块

在液压缸驱动摆动负载时，两腔都会轮流受到正负负载。因此两腔出口都需要设置平衡阀。一般供货商都提供两个平衡阀集成在一起的双阀块（见图 7-18a）。

在液压升降工作台（见图 7-18b）中，为了可靠地保证安全，一般也都在两腔出口设置平衡阀，以保证软启动、平稳运动、软停止，可靠地停在每个希望的位置，即使管道破裂也不会下沉。

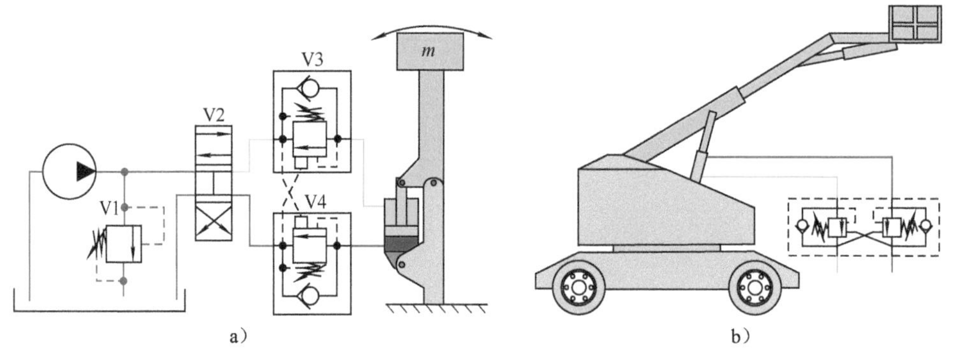

图 7-18　双阀块（伊顿）

a）摆动负载　b）液压升降工作台

7. 双阀并联，降低能耗

采用两个不同控制比的平衡阀并联（见图 7-19）。在系统稳定运行时，开启二通换向阀，使用高控制比的 V2。这时，开启压力低，能耗低。当系统出现不稳定趋势时，关闭二通换向阀，强制使用低控制比的 V1，以保证系统稳定。

平衡阀是一种跨接型控制，一般只能用在双作用缸。在单作用缸时，缺少控制压力，液控节流功能无法工作。此时必须寻找其他途径，如先导控制节流下降（见 7.3 节）。

在下降（制动）时，负载本身就具有能量——势能或动能。这时，需要的是把这些能量处理掉。原则上来说，有两条途径处理这一能量。

（1）消耗　平衡阀是用液阻的方式，消耗掉负载的能量，结构相对简单，投资成本较低，因此被普遍采用。然而，使用平衡阀，是利用驱动腔的压力来控制负载下降速度，必须对驱动腔加压，是附加地输入了能量，然后再把这些能量消耗掉。这从能耗的角度来说，是不合理的。所以，采用平衡阀控制下降过程是一个能效很低的方法。

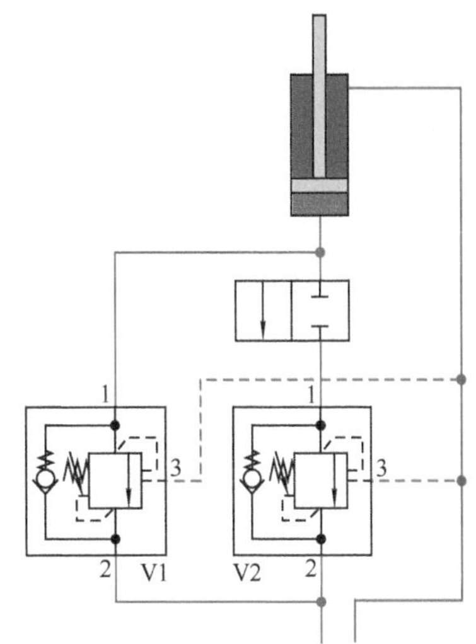

图 7-19　双阀并联，降低能耗（升旭）

V1—低控制比　V2—高控制比

因为平衡阀消耗能量甚多，容易引起液压油过热，通常不用于低压（<5MPa）系统，也不用于闭环系统。

（2）转换回收利用　这是目前很热门的研发课题，有几种方向。

1）所谓“再生回路”，见 7.4 节。

2）利用这些能量驱动马达，转化成机械能储存再转换。此方法回路结构复杂，成本高，因此较少见。

3）或把这些能量利用蓄能器储存起来，然后在举升阶段再利用，如提供给液压泵的进口。但只使用蓄能器很难调节流量，比较可行的是两者结合：蓄能器+液阻。

4）利用液压变压器，把能量反输入系统，供其他执行器使用，见第 12 章“恒压网络”。

7.2　各类平衡阀

平衡阀有很多结构相似、性能不同的变型，以适应实际应用的需要。在参考文献[2]中已介绍了不少类型，因此本章仅列出该文献中未介绍过的，作为补充。

从端口数可以分为如下两大类。

（1）三端口型（见图 7-20）

1）普通三端口型（见参考文献[2]5.2.1 节）。

2）控制口带附加阻尼型（见 7.2.1 节）。

3）两级开启型（见 7.2.2 节）。

4）带附加溢流阀型（见参考文献[2]5.2.3 节）。

5）布赫 BBVC 型（见 7.2.3 节）。

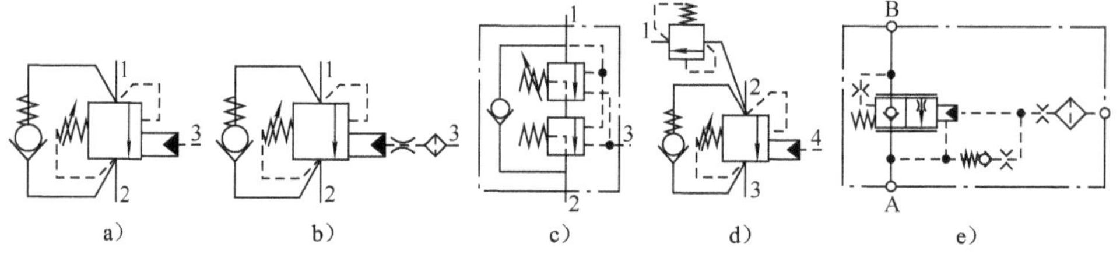

图 7-20 一些三端口型平衡阀

a）普通三端口型 b）控制口带附加阻尼型 c）两级开启型 d）带附加溢流阀型 e）布赫 BBVC 型

这类的基本共同点就是：弹簧腔都与回油口相连，回油口压力，除布赫 BBVC 型以外，一般都会按 $1+K_C$ 的倍数（K_C 为控制比，见 7.1.2 节）增高溢流压力，按 $1+1/K_C$ 的倍数增高液控开启压力。因此，这类阀不宜用于回油口有压力的场合。因此：

1）如果配用换节阀，则要注意降低回油通道的液阻，以减少对开启压力的影响。

2）相配的换向（换节）阀，中位一般应使用 H 型或 Y 型（见图 7-3 和图 7-12），这样可以保证在中位时，控制压力接近零，平衡阀的液控节流功能可以被可靠锁住，但溢流功能仍有效。

若中位时，油缸两腔都必须被锁住，不能取 Y 型或 H 型，则可以考虑采用带附加溢流阀型，此型也更适合有振动冲击的场合。

（2）四端口型（见图 7-21）

1）带单独背压端口型（见参考文献[2]5.3.1 节）。

2）无背压型（见参考文献[2]5.3.2 节）。

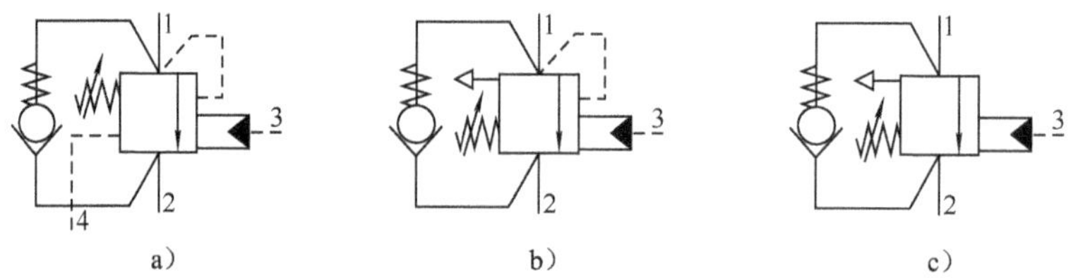

图 7-21 一些四端口型平衡阀

a）带单独背压端口型 b）无背压型 c）无背压无溢流功能型

3）无背压无溢流功能型（见参考文献[2]5.3.3 节）。

这类的共同点就是：弹簧腔都不与回油口相连。因此，回油口压力都不会影响液控开启压力。可用于回油口带压力的回路，如差动回路（见图 7-22）、换节阀回路等。

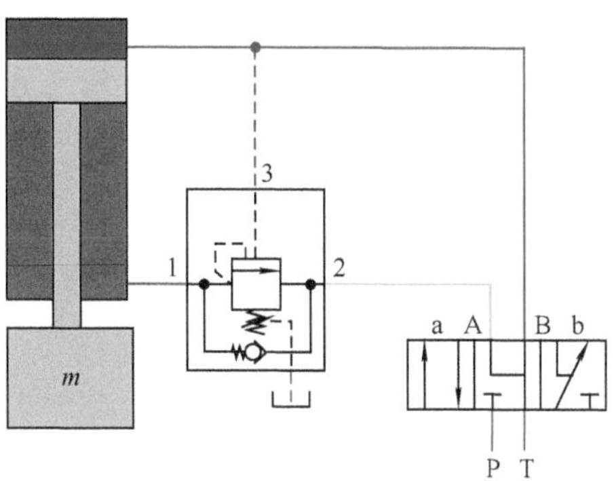

图 7-22　平衡阀用于差动回路（升旭）

无背压无溢流功能型用于开启压力须精确控制，不能受负载压力影响的场合（见图 7-23），可与换节阀配套使用。

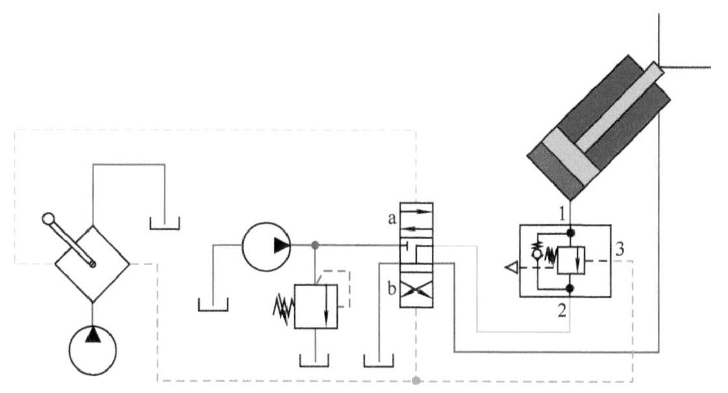

图 7-23　无溢流功能平衡阀的应用实例（派克）

7.2.1　带附加阻尼三端口型平衡阀

控制口带附加阻尼型平衡阀，用于振动比较剧烈的场合。图 7-24 所示哈威公司的 LHK 型平衡阀就属于这一类。

许用压力为 40MPa，设定压力为 5～35MPa，最大工作流量为 100L/min，带溢流功能。控制比：3、4.4、4.6、7 等。

其工作原理如下。

（1）负载保持与溢流功能　控制口 S 无压力，因此控制活塞 1 对主阀芯 5 无作用。负载压力从V口经过过滤片2、单向阀3上的孔作用于主阀芯5。在负载压力低于弹簧6的预紧压力时，通道V→F关闭，保持负载不下沉。在负载压力高于弹簧6的预紧压力时，推动主阀芯5向下，开启通道V→F溢流。

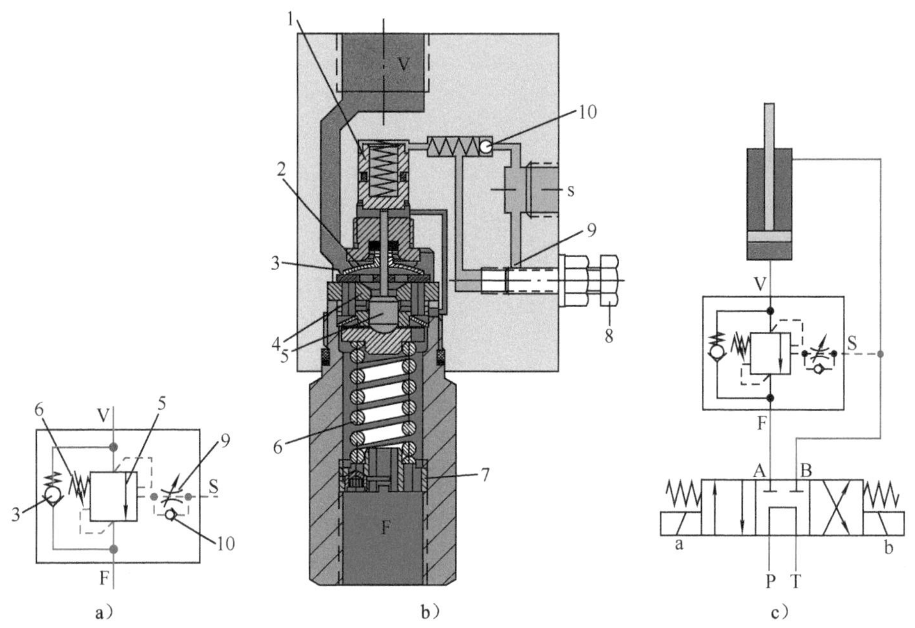

图7-24 哈威公司LHK型平衡阀原理图

a）图形符号 b）剖视图 c）应用回路

1—控制活塞 2—过滤片 3—板形单向阀 4—阀座 5—主阀芯 6—主阀芯弹簧 7—开启压力调节螺母 8—阻尼调节螺钉 9—阻尼间隙 10—阻尼单向阀

（2）单向功能 控制口S无压力，因此控制活塞1对主阀芯5无作用。

从F口进入的液压油，推开压在主阀座4上的单向阀3，开启通道F→V。液流可以以很低的压降通过。

（3）液控节流功能 控制口S的压力，经过单向阀10，作用于控制活塞1，推动主阀芯5向下，克服弹簧6的预紧压力，开启通道V→F。

由于控制活塞1的作用面积较主阀芯的作用面积大得多（3∶1～7∶1），因此，较低的控制压力就可以克服弹簧6的预紧力。

在控制口S的压力下降时，控制腔里的液压油要经过阻尼间隙9才能流出，这就减缓了控制活塞的振动。阻尼间隙9可通过螺钉8调节。在控制压力上升时，液压油可以推开单向阀10进入控制腔，迅速开启主阀，同时保证控制腔始终充满液压油，阻尼可以发挥作用。

针对不同的应用场合，哈威公司还准备了其他一些平衡阀。例如，LHT型（见

图 7-25a）适用于振动不太剧烈的场合，LHDV 型（见图 7-25b）适用于振动比较剧烈的场合。从图形符号可以看出，主要是在控制压力口增设过滤器、阻尼孔或可调节流口、旁路节流孔。利用节流口 D1、D2 对控制压力分压，以降低驱动腔压力波动对主阀芯的影响。

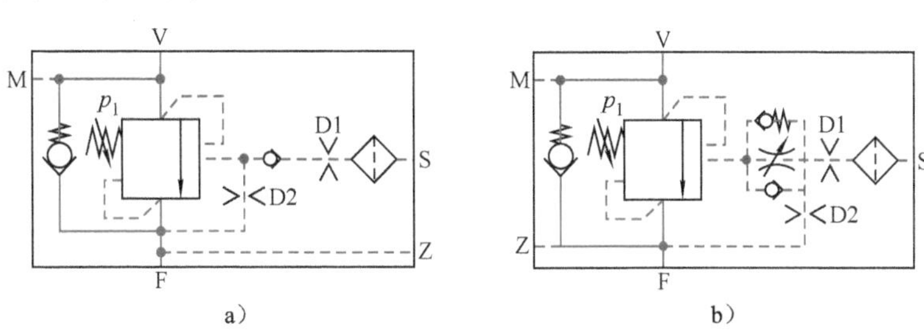

图 7-25　带减振措施的平衡阀
a）LHT 型，带分压减振措施
b）LHDV 型，带分压、阻尼减振措施

7.2.2　两级开启平衡阀

图 7-26 所示为伊顿公司的 1CEL 型两级开启平衡阀。

双阀芯；许用溢流压力范围：17～38MPa；测定流量：30L/min、90L/min、140L/min；控制比：初级 4.3，次级 0.4。

其工作原理如下。

（1）负载保持与溢流功能　在控制口 3 无压力时，次级阀芯 C 和单向阀芯 B 分别在弹簧 F 和弹簧 A 的作用下，相互压住，口 1 到口 2 不通。

如果口 1 的压力超过弹簧 F 和弹簧 E 的预紧压力，就推动次级阀芯 C 往下，开启至口 2 的通道，溢流。

（2）单向功能　液压油从口 2 进入，克服弹簧 A 的预紧力，推动阀芯 B 往上，开启至口 1 的通道，流出。

（3）液控节流功能　口 3 的控制压力，作用在初级阀芯 D 的环形面积上，克服弹簧 E 的预紧压力，推动阀芯 D 往下，为开启次级阀芯 C 创造了条件。此时，口 1 的压力必须高于弹簧 F 的预紧压力，推动次级阀芯 C 往下，才可开启至口 2 的通道溢流。所以，液压缸下腔不致突然失压。弹簧 F 的预紧压力可根据需要调节。

口 3 的控制压力 p_X 对初级阀芯 D 的环形作用面积，是口 1 压力 p_B 的 4.3 倍；对次级阀芯 C 的有效作用面积，则仅是 p_B 的 0.4 倍。因此，p_X 对次级阀芯 C 的作用较小。

由于弹簧腔通过通道 G 与口 2 相连，口 2 的压力就是背压，对开启压力影响很大，因此口 2 的压力应该很低。

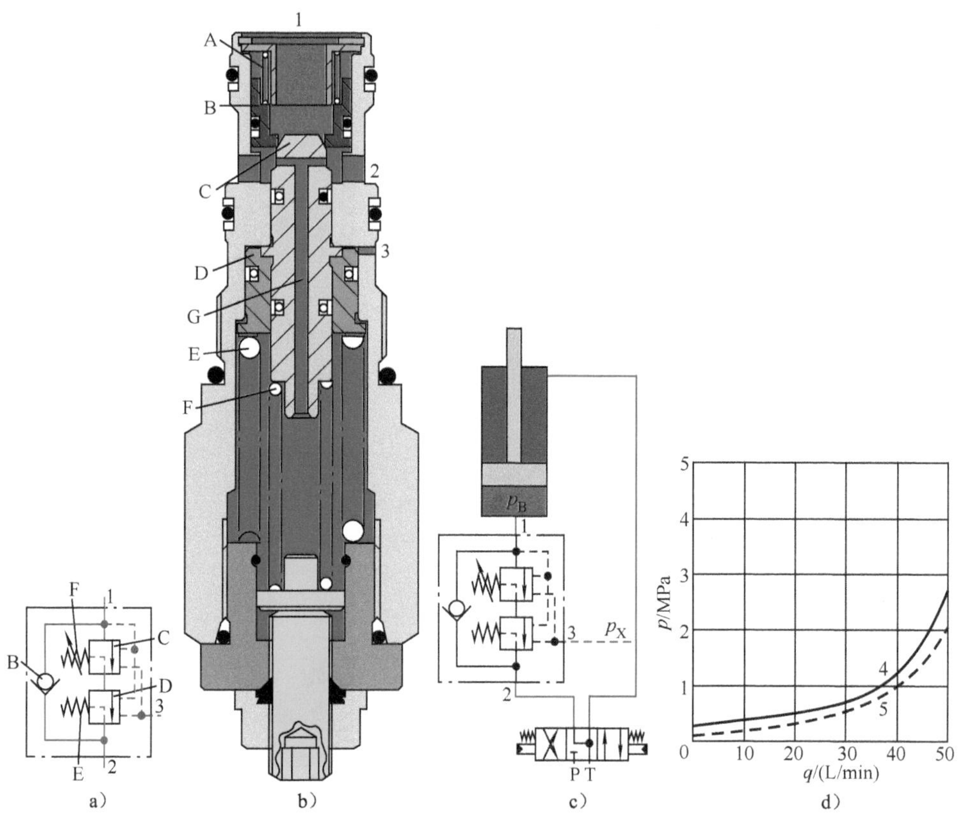

图 7-26 伊顿公司 1CEL 型平衡阀

a）图形符号 b）剖视图 c）回路图 d）流量压差特性

A—单向功能弹簧 B—单向阀芯 C—次级阀芯 D—初级阀芯 E—初级阀芯弹簧 F—次级阀芯弹簧 G—通道 1—负载口 2—回油口 3—控制口 4—单向功能 5—液控全开

7.2.3 布赫 BBV 型平衡阀

布赫公司的 BBV 型平衡阀的结构与工作原理与以上所介绍的各种平衡阀有很大不同。

1. 基型

图 7-27 所示为一不带溢流功能的基型（BBVC），许用压力：A、X 口为 42MPa，B 口为 60MPa；最大工作流量 50L/min；螺纹插装式；采用两级开启。

（1）工作原理

1）负载保持功能。

换向阀在中位。

A 口与 X 口无压力。负载压力 p_B 经过 B 口，与弹簧 1 共同作用，推预开球阀芯 2 和锥形主阀芯 3 向右，压在阀座 10 上。B→A 不通。

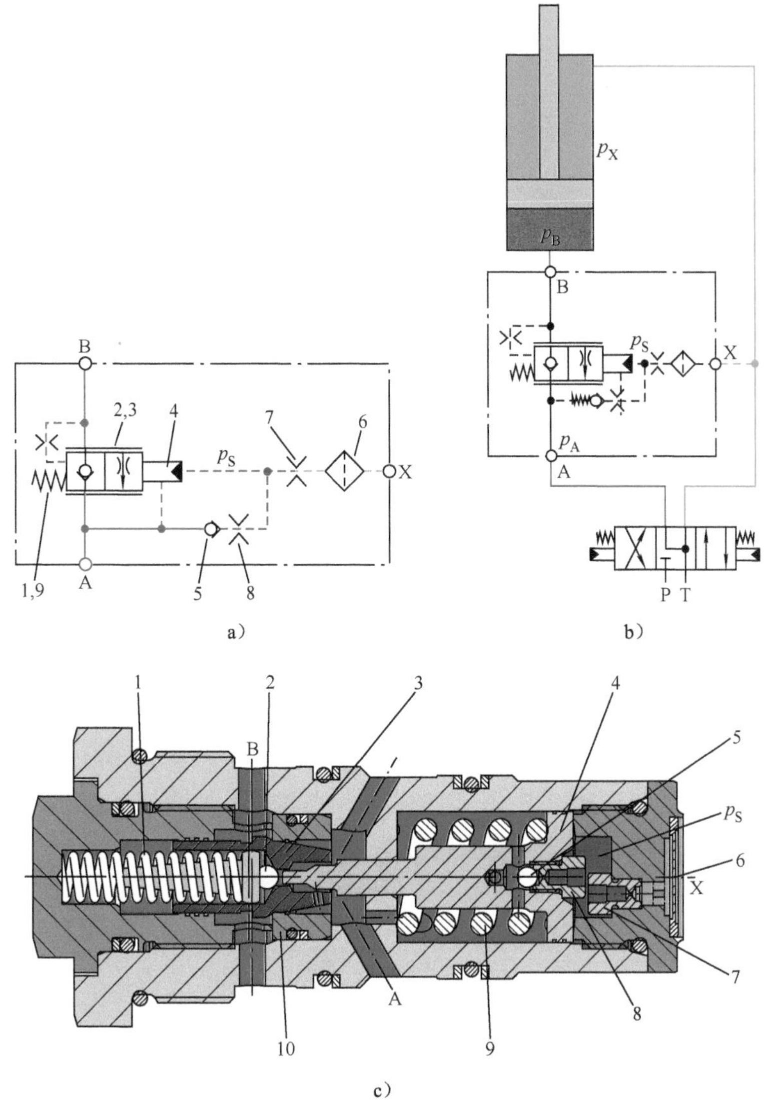

图 7-27　布赫公司的 BBVC 型平衡阀

a）图形符号　b）应用回路　c）剖视图

1—主阀芯弹簧　2—预开球阀芯　3—主阀芯　4—控制活塞　5—旁路节流单向阀　6—过滤片　7—阻尼孔　8—旁路节流孔　9—推杆弹簧　10—阀座

由于负载压力 p_B 作用于通道关闭方向，所以，即使弹簧 1 或弹簧 9 断了，液流通道也能关闭，从这点而言，安全度较前述几种平衡阀更高些。

2）单向功能。

换向阀在右位。

经过换向阀到 A 口的液压油，克服弹簧 1 的预紧压力和负载压力 p_B，推动球阀芯 2 和主阀芯 3 向左，开启通道 A→B，进入液压缸下腔，举升负载。

这时，通过平衡阀的压力损失主要由弹簧 1 的预紧压力和刚度决定，因此弹簧 1 不应很硬。

3）液控节流功能。

换向阀在左位。

液压油经过换向阀到液压缸上腔，建立压力 p_X。p_X 经过阻尼孔 7 和旁路节流孔 8 的半桥分配，得到控制压力 p_S，作用于控制活塞 4 右端的大面积上。在 p_S 超过弹簧 9 的预紧压力后，推动控制活塞 4 向左。先推动球阀芯 2，克服弹簧 1，向左移动，微开启通道 B→A。进一步，再推动主阀芯 3，适当开大通道 B→A，使液压缸下腔的液压油受控地流出。

由于 p_S 对控制活塞 4 右端的作用面积远大于 p_B 的作用面积（66∶1），因此，p_B 对控制活塞 4 的作用力几乎可以忽略不计。由于弹簧 1 也较弱，所以，基本就是 p_S 和弹簧 9 决定了控制活塞 4 的位置。从而决定了通道 B→A 的开度。

由于通道两步开启，比较柔和，所以可以避免液压冲击。

与一般平衡阀不同的是，负载压力 p_B 的作用方向不是开启通道，而是关闭通道。这也有利于减少负载压力波动引起的流量波动。因为，如果 p_B 增高，通道开口不变的话，会导致流量增大。

（2）关于控制压力 由于控制压力 p_S 是 X 口的压力 p_X 通过阻尼孔 7 和节流孔 8 的半桥分压后得到的，因此，阻尼孔 7 和节流孔 8 的通流面积比决定了 p_S 与 p_X 之比。如果没有节流孔 8，则 p_S 就是 p_X。

这两个节流孔只可更换不可调节，可以避免调乱，保证安全。

通过这个半桥，可以衰减 X 口的压力波动。阻尼孔 7 越小，节流孔 8 越大，则阻尼效果越明显，但实际分压得到的 p_S 也越低。从而，为了开启主阀需要的 p_X 就越高，能耗也越高。

X 口的液流通过过滤片进入阀体，可以避免污染颗粒堵塞阻尼孔。

（3）关于应用 由于 A 口压力 p_A 作用于控制活塞 4 的有效面积基本等同于控制压力 p_S 的作用面积，p_A 会 1∶1 地增高开启压力，所以，应尽可能地低。

BBVC 阀有 2FL、4FL、4FS 和 4SL 4 种变型，可以适应不同的最大工作流量，以获得极精细的流量调节（见图 7-28）。

2．带溢流阀型

图 7-29 所示为布赫带溢流阀的平衡阀 BBV6，阀块形式。

工作原理与 BBVC 基本相同，只是多了先导溢流阀。如果 B 口压力超过先导溢流阀的设定压力，推开阀芯 10，溢流。液流通过旁路节流孔 3 时建立控制压力，推动控制活塞 4，开启主阀。

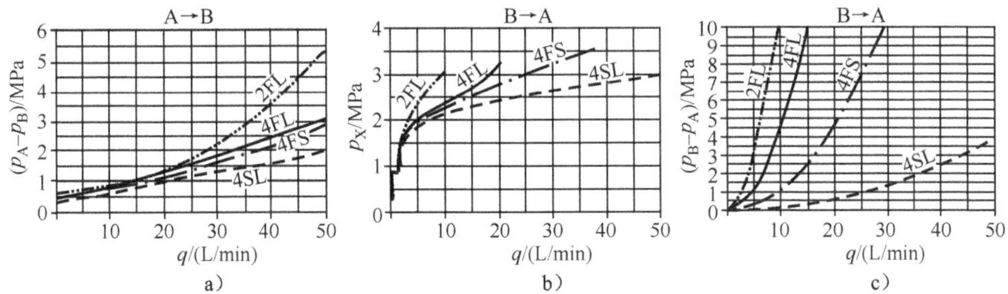

图 7-28　BBVC 的特性曲线

a）单向功能，A→B，流量压差曲线　b）液控节流功能，B→A，控制压力-流量曲线，无旁路节流孔，负载压力 20MPa　c）液控节流功能，B→A，全开时的流量压差曲线

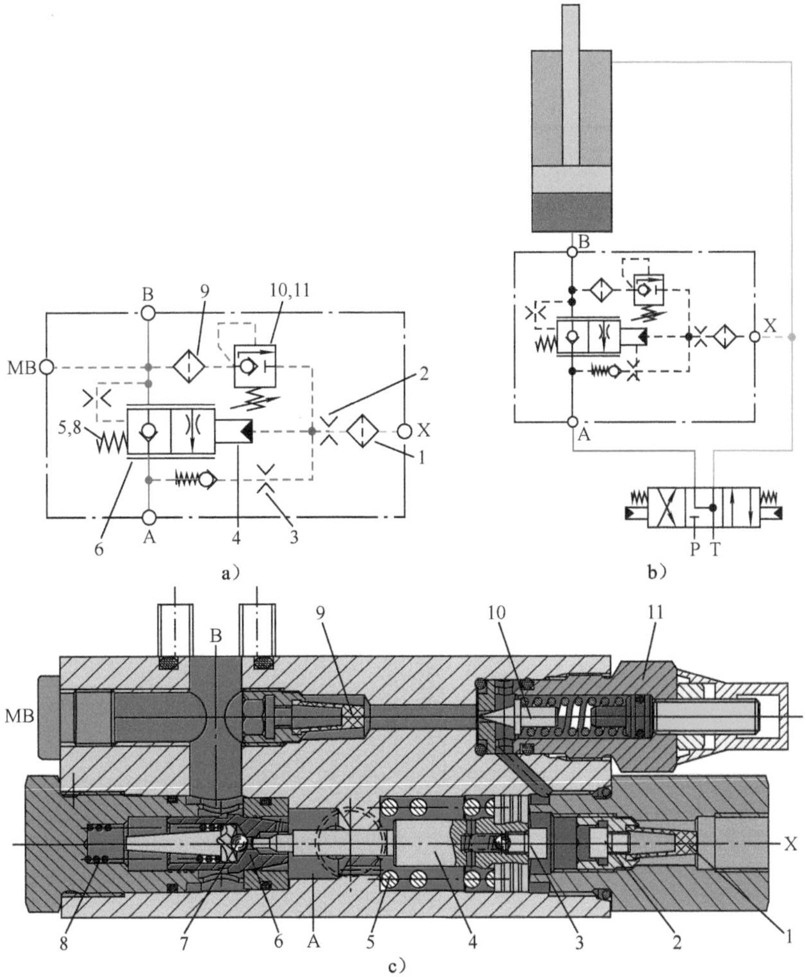

a）　b）

c）

图 7-29　布赫公司的 BBV6 型平衡阀

a）图形符号　b）应用回路　c）剖视图

1—过滤塞　2—阻尼孔　3—旁路节流孔　4—控制活塞　5—推杆弹簧　6—主阀芯　7—预开球阀芯　8—主阀芯弹簧　9—过滤塞　10—先导溢流阀阀芯　11—溢流阀阀体

7.3 先导控制节流下降阀（绿阀）

图 7-30 所示为力士乐公司在 2010 年推出的所谓“绿阀”。此阀实际上是由几个阀组合成的阀块（见图 7-30a），只能用在换节阀由液控先导控制的系统中。

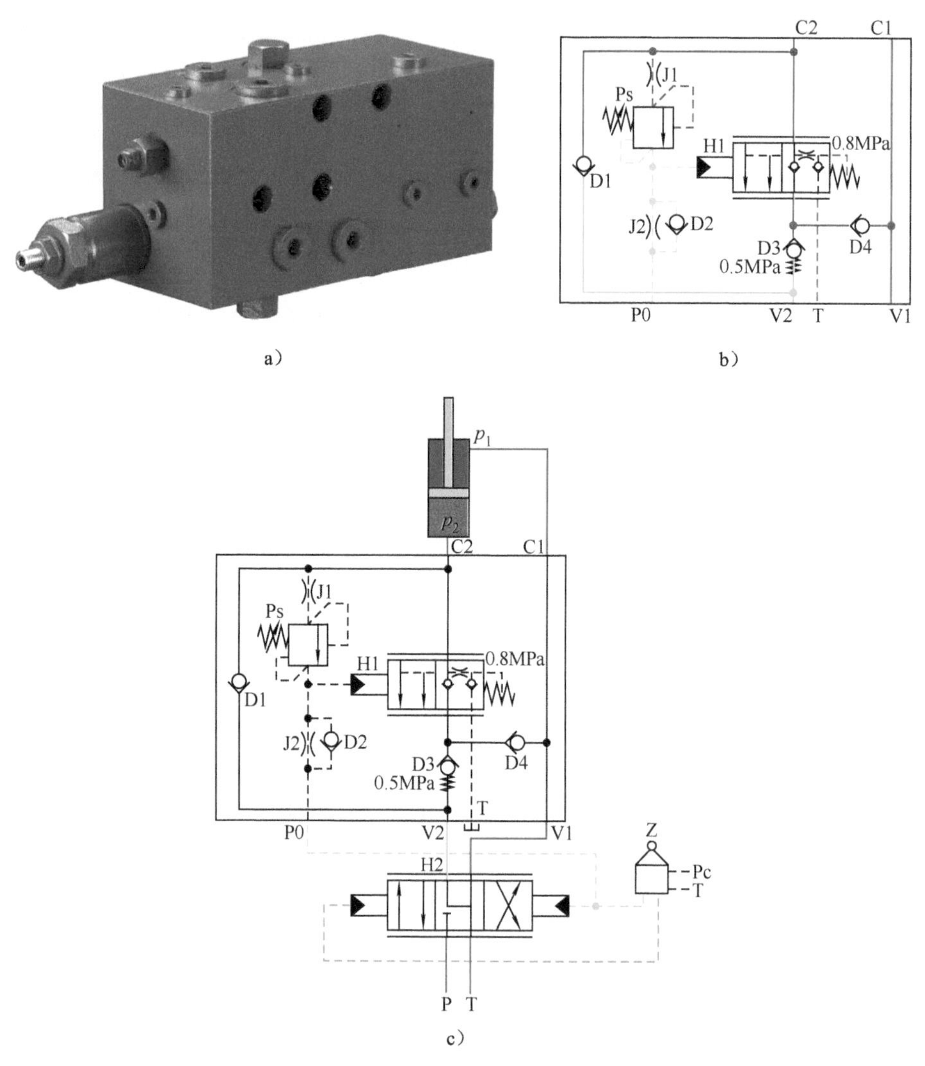

a） b） c）

图 7-30 先导控制节流下降阀

a）阀块外形 b）原理图 c）应用回路

H—换节阀 H1—下降阀 D1—上升阀 D2—单向阀 D3—背压阀 D4—补油阀

J1—减振阻尼孔 J2—溢流建压孔 Ps—先导溢流阀

在负载下降时，此阀块依靠液控换节阀的先导控制压力，而不是液压缸上腔的压力来控制下降阀的开启，纯节流。因此，不必对上腔施加压力，为一定程度提高能效创造了条件。

1. 负载保持工况（见图 7-30c）

操作手柄 Z 不动，无先导控制压力输出，换节阀 H 在中位。控制端口 P0 的压力为零。下降阀 H1 处于右位。从口 C2 来的液压油被封住，负载不下降。

2. 溢流工况（见图 7-31）

当换节阀 H 在中位时，如果液压缸下腔压力 p_2 超过先导溢流阀 Ps 的设定压力，则阀 Ps 开启。溢流通过节流口 J2 时建立压力。如果此压力超过下降阀 H1 的弹簧预紧压力 0.8MPa，则推动阀 H1 向右，适当开启下降通道。液流通过阀 H1 和 T 口回油箱。

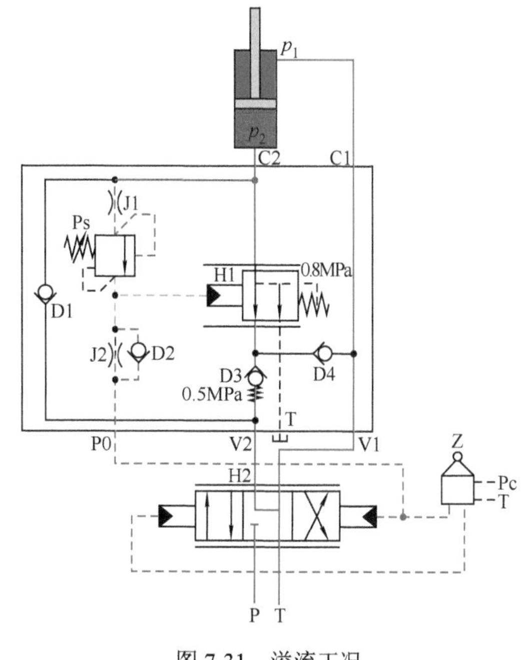

图 7-31　溢流工况

3. 上升工况（见图 7-32）

在操纵手柄输出先导控制压力，驱动换节阀 H 向右时，液压油通过阀 H、阀 D1，进入液压缸下腔，驱动负载上升。液压缸上腔的液压油经过通道 C1-V1 和阀 H，流回油箱。

4. 下降工况（见图 7-33）

操纵手柄输出先导控制压力，驱动换节阀 H 向左，同时经过端口 P0、阀 D2，推动阀 H1 向右，一定程度地开启阀 H1 的下降通道。先导控制压力越高，阀 H1 的开口越大，可通过的液流越多。因此，操作者可以根据需要，通过操纵手柄控制负载下降速度。

背压阀 D3 的开启压力为 0.5MPa，可使液压缸下腔保持一定背压，以增加负载运动平稳性。

下降阀 H1 的开口大小完全由先导控制压力决定。因此，负载压力的波动对阀 H1 的开口大小没有影响，不会像普通平衡阀那样，由于闭环反馈而造成振动。

下降速度很高时，如果由于来不及补油，上腔压力很低时，单向阀 D4 可以起补油作用，避免吸空。

由于下降阀 H1 不需要通过液压缸上腔压力来控制，因此上腔压力可以很低。这确实一定程度地为节能创造了条件。但如果液压源工作在恒压工况，该系统可以工作，却并不能节能，因为P口始终还是高压。如果阀H1右位也采用Y机能，如图7-34所示，不从液压源汲取压力油，就可以节能。

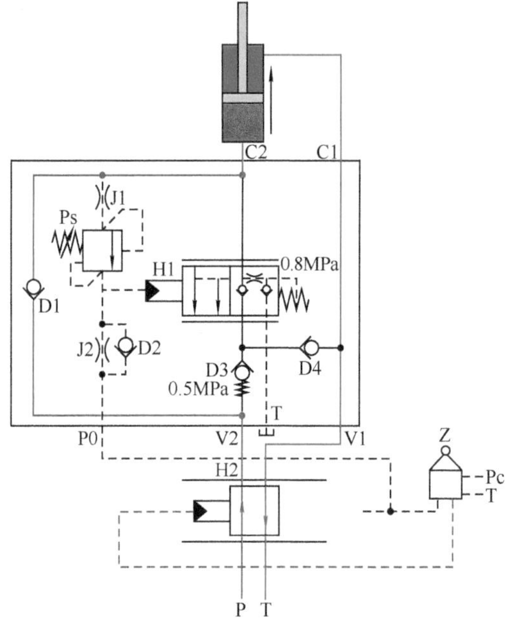

图7-32 上升工况

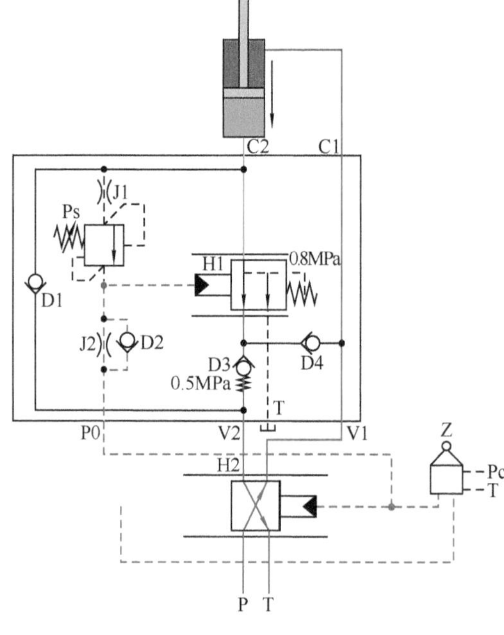

图7-33 下降工况

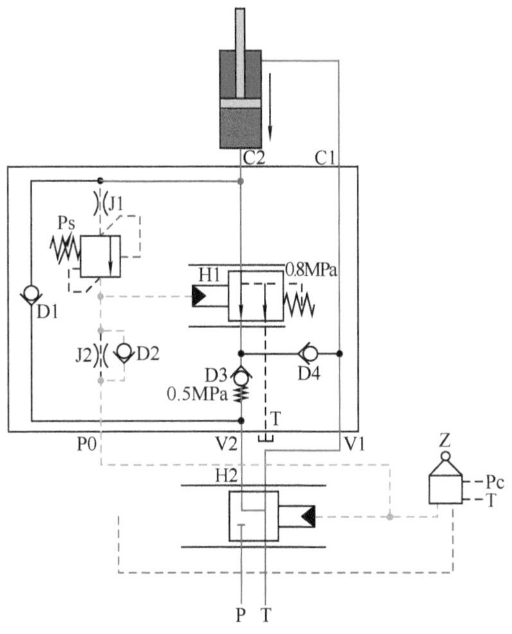

图 7-34　下降工况，不从液压源汲取压力油

由于下降阀 H1 的开启不需要依靠液压缸上腔压力来控制，因此，此阀也可以用于靠自重下降的单作用缸（见图 7-35）。

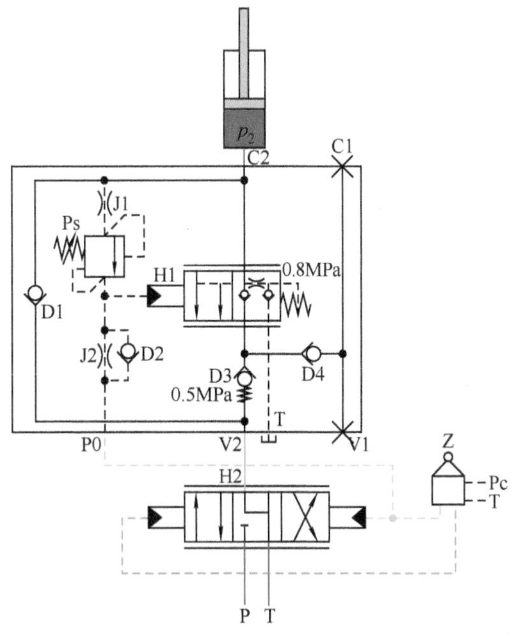

图 7-35　用于单作用缸

7.4 差动回路

差动回路（Differential Circuit）：在活塞杆伸出时，差动缸的两腔相互连通（见图 7-36），也被称为再生回路（Regenerative Circuit）。

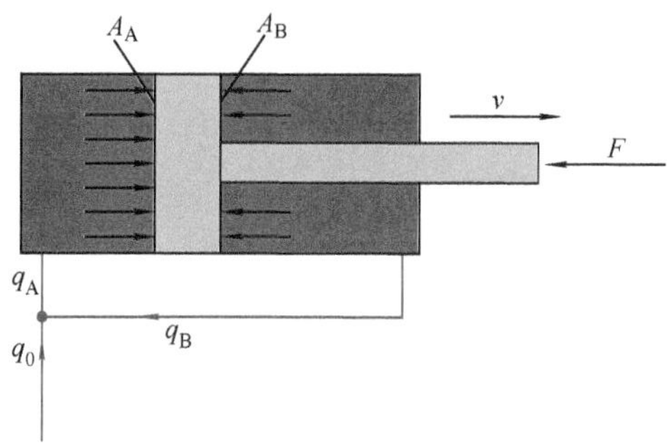

图 7-36　差动回路原理

使用差动回路有以下目的。

1）用同样的输入流量 q_0，获得较高的速度。主要应用于以下两种场合。

① 为避免活塞杆失稳折弯，以及保证有杆腔有足够的作用面积，缸内径不能选得太小。

② 在活塞杆伸出时，部分行程的负载很大（工进），因此，活塞必须有足够的工作面积。而部分行程的负载很小，可以快进，从而提高工作效率。

2）在多执行器回路，特别是恒压网络（第 12 章）中，充分利用现有的较高的源压力，使用较少的流量，以利节能。

1. 速度

在差动回路中，因为

$$q_A/A_A = (q_0 + q_B)/A_A = v = q_B/A_B$$

式中　q_A——进入液压缸无杆腔的流量；

q_B——从有杆腔流出的流量；

q_0——从液压源来的流量；

A_A——活塞作用面积；

A_B——有杆腔作用面积。

所以，实际进入液压缸的流量

$$q_A = q_0 A_A/(A_A - A_B)$$

所以，活塞的移动速度

$$v = q_A/A_A = q_0/(A_A - A_B)$$

2．理论驱动压力

在活塞杆伸出时，如果把两腔的压力看作近似相等，即

$$p_A = p_B$$

则根据作用在活塞上的力平衡方程式

$$p_A A_A = F + p_B A_B$$

就可以得到

$$p_A A_A = F + p_A A_B$$

从而得到

$$p_A = F/(A_A - A_B)$$

这时，负载决定压力的因果关系没变，只是有效作用面积小了，是活塞与活塞环两者面积之差，实际上就是活塞杆的截面积。所以，驱动压力要比非差动回路高。

例如，常见的差动缸的活塞与活塞杆直径比为 2：1，则活塞与活塞杆面积之比为 4：1，则使用差动回路时，速度提高了 3 倍，驱动压力也增加了 3 倍。活塞杆越细，驱动压力增加越高。

3．实际驱动压力

但实际工作时，两腔的压力不可能相等。假定流量 q_B 从有杆腔流入无杆腔时有一个差Δp（见图 7-37），即

$$p_B = p_A + \Delta p$$

力平衡方程式就必须写为

$$p_A A_A = F + (p_A + \Delta p) A_B$$

从而得到驱动腔压力

$$p_A = F/(A_A - A_B) + \Delta p A_B/(A_A - A_B)$$

即 p_A 要增加$\Delta p A_B/(A_A - A_B)$。

在活塞与活塞杆直径比为 2:1 时，有杆腔面积 A_B 与活塞杆面积 $A_A - A_B$ 之比为 3：1，则实际驱动压力 p_A 还要再增加 3 倍压差Δp。所以，降低Δp 对差动回路也是很重要的。

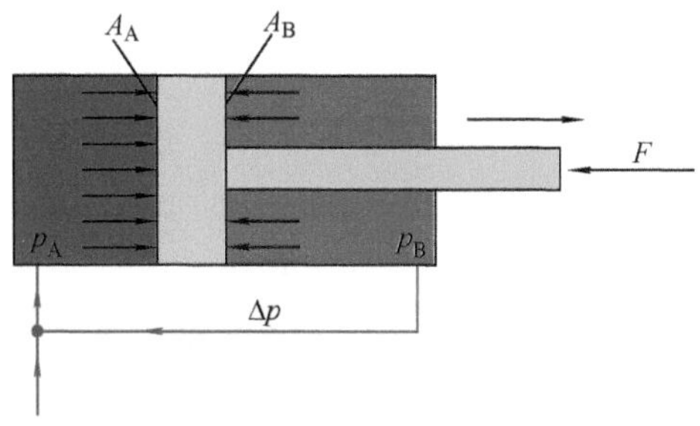

图 7-37　实际差动回路

4．实例

实现差动回路，有多种方式。以下为一些实例。

1）图 7-38a 所示的回路可以实现快进和返回，但没有工进，也不能停留在中间位置。

图 7-38b 所示的回路可以实现快进和返回，也有工进，但不能停留在中间位置。

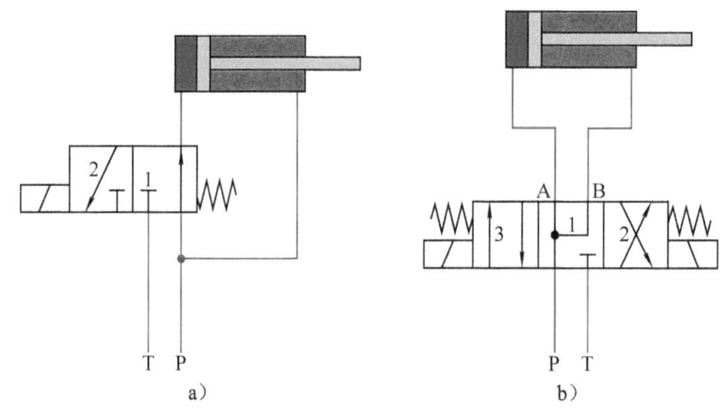

图 7-38　差动回路实现 1

a）采用二位三通阀　b）采用三位四通阀

1—快进　2—返回　3—工进

2）图 7-39 所示的回路可以实现快进和返回，也能停留在中间位置，但不能实现工进。

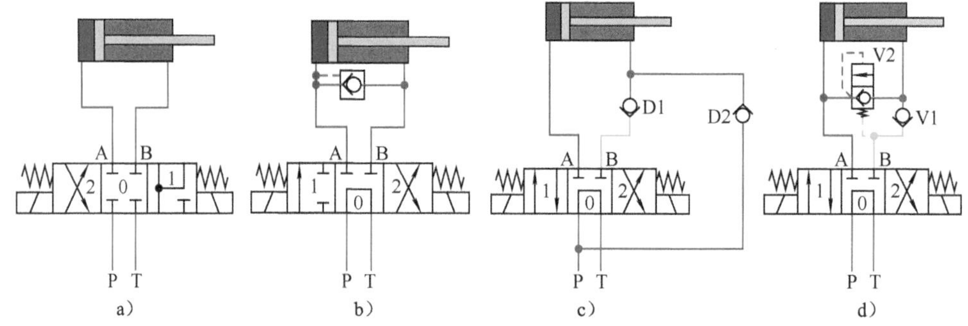

图 7-39　差动回路实现 2，采用三位四通阀

a）简单型　b）附加液控单向阀　c）附加两个单向阀　d）附加单向阀和液控顺序阀

0—停　1—快进　2—返回

图 7-39a、b 所示的换向阀稍特殊，有一个工位不常见。

图 7-39a 中，在快进时，有杆腔的液压油必须通过换向阀，合流后全部经过口 A 流出，可能有较高压降，或必须使用大规格的换向阀。图 7-39b 中使用附加

的液控单向阀实现快进，只要这个阀大些，就可以了。此阀可以直接设置在液压缸出口处，以减少管路压降。要注意液控单向阀的控制比与液压缸作用面积比相配。

图 7-39d 中的换向阀是常见的 M 机能的，虽说液控顺序阀 V2 稍少见一些，在市场上还是可以买到与阀 V1 的组合集成块。

3）图 7-40 所示的回路可以通过切换阀 V1 停留在中间位置、返回和工进，在阀 V1 处于左位时，切换阀 V2 至右位，可以实现快进。

4）图 7-41 所示的回路应用了平衡阀的液控开启功能，可以自动从快进切换到工进。

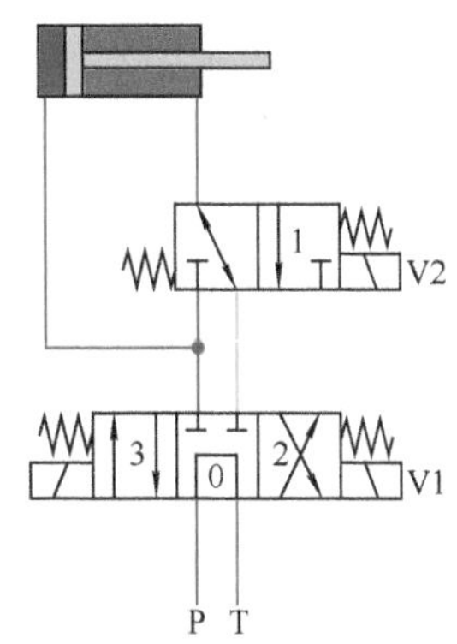

图 7-40　差动回路实现 3

0—停　1—快进　2—返回　3—工进

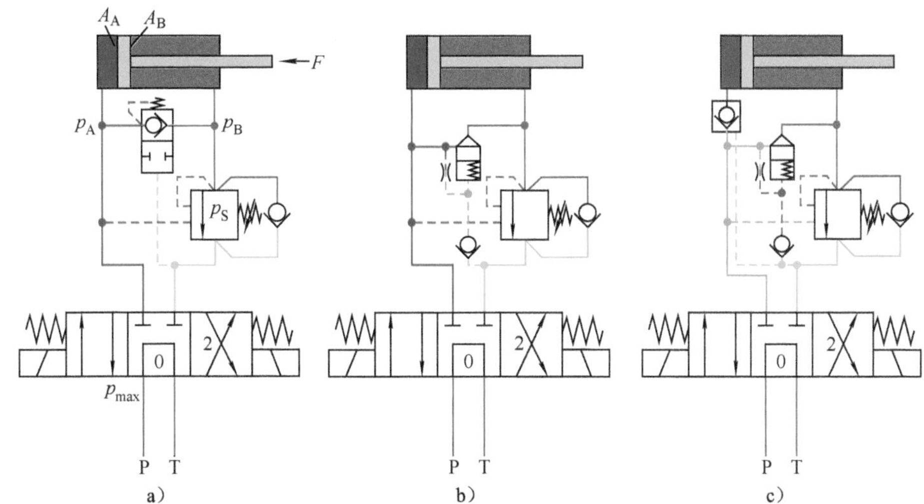

图 7-41　差动回路实现 4，采用平衡阀

a）附加液控顺序阀　b）附加二通插装阀　c）附加二通插装阀和液控单向阀

0—停　2—返回

图 7-41a 中，在电磁换向阀切换到左位后，如果无杆腔压力不够高，不能开启平衡阀，则有杆腔的液压油通过液控单向阀流向无杆腔，实现快进。如果无杆腔压力升高，足以开启平衡阀，则有杆腔的液压油通过平衡阀回油箱，实现工进。

如果工作流量很大，为了减少快进时从有杆腔到无杆腔的压差，可以采用二通插装阀，如图 7-41b 所示。

如果需要保证液压缸在不工作时可以承受负载而不移动，可以在无杆腔出口再设置一个液控单向阀，如图 7-41c 所示。

5. 负载-压力特性

采用平衡阀切换与采用开关阀切换相比，其负载-压力特性有所不同。

（1）采用开关阀 在快进工况时，

$$p_A = F/(A_A - A_B)$$

而在工况从快进切换到工进后，有杆腔压力 p_B 立刻从原来比 p_A 略高降至接近零，p_A 因此也显著下降（见图 7-42a），

$$p_A = F/A_A$$

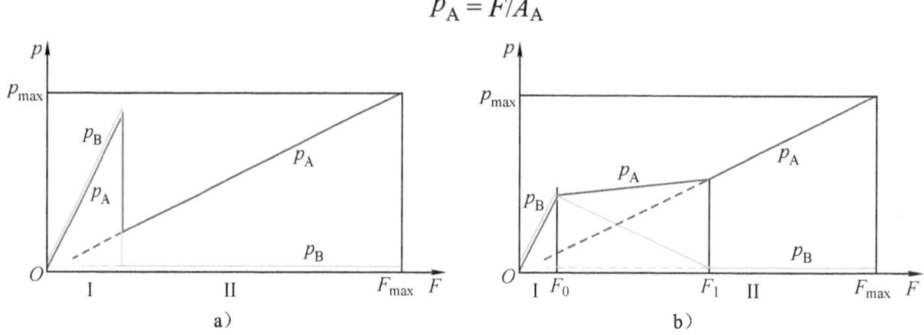

图 7-42 差动回路的负载-压力特性

a）采用开关阀切换 b）采用平衡阀切换

I—快进工况 II—工进工况 p—压力 F—负载 F_0、F_1—工况切换负载

（2）采用平衡阀 其特性如图 7-42b 所示。

设平衡阀设定的开启压力为 p_S，控制比为 K_C（见图 7-41a）。

1）在

$$K_C p_A + p_B < p_S$$

时，平衡阀关闭，回路处快进工况。

因为

$$p_B \approx p_A = F/(A_A - A_B)$$

所以，此时

$$F < p_S(A_A - A_B)/(K_C + 1) = F_0$$

式中 F_0——工况切换负载。

2）在 $F > F_0$ 后，平衡阀开启，有杆腔的油全部通过平衡阀流回油箱，不再进入无杆腔，回路转入工进工况。但由于平衡阀的特性，通道还未全开，所以

$$K_C p_A + p_B = p_S$$

$$p_A A_A = F + p_B A_B$$

还有效，所以

$$p_A = (F + p_S A_B)/(A_A + K_C A_B)$$

随 F 增加而增加。

$$p_B = (p_S A_A - FK_C)/(A_A + K_C A_B)$$

随 F 增加而减少。

3）直到 $K_C p_A \geqslant p_S$ 后，平衡阀的通道全开，p_B 降至接近零。因为在工况切换点 F_1

$$K_C p_A = p_S$$

$$p_A A_A = F_1$$

所以，

$$F_1 = p_S A_A / K_C$$

在 $F_0 < F < F_1$ 阶段，由于平衡阀的通道未全开而有一些能量损失。

6. 再生回路

在活塞杆由于很大的外力而收回时，例如，挖掘机或装载机的动臂下降时，把有杆腔与无杆腔相连（见图 7-43），无杆腔的液体部分返回有杆腔，只有剩余部分流向油箱，也被一些人称为“再生”回路。但这和前述差动回路的工况有很大的不同。

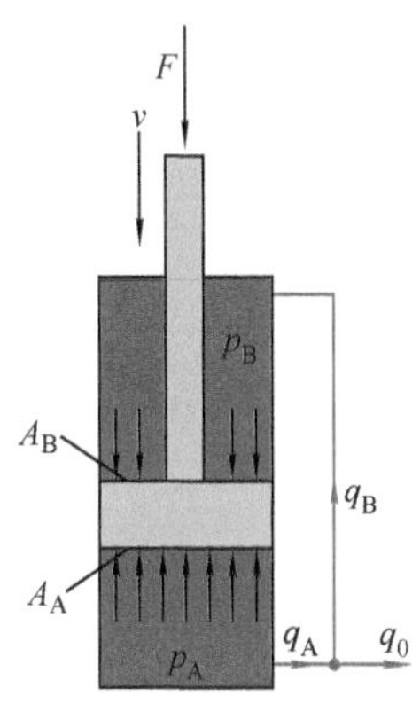

图 7-43 “再生”回路

这个回路有以下特点。

1）由于无杆腔的面积大，负载压力 p_A 相对就低一些。如果采用普通回路，无杆腔的液压油完全通过换节阀排出，在有限压差的条件下，通过流量就少些，活塞杆的收回速度相对就低。

如果无杆腔通过“再生”回路和有杆腔相连，在相同的负载和回油液阻条件下，活塞杆收回的速度可以更快。因为这时，p_A 会大大增加，实际通过换节阀的流量

$$q_0 = kA_J\sqrt{p_A} = kA_J\sqrt{F/(A_A - A_B)}$$

增多了。而活塞的实际移动速度

$$v = q_A/A_A = q_0/(A_A - A_B)$$

也增快了。

2）可以避免有杆腔由于“吸空”而造成负压。

3）此时有杆腔可以不再瓜分泵提供的流量，让它用到其他需要的地方去。

第 8 章　执行器与换向(节流)阀的串并联回路

在现代工程机械中，一台机器中往往有多个液压执行器。例如，装载机至少有两个执行器：动臂和铲斗；而履带式挖掘机至少有六个执行器：动臂、斗杆、铲斗、回转、左行走和右行走（见图 8-1），一般是八个（加上推土铲及备用）。图 8-2 所示的多功能斜钻机的执行器则还要多得多。

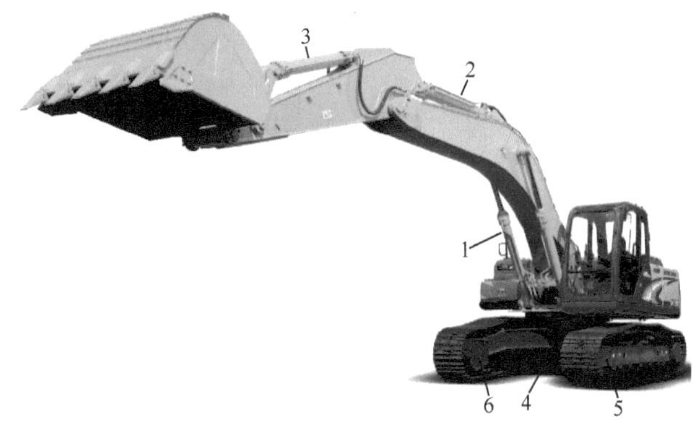

图 8-1　履带式挖掘机有至少 6 个执行器

1—动臂　2—斗杆　3—铲斗　4—回转　5—左行走　6—右行走

图 8-2　多功能斜钻机（力士乐 2003）

这些执行器有时先后动作，有时同时动作。图 8-3 所示为挖掘机在一个典型工作周期中，各执行器轮流动作相互重叠的过程。

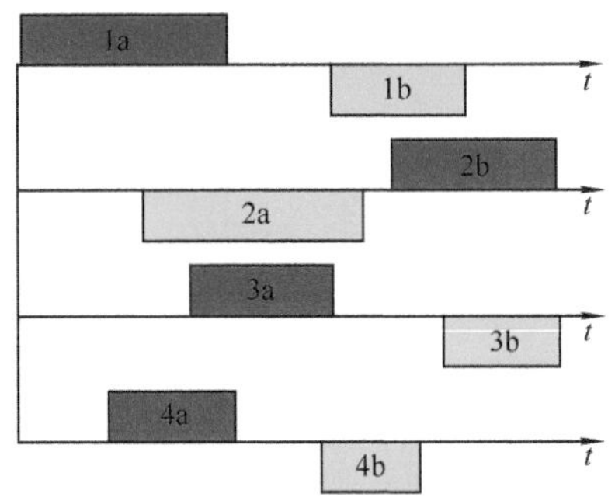

图 8-3　挖掘机在工作周期中各执行器轮流动作的过程

1a—动臂上升　1b—动臂下降　2a—斗杆放出　2b—斗杆收回

3a—铲斗卸载　3b—铲斗挖装　4a—回转　4b—反转

如果为每一个执行器单独配一个液压源，就需要很大的安装空间和较高的投资成本。而如果多个执行器共用一个液压源，则最高驱动压力决定了泵出口的压力（见图 8-4），相互间很容易干扰。因此，如何用较少的液压源来配合较多的执行器，避免或者减少相互干扰，同时还尽可能节能，就对液压系统设计师提出了很高的要求。

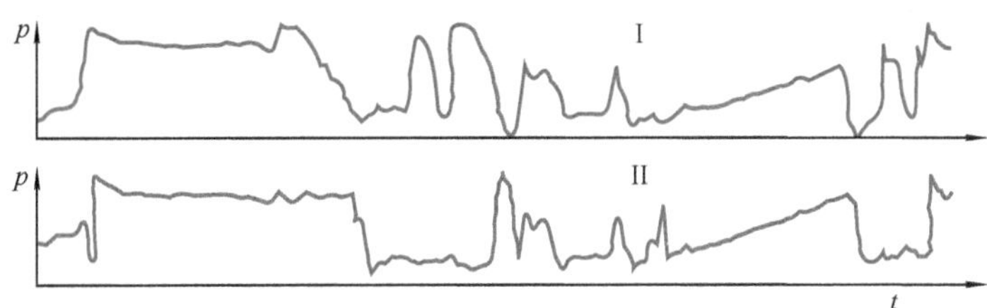

图 8-4　某挖掘机由于复合动作引起的压力变化[5]

I—泵 1　II—泵 2

在研究多执行器的控制回路之前，有必要先了解一下多个执行器、换向阀和换节阀互相之间的关系和各自的特点。

8.1　执行器的串并联

液压执行器之间只有两种基本关系：并联与串联。

8.1.1　执行器并联

1．并联的特点

如果两个液压缸简单并联（见图 8-5a），并且同时运动的话，则

$$q_0 = q_1 + q_2$$

但由于液压油总是流向压力低的地方，所以，只有在

$$F_1/A_{A1}=p_{A1}=p_P=p_{A2}=F_2/A_{A2}$$

时，两个液压缸才可能同时运动，这是不常遇到的。特别是在运动时，由于惯性、摩擦力等其他因素的制约，更难保证同时运动。

如果两个马达直接并联（见图 8-5b），也类似。

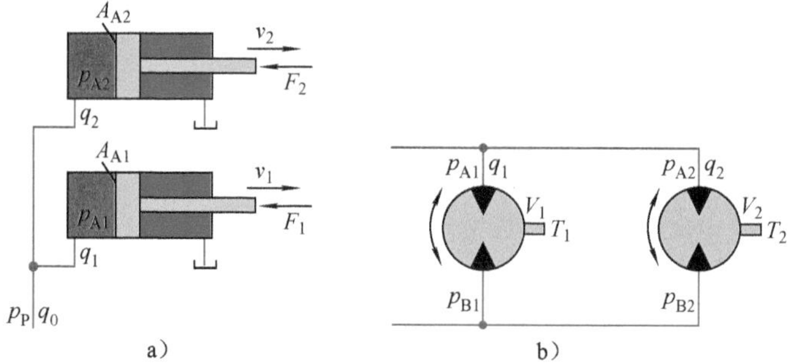

图 8-5　两个执行器并联

a）差动缸　b）马达

2．执行器并联驱动一个刚性物体

如果这些执行器连接在一个刚性物体上，就另当别论了。

（1）如果把两个差动缸并联在一个刚性物体上（见图 8-6a）

1）如果刚性物体的运动没有导向限制的话，则可能由于两个缸的速度不同而发生偏转。

2）如果刚性物体的运动有导向限制的话，则一般会自动分配载荷，使两个缸的速度一致，但处理不好的话也可能由于偏转而卡死。

（2）如果把驱动车辆两侧车轮的马达简单并联在一起（见图 8-6b） 则在车辆转弯，内外侧车轮受到的阻力不同时，流量就可自动根据负载分配，使转速与工况相适应，以减少轮胎的磨损。

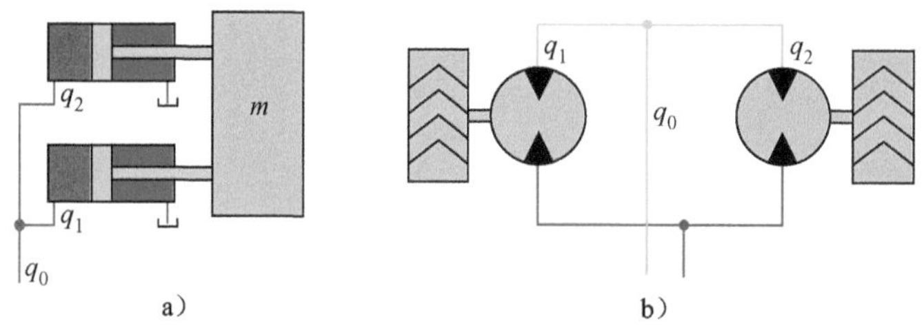

图 8-6　两个执行器并联驱动一个物体

a）差动缸　b）马达

3．关于“直线行走”

在液压驱动的行走机械中经常会提及所谓的“直线行走”功能。很多行走机

构是通过两个马达分别驱动两侧的。由于两个马达的进出口通常并联有其他执行器，如回转机构，它们动作时，取走了一部分流量，造成两边的马达转速不同，导致“蜿蜒蛇行”。对此，以下一些措施被宣称为“直线行走”。

（1）单独供油　两个泵分别并且只向两侧的马达供油，以避开其他执行器的干扰（见图 8-7）。此时，只有在同时满足以下条件时，两侧马达的转速才可能相同：

1）两个泵输出的流量完全相同，这就要求转速相同、排量相同。如果是变量泵的话，变量机构必须处于同样的位置。

2）两侧马达的排量完全相同。

3）两侧泵和马达的泄漏相同。但如果两边负载不同的话，很难做到泄漏完全相同。

（2）通过小节流口并联　通常，在多数情况下，走得快的一侧，驱动压力也高。在这种前提条件下，把两侧的回路通过一个小节流口连接起来（见图 8-8），使压力高一侧的部分流量，通过节流口流向另一侧，以均衡两侧的工作流量。这样，可以一定程度地减小两侧由于泵和马达泄漏量不同、机械加工误差和控制误差引起的速度偏差，以达到基本“直线”行走。

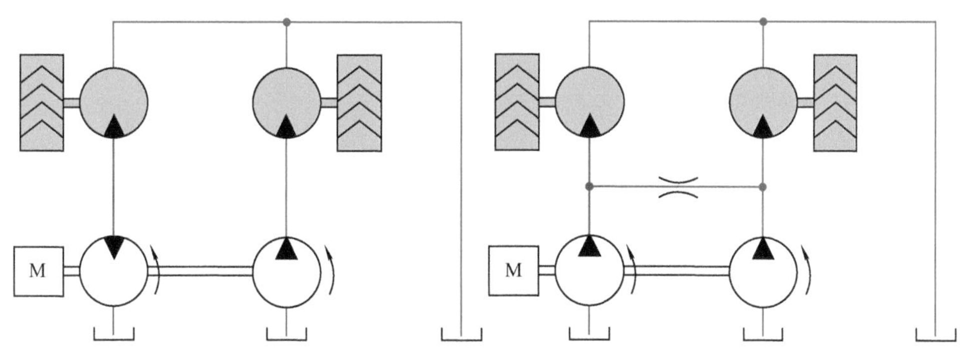

图 8-7　两个马达独立运行　　图 8-8　通过小节流口部分平衡两个马达的进口压力

采用以上两种措施时，两个泵都不能再向其他执行器供油。

（3）直接并联　利用“走得快的一侧，驱动压力也高”这种前提条件，把两侧泵和马达直接并联（见图 8-9），让泵提供的流量完全交由负载自动均衡，也可以在一定程度上达到“直线”行走。只是要注意：两侧管路安排要对称，并联管道的液阻要小。这种措施的优点是可以向第三个执行器供油。

通过以上措施，可以使机械基本直线行走，降低了驾驶员的劳动强度。但是，如果不设置外界环境参照物，仅通过偏差反馈来纠正两侧的速度差的话，不管采用哪种措施，都不能确切地保证在任何状况下，都能使行走轨迹实现严格几何意义上的直线。

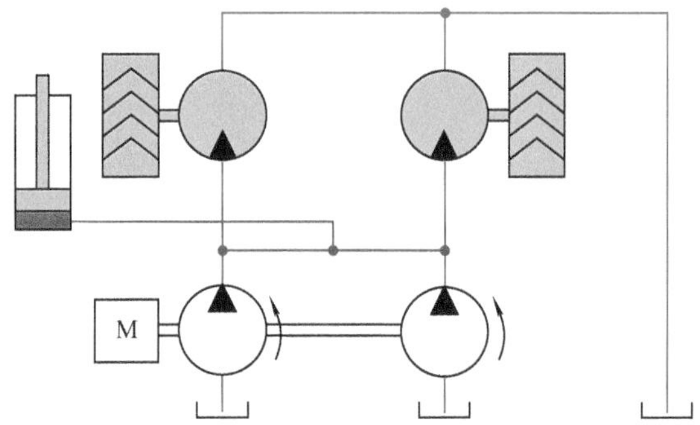

图 8-9　直接并联，均衡两个马达的进口压力

4．马达并联，通过齿轮机构驱动单一负载

如果把两个马达的输出轴通过齿轮副连接到一个负载上（见图 8-10）。

1）如果液压并联（见图 8-10a），则可导出输出轴转速

$$n_0 = q_0 Z_0/(V_1 Z_1 + V_2 Z_2)$$

式中　Z_1、Z_2——与马达相连的齿轮的齿数。

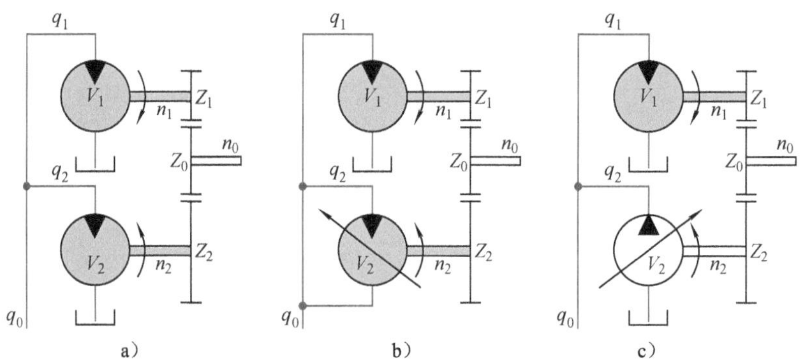

图 8-10　两个马达连接同一负载

a）同时驱动　b）仅一个驱动　c）一个作为泵

2）如果把马达 2 利用换向阀短接（见图 8-10b），或排量变为零，则马达 2 随动，$q_1 = q_0$，即可以提高马达 1 的转速，从而提高负载的转速。

$$n_0 = q_0 Z_0/(V_1 Z_1)$$

3）如果把马达 2 切换成泵工作模式（见图 8-10c），输出 q_2，则 $q_1 = q_0 + q_2$，还可以进一步提高马达 1 和负载的转速。

8.1.2　执行器串联

如果两个执行器处于串联状态（见图 8-11a），则有以下特点。

1）两者必须同时动作。如果一个执行器不动作的话，另一个执行器也不能动作。这可用于执行器动作间的互锁。如果要避免这一点的话，可以为这两个执行器设置旁路阀（见图 8-11b）。

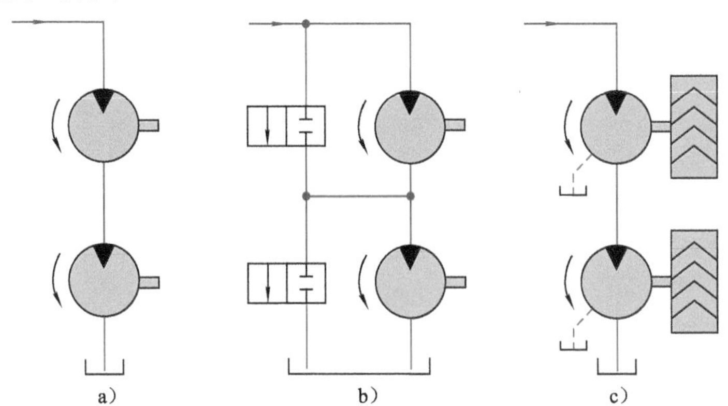

图 8-11 两个马达处于串联状态

a）直接串联 b）用旁路阀避免互锁 c）驱动同一负载

一些小型车辆利用马达串联回路实现四轮驱动（见图 8-11c）。其结构简单，负载可以自动分配。如果由于局部地面摩擦力不够，一排轮子打滑，则另一排轮子会继续发挥驱动作用，使车辆脱离“困境”。

由于前列马达存在不可避免的内泄漏，因此，后续马达得到的液压油总是少些。因此，两个马达的转速不可能完全相同，这就意味着，前后两排轮子的转速不会绝对相同。但因为驱动的是同一台车辆，所以，必然有轮子要有些打滑。

2）它们的驱动压力迭加。在回路如图 8-12 所示的场合下

$$p_{A1}=(F_1+p_{B1}A_{B1})/A_{A1}=(F_1+p_{A2}A_{B1})/A_{A1}=(F_1+A_{B1}F_2/A_{A2})/A_{A1}$$

因此要注意，总压力不能超过液压源的许用压力。

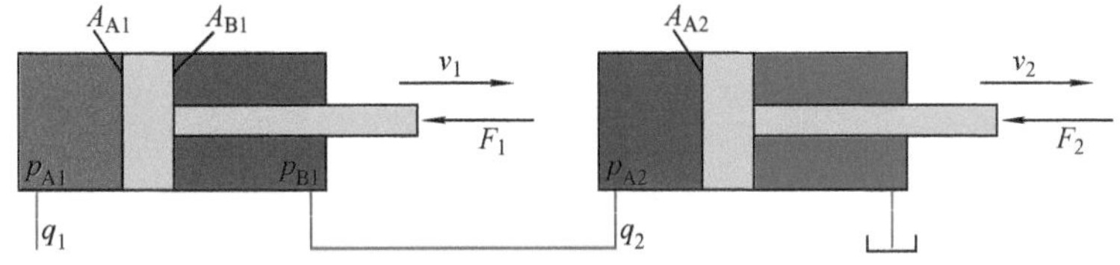

图 8-12 两个差动缸处于串联状态

3）如果前列执行器的两侧有效作用面积不同，如差动缸（见图 8-12），由于进出流量不同，后续执行器所得到的流量会受到前列差动缸面积比的影响。只有在 $A_{A2}=A_{B1}$ 时，两缸的运动速度才相同。

4）如果前列执行器两侧的有效作用面积相同，如马达等，则进入后续执行器的流量与进入前列执行器的流量理论上相同。如果两个执行器的几何参数相同，

则理论上两者可以保持相同速度。但如果前列执行器有泄漏，则两者的实际速度还是会有差别的。

8.1.3 执行器混合连接

液压执行器也可以混合连接。图 8-13 所示为两个液压缸并联，再同第三个液压缸串联的回路。

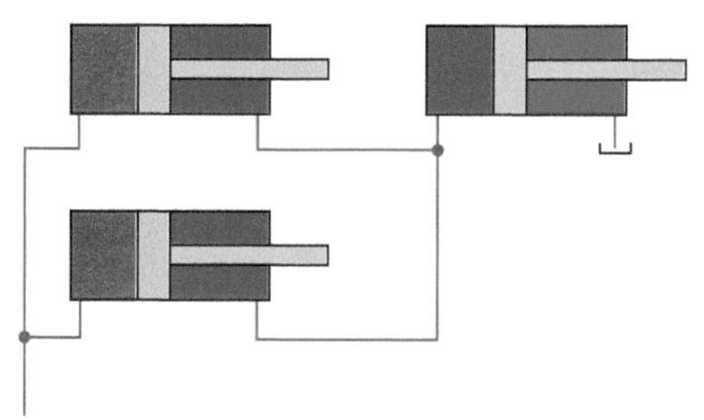

图 8-13 液压缸先并联再串联回路

也可通过换向阀，改变执行器间的串并联关系。图 8-14 所示回路被应用在一些行走驱动机构中，以增加液压驱动的变速比。

当换向阀处于下位时，两马达为并联（见图 8-14a）。输入的流量被分给两个马达，两者保持较慢的速度，同时可以驱动较大的负载。例如，用于上坡。这时，也可以满足同轴车轮在转弯时的差速要求。

当换向阀处于上位时（见图 8-14b），两马达为串联。马达可以达到较快的速度，但可驱动的负载较小。比方说，在平地或下坡时。

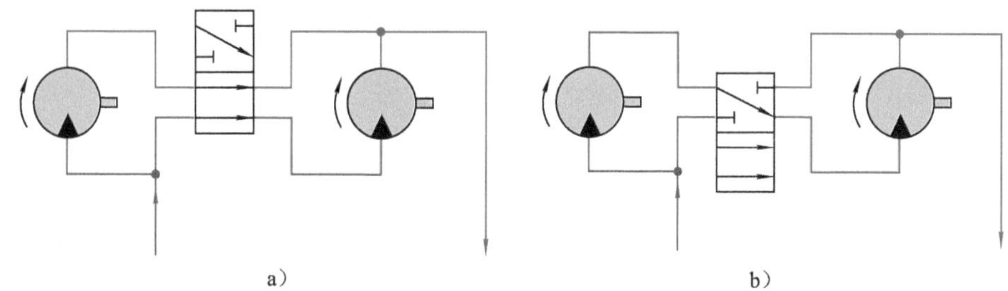

图 8-14 两个马达通过换向阀转换可以处于串联或并联状态

a）并联 b）串联

8.2 换向阀的串并联

以上所述的执行器串并联回路，不能控制执行器独立动作。如果希望能控制各个执行器独立动作，则还要通过换向阀或换节阀。

8.2.1　换向阀的并联回路

换向阀并联回路，指的是各个换向阀的 P 口、T 口分别并联。

1. 四通阀

若采用四通阀，则各个阀都不能是开中心阀，而必须是闭中心阀（见图 8-15），才能保证其中任一阀切换到工作位置后，液压油不从其他阀旁路流掉，而能建立压力。

通常还需要附加旁路阀 V0，让泵提供的液压油在所有换向阀都在中位时可以旁路。如果把旁路阀装在靠近液压泵出口，则可以减小通过管路时的压力损失。

如果液压源采用恒压变量泵，则旁路阀也可以放弃。

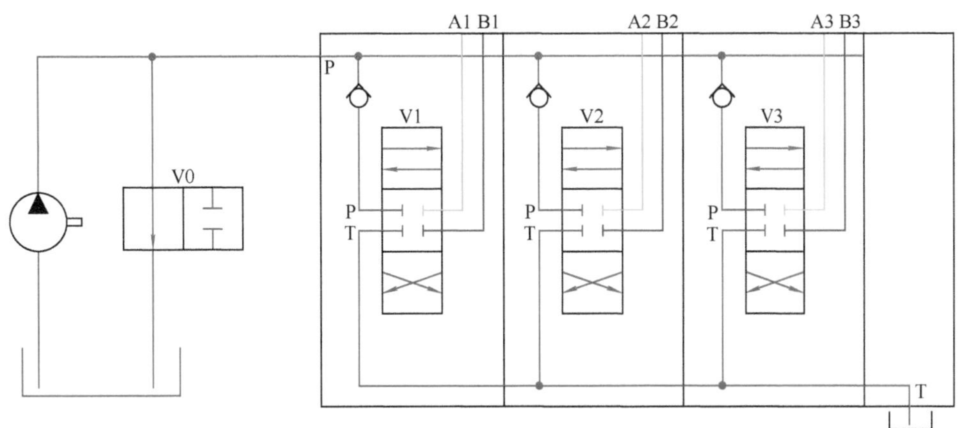

图 8-15　三个四通换向阀并联回路

V0—旁路阀　V1、V2、V3—换向阀

如果几个换向阀同时都切换到工作位置，则连接在这些阀上的执行器处于并联状态，如前所述，液压油会流向负载低的执行器。图 8-15 中各个换向阀进口前的单向阀可以保证，驱动压力高的执行器不会退回。

2. 六通阀

若采用六通阀（见图 8-16），在各阀都不工作时，让液压油经过通道 PP→PT 旁路，就不再需要图 8-15 中的旁路阀 V0；而在任一阀切换后，可以切断旁路通道 PP→PT，所有阀都相当于处于闭中心状态，液压油不会旁路流掉。

8.2.2　换向阀的串联回路

各换向阀的 P 口、T 口依次连接，可以控制各执行器分别动作，也可以同时动作。

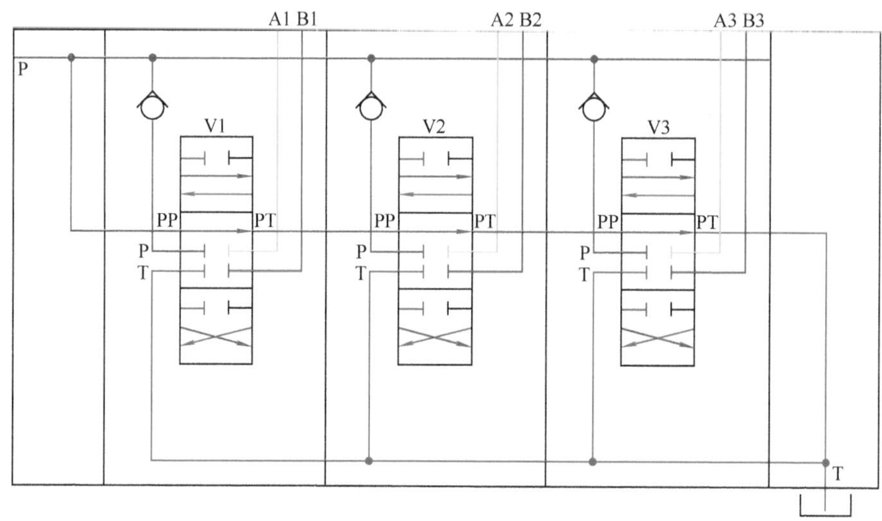

图 8-16　三个六通换向阀并联回路

1. 四通阀

若采用四通阀，则各个阀都必须是开中心阀（见图 8-17）。

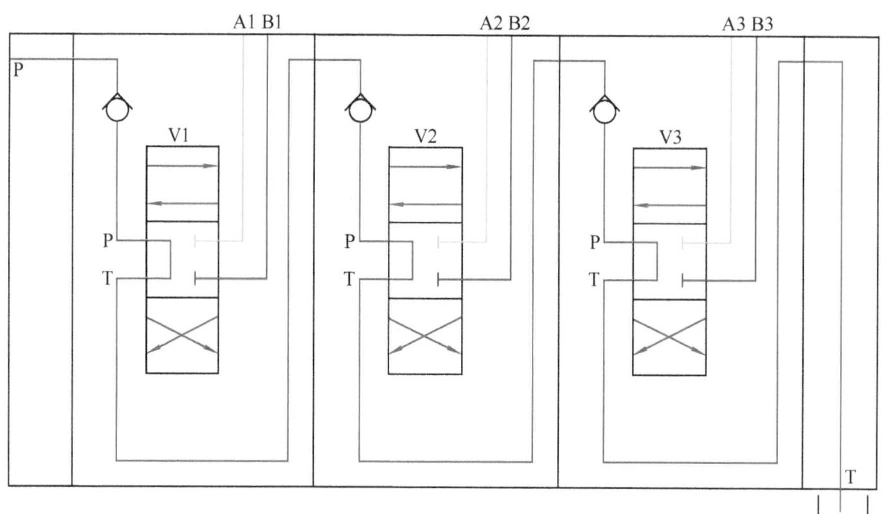

图 8-17　三个四通换向阀串联回路

如果两个换向阀都切换到工作位置，则连接在这些阀上的执行器处于串联状态，运动速度互相关联。如果某一个执行器由于某种原因不能动作，例如，已经运动到底的话，则另一个执行器也不能动作。为了避免这种现象，可以在换向阀的进口和出口间并联一个溢流阀，如图 8-18 所示。

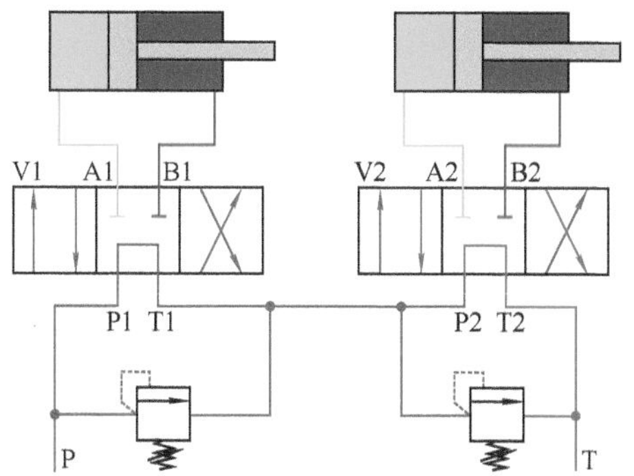

图 8-18　用溢流阀来避免串联回路中各执行器相互阻塞

2. 六通阀

用带旁路的六通阀也可以实现串联回路，如图 8-19 所示。

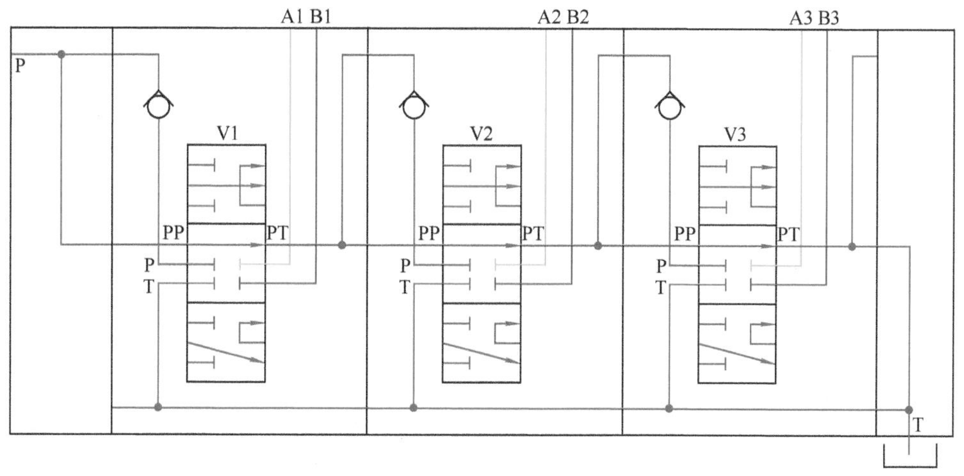

图 8-19　六通换向阀串联回路

这时，各控制阀块中的回油路是多余的。所以，用如图 8-20 所示的五通阀也可。

负载压力迭加，因此要注意，总压力不能超过液压源许用压力。

8.2.3　换向阀的优先回路

优先回路（Priority-Circuit）：各换向阀的 P 口串联，T 口并联（见图 8-21）。所以，也被称作串并联回路。它具有以下特点。

1）因为 P 口串联，所以，如果前列阀切换到工作位置，则后续所有的执行器，无论相应的换向阀切换与否，都得不到供油。优先回路之名即由此而来。

2）因为 P 口的串联，必须通过附加通道（P→PT）来实现，所以，必须使用至少五通阀（通常为六通阀）来构成（见图 8-22）。

3）由于 T 口并联，因此执行器形式上处于部分并联状态。但因为始终只有一个执行器能够得到供油，所以这个并联没有什么实际意义。除非这个执行器是一个单作用缸，可以独自靠外力返回。

4）由于 T 口并联，因此回油阻力较串联回路小。

8.2.4 换向阀的混合回路

各个换向阀之间也可以是串并联混合的。在图 8-23 中，换向阀 V1 和 V2 是并联关系，与 V3 是优先关系。

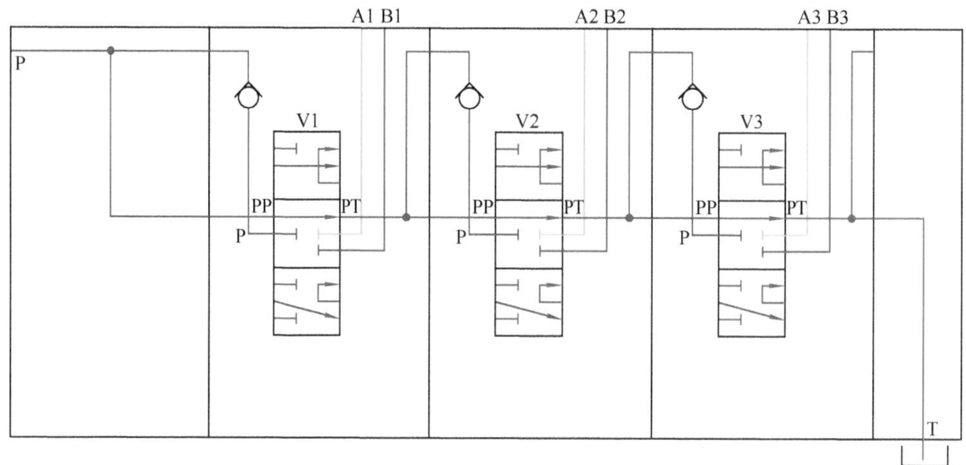

图 8-20 五通换向阀串联回路

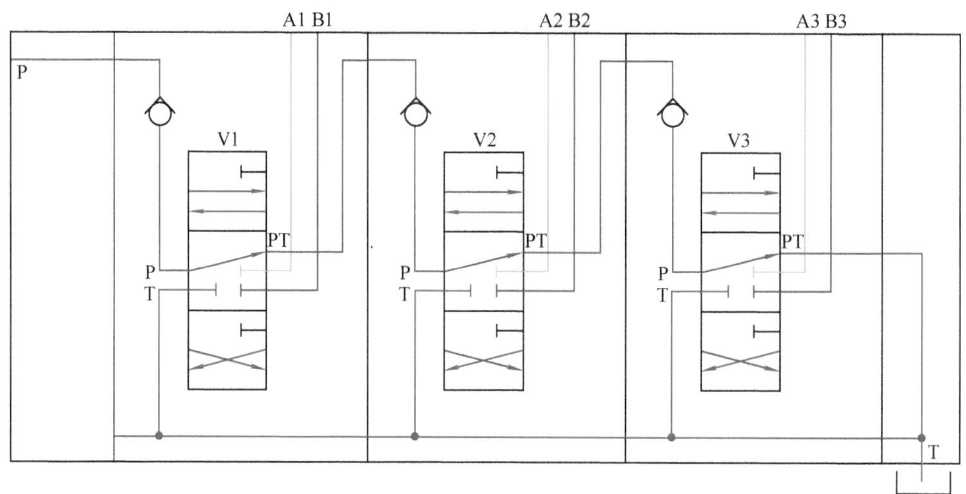

图 8-21 五通阀构成的优先回路

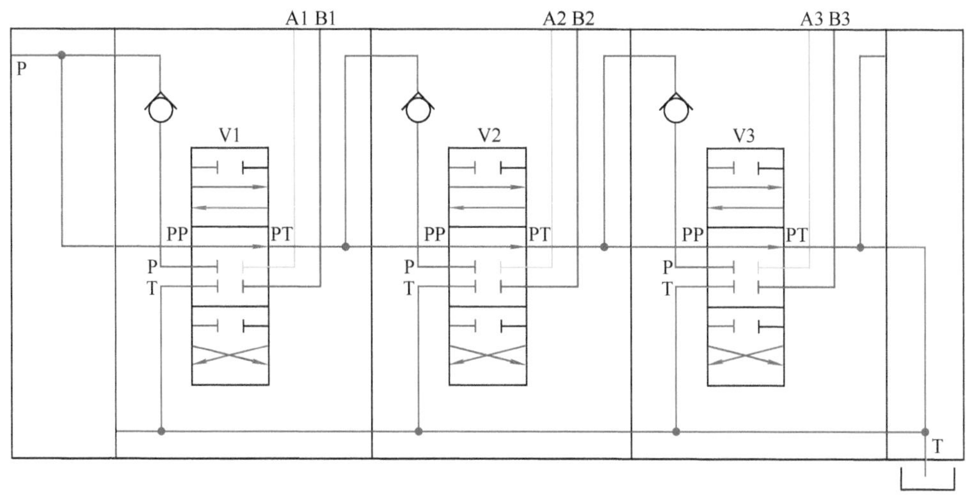

图 8-22 六通阀构成的优先回路

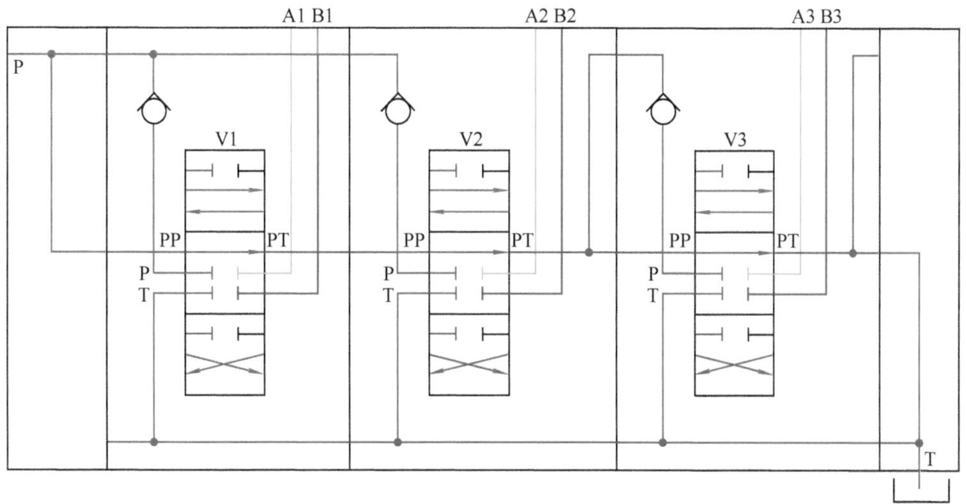

图 8-23 并联优先混合回路

8.3 换节阀的串并联

在实际工程应用中，为了使流量可调，应用得更多的是换节阀。

换节阀的串并联回路形式上换向阀的相似，但有一些不同的特性。

一般而言，为了避免在可能出现的负负载时失控，执行器的出口，也即换节阀的回油通道的液阻也都要有一定程度可调。

8.3.1 换节阀的并联回路

从形式上来看，换节阀的并联回路（见图 8-24）与换向阀并联回路相同：各阀的 P 口与 T 口分别并联。换节阀分别动作，可以控制相应的执行器。

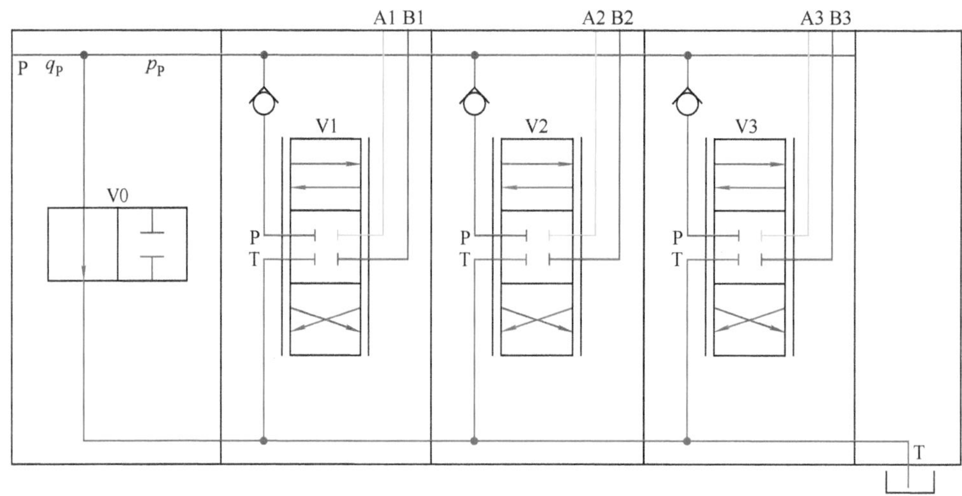

图 8-24 四通换节阀并联回路

如果有两个换节阀同时被切换入工作位置，则相应的执行器形式上处于并联状态。如已述及，两个并联的执行器同时运动的必要条件，在直接并联或通过换向阀并联回路中，必须是驱动压力相同。而在换节阀并联回路中，就没有这个限制条件了。因为各个换节阀的节流口，在流量通过时，造成了一定的附加压降（见图 8-25a）。此时，两个或多个执行器就可能同时动作了。

在旁路通道完全关闭时，两通道流量 q_1、q_2 的具体分配以及进口压力 p_P，由以下变量决定：输入流量 q_P、由负载引起的两通口压差 p_{L1}、p_{L2}，以及相应的换节阀节流口的流量-压差特性。

假设 p_T 为零，各节流口的流量系数相同，则根据压降图可列出以下关系式。

$$q_1 + q_2 = q_P$$

$$q_1 = kA_{A1}\sqrt{p_P - p_{A1}} = kA_{A1}\sqrt{p_P - p_{A1} - p_{B1}}$$

$$p_{B1} = q_{B1}^2/(kA_{B1})^2 = q_1^2 K_{A1}^2/(kA_{B1})^2$$

$$q_2 = kA_{A2}\sqrt{p_P - p_{A2}} = kA_{A2}\sqrt{p_P - p_{A2} - p_{B2}}$$

$$p_{B2} = q_{B2}^2/(kA_{B2})^2 = q_2^2 K_{A2}^2/(kA_{B2})^2$$

式中 K_{A1}、K_{A2}——执行器背压腔面积与驱动腔作用面积之比。

从上述这些关系式很难写出 q_1、q_2 和 p_P 显式的解析式。图 8-25b 粗略地图解了流量的分配。曲线 V1、V2 由阀 V1、V2 在相应位移时进出节流口的流量-压差特性（可测）叠加而成。两曲线的交点 A 即决定了进口压力 p_P 和输入流量 q_P 的分配：q_1、q_2。

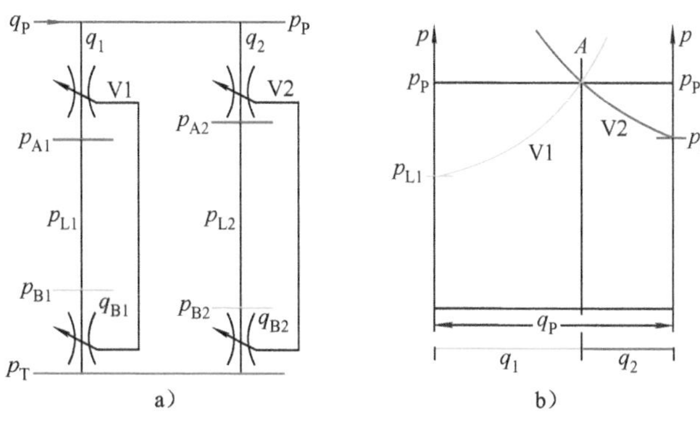

图 8-25　两个换节阀并联

a）压降图　b）流量分配

由此可见：

1）由于换节阀节流口液阻的作用，不仅不同的负载可以同时运动，甚至重载的执行器也可能得到比轻载的更多的流量。

2）各通道的流量受其他通道的负载影响。

四通阀动作时，旁路阀必须同时调节，至少一定程度地关闭，否则液压油可能完全从旁路阀流走。采用六通阀（见图 8-26），就可以同步地关小旁路通道。

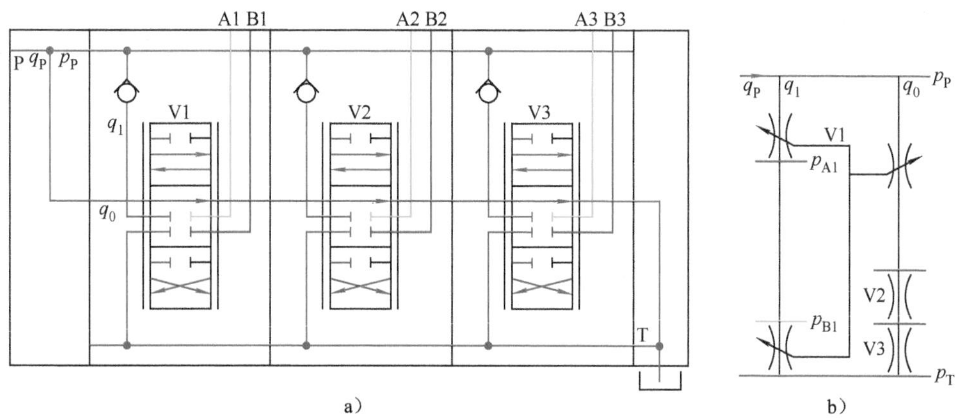

图 8-26　六通换节阀并联回路

a）回路图　b）仅阀 V1 动作时的压降图

8.3.2　换节阀的串联回路

换节阀也可以组成串联回路，如图 8-27 和图 8-28 所示。在图 8-28 中，通道 T

没有功能，被略去。

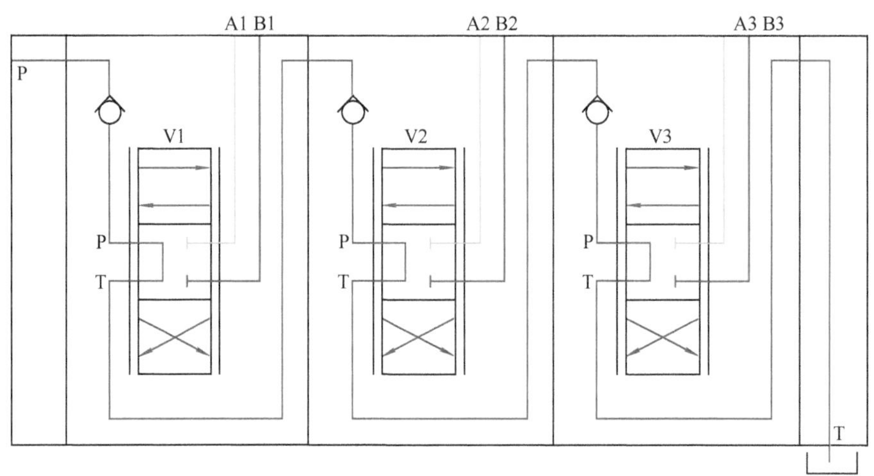

图 8-27　四通换节阀串联回路

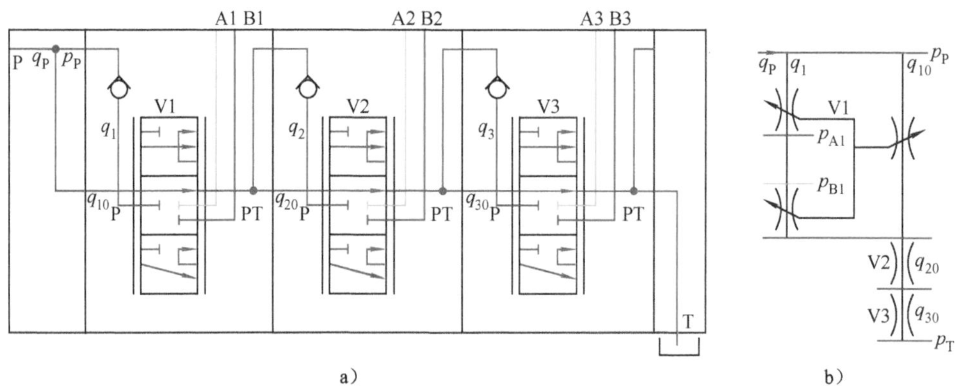

a）　　　　　　　　b）

图 8-28　六（五）通换节阀串联回路

a）回路图　b）阀 V1 动作时的压降图

在换节阀部分开启，旁路通道并未完全关闭时（见图 8-28b），一部分流量 q_{10} 直接旁路，另一部分流量 q_1 先经过 A 口或 B 口去执行器，从执行器返回的流量与旁路流量 q_{10} 会合后再到后续阀的 P 口。如果前列的执行器不再运动，则全部流量经过旁路通道，去后续换向阀的 P 口，后续执行器还可以运动。这个特性与换向阀串联回路不同。

8.3.3　换节阀的优先回路

用六通换节阀也可以组成优先回路。与换向阀优先回路不同的是，在前列换节阀工作时，如果旁路通道没有完全关闭，后续阀还可能得到液压油，驱动执行器。

如图 8-29 所示，在阀 V1 动作后，但旁路通道并未完全关闭时，输入流量 q_P 中，部分流量 q_1 流向执行器，部分流量 q_{10} 经过旁路通道流向阀 V2。

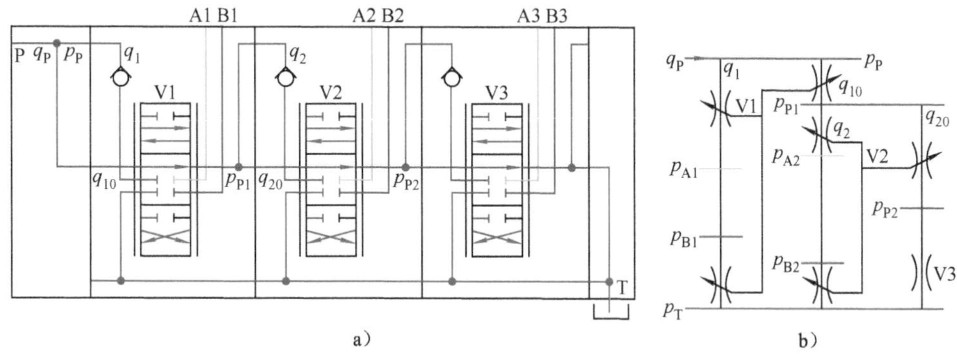

图 8-29　六通换节阀优先回路

a）回路图　b）阀 V1、V2 动作时的压降图

某些挖掘机上，采用优先回路以保证回转执行器优先动作。

换节阀也可以被用于组建混合回路。

换节阀优先回路也可通过附加的阀切换成并联回路。例如，再增加一个二通阀 V0（见图 8-30），则当 V0 处于下位时，V1 优先于 V2；当 V0 处于上位时，V1 和 V2 是并联关系。

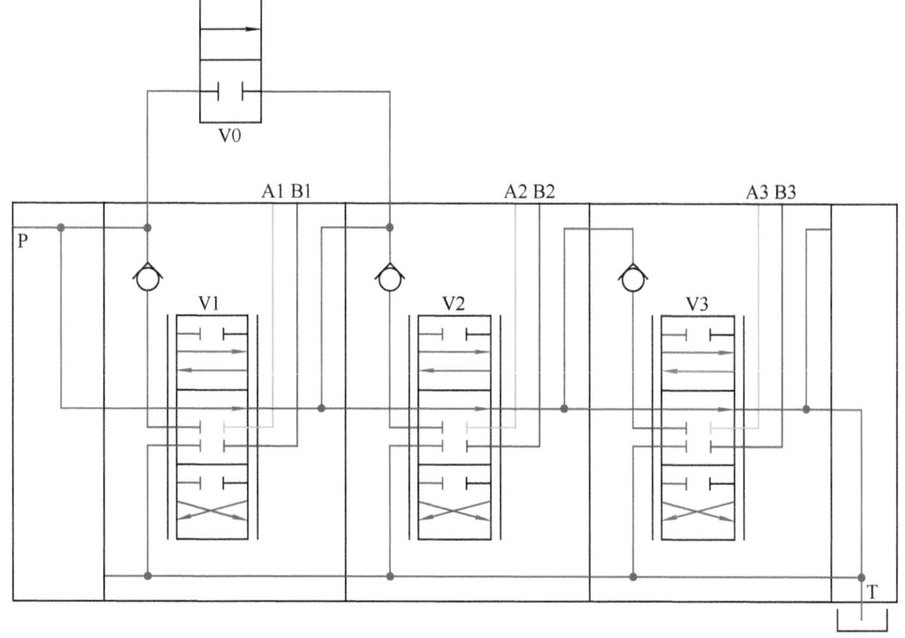

图 8-30　优先回路可切换成并联回路

第 9 章　单泵多执行器的简单液阻控制回路

在单泵多执行器的系统中，不管采用什么回路，泵出口的压力总是由驱动压力最高的回路决定的。这样，对同时动作、驱动压力较低的执行器来说，就不可避免地有一个压力损失问题。所以，如果可能的话，例如，通过增加液压缸的有效直径来降低最高驱动压力，从而适当平衡各个同时工作的执行器的驱动压力，就可以提高能效。

在工程机械的液压执行器中，因为绝大多数是差动缸，因此，比较不便于采用闭式回路。因为行程较短，需要不断切换，且多个并联，因此，目前采用容积控制的也不多。所以，目前最大量被采用的还是开式的液阻回路。

常见的多执行器开式液阻回路大致可分两大类：简单液阻回路，即不含定压差阀的回路；含定压差阀的回路，即常称的负载敏感回路。

简单液阻回路相对负载敏感回路，构造简单，对污染比较不敏感，投资成本较低。

简单液阻回路种类很多，表 9-1 列出了一些常见的回路。

这些回路中泵转速都保持恒定。

表 9-1　一些常见的多执行器简单液阻流量控制回路

回路	换节阀	液压泵
定流量回路	开中心	定量泵
负流量控制回路	开中心	负流量变量泵
正流量控制回路	可开可闭	正流量变量泵
恒功率回路	开中心	恒功率变量泵

9.1　定流量控制回路

定流量控制回路是最简单的多执行器液阻控制回路，至今仍在国内很多老型号的小型挖掘机上应用。其结构较简单，因此投资成本较低。但由于能效较低，因此运营成本较高。

9.1.1　回路与工作原理

1. 工作原理

定流量控制回路（见图 9-1）的工作原理如下。

1）开式回路。

2）固定转速的定量泵和溢流阀共同组成液压源。$p_P < p_S$ 时，工作在恒排量工况；p_P 达到 p_S，工作在恒压工况。

3）一般采用六通换节阀。在所有执行器都不工作时，泵排出的液压油可以直接穿过阀体回油箱，以减小压力损失。

4）各换节阀之间可以是并联关系或优先关系，也可以是串联关系，但较少见。图 9-1 中，换节阀 V1 和 V2 是并联关系，与 V3 是优先关系。

5）任一换节阀动作后将减少以至完全切断旁路流量 q_0。

6）泵出口处的溢流阀安全用，常闭。

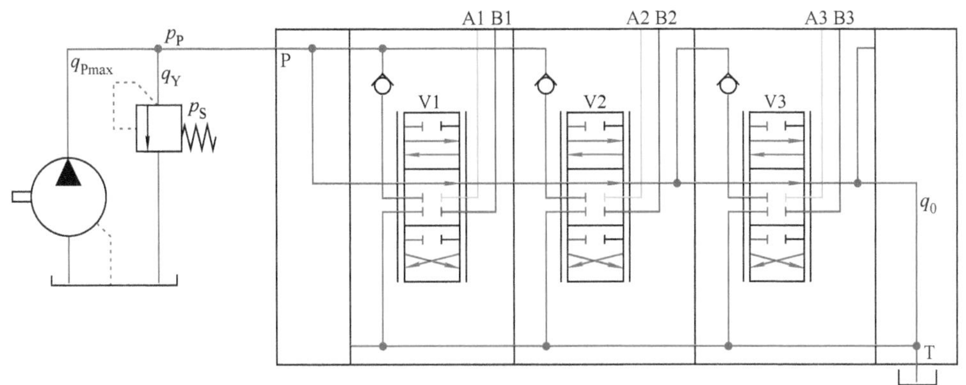

图 9-1　定流量控制回路原理图

p_S—溢流阀设定压力　q_{Pmax}—泵提供流量　q_Y—从溢流阀排出流量　q_0—旁路流量

2．压降图

图 9-2 所示为回路图 9-1 的压降状况。

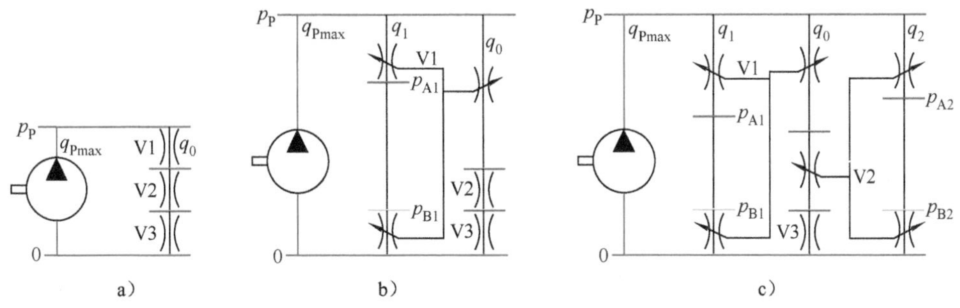

图 9-2　定流量控制回路的压降图

a）所有换节阀都在中位　b）V1 切换到工作位　c）V1、V2 切换到工作位

p_P—泵出口压力　q_{Pmax}—泵提供流量　q_0—旁路流量　q_1、q_2—工作通道流量

为简化叙述，以下如无特别说明，粗略地把执行器驱动腔压力就看作阀出口压力，把泵出口压力就看作阀组的进口压力，既忽略管道压力损失的影响，也忽略背压随流量变化的影响。

1）所有换节阀都在中位（见图 9-2a）：泵提供的流量 q_{Pmax} 就是 q_0，通过所有换节阀。由于没有工作负载，因此 p_P 较低。

2）阀 V1 切换到工作位（见图 9-2b）：泵提供的流量 q_{Pmax}，经过两条通道回油箱——旁路通道 q_0 和工作通道 q_1。q_{Pmax} 如何分配，则不仅取决于各节流口的大小，也取决于驱动压力 p_{A1}。

3）阀 V1、V2 切换到工作位（见图 9-2c）：泵提供的流量 q_{Pmax}，可能经过三条通道回油箱——旁路通道 q_0 和工作通道 q_1、q_2。如何分配，则不仅取决于各节流口的大小，也取决于驱动压力 p_{A1} 和 p_{A2}。因此，各工作通道的工作流量还受到其他通道负载的干扰。

9.1.2 工作通道开启过程

图 9-3 所示为在一个换节阀阀芯从中位向工作位（P→A、B→T）移动时，压力流量随之逐步变化的过程。可分为 4 个区域。

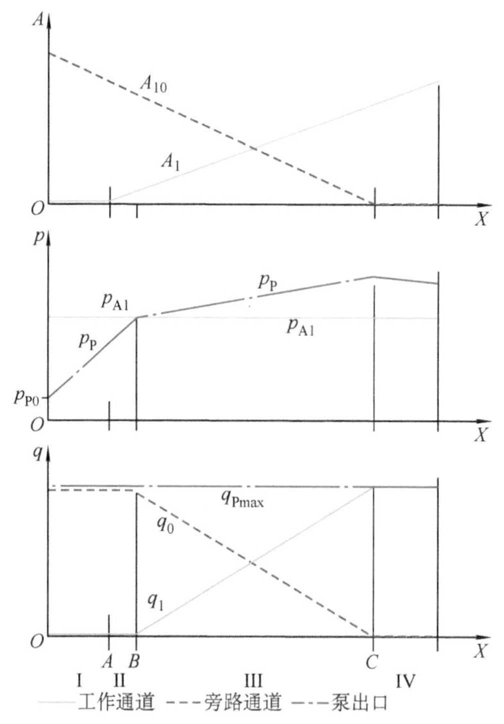

图 9-3 换节阀开启引起执行器运动的过程

Ⅰ、Ⅱ—死区 Ⅲ—可调区 Ⅳ—流量饱和区

X—阀芯行程 A_1—工作节流口面积 A_{10}—旁路节流口面积 p_P—泵出口压力 p_{P0}—泵出口空载压力 p_{A1}—驱动压力 q_{Pmax}—泵提供流量 q_0—旁路流量 q_1—工作通道流量

为简化叙述起见，假定整个过程中驱动压力未超过系统设定的最高压力，节

流口 B→T 全开。

为直观起见，图 9-3 中将节流口面积 A_1、A_{10} 对阀芯位移 X 简化为直线。实际使用的阀芯通常是带开口槽的，A_1、A_{10} 对 X 呈折线或曲线（见 4.4.2 节），下同。

（1）区域 I　阀芯已有移动，旁路节流口 A_{10} 开始减少。因此，泵出口压力 p_P 开始上升。但工作节流口还在覆盖区内，尚未开启，$A_1 = 0$。因此，工作流量 q_1 还为零，旁路流量 q_0 也还是保持 q_{Pmax} 不变。

（2）区域 II　从工况点 A 开始，工作通道已开启，$A_1 > 0$，A_{10} 继续减小。因此，p_P 继续上升，但还低于 p_{A1}。因此，q_1 还为零，q_0 也还是保持 q_{Pmax} 不变。

（3）区域 III　从工况点 B 开始，由于 A_{10} 的进一步减小，p_P 上升，超过了 p_{A1}。因此，开始有工作流量 q_1。这导致 q_0 开始下降。

随着 A_{10} 的减小和 A_1 的增大，q_1 继续增大，q_0 继续下降。

直至工况点 C，旁路节流口已完全关闭，$A_{10}=0$。q_0 为零，q_1 也达到最大 q_{Pmax}。

（4）区域 IV　由于 q_1 不会再增大，所以，随着 A_1 的进一步增大，p_P 会略有下降。

从以上分析可以看出：

1）负载开始运动的工况点 B 基本上不依赖于工作节流口 A_1 的大小，而是取决于泵提供的流量 q_{Pmax}、旁路节流口 A_{10} 和驱动压力 p_{A1}。q_{Pmax} 越小，A_{10} 越大，p_{A1} 越高，则负载开始运动点 B 越往后推。

2）工作流量 q_1 达到最大的工况点 C 也完全是取决于旁路节流口 A_{10}，而不依赖于工作节流口 A_1 的大小。

3）工作节流口 A_1 的大小，只是影响了泵出口压力 p_P 的高低。

4）只有在区域 III（工况点 B-C），进入执行器的工作流量 q_1 才可调。因此，区域 I 和 II 被称为死区，区域 III 被称为可调区（Fine-Control-Range，精微控制区），区域 IV 被称为流量饱和区。

9.1.3　能耗状况

1．各阀都处于中位时（见图 9-4）

此时，泵提供的流量 q_{Pmax} 全部旁路。泵出口压力最低，为 p_{P0}。泵消耗的功率不做功。

如果泵提供流量 q_P 约为 100L/min，空载旁路压力损失 p_{P0} 为 3MPa 的话，则功率损失约为 5kW。

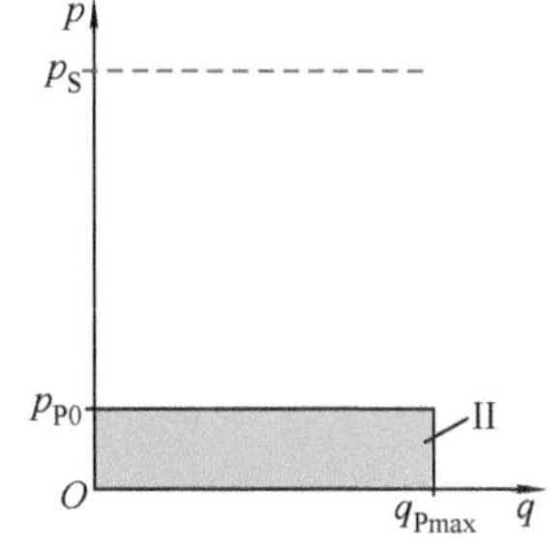

图 9-4　各阀都处于中位时的能耗状况

q_{Pmax}—泵提供流量　p_{P0}—旁路压力

p_S—设定最高工作压力　II—未做功功率

2．单个执行器工作时（见图 9-5）

由于定流量液压源提供的多余流量 q_0 经过旁路回油箱，因此，在工作流量 q_1

较小时，能效很低。在工作流量较大时，能效尚可。

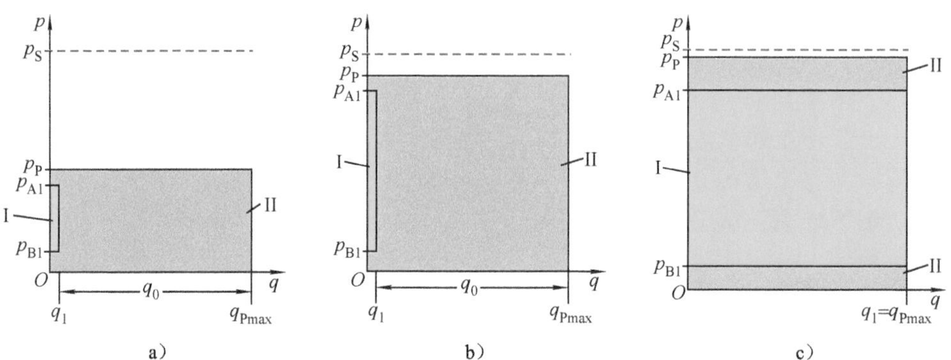

图 9-5　单个执行器工作时的能耗状况

a）小流量轻载　b）小流量重载　c）大流量重载

q_{Pmax}—泵提供流量　q_0—旁路流量　q_1—工作流量　p_{A1}—阀口 A1 的压力

p_{B1}—阀口 B1 的压力　p_P—泵出口压力　I—做功功率　II—未做功功率

在 p_P 达到设定的最高工作压力 p_S 之前，液压源工作在恒排量工况，输出流量基本不受出口压力影响。

3. 泵出口压力达到设定的最高工作压力后

这时，液压源依靠附带的溢流阀工作在恒压工况，其能耗状况如图 9-6 所示。由于泵提供的流量几乎都从溢流阀排出，所以，即使工作节流口开得很大，旁路口全关，工作流量还是很低。能效很低。

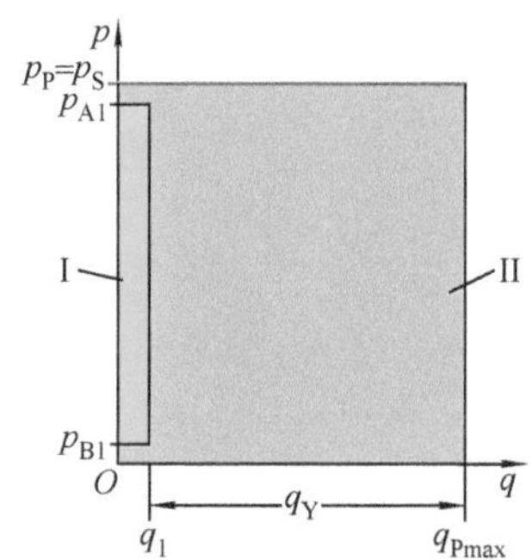

图 9-6　单个执行器极重载时的能耗状况

q_{Pmax}—泵提供流量　q_1—工作流量　q_Y—从溢流阀流出流量　p_{A1}—阀口 A1 的压力

p_{B1}—阀口 B1 的压力　p_P—泵出口压力　I—做功功率　II—未做功功率

4. 两个执行器同时工作

如果其中一个执行器小流量重载，则能耗状况如图 9-7 所示。轻载的执行器容易得到更多的流量，所以必须把节流口关得更小。

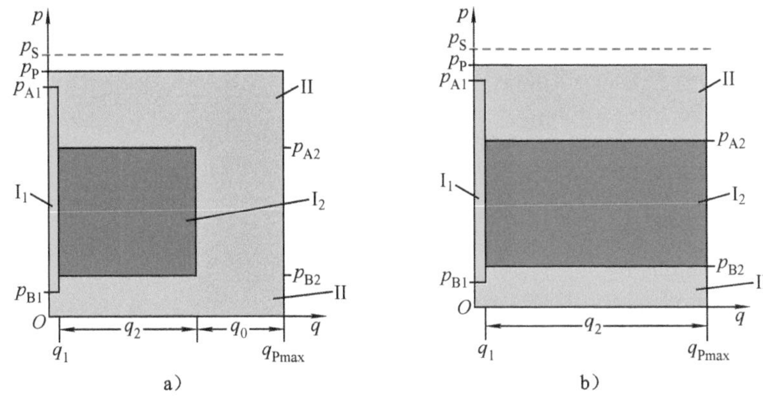

图 9-7　两个执行器工作时的能耗状况

a）另一个执行器中流量轻载　b）另一个执行器大流量轻载

q_{Pmax}—泵提供流量　q_1、q_2—工作流量　p_{A1}、p_{B1}、p_{A2}、p_{B2}—阀口 A1、B1、A2、B2 的压力

q_0—旁路流量　p_P—泵出口压力　I_1、I_2—做功功率　II—未做功功率

综上所述，由于使用定流量液压源，不管实际需要，始终输出固定的流量，所以

1）只有在各执行器的负载相近，总工作流量又较大时，能量浪费较少。

2）在其余工况，多余的流量以高压旁路回油箱，能量浪费很大。

3）原动机最大功率必须按液压系统的角功率配置，而当执行器工作在轻载和中载时，原动机的最大功率并未充分利用。

4）提高能效的途径是采用变量液压源。

9.2　负流量控制回路

负流量控制回路（Negative Control System，负控制系统）是 20 世纪 70 年代开发出来的技术，因为其能效总的来说比定流量系统高，被很多生产商采用。例如：住友、加藤、斗山、现代、卡特等。在国内中小型挖掘机上的应用至今仍十分普遍。

这个回路之所以被称为负流量控制，是因为所使用的泵的变量特性：控制压力越高，则排量越小，从而输出流量越少。

9.2.1　回路与工作原理

负流量控制回路（见图 9-8）的工作原理如下。

1）使用负流量变量泵。

2）使用六通换节阀。可并联（如 V1 与 V2），可优先（如 V1 与 V2 对 V3）

或串联。

3）在阀组的旁路通道出口处有一个固定节流口 J。

4）旁路流量 q_0 流过节流口 J 时建立压力 p_0。

5）p_0 被引到泵变量机构来控制泵的排量 V。p_0 越低，V 越大（见 9.2.2 节）。

6）任一换节阀开启都将减少 q_0，从而降低 p_0，相应增大 V。

7）溢流阀作为安全阀，常闭。

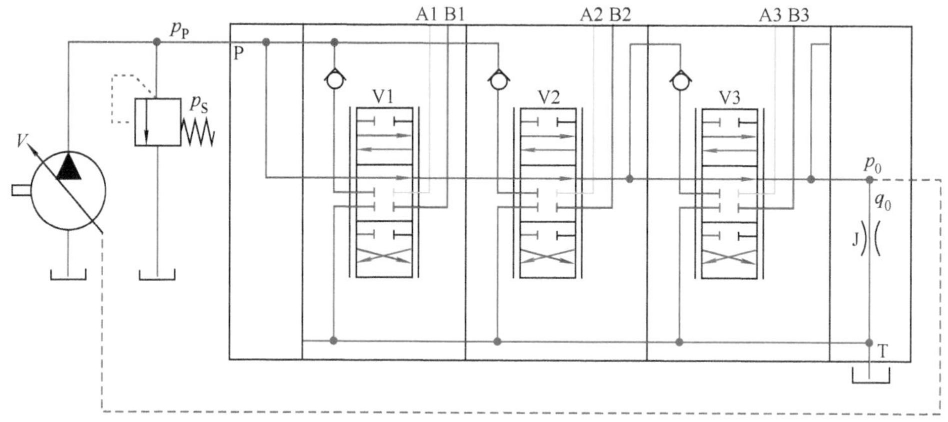

图 9-8　负流量控制回路原理图

p_P—泵出口压力　p_S—溢流阀设定压力　p_0—控制压力　q_0—旁路流量　J—旁路节流口　V—泵的排量

图 9-9 所示为回路的压降状况。

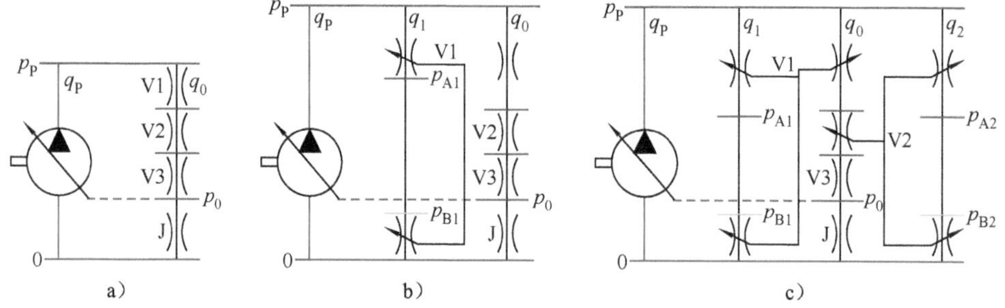

图 9-9　负流量控制回路的压降图

a）所有换节阀都在中位　b）V1 切换到工作位　c）V1、V2 切换到工作位

p_0—控制压力　p_P—泵出口压力　q_P—泵提供流量　q_0—旁路流量　q_1、q_2—工作流量

1）所有换节阀都在中位（见图 9-9a）：泵提供的流量 q_P 全部通过固定节流口 J，旁路流量 q_0 较高，因此，p_0 也较高，泵的排量 V 较小。

2）阀 V1 切换到工作位（见图 9-9b）：q_P 经过两条通道回油箱——旁路通道 q_0 和工作通道 q_1。q_P 如何分配，则不仅取决于各节流口的大小，也取决于驱动压

力 p_{A1}。而 q_0 又影响 p_0，从而影响 q_P。

3）阀 V1、V2 切换到工作位（见图 9-9c）：泵提供的流量 q_P，经过三条通道回油箱——旁路通道 q_0 和工作通道 q_1、q_2。如何分配，则不仅取决于各节流口的大小，也取决于驱动压力 p_{A1} 和 p_{A2}。因此，各工作通道的工作流量还受到其他通道负载大小的干扰。

9.2.2　负流量变量泵

负流量变量泵是一个外控变量泵，变量机构受外来的控制压力控制：控制压力越高，排量越小（见图 9-10），有以下特点。

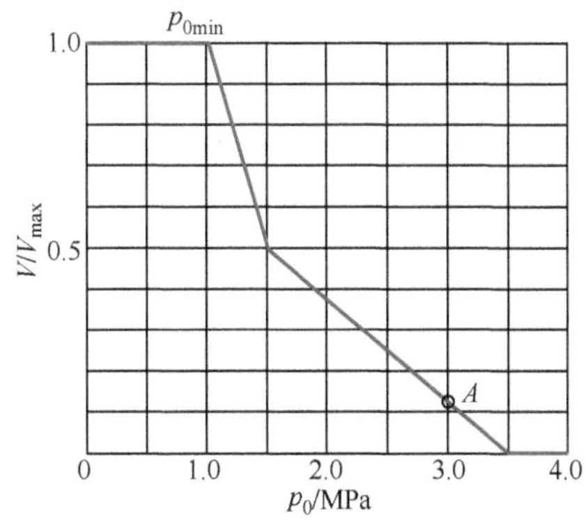

图 9-10　一个负流量变量泵的变量特性（力士乐）

p_0—控制压力　p_{0min}—控制压力临界值　V—泵的排量　V_{max}—泵的最大排量

A—所有换节阀都在中位时的工况点

1）此泵在控制压力 p_0 超过 3.5MPa 时，排量 V 最小，为零。但若完全无流量，则控制压力也不可能建立。因此，系统不会工作在这个工况点。当所有换节阀都在中位时，泵还是必须输出一些流量（工况点 A），排量 V 一般约为最大排量 V_{max} 的 10%，p_0 约为 3.0MPa。

2）在 p_0 低于控制压力临界值 p_{0min}（1.0MPa）时，排量就达到最大。因此，只要有一个换节阀的旁路接近关闭，旁通流量 q_0 接近零时，泵就会达到最大输出流量。

市售的负流量泵的变量特性一般有一个范围可调（见图 9-11），控制压力临界值 p_{0min} 可在 0.4～1.5MPa 范围内调节，排量变化范围也随之相应变化。

很多负流量泵还结合有恒压控制机构：在泵出口达到设定的压力后，负流量控制不起作用，转入恒压工况，自动减小排量，减少输出流量。

有些负流量泵还结合有恒功率控制机构：在泵出口压力增高，设定的功率达到后，转入恒功率工况，相应限制输出流量，使输出功率不超过设定功率，负流量控制不起作用。

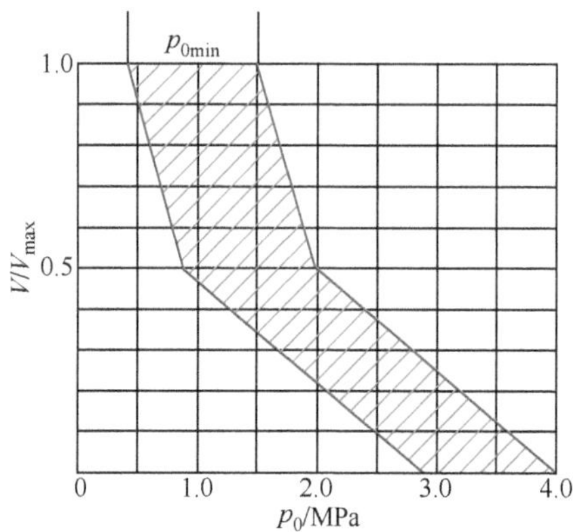

图 9-11　实际负流量变量泵的变量特性可调（力士乐）

p_0—控制压力　p_{0min}—控制压力临界值　V—泵的排量　V_{max}—泵的最大排量

9.2.3　工作通道开启过程

图 9-12 所示为在一个换节阀阀芯从中位向工作位（P→A、B→T）移动时，系统的压力流量随之逐步变化的过程。可分为 4 个区域。为简化起见，假定整个过程中驱动压力未超过系统设定的最高压力。

（1）区域 I　阀芯已有移动，旁路口 A_{10} 已减小。因此，p_P 开始上升。但阀的工作口还在覆盖区内，尚未开启，$A_1=0$。因此，q_1 还为零，q_0 也还是保持初始值 q_{00} 不变。因此，p_0 也还是保持初始值 p_{00} 不变，泵的排量 V 也不变。

（2）区域 II　从工况点 A 开始，工作通道已开启，$A_1>0$。旁路口 A_{10} 继续减小。因此，p_P 继续上升，但还低于 p_{A1}。因此，q_1 还为零，q_0 也还是保持初始值 q_{00} 不变。因此，p_0 也还是保持初始值 p_{00} 不变，泵的排量 V 也不变。

（3）区域 III　从工况点 B 开始，由于 A_{10} 的进一步减小，p_P 上升，超过了 p_{A1}。因此，$q_1>0$。这导致 q_0 下降，p_0 也因此下降。V 开始增大，泵提供的流量 q_P 也随之增大。

图 9-13a 所示为这时各参数之间的因果关系。

1）阀芯位移 X 决定了节流口面积 A_1、A_{10}。

2）驱动压力 p_{A1}、A_1、A_{10} 和泵提供的流量 q_P 共同决定了泵出口压力 p_P、工作流量 q_1 与旁路流量 q_0。

图 9-13b 所示为此时流量的分配，图中曲线 V1 是工作通道 A_1 的流量压差特性，曲线 V2 是 A_{10} 与 V2、V3 各旁路通道及节流口 J 组合的流量压差特性（见压降图 9-9b）。

3）旁路流量 q_0 和节流口 J 决定了 p_0。

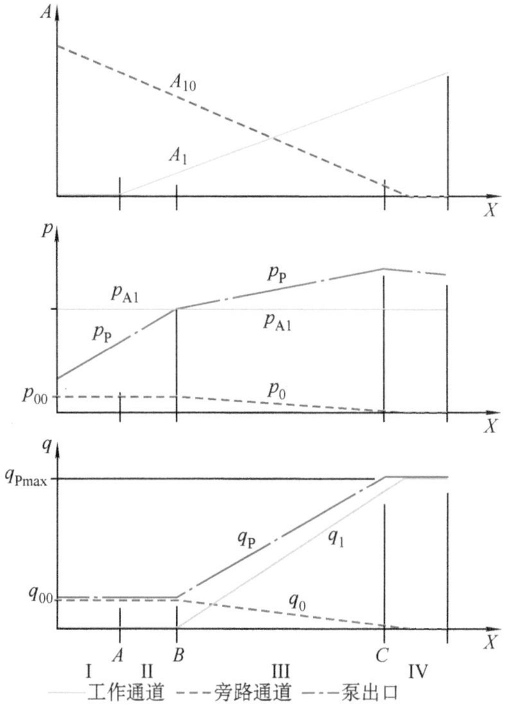

图 9-12　一个换节阀开启引起一个执行器运动的过程

I、II—死区　III—可调区　IV—流量饱和区

X—阀芯行程　A_1—工作通道开口面积　A_{10}—旁路通道开口面积　p_0—控制压力

p_{00}—初始控制压力　p_P—泵出口压力　p_{A1}—驱动压力　q_P—泵提供流量

q_0—旁路流量　q_{00}—初始旁路流量　q_1—工作通道流量　q_{Pmax}—泵最大输出流量

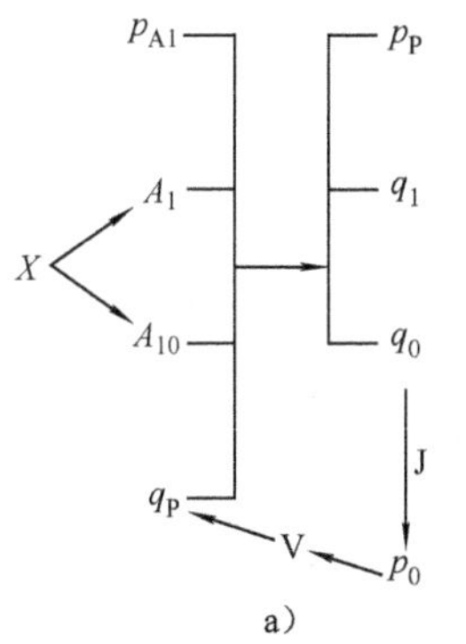

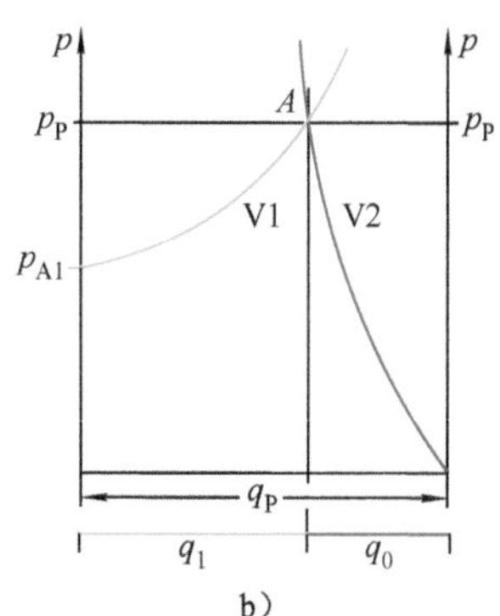

图 9-13　流量可调区的工况

a）各参数因果关系　b）流量分配

4）p_0 反过来决定了泵排量 V，从而 q_P。

直至工况点 C，旁路口 A_{10} 已关到很小，以致 p_0 低于泵排量控制压力临界值

p_{0min}，泵提供的流量 q_P 达到 q_{Pmax}，q_1 也随之增加，接近最大。

（4）区域 IV 由于旁路通口 A_{10} 进一步减小以至关闭，导致 q_0 下降至零，p_0 下降至零，q_1 略微上升至最大。由于 A_1 进一步增大，而 q_P 已不再增大，泵的出口压力 p_P 会略有下降。

从以上分析可以看出：

1）负载开始运动的工况点 B 不依赖于工作通道开口 A_1 的大小，而是取决于初始旁路流量 q_{00}、旁路口 A_{10} 和驱动压力 p_{A1}。q_{00} 越小，A_{10} 越大，p_{A1} 越高，则负载越迟开始运动。

2）工作流量达到几乎最大的工况点 C 也主要是取决于旁路口 A_{10}，而基本上不依赖于 A_1 的大小。

3）A_1 的大小，只是影响了压差 $p_P - p_{A1}$。

4）只有在区域 III（工况点 B-C），进入执行器的工作流量 q_1 才可调。

5）负流量控制回路的工作通道开启过程、可调区受负载影响的情况都与定流量回路相当相似。

9.2.4 能耗状况

1. 各阀都处于中位

此时控制压力 p_0 最高，为 p_{00}。此压力只用作控制压力。泵提供的流量，就是初始旁路流量 q_{00}。此时消耗的不做功功率 p_Pq_{00}（见图 9-14），较定流量回路低。

如果初始旁路流量 q_{00} 约为 30L/min，初始控制压力 p_{00} 为 3MPa 的话，则由于初始旁路流量要通过各阀，泵出口压力 p_P 更高些，若为 4MPa 的话，则功率损失约为 2kW。

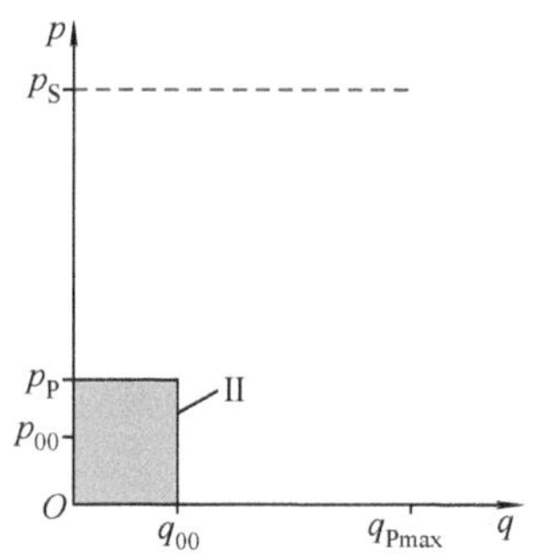

图 9-14 各阀都处于中位时的能耗状况

q_{Pmax}—泵最大输出流量 q_{00}—初始旁路流量 p_{00}—初始控制压力 p_P—泵出口压力 p_S—泵设定最高工作压力 II—未做功功率

2. 单个执行器工作

单个执行器工作时的能耗状况如图 9-15 所示。

在小流量重载工作时（见图 9-15b），工作口不大，旁路口不小，控制压力 p_0 不低，因此泵提供流量 q_P 不大。能效较定流量回路（参见图 9-5b）高得多。

在大流量重载工作时，如果其负流量控制特性还在起作用的话，则其能耗状况如图 9-15c 所示。工作口开得很大，旁路口基本关闭，q_0、p_0 几乎为零，泵提供的流量 $q_P = q_{Pmax}$。这个工况的能效很高，与定流量回路相似（见图 9-5c）。

3. 两个执行器同时工作

如果其中一个执行器小流量重载，则能耗状况如图 9-16 所示。轻载的执行器容易得到更多的流量，所以必须把节流口关得更小。

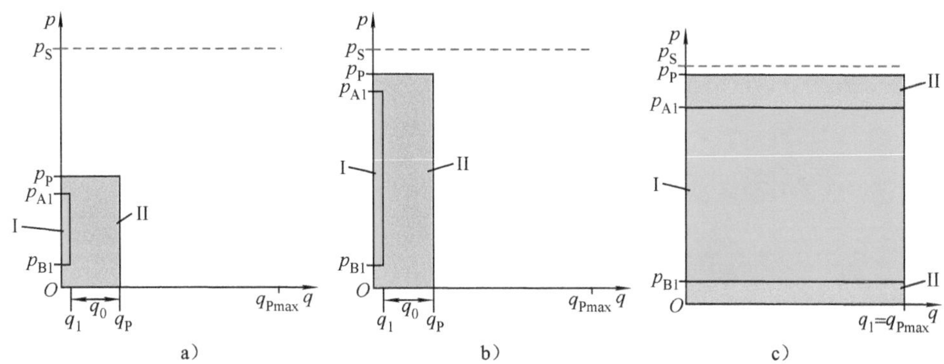

图 9-15　单个执行器工作时的能耗状况

a）小流量轻载　b）小流量重载　c）大流量重载

q_{Pmax}—泵最大输出流量　q_P—泵输出流量　q_0—旁路流量　q_1—工作流量

p_{A1}—阀口 A1 的压力　p_{B1}—阀口 B1 的压力　p_P—泵出口压力　I—做功功率　II—未做功功率

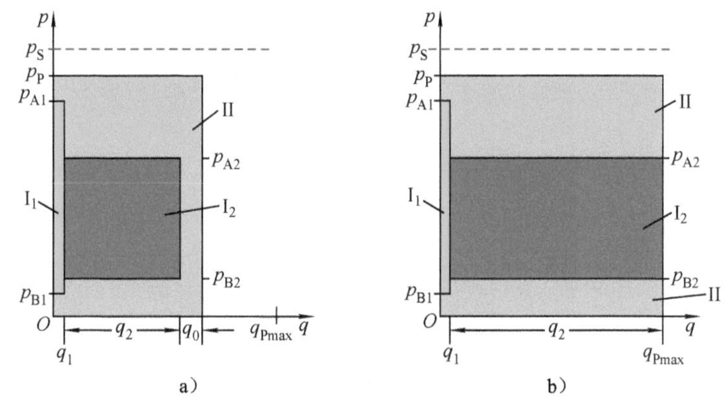

图 9-16　两个执行器工作时的能耗状况

a）另一个执行器中流量轻载　b）另一个执行器大流量轻载

q_{Pmax}—泵最大输出流量　q_1、q_2—工作流量　p_{A1}、p_{B1}、p_{A2}、p_{B2}—阀口 A1、B1、A2、B2 的压力

p_P—泵出口压力　I_1、I_2—做功功率　II—未做功功率

如果另一个执行器中流量轻载（见图 9-16a），则能效高于定流量回路（见图 9-7）。

如果其中另一个执行器大流量轻载（见图 9-16b），则能效与定流量回路相同。

4．达到设定的最高工作压力

在达到设定的最高工作压力后，如果液压源仅依靠附加的溢流阀工作的话，其能耗状况如图 9-17a 所示。这时，由于驱动压力很高，即使阀口开得很大，工作流量还是很低。但由于此时旁路口几乎完全关闭，旁路流量几乎为零，控制压力也就很低，泵排量会开到最大，结果多余的流量全都从溢流阀排出，损失功率很大。

所以，负流量变量泵附加恒压（见图 9-17b）变量机构，从减少功率损失的角度来说，是十分必要的。

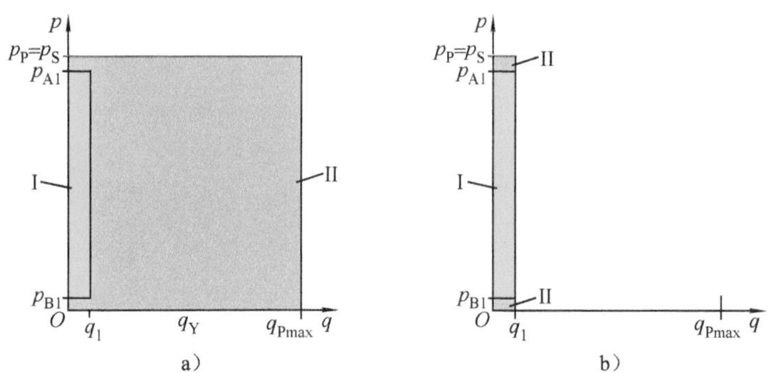

图 9-17　单个执行器极重载时的能耗状况

a）无恒压恒功率机构　b）带恒压机构

q_{Pmax}—泵最大输出流量　q_1—工作流量　q_Y—从溢流阀流出流量　p_{A1}—阀口 A1 的压力

p_{B1}—阀口 B1 的压力　p_P—泵出口压力　I—做功功率　II—未做功功率

综上所述，由于负流量变量泵提供的流量只比需求略大一点。因此，在中小工作流量时比定流量回路节能。

9.2.5　时间响应过程

根据前面对开启过程的分析可知，整个开启过程的时间顺序如下：

1）换节阀动作。

2）旁路口变小，导致泵出口压力升高。

3）泵出口压力高于驱动压力后，才有工作流量。

4）旁路流量才会降低，控制压力才会减小。

5）泵排量才会变大。

这就使得泵的排量控制永远滞后于换节阀的动作。因此，操作时有滞后感，而且滞后随负载不同而变化。这需要操作者有丰富的经验，所以出现了以下改进措施。

1）在旁路节流口并联一电磁开关阀（见图 9-18）或电比例阀。提前接通电磁（比例）阀，可降低 p_0，使泵排量提前增大。

2）采用下述正流量控制回路。

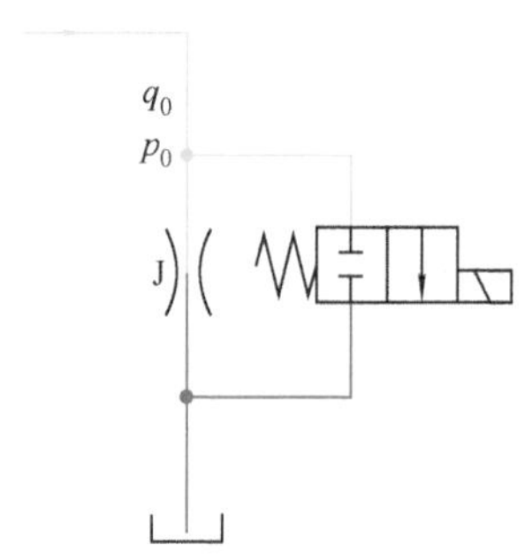

图 9-18　改进时间响应特性的措施

9.3　正流量控制回路

正流量控制回路（Positive Control System，正控系统）是力士乐公司 20 世纪 80 年代开发出来的技术。

这个回路之所以被称为正流量控制，是因为使用的变量泵的变量特性与负流量变量泵恰恰相反：控制压力越高，则排量越大，从而输出流量越多。

9.3.1　回路与工作原理

1．回路与工作原理

正流量控制回路（见图 9-19）的工作原理如下。

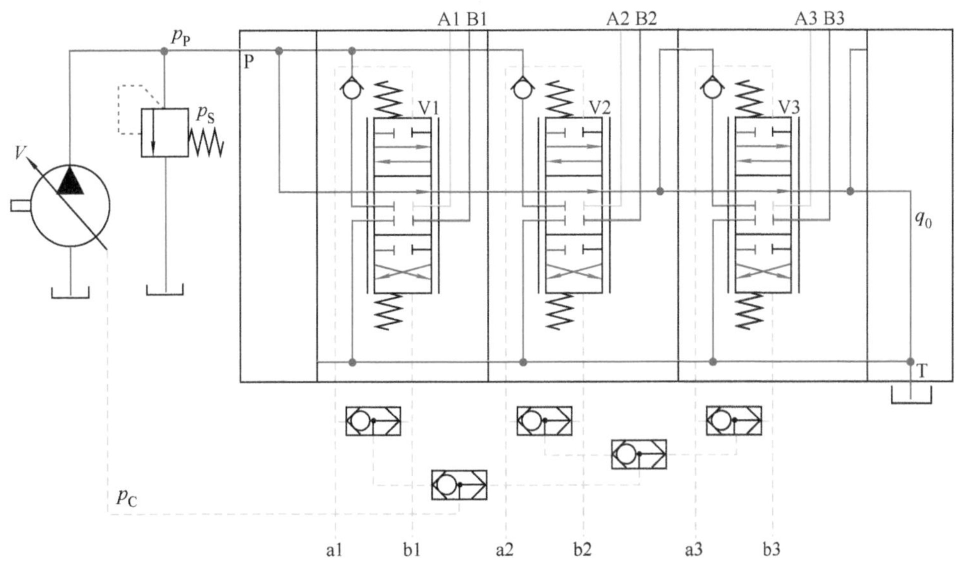

图 9-19　正流量控制回路原理图

p_S—溢流阀设定压力　p_C—控制压力　q_0—旁路流量　V—泵的排量　a1 至 b3—先导控制压力

1）使用正流量变量泵。

2）使用六通换节阀。

3）换节阀为液控。推动操作手柄，先导控制回路（a1、…、b3）中建立起与手柄偏转量成比例的先导控制压力，先导控制压力推动阀芯移动。

4）同时，来自各操纵手柄的先导控制压力，通过梭阀组选出最高压力 p_C。这点是正流量控制与负流量控制的关键不同。

5）p_C 被引到泵变量机构来控制泵的排量 V。p_C 越高，V 越大。$p_C = 0$ 时，V

最小，只输出很少量的备用流量 q_0。

6）换节阀在中位时有旁路，只是为了让多余的备用流量 q_0 通过。

7）溢流阀仅起安全作用，常闭。

2. 动作过程

因为在正流量控制回路中，先导控制压力同时控制泵的排量和换节阀，所以只要操作手柄动作，输出控制压力，泵排量就升高；同时，换节阀动作，旁路口变小，工作口打开；泵出口压力升高；当泵出口压力高于驱动压力时，驱动器就动作。

这意味着，泵的排量控制与换节阀基本同步动作，响应速度优于负流量控制。但执行器开始动作点还受到负载影响，略有滞后，这点与负流量控制相同。

正流量控制回路还是使用六通阀块，这点与负流量控制相同，只是没有旁路出口的节流口 J。因此，从负流量控制比较容易切换到正流量控制。

有些液压系统中（见图 9-20），把负流量控制压力经过一个液控节流阀转换，使用正流量泵，但其本质上还是负流量控制，响应速度并未提高。

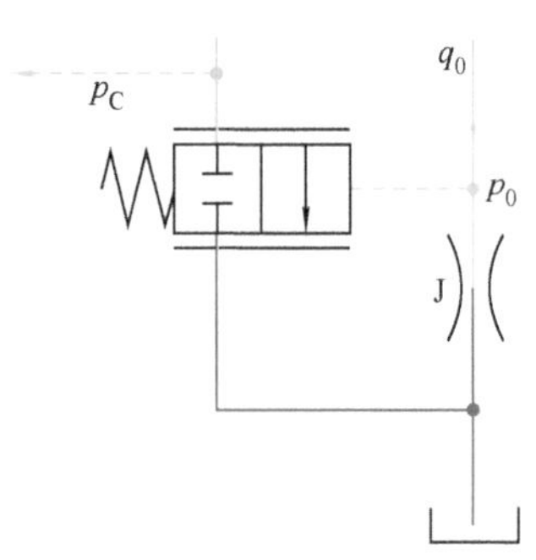

图 9-20　使用正流量泵的负流量控制回路

3. 压降图

正流量控制的压降状况（见图 9-21）与负流量控制很相似，仅少了旁路出口节流 J 而已。因此，各工作通道的工作流量还受到其他通道负载变化的干扰。

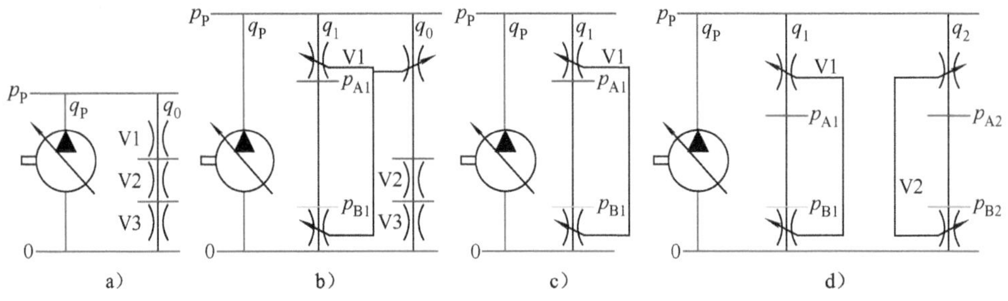

图 9-21　正流量控制回路的压降图

a）所有换节阀都在中位　b）V1 切换到工作位，旁路尚未关闭

c）V1 切换到工作位，旁路关闭　d）V1、V2 切换到工作位，旁路关闭

p_P—泵出口压力　q_P—泵提供流量　q_0—旁路流量　q_1、q_2—工作通道流量

4. 能耗状况

由于正流量控制回路不需要旁路流量，因此，在各阀都处于中位及中小流量

时能效比负流量控制回路略高。

在大流量时其能耗状况与负流量控制回路及定流量回路相同。

9.3.2　正流量变量泵

正流量变量泵是一个外控变量泵，变量机构受外来的控制压力控制：控制压力越高，排量越大（见图 9-22）。其具有以下特点。

1）此泵在控制压力 p_C 超过控制压力临界值 p_{Cmin}（1.0MPa）时，排量 V 才会从极小开始增加。

2）在 p_C 约为 3.5MPa 时，V 达到最大。

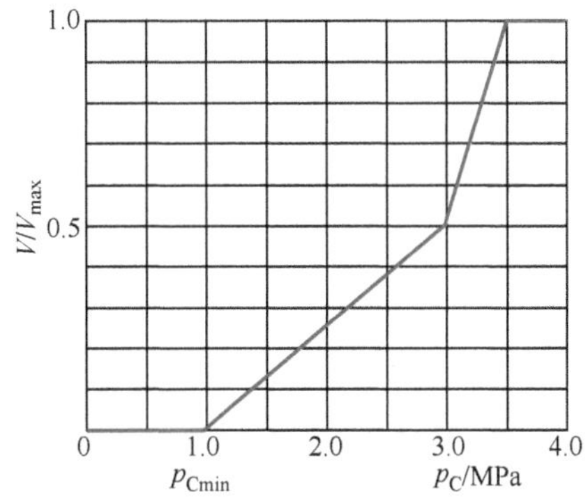

图 9-22　一个正流量变量泵的变量特性（力士乐）

p_C—控制压力　p_{Cmin}—控制压力临界值　V—泵的排量　V_{max}—泵的最大排量

市售的正流量泵的变量特性一般有一个范围可调（见图 9-23），p_{Cmin} 可在 0～1.5MPa 范围内调节，排量变化范围也随之相应变化。

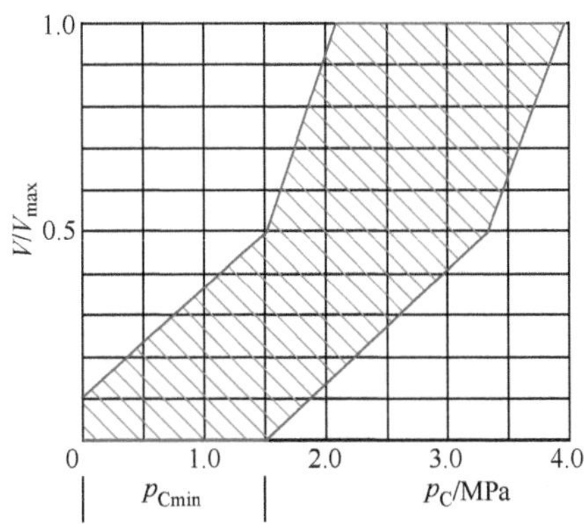

图 9-23　一个正流量变量泵的变量特性可调（力士乐）

p_C—控制压力　V—泵的排量　V_{max}—泵的最大排量

正流量泵还应该结合有恒压特性，在达到设定的压力后，相应减小排量，转入恒压工况。

有些正流量泵还结合有恒功率特性，在达到设定的功率后，相应减小排量，转入恒功率工况。

9.3.3 工作通道开启过程

图 9-24 所示为在一个换节阀阀芯从中位向工作位（P→A、B→T）移动时，压力流量随之逐步变化的过程。可分为 5 个区域。为简化叙述，假定整个过程中驱动压力未超过系统设定的最高压力。

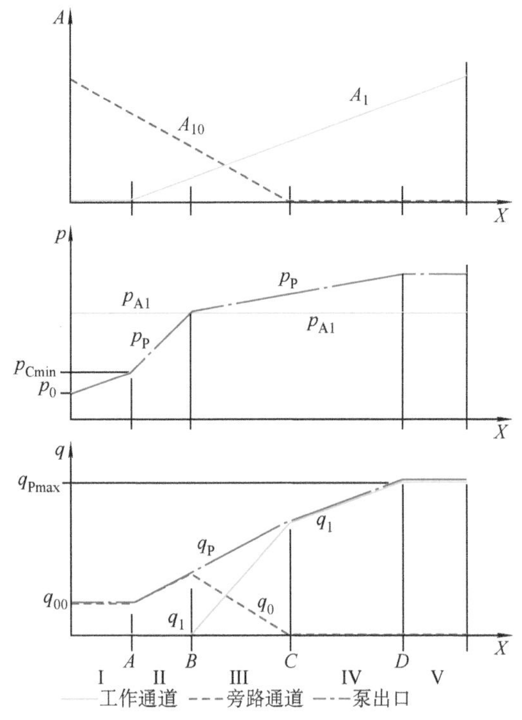

图 9-24 一个换节阀开启引起一个执行器运动的过程

I、II—死区 III—可调区 IV—工作流量由泵控特性决定区 V—泵流量饱和区

X—阀芯行程 A_1—工作通道开口面积 A_{10}—旁路口面积 p_{Cmin}—临界控制压力

p_P—泵出口压力 p_0—初始旁路压力 p_{A1}—驱动压力 q_P—泵提供流量 q_0—旁路流量

q_{00}—初始旁路流量 q_1—工作流量 q_{Pmax}—泵最大输出流量

（1）区域 I 已有先导压力 p_C，但低于泵的临界控制压力 p_{Cmin}，泵排量 V 不增加。阀芯虽有移动，但工作通道的开口还在覆盖区内，尚未开启。旁路通道已部分关小，因此泵出口压力 p_P 会相应有所增加。

（2）区域 II　从工况点 A 开始，p_C 已超过 p_{Cmin}，V 开始增加，q_P 上升；同时，旁路通道进一步关小，这些都导致 p_P 增加，但还低于驱动压力 p_{A1}。因此，虽然工作通道已开启，A_1 开始增加，但工作流量 q_1 还为零，q_P 全部经过旁路通道回油箱。

（3）区域 III　从工况点 B 开始，由于 q_P 进一步增加，以及旁路通道的关小，p_P 上升，超过了 p_{A1}。因此，开始有工作流量 q_1。

图 9-25a 所示为这时各参数之间的因果关系：

1）先导手柄的偏转角 α 决定控制压力 p_C。

2）p_C 决定阀芯位移 X、泵排量 V，从而泵的输出流量 q_P。

3）阀芯位移 X 决定节流口面积 A_1、A_{10}。

4）A_1、A_{10}、q_P 和驱动压力 p_{A1} 共同决定泵出口压力 p_P、工作流量 q_1 与旁路流量 q_0（见图 9-25b）。

5）A_1、A_{10} 对 q_P 没有影响，不像负流量控制回路中，会通过 p_0 反过来影响 q_P（对比图 9-13a）。

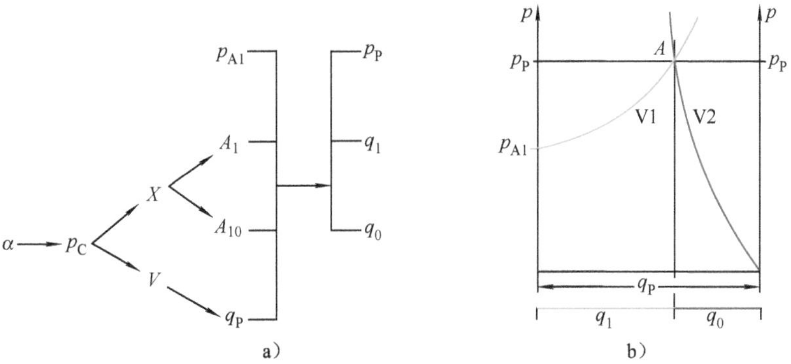

图 9-25　流量可调区的工况

a）各参数因果关系　b）流量分配

直至工况点 C，旁路通道完全关闭。

（4）区域 IV　在旁路通道完全关闭后，q_P 全部流向执行器，工作流量 $q_1 = q_P$ 完全由泵的控制压力-排量特性决定，既不受 p_{A1} 影响，也不直接受 A_1、A_{10} 影响。

如果要避免这个工况，就需要推迟关闭旁路通道。所以，虽说从控制泵排量的角度，旁路流量是多余的，但从分流、改善可调性的角度来说，旁路又是有用的。

至工况点 D，泵达到最大输出流量 q_{Pmax}，q_1 也随之达到最大。

（5）区域 V　虽然 A_1 进一步增大，但由于 q_P 已不再增大，q_1 也不会再增大，所以 p_P 会略有下降。

从以上分析可以看出：

1）负载开始运动的工况点 B 基本上不依赖于 A_1 的大小，而是取决于 q_P、A_{10} 和 p_{A1}。q_P 越小，A_{10} 越大，p_{A1} 越高，则工况点 B 越迟。

2）q_1 达到最大的工况点 D 依赖于先导控制压力 p_C，以及泵的控制压力-变量特性，而不依赖于 A_1 的大小。

3）在区域 III，工作流量 q_1 可调，受旁路通道 A_{10} 的影响。

4）在区域 IV，工作流量 q_1 等同于 q_P、A_1 的大小，只是影响了压差 $p_P - p_{A1}$。

总的来说，正流量控制回路的工作通道开启过程与负流量控制回路的在一定程度上相似。

9.3.4 不足之处

1）与负流量控制相比，正流量控制需要一些梭阀来选出最高的控制压力，结构复杂了一些。因为多个梭阀会造成压力信号传递滞后，可能对系统稳定性带来不利影响。

2）正流量控制回路的基本原则是先导控制压力同时作用于泵排量机构与换节阀阀芯。但如果按图 9-19 所示，采用普通梭阀组，选出最高控制压力来控制泵排量，则变量机构不知道控制压力来自于哪个先导控制阀；不知道有几个先导阀被操作。

因此，泵输出流量不能匹配不同通道的流量需求，这就带来如下问题。

① 从图 9-24 可以看到，在区域 III，工作流量还可以通过工作通道与旁路通道的通流面积 A_1、A_{10} 做些分流来调节；在区域 IV，工作流量完全由泵提供的流量决定，A_1 对工作流量 q_1 不起任何作用。由于在相同的操作手柄偏转角α，一般输出相同的控制压力 p_C。例如 $p_C = 2\text{MPa}$ 时，可能希望输给动臂 120L/min，而输给铲斗仅 80L/min，如果泵在此控制压力下输出 80L/min，则对动臂而言不够，若泵输出 120L/min，则对铲斗而言过多。

② 实际希望的偏转角-工作流量特性α-q 通常是非线性的。而多个执行器时又通常希望具有不同的α-q 特性，如图 9-26 所示。负流量控制回路还可以通过各阀芯的开口面积-阀芯位移特性来一定程度地适配。而在正流量控制回路中，控制压力 p_C 不能反映各阀芯特性，所以泵排量控制特性最多也只能配一个，即所谓“众口难调”了。这样就会导致泵输出流量与实际需求流量不匹配，影响操作特性，带来流量浪费。

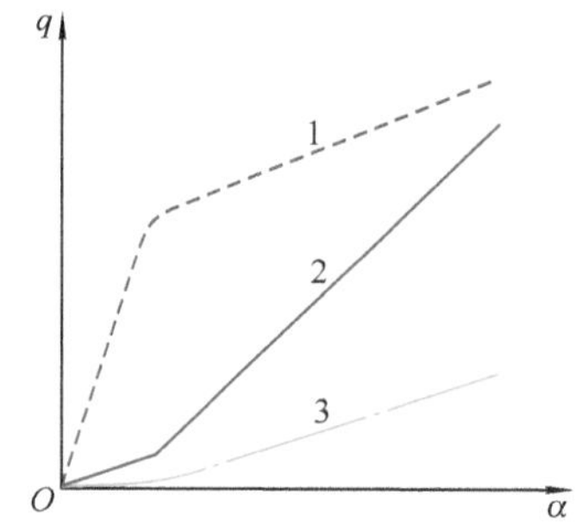

图 9-26 不同执行器希望的偏转角-工作流量特性

α—偏转角 q—工作流量

有以下一些可能的妥协措施：

① 修改泵排量控制特性，使之倾向于重要执行器的调节特性。

② 在多泵系统中，把执行器根据特性分组，分别由不同的泵来驱动。

③ 使用具有不同偏转角-控制压力特性的操作手柄，如铲斗仅需要 80L/min，就使输出控制压力 p_C 不是 2MPa，而是仅有 1.3MPa。

3）在有多个先导阀同时被操作时，泵排量只对最高控制压力做出反应。结果，在其他先导阀也开始动作，但控制压力还低于第一个时，虽然流量需求大了，但泵提供的流量却不变。因此，提供的流量被瓜分了，明显干扰了第一个执行器的工作速度。这点不如负流量控制。

以下是两种可能的改进措施。

① 采用一种特殊的压力累加阀（功能原理见图 9-27）来代替梭阀：其输出口压力 p_3 为输入口压力 p_1、p_2 之和。这样，被操作的先导阀越多，累加的控制压力也越高，泵排量也就越大。但这种措施不能改善系统响应速度。

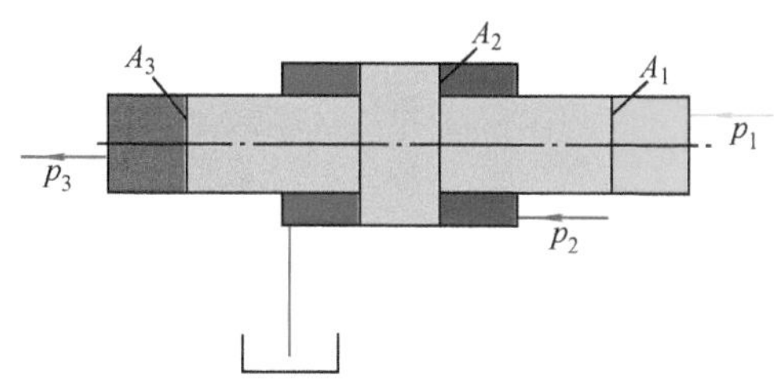

图 9-27 压力累加阀结构示意

$A_3=A_2=A_1$ $p_3=p_1+p_2$

② 采用电控。使用压力传感器监测各通道的控制压力，输入控制器处理后控制正流量泵。这种方法既能轻易地迭加控制压力，也能提高响应速度，便于消除滞回。但是需要多个压力传感器，成本目前不菲。

9.4 小结

1. 能效比较

综合以上分析，可以看出

1）在小流量工作时，正流量控制回路的能效略高于负流量控制回路，定流量控制回路最差。

2）在大流量工作时，不管单执行器还是多执行器，各控制回路的能效相似。

3）在极重载时，如果没有附加的限压变量机构，仅靠溢流阀限压，则三者的能效也是相似的。正负流量控制回路在附加了限压变量机构后，能效可以明显改善。

2. 液压源工况

以上介绍的三种回路，其液压源分别工作在恒流量、负流量和正流量工况。多执行器简单液阻回路也可以和其他液压源工况相配合工作，如恒压工况、恒压差工况。

（1）恒压工况 所有在单执行器时可在恒压工况下工作的回路，在多执行器时也可工作，而且，如果需要的话，还可以任意混合使用，如图 9-28 所示。理论上稳态时相互间不会干扰，因为恒压保证了相互之间无影响。但由于动态时，很难保证始终绝对恒压，实际上短时间还是会有一些影响的。

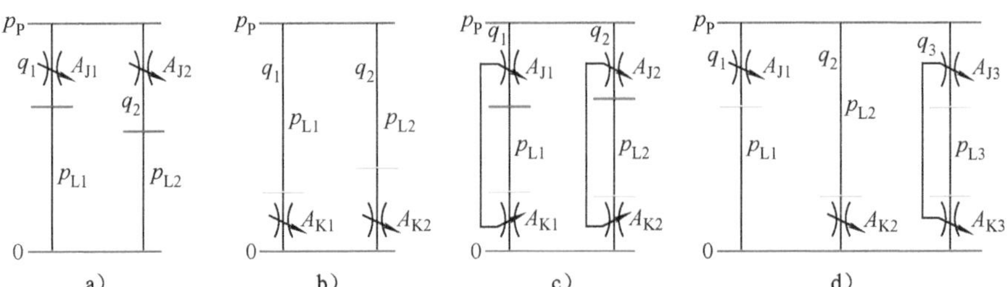

图 9-28　多执行器回路使用简单液阻流量控制的压降图

a）进口节流回路　b）出口节流回路　c）进出口节流回路　d）混合回路

p_P—泵出口压力　p_L—进出口压差　A_J、A_K—节流口面积　q—工作流量

在多执行器时，液压源的恒压设定值必须设置得足够高，以满足驱动压力最高的通道的需要。这样，在驱动压力较低的通道，由节流带来的压力损失就较大。采用液压变压器可以减少这种压力损失，详见 12.2 节。

另外，在多执行器时，液压源可提供的流量必须足够大，以满足最大流量需求。当然，也可以采用蓄能器来一定程度地弥补，参见 12.3 节。

（2）恒压差工况　如果与恒压差工况组合工作，则因为液压源出口压力 p_P 是浮动的，所以由于多余压力造成的能量损失就小得多，而且没有多余流量。但在流量需求变化时，系统响应速度就被泵的变量机构的响应速度所限制。

在与恒压差工况组合时，很重要的一点是，如何取恒压差工况的控制压力。因为液压源控制压力必须反映最高驱动压力，所以纯出口节流（见图 9-28b）由于取不到恰当的控制压力，不能与恒压差工况组合。进口和进出口回路可以与恒压差工况组合，还可以混合（见图 9-29）。

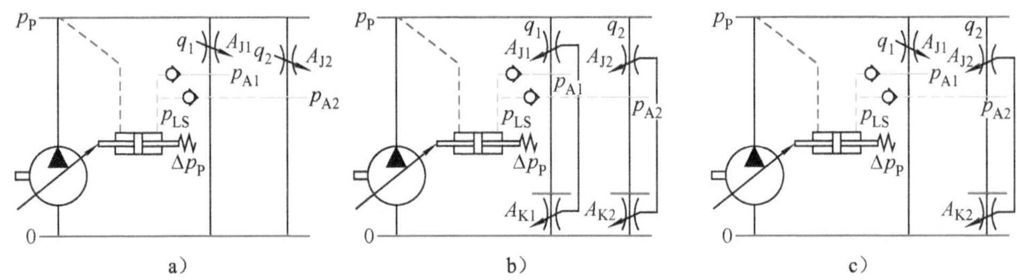

图 9-29　简单液阻控制多执行器回路与恒压差工况组合的压降图

a）进口节流回路　b）进出口节流回路　c）混合回路

由于是多执行器，所以需要利用单向阀或梭阀选出最高驱动压力来作为控制

恒压差泵的控制压力 p_{LS}。

假设在图 9-29 中，通道 1 为驱动压力最高的通道。因此，p_{LS} 等于 p_{A1}。

这时，出口节流口 A_{K1}（见图 9-29b）只对压力状况有影响，对流量状况没有影响。工作流量 q_1 由液压源的设定压差 Δp_P 和节流口 A_{J1} 共同决定

$$q_1 = kA_{J1}\sqrt{\Delta p_P}$$

稳态时不随负载 p_{A1}、p_{A2} 变化。

但通道 2 的流量 q_2 就既随 p_{A2}，也随 p_{A1} 变化。

$$q_2 = kA_{J2}\sqrt{p_P - p_{A2}} = kA_{J2}\sqrt{p_{A1} + \Delta p_P - p_{A2}}$$

3．可调区

总的来说，液阻控制的可调区开始点都受负载影响。这一方面，会带给操作手一些调速不稳定的感觉：明明操作手柄处于相同的位置，执行器运动速度却不相同。另一方面，驱动压力增高时，开始点 B 推迟，使可调区变窄，即换节阀行程-流量曲线变陡：阀芯位置 X 略有变化，通过的流量就会显著变化，即微调操作性变差。不过对此有一个习惯问题，也与应用场合有关，各人看法也不同。也有人认为，负载大时开始点迟些是柔和。

4．复合动作

多执行器系统在工作时，常会要求做一些复合动作。例如，挖掘机的刮平动作，需要在动臂抬高的同时伸出斗杆，使铲斗基本走一水平轨迹。而以上所有通过简单液阻控制的多执行器回路，除在恒压工况外，在做复合动作时，都有一个相互干扰的问题：某一个执行器受到的负载力变化了，会影响其他执行器的运动速度，从而影响运动的协调性。由于负载力通常是看不到摸不到的，所以速度受负载力的影响，就只有凭经验预估，并根据速度变化情况不断进行事后调整。因此，操作者必须频繁地调整操作手柄，很容易疲劳，也很难实现高精度快速操作。

尤其现在工程机械的租赁业务正在逐步展开，这对一些操作手而言，可能经常要更换不同生产厂的机械。而不同生产厂的机械很可能由于液压缸直径不同、部件重量不同、液压系统不同、设置不同，而有不同的负载流量特性，就需要较长的熟悉适应时间。

减少相互干扰的途径，除了采用多泵以外，还可以采用定压差阀（见第 10 章）。

第 10 章　单泵多执行器系统的负载敏感回路

负载敏感（Load Sensing，简称 LS）回路，也被称为负荷传感回路，一般而言，也属于功率适应系统（Power Adapting System），实际上就是采用定压差原理的多执行器控制回路。

如在第 9 章中所述，在单泵多执行器控制回路中，如果采用简单液阻控制，则所控制的流量不但会受本通道负载的影响，也会受到其他通道的影响。如果在各通道分别设置定压差阀，则可避免这两种影响。

使用定压差阀的多执行器液阻回路有多种（见表 10-1）。

表 10-1　一些含定压差阀的控制回路

<table>
<tr><th>名称</th><th>简称</th><th>液压泵</th><th>定压差阀</th><th>泵流量饱和问题</th></tr>
<tr><td>定流量负载敏感</td><td></td><td>定量泵</td><td rowspan="4">在节流口之前</td><td rowspan="3">有</td></tr>
<tr><td>变流量负载敏感</td><td>LS</td><td rowspan="6">恒压差变量泵</td></tr>
<tr><td>小松开中心负载敏感</td><td>OLSS</td></tr>
<tr><td>布赫抗泵流量饱和</td><td>AVR</td><td rowspan="5">基本消除</td></tr>
<tr><td>小松闭中心负载敏感</td><td>CLSS</td><td rowspan="3">在节流口之后</td></tr>
<tr><td>林德负载敏感控制</td><td>LSC</td></tr>
<tr><td>力士乐负载敏感控制</td><td>LUDV</td></tr>
<tr><td>出口节流控制</td><td>东芝</td><td>负流量泵</td><td>在执行器出口节流口之后</td></tr>
</table>

10.1　定压差阀前置的定流量负载敏感回路

10.1.1　回路

定流量负载敏感回路（见图 10-1）由定量泵、主定压差阀（控制压力高压端连进口型）D0、通道定压差阀（控制压力高压端连出口型）D1、D2、闭中心四通或六通换节阀 V1、V2、梭阀 S1、S2 等组成。

1. 工作原理

1）固定转速的定量泵作为液压源，但能实现定压差功能，因为在泵出口或阀块进口处有一旁路用的主定压差阀 D0（设置在泵出口可以减少管道带来的压力损失），设定的弹簧预紧压力为Δp_{D0}。

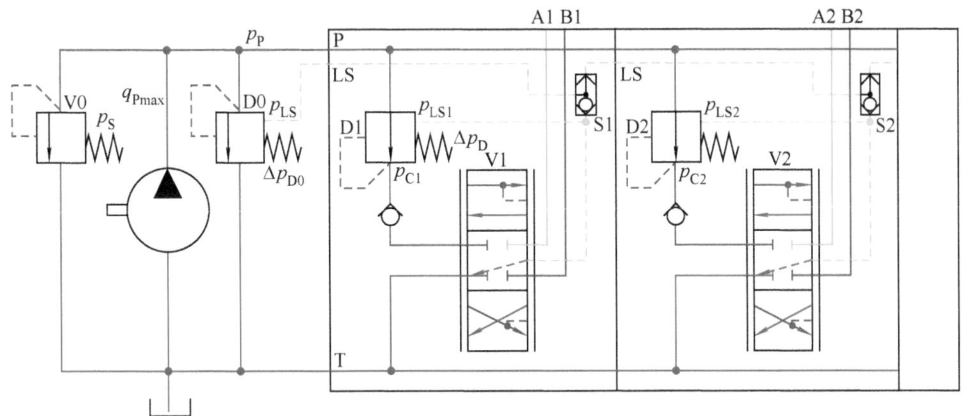

图 10-1　定流量负载敏感回路原理图

D0—主定压差阀　D1、D2—各通道定压差阀

2）负载信号压力 p_{LSi}（$i=1$、2、…，下同），如果该通道的换节阀在中位，就是回油口 T 的压力；如果换节阀在工作位，就是阀驱动口 Ai 或 Bi 的压力。

3）每个换节阀前都有一个定压差阀 Di。阀 Di 通过调节开口大小，努力维持换节阀进口压力 p_{Ci} 比驱动压力高 Δp_D，一般约为 1.5～2MPa。因此，各通道的工作流量由换节阀的流量感应口面积 A_{Ji} 与定压差 Δp_D 决定，不随负载变化。

4）当换节阀在中位时，相应的 $p_{LSi}=0$，定压差阀 Di 常开，所以，换节阀必须是闭中心的，才不至于使泵提供的流量全部旁路，其余换节阀得不到流量工作。

5）各换节阀的 p_{LSi}，经过梭阀 Si，选出最高负载信号压力 p_{LS}，作用于主定压差阀 D0，调节节流口大小，旁路多余流量，努力维持 p_P 比 p_{LS} 高 Δp_{D0}。

Δp_{D0} 一般约为 2.5～3MPa，必须高于 Δp_D，以保证阀 Di 有足够的工作压差。

6）泵出口处的溢流阀 V0，安全用，常闭。

2. 压降图

图 10-2 所示为其压降状况，换节阀进口前的单向阀的压降被忽略不计。

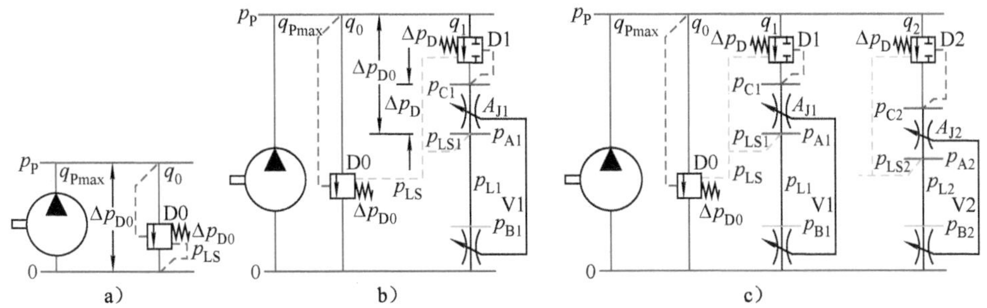

图 10-2　定流量负载敏感回路的压降图

a）所有换节阀都在中位　b）换节阀 V1 切换到工作位　c）换节阀 V1、V2 切换到工作位

q_{Pmax}—泵提供流量　q_0—旁路流量　q_1、q_2—工作通道流量

（1）所有换节阀都在中位 因为 p_{LS} 等于回油压力（见图 10-2a），所以，p_P 等于Δp_{D0}。因为所有换节阀皆为闭中心阀，所以，q_{Pmax} 全部经过阀 D0 旁路，$q_0 = q_{Pmax}$。

（2）V1 切换到工作位 因为 p_{LS} 等于 p_{A1}（见图 10-2b）。因此，$p_P = p_{A1} + \Delta p_{D0}$，阀 V1 进口压力 $p_{C1} = p_{A1} + \Delta p_D$。阀 D1 本身的压降 $p_P - p_{C1} = \Delta p_{D0} - \Delta p_D$。

经过通口 A1 的工作流量 q_1，由定压差Δp_D 和流量感应口 A_{J1} 决定，不随 p_{A1} 变化。

泵提供的多余流量 $q_0 = q_{Pmax} - q_1$ 经过阀 D0 回油箱。

（3）V1、V2 切换到工作位 各工作通道的工作流量（见图 10-2c）分别由定压差Δp_D 和各阀流量感应口 A_{J1}、A_{J2} 决定。在 $q_1 + q_2 < q_{Pmax}$ 时，各通道间互不干扰。

泵提供的多余流量 q_0 经过主定压差阀 D0 回油箱。

10.1.2 工作通道开启过程

图 10-3 所示为一个典型的带 LS 负载敏感端口的闭中心换节阀阀芯在中位时的状况：通口 P、A、B 皆关闭，LS 端口与 T 口相通。

此阀芯向右移动开启通道 B→T、P→A 的过程如下：

1）行程>0.5mm 时，通道 LS→T 关闭，LS 不再卸荷。

2）行程>0.75mm 时，通道 A→LS 开启，$p_{LS} = p_A$。

3）行程>1.2mm 时，通道 B→T 开启。

4）行程>1.3mm 时，通道 P→A 开启。

5）行程为 7mm 时，阀芯达到位移终点，通道 B→T、P→A 全开。

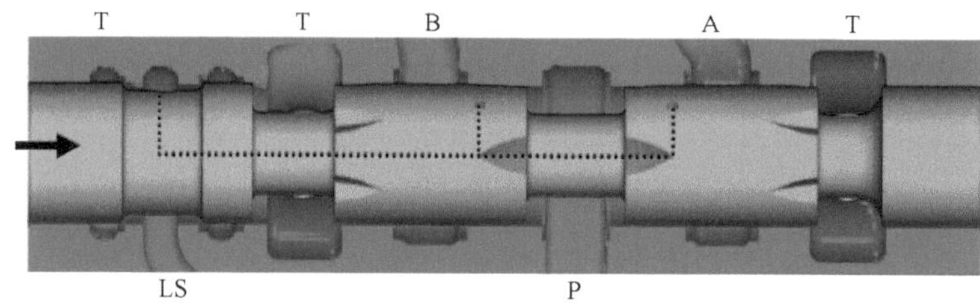

图 10-3 一个带 LS 端口的换节阀的开启过程（力士乐）

图 10-4 所示为这个过程中开口面积、压力、流量逐步变化的情况（未按比例）。可分为 3 个区域。为简化叙述，假定整个过程中驱动压力未超过系统设定的最高压力。

（1）区域 I 通道 A→LS 尚未开启，因此，p_{LS} 为零。p_P 等于阀 D0 的弹簧压力Δp_{D0}。

工作通道 P→A 尚未开启。$q_1 = 0$，$q_0 = q_{Pmax}$。

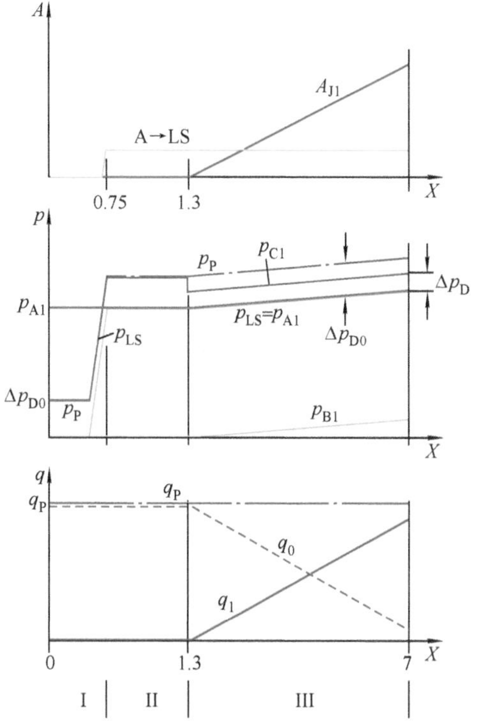

图 10-4　一个换节阀开启引起一个执行器运动的过程

X—换节阀阀芯位移　A_{J1}—流量感应口面积　Δp_{D0}—定压差阀 D0 的弹簧压力

p_P—泵出口压力　p_{A1}—驱动压力　p_{B1}—换节阀口 B1 压力　p_{C1}—换节阀进口压力

p_{LS}—负载信号压力　q_{Pmax}—泵提供流量　q_0—旁路流量　q_1—工作通道流量

（2）区域 II　通道 A→LS 开启，因此，p_{LS} 等于 p_{A1}。p_P 上升到 $p_{A1}+\Delta p_{D0}$。工作通道 P→A 尚未开启。$q_1=0$，$q_0=q_{Pmax}$。

（3）区域 III　工作通道 P→A 开启。开始有工作流量 q_1。随着 A_{J1} 的增加，q_1 也增加。p_{B1} 也随之增加，因此，p_{A1} 也略有增加，$p_{C1}=p_{A1}+\Delta p_D$ 上升。p_{LS} 等于 p_{A1}。因此，p_P 也会略有上升。

从以上分析可以看出：

1）负载开始运动的工况点完全由工作通道的开启决定，而不依赖于 q_{Pmax} 和 p_{A1}。

2）工作流量 q_1 由流量感应口 A_{J1} 和Δp_D 决定，不随负载变化。

3）区域 III 是可调区：只要 q_1 小于 q_{Pmax}，始终可调。因为可调区开始点不随负载变化，所以，操作手有一个非常稳定的感觉：只要操作手柄处于相同的位置，执行器运动速度必定相同。

4）动作响应过程。

因为在此回路中，只要

1）操作手柄动作导致阀芯位移超过区域 I，p_{LS} 立刻升高。

2）旁路的阀 D0 就会关小旁路通道。

3）泵出口压力就升高。

4）这样，当阀出口通道一开启，立刻就会有工作流量。

这意味着，执行器与换节阀可以基本同步动作。

10.1.3 能耗状况

因为泵提供的流量不随需要变化，因此，这种回路仅属于压力适应型，而不是功率适应型。

1．各换节阀都处于中位（见图 10-5）

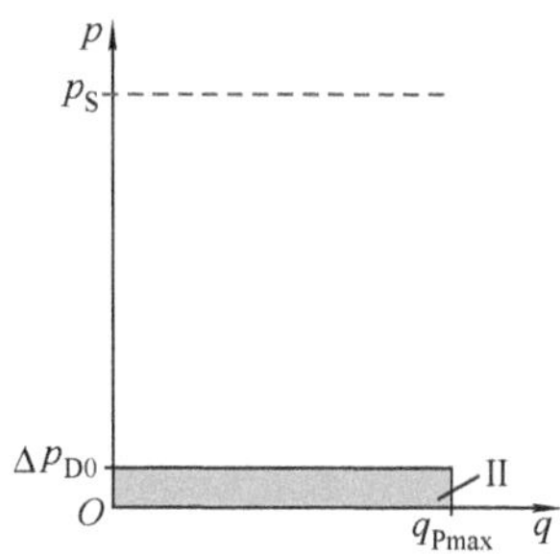

图 10-5 各换节阀都处于中位时的能耗状况

q_{Pmax}—泵提供流量 Δp_{D0}—定压差阀 D0 的弹簧压力 p_S—液压源设定最高工作压力 II—未做功功率

此时 p_{LS} 为零，泵出口压力 p_P 等于Δp_{D0}。q_{Pmax} 全部经过阀 D0 回油箱，未做功。

2．一个执行器工作（见图 10-6）

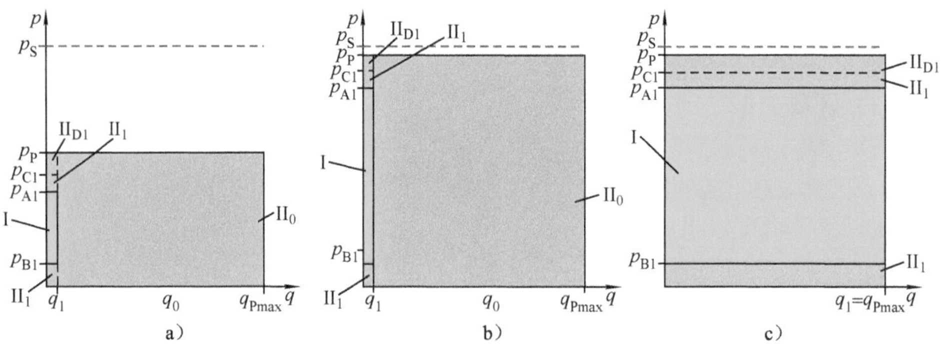

图 10-6 一个执行器工作时的能耗状况

a）小流量轻载 b）小流量重载 c）大流量重载

q_{Pmax}—泵提供流量 q_0—经过主定压差阀 D0 旁路的流量 q_1—工作流量 p_P—泵出口压力 p_S—液压源设定最高工作压力 p_{C1}—换节阀进口压力 p_{A1}—驱动压力 p_{B1}—阀口 B1 的压力 I—做功功率 II_0—主定压差阀 D0 消耗的功率 II_{D1}—通道定压差阀 D1 消耗的功率 II_1—换节阀 1 消耗的功率

3. 在负载压力极高时

如果 $p_{LS} > p_S - \Delta p_{D0}$，主定压差阀 D0 会完全关闭，使泵出口压力 p_P 也升高，直至达到了 p_S，安全阀开启，p_P 就不再上升。这时，即使换节阀 1 开得很大，由于 p_P-p_{A1} 很小，工作流量 q_1 还是很低。其余流量都从安全阀排出，功率损失很大（见图 10-7）。

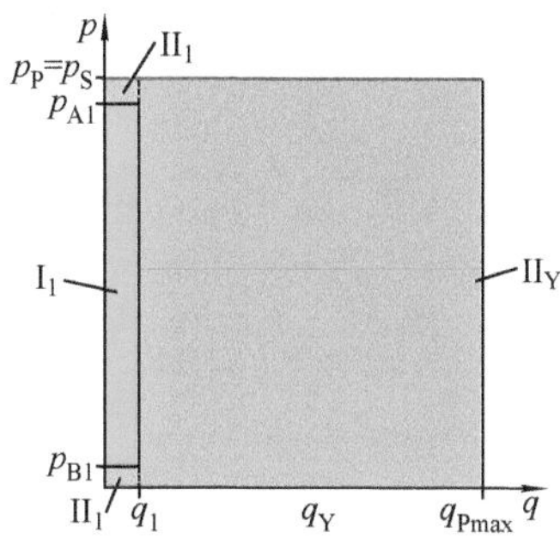

图 10-7　一个执行器极重载时的能耗状况

q_1—工作流量　q_Y—从安全阀旁路的流量　p_{A1}—阀口 A1 的压力　p_{B1}—阀口 B1 的压力

I_1—做功功率　II_Y—在安全阀消耗的功率　II_1—在通道 1 节流口消耗的功率

4. 两个执行器同时工作

如果其中执行器 1 小流量重载，则其能耗状况如图 10-8 所示，与定流量简单液阻回路相似。

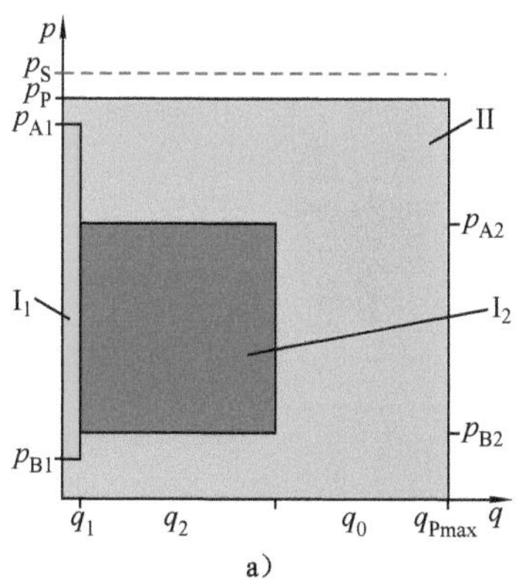

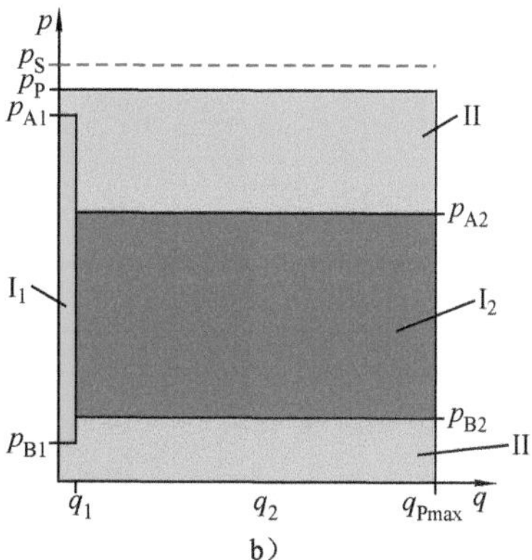

图 10-8　两个执行器工作，执行器 1 小流量重载时的能耗状况

a）执行器 2 中流量中载　b）执行器 2 大流量中载

q_{Pmax}—泵提供流量　q_0—经过主定压差阀 D0 旁路的流量　q_1、q_2—工作流量

p_{A1}、p_{B1}、p_{A2}、p_{B2}—阀口 A1、B1、A2、B2 的压力　p_P—泵出口压力　I_1、I_2—做功功率　II—未做功功率

综上所述，由于液压泵输出一个固定的流量，多余流量全部经过定压差阀 D0 回油箱。因此，能效状况与定流量简单液阻控制回路相似，如果把通道定压差阀消耗的功率考虑进去的话甚至更低。

10.2 定压差阀前置的变流量负载敏感回路

变流量负载敏感回路与上节所述的定流量回路的不同在于液压源，目前一般还都是采用恒压差变量泵。理论上来说，也可以采用恒压差控制变频电动机驱动的定量泵来实现变流量。

各通道换节阀一般为闭中心。例如，哈威、布赫公司提供的多路阀。

小松公司的 PC35-2MR、-3 型、-6 型、60-7 型、130-7 型挖掘机都是基于此原理工作的。

小松公司的-5 型挖掘机的液压系统是所谓的 OLSS（开中心负载敏感），也是采用定压差阀前置的变流量负载敏感原理，不同的是使用开中心换节阀与负流量变量泵。

10.2.1 回路

图 10-9 所示为采用恒压差变量泵的负载敏感回路。

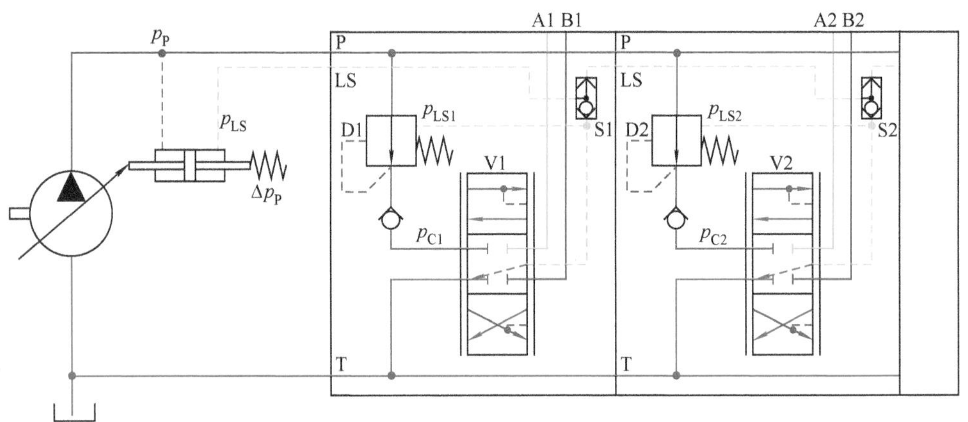

图 10-9 变量泵负载敏感回路原理图

D1、D2—各通道定压差阀 p_{LS1}、p_{LS2}—各通道负载信号压力 p_{LS}—最高负载信号压力

p_P—泵出口压力 p_{C1}、p_{C2}—阀 V1、V2 进口压力

1. 工作原理

1）使用恒压差变量泵。变量机构由 p_{LS} 控制，通过调节排量大小，努力维持 p_P 比 p_{LS} 高一个可预设的固定值——弹簧压力Δp_P，通常为 2～4MPa。这个恒压差变量泵由于使用在这里，所以也常被称为负载敏感泵。

2）由于采用恒压差变量泵，就不再需要像定流量回路（见 10.1 节）中的主定压差阀了。

理论上也不需要其他旁路通道。但实际上，如果没有旁路通道的话，各阀都在中位时，泵提供的流量 q_P 为零，这对泵中摩擦副的冷却循环非常不利，因此实际回路中还是设置了一条带很小节流口的旁路通道。为简化叙述，以下忽略这旁路通道的影响，把工作通道的流量就看作泵提供的全部流量。

3）其余情况同定流量回路。

2．压降图

图 10-9 所示回路的压降状况如图 10-10 所示。

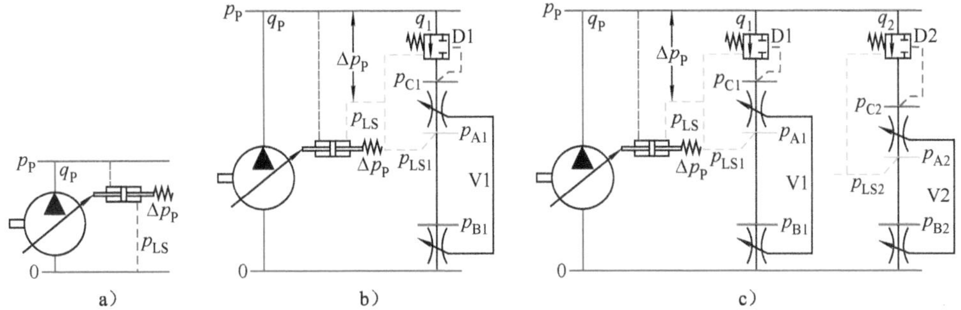

图 10-10　变量泵负载敏感回路的压降图

a）所有换节阀都在中位　b）V1 切换到工作位　c）V1、V2 切换到工作位

p_{LS1}、p_{LS2}—各通道负载敏感压力　p_P—泵出口压力　q_P—泵提供流量　q_1、q_2—工作通道流量

（1）所有换节阀都在中位　因为 p_{LS} 为零，所以，p_P 等于 Δp_P（见图 10-10a）。

（2）V1 切换到工作位　因为 $p_{LS}=p_{LS1}=p_{A1}$，所以（见图 10-10b）

$$p_P=p_{A1}+\Delta p_P$$

$$p_{C1}=p_{A1}+\Delta p_D$$

所以，定压差阀 D1 本身的压降

$$p_P-p_{C1}=\Delta p_P-\Delta p_D$$

所以，工作流量 q_1 由 Δp_D 和流量感应口 A_{J1} 决定，不随 p_{A1} 变化。

（3）V1、V2 都切换到工作位（见图 10-10c）　各工作通道的工作流量分别由 Δp_D 和各流量感应口 A_{J1}、A_{J2} 决定。在 $q_1+q_2<q_P$ 时，不受各通道负载变化的干扰。

工作通道开启过程，除了 q_P 等于工作流量，不存在旁路流量 q_0 外，其余与定流量负载敏感回路相似。所以这里从略。

动作响应过程，除了变量机构的响应速度可能略慢于定流量负载敏感回路旁路用的主定压差阀以外，其余与之相似。

10.2.2　能耗状况

1．各换节阀都处于中位

这时，p_{LS} 为零，p_P 等于 Δp_P。泵只需要输出极少流量，弥补各阀在中位的泄漏，就可以维持这一压力。所以，功率消耗很低。

2. 一个执行器工作（见图 10-11）

由于变量泵不输出多余的流量。因此，能效很高。

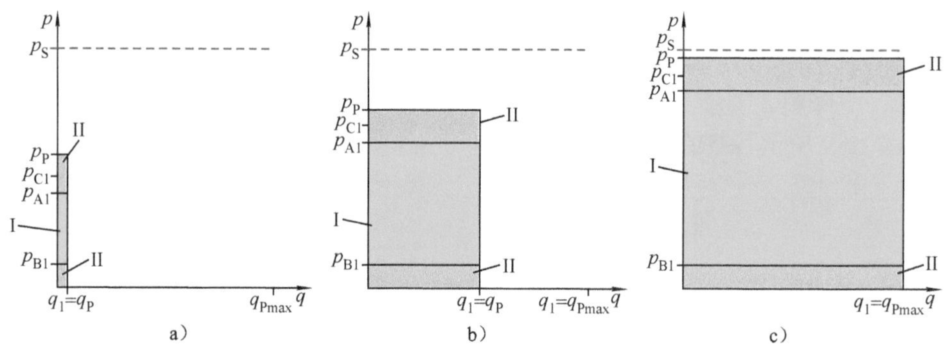

图 10-11 执行器 1 工作时的能耗状况

a）小流量轻载 b）中流量中载 c）大流量重载

q_P—泵提供流量 q_{Pmax}—泵可能提供的最大流量 q_1—工作流量 p_P—泵出口压力

p_{C1}—换节阀进口压力 p_{A1}—驱动压力 p_{B1}—阀口 B1 的压力 I—做功功率 II—未做功功率

3. 两个执行器同时工作

如果其中执行器 1 小流量重载，则其能耗状况如图 10-12 所示，与负流量和正流量控制回路相近。

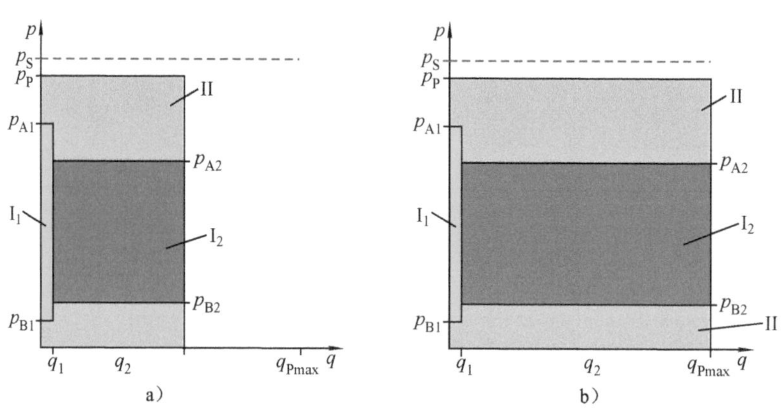

图 10-12 两个执行器同时工作，执行器 1 小流量重载

a）执行器 2 中流量中载 b）执行器 2 大流量中载

q_1、q_2—工作流量 p_{A1}、p_{B1}、p_{A2}、p_{B2}—阀口 A1、B1、A2、B2 的压力 I_1、I_2—做功功率 II—未做功功率

4. 负载压力极高

如果某个负载极高，则相应的定压差阀 D 开到最大，p_C、p_{LS} 和 p_P 随之无限制地升高。如果没有附加溢流阀作为安全阀的话，就可能导致系统损坏。通常同

时设置安全阀 Y0、Y1（见图 10-13）。

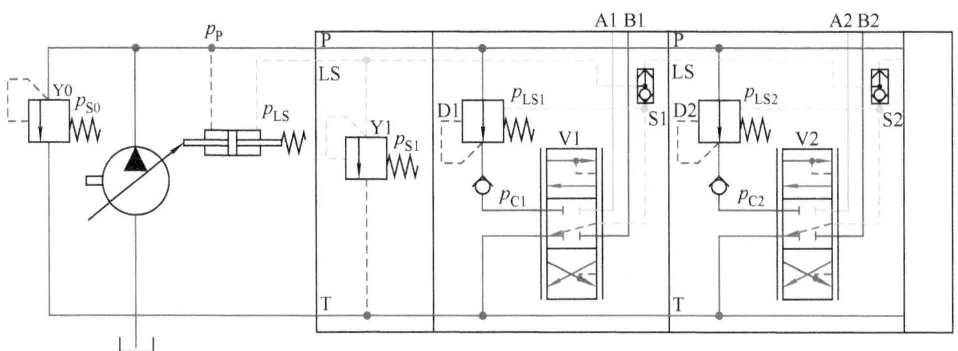

图 10-13　设安全阀 Y0、Y1 防过载

如果仅设置安全阀 Y0，则当 p_P 达到 Y0 的设定压力 p_{S0} 时，Y0 开启，p_P 就不会再上升。但是，由于 p_{LS} 未受到限制，依然升高，泵变量机构为了使 p_P 比 p_{LS} 高 Δp_P，就会把排量开到最大。这时，即使换节阀阀口开得很大，工作流量还是很低。其余的流量都从 Y0 排出。功率损失很大（见图 10-14a）。如果这时还有另一个负载在工作，则其工作能量是白捡的（见图 10-14b）。

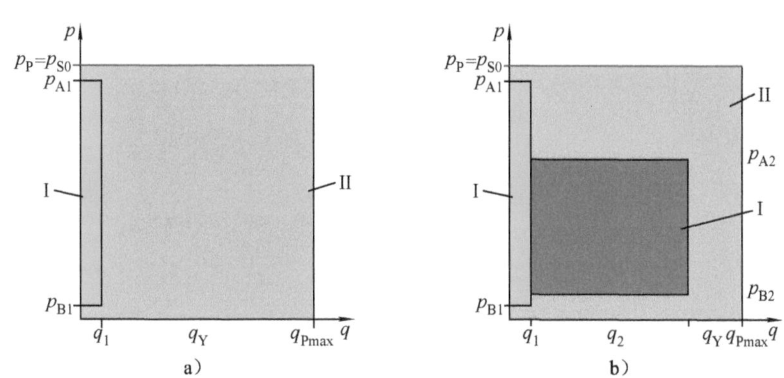

图 10-14　仅设置安全阀 Y0 的能耗状况

a）单个负载　b）两个负载

q_{Pmax}—泵最大输出流量　q_1、q_2—工作流量　q_Y—从安全阀 Y0 旁路的流量

p_P—泵出口压力　p_{S0}—安全阀设定压力　p_{A1}、p_{B1}、p_{A2}、p_{B2}—阀口 A1、B1、A2、B2 的压力

I—做功功率　II—未做功功率

如果在 LS 回路设置了安全阀 Y1，Y1 的设定压力 p_{S1} 应低于 $p_{S0}-\Delta p_D$，则 p_{LS} 在达到安全阀 Y1 的设定压力 p_{S1} 后，就不再上升。这时，泵变量机构维持 p_P 在 $p_{S1}+\Delta p_D<p_{S0}$。这样，正常情况下就无流量通过安全阀 Y0。由于泵不排出多余的流量，就不会有很大的功率损失（见图 10-15）。

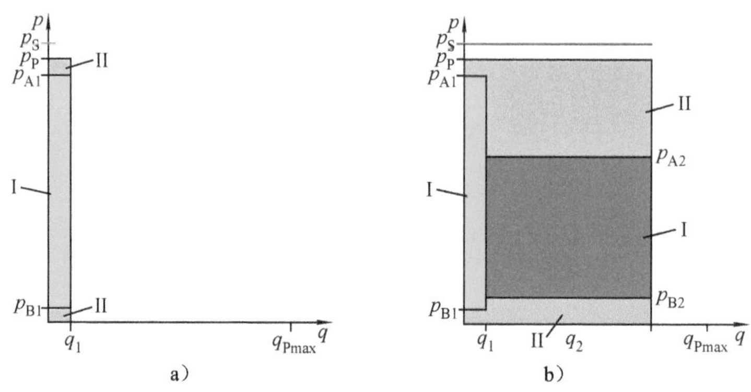

图 10-15 设置了安全阀 Y1 的能耗状况

a）单个负载 b）两个负载

q_1、q_2—工作流量 p_P—泵出口压力 p_{A1}、p_{B1}、p_{A2}、p_{B2}—阀口 A1、B1、A2、B2 的压力

I—做功功率 II—未做功功率

10.2.3 泵流量饱和问题

液压源能够提供的最大流量不再能满足流量需求的工况，简称“泵流量饱和”。在泵流量饱和时，液压源不再能保持恒压差工况，普通定压差阀前置的负载敏感回路就不能再按各换节阀的流量感应口面积分配流量，复合动作不能再按期望进行了。这一缺陷，简称“泵流量饱和问题”。

有许多资料说，在泵流量饱和时，负载压力最高的负载会首先停止运动。这个说法是不全面的。

液压源能够提供的最大流量为什么不能满足流量需求，有以下两种原因。（以下分析假定执行器 1 的驱动压力 p_{A1} 较高）

（1）流量需求增大 由于某个换节阀的流量感应口变大，导致流量需求超过了 q_{Pmax}，液压源转入恒排量工况。有以下两种情况。

1）阀 V1 的流量感应口 A_{J1} 增加（见图 10-16a），阀 V2 的流量感应口 A_{J2} 保持不变。

在区域 I——泵流量未饱和区，则到执行器 1 的流量 q_1 相应增加。

在区域 II——泵流量饱和区，由于阀 D2 可以通过开大节流口降低自身压降 p_{D2}，以维持Δp_D，因此，q_2 不会改变。

因为液压源已转入恒排量工况，$q_P = q_{Pmax}$。因此，尽管 A_{J1} 增大，到执行器 1 的流量 $q_1 = q_{Pmax} - q_2$ 虽不会增加，但也不会减少，与负载无关。这时“负载压力最高的负载会首先停止运动”的说法是不成立的。

此时，阀 D1 的节流口开到最大，自身压降 p_{D1} 降到最低，仍不能使换节阀流量感应口两侧的压差保持在Δp_D。

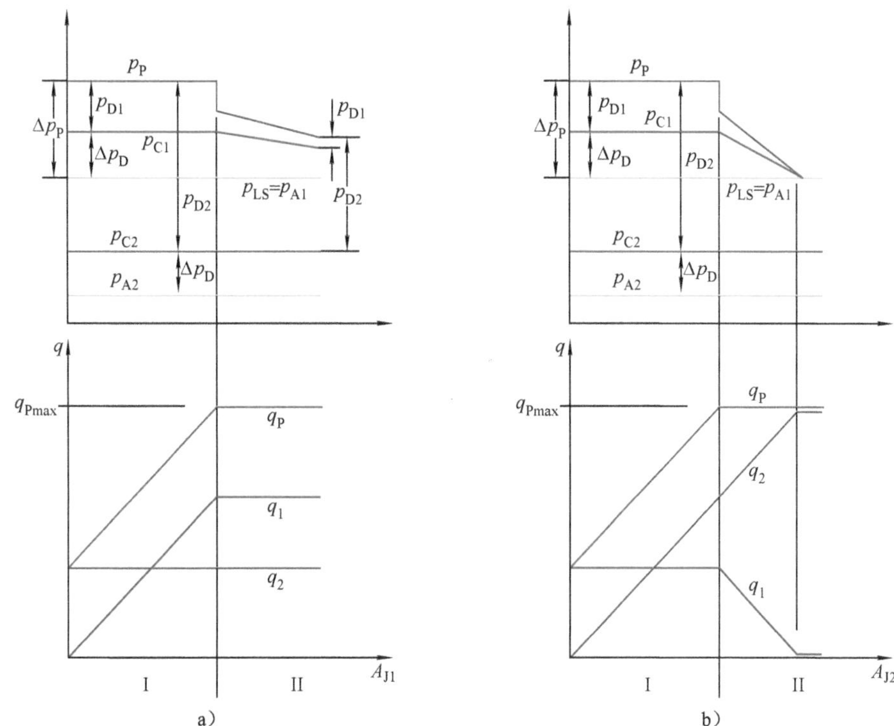

图 10-16　由于流量需求增大引起的泵流量饱和现象

a）流量感应口 A_{J1} 开大　b）流量感应口 A_{J2} 开大

I—泵流量未饱和区　II—泵流量饱和区

q_P—泵提供流量　q_1、q_2—工作流量　p_{A1}、p_{A2}—驱动压力　p_P—泵出口压力

2）A_{J1} 保持不变，A_{J2} 增加，则如图 10-16b 所示。

在区域 I：到执行器 2 的流量 q_2 相应增加。

在区域 II：由于泵流量不够需求，p_P 下降。由于定压差阀 D2 可以通过开大节流口降低自身压降 p_{D2}，保持 Δp_D，因此 q_2 会继续增加。

因此，$q_1 = q_{Pmax} - q_2$ 将相应减少，直至为零。这时，“负载压力最高的负载会首先停止运动”的说法是成立的。

（2）泵流量降低　由于 p_{A1} 增高，导致 p_P 增高，液压源转入恒功率工况（见图 10-17a），或恒压工况（见图 10-17b），q_P 下降。

这时，阀 D2 由于进口压力足够高，可以维持 Δp_D，因而 q_2 不变。而 $q_1 = q_P - q_2$ 就随 q_P 下降而下降，直至为零。

这时“负载压力最高的负载会首先停止运动”的说法是成立的。

为克服泵流量饱和问题，出现了布赫 AVR、林德 LSC、力士乐 LUDV 等多种方案。

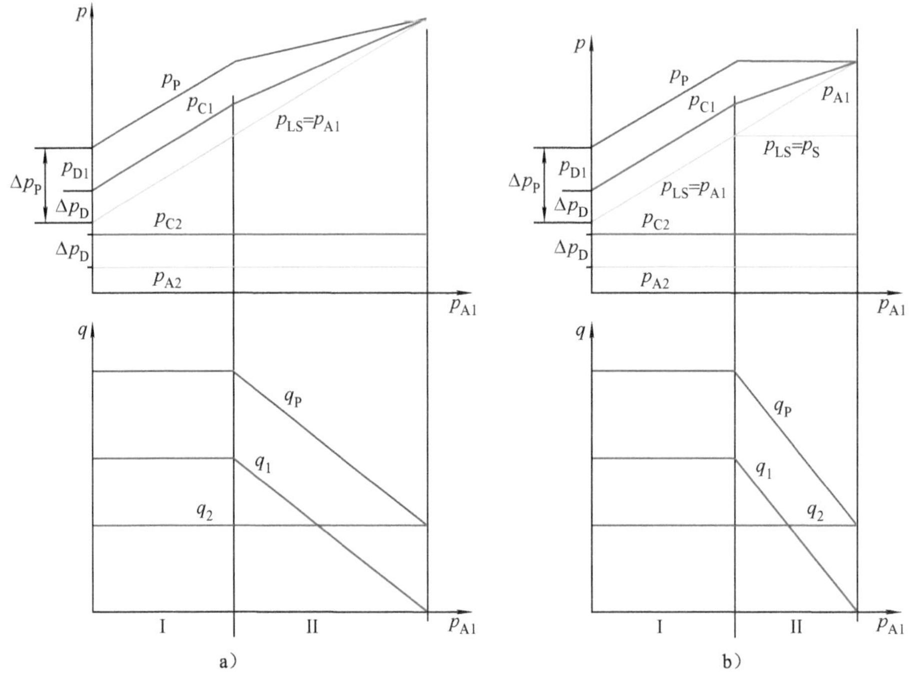

图 10-17　由于负载增高引起的泵流量饱和现象

a）转入恒功率工况　b）转入恒压工况

I—泵流量未饱和区　II—泵流量饱和区　p_S—恒压源设定压力

10.2.4　优先通道

为了实现各通道互不干扰，负载敏感回路一般不用串联，而用并联回路。为了减少压力损失，一般也不用第 8 章中所述的优先回路。此时，为了保证某一通道即使在泵流量饱和时也优先得到供油，可以放弃该通道定压差阀，使之成为一简单液阻控制通道（见图 10-18，通道 2）。

1．在泵流量未饱和时

（1）$p_{A1} < p_{A2}$ 时　在 $p_{A1} < p_{A2}$ 时（见图 10-18b），由于 $p_{LS} = p_{A2}$，所以，落在 A_{J2} 两侧的压差 $p_P - p_{A2}$ 恒定为Δp_P。所以，q_2 恒定，不随 p_{A2} 变化。

（2）$p_{A1} > p_{A2}$ 时　在 $p_{A1} > p_{A2}$ 时（见图 10-18c），由于 $p_{LS} = p_{A1} > p_{A2}$，则落在 A_{J2} 两侧的压差 $p_P - p_{A2}$ 为 $p_{A1} - p_{A2} + \Delta p_P$，随 $p_{A1} - p_{A2}$ 变化。所以，q_2 会随 $p_{A1} - p_{A2}$ 变化。

2．在泵流量饱和时

p_P 下降，不再能保持 $p_P - p_{LS}$ 为Δp_P。

（1）$p_{A1} > p_{A2}$ 时　在阀 D1 开口到最大后（见图 10-18c），此通道成为进口含

两个固定液阻的通道，q_1 开始下降。由于落在 A_{J2} 两侧的压差

$$p_P - p_{A2} = p_P - p_{A1} + (p_{A1} - p_{A2}) > p_P - p_{A1}$$

所以，虽然 q_2 也会随 p_P 下降，但比含定压差阀的通道 1 优先。

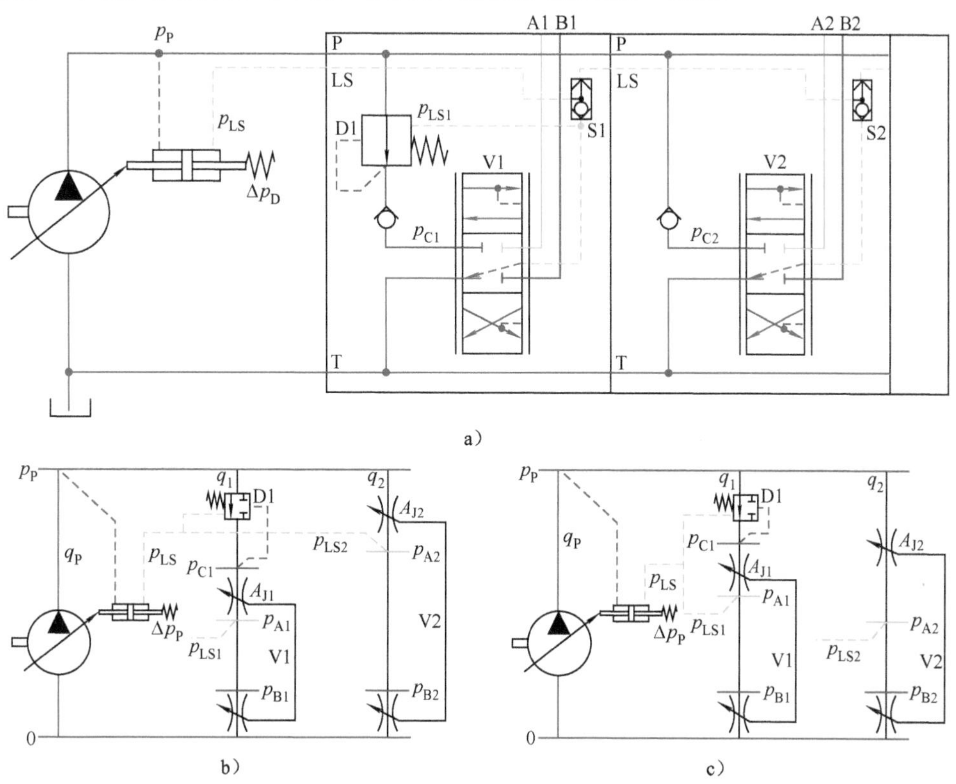

图 10-18　并联简单液阻通道作为优先通道

a）回路图　b）$p_{A1}<p_{A2}$ 时的压降图　c）$p_{A1}>p_{A2}$ 时的压降图

p_{LS1}、p_{LS2}—各通道负载敏感压力　p_P—泵出口压力　q_P—泵提供流量　q_1、q_2—工作通道流量

（2）$p_{A1}<p_{A2}$ 时　此时，只要 $p_{A2}<p_P$，就一直会有 q_2。

10.3　自动流量降低回路——布赫 AVR

AVR（Automatic Volume Reduce，自动流量降低）回路是布赫公司在 1985 年登记的专利，在一定程度上解决了泵流量饱和问题。

1. 回路

AVR（见图 10-19）具有以下特点。

1）仅适用于换节阀液控，包括电液控、机液控换节阀或手液控的回路，不能用于换节阀直接手控的场合。

2）还是定压差阀在换节阀前的负载敏感回路。

3）与普通负载敏感回路不同的是增加了一个附加模块 AVR。

4）在这个附加模块中，在原本就需要的，用于限制先导控制源压力 p_x 的减压阀 VR 旁，再设置了一个作为旁路降压用的液控二通节流阀 VP。

5）在泵流量达到饱和时，能自动同时减小所有通道换节阀阀芯的位移，以同时降低各通道的流量需求，克服泵流量饱和问题。

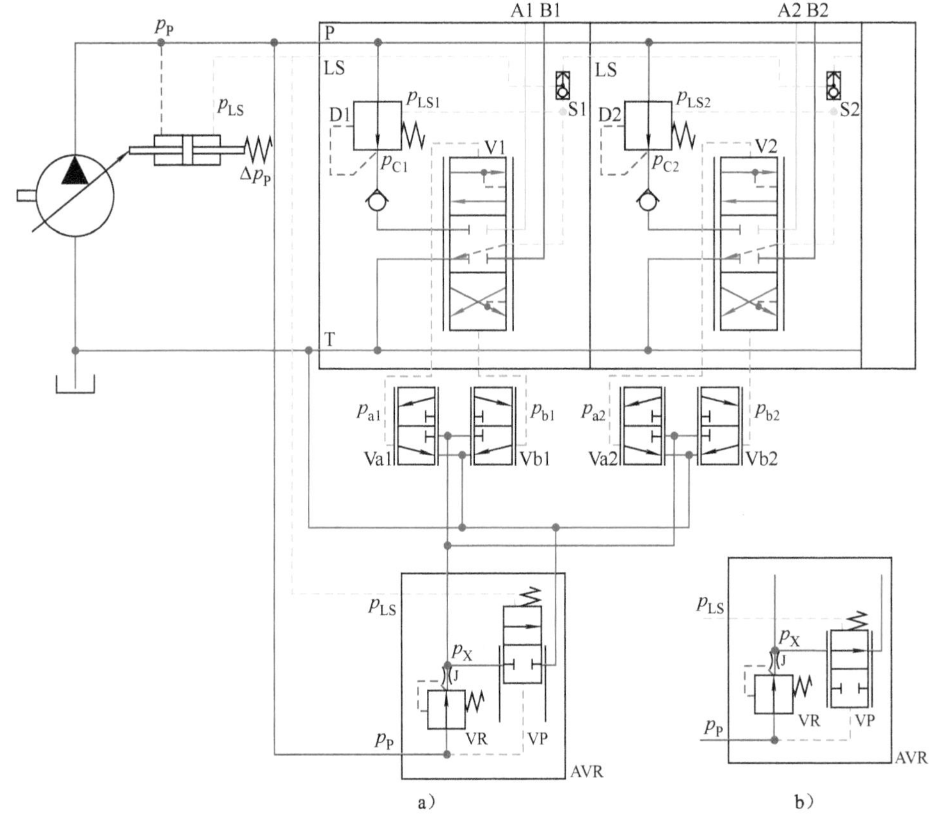

图 10-19　自动流量降低回路的原理图

a）泵流量未饱和时，阀 VP 关闭　b）泵流量饱和时，阀 VP 部分开启

p_P—泵出口压力　p_{LS}—最高负载压力　p_X—先导控制源压力　p_{a1}、p_{b1}、p_{a2}、p_{b2}—先导控制压力

Va1、Vb1、Va2、Vb2—液控先导阀　AVR—自动流量降低模块　VR—控制源压力减压阀　VP—液控二通节流阀

2．工作原理

液控换节阀阀芯在工作时的位置取决于它的先导控制压力 p_a 或 p_b，而 p_a 或 p_b 则取决于输出先导控制压力的先导比例阀 Va1、…、Vb2 的状态和先导控制源压力 p_X。

AVR 模块利用 $p_P - p_{LS}$ 来控制 p_X。

如果设定泵的恒定压差Δp_P为 2.5MPa，阀 VP 的弹簧预紧压力Δp_{VP}为 2.0MPa，阀 VR 的设定压力p_{VR}为 2.2MPa，则$p_P - p_{LS}$对p_X的控制特性大体如图 10-20 所示。

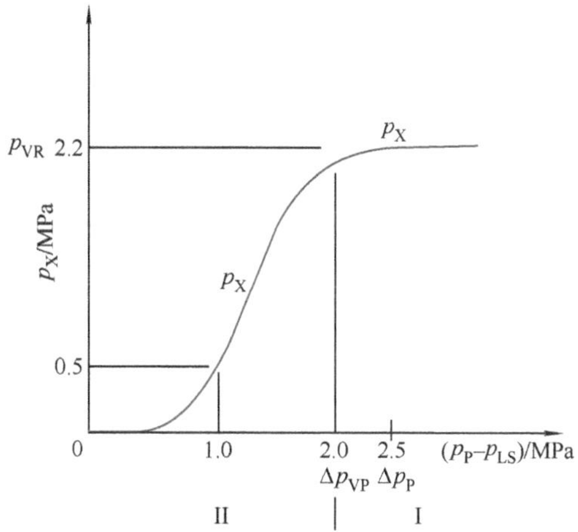

图 10-20 AVR 模块的压力控制特性（例）

p_P—泵出口压力 p_{LS}—最高负载压力 p_X—先导控制源压力

I—泵流量未饱和区 II—泵流量饱和区

（1）区域 I——泵流量未饱和 在泵流量未饱和，泵变量机构可以维持$p_P - p_{LS}$在Δp_P，高于Δp_{VP}时，阀 VP 关闭（见图 10-19a），p_X保持在减压阀 VR 所设定的p_{VR}。

（2）区域 II——泵流量饱和

1）在泵流量饱和时，无法维持$p_P - p_{LS} \approx \Delta p_P$。当$p_P - p_{LS} < \Delta p_{VP}$时，则阀 VP 部分开启，部分油液被旁路。由于节流口 J 的压力损失，p_X一定程度下降。

2）虽然各个先导比例阀的状态都未变，但由于 p_X 下降，导致所有先导控制压力，p_a或p_b，也都按比例下降。这样，所有正在工作的换节阀阀芯就像都接到了控制指令一样，一起按比例地向中位方向移动，减小流量感应口。这样，所有各通道的流量需求就都减小了，避免了“亏待”某一通道。

AVR 是一种很聪明的应对“泵流量饱和问题”的方法。只是要特别注意的是，降低先导控制压力，引起的只是各阀芯的位移 X 的成比例减少（见图 10-21，从X_A移到X_B）。

如果各阀芯的位移-节流口面积都是线性的话，各节流口面积 A_J 也会成比例下降（见图 10-21a）。

但若有阀芯的位移-节流口面积为非线性时，则 A_J 的下降就不完全成比例了（见图 10-21b）。因此，流量下降也不完全成比例，复合动作就不能再完全按期望进行了。

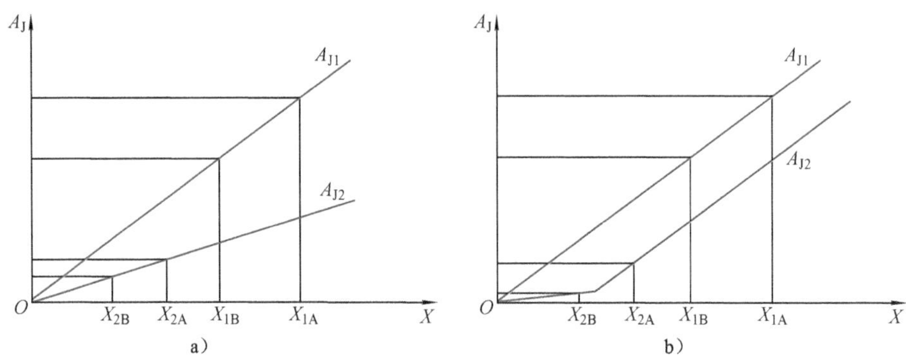

图 10-21 位移-节流口面积在泵流量饱和时的变化

a）都为线性时 b）有一个为非线性时

X_{1A}、X_{2A}—阀芯在泵流量未饱和时的位移 X_{1B}、X_{2B}—阀芯在泵流量饱和时的位移 A_{J1}、A_{J2}—节流口面积

由于只是附加了一个只有在泵流量饱和时才动作的模块 AVR，所以其调节特性与能效与普通负载敏感相似。

10.4 定压差阀后置的负载敏感回路

本章至此所述，定压差阀都设置在流量感应口前，简称前置。但如在第 6 章中已述，定压差阀也可以设置在流量感应口之后，简称后置。有多种实现形式。

10.4.1 定压差阀后置

1. 仅仅定压差阀后置的回路

如果仅仅定压差阀后置，如图 10-22 所示（假定驱动压力 $p_{A1}>p_{A2}$）。其工作原理如下。

1）取驱动压力中高者（p_{A1}）为负载压力信号 p_{LS}，控制恒压差泵。

2）在每个流量感应口之后设置一个定压差阀，设定压差为Δp_D。

3）恒压差泵的设定压差为Δp_P，$\Delta p_P>\Delta p_D+p_{Dmin}$（$p_{Dmin}$为定压差阀的最小正常工作压差）。

4）这样，在各通道需求流量之和小于泵的最大流量时，液压源可以工作在恒压差工况，即

$$p_P=p_{LS}+\Delta p_P=p_{A1}+\Delta p_P$$

则（见图 10-22b）

$$p_P-p_{A1}=\Delta p_P>\Delta p_D+p_{Dmin}$$

则落在定压差阀 D1 两侧的压差

$$p_{C1}-p_{A1}=p_P-\Delta p_D-p_{A1}>p_{Dmin}$$

因为 p_{A1} 为各驱动压力中最高者，落在其他各通道定压差阀两侧的压差也都高于 p_{Dmin}，所以，各通道的定压差阀都可以通过节流，使各个流量感应口两侧压差都保持在Δp_D，回路就能正常工作，各通道的流量不随负载变化。

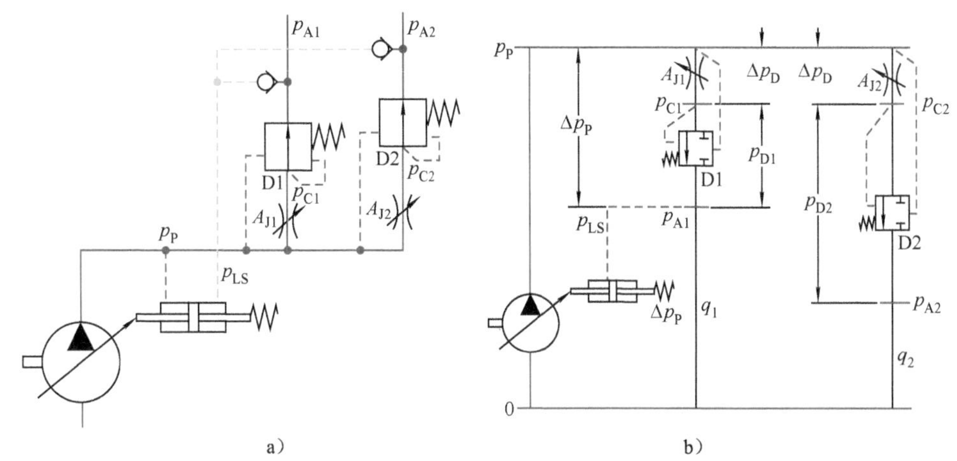

图 10-22　仅仅定压差阀后置的回路

a）工作原理图　b）压降图

5）在需求流量之和大于泵的最大流量时，液压源不能再工作在恒压差工况，泵出口压力

$$p_P < p_{A1} + \Delta p_P$$

则

$$p_P - p_{A1} - \Delta p_D < p_{Dmin}$$

定压差阀 D1 的节流口开到最大，也无法使 A_{J1} 两侧的压差保持在Δp_D，q_1 就会低于期望值。而由于定压差阀 D2 可以通过开大节流口，降低自身压降 p_{D2}，保持恒压差Δp_D，因此，q_2 可以保持不变。

从以上分析可以看到，仅仅将定压差阀后置，并不能解决泵流量饱和问题。

泵流量饱和问题的关键在于，落在各流量感应口的压降不同。而根源在于，各个定压差阀的控制压力不同。

2．各定压差阀控制压力相同的回路

如果各定压差阀都使用同一个压力——p_{LS} 作为控制压力，来控制流量感应口出口的压力 p_{Ci}（i=1、2、…）（见图 10-23，假定驱动压力 p_{A1} 高于 p_{A2}）。而各流量感应口的进口压力，就是泵出口压力 p_P 是相同的。那么，各流量感应口两侧的压差就始终相同，可以同步变化，就可以克服泵流量饱和问题。

从其压降图（见图 10-23b）可以看到：

1）$p_{LS} = p_{A1}$。

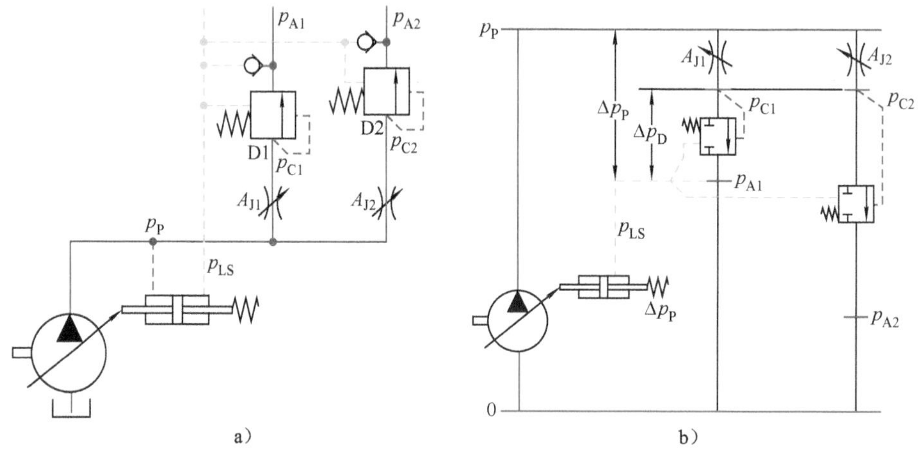

图 10-23 控制压力相同的定压差阀后置回路

a）工作原理图 b）压降图

p_{A1}、p_{A2}—驱动压力 A_{J1}、A_{J2}—流量感应口面积 p_{C1}、p_{C2}—流量感应口出口压力

2）p_{LS} 被引入泵的变量机构。

3）在泵流量未饱和区，泵变量机构可以维持 p_P 比 p_{LS} 高Δp_P。定压差阀 D1、D2 通过节流，可以维持流量感应口 A_{J1}、A_{J2} 两侧的压差 $p_P-p_C=\Delta p_P-\Delta p_D$。如果开口 A_{J1} 增加，则 q_1 增加，q_P 随之增加，q_2 保持不变（见图 10-24）。

4）在泵流量饱和区，液压源不能再维持恒压差工况。但由于落在 A_{J1}、A_{J2} 两侧的压差相同，都是 $p_P-p_{LS}-\Delta p_D$，所以 q_1、q_2 还是按 A_{J1}、A_{J2} 的大小成比例分配。这样就解决了泵流量饱和问题了。

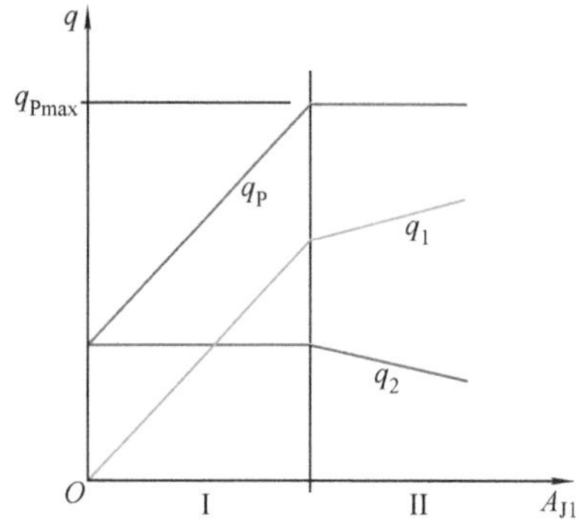

图 10-24 A_{J1} 增大时流量分配变化情况

I—泵流量未饱和区 II—泵流量饱和区，液压源转入恒流量工况

q_1、q_2—工作通道 1、2 的流量 A_{J1}—换节阀的流量感应口面积

3. 用于双作用执行器的回路

在实际应用于双作用执行器时，因为每个换节阀要控制两个出口（A、B）。

而定压差阀又置于换节阀之后，因此，每个出口前都需要有一个定压差阀和相应的低液阻单向阀 VD 供回油用。因此，回路至少要如图 10-25 所示才能实际使用。

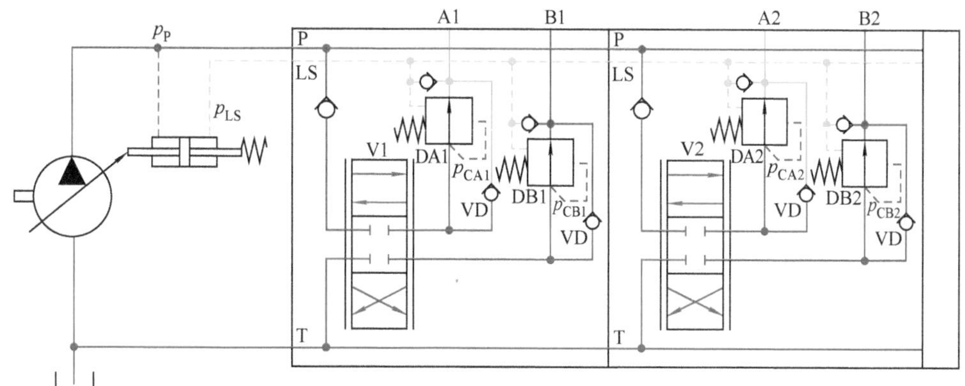

图 10-25　用于双作用执行器的回路

DA1、DB1、DA2、DB2—定压差阀　p_{CA1}、p_{CB1}、p_{CA2}、p_{CB2}—换节阀出口压力

小松的-6、-7、-8 型挖掘机的液压系统即应用了如此原理，称其为 CLSS（Closed center Load Sensing System，闭中心负载敏感系统）。

10.4.2　林德 LSC

LSC 既被解释为 Load-Sensing Control（负载敏感控制），也被解释为 Linde Synchron Control(林德同步控制)，是林德公司在 1988 年登记的专利，基本原理同上，也是后置型的，具有以下特点（见图 10-26，假定驱动压力 p_{A1} 高于 p_{A2}）。

1）用一个液控二位四通换向阀代替单向阀选择负载压力信号。

p_{LS} 不是取自于定压差阀出口，而是取自于其进口，也即流量感应口的出口。

因为从 p_{LS} 有持续液流经过一节流口 J0 流入油箱，因此，p_{LS} 不仅低于 p_{C1}，而且略低于 p_{A1}。所以，阀 V1 处于上位。因此，从 p_{C1} 有持续液流通过阀 V1 流入 p_{LS}，保持 $p_{C1}-p_{LS}$ 恒定。

在 p_{C1} 的作用下，定压差阀 D1 处于全开位置。A_{J1} 两侧压差 $p_P-p_{C1}=\Delta p_P-(p_{C1}-p_{LS})$ 也保持恒定，不随 p_{A1} 变化，因此 q_1 不随 p_{A1} 变化。

因为 p_{A2} 低于 p_{A1}，低于 p_{LS}，所以，阀 V2 处于下位。p_{LS} 经过阀 V2，控制阀 D2 处于节流状态。因此，$p_{C2}=p_{LS}+\Delta p_D$。因此，A_{J2} 两侧压差 $p_P-p_{C2}=\Delta p_P-\Delta p_D$ 不随 p_{A2} 变化。因此，q_2 不随 p_{A2} 变化。

Δp_D 可以很小。

2）使用复合阀芯，把定压差阀和相应的二位四通阀都结合在换节阀阀芯里（见图 10-27）。

能耗状况与定压差阀前置的回路相似。

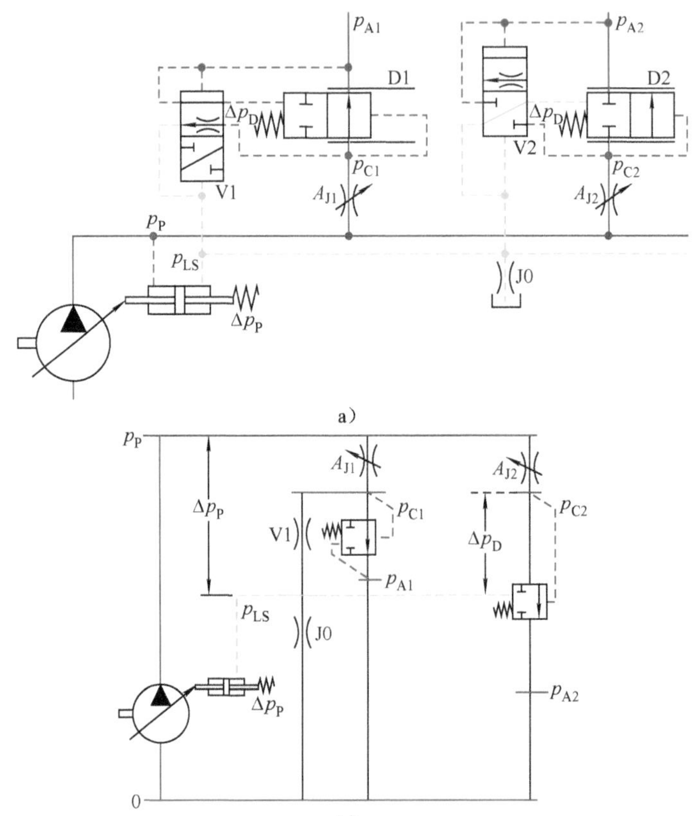

图 10-26 林德 LSC 示意图

a）工作原理图 b）压降图

p_{A1}、p_{A2}—驱动压力 A_{J1}、A_{J2}—换节阀的流量感应口面积 p_{C1}、p_{C2}—流量感应口出口压力

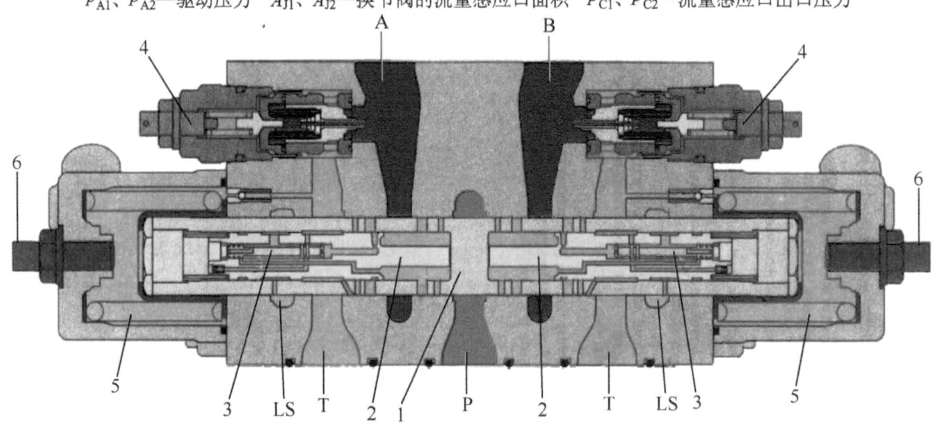

图 10-27 林德 LSC 多路阀结构图

1—换节阀阀芯 2—定压差阀阀芯 3—二位四通阀 4—次级溢流阀

5—对中弹簧 6—换节阀阀芯行程限位螺钉

10.5　定压差阀后置的负载敏感回路——力士乐 LUDV

LUDV 是德文“Lastdruck Unabhängige Durchfluss Verteilung 不依赖于负载压力的流量分配”的缩写，也被译为“流量自动分配”，也是一种定压差阀后置的负载敏感回路。力士乐公司在 1991 年登记了用于单回路的专利，在 2003 年登记了用于双回路的专利。

10.5.1　结构特点

力士乐的 M7-22 型液控多路阀（最大工作流量 400L/min）使用了 LUDV 原理（见图 10-28）。

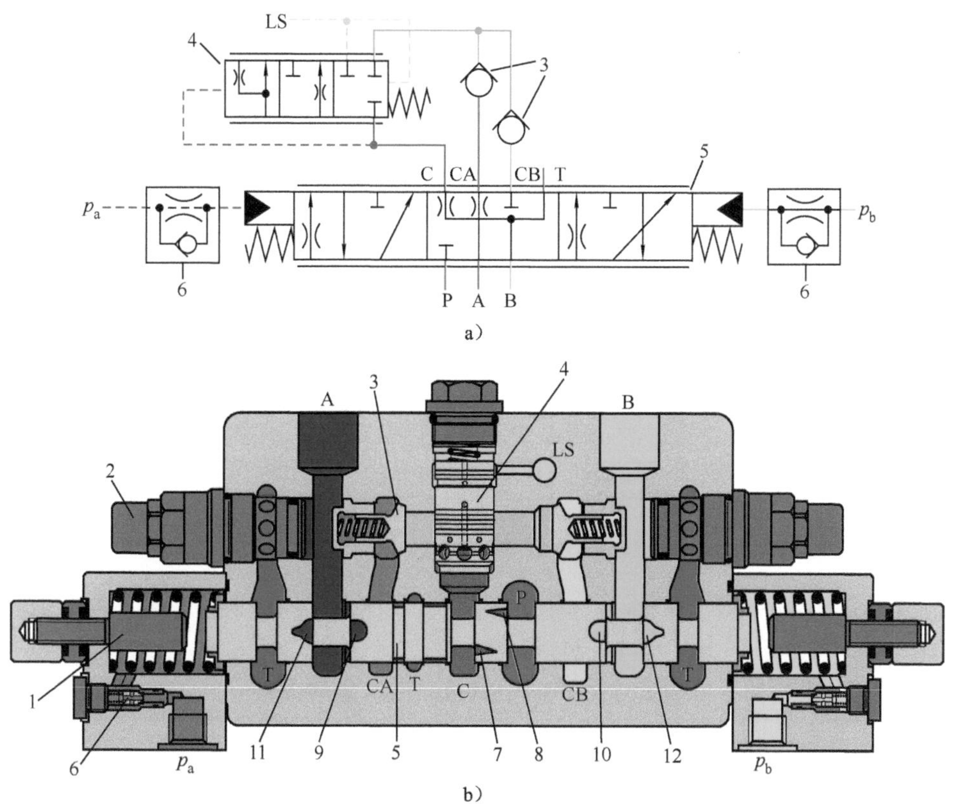

图 10-28　M7-22 型多路阀（力士乐）

a）图形符号　b）结构图（P→A，B→T）

1—换节阀阀芯行程限位　2—次级溢流阀（图形符号中未画出）　3—单向阀　4—定压差阀阀芯　5—换节阀阀芯　6—液控压力阻尼　7—P→C→CA→A 流量感应口　8—P→C→CB→B 流量感应口　9—阀口 CA→A　10—阀口 CB→B　11—阀口 A→T　12—阀口 B→T

其结构主要特点如下。

1）定压差阀不是像 LSC 那样结合在阀芯里，而是独立地设置在阀块里。

2）定压差阀采用特殊的三端口形式，结合了选择 p_{LS} 的单向阀的功能。

3）使用七通换节阀，把流量感应功能和换向功能分在不同的阀口实现。

4）流量感应口放在定压差阀之前，换向部分设置在定压差阀之后。这样，每个换节阀就只需要一个定压差阀。

不过，为了使用同一个定压差阀，液压油必须在阀块里两次反向，两次流过换节阀阀芯：P→C→定压差阀→A，这带来了一些额外的压力损失。

10.5.2 工作原理

图 10-29 所示为 M7-22 的工作原理，是驱动压力 p_{A1} 高于 p_{A2} 的状况。

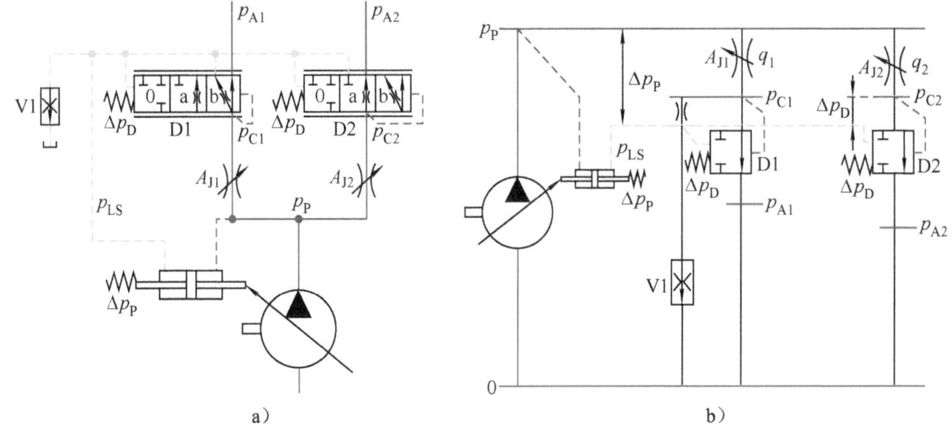

图 10-29 M7-22 多路阀组成的回路

a）工作原理示意图 b）压降图

0—不工作位 a—节流工位，在驱动压力非最高通道 b—全开工位，在驱动压力最高通道

1）流量感应口后最高压力（此例中为 p_{C1}），推动阀 D1 的阀芯至右位（工位 b），使 p_{C1} 经过一个小节流口与 p_{LS} 通道连通。

2）在 LS 回路上设有一个旁路的小流量二通流量阀 V1，持续的液流使 p_{LS} 略低于 p_{C1}。

3）液压源工作在恒压差工况时，落在 A_{J1} 两侧的压差

$$p_P - p_{C1} = (p_{LS} + \Delta p_P) - (p_{LS} + \Delta p_D) = \Delta p_P - \Delta p_D$$

因此通过 A_{J1} 的流量 q_1 不随负载变化。

4）由于 D1 处于右位，因此主通道全开（见图 10-29b），压降 $p_{C1} - p_{A1}$ 较低。

5）驱动压力非最高的通道（此例中为 p_{A2}）中，定压差阀阀芯（D2）处于中位（工位 a）。

驱动压力 p_{A2} 对 p_{LS} 没有影响。

阀 D2 通过节流，保持

$$p_{C2} = p_{LS} + \Delta p_D$$

因此，落在 A_{J2} 两侧的压差

$$p_P - p_{C2} = \Delta p_P - \Delta p_D$$

不随负载变化。因此，流量 q_2 也不随负载变化。

Δp_P 一般设定在 2.0～2.5MPa。

Δp_D，从工作原理上来说，不是必需的，可以很小。

6）当液压源不能工作在恒压差工况，即泵流量饱和时，泵出口压力 p_P 下降，不能保持在 $p_{LS}+\Delta p_P$，但由于 A_{J1} 和 A_{J2} 两侧的压差 $p_P - p_{LS} - \Delta p_D$ 同样减少，这就导致通过的流量同步下降，保持与流量感应口面积成比例，没有泵流量饱和问题。

7）在不工作通道（图 10-29 中未画出）中，由于 p_C 很低，定压差阀处于左位（工位 0）。压力油去 p_A 和 p_{LS} 的通道皆不通，执行器中的液压油也基本不能返回，单向阀 3（见图 10-28b）更保证了其密闭性。

10.5.3　力士乐 SX-14 型多路阀

在力士乐的 SX-14 型多路阀（见图 10-30）中，定压差阀无弹簧。每通道最大工作流量 120L/min。

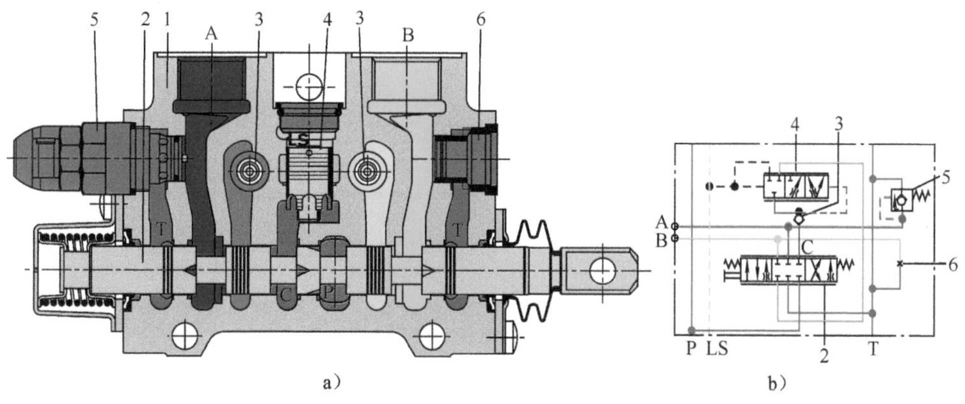

图 10-30　力士乐 SX-14 多路阀

a）结构图　b）图形符号

1—阀体　2—换节阀阀芯　3—单向阀　4—定压差阀　5—二级溢流阀　6—堵头

1．多路阀结构

由于定压差阀没有弹簧，即定压差 Δp_D 为零。因此，如果阀芯两侧的压力不同，则阀芯移到极限位置（见图 10-31b、d）。如果阀芯停留在非极限位置（见图 10-31c），则两侧的压差近乎为零。

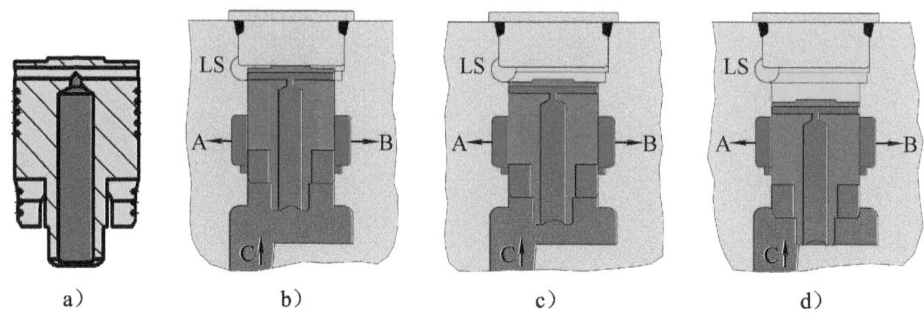

图 10-31　SX-14 定压差阀的工况

a）阀芯剖视图　b）在压力最高通道　c）在压力非最高通道　d）在不工作通道

2. 理论压降图

根据其产品说明书可以得到 SX-14 的简化压降图（见图 10-32）。

由于定压差阀没有弹簧，落在流量感应口两侧的压降就是Δp_P，在负载压力最高的通道还要略低约 0.1MPa。因此，理论上各通道的流量既不随本通道负载压力变化，在泵流量未饱和时，也不受其他通道流量的影响。

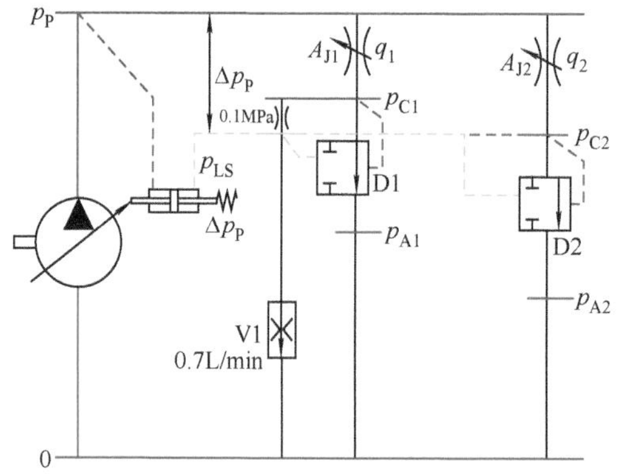

图 10-32　SX-14 简化压降图

3. 泵-阀块管道压降影响

理论上，各通道的流量相互不影响。但实际则不然。因为，泵出口和阀组之间总是有一定距离的，连接管道总有一定液阻，特别是在连接管较长、较细、较多曲折时。还有，在多路阀组内，从阀组进口到各片阀的流量感应口的通道，由于受阀块尺寸限制，一般也较窄。所以，若称流量感应口进口实际压力为 p_F（见图 10-33），管道压降为Δp_G的话，则$\Delta p_G = p_P - p_F$是会随泵实际输出流量变化的。这样，实际落在流量感应口两侧的压差$\Delta p_P - \Delta p_G$就也会变化，也就会影响各通道的工作流量。

例如，通道 2 不工作，通道 1 工作时，q_1 = 30L/min，Δp_P = 3.0MPa，Δp_G = 0.5MPa，则$\Delta p_P - \Delta p_G$ = 2.5MPa。

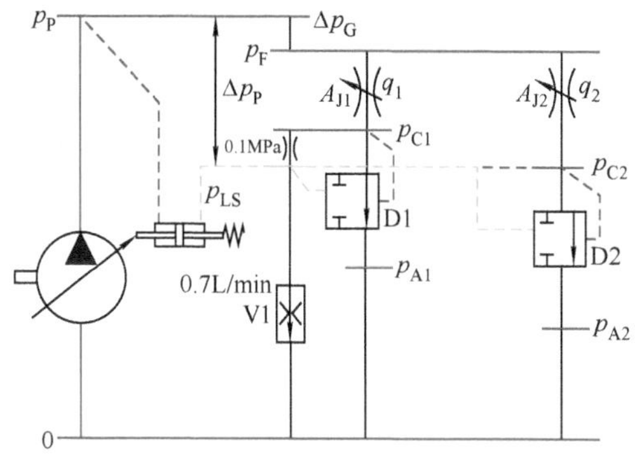

图 10-33　考虑泵-阀块管道影响的压降图

此时，假如开启通道 2，需求流量 q_2 为 50L/min，管道压降Δp_G 由于通过流量增加而从 0.5MPa 增加到 1.3MPa，则落在 A_{J1} 的压差$\Delta p_P - \Delta p_G$ 就会从 2.5MPa 降低到 1.7MPa。虽然 A_{J1} 没有变化，通过流量 q_1 却会变化。

提高Δp_P，可以减小管道压降的这一影响，但不利于流量感应口在小开口时的微调特性。

减小管道液阻也可起到一定作用。

这种泵-阀块管道压降在定压差阀前置的回路中基本没有影响，只要Δp_P 超过管道与定压差阀的最高压降。

力士乐提供结构相似的产品还有 SX-12，每条通道的最大工作流量为 70L/min；SX-14 的补充版 S 型，每条通道的最大工作流量为 175L/min；SX-18，每条通道的最大工作流量为 160L/min；M6-15，每条通道的最大工作流量为 150L/min；M6-22，每条通道的最大工作流量为 300L/min。

10.5.4　优先通道

力士乐 M7-20 型（最大工作流量为 250L/min）是定压差阀前置的，与 M7-22 型具有相同的连接尺寸，可以混合使用，以保证该通道流量优先。

图 10-34 中，通道 1 为定压差阀前置。为明显起见，图 10-34 中后置通道仅留通道 2，其余略去。图 10-34a 为执行器处于静止工况。设定的$\Delta p_P > \Delta p_{D1}$。

1．泵流量未饱和，$p_{A1} < p_{A2}$（见图 10-34b）

由于流量阀 V1 的作用，p_{LS} 略低于 p_{C2}，但高于 p_{A2}，因此也高于 p_{A1}，所以

$$p_P = p_{LS} + \Delta p_P > p_{A1} + \Delta p_P$$

即

$$p_P - p_{A1} > \Delta p_P > \Delta p_{D1}$$

所以，D1 可以维持 $p_{C1} - p_{A1}$ 为Δp_{D1}，q_1 由Δp_{D1} 和 A_{J1} 决定。

D2 全开，q_2 由 $p_P - p_{C2} = \Delta p_P$ 和 A_{J2} 决定。

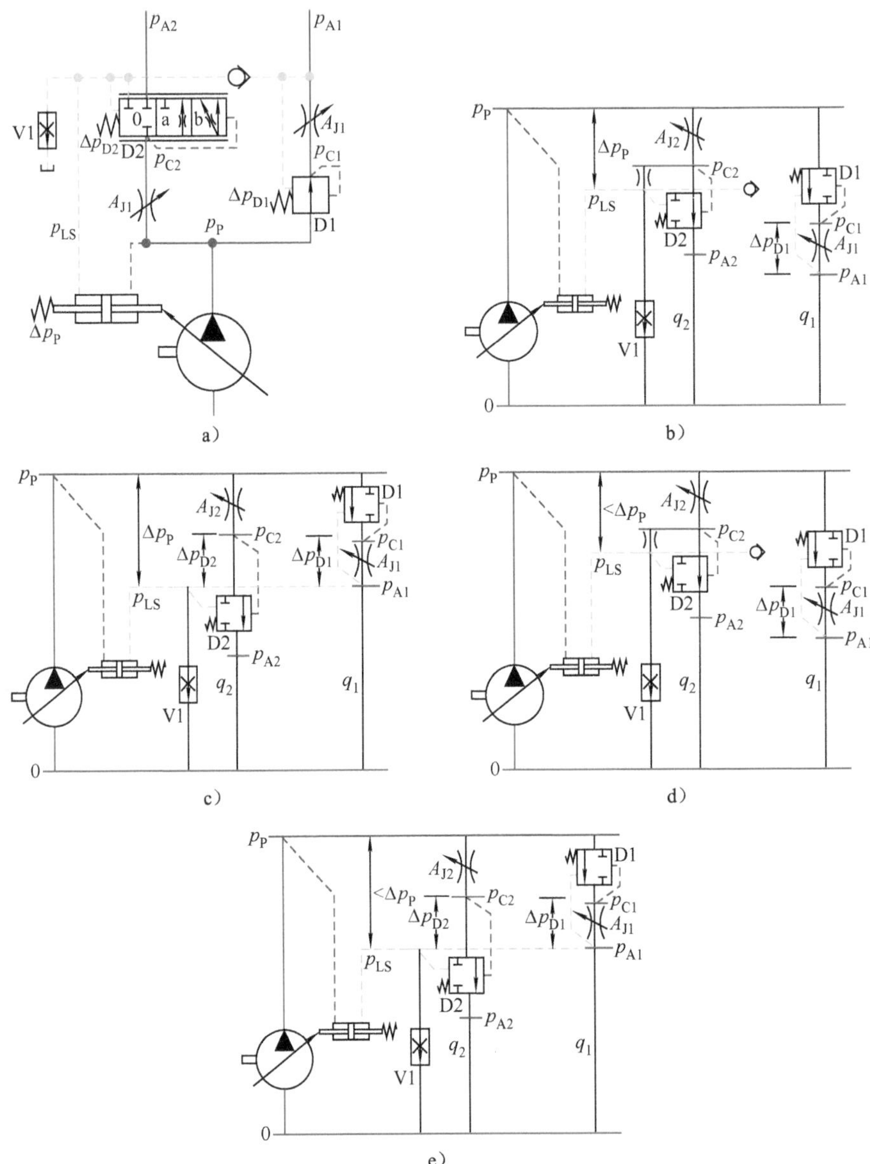

图 10-34 定压差阀前置型与 LUDV 混合工作

a）回路原理图 b）$p_{A1}<p_{A2}$（压降图） c）$p_{A1}>p_{A2}$（压降图）

d）泵流量饱和，$p_{A1}<p_{A2}$（压降图） e）泵流量饱和，$p_{A1}>p_{A2}$（压降图）

因此，q_1、q_2不随负载变化。

2．泵流量未饱和，$p_{A1}>p_{A2}$（见图 10-34c）

因为$p_{LS}=p_{A1}$，所以

$$p_{\mathrm{P}} = p_{\mathrm{LS}} + \Delta p_{\mathrm{P}} = p_{\mathrm{A1}} + \Delta p_{\mathrm{P}}$$

所以

$$p_{\mathrm{P}} - p_{\mathrm{A1}} = \Delta p_{\mathrm{P}} > \Delta p_{\mathrm{D1}}$$

所以，D1 可以保持 $p_{\mathrm{C1}} - p_{\mathrm{A1}}$ 为 Δp_{D1}。

D2 部分关闭，保持 $p_{\mathrm{C2}} - p_{\mathrm{LS}}$ 为 Δp_{D2}，则落在 A_{J2} 两侧的压降 $p_{\mathrm{P}} - p_{\mathrm{C2}} = \Delta p_{\mathrm{P}} - \Delta p_{\mathrm{D2}}$。

因此，q_1、q_2 不随负载变化。

3．泵流量饱和，$p_{\mathrm{A1}} < p_{\mathrm{A2}}$（见图 10-34d）

在泵流量饱和时，p_{P} 下降，导致 $p_{\mathrm{P}} - p_{\mathrm{LS}} < \Delta p_{\mathrm{P}}$。

因为 D2 已经不可能再开大，导致落在 A_{J2} 两侧的压降减小，流量 q_2 降低。

因为 D1 还可以通过开大节流口，保持落在 A_{J1} 两侧的压降为 Δp_{D1} 不变，因此，q_1 不受影响。

4．泵流量饱和，$p_{\mathrm{A1}} > p_{\mathrm{A2}}$（见图 10-34e）

在泵流量饱和时，p_{P} 下降，导致 $p_{\mathrm{P}} - p_{\mathrm{LS}} < \Delta p_{\mathrm{P}}$。

因为 D1 可以通过开大节流口，保持落在 A_{J1} 两侧的压降 Δp_{D1} 不变，因此，q_1 不受影响，p_{LS} 保持不变。

因为 p_{P} 下降，导致 p_{C2} 下降，而 p_{LS} 保持不变，结果 D2 节流口关小，导致落在 A_{J2} 两侧的压降 $p_{\mathrm{P}} - p_{\mathrm{C2}} < \Delta p_{\mathrm{P}} - \Delta p_{\mathrm{D2}}$，$q_2$ 降低。

现在，国内也有厂家能提供定压差阀位置可后置可前置的多路阀块，例如，上海国瑞。

10.6　定压差阀在执行器出口的负载敏感回路——东芝

如在 6.4.1 节中已述，定压差阀不仅可以设置在执行器进口，也可以设置在执行器出口，同样可以起到消耗压力，保持流量感应口的压降为恒定值，从而达到流量不随负载变化的效果。以下回路即是它在多执行器中的实现。

10.6.1　回路组成

图 10-35 所示为一简化了的小型挖掘机的液压回路图（Toshiba Innovation Breed-off Load Sensing System，东芝创新旁路负载敏感系统[35]），由一个负流量变量泵和一个阀组组成。

阀组由 1 个集成块和 3 个附加的换节阀构成。

集成块含 1 个主溢流阀、1 个主定压差阀（控制压力高压端连进口型）和 5 个换节阀。

各换节阀并联，闭中心。

图 10-35 中，所有次级溢流阀与补油阀均被省略了。

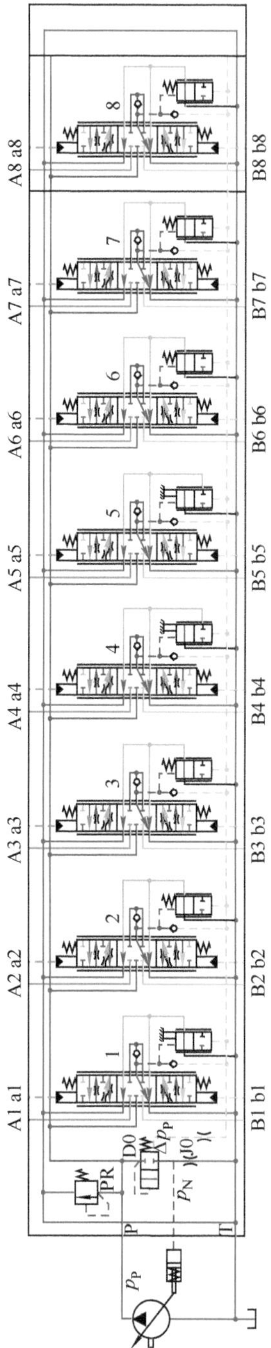

图 10-35　一种小型挖掘机简化的液压回路图（东芝）

1—回转　2—左行走　3—右行走　4—斗杆　5—动臂　6、8—可选附加设备　7—铲斗

10.6.2　工作原理

在图 10-35 中，换节阀 1 是用于控制回转马达的，其定压差阀被固定在全开位置。这样此通道就成了简单液阻控制，能优先得到供油。因其工作原理不典型，因此选用换节阀 2，简化为如图 10-36 所示来解释其工作原理。

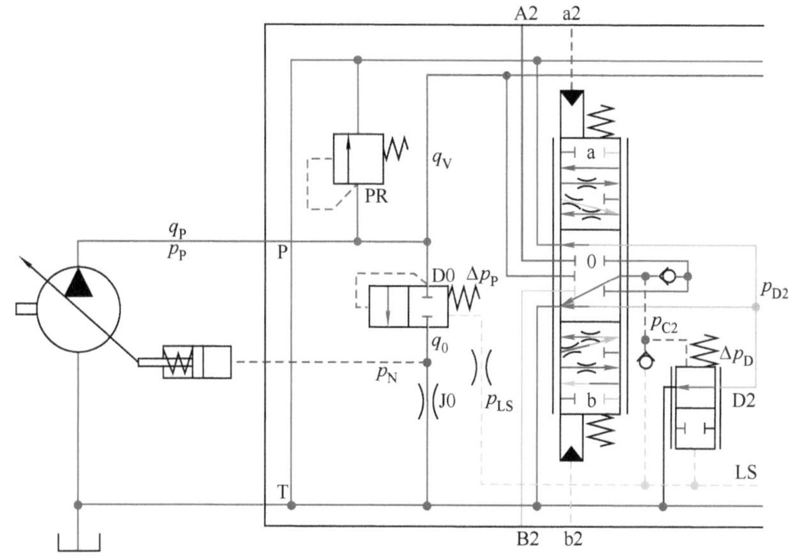

图 10-36　部分回路图

1．液压源和主定压差阀部分

（1）主定压差阀 D0 起旁路作用　如果其阀芯能够停留在非极限位置（见图 10-37），则泵出口压力

$$p_P = p_{LS} + \Delta p_P$$

（2）泵提供的流量 q_P 分两部分

1）通过阀 D0、节流口 J0 旁路的流量 q_0。

2）供应各换节阀的流量 q_V。

如果由于换节阀口关小，导致 q_V 减少，引起 q_0 增多，则节流口 J0 前压力 p_N 升高，泵的变量机构就会降低排量，减少 q_P，以减少 q_0。所以，始终会有一恒定流量 q_0 通过节流口 J0 旁路，即液压源所提供的流量 q_P 总是比各阀工作流量之和 q_V 还大一恒定量 q_0。

（3）溢流阀 PR 起安全作用　常闭。

2．一个换节阀

（1）在中位　当换节阀 2 在中位（见图 10-38）时，$p_{C2} = 0$。由于单向阀 DLS 的作用，p_{C2} 对 p_{LS} 无影响。

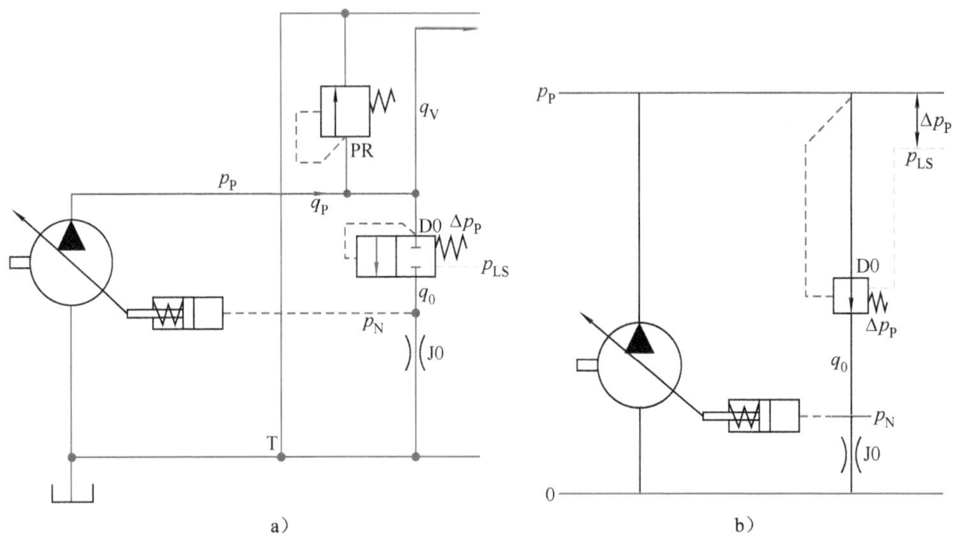

图 10-37 变量泵和主定压差阀

a）回路图 b）压降图

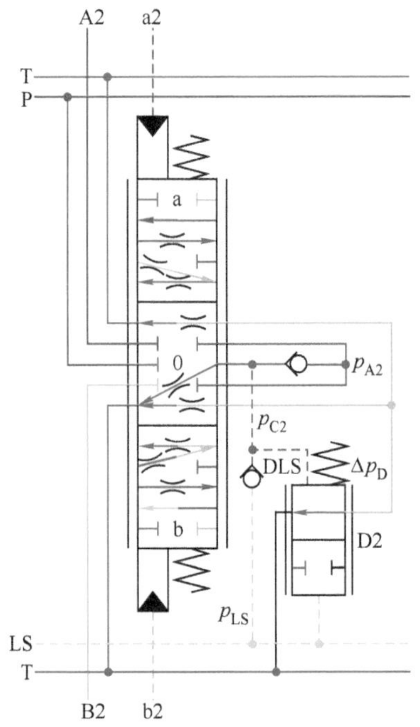

图 10-38 换节阀 2 在中位

（2）趋向于工作位 作用过程如下（见图 10-39）。

1）当 a2 有控制压力时，换节阀阀芯移向上位。

2）压力油通过换节阀阀芯和单向阀 DV，再经过换节阀阀芯流向通口 A2。

3）驱动压力 p_{A2} 经过单向阀 DLS 传递给 p_{LS}。

4）定压差阀 D2 由于两端压力相同，在弹簧作用下移至上位，开口最大。

5）从执行器返回的液压油，经过 B2 口、节流口 A_{K2} 流至 G2 口，再经过阀 D2 和节流口 A_{G2} 流回油箱。能承受多大的负负载，由 A_{K2} 和 D2 或 A_{G2} 决定。

6）主定压差阀 D0 通过旁路，保持 p_P-p_{LS} 也即 $p_P-p_{A2}=\Delta p_P$ 为恒定。所以，工作流量 q_2 由 Δp_P 和流量感应口 A_{J2} 决定，不随负载变化。

7）泵变量机构受 p_N 控制，努力保持 q_0 为恒定。

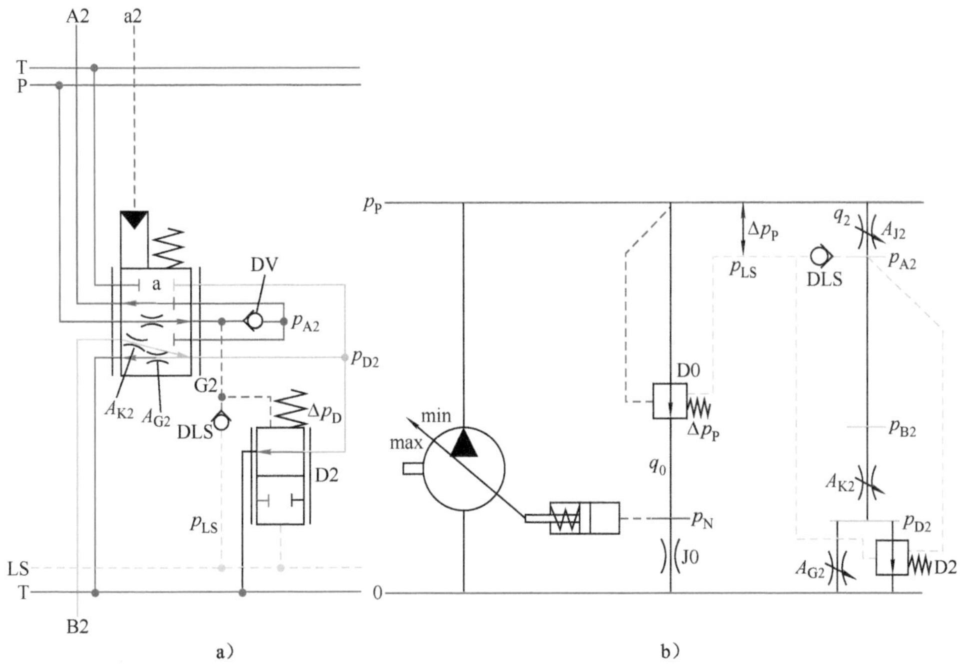

图 10-39 换节阀 2 在上位

a）部分回路图 b）压降图

3. 两个换节阀趋于工作位

图 10-40 所示为换节阀 2、3 都趋向于工作位 a（P→A，B→T）的情况。

此时 $p_{C2}=p_{A2}$，$p_{C3}=p_{A3}$。

1）假定 p_{A2} 高于 p_{A3}，则

$$p_{LS}=p_{A2}$$

所以，定压差阀 D2 全开，液阻很小。

因为流量感应口 A_{J2} 两侧的压降

$$p_P-p_{A2}=p_P-p_{LS}=\Delta p_P$$

所以，通过 A_{J2} 的流量 q_2 不随负载变化。

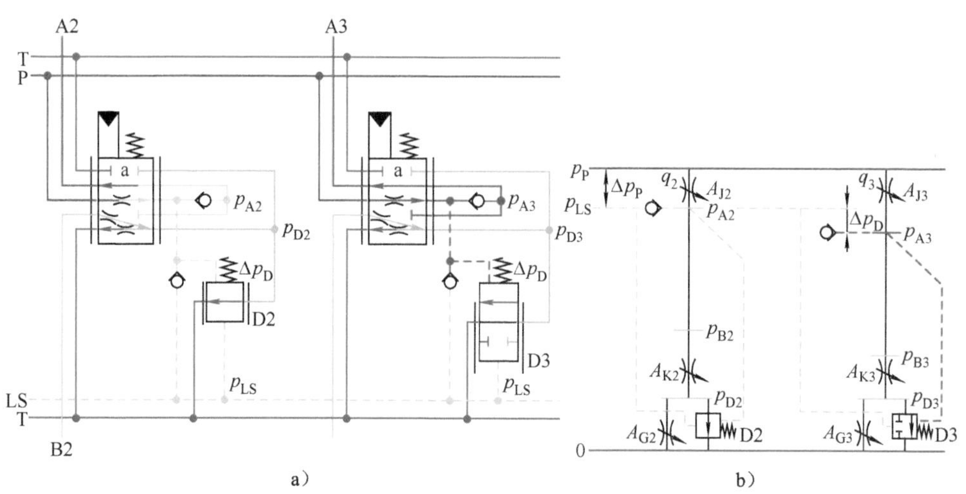

a） b）

图 10-40 换节阀 2、3 趋向于工作位 a（P→A，B→T）

a）回路图 b）压降图

2）因为 p_{A3} 不是系统中最高，所以

$$p_{A3} < p_{LS}$$

所以，定压差阀 D3 部分关闭，使

$$p_{LS} - p_{A3} = \Delta p_D$$

所以，流量感应口 A_{J3} 两侧的压降

$$p_P - p_{A3} = (p_P - p_{LS}) + (p_{LS} - p_{A3}) = \Delta p_P + \Delta p_D$$

为一恒定值，所以通过换节阀 3 的流量 q_3 也不随负载变化。

Δp_D 可以也应该很小。

从其压降图（见图 10-40b）还可以看出，当泵排量已到达最大后，继续开大换节阀，泵出口压力 p_P 不再能维持，开始下降。但由于落在节流口 A_{J2} 和 A_{J3} 两侧的压差同时下降，通过的流量还是按开口面积比例分配，所以，与 LUDV 相似，没有泵流量饱和问题。

10.6.3 能耗状况

该回路原则上还是一个负载敏感回路。因此，其能耗状况与普通定压差阀前置的回路基本相同。只是，由于使用了负流量泵，始终有一股流量 q_0 通过主定压差阀 D0 和旁路节流口 J0 旁路，未做功功率 $q_0 p_P$。

10.7 小结

本章至此，已介绍了多种含定压差阀的流量控制回路，实际上可能的组合还要多得多。6.4.1 节已列出了一些在单执行器回路中使用定压差阀的可能方案：前置或后置，邻接或跨接。其中很多在多执行器流量控制回路中也可应用，只是其状况及特性随液压源工况可能有所不同。

1．恒压工况

如果液压源工作在恒压工况，则理论上，在 6.4.1 节中列出的各类使用定压差阀的进出口液阻控制回路，不仅都可以使用，而且可以混合使用，如图 10-41 所示。甚至还可以与简单液阻回路混合使用，各通道间相互不影响。因此，可以很自由地启用、关闭、添加或拆除某一通道，具有极大的灵活性。难点在于如何保持稳定的恒压，如何低成本地节能（见第 12 章恒压网络）。

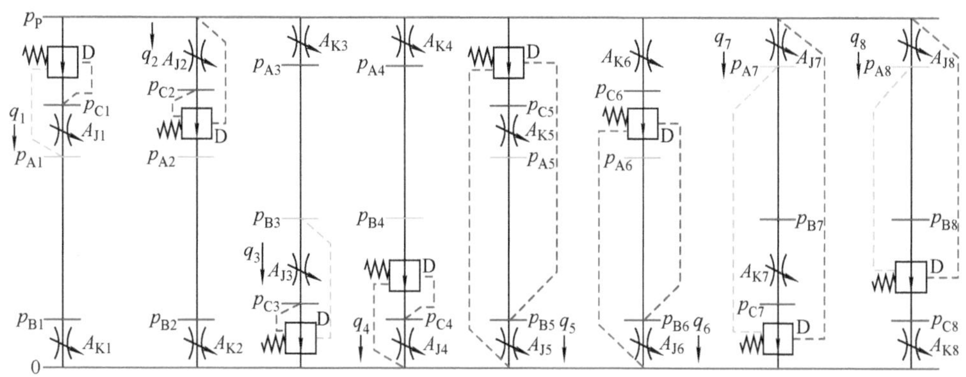

图 10-41　各类含定压差阀的回路可以混合工作在恒压工况（压降图）

2．恒压差工况

在进出口流量控制回路中设置定压差阀，如果说，在单执行器系统中，还有些冗余，那么，在多执行器系统的各通道中，就完全不是冗余的了。因为，这可以在进口压力相同而各执行器驱动压力不同的工况下消耗掉多余的压力，保持各通道的流量不受负载变化的影响，且不相互影响。而对驱动压力最高的通道，定压差阀原则上是可以省略的，或节流口开到最大，如在 LSC 和 LUDV 中所做的那样。

定压差阀与流量感应口的设置位置有很多种可能性，以下略举几例。

【例 1】　在图 10-42 中，定压差阀在执行器进口侧，设置在流量感应口前。图 10-42a 中，控制压力取自流量感应口之前。图 10-42b 中，控制压力取自流量感应口之后，就是普通的前置负载敏感回路。

【例 2】　在图 10-43 中，定压差阀在执行器进口侧，设置在流量感应口后，控制压力取自定压差阀之前。

在驱动压力最高的通道（本例中为通道 1），对于定压差阀 D1 而言，由于控制压力高低压端均等于 p_{C1}，通道就开到最大，不起流量控制作用。因此，液压源的设定压差 Δp_P 和流量感应口 A_{J1} 共同决定工作流量 q_1，不随负载变化。

在驱动压力非最高的通道（本例中为通道 2），控制定压差阀 D2 的压力分别是 p_{LS} 和 p_{C2}，因此，定压差阀 D2 会消耗压力，以保持

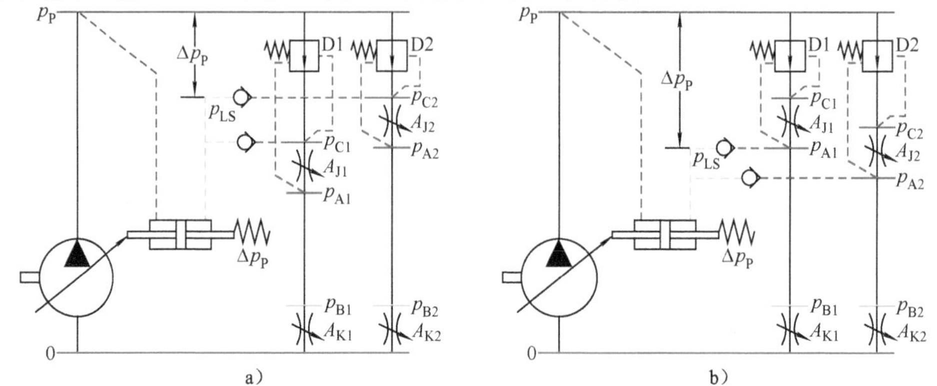

图 10-42　定压差阀邻接前置（压降图）

a）控制压力为流量感应口前　b）控制压力为流量感应口后

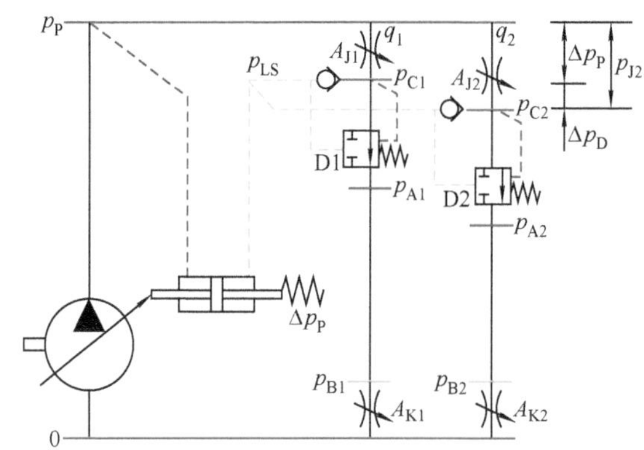

图 10-43　定压差阀邻接后置（压降图）

$$p_{LS}-p_{C2}=\Delta p_D$$

这样，落在流量感应口 A_{J2} 两侧的压差

$$p_{J2}=p_P-p_{C2}=p_P-p_{LS}+p_{LS}-p_{C2}=\Delta p_P+\Delta p_D$$

为一恒值。因此，工作流量 q_2 就不随负载变化。

如果由于负载变化，p_{A2} 超过了 p_{A1}，则落在 A_{J2} 两侧的压差就会变为Δp_P。为了减少过渡期间的变化，Δp_D 应尽可能小些，如能稳定的话，可以为零。力士乐的 SX-14 等阀就是这么做的。

【例 3】　图 10-44 所示为定压差阀在执行器进口侧，流量感应口在执行器出口侧的跨接型回路。

【例 4】　图 10-45 所示为流量感应口在执行器进口侧，定压差阀在执行器出口侧的跨接型回路。工作原理相似。

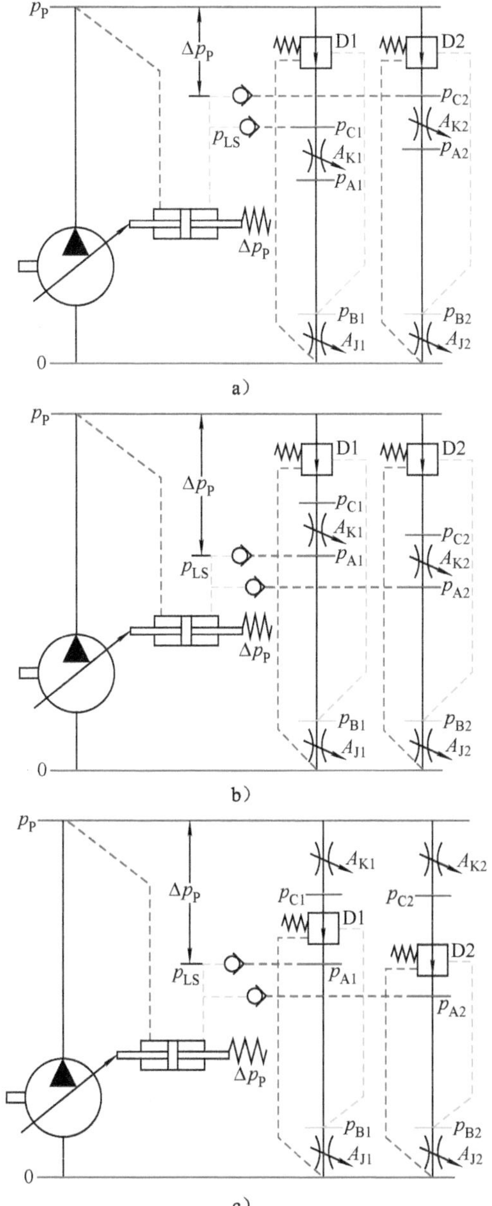

图 10-44　定压差阀在执行器进口侧的跨接型回路（压降图）

a）控制压力为附加节流口前　b）控制压力为附加节流口后　c）定压差阀在附加节流口后

东芝出口节流回路就是根据图 10-45a 所示的原理工作设计的，只是它采用了负流量泵。

【例 5】 在与恒压差液压源组合时，定压差阀也可以前后置混合，例如图 10-46

所示。起到流量优先的功能。

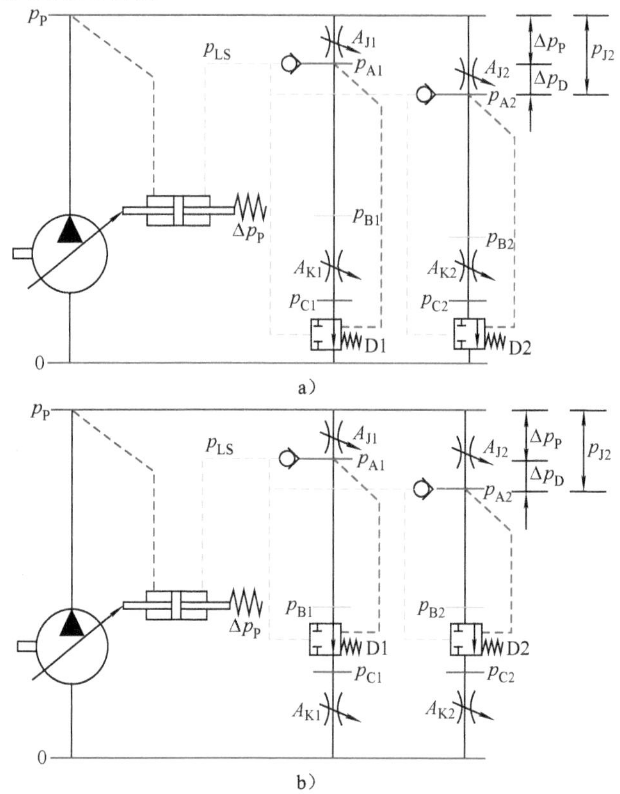

图 10-45 定压差阀在执行器出口侧的跨接型回路（压降图）

a）定压差阀在附加节流口后 b）定压差阀在附加节流口前

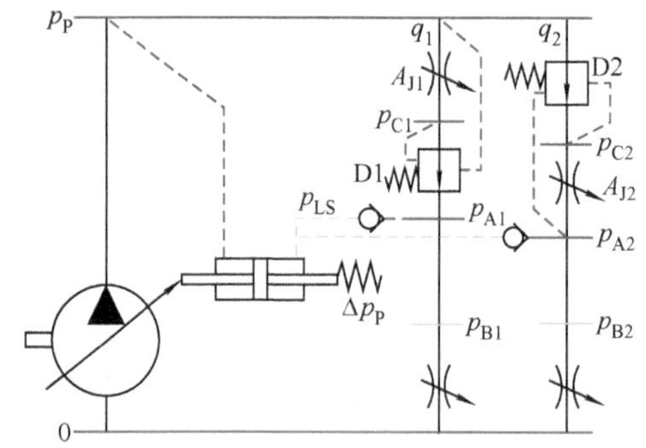

图 10-46 定压差阀前后置混合的多执行器回路（压降图）

采用恒压差变量泵的回路，能效相对其他类型的泵——定量泵、负流量泵等的回路高些，因为泵只输出需要的流量，基本没有多余。但在流量需求突然增加时，泵的变量机构的响应速度限制了系统的响应能力，有可能不如使用定量泵、负流量泵的回路。

3．恒流量工况

由于此时液压源提供的流量固定，不能随流量需求和驱动压力变化，因此不能直接用于多执行器回路。必须利用溢流阀，转化成恒压工况，或者利用定压差阀旁路（见 10.1 节），转化成恒压差工况。

4．负流量工况

由于液压源所提供的流量可以随外控信号改变，因此，可以与多种含定压差阀的回路配合工作。关键是如何取得适当的控制信号。东芝回路给出了一个范例。

5．正流量工况

与负流量工况相似。

6．恒功率工况

由于此时液压源提供的流量只随最高负载压力变化，不能随流量需求变化，因此，直接用于多执行器回路时，就要注意避免各通道相互干扰，以及流量饱和现象。

以上介绍了各类负载敏感回路。在负载敏感回路中，LS 信号的稳定性与响应速度是影响系统稳定性的关键因素，特别是在执行器数量较多，以及传输管道较长时。

负载敏感回路与简单液阻控制回路的特性比较见表 10-2。

表 10-2　简单液阻控制回路与负载敏感回路特性比较

	简单液阻控制回路	负载敏感回路
回路结构	简单。一般开中心	复杂些。一般闭中心
换向节流阀可控的区域	较窄。 开始点受负载和流量的影响	较宽。 开始点不受负载和流量影响
多执行器同时工作	负载相互影响工作流量	负载不相互影响工作流量
运动平稳性	佳，因为无反馈	因为含定压差阀，有振动倾向，特别是在 LS 管道较长，阻尼较小时，需要仔细匹配
优先回路	容易实现	可以实现
能效	单一大流量大负载时也还是很高的，只是在小流量小负载时不高	在负载和流量变化幅度很大时较高。但大流量时节流带来的功率损失也相当可观
对污染的敏感度	稍低	较高
成本	较低	较高（定压差阀、变量泵）

从上述比较可以看到，没有绝对优异的回路。不能说，负载敏感回路一定优于简单液阻回路，更不能说，定压差阀后置的一定优于前置的。例如，对于挖掘机而言，小松几乎全部采用负载敏感控制，日立、神钢多采用正流量回路，住友、加藤、斗山、现代都采用负流量控制，卡特几乎全部采用负流量控制，仅 30～40t 的采用负载敏感回路。

第 11 章　容积控制回路

容积控制回路，以下简称容积回路是指液压泵输出的压力油完全直接进入执行器的回路。

旁路节流回路不属于容积回路，因为，虽然在旁路回路中，液压泵输出的压力油是直接进入执行器，但有部分流量经过旁路节流直接回油箱。

由于不使用液阻来调节流量，因此，要调节执行器的速度就只有通过以下两条途径：

1）通过调节液压泵的排量或原动机的转速，来调节液压泵输出的流量；

2）调节执行器的排量，则执行器一般必须是马达。

1．优点

1）能效较高。

理论上来说，除了泵、马达能效以及连接管道的液阻带来的一些压力损失以外，液压源输入的液压能几乎完全被利用。因此，在大流量的液压系统和节能非常重要的场合中被优先考虑采用。

例如，回转是挖掘机的很重要的功能。据统计，占了工作时间的 50%～70%。在一些型号中，占能耗的 25%～40%，占发热的 30%～45%。若采用容积回路，就可以有效地降低能耗和发热。

例如，飞机的襟翼需要作摆动或平移，过去一般都是通过液压缸液阻回路来驱动的。而在目前世界上最大的民航飞机 A380 上，襟翼的驱动出于节能考虑而采用了变量马达容积回路[25]。

2）由于发热少，因此可用于闭式回路。

3）由于发热少，因此，油箱可以设计得较小，特别适合于移动机械。

2．不足之处

1）要改变执行器的速度，就只有改变液压泵输出的流量，或/和改变执行器的排量。而液压泵或执行器的变排量机构，通常比改变液阻的液压阀要复杂些。所以，投资成本一般要高于液阻回路。

2）响应时间较长一些。一般阀的响应时间为 5～50ms，而变量泵或变量马达的响应时间约为 50～200ms。原因在于，变量机构要推动的斜盘（斜盘柱塞单元）或柱塞缸体（斜轴柱塞单元）的惯量比阀芯的要大得多，完成调节的行程也大得多。好在大功率系统的负载惯量往往也大，所以对响应速度的要求有时不高。

3）用于控制液压缸等行程有限的执行器时，由于需要经常换向，因此或是在主回路中设置换向阀；或是就需要液压源很频繁地换向，而且这只有在闭式回路中才可能，还常常受到变排量机构惯量的限制。

4）有效作用面积不可变的执行器，速度只能由泵来调节。在行程中需要调速的场合，泵调速常嫌慢。

所以，容积回路主要被用于控制行程无限的执行器——马达，较少见于控制液压缸。但现在通过采用高速调频伺服电动机，电动机转子的惯量大大下降，响应速度大大提高，容积回路控制液压缸已成研发热门。

本章重点是单执行器的闭式容积回路，因为容积控制主要用于单执行器，多执行器较少见。

11.1　液压缸的容积回路

本节中的液压缸指的是所有行程有限的执行器。

11.1.1　液压缸开式容积回路

1．液压缸定流量开式容积回路

在有些应用场合，如物料粉碎机、废物回收车的预压机等，液压缸的往返速度按设计时确定的即可，无须再调节。这时，可以考虑采用定流量开式容积回路，如图 11-1 所示。利用液压缸终点位置开关控制换向阀。溢流阀仅作安全阀用。

回路简单，没有流量控制阀。

大流量（大约超过 500L/min）时，就可以考虑采用盖板式二通插装阀代替滑阀作为换向阀，以降低压力损失（见图 11-2）。

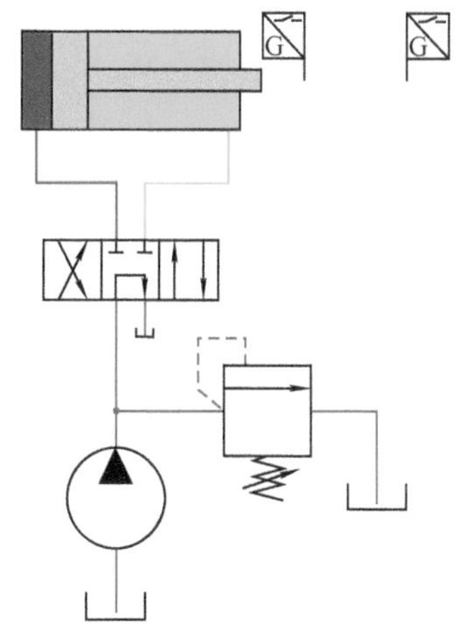

图 11-1　液压缸定流量开式容积回路

2．液压缸变流量开式容积回路

由于一般液压缸的有效作用面积很难改变，因此，如果希望液压缸的运动速度可调，就必须采用流量可调的液压源——变排量泵或变原动机转速（见图 11-3）。

如采用恒功率变量泵（见图 11-3a），在小负载时，加大流量，还可进一步缩短工作周期。

为了调节液压缸的运动速度，也可以使用外控变量泵（见图 11-3b）。但因为变量机构响应速度较低，而一般液压缸完成行程所需时间不多，所以通常在运动过程中较少变速。当然，那些速度很低（目前已有液压缸稳定运动速度<1mm/min），

或是行程很长（目前世界上行程最长的液压缸可达 75m），完成一行程所需时间很长的液压缸另当别论。

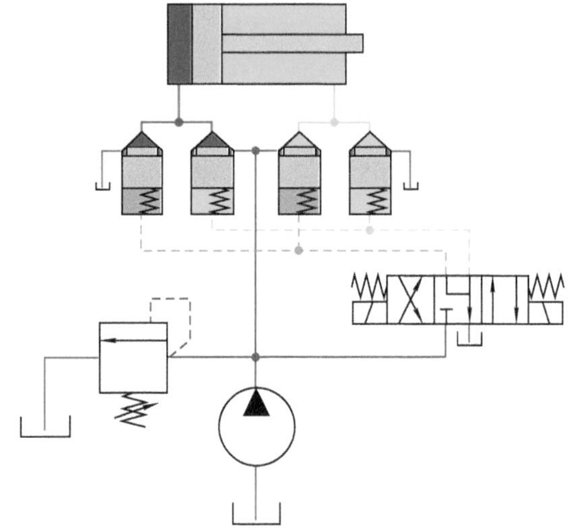

图 11-2　大流量采用盖板式二通插装阀构成液压缸开式容积回路

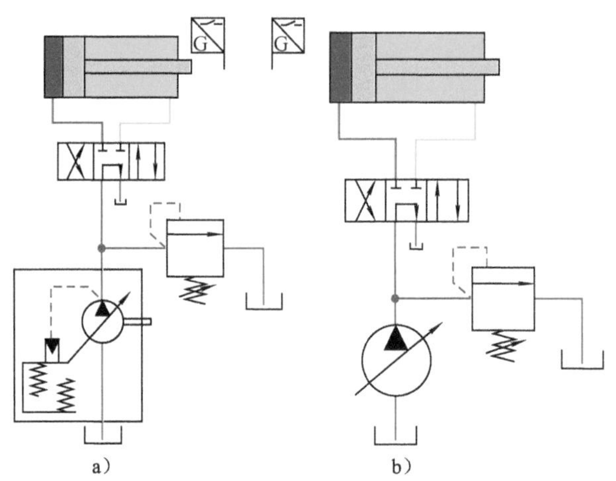

图 11-3　液压缸变流量开式容积回路

a）使用恒功率变量泵　b）使用外控变量泵

11.1.2　液压缸闭式容积回路

要驱动液压缸也可以采用闭式容积回路。

1．等面积缸

如果执行器是等面积缸，即对称液压缸的话，因为进出执行器的流量基本相同，在闭式回路中理论上可以不设置补油排油装置（见图 11-4a）。但为了预防由于泄漏等可能引起的压力超调，以及背压腔吸空，还是应该安装溢流阀和补油单向阀（见图 11-4b）。另外，还应有排热油措施，详见 11.2.4 节。

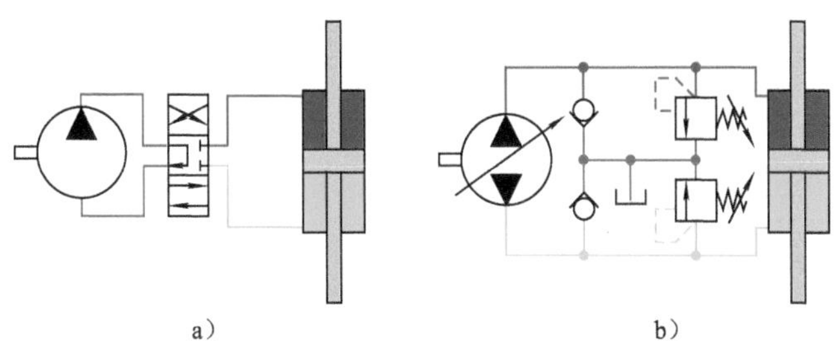

图 11-4　等面积缸闭式容积回路

a）使用定流量液压源　b）使用变流量液压源

如果采用双向变量泵的话，可以利用变量泵的变量机构实现换向，不再需要换向阀。这个回路最简单，能效最高。所以，只要空间许可，就安装等面积缸。在飞行器机载作动系统中被称为 EHA（Electro-Hydrostatic Actuator，一体化电动静压作动器）大多采用了等面积缸[40]。

2. 差动缸

如果空间不许可，执行器必须是差动缸的话，由于进出流量不同，必须有适当的措施。出现了以下一些方案。

（1）使用液控单向阀　如图 11-5 所示，在活塞杆收回时，一部分流量通过液控单向阀排出到油箱；在活塞杆伸出时，通过单向阀从油箱吸入液压油。所以此回路也被称为半开半闭式回路。因为不断有液压油进出循环管道，所以不需要排热油回路。

溢流阀仅用作安全阀，常闭。

图 11-5b 所示方案利用双向变量泵，既可以调速，也可以变向，所以不需要换向阀。

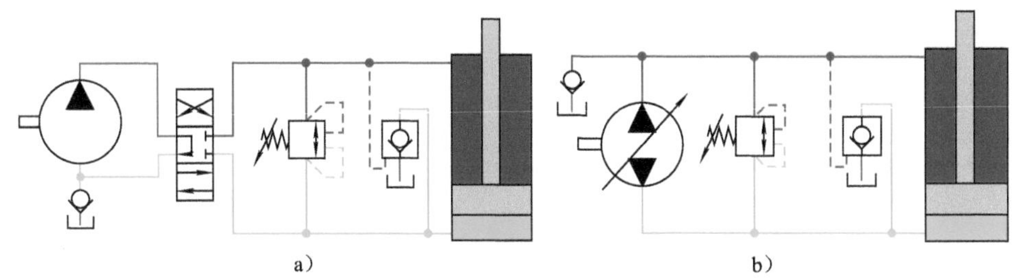

图 11-5　利用液控单向阀的差动缸闭式容积回路

a）使用定流量液压源　b）使用变流量液压源

因为这种回路在活塞杆伸出时，有杆腔无背压，不能承受负负载。

由于一般液控单向阀不能停留在中间位置，开则全开，所以采用液控单向阀在活塞下降时很容易出现振动，最好改用平衡阀。因为是靠平衡阀的可变液阻来维持稳定速度，所以，也可以说这种回路介于液阻回路与容积回路之间。

因为开启液控单向阀或平衡阀的控制压力作用在液压缸上腔，引起不做功的能量损失，所以其能效不如纯容积回路。

（2）使用外控二位三通阀　图 11-6 中，利用可双向旋转的变频电动机与双向排油的定量泵作为变流量液压源，可调节速度。

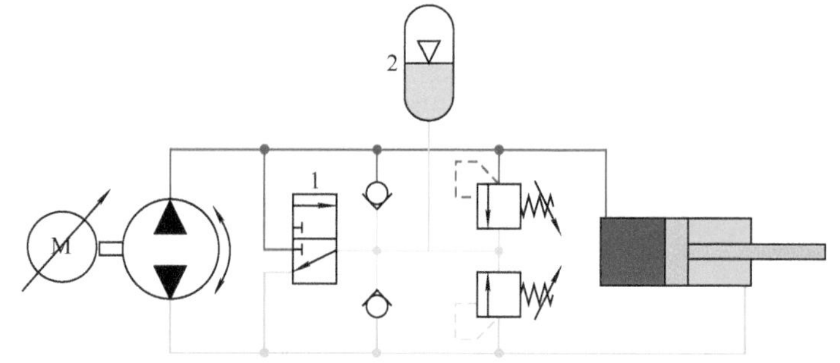

图 11-6　利用外控二位三通阀的泵差动缸闭式容积回路

1—流量补偿阀　2—压力油箱

利用蓄能器 2 作为压力油箱，储存多余油液。

利用一个二位三通阀 1，与变频电动机同步动作，以补偿流量差：下位用于在活塞杆伸出时，让泵从蓄能器吸入一部分流量；上位用于在活塞杆收回时，排出一部分流量到蓄能器。

（3）使用配流定量泵　图 11-7 所示方案利用双作用叶片泵的结构特点，组建一个差动缸闭式容积回路。把此泵的一组相对的吸排油腔分别引出作为 B 口和 T 口，从而解决差动缸两腔面积不同的问题。

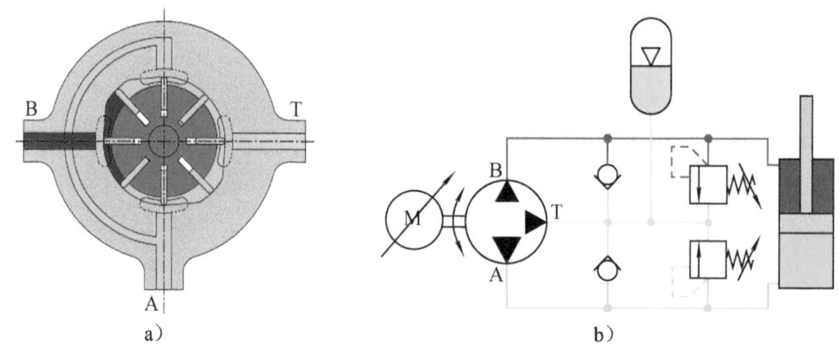

图 11-7　利用叶片泵的差动缸闭式容积回路

a）改动泵剖面图　b）原理图

通过电动机和泵的正反转来实现差动缸的运动控制。

当需要活塞杆伸出时，A 口作为排出口，排出压力油到无杆腔，B 口、T 口作为吸油口，从有杆腔回来的较少的回油到 B 口，同时液压油从压力油箱流到 T 口补充。

当需要活塞杆收回时，电动机和泵反转，A 口作为吸油口，引入从无杆腔排出的液压油，B 口作为排油口，输出压力油到有杆腔，同时液压油从 T 口排入压力油箱。

此方案有以下一些不足之处。

1）只适用于面积比为 2∶1 的差动缸。

2）工作时，叶片泵的转子径向受力不平衡。

（4）使用双联泵 如果使用双联泵（见图 11-8），如齿轮泵或叶片泵，则因为这些泵有很多规格供选择，因此可以比较灵活地适应差动缸的面积比。

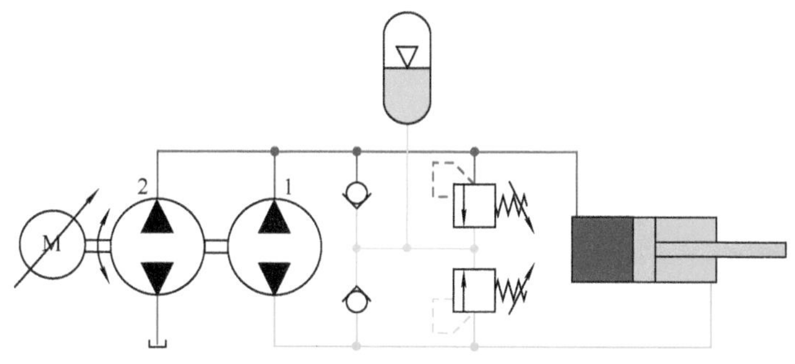

图 11-8 使用双联泵的差动缸闭式容积回路

11.2 马达容积回路

由于马达无行程限制，不需要频繁换向，采用容积控制时回路相对液压缸更简单，因此，马达回路是目前容积回路最主要的应用。

长期以来，马达被广泛地用于行走机械的驱动。现在，变速马达也开始被用于驱动冷却风扇，从而实现冷却功率按需输出，风扇速度与发动机无关，可无级调速。

因为在发动机冷起动时，通常希望润滑机油的温度快速上升，以降低黏度，减少阻力。采用马达变速驱动机油散热器的冷却风扇后，就可以根据环境温度、散热器的进口温度和出口温度来调节风扇转速，可以最佳地控制油温。

采用变速马达驱动冷却风扇，可以节省驱动风扇的能量，降低风扇发出的噪声，还可以方便地实现反转，以清除风扇叶片上的尘土，提高能效。

变速马达驱动的冷却风扇也可用于发动机的降温，只是这时必须绝对避免油液外漏，否则会带来严重后果。

液压源可以是定流量，也可以是变流量。

11.2.1 回路

马达容积回路分为开式和闭式。

1. 开式容积回路

在图 11-9 所示的开式容积回路中，溢流阀仅起安全保护作用，泵单向旋转。

如果马达可以通过变量机构实现双向旋转的话，则理论上此系统也可用于需要双向旋转的场合。考虑到马达有最高转速限制，在换向时，泵流量必须暂停。所以这种应用与这种马达较少见。一般可以考虑采用换向阀，如图 11-9b 所示。

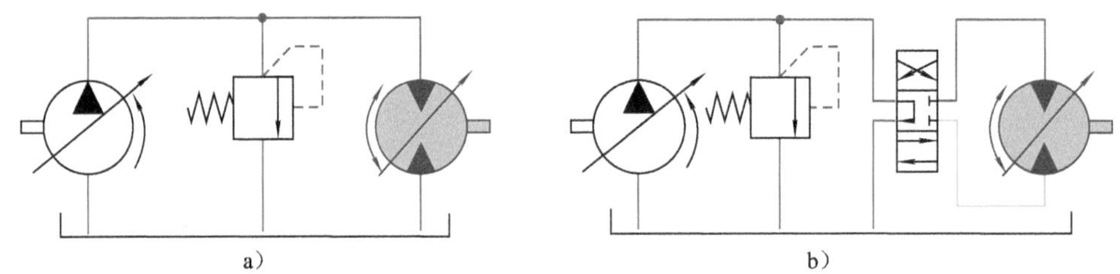

图 11-9 马达开式容积回路
a）原理图 b）用换向阀实现马达双向旋转

图 11-10 所示为一双向开式容积回路。从马达排出的液压油被阀 1 阻止，不能进入液压泵的吸入口，而是通过阀 2 直接回到油箱。这种回路不需要附加的排热油措施。

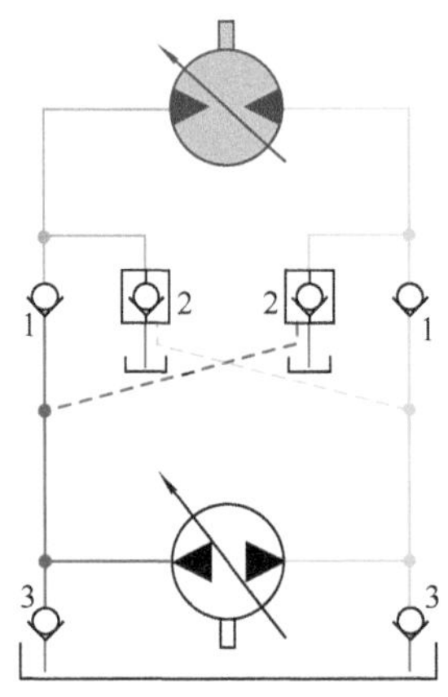

图 11-10 双向泵马达开式容积回路原理图

采用这种回路要注意避免造成负压，影响泵的寿命。因为泵通过阀 3 吸入液压油，所以泵吸入口的压力为油箱压力减去阀 3 及吸入管道的压降。通常油箱应该高置或带压力。

2．闭式容积回路

马达的闭式容积回路原理如图 11-11 所示，马达排出的液压油直接回到泵的吸入口，循环使用。

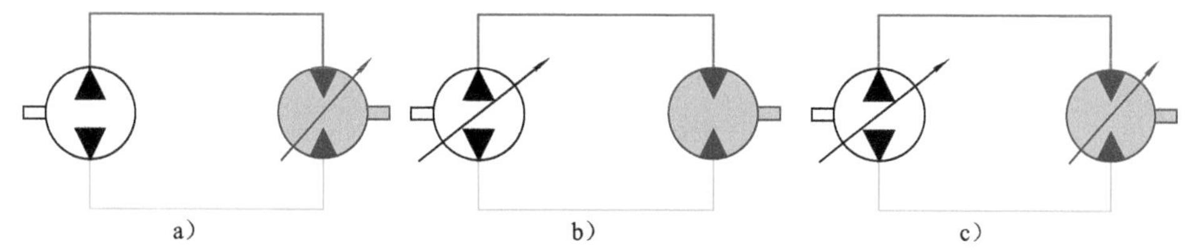

图 11-11　马达的闭式容积回路原理图

a）定量泵-变量马达　b）变量泵-定量马达　c）变量泵-变量马达

闭式回路很容易实现制动功能，这时泵和马达的作用互换。

11.2.2　调节特性

容积回路中马达的转速可以通过改变泵的输出流量（初级调速），或马达的排量（次级调速）来调节。

由于泵、马达都有泄漏，所以，如果使用容积效率的概念，则马达实际转速为

$$n_M = q_P \eta_{Pv} \eta_{Mv} / V_M = n_P V_P \eta_{Pv} \eta_{Mv} / V_M$$

式中　η_{Pv}——泵的容积效率；

η_{Mv}——马达的容积效率；

q_P——泵理论输出流量；

V_M——马达理论排量；

V_P——液压泵理论排量；

n_P——液压泵转速。

马达进出口间的压差

$$\Delta p_M = 2\pi T_M / (\eta_M V_M)$$

式中　η_M——马达液压机械效率。

马达闭式容积回路中，泵和马达的排量有多种调节方式。

1．仅调节液压源的流量

可以使用定量马达，仅调节液压源提供的流量，就可调节马达的转速。

因为泵和马达的泄漏一般都随进出口压差增加而增加，原动机的转速一般也随负载增加而下降。所以，马达转速与液压源提供的理论流量间并没有很固定的一一对应的关系，而是如图 11-12a 中的阴影区域 2 所示。

理论上，Δp 与 q_P 无关，但随着 q_P 增高，流经马达内部流道的压力损失增大，

所以，Δp 还是会增高（见图 11-12b）。

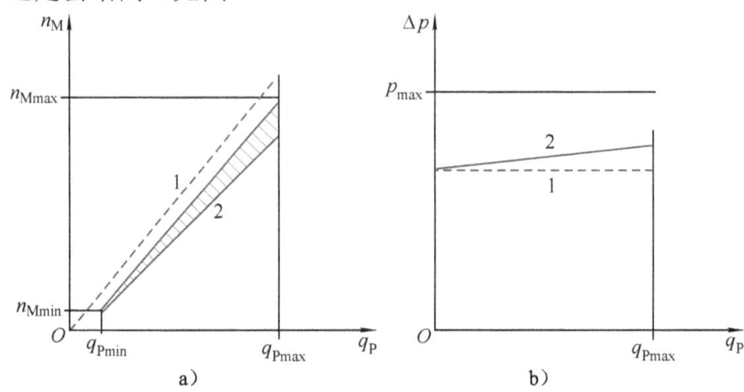

图 11-12　仅调节液压源提供的理论流量 q_P 时

a）马达转速 n_M 特性　b）在某一恒定负载时的进出口压差Δp 特性

1—理论特性　2—实际特性

q_{Pmax}—液压源能够提供的最大流量　q_{Pmin}—液压源必须提供的最小流量

n_{Mmax}—马达允许最高转速　n_{Mmin}—马达最低稳定转速　p_{max}—许用压差

2．仅调节马达排量

在液压源提供的理论流量不变，仅调节马达排量时，理论上马达的转速与其排量成反比，如图 11-13a 中虚线 1 所示。但实际上，因为泄漏随压差增加而增加，所以，马达的转速与其排量间也没有很固定的一一对应的关系，而是如图 11-13a 中的阴影区域 2 所示。

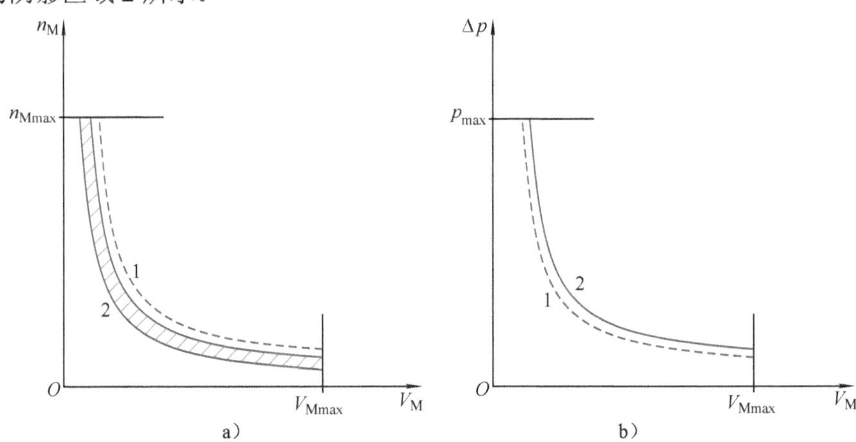

图 11-13　仅调节马达排量 V_M 时

a）某一恒定理论流量时的马达转速 n_M 特性　b）某一恒定负载时的进出口压差Δp 特性

1—理论特性　2—实际特性

V_{Mmax}—马达最大排量　n_{Mmax}—马达最高转速

采用马达变量调速有以下优点。

1）可以充分利用泵和管道的能力。因为泵和管道总是为最大流量而设置的，马达变量只是改变了工作压力，流量不变。

2）可以一泵带多个马达。各马达可以通过各自调节排量，得到需要的转速。

通过马达变量的不足之处是，不能简单地通过调节排量来实现反向运动。因为，马达排量从一个方向改为另一个方向，总要越过排量为零的点，而正是在这一点，马达转速理论上为无穷大，可驱动负载转矩为零。

在回路中设置了溢流阀后（见图 11-14），在马达排量 V 由大变小时，转速 n 增加；同时，即使负载转矩 T 不变，进口压力 p 也不断升高。在 T 较大时，p 会达到溢流阀预设的开启压力 p_S，此后泵提供的流量开始从溢流阀流出。如果排量继续变小，则由于压力上升，液压油全部从溢流阀排出，马达转速迅速下降，至接近零，甚至高速反转，输出液压油，工作在泵工况。

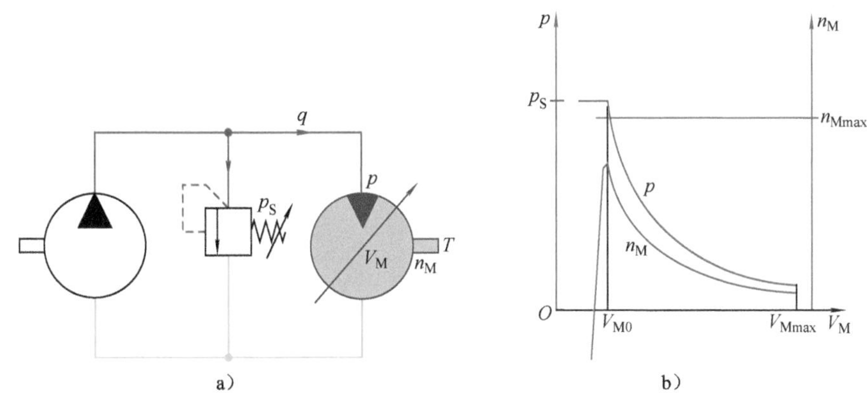

图 11-14　马达变排量时

a）回路图　b）排量-压力与转速特性（T 较大时）

V_{Mmax}—马达最大排量　V_{M0}—马达最小工作排量　n_M—马达转速　n_{Mmax}—马达最高转速

3. 液压泵和马达排量同时调节

有些设备中，液压泵、马达的变量机构是通过机械构件连接在一起的（见图 11-15a），调节时同时动作。

有些设备中，液压泵、马达的变量机构是通过液压连接在一起的（见图 11-15b）。这样就灵活得多，既可以同时调节，也可以通过变量机构的机械限位，分别设定最大最小排量。

在泵和马达排量同时调节时，马达的转速调节特性如图 11-16 所示。

由于马达理论转速

$$n_M = n_P V_P / V_M$$

所以，在 V_P、V_M 同时反向调节时，n_M 变化比双曲线更剧烈。特别是在 V_M 接近零时，由于变化过于剧烈，使得转速微调整基本不可能。这时，液压连接的机械限位就特别有价值。

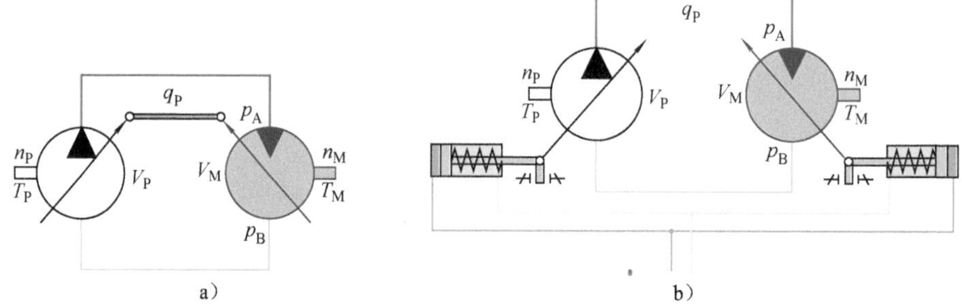

图 11-15 液压泵和马达的排量同时调节

a）机械连接 b）液压连接

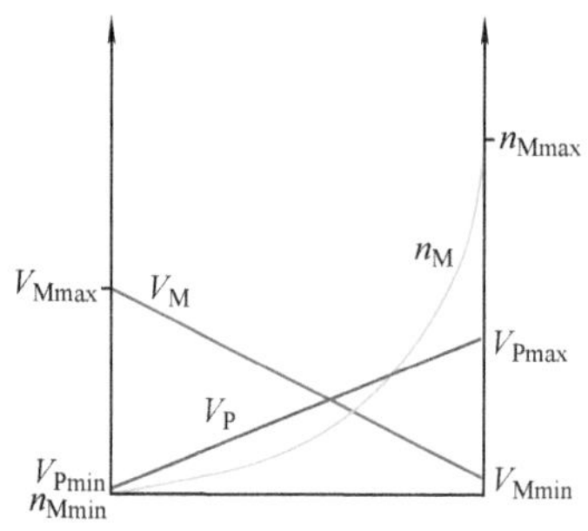

图 11-16 在泵排量 V_P 和马达排量 V_M 同时调节时的马达转速 n_M 特性

4. 液压源提供的流量和马达排量依次调节

这是目前比较普遍的做法（见图 11-17）：

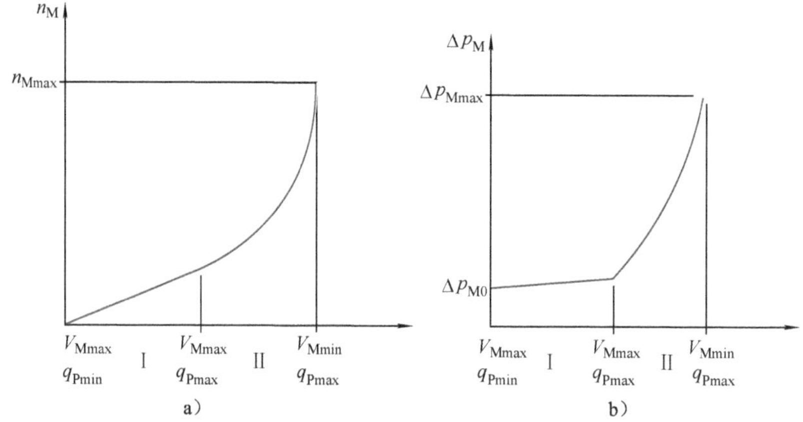

图 11-17 液压源提供的流量 q_P 和马达排量 V_M 依次调节时

a）马达转速 n_M 的调节特性 b）马达进出口间压差 Δp_M 变化

I—q_P 变，V_M 不变 II—q_P 不变，V_M 变

n_{Mmax}—马达许用最高转速 Δp_{Mmax}—马达许用压差 Δp_{M0}—最低压差

1）首先，马达排量保持在最大，调节液压源提供的流量，从最小到最大（区域 I）。

2）然后，液压源提供的流量保持在最大，马达排量从最大变到最小（区域 II）。

在负载转矩为一恒值时，改变液压源流量对压差基本无影响（见图 11-17b，区域 I）。

5．液压源提供的流量和马达排量分别调节

实际上，V_M 和 q_P 是两个相互独立的变量，它们对 n_M 的影响如图 11-18 中的曲面所示。任一希望的 n_{M1}，都可以通过多组 V_M 和 q_P 来实现，如图 11-18 中的线 *AB* 所示。因为液压源、马达都有自己特定的最佳工作（效率）区，所以，如果把这些特性输入控制计算机，配以适当算法，选择适当的 V_M 和 q_P 组合，就可以使系统工作在一个最佳工况（效率）点。另外，原动机也有一个效率最高区。有试验报告说，把柴油机的这一特性也考虑进去，使整个组合工作在效率最高的转速后，能耗降低了 15%以上。

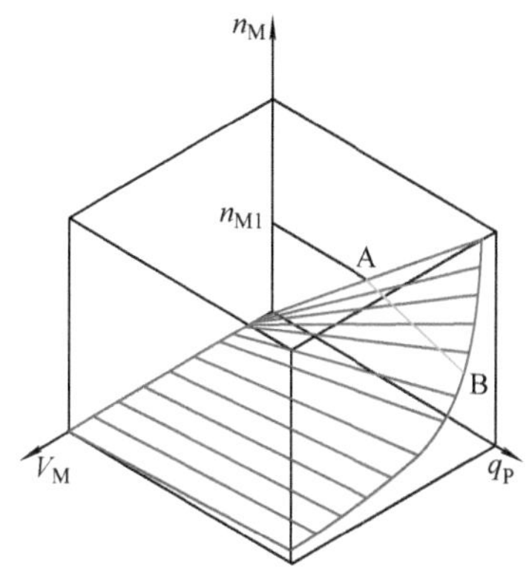

图 11-18　液压源提供的流量 q_P 和马达排量 V_M 分别调节时的马达转速 n_M 调节特性

n_{M1}—马达某一转速

11.2.3　实用回路

实际应用回路还应考虑采用以下附加措施。

1．排热油

闭式容积回路中，虽说没有可调液阻引起液压油发热，但由于循环过程中液压泵和马达都有摩擦引起的能耗，特别是因为泵和马达总有泄漏，也是能耗，所以液压油还是会发热。因此，需要用冷的液压油来替代闭路中变热了的液压油，这被习惯称为“排热油”，也被称为“冲洗”（见图 11-19a）。

图 11-19b 所示为其工作原理。补油泵 3 从油箱吸入冷的液压油 q_B，通过补油阀 5b 压入循环回路中低压的一侧。同时，排热油阀 6 使低压侧始终与背压阀 7 相

连，排出热油 q_B。

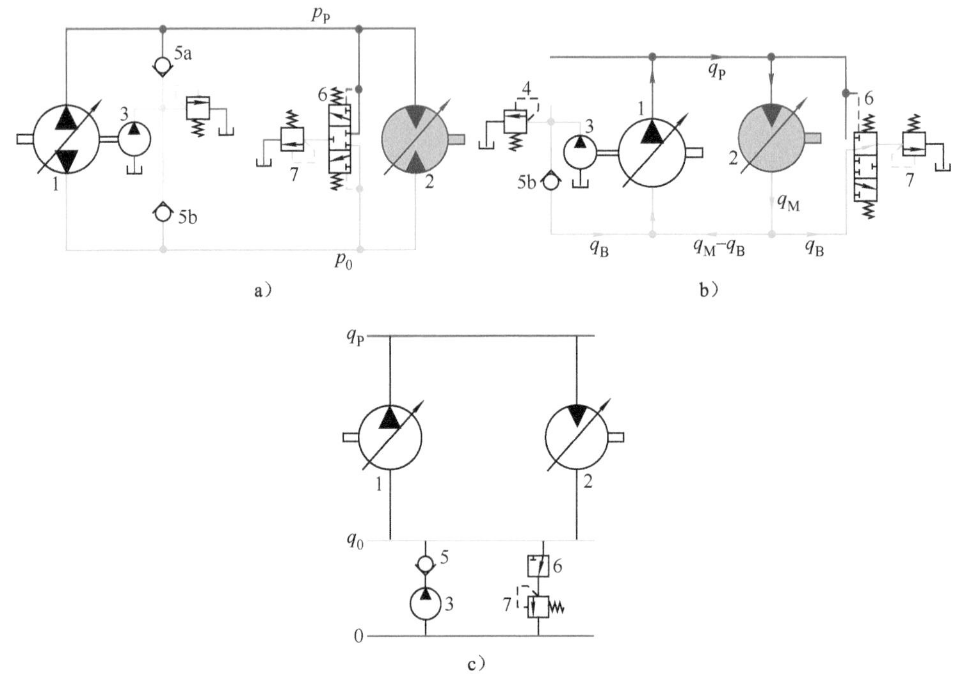

图 11-19　排热油措施

a）回路　b）原理　b）压降图

1—液压泵　2—马达　3—补油泵　4—补油安全阀　5—补油阀　6—排热油阀　7—背压阀

q_P—从液压泵排出的流量　q_M—从马达排出的流量　q_B—补油泵提供的流量

排热油阀 6 应比较靠近马达，使从马达出来的热油及时排出，减少参与循环。

补油阀 5 应尽可能靠近液压泵，使从油箱补充来的新鲜冷油及时进入循环回路，而且有利于增高液压泵吸入口的压力。

所以，为直观起见，图 11-19b 把排热油阀和补油泵分别画在循环回路的两侧。

背压阀 7 一般为一溢流阀，补油安全阀 4 的设定压力应该高于阀 7。这样，循环回路低压侧的压力 p_0 就是阀 7 的设定值（见图 11-19c）。

补油泵的流量设计手册上一般常推荐取主流量的四分之一左右。实际上，应该根据回路的发热量和散热量而定。因为，回路的发热量主要取决于泵和马达的效率，也受管道阻力等其他因素影响，而散热量则由散热表面积及环境温度决定。这些因素在不同的系统和不同的工作环境是不同的。补油泵的流量定得过高，则浪费能量，定得过低，则系统油温过高。

闭式回路的主回路中，一般都不安装过滤器、冷却器和平衡油箱，因为需要耐压，成本较高。这些一般都装在补油回路或排油回路中。

2．双向变量措施

在闭式回路中，如果使用单向旋转双向出流变量泵，可以通过改变泵的排量来调节马达的转速，改变液流方向来实现马达的双向旋转。

图 11-20a 所示为一直接控制型。在控制口 a、b 无控制压力时，变排量活塞受两边预紧弹簧的作用居于中位，泵排量为零。当一侧有控制压力后，推动活塞，改变排量。至活塞两侧的控制压力与弹簧压力之和平衡后，活塞停止运动，泵保持在此排量。此时，从 a、b 口来的只是压力，基本没有流量。两节流口仅在活塞运动时起阻尼作用。

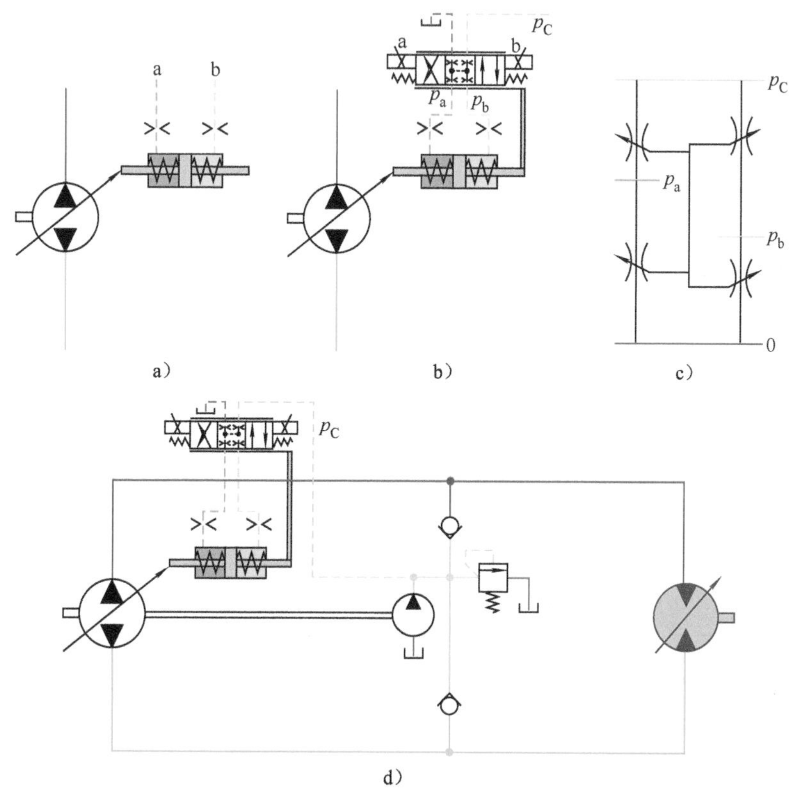

图 11-20 双向排量控制

a）直接控制型 b）电比例控制型 c）电比例换节阀的压降图 d）利用补油泵作为控制压力源

图 11-20b 所示为电比例型：使用一个三位四通电比例换节阀来控制变量活塞两腔的压力。在电磁线圈 a 或 b 得到电流，推动阀芯移动后，变量活塞由于两侧的压力平衡被破坏，就向相应方向移动。变量活塞杆上的连杆将活塞位置的变化反馈给电比例阀的阀体。在变量活塞达到力平衡位置后，就不再有流量进出变量机构。变量活塞两侧压力 p_a、p_b 由电比例阀节流口组成的两个液阻半桥分别确定

（见图 11-20c）。泵排量不仅取决于控制电比例阀线圈的电流，也受 p_C 影响。通常，p_C 取自补油泵，如图 11-20d 所示。

3. 防过载

在以下几种情况下，循环回路中会出现高压。

1）在起动时，如果负载惯量很大，驱动侧会出现高压。

2）在工作时，如果突然受到很大的负载，驱动侧也会出现高压。

3）在受到很大的反向负载，背压侧压力超过驱动侧时，切换了排热油阀，封闭了背压侧，背压侧就会出现高压。

4）在制动时，如果关闭背压侧出口，而负载惯量又很大，背压侧也会出现高压。

为了防止高压过载损坏元件，最常见的措施就是在回路中加入溢流阀（见图 11-21）。

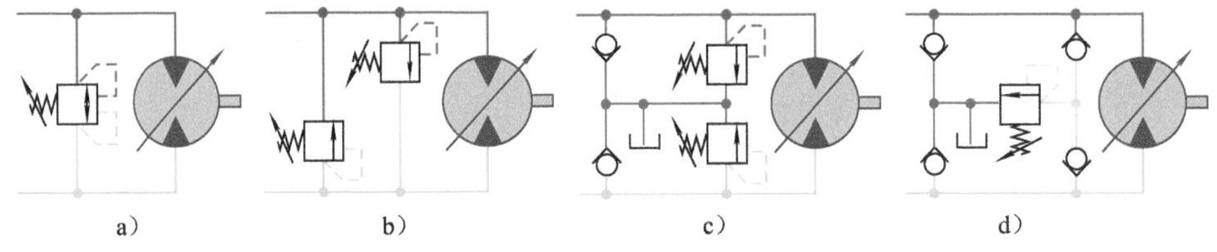

图 11-21　防过载措施

a）一个双向溢流阀　b）两个溢流阀　c）两个溢流阀通油箱　d）一个溢流阀通油箱

1）图 11-21a 所示的回路是在马达两侧间加入一双向溢流阀。

注意，由于此时溢流阀出口也有一定压力，所以溢流阀的实际开启压力为其设定压力加背压。

由于双向溢流阀只有一个开启压力可以设置，因此，两侧的最高工作压力是相同的。

2）如果希望两侧的最高工作压力有明显差异，需要分别设定。例如，希望行走驱动装置前进和后退的压力不同，则可以使用两个溢流阀（见图 11-21b）。

以上两种措施的缺点是：

① 溢流阀的开启压力受背压侧压力影响。

② 从溢流阀流出的液压油肯定是较热的，再进入低压侧参与循环，很容易引起循环油液温度过高。

3）图 11-21c、d 所示的回路让经过溢流阀的液压油直接回油箱，就没有前述回路的这两个缺点。图 11-21d 中使用两个单向阀，以便共用一个溢流阀。

由于高压侧过载的液压油不流入低压侧，如果排出流量超过补油泵流量的话，低压侧就会出现“吸空”。所以，还应再设置补油单向阀。

布管时要注意的是，溢流阀应尽可能靠近马达，这样一旦出现压力超调，可以尽快作出反应。

4. 防“吸空”

在负载惯量较低，而冲击负载相对较高的场合，如破碎机等，冲击负载很容易导致马达的转速瞬间降低。结果，高压侧压力瞬间升高，而从马达流出进入低压侧的流量短时间减少，即使加上补油泵输入的流量，也低于主泵的吸入量，造成低压侧“吸空”。防吸空单向阀，仅能避免长时间负压，但不能保证持续正压。

增加补油泵的流量，有利于避免“吸空”，但也增加了能量消耗。另一种措施是附加蓄能器（见图 11-22）[24]：在出现冲击负载时，弥补补油泵流量不足，向低压侧供油；在负载恢复正常后，再由补油泵给蓄能器充油。

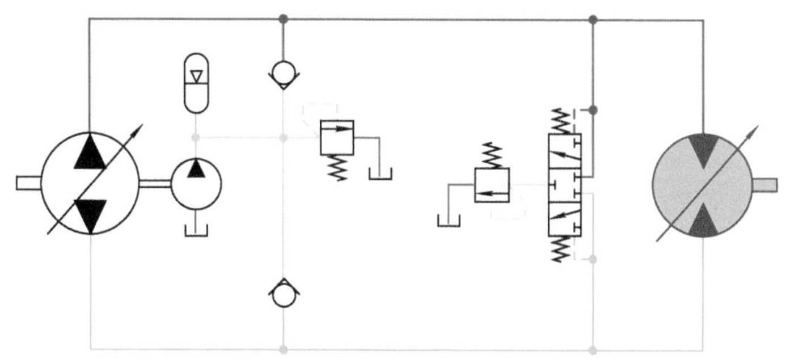

图 11-22　用蓄能器弥补补油泵流量

5. 限压（“压力切断”）

防过载的溢流阀只适用于消除短时间的压力尖峰，因为高压的液压油长时间经过溢流阀溢出，会引起系统严重发热。所以，在行走机构起动或上坡时，最好采取其他限压（降压）措施。

（1）加大马达排量　如果马达排量还可以增大的话，就可以降低驱动压力（见图 11-14b）。这是在高负载时，首先应考虑采用的措施。

（2）减小泵排量　如果负载与速度有关，降低速度可以降低负载的话，也可以考虑通过减小泵排量来降低驱动压力。

1）作用原理。其作用原理如图 11-23 所示，如果高压侧的压力超过变量弹簧的预紧压力，就会压缩弹簧，减小排量。

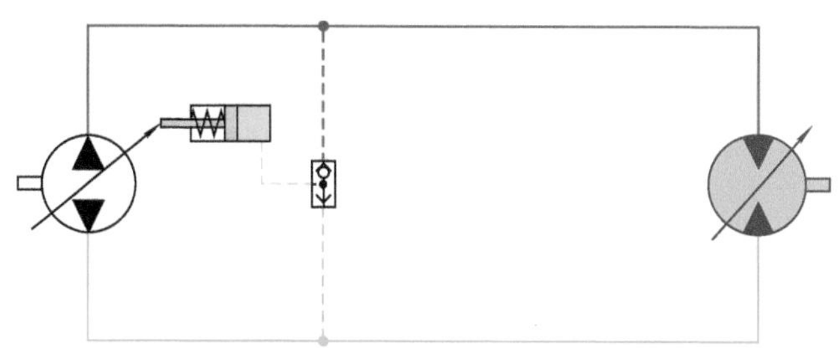

图 11-23　利用回路压力减小泵排量的原理

2）实现。图 11-24 所示的回路即是其中一种被译为“压力切断”的限压措施，用于一电比例的双向变量控制机构。

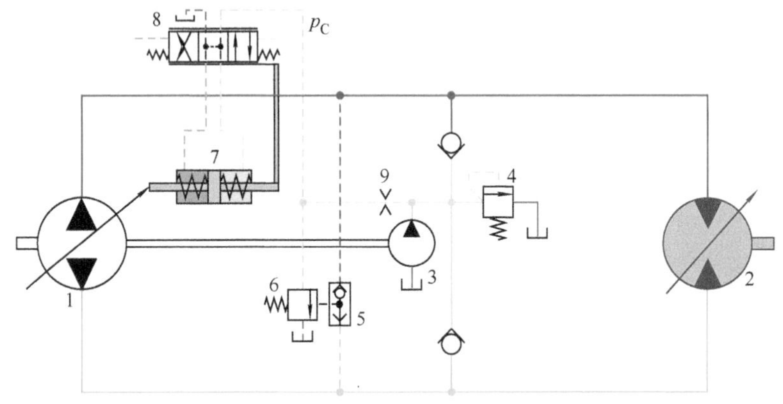

图 11-24 通过减小泵排量实现的限压措施

1—液压泵 2—马达 3—补油泵 4—补油安全阀 5—梭阀 6—限压阀

7—泵变量机构 8—双向变量控制阀 9—节流口

补油泵 3 输出的液压油，通过节流口 9 和双向变量控制阀 8，向泵变量机构 7 提供所需的控制压力。如果主回路通过梭阀 5 选出的高压超过限压阀 6 的设定压力，限压阀 6 开启，则 p_C 下降，使泵变量机构 7 趋于中位，减小排量。

限压阀 6 的设定压力如果比防过载溢流阀（此图中未画出）的设定压力低 2～3MPa，就可以避免长时间开启过载溢流阀。

（3）恒功率泵 如果液压泵带有恒功率调节机构，且工作在恒功率工况，则在负载压力增大时，已经会自动减小排量，限压阀就只是作为第二道防线。因此，建议限压阀的设定压力 p_6 至少应是恒功率工况起点 p_0 的 5 倍（见图 11-25）。

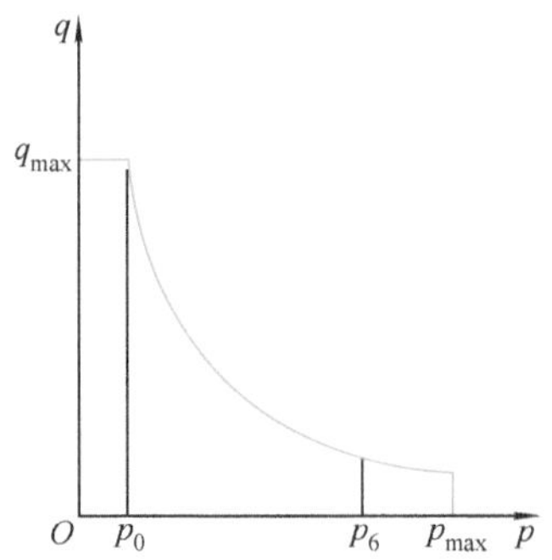

图 11-25 在恒功率工况中使用限压阀

p_0—恒功率工况起点 p_6—限压阀设定压力 p_{max}—溢流阀设定压力

6. 负负载

如果原动机可以承受负负载的话，闭式回路就可以承受负负载。这点比开式回路强（见图 11-26）。

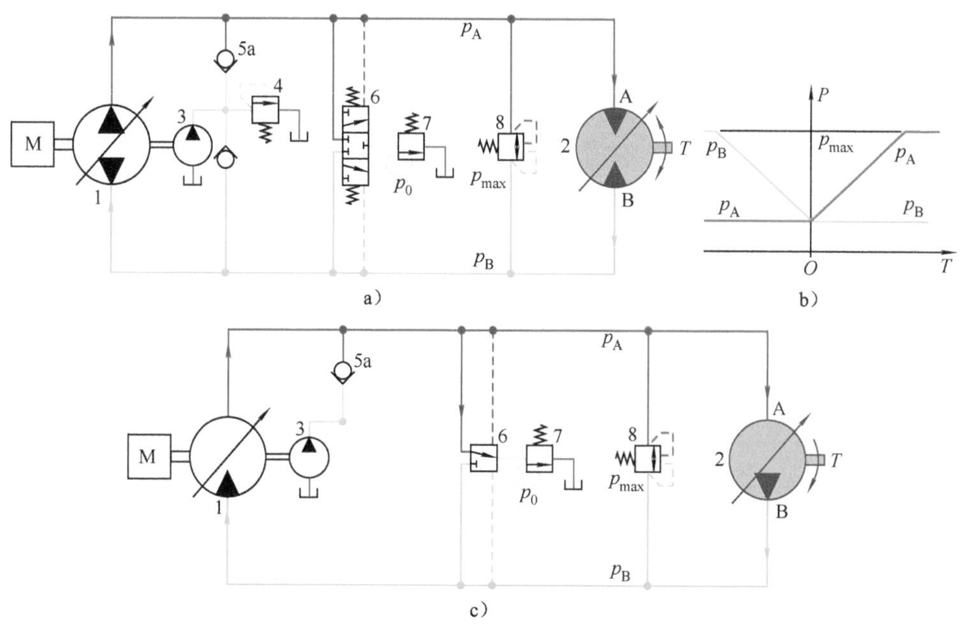

图 11-26　闭式回路

a）回路图　b）负载-压力特性　c）受到负负载时的工况

T—负载转矩　p_A—马达进口压力　p_B—马达出口压力　p_{max}—安全阀设定压力　p_0—背压阀设定值

1—液压泵　2—马达　3—补油泵　4—补油安全阀　5—补油阀　6—排热油阀　7—背压阀　8—防过载阀

当负载转矩减小时，进口压力 p_A 下降，出口压力 p_B 保持不变（见图 11-26b）。

当负载转矩减小为负，p_A 低于 p_B 时，切换阀 6，使马达口 b 与背压阀 7 断开（见图 11-26c）。马达工作在泵工况，泵工作在马达工况，输出转矩，带动同轴的其他泵，或驱动原动机，回收能量。

7. 制动

闭式回路中，使马达减速以致停止转动的措施可以分为两大类。

（1）不与液压源断开　通过以下途径改变液压源提供的流量。

1）不断减小泵排量。这样，液压源提供和吸收的流量都不断下降，马达如果由于负载惯性继续短时间保持原有速度，就会导致进口侧压力降低，出口侧压力升高，形成如图 11-26c 所示的工况：马达工作在泵工况，泵工作在马达工况，回收制动能量。

2）原动机减速。通过减少乃至停供燃料（或输入电流），降低原动机转速，也可带来类似效果。

（2）与液压源断开 这是最简单的制动方法。如普通液压缸控制回路，采用换向阀断开与液压源之间的联系。这类方法的最大不足之处是不便直接回收运动系统具有的动能。

1）自由制动。图 11-27a 所示回路实际上是把制动的任务完全交给了马达与负载的摩擦力。因此制动较柔软，停止后也还处于浮动状态。比较适用于摩擦力较大的应用场合，如行走机构，不太适用于负载惯量很大又需要尽快制动的场合，如水平回转机构。

2）软制动。如果能在制动时使马达两侧通过适当液阻相连（见图 11-27b），则可以通过改变液阻调节制动的“硬度”。

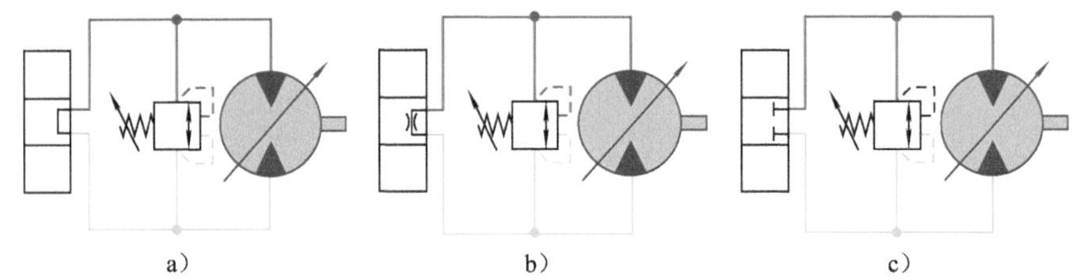

图 11-27 使用换向阀制动

a）自由制动 b）软制动 c）硬制动

3）硬制动。如果换向阀中位机能为 0 型，如图 11-27c 所示，则可以使运动迅速停止。但如果负载惯量大的话，会在马达出口腔形成高压，制动的“硬度”由溢流阀的设定值决定。这时，溢流阀设定值越低，制动越柔和，只是过冲也越大，同时也限制了工作压力。

如果希望工作压力较大，但制动压力较低，可以考虑采用如图 11-28 所示回路[24]。

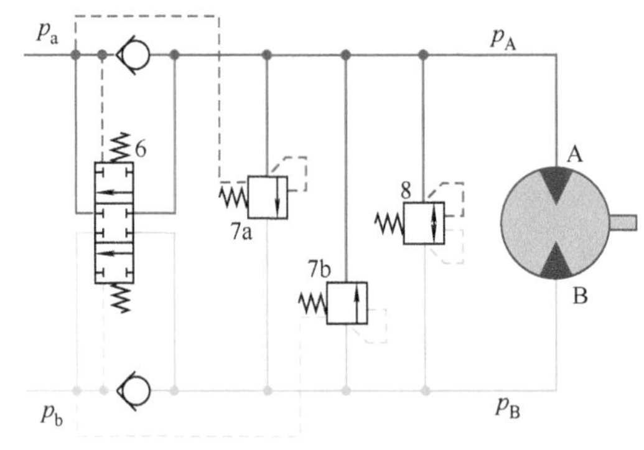

图 11-28 工作与制动不同压力

6—制动选择阀 7—制动压力阀 8—防过载阀

工作原理：

① 阀 8 设定值较高，防过载，也限制起动压力。

② 外控溢流阀 7a、7b 限制制动压力，设定值应该低于阀 8。其开启压力为设定压力加外控压力。

③ 因为在此回路中，阀 7 的外控压力取自驱动压力（p_a 或 p_b），所以，在正常运转中阀 7 不会开启。

④ 在希望停转时，由于 p_a、p_b 都降至极低，阀 7 的开启压力即为其设定压力 p_7，起制动作用。因为阀 6 切换至中位，所以马达两侧去回油的口都被封住。由于惯性，马达出口侧压力升高，液压油只能通过阀 7 进入另一侧。马达继续旋转，直至两侧压差低于 p_7，阀 7 关闭，马达停止正向旋转。

在负载力不大的应用场合，如水平回转机构，虽然马达停止正向旋转，但两侧管路中剩余的压差还可能引起负载反向旋转。

8. 防反弹

采用图 11-29 所示的防反弹阀可以避免反弹。

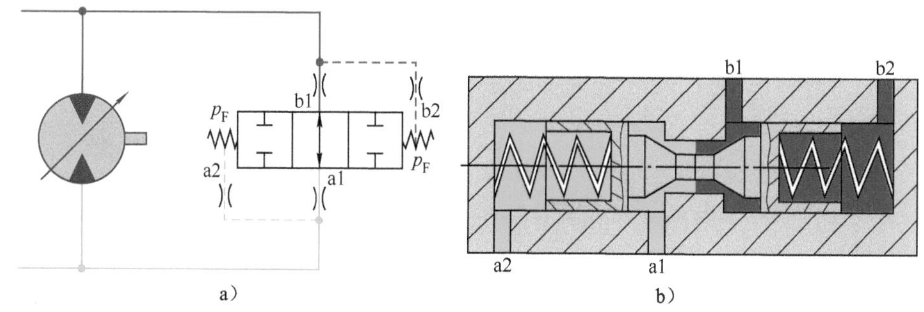

图 11-29　防反弹（东芝）
a）回路　b）防反弹阀

在静止时，由于马达两侧压力相同，阀芯在两侧弹簧的作用下停在中位，连通两侧。

在起动时，由于马达两侧压力不同，例如，b 侧为高压侧，防反弹阀芯向左移动，关闭 b1 到 a1 的通道。

在制动后，由于 a 侧压力升高，推动阀芯向中位移动，使两侧连通，泄压。就不会再发生反弹。

由于马达的内泄漏不可避免，所以，如果希望马达在即使有负载作用时也完全保持静止不动的话，在大多数情况下都需要另外附加驻车制动装置（见图 7-15），在恒压网络中例外（见 12.1.3 节）。

11.2.4　能耗状况

理论上，由于主油路没有液阻，容积回路好像没有能量浪费。其实不然，因为

1）补油泵输入的功率全部用于把热油排挤出去，并未从马达轴输出。

2）主泵和马达工作时也都有功率损失。

所以，其能耗状况如图 11-30 所示。

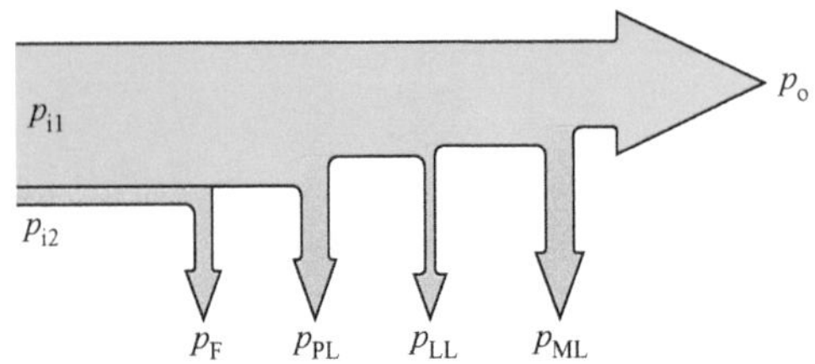

图 11-30　泵-马达闭式容积回路的能耗状况

P_{i1}—主泵的输入功率　P_{i2}—补油泵的输入功率　P_F—热油排出损耗功率

P_{PL}—主泵损耗功率　P_{LL}—管道损耗功率　P_{ML}—马达损耗功率　P_o—实际输出功率

11.3　液压变速器

为了在转速变化的两个机械设备间传递功率，广泛应用传动比可调的变速器（见图 11-31）。

传动比

$$i = n_e/n$$

最高传动比

$$i_m = n_e/n_n$$

式中　n_n——最低输出转速。

最低传动比

$$i_n = n_e/n_m$$

式中　n_m——最高输出转速。

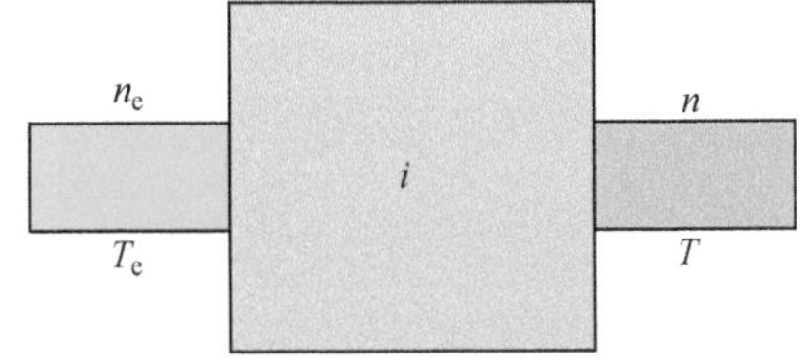

图 11-31　变速器

n_e—输入转速　n—输出转速

T_e—输入转矩　T—输出转矩

调速比

$$j = i_m/i_n = (n_e/n_n)/(n_e/n_m) = n_m/n_n$$

有时需要从变化转速变为恒定转速，如用于飞机的主发动机与发电机之间：主发动机转速在很大范围变化，但为了获得稳定的电压，发电机转速必须保持恒定。

有时需要从较为恒定的转速变为不同的转速，如用于某些工程机械的发动机与行走机构之间：发动机转速可调范围较小，而行走速度必须在很大范围变化。因此，用于行走的理想变速器，需要既可降速（$i > 1$）也可升速（$i < 1$），而且最高传动比 i_m 最好为无穷大（起动时）。所以，调速比 j 最好也是无穷大。这实际上是不可能的。所以，一般行走机构总都带有摩擦离合器或液力变矩器之类传动比

不固定的传动装置，作为起动用。

变速本身并不改变传递的功率，如果忽略变速器的功率损失的话。如图 11-32 所示，传递功率

$$P = n_e T_e = n_m T_n = n_n T_m$$

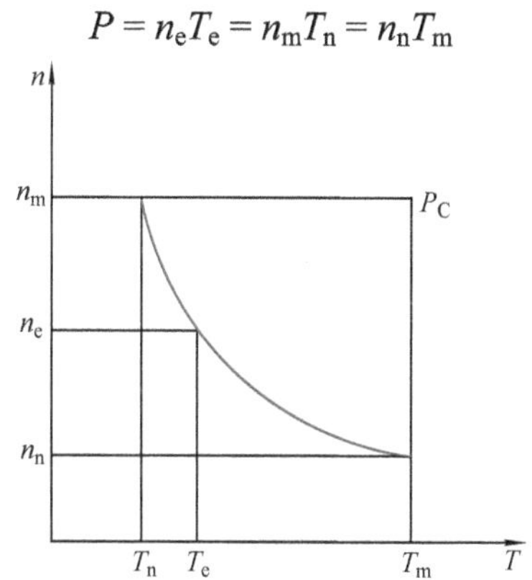

图 11-32　变速器传递的转速、转矩与角功率的关系

n_m—最高输出转速　n_n—最低输出转速　T_m—最高输出转矩

T_n—最低输出转矩　n_e—输入转速　T_e—输入转矩　P_C—角功率

而变速器可以实现的角功率

$$P_C = n_m T_m = (n_m/n_n)(n_n T_m) = jP$$

式中　j——调速比。

所以，调速比越大，可实现的角功率越大。

最传统、最广泛使用的变速器是可换挡齿轮变速器。在现代高精度加工，充分润滑的条件下，可以达到很高的能效、很低的噪声。不足之处是：

1）调速比不能无级变化。

2）在换挡时，牵引力中断。对车辆起动而言，这就会拖长加速时间。

11.3.1　液压变速器（HST）

从 11.2 节介绍可知，采用泵-马达的闭式容积回路（原动机驱动泵，马达驱动负载）可以实现从输入到输出的无级变速。而且，变速时，牵引力不中断。并且，很容易实现反转。基于这一原理的液压变速器，简称 HST㊀，在 20 世纪初就出现了，最初是用于驱动巨型舰炮的俯仰和水平转向，也用于飞机上保持发电机的转速恒定。

小功率的液压变速器，也有采用液阻回路调节进入马达的流量。大功率的液压变速器，为提高能效，都采用容积回路。

㊀ HST（Hydrostatic Transmission），有些中文液压文献将其按字面直译为“静液压驱动”，其实不妥。因为，当时近代液压技术还刚刚起步，采用 HST 这个名称是相对机械传动而言的。实际上，整个液压技术都是利用静压驱动的。这样直译并未反映出 HST 的技术特征，很容易带来混淆误解[5]。——编者注

从空间布置的角度，液压变速器可以分两种类型：紧凑型和分离型。

（1）紧凑型 紧凑型液压变速器（见图 11-33）：泵和马达装在一个箱体内。一般单泵单马达，泵输出的液体直接传给马达。改变斜盘倾角，就可调节调速比。抗污染性较好。

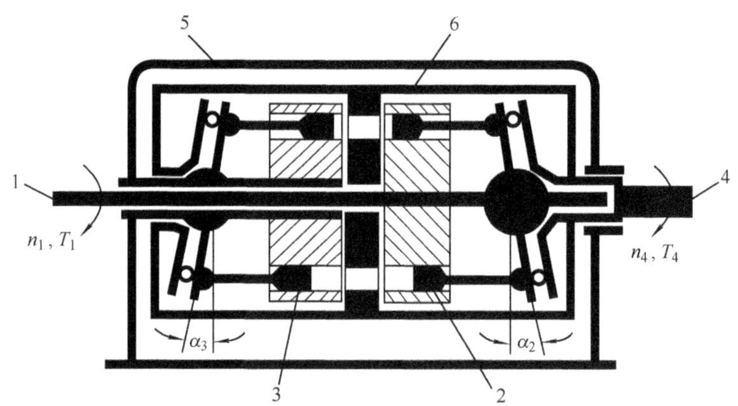

图 11-33 紧凑型液压变速器[5]

1—输入轴 2—变量泵 3—变量马达 4—输出轴 5—外壳 6—旋转壳

（2）分离型 分离型液压变速器的泵和马达间通过管道连接，可以充分发挥液压技术的特点：

1）相当随意地布置。

2）中距离传输功率。

还可以单泵驱动多马达。例如，一个泵，同时驱动 2 个或 4 个马达，分别带动行走轮（见 11.4 节）。这在多个马达不同时要求输出最高功率时特别有价值，可以减少投资成本。

纯液压变速器的不足之处：

1）调速比较小。

2）可承受的最大转矩较小。

3）泵、马达工作在低速时能效较低。

为了克服这些不足，出现了一些改进和替代措施。

（1）HST+换挡变速齿轮 其结构如图 11-34 所示。马达输出轴带动两套齿轮副，它们具有不同的传动比：i_h 和 i_1。切换离合器，就可以在 HST 变速的基础上，进一步获得更大范围的调速比。

不足之处：切换离合器时功率传递中断。

（2）连续无级可调变速器——CVT CVT（Continuously Variable Transmission）有多种形式。

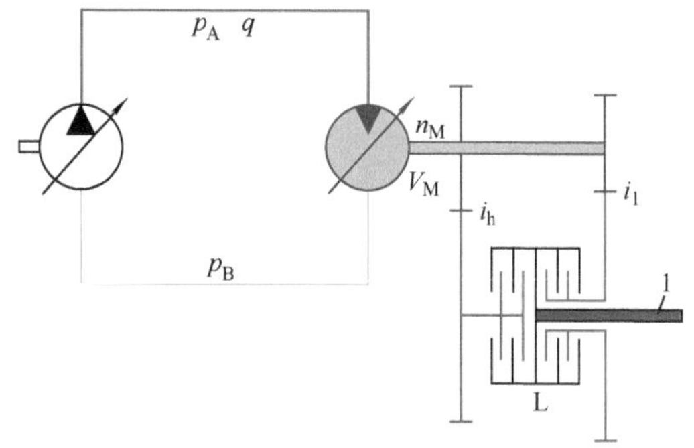

图 11-34　HST+换挡变速齿轮

1—输出轴　L—离合器

1）最初出现的是钢带变速器，利用锲形截面钢带与传动轮之间的摩擦力传递转矩。调节主动轮、被动轮副的宽窄，可以改变啮合半径，从而无级改变传动比。

2）以后出现并被广泛使用的是液力变速器，利用液体流动的动能传递功率。

3）在此基础上又出现了液力传动+动力换挡齿轮箱。

4）以后又出现了带功率分流的液力变速器。

其输入轴与行星齿轮架相连。输出轴与太阳轮及液力变矩器的泵轮相连。液力变矩器的涡轮与行星齿轮外圈相连。这样，调节液力变矩器的导轮，改变从泵轮到涡轮的变速比，即可改变行星齿轮外圈的转速，最终使太阳轮的转速达到希望值[22]。

现在，新型的用于风力发电机的功率分流液力变速器（德国 VOITH 公司），最大传输功率可达 5MW。

虽然液力变矩器自身的能效不高，但在大部分功率通过高效的齿轮传输时，总能效还是很高的。

11.3.2　机液复合传动

机液复合传动，也称液压机械复合变速器（HMT），或称功率分流，或 HVT（Hydromechanical Variable Transmission）。

齿轮传动效率高，液压传动可无级调速，所以机液复合传动把这两者结合起来。

机液复合传动有内分流型和外分流型。

内分流型抗污染性好，但很少应用。

图 11-35 所示为一种外分流的方案。原动机与变速装置中的行星齿轮架 1 相连，太阳轮 3 作为功率输出，与被驱动的机构相连。液压泵马达与机械变速器并联：一端与行星齿轮外圈 4 相连，一端通过齿轮副与输出轴相连。

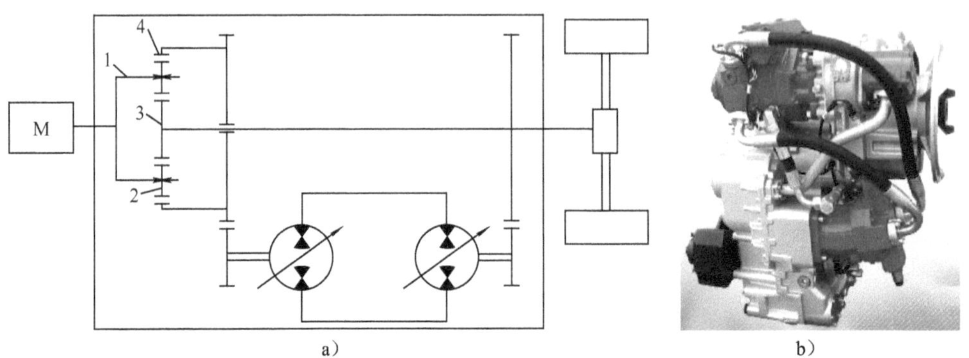

图 11-35　机液复合传动

a）结构示意图[5]　b）外形图（力士乐 HVT）

1—行星齿轮架　2—行星齿轮　3—太阳轮　4—行星齿轮外圈

因为行星齿轮副具有二自由度，所以太阳轮、行星齿轮架与行星齿轮外圈三者中，其中之一的转速由另外两者的转速共同决定。

在此方案中，液压变速器可调节行星齿轮外圈的转速，从而控制太阳轮的转速。

发动机的小部分功率（约 0～40%）通过液压传递，大部分（约 60%～100%）通过齿轮传动，传递的功率相加。

机液复合传动可以实现无级不中断调速。同时，可使马达工作在较高转速，效率较高，而且排量较小，因此降低了投资和运营成本。

机液复合传动还可以使发动机（柴油机）在一个能效较高的工况下工作。有报道说，功率在 100kW 以上的行走机械的驱动，如果用机液复合传动的话，可比使用液力变速器节省燃料 20%[43]。但总的来说，能效很大程度上取决于周期性负载的状况。

机液复合变速器被用于驱动行走机构的主要目的不是为了高能效，而是为了实现功率曲线上的低速大转矩工作点。因此，更适用于那些行走功能比较重要的机械，如装载机，因为采用机液复合传动毕竟使重量明显增加了。

11.4　多执行器的容积回路

闭式容积回路也可以应用于多执行器。

图 11-36 中，由于各变量马达并联，同时驱动一台车辆，因此流量自动分配。

如果把一个马达（M1）的排量降至零，则该马达无驱动力矩，也不汲取流量，此轮随动，液压油流向其他马达，可以提高速度。

它系统简单，能量损失小，可无级变速。

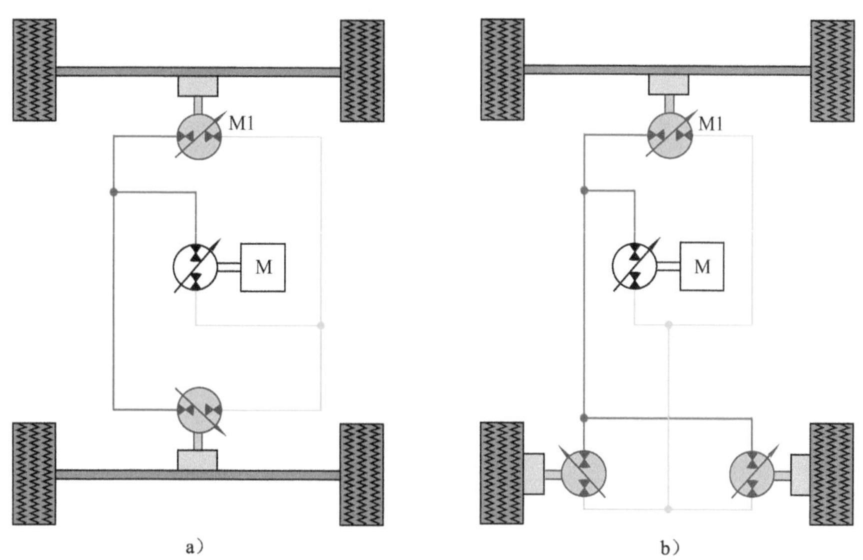

图 11-36　多马达容积回路
a）双马达回路　b）三马达回路

对于要求调速比大的应用场合，除了以上所介绍的外，还出现了以下一些方案。

1．双马达等排量

图 11-37 所示回路中，两个马达的最大排量相同。

马达 1 直接与输出齿轮副相连。

马达 2 在负载转矩不大时与输出齿轮副脱开，排量降至零，则该马达不汲取流量，随动，液压油流向马达 1，可以提高速度。仅在需要时通过离合器与输出齿轮副啮合，以承受较大转矩。

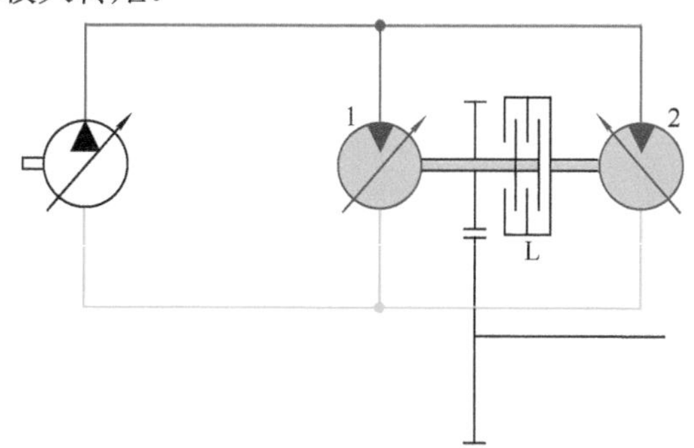

图 11-37　双马达等排量，通过离合器加入（L 为离合器）

2．双马达不等排量（MMT）

参考文献[23]介绍了一种称为 MMT（Multi-Motor Transmissions）的方案：两

个排量不同的马达通过不同传动比的齿轮副驱动输出轴（见图 11-38），其中一个可以通过离合器断开。

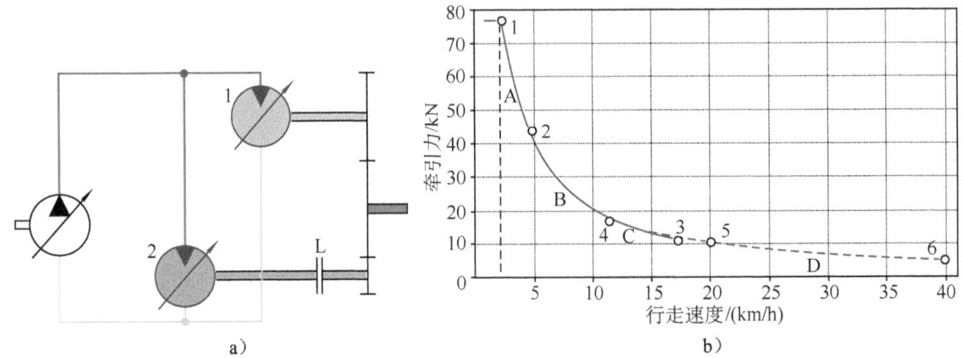

图 11-38　多马达不同排量方案（MMT）

a）回路示意图　b）特性

L—离合器

（1）低速模式　需要低速大转矩时，马达 1、2 同时工作。

范围 A（1-2）：两个马达都保持最大排量，泵排量从 0 变到 100%。

范围 B（2-3）：泵和马达 1 都保持最大排量，马达 2 排量从最大变到最小。

（2）高速模式（行走速度>11km/h）

需要高速低转矩时，马达 2 排量调节到零，马达 1 单独工作。

范围 C（4-5）：泵排量从 70%变到 100%。马达 1 保持最大排量。

范围 D（5-6）：泵保持最大排量，马达 1 排量从最大变到最小。

优点：变速时功率传递不中断，在高速区间效率较 HST 高。同时，需要的马达规格也比较小。根据丹佛斯公司的一个例子，在车辆需要角功率 889kW 时，如果采用一个马达，需要排量 250；采用双马达等排量带离合器方案需要两个排量 160 的马达；HST+换挡齿轮方案，需要两个排量 110 的马达。而采用 MMT 方案的仅需要一个排量 80 和一个排量 60 的马达。

第 12 章　恒压网络

恒压网络（CPR，Common Pressure Rail，压力共轨），指的是液压源工作在恒压工况，执行器并联的系统。

日常生活中常见的水网、天然气网、电网，其实也是恒压网络，只是压力（电压）不同，用户数量往往也有极大差别。

通俗地说，恒压网络就是一个“各人自扫门前雪”，“各取所需，各尽其能”的系统。

如第 9～11 章所介绍：液阻回路中多执行器可以独立工作，但液阻消耗了可观的能量，特别是在各负载压力差别较大时；容积回路能效较高，但多执行器不便完全独立工作。

而恒压网络中多个执行器既可利用液阻控制，也可利用容积控制，完全独立互不干扰地工作。另外，恒压网络非常便于加装蓄能器，回收能量，使得总能效可以高于负载敏感回路，甚至容积回路。这两点常成为采用恒压网络的主要原因，特别是在当前，追求高能效的呼声越来越高的形势下。例如，起重机的功率一般都很大，重物下降时的势能和制动时的动能的回收、储存与再利用就具有显著的经济价值。国外已有使用恒压网络原理工作的起重机出现，节能效果十分显著。国内自 20 世纪 80 年代末开始研发，现已进入实用研究阶段[38]。

由于在恒压网络中，对执行器工况（速度、位置、可承受的转矩，及输出功率）的调节只能通过次级元件，因此，它也被称为压力耦合的次级（二次）调节系统。

12.1　恒压网络的组成与特点

12.1.1　组成

恒压网络一般由以下几个部分组成（见图 12-1）。

1. 可以工作在恒压工况的液压源

理论上来说，也可以用定量泵加溢流阀作为液压源，但为了节能，一般都采用恒压变量泵，附带的溢流阀仅起安全作用，常闭。

网络设定压力：一般在系统设计时根据各执行器的工况，选择比最高驱动压力再高一些，以弥补管道及控制阀的压降，工作期间就基本保持固定不变。

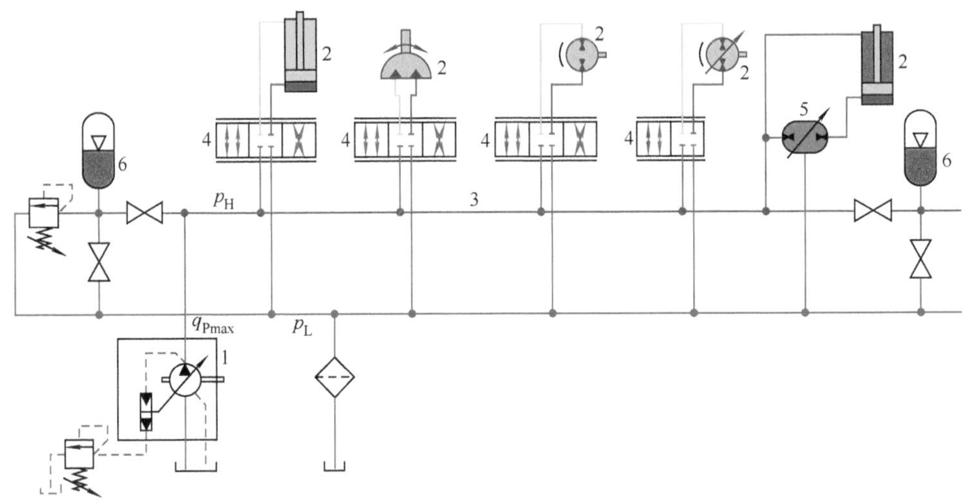

图 12-1 恒压网络组成示意

1—液压源 2—执行器 3—恒压网络 4—换节阀 5—液压变压器 6—蓄能器

p_H—网络压力 p_L—低压

仅就这点来看，恒压网络的能效有可能不如恒压差网络（即负载敏感回路），但如果使用液压变压器，也可以提高能效，达到甚至超过恒压差网络的水平。

某些场合中，也可以在一个恒压网络中使用多个液压源。

1）单个液压源损坏时，可以避免整个网络停止工作。

2）各自分布在流量需求特别大的执行器附近，可以减少管路损失。同时，通过网络相互连接，又可以互通有无，平衡需求。只是，这时要特别注意各个油箱间的连接，相互间油位的平衡。

2. 执行器

可以设置多个执行器，理论上没有限制。

变量马达一般可以通过排量调节速度，没有原理性的能量损失。

而定量马达和液压缸，由于排量和有效作用面积不便调节，如果通过液阻来消耗掉多余的压力调节速度，这会带来原理性的能量损失；如果通过液压变压器，这也会带来额外的成本。

3. 网络

恒压网络至少有高压管路与低压管路。

低压管路一般通油箱，也可利用过滤器、散热器、单向阀等保持一定压力作为背压。以下为叙述简洁起见，将其看作直通油箱处理。

管路可以是放射型、线型、环型、网络型（见图 12-2），或它们的结合。

流量流过管道，多少会有一些压降，而这压降又随流量而变。一般而言，线型需要管道最少，但处于管路后端的网络压力最易受到前列管路中流量变化引起的压降变化的影响。放射型需要管道最多，但管路压降变化对执行器的相互影响最少。环型则介于两者之间。

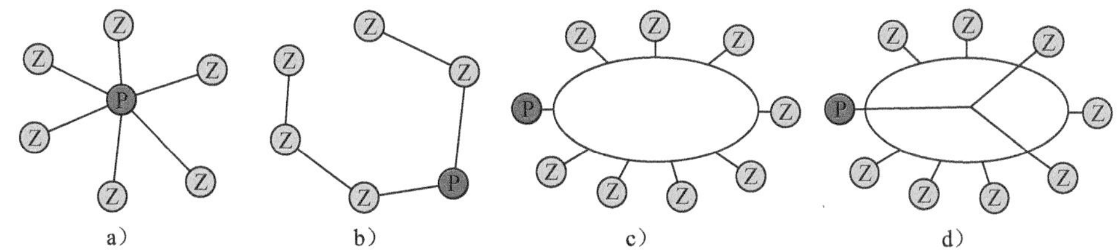

图 12-2 恒压网络形状示意
a）放射型 b）线型 c）环型 d）网络型
P—液压源 Z—执行器

当然，根据执行器的实际空间分布状况，恒压网络也可以制成名副其实的网络型，如图 12-2d 所示。这可以明显地减少管道压降变化带来的影响，甚至可以减小管道内径而不增加管道压降。

4. 流量控制阀

流量控制阀一般为闭中心换节阀。控制形式可以是任意的：手动、电比例、电液等。

各通道可以带或不带定压差阀。不带定压差阀的话，进入执行器的流量还是会随负载及网络压力变化。

5. 液压变压器

采用液压变压器（见 12.2 节），使压力达到或接近匹配，可以替代液阻控制阀，减少压力损失，也便于回收能量。但由于其结构较复杂，目前成本相对而言还较昂贵。因此，仅用于那些经常使用，负载压力变化很大，能量消耗很多的执行器。

6. 蓄能器

虽然恒压网络没有蓄能器也能工作，但通常都附加液压蓄能器，以达到以下目的。

1）满足在液压源输出流量已达到最大后依然不能满足的短时间高峰流量需求。

2）在从负负载回收的流量超过其他负载需要的流量，即总流量需求为负值，而液压源输出流量已达到最小时，储存压力油，减少压力上升。

3）弥补由于液压源变量机构响应速度不够而引起的瞬时缺油（或多油），减少压力波动。

4）液压蓄能器如果设置在工作流量变化较大的执行器附近，可以减少管路压降对网络压力波动的影响。

5）还可起应急能源的作用。在液压源（故障）停车后，为最重要的执行器在短时间内提供能量。

对于上述目的 1、2、4、5，需要蓄能器的容量大；对于目的 3，需要蓄能器的瞬态响应快。而一般小容量的隔膜式蓄能器响应快，所以，可以并联多个容量不同类型不同的蓄能器，以取长补短。

据参考文献[33]报道，在某些场合，使用飞轮来储能，平衡网络压力，也可以取得一定效果。

12.1.2 恒压网络的特点

1）可简单地任意增减用户（执行器），相互之间的干扰很小。恒压差（负载敏感）回路理论上也可任意增减用户，但还要增加负载压力信号通道。

2）特别适用于要驱动的执行器有多个，但其中很多执行器不同时工作。如果为每个执行器分别配置泵太浪费，而采用恒压网络，只设置一个（或少数几个）公共的液压源，就可以降低投资成本。

例如，冶金、汽车制造等生产线，塑料机械，船舶液压系统等。

3）恒压变量液压源加闭中心回路，通过对液压源的恒压和零排量调节，能效较定量液压源回路、负流量回路高。

4）由于附加的蓄能器起了削峰填谷的作用，可以使原动机工作在能效最佳区。

5）便于能量的回收与再利用。例如，在执行器有负负载（制动或靠自重下降）时，可将能量反输入网络。特别适用于要频繁加速（驱动）减速（制动）的场合。

有报道说，采用了恒压网络的混合动力公交车燃油消耗与尾气排放均降低20%以上。

6）恒压网络不需要梭阀组。

7）由于供油管道基本保持一个恒定的高压，可以大大减小液压油弹性对系统动特性的影响。系统稳定性也比负载敏感回路强。

12.1.3 调节执行器速度的途径

在网络恒压中，调节各类执行器的速度可能的途径见表 12-1。

表 12-1 调节执行器速度的途径

途径		液阻控制	容积控制	
			直接	通过变压器
执行器有效作用面积、排量	不可调（液压缸、定量马达等）	可开环	不可调	必须闭环
	可调（变量马达）		必须闭环	可开环

1．液阻控制

执行器无论排量是否可调，都可使用开环的液阻回路来调节速度，如在 9.4

节和 10.7 节中已述及，可以是简单液阻（见图 12-3），也可以含定压差阀。前提是负载压力必须低于网络压力。

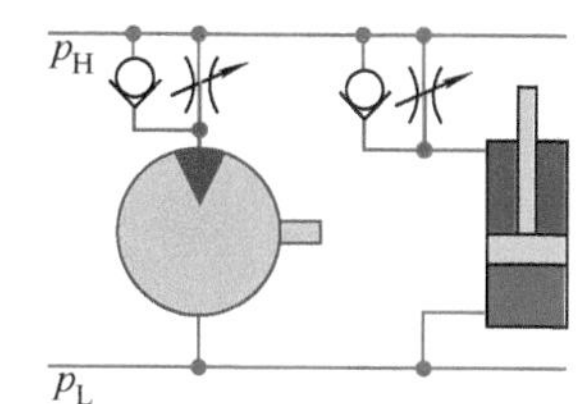

图 12-3 恒压网络中通过液阻控制液压缸、定量马达

使用液阻回路时，也可以一定程度回收能量。例如，当反向负载压力超过网络压力时，压力油可以通过单向阀回馈入网络。但总体来说，由于多余的压力通过液阻消耗掉，因此，能效就不如恒压差回路。

2．直接容积控制

（1）有效作用面积不可调的执行器直接接入恒压网络 如图 12-4a 所示，则速度无法调节。

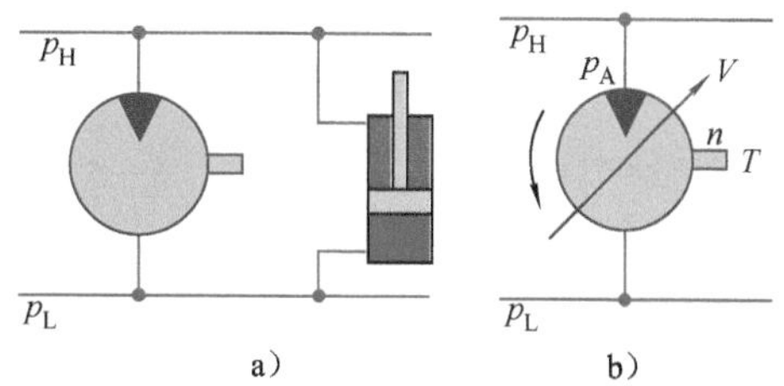

图 12-4 执行器直接接入恒压网络

（2）排量可调的执行器可以直接接入恒压网络（见图 12-4b） 如调节排量，使负载压力 p_A 等于网络压力 p_H，执行器内部的泄漏可由网络自动补充，则无需制动机构就可以使负载驻留不动。

转速必须闭环调节。因为，马达进口压力

$$p_A = T/V$$

如果 $p_A > p_H$，则没有液压油从网络流入，在负载与惯量的共同作用下马达的转速将迅速减慢，乃至停止，甚至反转。

如果 $p_A < p_H$，则液压油从网络流入，流量不断加大，马达的转速将不断升高。

调节 V，使 $p_A = p_H$，可使马达保持在任一恒定转速。但只要 T 稍有变化，打破了转矩平衡，马达转速就将失控。因此，

1）要恢复负载压力与网络压力的平衡，必须改变排量。

2）要改变执行器的转速，也必须改变排量，在达到需要的转速后再恢复到转矩平衡的排量。

调节转速有以下几种方式。

1）外控，由操作员根据马达转速变化状态不断手动（液控、电控、电液控）改变马达排量。这实际上是一个包含操作员在内的闭环调节。

2）液压转速反馈。图 12-5 所示回路利用与马达同轴连接的小液压泵作为测速泵，反馈实际转速。如果实际转速偏离希望转速，测速泵输出的流量发生变化，则排量控制压力 p_C 就会改变，排量调节缸就会动作来调节排量，直至排量调节缸恢复力平衡，马达恢复到希望转速。

调节节流阀，就可以改变希望转速。

图 12-5a 所示的回路中，测试泵排出的液压油经过节流阀回油箱，流量白白浪费了。在图 12-5b 所示的回路中，这部分液体也被送回恒压网络，得到了充分利用。

由于一般测速泵转速越低，实际输出流量与转速的偏离值越大，因此，这种系统的最低工作转速较高，调速范围较小。

3）转速反馈也可以通过测速电动机或其他电传感器进行（见图 12-6）。

控制器 1 根据希望转速 n_s 与实际转速 n_i 之差调节电比例换节阀 5。

由于电转速传感器 2 在低转速时的测速精度远高于测速泵，因此，这种系统可以达到很低的工作转速，具有很大的调速范围，且消耗的能量也少得多。

如果正向负载很大，在马达已调到最大排量时，负载压力仍超过网络压力，则负载将反转，执行器工作在泵工况，向网络回馈能量。

如果执行器可以双向变量的话，则在负负载时，执行器也可切换到泵工况，向网络回馈能量。

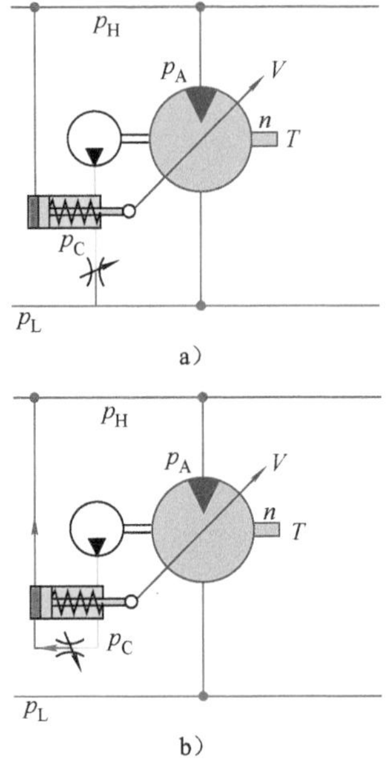

图 12-5 利用液压测速的变量马达转速控制

3. 通过液压变压器的容积控制

执行器无论排量是否可调，都可以通过液压变压器接入恒压网络，以调节速度，见 12.2 节。

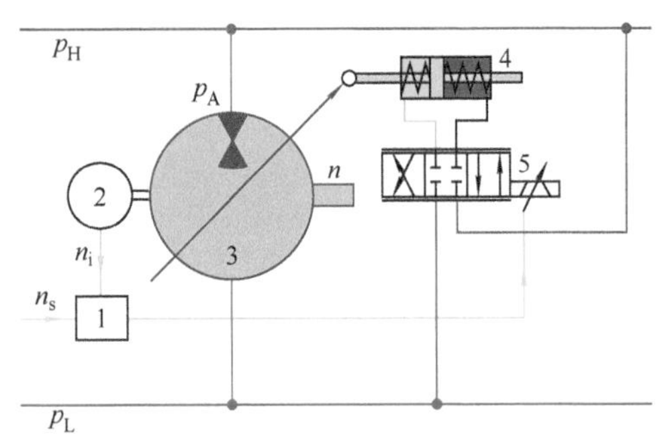

图 12-6 利用电测速的变量马达转速控制

1—控制器 2—电转速传感器 3—变量马达/泵 4—变量机构 5—电比例换节阀 n_s—希望转速 n_i—实际转速

12.2 液压变压器

要在执行器作用面积（排量）不能改变时调节速度，如果通过液阻方式则能效较低，而使用液压变压器（Hydraulic Transformer），可以改变进出口压力，从而减小负载压力与网络压力之差，同时改变输出输入流量，减少能耗。

从原理上来说，液压变压器既可以是液压缸型的，也可以是马达泵型的。

12.2.1 液压缸型变压器

液压缸型结构相对简单，正常时无泄漏，进口 P 的驱动压力相应按作用面积的比例低于或高于出口 P1 的压力，能效较高。

1. 间断型

图 12-7 所示的间断型变压缸及附加回路可以间断地输出液压油。

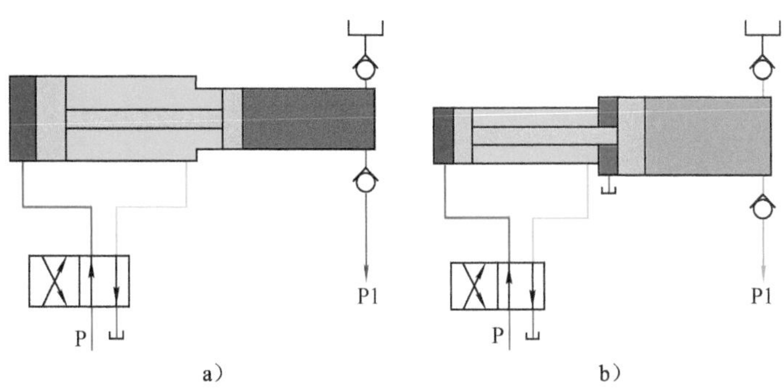

图 12-7　单作用变压缸原理图

a）增压型　b）减压型

2. 连续型

图 12-8 所示的连续型变压缸及附加回路可以连续地输出液压油。

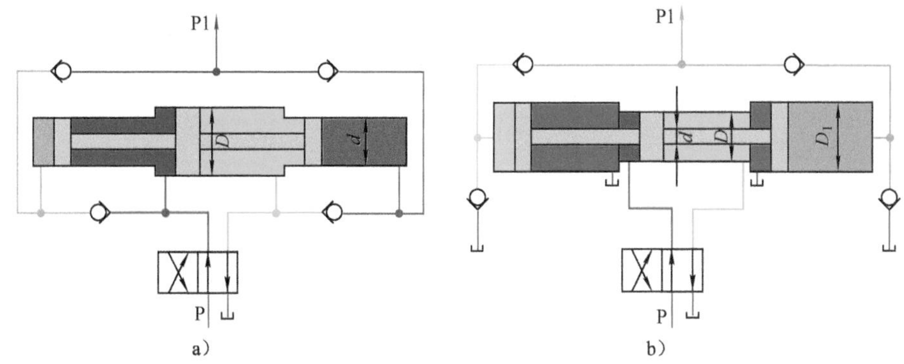

图 12-8　双作用变压缸原理图

a）增压型　b）减压型

在增压缸如图 12-8a 所示时

$$p_P = p_{P1}d^2/D^2$$

在减压缸如图 12-8b 所示时

$$p_P = p_{P1}{D_1}^2/(D^2-d^2)$$

以上所示的变压回路都不能回收能量。图 12-9 所示的双作用变压缸及附加阀可一定程度地回收能量。

3. 多级缸型

前述变压缸仅有一个固定的变压比。多级缸（见图 12-10）可以实现多个变压比，能效也很高。局限性在于，变压比由于结构限制而固定，因此通用性较差。另外，对各级活塞、缸体间的同心度要求较高。

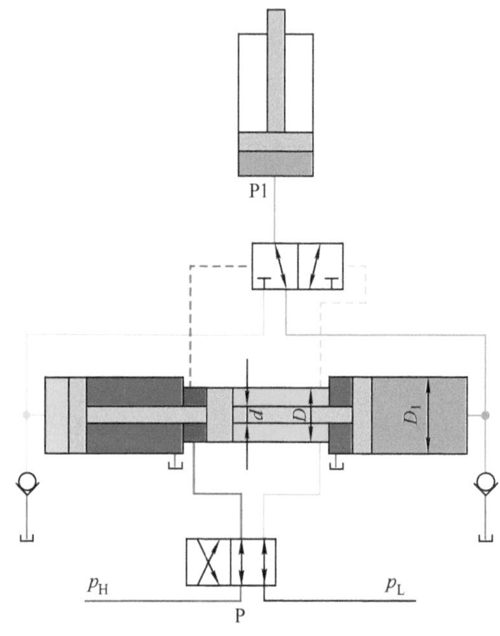

图 12-9　可回收能量的双作用减压缸原理图

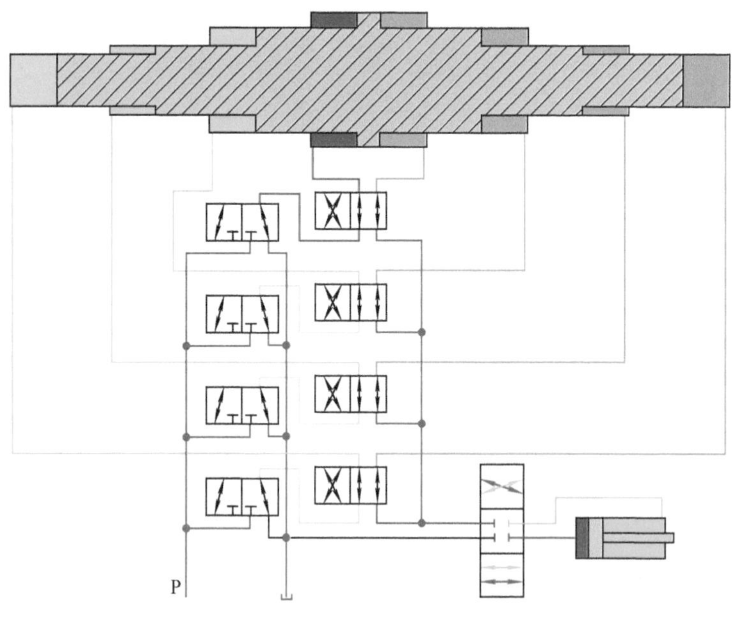

图 12-10　多级变压缸原理图[33]

12.2.2 马达型变压器

马达型变压器由变量马达单元与变量泵单元组成（见图12-11）。

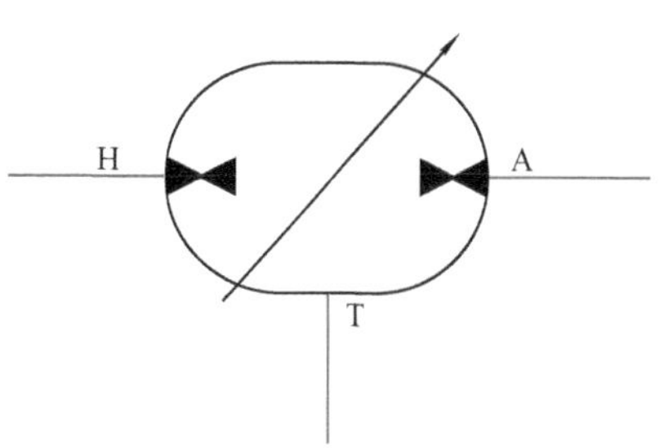

图12-11 马达型变压器图形符号

最常见的是采用两个斜盘变量柱塞单元（见图12-12）。缸体相互之间机械连接，转速相同，转矩相同。有各自的配油盘2和斜盘3。斜盘3的倾斜角可以分别或同时调节，以获得需要的变压比，也可很容易地切换成马达-泵工况或泵-马达工况。图12-12中，缸体正面向下旋转，正面为高压区，背面为低压区。

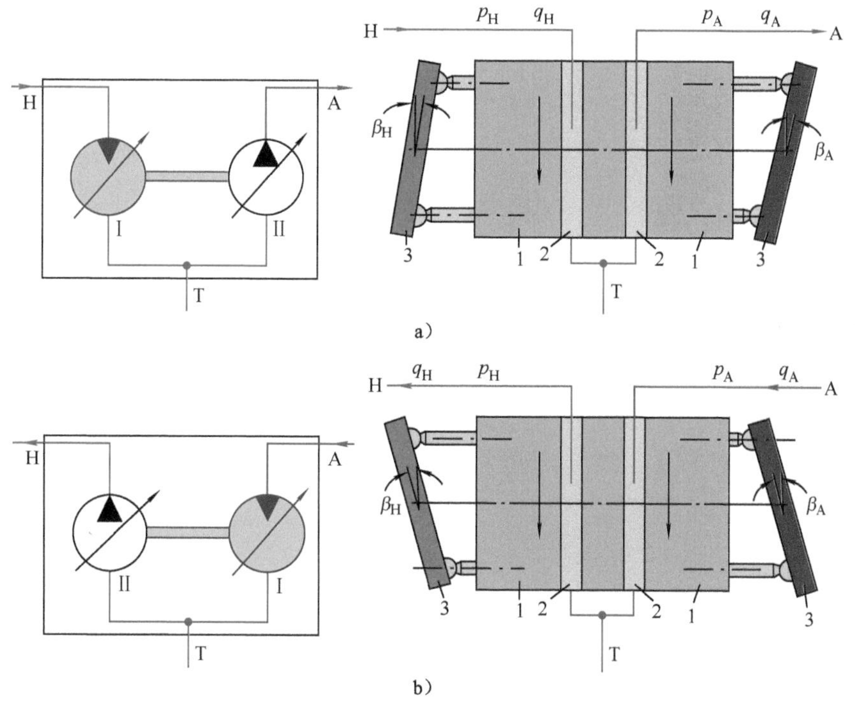

图12-12 马达型变压器的工况

a）马达-泵工况 b）泵-马达工况

1—缸体 2—配油盘 3—斜盘 H—与网络高压连接 A—与执行器连接 T—与低压连接

I—马达工况 II—泵工况

两个斜盘的倾斜角β决定了两部分的排量。排量之比V_A/V_H则决定了进出口压力比p_H/p_A及输出入流量比q_A/q_H

$$p_H/p_A = V_A/V_H$$

$$q_A/q_H = V_A/V_H$$

如果$\beta_A > \beta_H$，则 $V_A > V_H$，$p_H > p_A$，$q_A > q_H$。

因为 H 口和 A 口的进出流量通常不相同，需要由 T 口来平衡，所以 T 口应直接或间接地连通油箱。

为了提高马达型变压器的能效和性价比，出现了不少尝试。20 世纪末，荷兰 Innas 公司提出一种新型的所谓 Innas 液压变压器。采用斜轴原理，将两个同轴连接的元件合并成一个元件，将原来的 7 个柱塞改为 18 个柱塞，缸体形式由集成式改为可以自由移动的浮杯式。配流盘具有三个端口，依靠手动调节配流盘的角度实现变压（见图 12-13）。

图 12-13 Innas 液压变压器

经过这样的改进，不仅减小了柱塞和缸体间的摩擦损失，而且还减小了起动转矩。柱塞数的增加，减小了液压变压器内流量和转矩的波动，降低了噪声，能效提高到 97%，生产成本也降低了。但总体上来说，迄今为止，尚未达到成熟的工业应用水平，详见参考文献[33]。

12.2.3 液压变压器的应用

一般，液压变压器可以如图 12-14 所示，与执行器相连。在负载力、转矩与运动方向相反时，网络输出能量。反之，则回收能量。

用在恒压网络中时，液压变压器的斜盘倾斜角需要一定的调控装置，既要能自动保证 p_AV_A/V_H 接近 p_H，即实现变压功能，也可以在需要改变执行器速度时，外控干预，使 p_AV_A/V_H 偏离 p_H，造成执行器加速或减速。

1. 变压器直接连接差动缸

以下以一差动缸为例，与变压器连接如图 12-15 所示。速度以向上为正。

（1）负载-排量特性 如果变压器的排量之比 $V_H/V_A = p_A/p_H$，则通道处于压力平衡状态。此时，根据活塞上的力平衡方程式可以写出

$$p_A = (F + p_HA_B)/A_A$$

从而可知，要达到平衡，应该排量之比

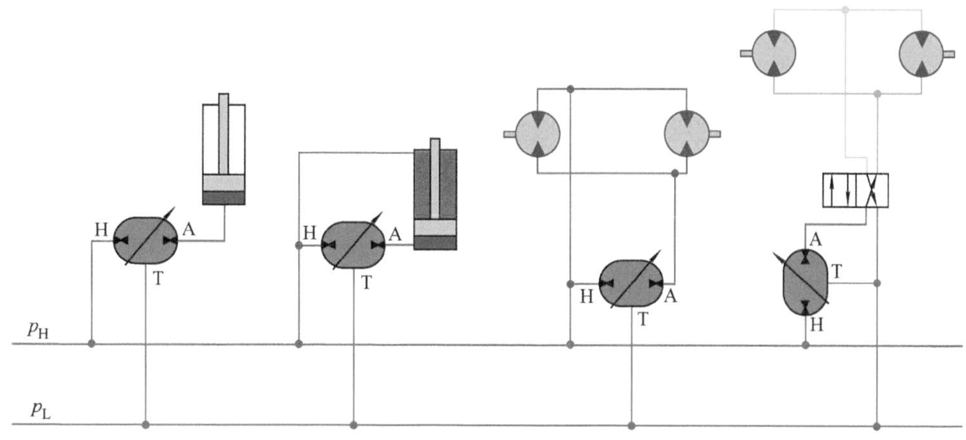

图 12-14 马达型变压器的应用

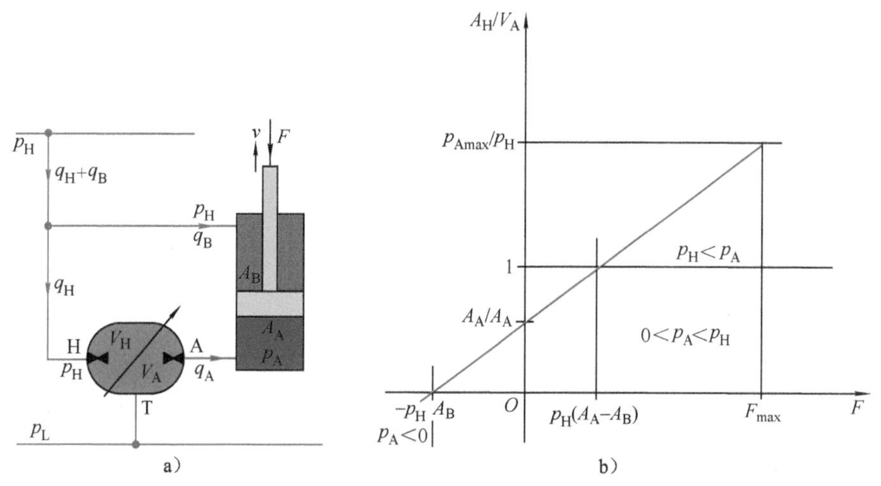

图 12-15 变压器用于液压缸

a）回路图 b）负载-排量特性

$$V_H/V_A = p_A/p_H = (F + p_H A_B)/(p_H A_A)$$

从而可导出（见图 12-15b），

1）当 $F > p_H(A_A - A_B)$时，

$$V_H/V_A = p_A/p_H > 1$$

2）当 $F = 0$ 时，

$$V_H/V_A = A_B/A_A$$

3）当 $F < -p_H A_B$ 时，

$$p_A < 0$$

出现吸空。

4）受变压器最高工作压力 p_{Amax} 限制的最大负载力为 F_{max}，此时

$$V_H/V_A = p_{Amax}/p_H$$

（2）负载-流量特性

根据变压器中泵和马达转速相同的原则可以写出

$$q_H/q_A = V_H/V_A$$

所以

$$q_H = q_A(V_H/V_A) = q_A(F + p_H A_B)/(p_H A_A)$$

因为

$$q_B = -\,q_A A_B/A_A$$

所以，此通道从网络中汲取的流量

$$q_H + q_B = q_A((F + p_H A_B)/(p_H A_A) - A_B/A_A) = q_A F/(p_H A_A) = vF/p_H$$

与负载 F、速度 v 成正比，与网络压力 p_H 成反比。

在 $F = 0$ 时，此通道不从高压管路汲取流量。

（3）在负载如图 12-16 所示向上运动，速度 v 为正值时　此时变压器处于马达-泵工况，流量 q_B 为负值。

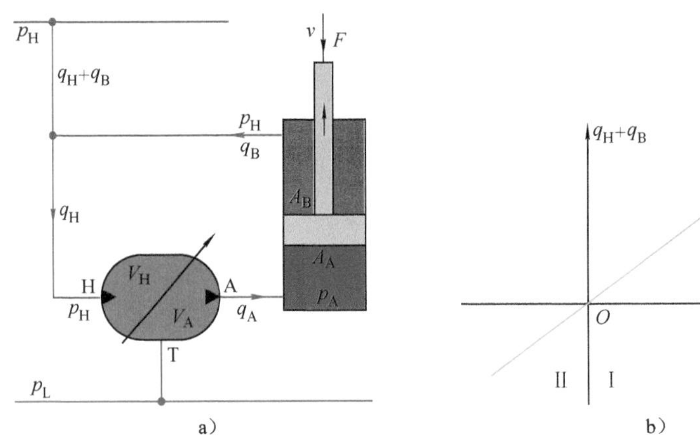

图 12-16　变压器处于马达-泵工况

a）回路图　b）负载-流量特性

I—输出能量区　II—回收能量区

（4）在负载如图 12-17 所示向下运动，速度 v 为负值时　此时变压器处于泵-马达工况，流量 q_H、q_A 为负值。

2．变压器通过换向阀连接差动缸

虽说可以通过变压器工况切换来实现液压缸换向功能，但在要求频繁换向时，也可以利用换向阀，如图 12-18 所示。变压器只工作在马达-泵工况，同样可以回收能量。

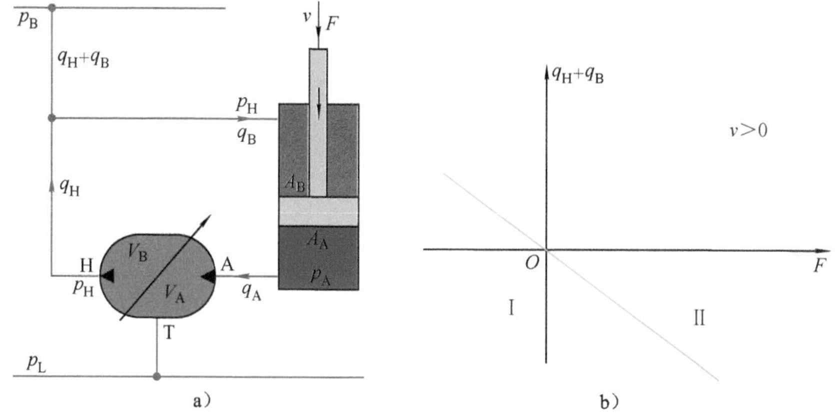

图 12-17 变压器处于泵-马达工况

a）回路图 b）负载-流量特性

I—输出能量区 II—回收能量区

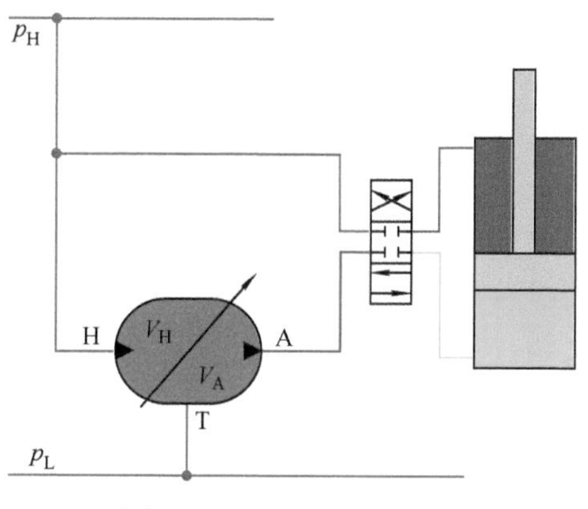

图 12-18 变压器加换向阀

12.3 蓄能器

理论上，弹簧的弹力、重物的势能或动能也可以用来储能。但由于现代液压的工作压力非常高，功率相对较大，需要蓄能器在短时间内完成很大能量的储存与释放，即功率密度要求很高。所以，基本上都只用高压气体来储能。为了避免燃烧，通常蓄能器中使用的气体都是氮气。本节中，如无特别说明，蓄能器皆特指气体蓄能器。

12.3.1 蓄能器类型与特点

蓄能器主要有隔膜式、皮囊式和活塞式。

1. 隔膜式

隔膜式（Diaphragm Style）蓄能器的外形与内部结构大致如图 12-19 所示。

a）

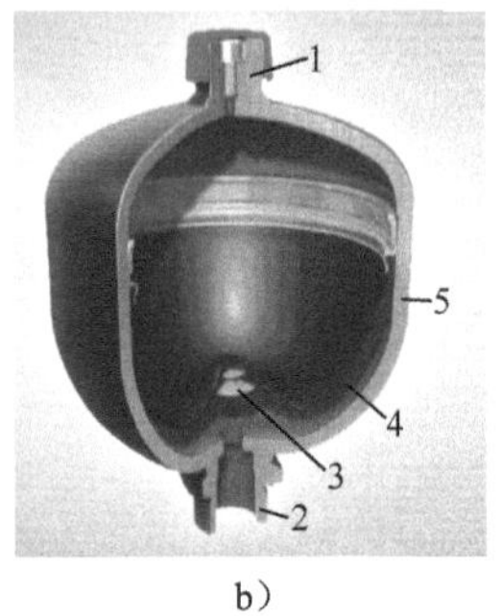

b）

图 12-19　焊接型隔膜式蓄能器

a）外形　b）内部结构

1—气口　2—油口　3—启闭阀　4—隔膜　5—外壳

工作容积一般在 0.07～5L，最高工作压力可达 35MPa 以上。

压缩比（最高最低工作压力之比）一般不超过 8，少数可以达到 10。

其动态响应特性一般较其他各类蓄能器高。

外壳有焊接型与螺纹型之分。螺纹型的重量比焊接型的一般要高 80%左右。但万一隔膜损坏，螺纹型的可开启更换，焊接型的就只能废弃了。

2. 气囊式

气囊式（Bladder Style）蓄能器（见图 12-20），容积可以很大，目前市售的可达 450L，最高工作压力可达 100MPa[5]。

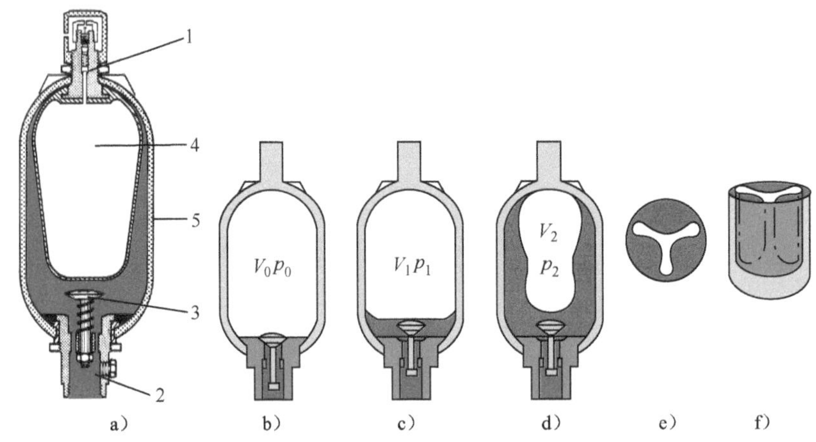

图 12-20　气囊式蓄能器

a）内部结构　b）初始状况　c）最低工作压力时　d）被压缩时　e）气囊被压缩后

1—气口　2—油口　3—启闭阀　4—气囊　5—外壳

磨损少，寿命长。一旦损坏，可以更换。因此目前应用最广泛。

可以水平安装，但最好垂直，油口向下。这样磨损更少。

压缩比一般不超过4。由于恒压网络基本工作在一个压力水平上，所以此局限性对恒压网络影响不大。

由于气体分子会缓慢地通过隔膜或皮囊渗透散逸，使工作气体量下降。而皮囊位置或大小又很难在线监测，因此漏气状况无法在线监测。通常只能在定期检修时，把蓄能器完全卸荷，检查气压是否与预充气压力有差别。

一般而言，容积越小，动态响应也越快，理论上仅受气囊惯量的限制，略低于隔膜式。

3. 活塞式

活塞式（Piston Style）蓄能器（见图12-21）由于没有弹性元件的限制，压缩比理论上可以无限高，从而获得较高的能量密度。但实际上由于外壳强度的缘故，目前最高工作压力限制在80MPa，最大容量为1200L[5]。

a）

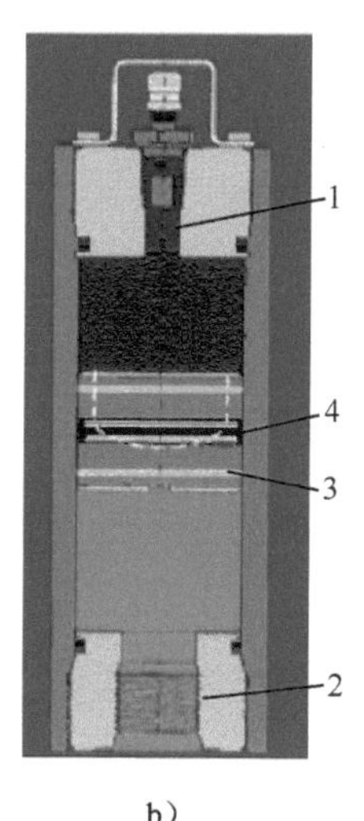

b）

图12-21 活塞式蓄能器（派克）

a）外形 b）内部结构

1—气口 2—油口 3—活塞 4—密封圈

因为对壳体内壁的表面粗糙度有很高的要求，所以制造成本较高。

由于密封会磨损，导致泄漏，所以必须定期检查。如果利用传感器从外部监测活塞位置，通过与压力相比，就可在线确定是否有漏气。

由于活塞的惯性一般相对较大，而且受到密封摩擦力的影响，因此动态响应性能稍差，且压力有滞回，不太适于在恒压网络应用。

气体蓄能器由于一旦外壳破裂会发生爆炸，所以，属于要谨慎使用的产品，制造和使用都必须遵循相应的国家标准与国际标准。

蓄能器的功率密度虽高但能量密度相对较低。因此，其重量对整机重量与元件布置都带来不容忽视的影响。

例如，据研发报告，20t 挖掘机动臂下降的能量约有 2.8×10^5J，欲全部回收的话，需要一个至少 50L 的蓄能器，重约 150kg。

目前正在研发的改进方法：

1）减轻蓄能器的重量，例如，采用高强度纤维缠绕技术，使壳体重量降低到一半甚至十分之一。

2）利用蓄电池能量密度大的特性。参考文献[33]介绍了各类储能元件的功率密度与能量密度（见图 12-22）。

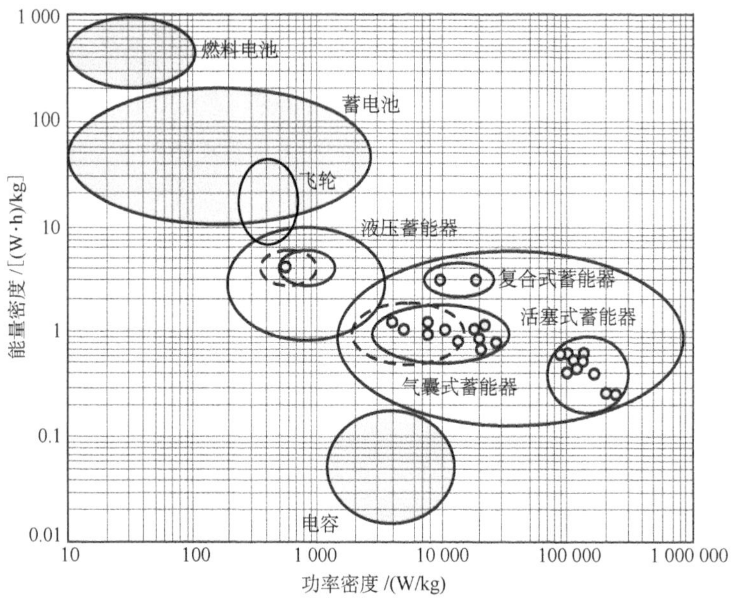

图 12-22　各类储能元件的功率密度与能量密度

但有些移动机械，本身就需要配重，如叉车、起重机等，有些不需要快速起动，如飞机牵引机等，蓄能器的低能量密度的影响就较小。

12.3.2　蓄能器基本特性

1. 气体压缩时的体积-压力特性

通常粗略地说，一定量的气体的压力与其体积大致成反比。体积为 V_1、压力为 p_1 的气体，被压缩到体积为 V_2 时，压力为 p_2。则有

$$p_2 = p_1(V_1/V_2)$$

但实际上，气体在被压缩时，不仅压力会上升，温度也会上升。在体积增大时，不仅压力下降，温度也会降低。考虑了气体的这一热力学特性后，

$$p_2 = p_1(V_1/V_2)^n$$

式中 p_1、p_2——体积 V_1、V_2 时的压力；

n——与气体压缩过程有关的热力学指数。

如果蓄能器保温性能很差，或者升压降压过程很慢，可以认为是一个准静态的恒温过程的话，则 $n = 1$（见图 12-23）。

如果蓄能器保温性能很好，并且升压降压过程进行得很快，可以认为是一个准静态的绝热过程的话，则由于使用的是氮气，n 接近 1.4，随工作温度与压力而变。

从图 12-23 中可以看出，快速压缩（绝热过程）时，达到的压力（p_{22}）比缓慢压缩（恒温过程）的（p_{21}）要高。而随着散热，温度下降，压力又会逐渐下降（曲线 3）。所以，要利用蓄能器储能的话，还要注意保温措施。

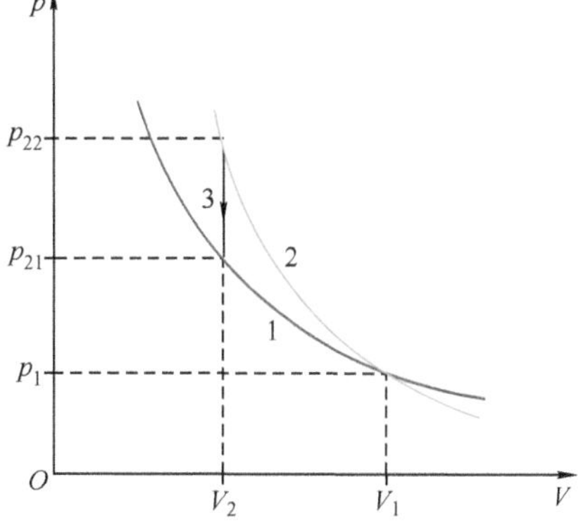

图 12-23 考虑了气体热力学特性的体积-压力特性

1—恒温过程 2—绝热过程 3—散热过程

2．蓄能器中气体的体积-压力特性

蓄能器内的气体一般都是在应用前预先充入的，达到一个预充气压力 p_0。此时，蓄能器中尚无液压油，气体的体积 V_0 就是蓄能器的容积。

虽然蓄能器在实际工作时，气体的升压降压过程介于恒温与绝热之间。但以下为简化讨论，粗略地认为它们都是一个恒温过程，即 n=1（见图 12-24）。气体体积为 V_2 时，气体的压力

$$p_2 = p_0(V_0/V_2)$$

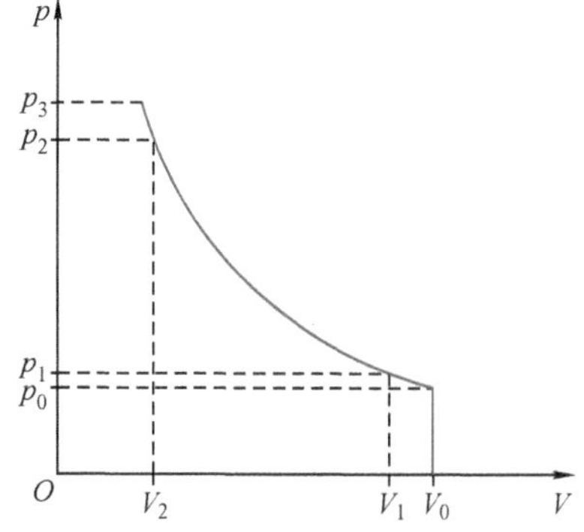

图 12-24 蓄能器中气体的体积-压力特性

出于对外壳耐压强度与安全性的考虑，任何蓄能器都有一个许用压力 p_4 的限制。

隔膜式和气囊式蓄能器，主要是由于其中弹性元件的特性，其最高工作压力 p_5 与预充气压力之比 p_5/p_0，即压缩比，有一定的限制。

一般都通过在蓄能器进口附加一个开启压力为 p_3 的溢流阀来限制实际工作压力

$$p_3 < \min(p_4,\ p_5)$$

为了避免蓄能器内的元件在快速降压时发生撞击，大多数蓄能器希望实际工作的最低压力

$$p_1 > 1.1p_0$$

3. 蓄能器中液体的压力-体积特性

如果忽略储气元件的弹性，可以近似地认为，蓄能器中液体的压力也就是气体的压力。如果称蓄能器内的液压油体积为 V_Y，则

$$p(V_0 - V_Y) = p_0V_0$$

如图 12-25 所示，蓄能器中液体越多，压力也越高；液体体积永远不可能达到蓄能器的容积 V_0。

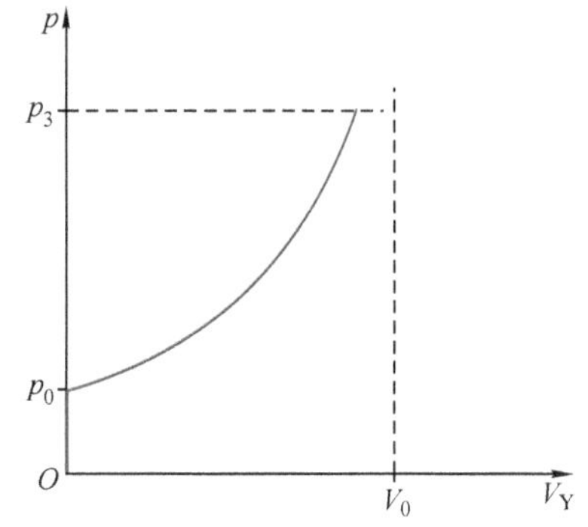

图 12-25　蓄能器中液体的体积-压力特性

12.3.3　网络恒压特性

由于需求流量可能在很大范围内变化，所以网络压力很难做到完全恒定。仅从稳态考虑，恒压网络的工况可分为 3 个区域（见图 12-26）。

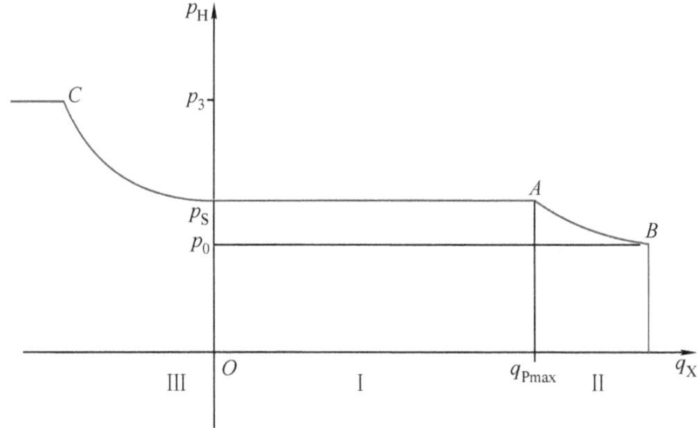

图 12-26　恒压网络工况

I—恒压区　II—压力降低区　III—压力增加区

q_X—系统需求流量　q_{Pmax}—液压源可能提供的最大流量　p_H—网络压力　p_S—液压源设定压力　p_0—蓄能器充气压力　p_3—蓄能器安全阀开启压力　A—压力开始下降点　B—失压点　C—最高压力点

（1）区域 I——恒压区　0≤系统需求流量 q_X≤液压源能够提供的最大流量 q_{Pmax}。

在此区域，液压源可以工作在恒压工况。通过改变液压源提供的流量，适应系统需求的流量。但是，网络压力 p_H 也不是绝对恒定的，受到以下因素影响。

1）液压源自身在不同输出流量时的恒压特性。

2）随通过流量而变的管道压降。在适当的位置配备适当容量的蓄能器，可以减少管道压降变化的影响。

3）液压源与蓄能器对流量需求变化的瞬态响应特性。

（2）区域II——压力降低区 系统需求流量 q_X > 液压源能够提供的最大流量 q_{Pmax}。

在此区域，液压源已不可能继续工作在恒压工况。网络压力 p_H 下降。

可从以下一些方面考虑改善措施。

1）增大主泵最大排量或转速，可使工况点A右移。但这会增加系统投资成本。

2）附加补油泵（见图12-27）。此泵出口通油箱的卸荷阀由网络压力控制，卸荷阀设定压力 p_Y 略低于网络设定压力 p_S。这样，p_H 达到设定值 p_S 时卸荷阀开启卸荷，p_H 低于 p_Y 时卸荷阀关闭补油。

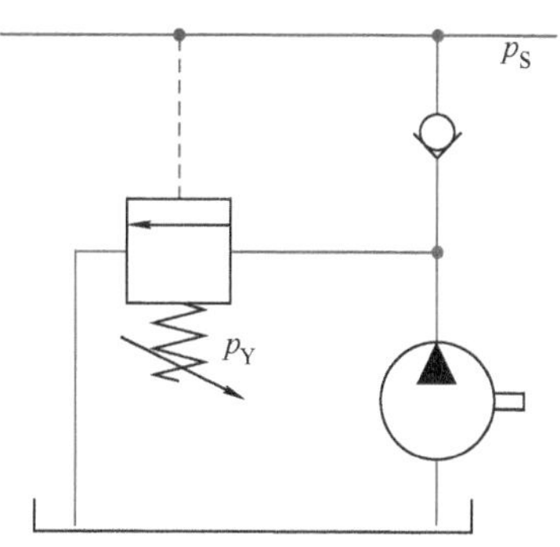

图12-27 附加补油泵

3）在网络压力下降到一定程度时，相应关闭部分不重要的通道。

4）恒压网络对负载压力有一定限制，但对流量，如果通道中没有流量阀限制的话，则当速度反馈控制机构出故障时，进入执行器的流量就可能极其大，也可能引起整个系统失压。

采用如图12-28所示的措施，一旦系统失压，只要切断阀1的控制压力，就能切断进入执行器的流量。阀2则可防止执行器吸空。

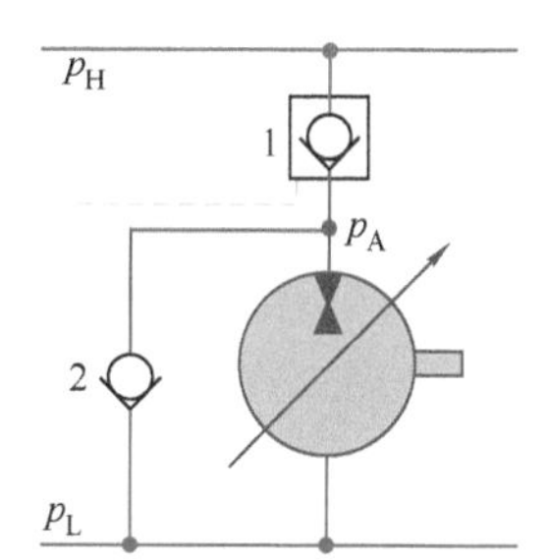

图12-28 恒压网络防失压措施

若此时，把执行器切换成泵工况，排量很大，则负载不会运动。若减小排量，直至通口压力 p_A 超过网络压力 p_H，可使负载缓慢可控地运动。

5）对各通道实际消耗的流量进行监控、限制，以至关闭部分流量消耗过大的通道。

6）增大蓄能器容量，降低预充气压力。

蓄能器释放液压油，提供给网络，同时压力下降，下降幅度取决于蓄能器容量和从蓄能器流出的液压油体积（见图12-29）。

容积为 V_0、预充气压力为 p_0 的蓄能器接入设定压力为 p_S 的恒压网络后，若称此时蓄能器内的液压油体积为 V_H，则气体体积为 $V_0 - V_H$，

$$(V_0 - V_H)p_S = V_0 p_0 \tag{12-1}$$

若称从蓄能器中流出以补充流量不足的液压油体积为ΔV，压力即为网络压力

p_H，则

$$(V_0 - V_H + \Delta V)p_H = V_0 p_0 \quad (12\text{-}2)$$

从式（12-1）和式（12-2）可导出

$$p_H = 1/(\Delta V/(V_0 p_0) + 1/p_S) \quad (12\text{-}3)$$

$$V_H = V_0(1 - p_0/p_S) \quad (12\text{-}4)$$

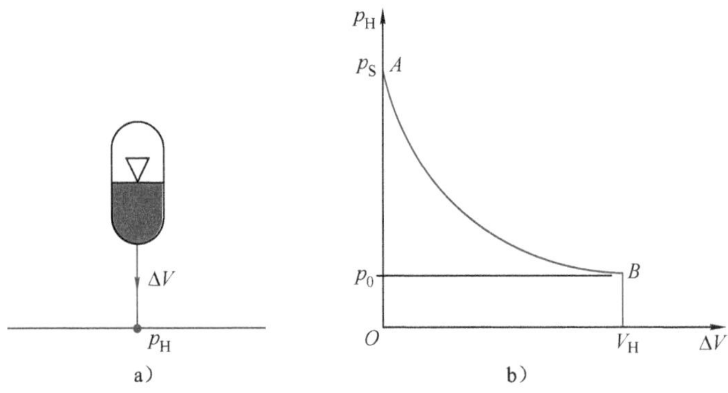

图 12-29　蓄能器压力随输出液压油的体积而变化

a）原理图　b）特性曲线

从式（12-3）可以看出，V_0越大，压力变化越小。所以，增大蓄能器容量 V_0，就可以减小压力下降的速度。最简单的措施，在蓄能器的气口再连接一个耐压的钢瓶（见图 12-30）。

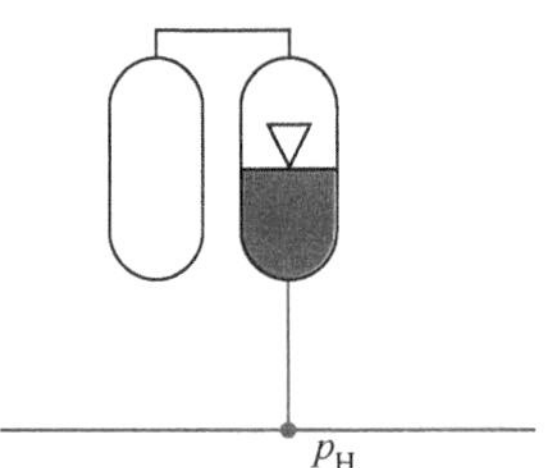

图 12-30　通过附加钢瓶来增大气体容积

从蓄能器中流出液压油体积最多为 V_H，p_H 下降到充气压力 p_0 后，蓄能器已无压力油可提供，网络压力 p_H 会陡降至零。从式（12-4）可以看出，减小 p_0 也可以一定程度增加 V_H，使工况点 B 右移。

采用这些措施要注意，不能超过蓄能器许可的压缩比。

（3）区域 III——压力增加区　系统需求流量 $q_X < 0$。

在此区域，液压源已不再输出流量。从一些执行器回收的流量超过其他执行器需要的流量。超过部分流入蓄能器，使蓄能器内压力升高。

直至工况点 C，安全压力溢流阀开启。此时，只能放弃回收能量了。

p_H 的变化多少会对执行器的速度带来影响。如果对执行器恒速的要求很高的话，就需要在该支路里设置定压差阀，或闭环速度反馈控制措施。

当所有执行器都不工作，换节阀都停在中位时，液压源仅排出极少流量，以弥补泄漏。如果此时持续维持高压，虽耗能不多，但对泵的寿命不利。

如果各换节阀阀芯的位置可知的话，在全中位时，把液压源的工作压力降低至低压，如 1～2MPa，则可延长泵的寿命。

12.4 含中压层的恒压网络

鉴于有些应用中，多个执行器的负载压力通常在大范围内变化，使用液压变压器成本又比较高，参考文献[34]介绍了一个设置中压层的方案（见图 12-31）。

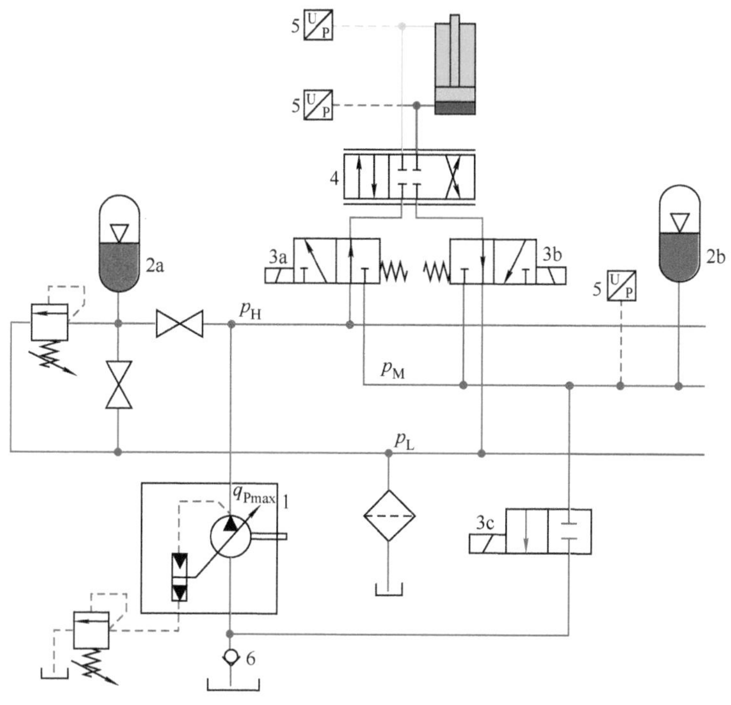

图 12-31　含中压层的恒压网络

1—液压源　2a—高压蓄能器　2b—中压蓄能器　3—压力层切换阀　4—换节阀
5—压力传感器　6—吸油口单向阀　p_H—高压　p_M—中压　p_L—低压

此方案在普通恒压网络中增加了：

1）中压蓄能器。

2）作为压力层切换阀的二位三通开关阀。

3）压力传感器，监测执行器进出口压力、中压层压力。

通过压力层切换阀，执行器两个端口至少有 6 种压力连接方式供支配：p_H-p_H、p_H-p_M、p_H-p_L、p_M-p_L、p_M-p_M、p_L-p_L，从而可以降低消耗在换节阀处的压力。

还可通过开关阀 3c，将中压层与液压泵吸油口相连，从而减少泵输出高压时消耗的功率。因为有单向阀 6 的限制，所以中压层提供的流量取决于恒压泵吸入的流量。

这个方案使用通用产品，很容易构建，只是需要一个电子控制器和一个恰当的控制策略。

根据装在一台轮式装载机上的试验，含中压层的恒压网络回路比负载敏感回路节省燃料达 13%。

第 13 章　多泵系统的流量控制回路

至此为止所介绍的流量控制回路皆采用单泵。但实际应用中，特别是在工程机械中，更多见的是采用多泵。是否采用多泵，通常从以下几方面考虑。

1）节能。一般而言，单个泵（多联泵看作多个泵）的出口压力只有一个水平。如果使用一个泵驱动多个执行器，那么泵出口的最高工作压力就必须根据所有执行器的负载压力中最高的那个设定。而对于其余执行器而言过高的压力，如果通过液阻消耗掉，能量浪费就较多。如果通过液压变压器，可以减少能量浪费，但投资费用会增高。

如果各个执行器由多个泵分别驱动，多个泵连接在同一个发动机轴上，虽然泵作用于发动机的负载转矩迭加，但由于各个泵的输出分别接各自的液压负载，那么各个泵出口的最高压力就可以根据各个负载的压力分别设置，总能耗就会低些。

2）采用多个相同规格的泵驱动相同规格的执行器可以使负载一定程度地同步运动。例如，移动机械的行走驱动，如两侧各用一个泵驱动，可以实现一定程度的“直线行走”。

3）多个定量泵组合，根据需要激活，可以得到不同的输出流量，特别是在各泵流量不同时，可以在某些场合代替变量泵（见 13.1 节 1）。

4）采用高低压泵，可以降低能耗和投资费用（见 13.1 节 2）。

5）有些应用场合，需要很大液压功率，单泵功率不够（见 13.1 节 6）。

6）有些大功率应用场合，即使使用单个泵可行，但也不经济。因为，万一坏了，停机更换代价太大。而采用多泵组合，即使有个别坏了，可以利用剩余的泵支撑最重要的工作，虽然工作效率低些，也不至于导致整机停工。这对许多移动设备特别有价值，特别是行走部分由液压驱动的：即使慢慢走，总比完全停在路上，需要其他车辆来拖要好。

7）多个泵，逐个激活，可减小冲击。

多泵驱动单个执行器时，一般还要考虑合流措施（见 13.2.1 节）。

13.1　多泵单执行器系统的流量控制回路

多泵单执行器有多种应用方式。

1. 相同压力等级定量泵并联

相同压力等级，先后组合工作（见图 13-1）。

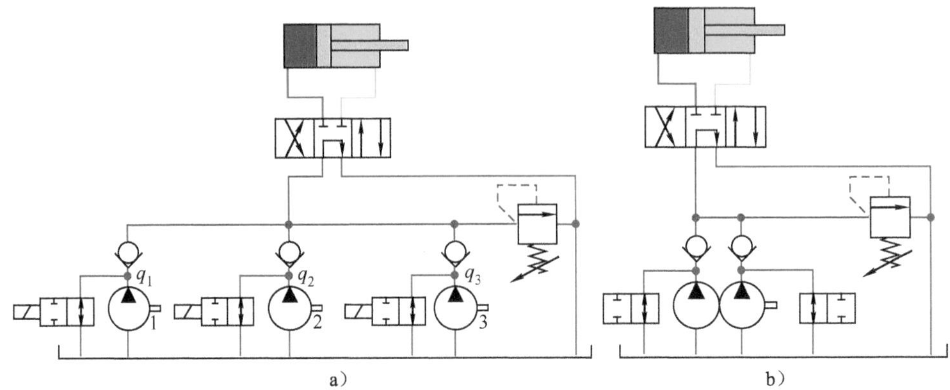

图 13-1　多个定量泵并联使用

a）由多个原动机驱动　b）由一个原动机驱动

要注意的是，为了避免原动机带负载起动，一般每个泵的出口都应配旁路阀。

如果各泵的排量不同，则可以形成多级流量。例如图 13-1a 中，$q_3=2q_2=4q_1$，则通过不同组合 q_1、q_2 和 q_3，可以得到，从 q_1 至 $7q_1$ 的 7 个流量。如此，n 个泵可以形成 2^{n-1} 个流量等级。

例如，装载机，举升时，负载压力不很高，希望速度高，使用双泵并联，同时向执行器供油；推进时，负载压力高，使用单泵，以避免发动机过载。

2．高低压泵并联

在很多应用场合，如锻机、压机、注塑机等，快进时需要大流量，但负载不高，高负载时需要的流量很小。可以采用高压小流量低压大流量泵组合（见图 13-2）。在低压时，两泵并用；而在高压时，由单向阀隔断低压泵，让低压泵 1 通过外控阀 V1 卸荷。这样可以减少能耗，需要的电动机功率也低；限位投资费用。

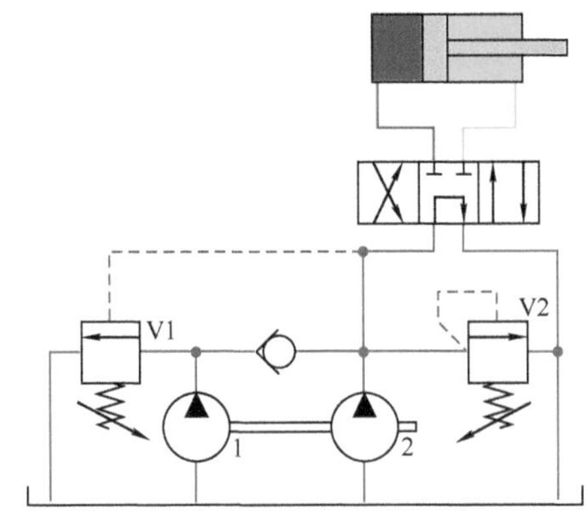

图 13-2　高低压泵并联

1—低压大流量泵　2—高压小流量泵　V1—外控低压溢流阀　V2—高压安全阀

两个泵可以分别由电动机驱动，也可由同一电动机带动：双联泵或穿轴泵，或使用一台双出轴电动机，两个泵分别安装在电动机两端。

还可以附加蓄能器（见图 13-3）：在低压泵不工作时，让部分流量进入蓄能器。这样，在需要低压大流量工作时，短时间可以获得比泵所能提供的更大的流量。只是要根据工作周期中各阶段压力的需要，恰当地匹配好控制阀的设定压力、蓄能器的容量及充气压力。

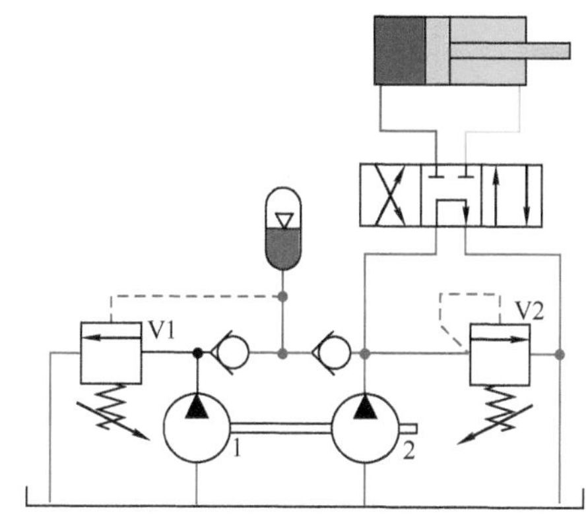

图 13-3　高低压泵并联，附加蓄能器

1—低压大流量泵　2—高压小流量泵

3．排量相同的液压泵串并联

两个排量相同的液压泵通过换向阀串并联（见图 13-4）。

在换向阀左位时，两泵并联。可以输出大流量。

在换向阀右位时，两泵串联。输出小流量。负载压力被分摊了，因此可以克服较高负载压力。

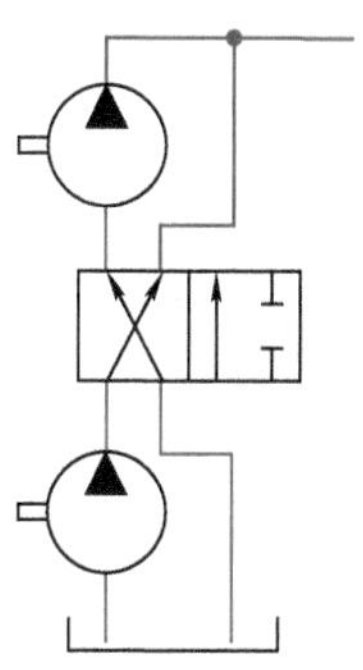

图 13-4　排量相同的液压泵串并联

4．两个恒压变量泵并联

两个恒压变量泵组合（见图 13-5a），可以实现不同流量的两级压力（见图

13-5b）。

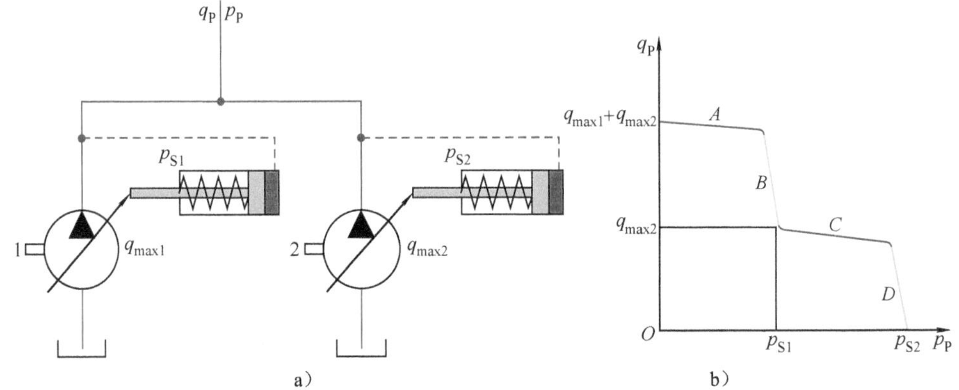

图 13-5　两个恒压变量泵并联

a）系统原理图　b）压力流量特性

p_{S1}、p_{S2}—泵 1、2 的设定压力　q_{max1}、q_{max2}—泵 1、2 的最大输出流量

p_P—液压源出口压力　q_P—液压源输出流量

假定 $p_{S2}>p_{S1}$。则有以下两类工况。

1）如果出口压力 p_P 基本不随输出流量 q_P 变化的话，液压源工作在恒排量工况。

在 $p_P<p_{S1}$ 时，泵 1 和泵 2 的排量都开到最大，$q_P=q_{max1}+q_{max2}$（特性曲线段 *A*）。

在 $p_{S1}<p_P<p_{S2}$ 时，泵 1 的排量关到最小，泵 2 的排量开到最大，$q_P=q_{max2}$（特性曲线段 *C*）。

2）只有 q_P 改变会影响 p_P 时，液压源才可能工作在恒压工况。

如果泵 2 的排量开到最大，泵 1 的排量变化时，p_P 会维持在 p_{S1} 的话，则 $q_{max2}<q_P<q_{max1}+q_{max2}$（特性曲线段 *B*）。

如果泵 1 的排量关到最小，泵 2 的排量变化时，p_P 会维持在 p_{S2} 的话，则 $0<q_P<q_{max2}$（特性曲线段 *D*）。

5. 定变量泵并联

一个定量泵和一个双向变量泵组合（见图 13-6），理论上可以得到从 q_1-q_{max2} 到 q_1+q_{max2} 之间任意的流量输出。

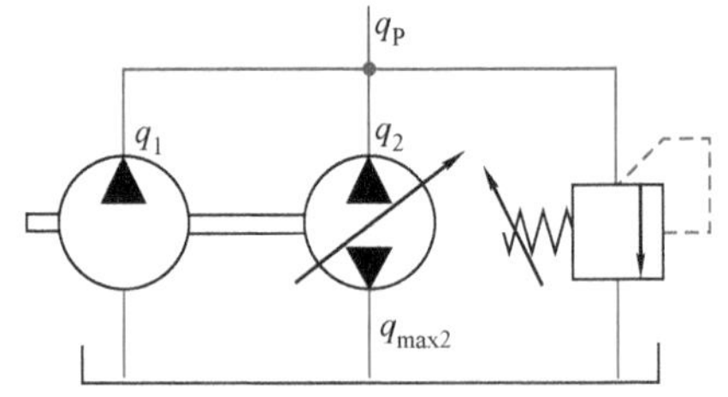

图 13-6　定变量泵并联

6. 变量泵组合

在一些大功率应用场合，液压总功率在几兆甚至几十兆瓦，使用单个液压泵根本不可能。

图 13-7 所示为某德国公司为某中国公司制造的 150MN 型材挤压机的泵站。该泵站共设置了 13 台 A4VSO 开式斜盘柱塞变量泵。工作时最多使用 12 台泵，一台泵作为后备。

图 13-7　150MN 型材挤压机的泵站

13.2　多泵多执行器系统的流量控制回路

13.2.1　合流

在多泵多执行器系统中，为了充分利用各泵的流量，提高某个执行器的速度，往往采用合流措施，而在不需要时再分开。例如，在差动缸的无杆腔作为驱动腔时，由于工作面积大，需要流量高，采用合流；而在有杆腔作为驱动腔时，流量需求低，就不再合流。

合流阀，本质上属于换向阀，有的采用电磁阀或电液阀，由控制器直接控制，也有的采用液控阀，可由某种操作工况顺带控制。如图 13-8 中合流用的液控换向阀 3，仅由换节阀 1 的控制压力 a1 同步控制。

合流阀可设置在换节阀前或换节阀后。

1．换节阀前合流

合流措施在换节阀前的优点是系统简单，单个换向阀就够了，因为只有压力通道需要合流，回油原本就合在一起。

如果使用二通阀作为合流阀，如图 13-8a 所示，则在阀 1 动作时，阀 2 也动作的话，会分掉一部分压力油。

要避免这一问题，就需要采用三通换向阀，如图 13-8b 所示，在合流时切断通向原换节阀的通道。

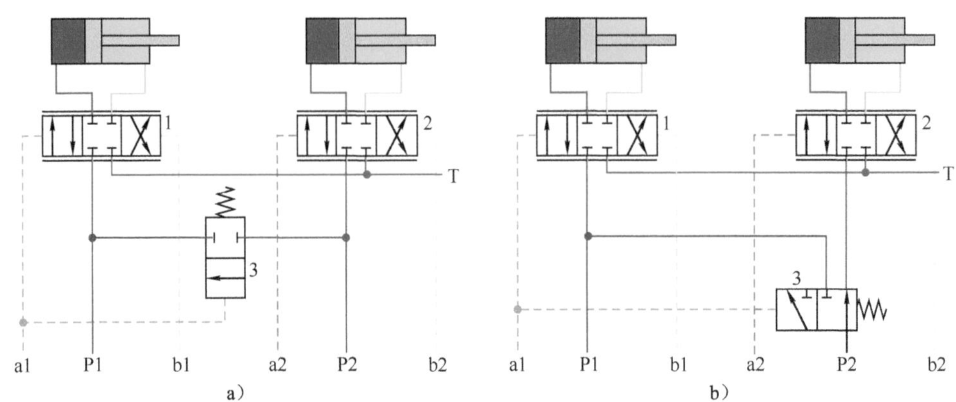

图 13-8 换节阀前合流分流

a）二通阀合流 b）三通阀合流

1、2—换节阀 3—合流阀

a1、b1、…—先导控制压力 P1、P2—接泵 1、2

使用阀前合流的前提：换节阀通径足够大，在通过合流后的大流量时，压力损失还可以接受。如果这一前提不能保证的话，就必须采用阀后合流了。

2. 换节阀后合流

如果使用一个四通阀作为合流阀，如图 13-9a 所示，则会出现如阀前二通阀合流同样的情况：可能被分流。

要避免这一问题的话，需要采用两个三通换向阀，如图 13-9b 所示，或一个六通阀。

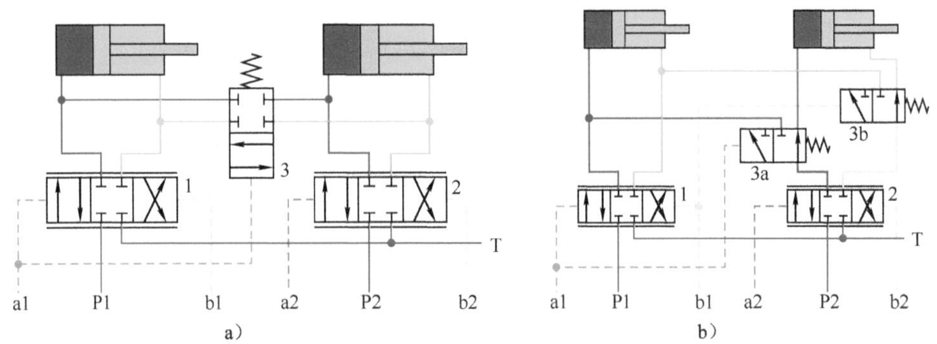

图 13-9 换节阀后合流分流

a）一个四通阀合流 b）两个三通阀合流

还有一种双换节阀合流，与多泵多执行器无关。只是因为需要的流量比较大，使用单个换节阀的压力损失太大，因此用两个换节阀，同步操作，代替一个换节阀（见图 13-10）。

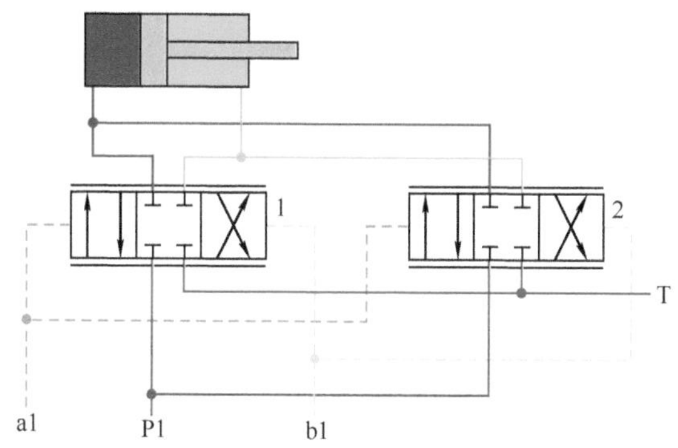

图 13-10　双换节阀合流

3．容积回路合流

1）图 13-11 所示的容积回路合流系统具有双泵三马达，分别驱动前后轮。

当二通阀处于右位时，分流：泵 P1→马达 M1、泵 P2→马达 M2a、M2b。

当二通阀处于左位时，合流：泵 P1、P2→马达 M1、M2a、M2b。

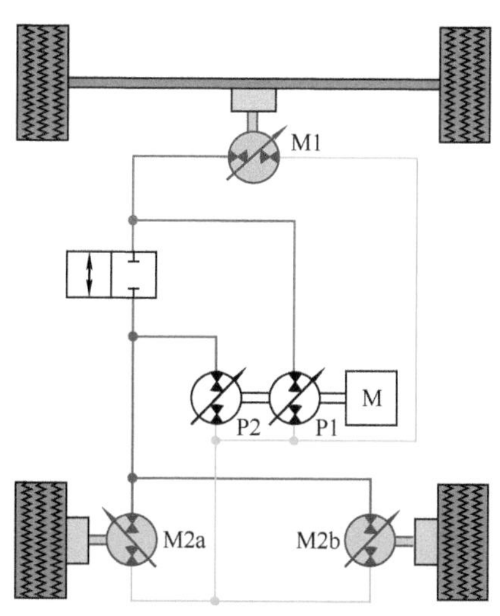

图 13-11　双泵三马达容积回路合流

2）图 13-12 所示为一具有三泵三马达，分别驱动前后轮的容积回路系统。

当两个二通阀都处于右位时，分流：泵 P1→马达 M1、泵 P2→马达 M2、泵 P3→马达 M3。

当两个二通阀都处于左位时，合流：泵 P1、P2、P3→马达 M1、M2、M3。

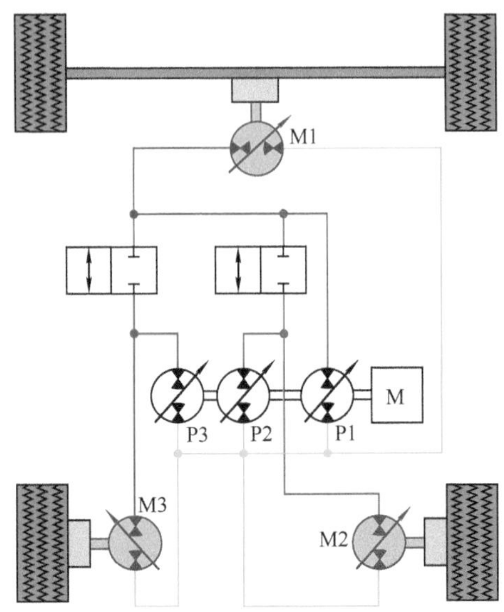

图 13-12　三泵三马达容积回路合流

13.2.2　多泵的恒功率控制

由一个发动机驱动的多泵系统，为了充分利用发动机的功率，同时又避免过载，先后出现了多种形式的功率控制。

1. 分功率控制

分功率控制（Individual Power Control）指的是，若干个恒功率泵并行地、互不相干地工作（见图 13-13），发动机的最大功率被预先等分或不等分地分配给各个泵（以下各图中曲线 P_1、P_2 皆为等分）。

各泵的出口压力 p_1、p_2 被分别引到排量控制阀 VC。

在出口压力很低时，阀 VC 停在左位，控制压力 p_{C1}、p_{C2} 为零，在出口压力的作用下，排量调节活塞被推至左极端，泵排量达到最大 V_{max}。

出口压力超过阀 VC 的双预紧弹簧压力后，推动阀 VC。出口压力越高，p_{C1}、p_{C2} 越高，泵排量越小。这样，各泵的流量（排量）根据各自的负载压力，按照通过阀 VC 的双弹簧所预先确定的功率曲线独立变化（见图 13-14，双弹簧变量机构的功率曲线是折线，为直观起见，本节中近似为曲线）。

不足之处：

1）在负载不同时，各泵输出流量就不一致。用于驱动行走机构，就可能导致跑偏。

2）如果变量机构结合了恒压差控制，则在其中某个泵负载很低，如图 13-14b 中工况点 F_{11} 或 F_{12} 所示时，未利用的发动机功率不能被另一个泵利用。

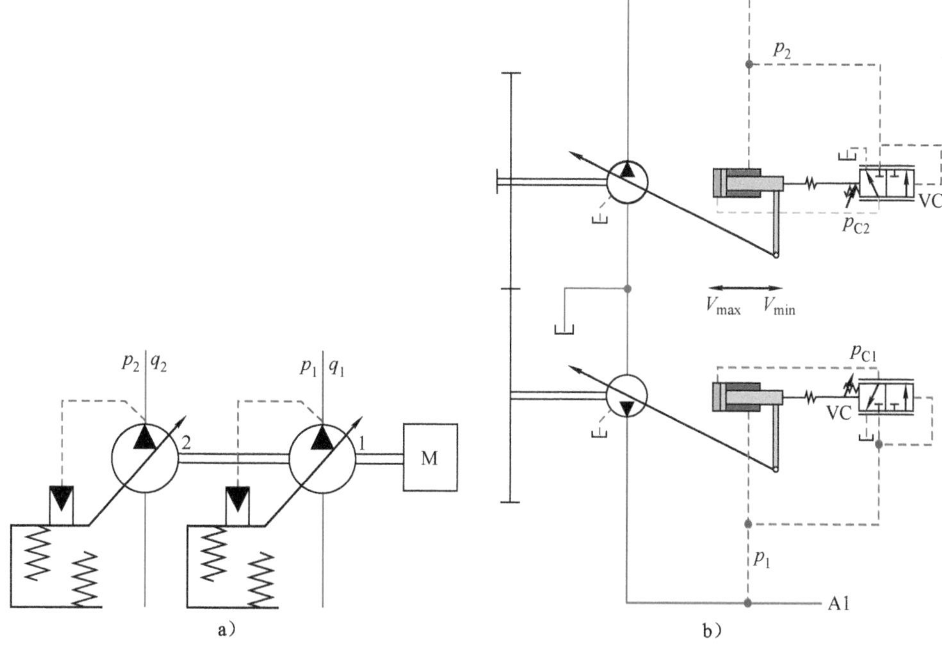

图 13-13　双泵的分功率控制

a）根据 GB/T 786.1—2009 的图形符号　b）力士乐 A8VO*LA0 型（简化）

VC—排量控制阀

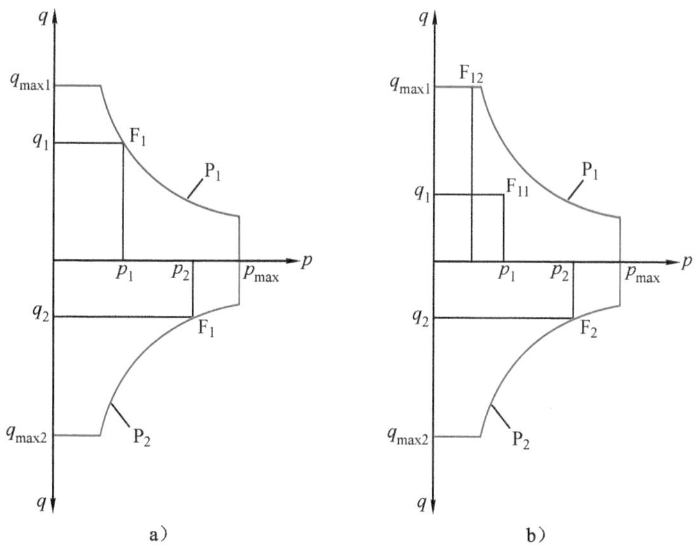

图 13-14　分功率控制的压力流量特性

a）两泵满功率　b）泵 1 未满功率

P_1、P_2—50%功率线　F_1、F_2—两个工况点

2. 变量机构机械并联

变量机构机械并联（Summation Power Control，总功率控制，Mechanical Coupled，机械耦合），也被称为全功率控制。两个泵只有一套变量机构（见图 13-15）。两泵的输出压力，通过压力平均阀 V1，得到等效控制压力

$$p_{12}=(p_1+p_2)/2$$

作用于变量机构，使两个泵的排量同步变化。

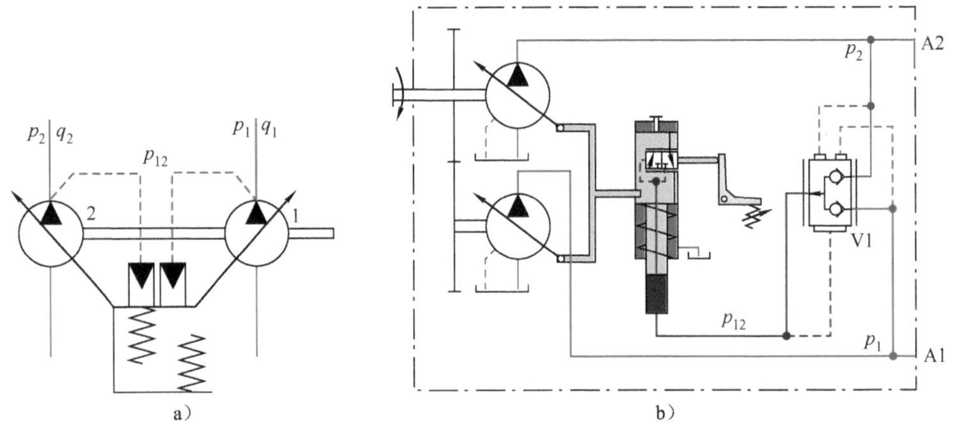

图 13-15 变量机构机械并联

a）根据 GB/T 786.1—2009 的图形符号 b）力士乐的 A8VO*SR 型（简化）

V1—压力平均阀 p_{12}—等效控制压力

其控制特性可如图 13-16 所示。假定泵 2 有负载，出口压力为 p_2。

如采用分功率控制的话，工况点为 F_1、F_2，泵 2 的流量被限制为 q_{F2}。采用全功率控制后，由于作用在变量机构的等效控制压力为 p_{12}，所以，工况点移到 Q_1、Q_2。

1）如果泵 1 无负载，出口压力 p_1 为零的话（见图 13-16a），因为

$$p_{12}=(p_1+p_2)/2=p_2/2$$

所以，泵 2 实际输出的流量 q_{Q2} 增大了一倍。泵 1 未利用的功率全部被泵 2 利用了。

2）如果泵 1 有负载，流量需求不高的话（见图 13-16b），则因为泵 1 的工况点被强制地从 F_1 移至 Q_1，输出流量被改变为 q_{Q1}，流量 $q_{Q1}-q_{F1}$ 是多余的，通过旁路回油箱，损失了功率 $p_1(q_{Q1}-q_{F1})$。泵 2 的流量增大到 q_{Q2}，只能部分地利用了泵 1 未利用的功率。

从以上两种情况可以看到，全功率时两泵输出流量相同，用于驱动行走机构的话，就比较不易跑偏。这个优点与前述缺点，在机械并联，是一个硬币的正反面，不可分的，所以，力士乐已不再提供此种变量机构。

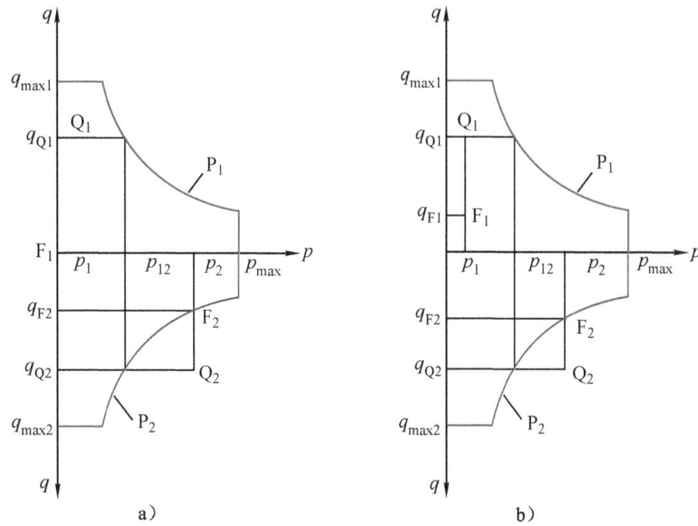

图 13-16　变量机构机械并联的控制特性

a）$p_1=0$　b）$p_1\neq 0$

P_1、P_2—50%功率线　F_1、F_2—分功率控制的工况点　Q_1、Q_2—全功率的工况点　p_{12}—等效控制压力

3．变量机构液压并联

变量机构液压并联（Individual Power Control with Hydraulic Coupling，带液压耦合的分功率控制，见图 13-17），也被称为交叉感应功率控制，结构介于前述的分功率与全功率之间：各泵有自己的变量机构，同时，出口压力又通过压力迭加缸 VS 相互作用于另一泵的变量机构（见图 13-17）。

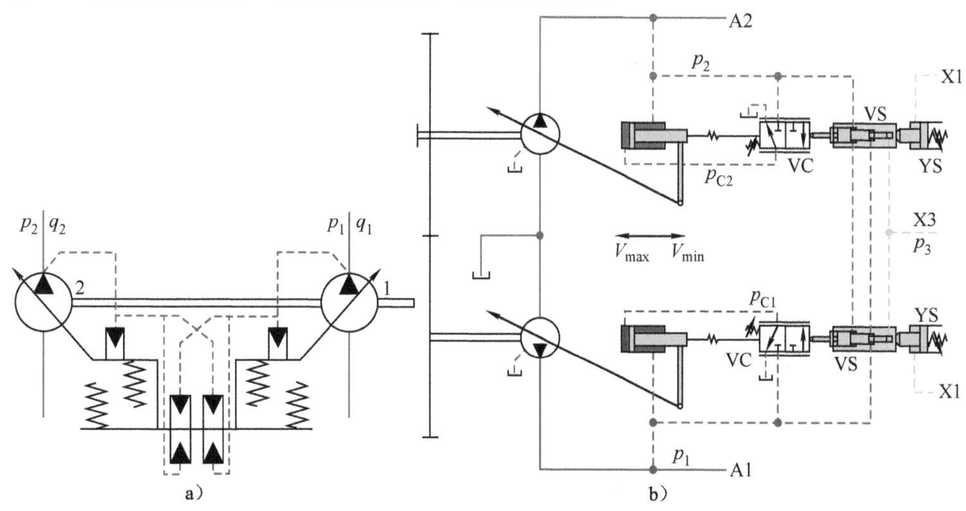

图 13-17　双泵变量机构液压并联

a）根据 GB/T 786.1—2009 的图形符号　b）力士乐的 A8VO*LA1KH 型（简化）

VS—压力迭加缸

这样，一方面，两个输出压力同时对两个泵的排量施加影响，一般情况下，各变量机构同步移动，控制特性与机械并联相似。

另一方面，与前述机械并联不同的是，可以通过附加的小缸 YS 对各个 VS 施加可预设定的作用力，还可以通过外控端口 X1 来随时改变这一作用力，因此各泵的排量可以不同，较之机械并联灵活得多。

这种机构还可以从外控端口 X3 通过附加的控制压力 p_3 对两个变量机构同时施加影响，以反映其他泵的功率消耗。

4. 排量电比例控

图 13-18 所示为泵排量电比例控。使用电比例换节阀 VC 来控制 p_{C1}、p_{C2}，从而控制泵排量，更为灵活。

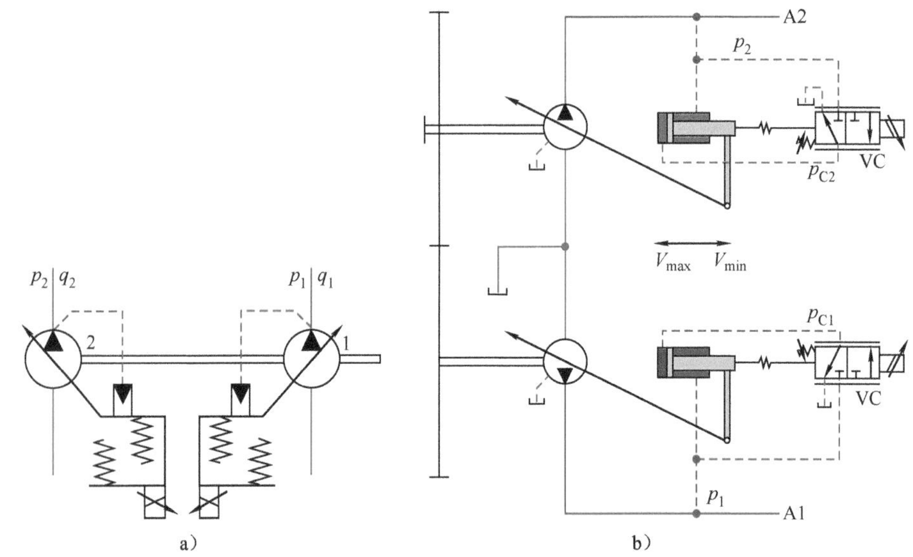

图 13-18 双泵排量电比例控

a）根据 GB/T 786.1—2009 的图形符号 b）力士乐的 A8VO*EP2 型（简化）

p_C—控制压力

前述的分功率控制与总功率控制都是在限制液压系统的总功率。但如果发动机在驱动液压系统的同时，还驱动其他机构，如行走机构。那么，仅限制液压系统的功率并不能保证发动机不过载熄火。利用排量电比例控，就可以很方便地限制发动机总功率。其工作原理：把发动机的转速电信号输入控制器，如果发动机转速下降，就意味着负载超过了发动机在该转速下可提供的最大功率，控制器就通过控制电比例阀来调节泵排量，减小液压功率。

综合来说，功率控制走过了一条分分合合的改进历程：分别控制→联合控制（机械并联）→分别控制（液压并联）→电比例控（机械液压都分开）。

第 14 章　液电一体化

英语单词 mechatronic 是由 **mecha**nic（机械）和 elec**tronic**（电子）各取一半组成的，直译应为“机子”，国内习惯译为“机电一体化”。这个在 20 世纪 80 年代造出来的单词，是为了强调机械与电子技术的紧密结合。鉴于液压技术与电子技术及信息技术的融合越来越普遍，20 世纪末在欧美出现了由 **hy**draulic（液压）与 Elec**tronic**（电子）组成的新词“**hytronic**（液子）”，可以类似译为“液电一体化”。总之，现在液压传动技术与电子控制技术结合，即使在行走机械领域，也已成为主要研发趋势。例如，德国利勃海尔公司推出了电液控挖掘机 Litronic，日本小松（Kamatsu）公司推出了电液控挖掘机 HydrauMind。国内也研制了如蓝天二号等样机。

液压系统采用电子控制具有以下优点。

1）提高操作友好性、避免误操作带来的危险。

例如，如图 14-1 所示，通过在加速和减速时使用不同的预设特性曲线，电液控制可以显著地改善操作性。

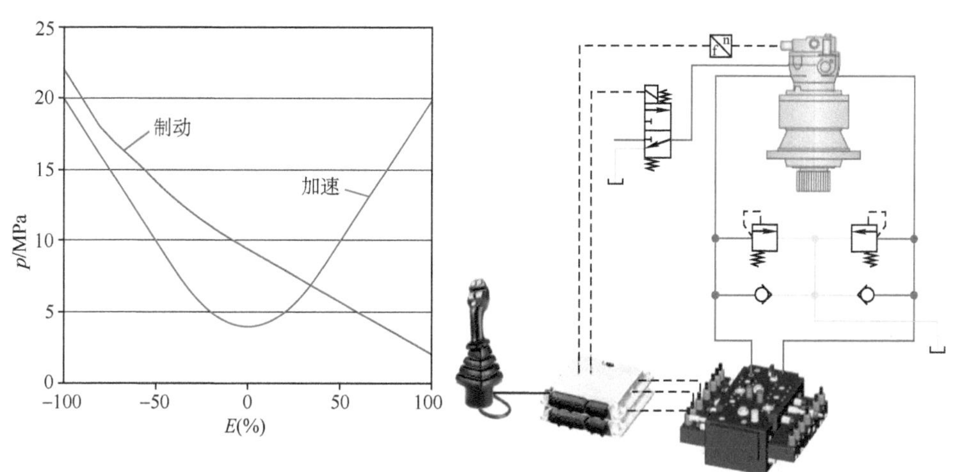

图 14-1　回转机构电液控（力士乐）

E—指令信号　p—工作压力

2）实现操作自动化。

采用电比例控制，节流口可以随时调整，以适应负载压力变化，满足操作任务的需要，可以实现复杂的或多参数的过程控制，如水泥浇灌车的多级臂定位等。

在这方面相对人工操作具有不可替代的优点，可以简化操作，大大缩短操作驾驶员的培训期。

3）实现灵活、复杂的控制逻辑，适应不同工况、不同环境的需要。

可以很轻易地附加振动、抖动等功能，以灵活地满足不同顾客各种工况的需要。

4）帮助提高能效。例见 14.2 节。

5）可以利用多种各类传感器——压力、流量、温度、电子鼻（液压油黏度、清洁度、酸碱度、含气量、含氧量、含水量、介电常数等）等，实现状况在线监测。液压油特性改变、污染颗粒增多是液压元件故障的表征，系统失效的先期症状和预警信号。

例如，对软管工况实现监测与记录，可以正确判断软管寿命，适时更换。

对数据量很大的系统，运用模式识别技术，建立健康指数，帮助故障诊断与分析。

进一步在故障后进行自动切换，自我调整，甚至自我修复。

6）如果实现了电控，还很容易实现远程服务。

可以进行遥测：利用手机卡上网，把传感器测得的数据发送给专业服务人员，显示系统状况，由专业服务人员在计算机辅助下作出诊断，根据问题的早期信息，预测故障，确定维护措施，提高计划维修的能力。

7）提高综合效益。

实现最佳点控制 BPC（Best Point Control）（见图 14-2）：根据操作指令（例如，希望马达转速），系统当前状况（实际负载转矩、压力、实际转速，原动机输出转矩），调节发动机转速和泵马达排量，使系统工作在最佳能耗、最低噪声，或最大转矩工作点等。

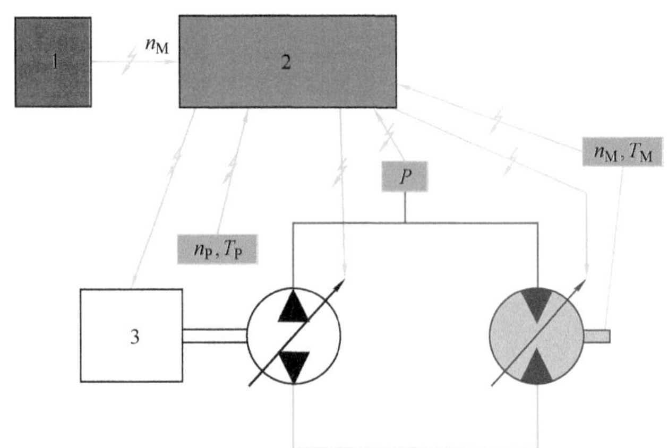

图 14-2 综合最佳点控制 BPC

1—操作指令器 2—控制器 3—原动机

例如，博世和力士乐联合开发了柴油机液压系统控制 DHC，改变了目前常规的作用过程，预测了负载的上升，提前通知柴油机的控制器，使柴油机能保持在最佳工作点，据称，可以降低柴油消耗 20%。

由于液电一体化具有几乎无穷的可能性，因此，在固定液压中很早就已开始应用，但在移动液压中却开始较晚。原因在于：

1）移动液压的工作条件对电子产品而言，相对恶劣。

2）价格较高。

现在，随着电子技术的迅速发展与普及，这两个原因的影响已大大减弱了。因此，移动液压采用电子控制在工业先进国家在 20 世纪末就成为研发重点。以下介绍几个实例。

14.1　电子正流量控制（EPC）

如在 9.3 节中已述，正流量控制的控制压力用纯液压方法很不容易处理好，图 14-3 所示为力士乐在 2003 年推出的电子正流量控制（EPC，Electrical Positive Control），是在液压正流量控制的基础上增加压力传感器和泵排量控制压力的电比例控制。图 14-3 所示为力士乐供 20t 以上的挖掘机上使用的双泵电子正流量控制系统结构图。

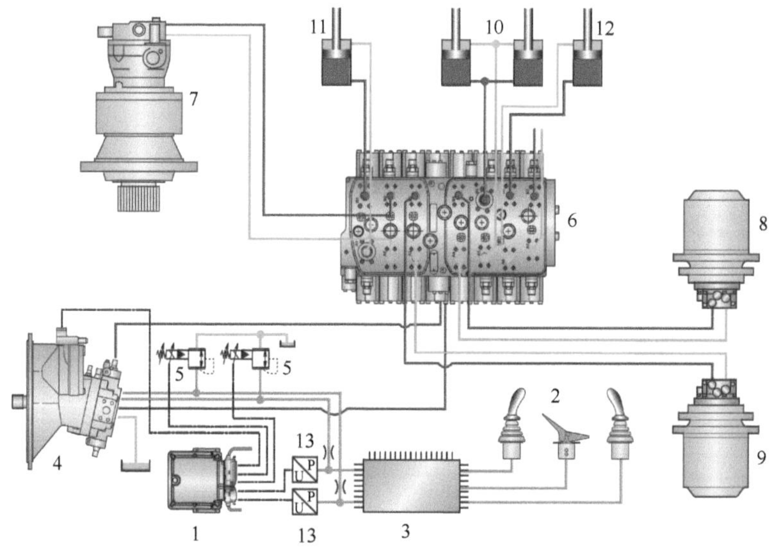

图 14-3　双泵电子正流量控制系统结构图（力士乐）

1—控制器　2—操作指令器（手柄、踏板）　3—控制压力集成块　4—液压双泵（A8VO）　5—电比例压力阀　6—多路阀组（M9-25）　7—回转马达与减速器　8、9—左右行走马达　10—动臂缸　11—斗杆缸　12—铲斗缸　13—压力传感器

其工作原理大致如下（见图 14-4）。

1）采用正流量变量泵。

2）各操作手柄 1 输出阀先导液控压力，控制换节阀 2。

3）各路阀先导液控压力及泵出口压力，通过压力传感器 3、4 输入电控器 6。

4）电控器 6 根据程序和设定的参数，接收各个多路阀先导控制压力，处理（修正、迭加）后控制电比例压力阀 5，调节控制压力 p_{LS}，从而调节泵的排量。

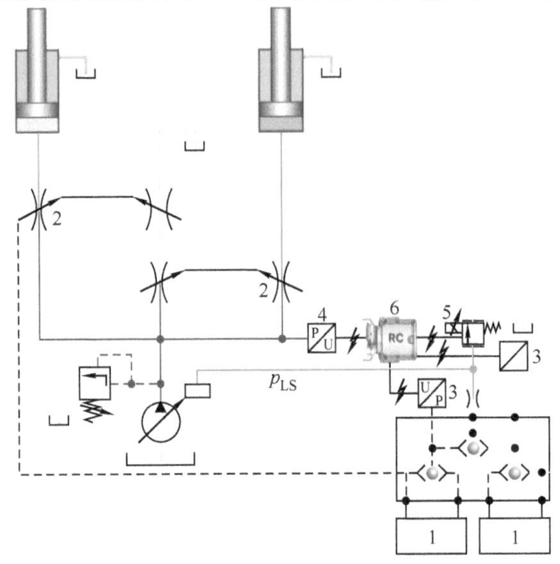

图 14-4　电子正流量控制原理图（力士乐）

1—操作手柄　2—换节阀　3、4—压力传感器　5—电比例压力阀　6—电控器

这样，可以

1）任意改变运动开始点对负载的依赖性（见图 14-5）。

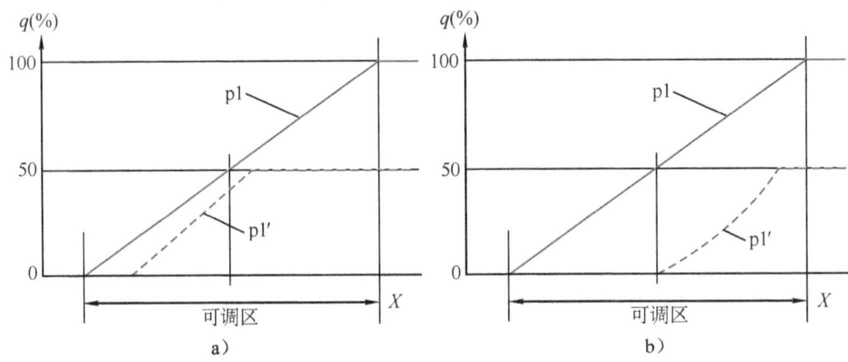

图 14-5　流量控制特性（力士乐）

a）纯液压正流量控制　b）电子正流量控制

p1—轻载　p1′—重载　X—换节阀位移

2）改变泵变量的线性。

3）不再需要所谓“压力切断”的限压元件。

小松 750-7、800、1250 等型挖掘机皆基于这种原理。

不足之处：需要使用多个压力传感器。目前市售的压力传感器，主要是为测量用的，准确度较高，但价格也不菲。而液压电控所需的压力传感器其实对准确度的要求并不那么高。

14.2　电液流量匹配（EFM）

电液流量匹配（EFM，Electronic Flow Matching）20 世纪 90 年代就开始研发，在 2004 至 2006 年期间，出了一些研发报告[37]，具有以下特点。

1．缩短响应时间

纯液压 LUDV 的动作顺序（见图 14-6a）大致如下。

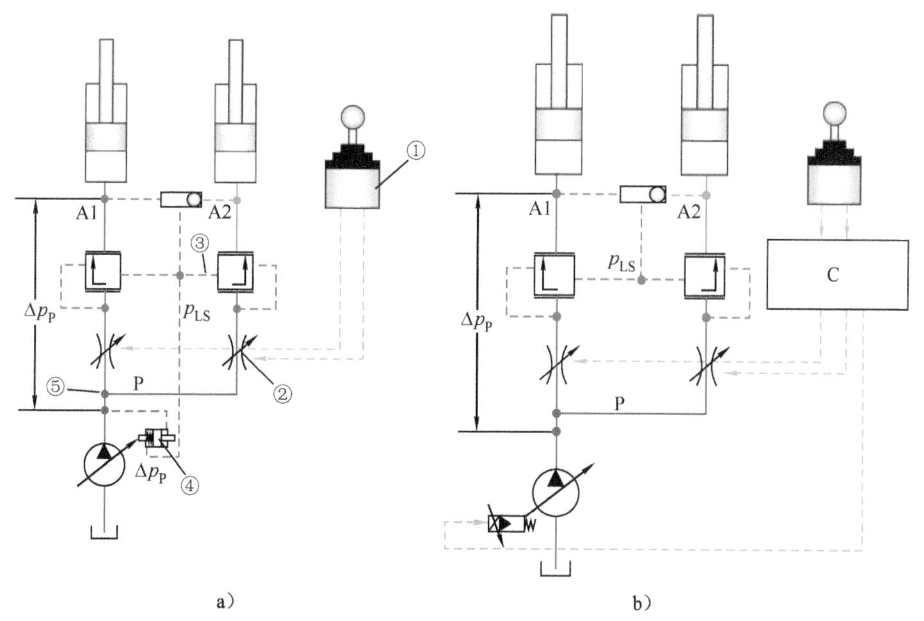

图 14-6　动作时间顺序[37]

a）纯液压 LUDV　b）EFM

C—电控器

① 操作手柄发出动作指令。

② 换节阀动作，有液流从 P 到 A。

③ 定压差阀阀芯动作，给出最高负载压力信号。

④ 泵变量机构动作，调节排量。

⑤ 输给系统的流量发生变化。

这个过程需要一定的响应时间。而通过电控（见图 14-6b），可以在操作手柄动作给出换节阀动作指令的同时，也对泵变量机构发出动作指令，这样就缩短了系统的响应时间。

2．通过 EFM 可以减少系统的振荡

通过电控器对负载压力信号进行滤波等处理，然后再传给泵变量机构，可以减少振荡（见图 14-7）。

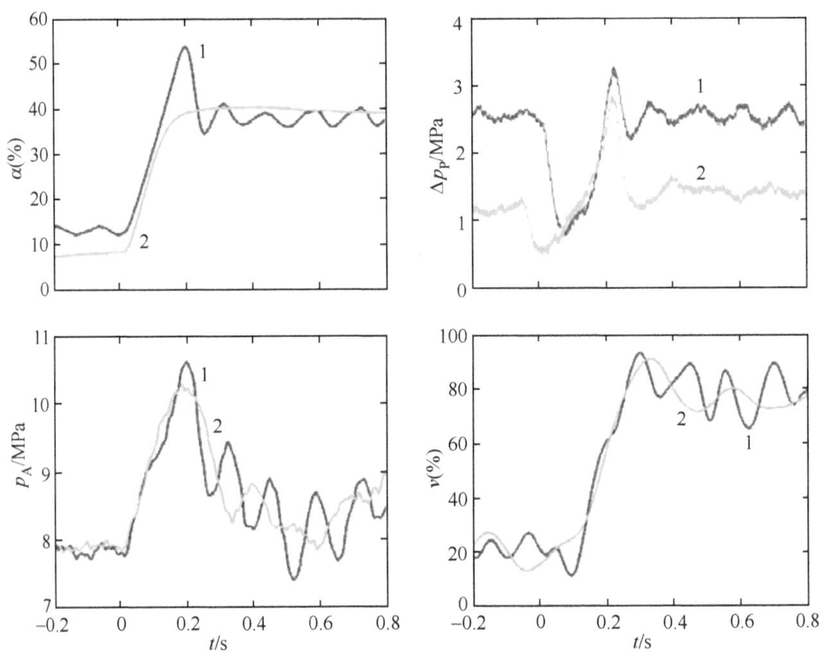

图 14-7　纯液压 LUDV 与 EFM 响应过程对比

1—纯液压 LUDV　2—EFM

α—变量机构偏转角　p_A—驱动压力　Δp_P—泵控压差　v—液压缸运动速度/最高速度

3．通过 EFM 可以帮助降低能耗

如在第 10 章中已介绍，在普通负载敏感系统中，液压源工作在恒压差工况。这个压差Δp_P 是根据液压油黏度最低而输出流量最大时，从泵到阀的管路损失设定，固定不变的。而使用 EFM 可以根据液压油温度与实际工作流量，选择需要的压差Δp_P，减少消耗在定压差阀上的功率。根据试验，能耗（见图 14-8）可以降低达 12%。

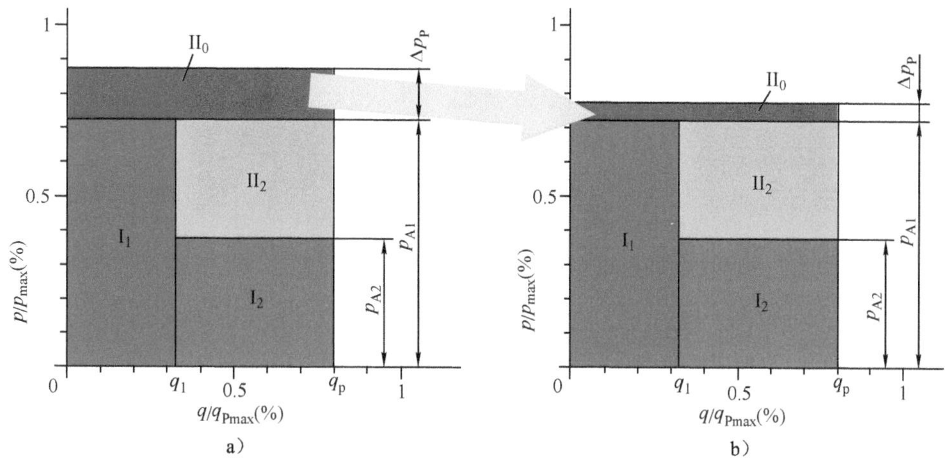

图 14-8　能耗状况对比（假定通道 1 的负载压力高于通道 2）

a）纯液压 LUDV　b）带 EFM 的 LUDV

I_1、I_2—通道 1、2 的做功功率　II_0—消耗在管路与定压差阀 2 的未做功功率

II_2—消耗在通道 2 的定压差阀的未做功功率

14.3　执行器进出口独立控制

大多数执行器都有两个通口：一个进口，一个出口。如果使用普通三位四通换节阀，进出口同时节流，可以适应大多数的负载状况，获得较平稳的运动，因此被普遍应用。然而，如在 5.4 节中已分析过：

1）如果节流口太小，则能效低；节流口太大，则达不到平稳的运动，甚至在过载或负负载时失控。

2）最佳的进出节流口面积比与执行器两腔面积比、可能出现的最大负载及负负载有关。

3）而在一台主机上，由于各个执行器的尺寸及负载状况不同，因此很可能需要多根不相同的换节阀阀芯。例如，一台挖掘机可能有 8 个执行器，就可能要有 6、7 种不同的阀芯。这为组织生产及配件都带来相当的麻烦。而且如果工况变换了，也很难随之改变。

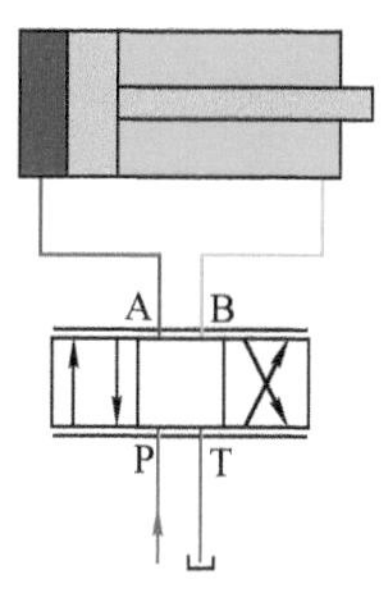

图 14-9　使用普通三位四通换节阀

以上问题的根源在于使用一个换节阀阀芯控制执行器的两个通口：两个节流口的面积虽然在阀芯设计时是可以独立选择的，但一旦阀芯加工完成，就有相对固定的关系，是同步改变的，就只剩位移这一个自由度了（见图 14-9），只能实现三种功能：活塞杆伸出、

返回和某一种中位功能。

如果采用独立控制的二通阀控制执行器（见图 14-10），则是四个阀芯控制两个通口，有很多个甚至是多余的自由度。

而使用两个独立控制的三通换节阀则恰恰是介于两者之间：一个阀芯控制一个通口。

此控制方式也被称为双阀芯控制。

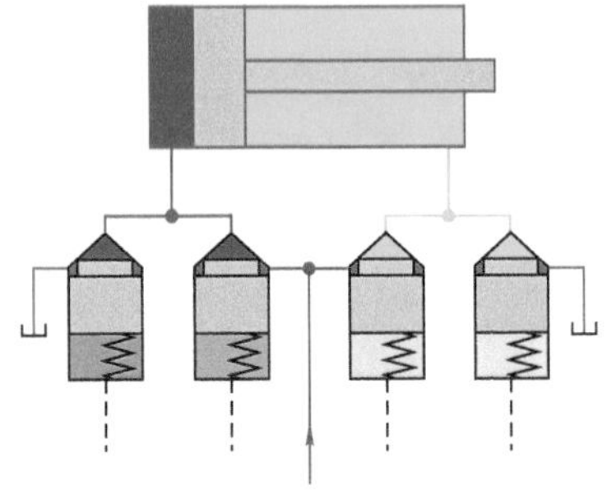

图 14-10　四个独立控制的二通阀控制一个执行器

1. 两个独立控制的换向阀

如果用两个三位三通型换向阀来控制液压缸，两个阀可以独立动作，则可实现的功能要多得多。

1）如果两个换向阀的中位都是三个通口不通，如图 14-11a 所示，则可实现的功能如图 14-11b 所示，可用于闭中心回路。

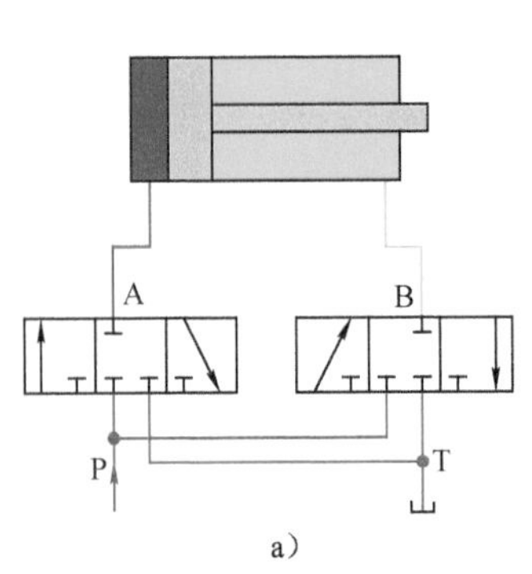

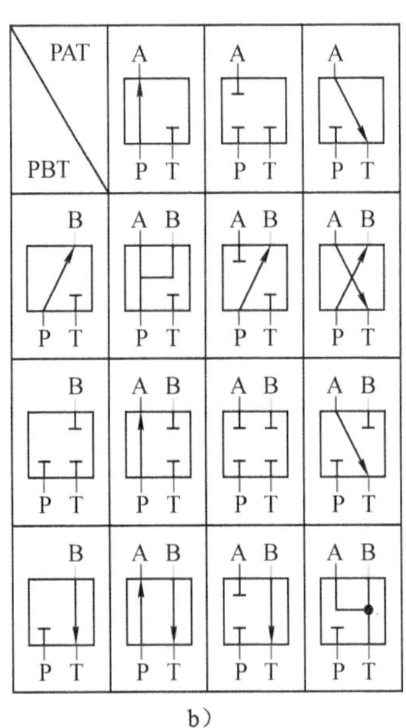

图 14-11　两个换向阀的中位都是三个通口不通

a）回路　b）可实现的功能

2）如果两个换向阀的中位都是三个通口相通，则可以实现泵卸荷、液压缸浮动等功能（见图 14-12）。

3）如果一个换向阀中位三通口相通，另一个中位全部不通，如图 14-13 所示，则可以实现泵卸荷，在活塞杆受到拉力负载时保持原位。

由此可见，采用两个独立的三通阀比一个四通阀可实现的功能多得多。

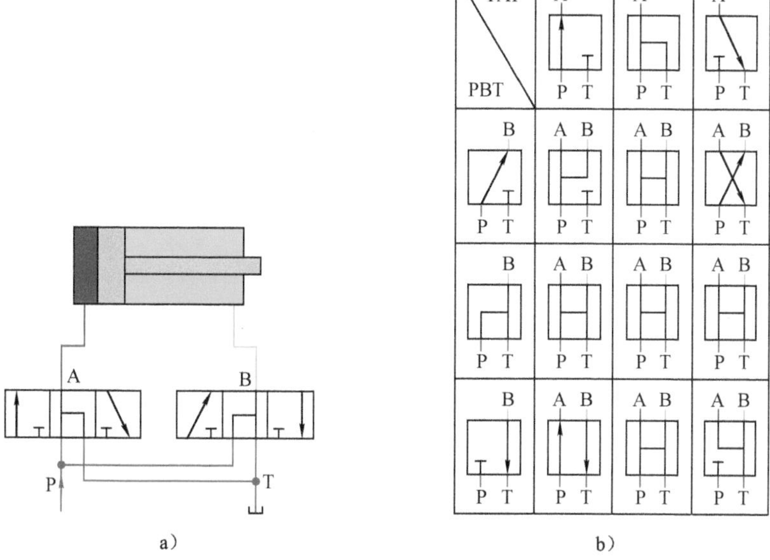

a） b）

图 14-12 两个换向阀的中位都是三通口相通，组合 2

a）回路 b）可实现的功能

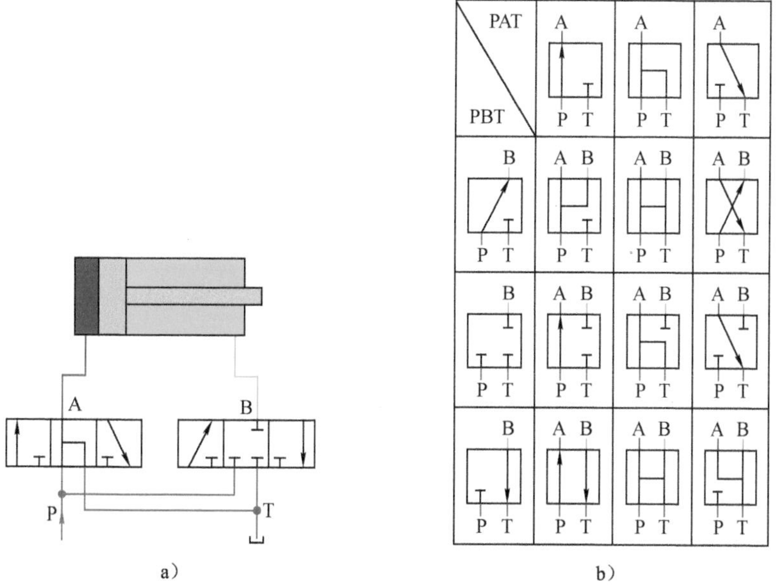

a） b）

图 14-13 一个换向阀中位三个通口相通，另一个都不通

a）回路 b）可实现的功能

2．两个独立的换节阀

根据以上原理，如果采用两个换节阀分别控制一个执行器的两腔，组成进出

口节流回路，分别调节，则可以灵活得多。

换节阀阀芯可以手控、机控、液控、电控，也可以电液先导控制，甚至可以带位置传感器，实现位置反馈闭环控制。但在使用电比例控、电液比例控时特别有价值。因为可以通过在控制器中设置参数，把操作者通过电操作手柄给入的一个位移信号，转换成任意的位移信号，分别驱动这两个阀芯。这样，一种阀芯，只需要通过改变参数就可以适应几乎所有工况，非常灵活，对组织生产及配件带来极大便利。

图 14-14 所示为一种实现方案（Eaton Ultronics Twin Spool，双阀芯）。位置传感器 7 检测三通换节阀阀芯 2 的位置，反馈给控制器 9。控制器根据输入指令、预设的程序和参数，调节输入电比例线圈 6 的电流，改变先导阀芯的位置，从而调整三通换节阀阀芯 2 的位置。

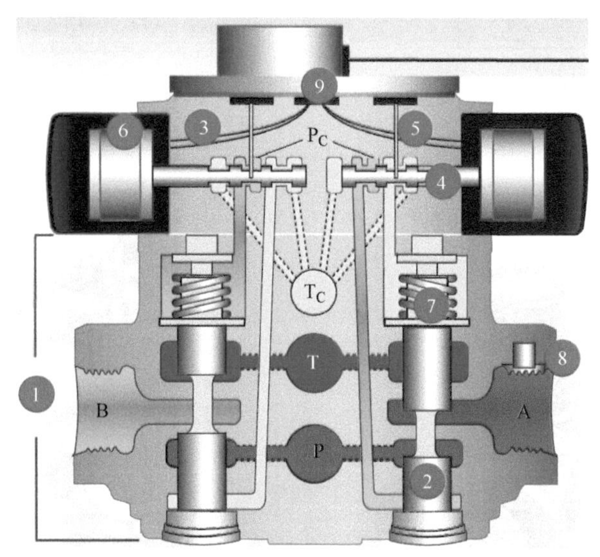

图 14-14　两个独立的三通换节阀控制一个执行器（伊顿）

1—主阀　2—三通换节阀阀芯　3—先导阀　4—先导阀阀芯　5—对中心弹簧

6—电比例线圈　7—位置传感器　8—压力传感器　9—控制器

如果把阀芯位移与阀口的压差流量特性预存在控制程序中，甚至可以做到流量基本不随负载变化。

利用压力传感器 8 监测液压执行器两腔工作时的压力状况，在可能出现负压和过载时，及时调整相应换节阀阀芯的位置，就可以在保证运动平稳性的同时，降低能耗。

另外，由于这种阀芯较普通同时控制进出口的阀芯短得多，因此，加工的形位偏差也较小。

14.4　电液控制综述

液压系统电控的核心是控制器。

14.4.1　电子控制器

过去，继电器、步进编程器、模拟型控制器等都曾被液压系统采用过作为控制器，但现在几乎都被淘汰了，因为电子、信息技术的高度发展带来了以下特点。

1）把模拟量离散化，大大提高了抗干扰性和可靠性。

2）采用高级语言编制程序，可以描述极其复杂的逻辑关系。

3）采用大规模集成电路制作硬件：微型化，高速，结合了 A/D 转换、D/A 转换、脉冲计数等多种控制所需的功能。

4）大批量生产，降低了价格。

所有这些特点，使得使用微处理器成为当今液压系统控制器的几乎唯一选择。根据控制对象的多寡、速度要求、控制逻辑复杂程度而有 PLC、单片机、工控机、PCC（过程控制计算机）等。

图 14-15 所示为目前常见的一些对液压阀的电控模式。

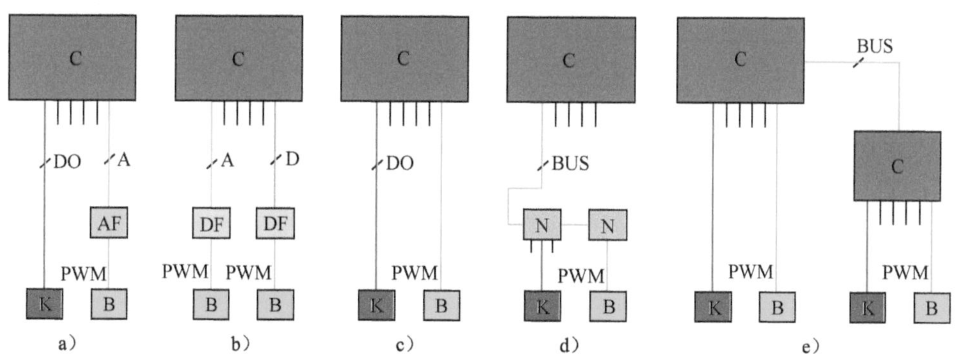

图 14-15　常见电控模式

a）模式 1　b）模式 2　c）模式 3　d）模式 4　e）模式 5

C—主控制器　K—电开关阀　B—电比例阀　AF—模拟型放大器　DF—数字型放大器　DO—开关信号
A—模拟型控制信号　D—数字型控制信号　BUS—控制总线　N—解码器

（1）模式 1　比较传统的。功率放大器 AF 是模拟型的，一般做成单独控制板，或集成接头式的。

单独控制板（如欧板）体积庞大，连接线比较繁复，防水等级低，因此，一般不在移动设备中使用。

集成式接头，一般与阀配套由电比例阀的供货商供给，可做到即插即用，防水等级可达 IP65 甚至 IP69，符合移动设备需要。

主控制器 C 发出普通开关信号给电开关阀 K，或模拟型信号给功率放大器 AF。模拟型信号电压较低（一般为 5～10V），很容易受到周围环境的干扰，传输距离一般不应超过 10m，而且要注意做好屏蔽与屏蔽的有效接地。

AF 再产生相应的电压脉宽调制信号 PWM，送给电比例阀 B。PWM 虽说是离散的，但也属于模拟型的，抗干扰能力有限。

（2）模式 2 数字型放大器 DF 可以接受模拟型和数字型的输入信号，输出 PWM 给电比例阀。

内部是数字型的，一般带有串行接口，可通过控制总线（CAN、ISO11898、ISO11519、ABUS、J1850、LIN、Fieldbus 等）与主控制器相连，交换数据，接受数字型的指令，调节各个参数，抗干扰能力较强。还可以设置非线性校正，较模拟型方便得多，有很大的灵活性。从而可以把比例阀用到极致。

（3）模式 3 控制器与功率放大器结合在一起，成为一个多通道的液压专用控制器，可以接受开关量或模拟量的指令信号、传感器信号，直接控制多个电开关阀或电比例阀。可以使用市场常见的阀，选择范围大。对中小规模的液压系统电控，是一种较常见的模式。

（4）模式 4 主控制器与解码器之间通过控制总线连接。

由于现代液压电子系统越来越复杂，如果连接线的数量不断增加，就会降低可靠性，增高故障率，使维修更加困难。而采用控制总线，或者通过局域网或互联网，则接线要简单得多，一般只需要一股 4 根线：电源、地线、信号线、信号地。这样可以串联几千个控制器与解码器，而且可以与非液压的电控元件共用控制总线，在被控元件多，空间有限的应用中特别有价值，接线错误率可降至几乎为零。

解码器可以同时控制若干个开关阀或比例阀。

使用 CAN 总线，信号传输距离可达几千米。而如果使用互联网，信号传输距离则是无限的，只是要相应注意其可靠性和时效性。

（5）模式 5 分布式控制。多个控制器、显示器，相互间使用总线或互联网传递信息。

这种配置相对灵活：主控制器仅满足主机标准配置的需要。如果要求额外的附加功能，可以增加辅助控制器。

14.4.2 液压系统电控的三个水平和可能遇到的问题

液压系统电控根据控制的复杂度大致可分三个水平：开关量控制，模拟量开环控制，模拟量闭环控制。

1．开关量控制

在这个水平上，需要控制的是电磁开关阀或电液阀。可能遇到的技术问题有以下一些。

（1）硬件可靠性

1）指令器、位置开关、传感器误信号的识别与对策。

2）抗干扰。液压电磁阀的工作电流是 A（安培）级的，而微处理器的工作电流是μA 级的，仅几百万分之一。因此必须采取措施，避免液压系统的强电信号干扰微处理器运行。例如，外来信号都通过光电耦合管进入处理器，做到电磁完全隔离。

还要防止电磁线圈的电感在关断时引起的反向电压冲击。

3）必要时可以运用冗余技术，设置双通道或三通道并行控制器，在输出前进行比较。

4）防水渗入，密封要根据要求，达到防水等级 IP67 或 IP69K。

5）防冷凝水，设置防水出气孔等，甚至整片电路板用绝缘漆覆盖。

6）采取措施，保证更可靠的应急停止，即使有一个功率放大器烧毁了，触点融合在一起了。

（2）软件可靠性　由于控制程序日益复杂，而且数学上已经证明：测试只能发现错误，不能证明没有错误。所以，必须使程序模块化，恰当地编写说明文档、组织测试，减少错误。

对预存在控制器里的程序在调用前进行奇偶校验，预存的参数分几处重复储存，在调用前比较等。

2．模拟量开环控制

在这个水平，控制对象就不仅是开关阀，一般还有比例阀或伺服阀。需要控制的是模拟量，而为了减少发热，一般都采用脉宽调制（PWM）。

由于有一定的控制精度要求，所以，液压元件，特别是电比例阀的滞回（滞环）、滞后、非线性、不重复性，温漂，输出线抗干扰等，就都需要给予注意，并采用适当的应对措施。

一般都要使用位置传感器、压力传感器等。如果采用压力传感器，既要结实，又要低价，还要一定的准确度，不容易找。另外，压力波动很大很快，要有适当的算法滤波，计算出平均值。

从传感器输出的信号还可能由于短路、断线等出错，需要有相应的错误识别机制。

3．模拟量闭环控制

在这个水平上大量应用各类传感器，如位置、加速度、压力、流量、力等传感器，以及高频响高精度的控制阀（比例阀、伺服阀）。这时，除了前面两个水平可能遇到的技术问题外，还可能碰到的是由反馈引起的振荡（不稳定）等。要研究如何通过数字 PID，离散控制，自适应、自学习等控制方式，避免振荡，又尽快地得到最佳的控制效果。

液压系统电控是锦上添花。只有保证了液压系统的可靠性，电控才顺理成章。因为，电控、电检测固然可以及时察觉故障报告故障，但解决不了液压元件的易损、泄漏、失效等问题。

所以，一般应从已有的成熟可靠的非电控出发，逐步改造、试验、提高水平。如果想一步就达到最先进水平的话，往往会同时碰到大量问题，寻找根源极其困难，结果通常是欲速不达。

在一些使用机液控制很容易实现的场合，电控由于成本高、维修复杂，因此优点一时并不突出。但总体上来说，液电一体化前途无量！

第15章 尾　声

人们对技术改善的追求永远不会停止，书也不可能穷尽知识。液压技术，几十年来，经过几十万科研技术人员的钻研创新，已经是极其丰富的了。作者学习液压三十年，所知也不过沧海一粟，更何况这本泛泛而谈的入门书呢。以下内容在本书中没有介绍。

1）元件特性。本书重点在液压回路技术，即使介绍元件，也是为回路服务。关心液压阀特性的读者可以去阅读参考文献[2]。

2）位置控制回路。液压阀能控制的只是流道开口，而流道开口的大小，影响的是通过阀口的流量。要控制某个执行器的位置，如行走机械转向机构的角度、泵马达变排量机构的位置，必须控制的是进入（或离开）执行器的液压油体积。因此，必须要采取位置检测反馈控制，到了希望的位置后就调整相应阀的开口，不再提供流量或者只提供补充泄漏的流量。这也是非常值得研究的。

3）同步（同速度、同位移）回路。

4）压力限制回路。

5）液电一体化，这是当前液压技术发展的一个主要方向。本书第 14 章仅作了非常简单的介绍。

6）泵的变量控制机制等。

本书从开始动笔到交稿，花了两年多的时间。有不少东西，原先自以为是懂了，具体化以后，才发觉理解得还是不透彻。所以，作者觉得，“凡事都要具体，只有具体才能深入”这句话还是很实在的。我们需要前瞻，但更需要从现实情况出发，脚踏实地地面对和解决现有的问题。要不然，名词不断翻新，追赶潮流，实际工业水平却远远落后于世界水平，成为“泥足巨人”。靠说笼统的大话，是解决不了具体的液压技术问题的。

德国工业强大的原因之一，就是因为他们崇尚实际。在德国工业界广为流传着一句戏谑语：“什么是理论家？他什么都懂，就是解决不了问题。什么是实干家？他解决了问题，但不知道为什么。”创新是靠实际干出来的，靠搞无用的数学模型是创不了新的。德国还有句人人知晓的谚语：“Probieren geht vor Studieren（尝试胜过啃书）”，也值得我们深思。

15.1　给青年液压技术人员的一些建议

1．创新是极其重要的

世界流体技术泰斗巴克教授在 2009 年 7 月为祝贺他 80 寿辰的宾客写道[25]：

如果问专家，流体技术在将来还会有哪些发展，得到的答复会是：

- 与微电子技术结合
- 更好地利用能量
- 元件进一步标准化
- 扩大使用变量容积调速
- 能量回收
- 利用新材料降低重量
- 扩大使用蓄能器技术
- 仿真程序用于整个系统
- 应用区域总线技术

“这些都对，它们已经并将继续引导我们专业领域里的持续改进。但是，我要问，当年，有谁预见到了‘比例阀技术’、‘二通插装阀技术’或者‘初级与次级容积调速’在如此大范围里应用的巨大可能性吗？以上仅仅是几个例子而已。很关键的一点是，在上面的罗列中缺了创新这一项。而在过去，创新标志了转折点，突然创造了新的可能性。”

“这是一种才能，识别出新的未被意识到的应用，敢于创新，发现新的联系。流体技术在这方面看上去特别有潜力，而需要绞尽脑汁与横向思维。因此我对流体技术和它的未来毫不担心。它将继续发展。也许不像我们能够想象的那样，但它会找到新的路。从这个意义上我祝愿我们这个专业领域继续蓬勃发展。”

这段话是巴克教授自己从事、推动、引领世界流体技术发展50年的亲身体会，对我们也是极有指导意义的。

2．如何创新

在欧美，经过几十年的调查试验研究，社会心理学家们已经得到共识：不存在所谓创新型人才，每个人都能创新；当然，存在一些方法和工具，借助于此，人们可以更快地创新[36]。

（1）学习相关知识 液压技术，是一门相当成熟的技术，产品已经极其丰富了，几乎没有还未发明的东西，但也没有什么不可改进的东西，很多传统经典的产品都被改进了[40,41,42]。许多带来显著技术与经济效果的重大改进源自一些简单已知的原理，只是被适当地集合、适当地应用了而已。所以，要创新就要有广泛的知识基础。本书不过是为进一步认识液压系统提供了一个入门，一个出发的平台，提供了一些新的认识角度、观察方法而已。进一步的学习途径，除了教科书提供基础知识，温故而知新以外，还有以下这些。

1）专著、设计手册的有关章节，这很容易获得，作为入门的准备是很好的，但其很多内容有待更新。

2）期刊上的论文内容比较新，但含金量和水平差异极大，鱼目混珠，要学会挑选和鉴别。

3）学位论文，针对性很强，内容一般都比较可靠。特别是其综述部分，一般都概括了该主题的最新研究状况。尤其是欧美工业先进国家的博士论文，研究极深，极有价值，只是不一定能搞到，且还有些语言障碍。

4）观摩展览会，参加供货商组织的培训，也是极好的学习机会。供货商往往具有该领域的最新专业知识，也肯热情相助，但通常局限于他们自己的产品。

5）产品说明书，特别是原版的，可靠性最高，应该仔细认真学习。

6）他人，特别是本公司同仁的实际使用经验，针对性最强，很实用，但可能有局限性。一定要虚心听，慎重考虑，有所取舍。

7）试验，可以帮助理解问题，验证设想方案的正确性，是不该迂回之路。

流量控制技术是每个液压系统设计师都必须掌握的。但是，要成为一个好的液压系统设计师，还要懂些机械、运动学、动力学、电工技术、计算机编程，至少是PLC编程，以便和其他技术人员有共同语言，可以交流，分析界定任务，确定问题所在。

（2）明确创新所要解决的问题　要层层剥茧，分析越是深入，就越容易找到解决问题的方法。

（3）学习，了解已有的解决办法　仿造，只要不侵权，也是可以的。现在，有很多国内还没有使用过的液压控制回路，都是国外二十世纪八九十年代发明登记专利的。有的专利保护已经过期，有些即将过期。拿来仔细分析一下，取其优点，抛弃不适用的部分。这是完全可以且无可非议的。关键是：

第一，绝对不可以假冒。

第二，不要侵犯知识产权。

第三，要搞懂原理，真正做好做精，不要照葫芦画瓢，形似神不似。很多日本公司在三四十年前，也曾以仿造“闻臭名”于欧美，但现在就能真正造出不少好东西，其精致令欧美人肃然起敬。

第四，要以此为基础，进一步改进。

（4）主意孵化期　如果问到，怎么会得到这么一个主意时，许多发明家、研究者、创造者会简单回答，这是一个思想火花。这给人以“好主意是从天而降”的印象。其实，在这个思想火花之前，通常是几个星期、几个月、甚至是几年艰苦的探索。因此，不要相信守株待兔，灵感会从天而降，而是坚持钻研你的项目。即使好主意看上去一直没有来，也不要紧张，不要怀疑放弃。

许多发明家称，他们的好主意通常不是坐在办公桌、计算机前，不是在绞尽脑汁冥思苦想时，而是在这之后，在放松地做其他事，例如，打球、洗澡、上厕所、失眠时产生的，所谓“踏破铁鞋无觅处，得来全不费工夫”。所以，“正确”的环境、放松和悠闲经常是产生好主意的前提，甚至是先决条件。越是放松，好主意就越是容易出现。所以，如果你一时没有主意的话，更换一个环境。去散散步，或整理一下书柜，清洁一下抽屉，或许会有帮助。记着始终带着便条纸和笔。这样，好主意就不会又丢失了。

美国印第安纳大学的心理学家通过实验证实，情绪好的人往往更有创造力。所以，如果你情绪不好的话，就不要强迫自己去从事创造性的工作，而是充分利用你情绪好的时候。

（5）完善方案　在有了好主意，进行详细设计制造样机前，还应完善方案。

本书重点在于帮助读者理解分析各种回路，了解它们的特点，而非鼓励一知半解后，立即对现有的方案做大改动。因为，一个全新的原理，从提出、研发、制成样品、试验、改进、再试、再改，到样品被市场接受，小批量，最终大批量生产，即便在如今技术高速发展的年代，通常也都要十年以上。据美国 IBM 公司的统计，100 个有创意的主意（专利）中，能真正实现成为产品少于 10 个。而且产品还不等同于商品，而商品也不等同于畅销品。

所以，作为一个面对全新设备要设计液压系统的液压设计师而言，必须全面比较，再来确定究竟采用哪种方案好。但是可能的话，特别是对于经验还不丰富的新工程师来说，保留现有结构，只做局部改进，是阻力最小、风险最小的首选。

如前所述，液压流量控制回路存在着很多可能性。究竟采用哪一种回路能效最高，投资成本与附加重量可以接受，要视应用而定。

可以运用压降图，对方案的工作特性和能耗状况进行分析预估比较。

有条件的话，建立一个或几个仿真模型，进行相同工况下的仿真比较——稳态性能、动态性能、典型工况时的能耗情况等。

首先进行常见工况下压力波动状况、节能效果等的比较，然后再模拟极端工况，看看会出现什么情况。

之后，对仿真模型进行优化：试验多种参数，比较其在各种典型工况下的结果，从而得到相对较佳的参数组合。

这里的关键是仿真模型要比较接近实际。可以对现有的机型进行测试。然后仿真，检验仿真模型的适用性。

比起制造样机，在样机上试验，在计算机上进行仿真试验总的来说花费的时间和费用都会低一些。仿真就是某种意义上的虚拟制造。

（6）试验、改进　在样机完成后，一定要进行测试改进。大致步骤如下。

1）熟悉一些相应的测试仪器。

2）认真做好准备工作：设计测试回路，标出传感器安装位置与代号，制订试验大纲。

3）根据已有的认知能力，对对象进行预分析，预先分析猜测测试曲线应该显示的形态。

4）测试，分工况测试，做好测试记录。

5）把实测曲线与预先分析猜测的曲线对照，寻找差异的原因，加深对系统的理解。

6）根据测试结果改进仿真模型与参数。

如果碰到困难，就尽可能把问题简化，设置中间阶梯，减少干扰因素。

3．创新的地位

对一个企业而言，创新无论如何重要，只是手段，虽然有时是唯一的手段，但非目的。企业经营活动的目的应该是：

1）为社会提供需要的产品。

2）为员工提供工作收入。

3）为投资方提供回报。

因此，不要单纯地追求新东西。新东西，不一定就是对企业适用的东西。

4．关于设计

作者编著的《液压螺纹插装阀》一书[2]出版后，有一些读者来信说，关于设计介绍得太少。这是作者有意的。作者主张，不要轻言设计，因为一个完美的设计需要很多基础知识，需要对现有产品、企业、市场的深刻了解。产品成本的80%掌握在设计师手里。液压产品的设计主要还是为了系列生产。一个订单下去，通常是几百件，几千件。失败的设计，会给企业，也给个人带来很大的损失。特别是有些设计错误，在使用几个月以后才暴露，此时已有大批产品投放到了市场，那对企业的损失就会极其巨大，简直就是噩梦。所以，设计应该建立在对现有系统深入理解掌握的基础上，应是水到渠成。

刚出校门，来到工作岗位，特别是工厂、研究所的毕业生，不要再去搞那些空理论，而是应该尽可能地先去接触实际的工作，例如，做装配工、修理工、测试技术员等，多接触实际，学会测试，增加对实际的了解，对顾客和企业的需求的了解，弥补在大学里脱离实际的缺陷。同时，在这些实际工作中，仔细观察，分析研究现有的系统，从现有的问题出发，思考什么是需要改进的或可以改进的，从小改进着手。这样，等以后从事设计工作时，才能对企业真正有所贡献。

工作不满三年，最好不要去搞新产品设计。这样，对自己对单位，才不会遭遇“滑铁卢”。满三年后，你就会知道，国内的液压企业中，有多少在搞设计，多少在搞测绘仿造，你的企业现在到底需要什么。

15.2　关于液压技术的前景

液压传动与电力传动一直在竞争。原因有以下几方面。

1）对固定设备而言，电能一般都可直接获得，而使用液压能，还需要一次转换。但是，对移动设备而言，由于目前的动力大多还都是来自于内燃机，不管执行器是使用电能还是液压能，都需要经过一次转换。所以，从传动的经济性和节能的角度，电驱动还未显示出明显的优点。所以，自20世纪末以来，液压技术的应用越来越向移动设备倾斜。根据2008年的统计，移动液压与固定液压之比，在欧洲是2:1，在全世界已达到3:1。

燃料电池可以直接把燃料（氢气或天然气）的化学能转化为电能，是最有可能取代内燃机的。丰田已计划于2015年在美国推出使用燃料电池的轿车。欧盟正在计划使用燃料电池建造微型电站。由于转化时无噪声，已被用在潜艇中产生电能。但是，迄今为止，燃料电池的功率密度还很低，能效还不高，在产生电能的同时，还产生大量热。

2）使用电驱动没有液压油泄漏污染环境的危险。这点，在关注环保的今天，越来越受到人们的重视。有欧洲客户告诉作者，在他们国家，在很多场合，液压系统泄漏一次所付出的赔偿处罚费用，会超过整个液压系统的买价。

3）电驱动的噪声也远低于液压泵的噪声，这在某些应用中也是非常重视的。

4）液压传动曾具有的高功率密度对移动设备特别有价值。尽管现在出现了高速电动机，其功率密度已接近或赶上了液压马达，但就直线运动而言，电还是不如液压。超导体材料的出现大大提高了电流强度，从而减小电磁执行器的体积和质量，进一步提高功率密度。但迄今能找到的所谓高温超导体，工作温度都在–130℃以下，对工程机械来说还不实用，目前还仅是一个美好的愿望。

因此，如果有朝一日，燃料电池和常温超导体技术或其他什么新技术能够进入实用阶段，被应用到移动设备中，那么液压技术在移动设备中也可能被取代。

关于技术取代的问题，火车牵引机车的历史，可以为我们提供一个很好的借鉴。最早被应用的是蒸汽机车（1825年），后来出现的是电力机车（约1840年），七八十年后才出现内燃机车（约1920年）。现在，蒸汽机车基本退出了使用，内燃机车与电力机车同时并用已近一个世纪。尽管现在高速列车普遍使用的是电力驱动，但内燃机车还在大量地使用。所以，像液压这样一种经过几百年发展，由几十万人研发，被几百万乃至几千万人使用的技术，被取代的过程至少会持续10～20年。在这10～20年中，液压技术本身又会出现多少创新！所以，可能会有相当长的一段时间，将是电液共生、相辅相成。所以，液压技术还是有前途的。

当然，搞液压技术的，也必须不断学习不断改进。如果想学一次管用一辈子，相同的产品一造几十年的话，那么，被淘汰是不可避免的。

活到老，学到老，作者愿以此与读者共勉！

附　　录

附录 A　液压估算表格说明

本书所附光盘中有一液压估算表格——液压估算 2013.xls，是从一般大学液压教科书中常见的一些公式转化而来的，以便读者在实际工作中估算，有一个定量的感性认识，可以避免完全盲目瞎撞。

这些公式的应用前提、适用场合与条件，及公式推导，请见液压教科书。但因为不一定能完全满足，所以只是估算，仅供参考而已，最后还是要以测试为准。

表格中红色数字为原始数据，可改动。蓝色数字为计算结果。

A-1　液压缸负载压力、流量速度

双作用液压缸的驱动压力

$$p_A = (F + p_B A_B)/A_A \eta_m$$

式中　A_A——驱动腔的作用面积；

A_B——背压腔的作用面积；

η_m——机械液压效率。

活塞的移动速度

$$v = q_A \eta_V / A_A$$

式中　A_A——驱动腔的作用面积；

η_V——容积效率；因为普通液压缸在正常工况基本没泄漏，所以一般应为100%。

A-2　液压泵马达负载压力、流量转速、功率

1．液压泵

（1）驱动转矩

$$T = \Delta p V/(2\pi \eta_m)$$

式中　Δp——泵的出口进口压差；

V——泵的每转排量；

η_m——泵的液压机械效率。

（2）实际输出流量

$$q = nV\eta_v$$

式中 n——泵的转速；

η_v——泵的容积效率。

（3）总效率

$$\eta_t = \eta_m\eta_v$$

（4）泵的输入功率

$$P = \Delta pq/\eta_t$$

2．马达

（1）进口出口压差

$$\Delta p = 2\pi T/V\eta_m$$

式中 T——负载转矩；

V——马达的每转排量；

η_m——马达的液压机械效率。

（2）实际转速

$$n = q\eta_v/V$$

式中 q——进入马达的流量；

η_v——马达的容积效率。

（3）总效率

$$\eta_t = \eta_m\eta_v$$

（4）输出功率

$$P = 2\pi nT$$

A-3 液压缸容腔惯量系统

一个液压缸容腔-负载惯量系统在负载或流量改变后，进入新的稳态前，会出现振荡。其频率与外界输入量无关，只与系统固有的参数有关，所以被称为固有频率，也被称作自振频率。

1．基本关系

液压缸容腔-负载惯量系统简化如图 A-1 所示。

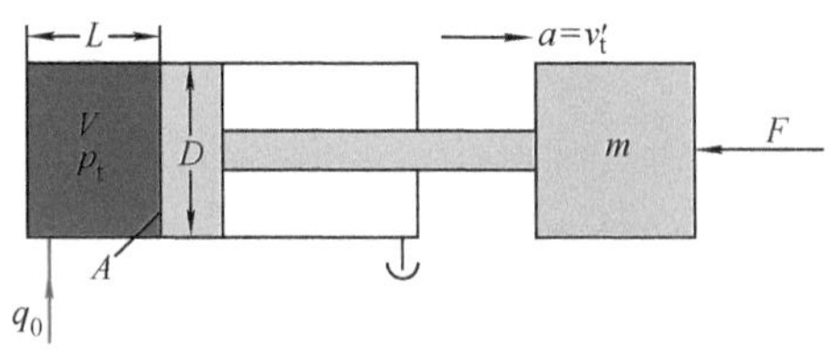

图 A-1 简化的液压缸容腔-负载惯量系统

如果忽略摩擦力和泄漏，假定外力 F 为一恒值。输入一个阶跃的流量 q_0。则根据牛顿第二定律可以写出力平衡方程式

$$p_tA - F = mv_t' \tag{A-1}$$

根据液压油连续性方程可以写出

$$v_t A = q_0 - Vp_t'/E \tag{A-2}$$

式中　p_t——驱动腔压力；

m——负载惯量；

A——活塞作用面积；

V——从泵的高压腔、连接管道一直到执行器驱动腔容纳液压油的容积；

E——液压油的弹性模量。

则从式（A-2）可以导出

$$v_t' = -Vp_t''/(EA) \tag{A-3}$$

式（A-3）代入式（A-1）可得

$$p_t A = -Vmp_t''/(EA) + F$$

整理可得一个反映压力变化的无一阶项的二阶微分方程

$$p_t'' + (EA^2/(Vm))p_t = FEA/(Vm) \tag{A-4}$$

2．通解

式（A-4）的通解为

$$p_t = F/A + C_1\sin(\omega_z t) + C_2\cos(\omega_z t) \tag{A-5}$$

式中　C_1、C_2——待定系数。

对式（A-5）求导可得

$$p_t' = \omega_z\,(C_1\cos(\omega_z t) - C_2\sin(\omega_z t)) \tag{A-6}$$

式（A-6）代入（A-2），整理可得

$$v_t = (V/EA)\omega_z(C_2\sin(\omega_z t) - C_1\cos(\omega_z t)) + q_0/A \tag{A-7}$$

3．固有频率

把式（A-5）和式（A-6）代入式（A-4）中，可得

$$\omega_z = \sqrt{EA^2/(Vm)}$$

即系统的固有角频率。

从系统的固有角频率可得到系统的固有频率

$$f_z = \omega_z/2\pi = \sqrt{EA^2/(Vm)}/2\pi \tag{A-8}$$

从式（A-8）可以看出，活塞面积 A 越大、液压油弹性模量 E 越高、负载惯量 m 越小、驱动腔容积 V 越小，则系统的固有频率 f_z 越高。

估算式

如果把驱动腔容积 V 简化为

$$V = AL$$

式中　L——驱动腔长度。

而活塞作用面积

$$A = \pi D^2/4$$

式中 D——活塞直径。

则

$$f_z=\sqrt{D^2E/(16\pi mL)}=D\sqrt{E/(16\pi mL)}$$

如取f_z的单位为 Hz，m 的单位为 kg，E 的单位为 MPa，D、L 的单位为 cm，则有估算式

$$f_z=25D\sqrt{E/(\pi mL)}$$

4．特解

假定初始状态

$$v_t(0)=0 \tag{A-9}$$

$$p_t(0)=F/A \tag{A-10}$$

相当于液压缸进口封闭，驱动腔压力与外力平衡，活塞停在液压缸中的某个位置。然后换向阀切换，输入一个阶跃的流量。

根据式（A-7）和式（A-9）可以写出

$$v_t(0)=-\sqrt{V/(Em)}\,C_1+q_0/A=0$$

所以

$$C_1=(q_0/A)\sqrt{Em/V}$$

根据式（A-5）和式（A-10）可以写出

$$p_t(0)=C_2+F/A=F/A$$

所以

$$C_2=0$$

把 C_1、C_2 代入式（A-5）和式（A-7），可以得到压力和速度的变化过程为

$$p_t=F/A+(q_0/A)\sqrt{Em/V}\sin(\omega_z t) \tag{A-11}$$

$$v_t=(q_0/A)(1-\cos(\omega_z t)) \tag{A-12}$$

将式（A-11）、式（A-12）画成曲线，大致如图 A-2 所示，压力速度等幅振荡。

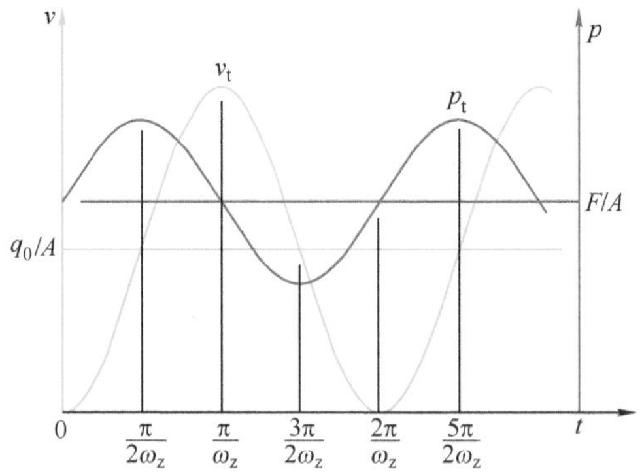

图 A-2 输入阶跃流量后速度、压力的动态响应

从式（A-11）可以看出，负载惯量 m 越大、液压油弹性模量 E 越高，活塞面积 A、驱动腔容积 V 越小，则压力的振幅越大。

实际上，由于摩擦力和液体阻尼，振幅会越来越小，但频率不变。

A-4　转动惯量、马达-负载转动惯量系统

1. 转动惯量的估算

（1）单个质点　如果某部件的尺寸相对转动半径小得多，可以近似看成一个质点（见图 A-3a）的话，则其转动惯量

$$J = R^2 m$$

式中　R——转动半径，也即质点到转动轴的距离；

m——质点的质量。

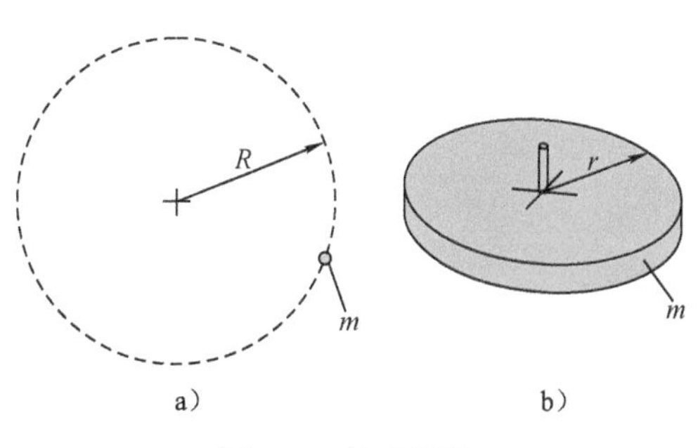

图 A-3　转动惯量

a）单个质点　b）均匀圆盘

（2）圆盘　如果某部件可以近似看成一个质量均匀分布的圆盘或圆柱体（见图 A-3b），则其绕轴心旋转时的转动惯量

$$J = r^2 m/2$$

式中　r——圆盘（圆柱体）的半径；

m——圆盘（圆柱体）的质量。

这两种简单形状的惯量可利用所附的估算表格估算。其他简单形状的惯量可从有关手册中查取估算。复杂形状的部件可以分解成若干简单体，分别估算它们的惯量，然后迭加起来。

2. 马达负载转动惯量系统的固有频率

马达负载转动惯量系统简化如图 A-4 所示。

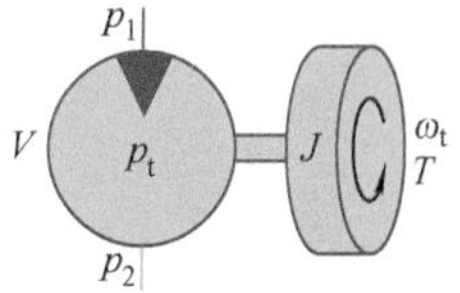

图 A-4　简化的马达惯量系统

（1）基本关系　如果忽略摩擦力和泄漏，假定负载转矩 T 为一恒值。输入一个阶跃的流量 q_0，则根据牛顿第二定律可以写出转矩平衡方程式

$$p_t(V_M/2\pi) = J\omega_t' + T \tag{A-13}$$

根据质量守恒定理可以写出

$$\omega_t(V_M/2\pi) = q_0 - Vp_t'/E \tag{A-14}$$

式中　J——负载转动惯量；

V_M——马达每转排量；

V——从泵的高压腔、连接管道一直到马达驱动腔容纳液压油的容积；

E——液压油的弹性模量；

ω_t——转动角速度；

p_t——进出口压差，p_1-p_2。

则从式（A-14）可以导出

$$\omega_t' = -2\pi V p_t''/(EV_M) \quad \text{（A-15）}$$

将式（A-15）代入式（A-13）可得

$$p_t V_M = -4\pi^2 VJp_t''/(EV_M) + 2\pi T$$

整理可得一个反映压力变化的无一阶项的二阶微分方程

$$p_t'' + [EV_M^2/(4\pi^2 VJ)]\,p_t = TEV_M/(2\pi VJ) \quad \text{（A-16）}$$

（2）固有频率 在初始条件$\omega_t(0)=0$，$p_t(0)=T/V_M$下解式（A-16）可得

$$p_t = 2\pi T/V_M + (q_0E/V\omega_z)\sin(\omega_z t)$$
$$\omega_t = 2\pi q_0[1-\cos(\omega_z t)]/V_M$$

式中

$$\omega_z = \sqrt{EV_M^2/(VJ)}/2\pi$$

即系统的固有角频率。系统的固有频率

$$f_z = \omega_z/2\pi = \sqrt{EV_M^2/(VJ)}/4\pi^2 \quad \text{（A-17）}$$

从式（A-17）可以看出，马达排量V_M越大、液压油弹性模量E越高、负载转动惯量J越小、驱动腔容积V越小，则系统的固有频率f_z越高。

（3）估算式 如取f_z的单位为Hz，J的单位为kgm^2，E的单位为MPa，V_M的单位为cm^3，V的单位为L，则有估算式

$$f_z = \sqrt{10^3 EV_M^2/(VJ)}/4\pi^2$$

A-5 流量脉动对压力速度的影响

1. 基本关系

如果把系统简化如图A-5所示，忽略摩擦力、泄漏，只考虑惯量，假定外力为一恒值。

根据牛顿第二定律和连续性方程可以列出

$$p_tA = mv_t' + F \quad \text{（A-18）}$$
$$v_tA = q_t - Vp_t'/E \quad \text{（A-19）}$$

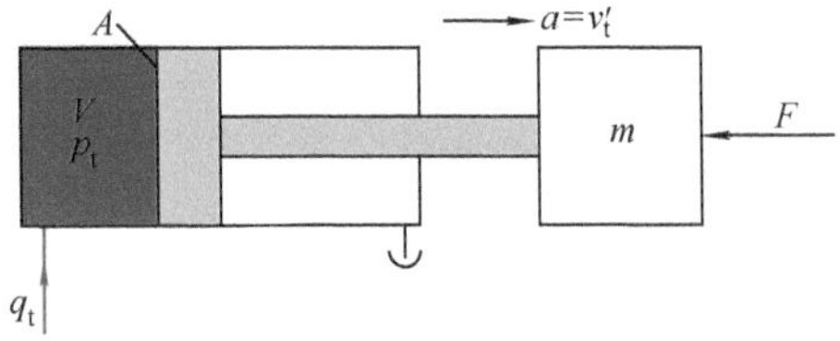

图A-5 简化的液压系统

式中 m——负载质量；

F——外力；

A——活塞面积；

V——从泵的高压腔、连接管道一直到执行器驱动腔容纳液压油的容积；

E——液压油的弹性模量。

p_t——驱动腔压力，随时间变化；

v_t——负载移动速度，随时间变化；

q_t——进入驱动腔的脉动的流量，简化为在一个恒定的平均值 q_0 上迭加了一个幅度为流量相对脉动幅度δ、频率为 f 的正弦波

$$q_t = q_0(1 + \delta\sin(2\pi ft)) \tag{A-20}$$

对式（A-18）求导可得

$$p_t' = mv_t''/A \tag{A-21}$$

式（A-21）代入式（A-19），整理可得一个反映流量与速度间关系的二阶微分方程

$$v_t'' + (A^2E/mV)v_t = (AE/mV)q_t \tag{A-22}$$

2．流量脉动对速度的影响

设

$$v_t = v_0(1 + \delta_v\sin(2\pi ft)) \tag{A-23}$$

式中　v_0——平均速度；

δ_v——速度相对脉动幅度。

把式（A-20）、式（A-23）代入式（A-22）则可解得

$$v_0 = q_0/A$$

$$\delta_v = \delta/(1 - (2\pi f)^2mV/(A^2E))$$

引入系统固有频率 f_z，则因为

$$A^2E/mV = (2\pi f_z)^2$$

可得

$$\delta_v = \delta/(1 - f^2/f_z^2) \tag{A-24}$$

若仅考虑幅值影响，则式（A-24）可改写为

$$\delta_v = \delta/\left|1 - f^2/f_z^2\right|$$

3．流量脉动对压力的影响

对式（A-23）求导，可得

$$v_t' = 2\pi fv_0\delta_v\cos(2\pi ft) \tag{A-25}$$

设

$$p_t = p_0(1 + \delta_p\cos(2\pi ft)) \tag{A-26}$$

式中　p_0——平均压力；

δ_p——压力相对脉动幅度。

式（A-25）和式（A-26）代入式（A-18）可得

$$p_0A + p_0\delta_pA\cos(2\pi ft) = 2\pi fmv_0\delta v\cos(2\pi ft) + F$$

则可解得

$$p_0 = F/A$$

$$\delta_p = 2\pi f m v_0 \delta_v / F$$
$$= 2\pi f m q_0 \delta_v / AF \qquad \text{(A-27)}$$

4．估算表格

如取 m 的单位为 kg，q_0 的单位为 L/min，A 的单位为 cm^2，F 的单位为 kN，则从式（A-27）可以导出估算式

$$\delta_p = 2\pi f m q_0 \delta_v / (6000AF)$$

A-6 弹簧-惯量系统的固有频率

弹簧-惯量系统简化如图 A-6 所示。

如果忽略摩擦力和阻尼等，根据力平衡原则可以写出

$$F - T = ma = mX'' \qquad \text{(A-28)}$$

式中 m——惯量；

F——外力；

T——弹簧力；

a——阀芯加速度；

X——阀芯位移。

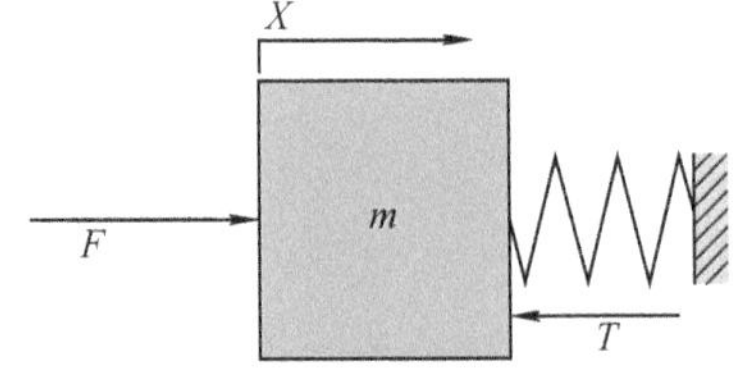

图 A-6 简化的弹簧-惯量系统

F—外力 T—弹簧力 X—位移

因为弹簧作用力

$$T = GX$$

式中 G——弹簧刚度。

所以从式（A-28）可得

$$X'' + (G/m)X = F/m$$

所以，弹簧-惯量的固有频率

$$f_z = \sqrt{G/m}/2\pi \qquad \text{(A-29)}$$

从式（A-29）可以看到，弹簧刚度 G 越高、惯量 m 越小，则固有频率 f_z 越高。

如果取弹簧刚度 G 的单位为 N/mm，惯量 m 的单位为 g，则从式（A-29）可得估算式

$$f_z = 1000\sqrt{G/m}/2\pi$$

可以据此估计液压阀芯与弹簧组成的液压阀的固有频率。

A-7 间隙泄漏、滑阀泄漏

1．平板间隙泄漏

如果两个平行表面之间的缝隙远小于表面的宽度（见图 A-7），则按层流估算，通过这个缝隙的流量

$$q = bh^3\Delta p/(12\upsilon\rho l) + bhu_0/2 \qquad \text{(A-30)}$$

式中 b——缝隙的宽度；

l——缝隙的长度；

h——缝隙的高度；

Δp——压差，p_1-p_2；

υ——液体运动黏度；

ρ——液体密度；

u_0——两表面的相对移动速度，可以是正值，也可以是负值。图示方向为正值。

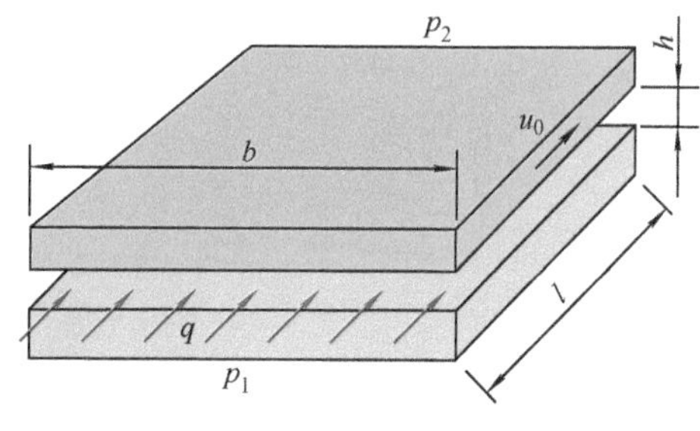

图 A-7 平板间隙泄漏

取 q 的单位为 mL/min，b、h 和 l 的单位为 mm，Δp 的单位为 MPa，υ 的单位为 mm²/s，ρ的单位为 kg/m³，u_0 的单位为 mm/s，则有估算式

$$q=5\times10^9bh^3\Delta p/(\upsilon\rho l)+0.03bhu_0$$

雷诺数校验

此公式的前提是层流，所以，一定要校验雷诺数 Re。

因为平板间隙的水力直径 d 为 $2h$，流速 u 为 $q/(bh)$，所以

$$Re=ud/\upsilon=2q/(b\upsilon)$$

取 q 的单位为 mL/min，b 的单位为 mm，υ的单位为 mm²/s，则有估算式

$$Re=100q/(3b\upsilon)$$

如果 Re 低于 1000 时，此公式还一定程度有效。否则，可能会得到荒谬的结果。

2．滑阀泄漏

如果滑阀与阀体间的间隙（见图 A-8）可以看作圆环形间隙，可从式（A-30）导出按层流估算的泄漏量

$$q=\pi ds^3\Delta p/(12\upsilon\rho l)$$

式中 d——滑阀直径；

s——间隙；

Δp——压差，p_1-p_2；

υ——液体运动黏度；

ρ——液体密度；

l——间隙密封长度。

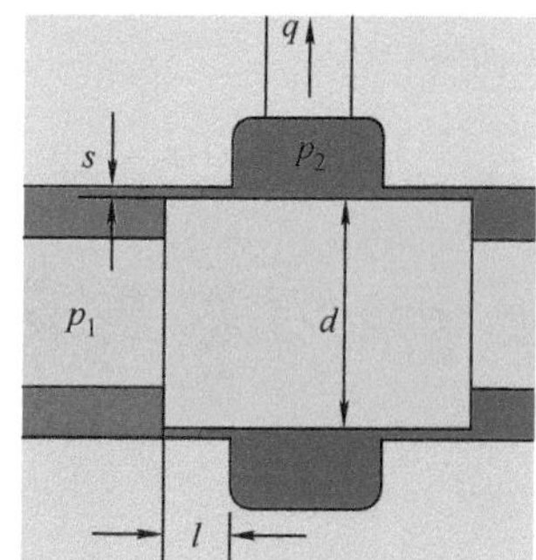

图 A-8 滑阀泄漏估算

取 q 的单位为 mL/min，d、s 和 l 的单位为 mm，Δp 的单位为 MPa，υ的单位为 mm²/s，ρ的单位为 kg/m³，则有估算式

$$q=5\times10^9\pi ds^3\Delta p/(\upsilon\rho l)$$

雷诺数校验

因为圆环间隙的水力直径为 $2s$，流速 u 为 $q/(\pi ds)$，所以雷诺数

$$Re=2q/(\pi d\upsilon)$$

取 q 的单位为 mL/min，s 的单位为 mm，υ的单位为 mm²/s，则有

$$Re=100q/(3\pi d\upsilon)$$

如果 Re 低于 1000 时，此公式还一定程度有效。

A-8 管道压降

光滑圆管的压降一般按以下步骤估算。

1．平均流速

$$u=4q/(\pi d^2)$$

式中 q——流量；

d——管道内径。

取 u 的单位为 m/s，q 的单位为 L/min，d 的单位为 mm，则有估算式

$$u=4(q/6\times10^4)/(\pi d^2/10^6)$$

2．雷诺数估算

雷诺数

$$Re=\mathrm{d}u/\upsilon$$

式中 υ——液体运动黏度。

取υ的单位为 mm²/s，则有

$$Re=1000\mathrm{d}u/\upsilon$$

3．阻力系数

如果 $Re<2000$，属层流，则阻力系数

$$\lambda=75/Re$$

如果 $Re>3000$，属湍流，则阻力系数

$$\lambda=0.32/Re^{0.25}$$

4．压降

从而得压降

$$\Delta p=\lambda l\rho u^2/2d$$

式中 l——管长；

ρ——液体密度。

如取Δp 的单位为 MPa，l 的单位为 m，u 的单位为 m/s，d 的单位为 mm，ρ 的单位为 kg/m³，则有估算式

$$\Delta p=\lambda l\rho u^2/2000d$$

如果是湍流的话，压降会明显地大。

A-9 通过固定液阻的流量

1．通过细长孔的流量

假定细长孔的条件满足，即小孔长度 l 大于孔半径 r 的 8 倍，按层流估算，通过的流量

$$q=\pi r^4\Delta p/(8\upsilon\rho l)$$

式中 Δp——压差；

υ——液体运动黏度；

ρ——液体密度。

如取 q 的单位为 L/min，r 的单位为 mm，Δp 的单位为 MPa，υ的单位为 mm^2/s，ρ的单位为 kg/m^3，l 的单位为 mm，则有估算式

$$q=6\times10^7\pi r^4\Delta p/(8\upsilon\rho l)$$

此公式仅在层流时有效，所以要校验雷诺数

$$Re=du/\upsilon=2q/(\pi r\upsilon)$$

如取 q 的单位为 L/min，r 的单位为 mm，υ的单位为 mm^2/s，则有估算式

$$Re=10^5q/(3\pi r\upsilon)$$

通常应小于 2000。

2．通过薄壁孔的流量

假定薄壁孔条件满足：孔长小于孔半径，孔前直径大于孔直径的 7 倍，湍流等（见图 A-9），则通过的流量

$$q=\alpha(\pi d^2/4)\sqrt{2\Delta p/\rho}$$

式中 α——流量系数；

d——小孔直径；

Δp——压差；

ρ——液体密度。

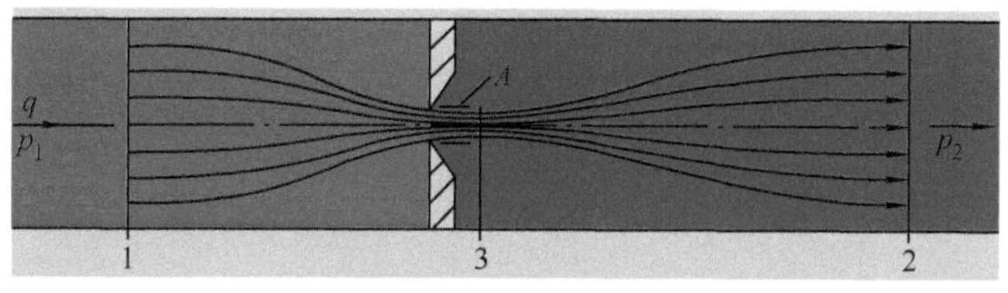

图 A-9 通过薄壁孔的流量

如取 q 的单位为 L/min，d 的单位为 mm，Δp 的单位为 MPa，ρ的单位为 kg/m^3，则有估算式

$$q=6\times10^4\alpha(\pi d^2/10^6)\sqrt{10^6\Delta p/(8\rho)}$$

流量系数α在 0.2～0.8 之间，取决于液流是否完全收缩，孔形以及雷诺数等。详见 4.2.3 节。

3．通过薄刃口的流量

如果节流口不是圆孔，但接近薄刃口，则估算通过流量

$$q = \alpha A\sqrt{2\Delta p/\rho}$$

式中 α——流量系数；

A——薄刃口面积；

Δp——压差；

ρ——液体密度。

如取 q 的单位为 L/min，A 的单位为 mm^2，Δp 的单位为 MPa，ρ的单位为 kg/m^3，则有估算式

$$q = 6\times10^4\alpha(A/10^6)\sqrt{2\times10^6\Delta p/\rho}$$

流量系数α从 0.2～1.0，取决于液流是否完全收缩、孔形，及雷诺数。

4．弓形扇形面积估算

节流口有时是弓形或扇形的（见图 A-10），所以附此估算。

（1）扇形面积

$$A_1 = \alpha r^2/2$$

式中 α——圆心角，rad；

r——半径。

（2）弓形面积

$$A = A_1 - h_1\sqrt{r^2 - h_1^2}$$

式中 h——弓形高。

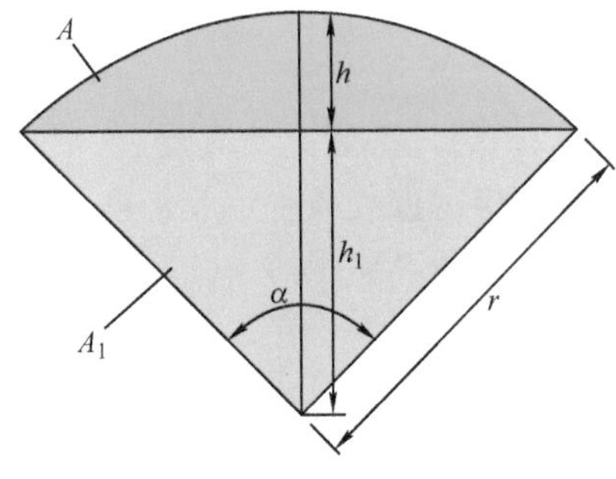

图 A-10　扇形弓形面积估算

A-10　滑阀开口流量

假定滑阀开口（见图 A-11）在压差较大，湍流时，按薄刃口估算，通过的流量

$$q = \alpha\pi dX\sqrt{2\Delta p/\rho}$$

式中 α——流量系数；

d——阀芯直径；

X——开口宽度；

Δp——压差，$p_1 - p_2$；

ρ——液体密度。

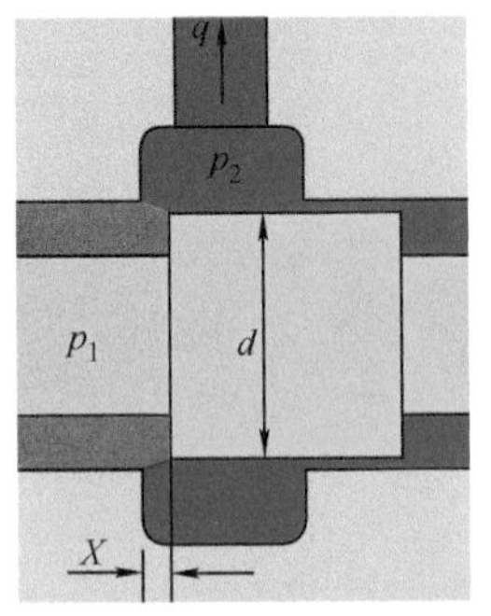

图 A-11　滑阀开口流量估算

如取 q 的单位为 L/min，d 的单位为 mm，X 的

单位为 mm，Δp 的单位为 MPa，ρ的单位为 kg/m^3，则有估算式

$$q = 6\times10^4 C\pi(dX/10^6)\sqrt{2\times10^6\,\Delta p/\rho}$$

A-11　滑阀稳态液动力

1）按动量变化估算的滑阀稳态液动力（见图 A-12）

$$F_y = \rho qu\cos\beta = \rho q^2\cos\beta/A = \rho q^2\cos\beta/(X\pi d)$$

式中　q——通过开口的流量；

u——液体通过开口时的平均速度；

A——开口面积；

β——射流角；

X——开口宽度；

d——阀芯直径。

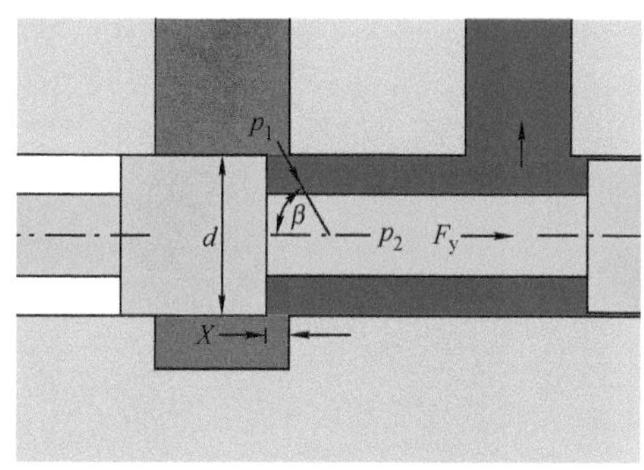

图 A-12　滑阀稳态液动力估算

如取 F_y 的单位为 N，q 的单位为 L/min，α的单位为°，X 和 d 的单位均为 mm，ρ的单位为 kg/m^3，则有

$$F_y = \rho(q/6\times10^4)^2\cos(\alpha\pi/180°)/(X\pi d/10^6)$$

由此可以粗定，当静压力由于流动而不平衡时，推动滑阀阀芯所需的为电磁力或手动力。

2）假如该阀芯是通过液压先导推动的，则需要推算出该液动力折算到整个滑阀端面的压力（液动压力）

$$p_y = 4F_y/(\pi d^2)$$

如取 p_y 的单位为 MPa，d 的单位为 mm，则有估算式

$$p_y = 4F_y/(\pi d^2)$$

3）作为检验，需要了解该流量通过此开口的压降。假定可用薄刃口流量公式，则压降

$$\Delta p = q^2\rho/(2\alpha^2 A^2)$$

如取Δp 的单位为 MPa，q 的单位为 L/min，A 的单位为 mm^2，则有估算式

$$\Delta p = (q/60000)^2\rho/[2\times10^6\alpha^2(A/10^6)^2]$$

A-12 滑阀阀芯移动摩擦力

滑阀阀芯在充满液体的阀体内移动（见图 A-13），按理想状况估算的黏性摩擦力

$$F_n = \pi dl\upsilon\rho u/s$$

式中 d——阀芯直径；

l——阀芯接触液体部分的长度；

υ——液体运动黏度；

ρ——液体密度；

u——阀芯移动速度；

s——间隙。

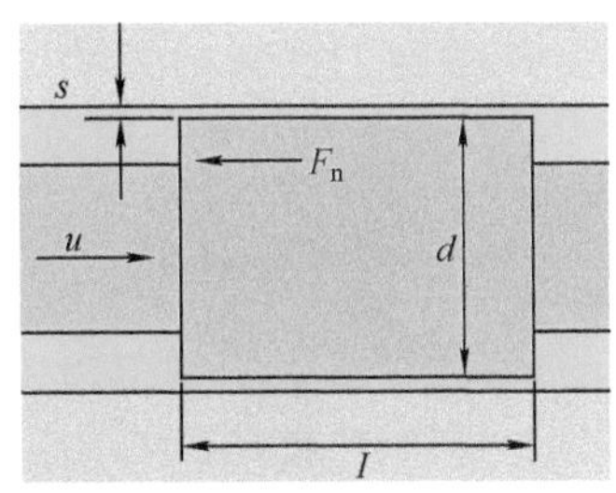

图 A-13 滑阀阀芯移动摩擦力估算

如取 F_n 的单位为 N，d、l、s 的单位均为 mm，υ的单位为 mm^2/s，ρ的单位为 kg/m^3，u 的单位为 mm/s，则有估算式

$$F_n = 10^{-12}\pi dl\upsilon\rho u/s$$

A-13 锥阀通流

锥阀开口（见图 A-14）按薄刃口估算的通过流量

$$q = \alpha\pi dh\sin\beta\sqrt{2\Delta p/\rho}$$

式中 α——流量系数；

d——锥阀开口处直径；

h——开口量；

β——锥角；

Δp——压差；

ρ——液体密度。

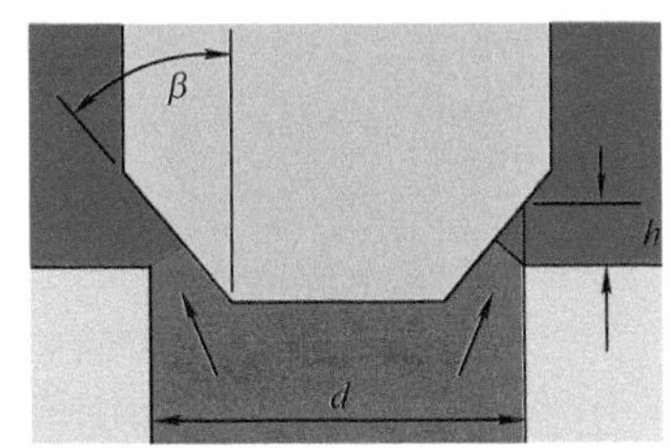

图 A-14 锥阀通流

如取 q 的单位为 L/min，d、h 的单位均为 mm，α的单位为°，Δp 的单位为 MPa，ρ的单位为 kg/m^3，则有估算式

$$q = 6\times10^4\alpha(\pi dh\sin(\beta\pi/180°)/10^6)\sqrt{2\times10^6\Delta p/\rho}$$

流量系数α，根据参考文献[5]和参考文献[19]，不仅与流通方向有关（见图 A-15），而且与流态有关：在小流量，即层流时，随雷诺数的平方根而变；流量增大，进入湍流后，则不再随雷诺数而变；什么情况下进入湍流，则与阀口形状有关（见图 A-16）。

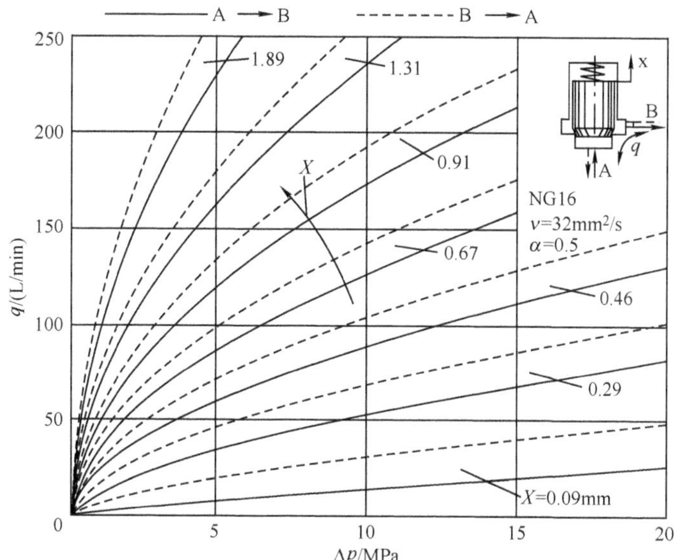

图 A-15　一个二通锥阀的压差流量状况[19]

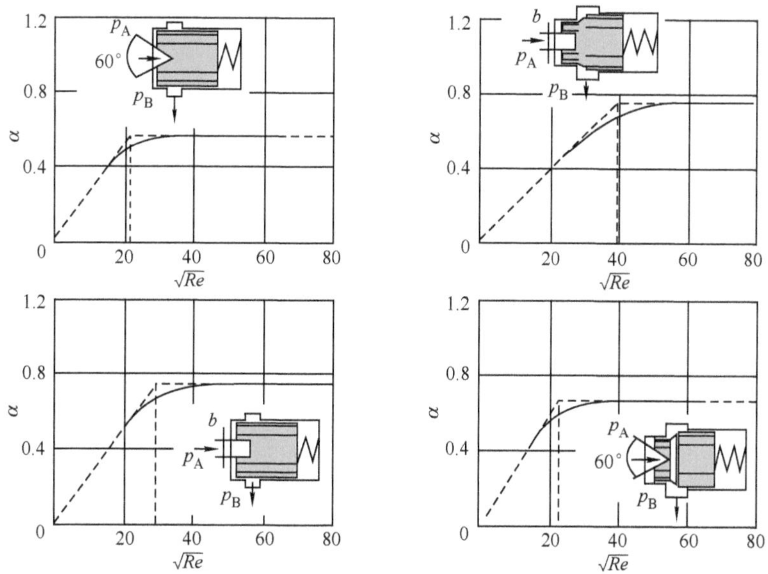

测试条件：油温 50℃，油液黏度 32mm²/s，阀芯直径 26mm

图 A-16　锥阀通流的流量系数[5]

A-14　弹簧刚度与弹簧力

按下式可粗略地估算弹簧力（见图 A-17）

$$F_1 = S_1 C$$

式中　S_1——压缩量，mm；

F_1——在压缩量 S 时的弹簧力，N；

C——弹簧刚度，N/mm。

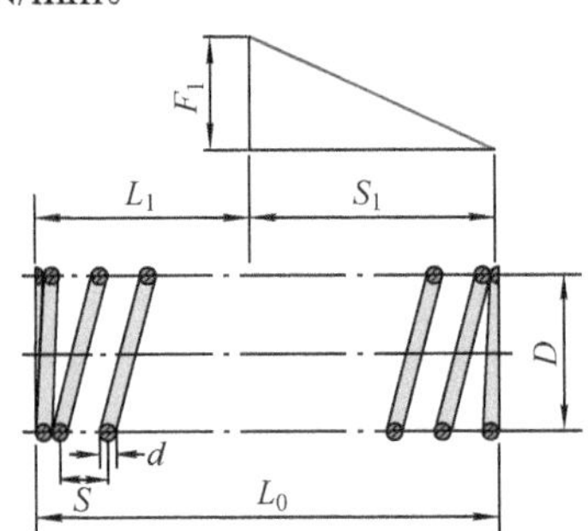

图 A-17　弹簧压缩量与弹簧力

S_1—压缩量　F_1—在压缩量 S_1 时的弹簧力　d—弹簧钢丝直径

S—圈与圈之间的中心距　D—弹簧中径　L_0—原始长度

按下式可粗略地估算弹簧刚度

$$C = Gd^4S/[8D^3(L_0 - n_0d)]$$

式中　G——材料切变模量，一般弹簧钢可粗略地取为 8×10^4N/mm^2；

d——弹簧钢丝直径；

S——圈与圈之间的中心距；

D——弹簧中径；

L_0——原始长度；

n_0——非工作圈数。

取 C 的单位为 N/mm，G 的单位为 N/mm^2，d 的单位为 mm，S 的单位为 mm，D 的单位为 mm，L_0 的单位为 mm，则有估算式

$$C = Gd^4S/[8D^3(L_0 - n_0d)]$$

A-15　进出节流口面积估算

如在 5.4 节中已述及，出口和进口的节流口面积比例有一定限制。导出过程如下。

按节流口为薄刃口估算，通过的流量（见图 A-18）

$$q_A = KA_{JA}\sqrt{p_P - p_A} \qquad (A-31)$$

$$q_B = KA_{JB}\sqrt{p_B} \qquad (A-32)$$

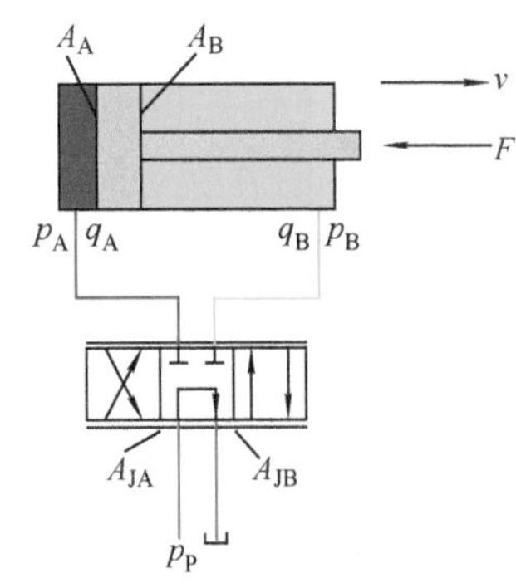

图 A-18　进出口节流回路

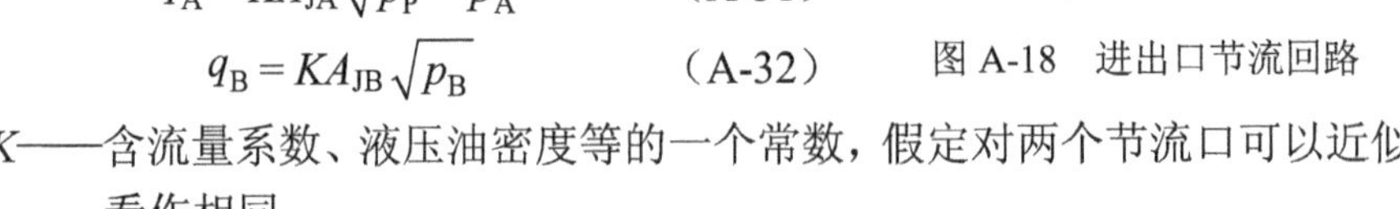

式中　K——含流量系数、液压油密度等的一个常数，假定对两个节流口可以近似看作相同。

另外，根据进出液压缸的液压油的连续性方程，有

$$q_A/A_A = q_B/A_B \tag{A-33}$$

式（A-31）、式（A-32）代入式（A-33）得

$$KA_{JA}A_B\sqrt{p_P - p_A} = KA_{JB}A_A\sqrt{p_B}$$

整理可得

$$p_A = p_P - (A_{JB}A_A/(A_{JA}A_B))^2 p_B \tag{A-34}$$

式（A-34）代入力平衡方程式

$$A_A p_A = A_B p_B + F$$

整理可得

$$p_B = (A_A p_P - F)/(A_A(A_{JB}A_A/(A_{JA}A_B))^2 + A_B) \tag{A-35}$$

$$p_A = (p_P - F/A_A)/(1 + (A_A/A_B)^3(A_{JB}/A_{JA})^2) + F/A_A \tag{A-36}$$

若令驱动腔背压腔工作面积之比 A_A/A_B 为 K_A，出口与进口节流口面积之比 A_{JB}/A_{JA} 为 K_J，则式（A-35）可以写成

$$p_B = (p_P - F/A_A)/(K_A^2K_J^2 + 1/K_A)$$

所以，在负载力正向时，为了使背压腔压力 p_B 高于最低值 p_{min}，必须

$$(p_P - F/A_A)/(K_A^2K_J^2 + 1/K_A) > p_{min}$$

从而可知，必须

$$A_{JB}/A_{JA} = K_J < \sqrt{(p_P - F/A_A)/p_{min} - 1/K_A}/K_A$$

式（A-36）可写作

$$p_A = (p_P - F/A_A)/(K_A^3K_J^2 + 1) + F/A_A$$

所以，当负载力反向，值为负时，为了使驱动腔压力 p_A 高于最低值 p_{min}，必须

$$(p_P - F/A_A)/(K_A^3K_J^2 + 1) + F/A_A > p_{min}$$

即必须

$$K_J < \sqrt{(p_P - p_{min})/((p_{min} - F/A_A)K_A^3)}$$

估算表格使用过程如下。

1）键入节流口的流量系数 C、液压油密度ρ后，表格计算出一个综合系数 $K = C\sqrt{2/\rho}$ 。

2）键入液压源压力 p_S、工作腔最低压力 p_{min}。

3）对给定的液压缸，键入活塞直径 D、活塞杆直径 d、表格自动计算出无杆腔面积、有杆腔面积。据此，选择驱动腔面积 A_A、背压腔面积 A_B 后，表格计算出作用面积比 K_A。

4）键入不同的反向负载力 F 后，表格计算出为保证 $p_B > p_{min}$ 所允许的最高进出节流口面积比 K_J。

5）键入不同的正向负载力 F 后，表格计算出为保证 $p_A > p_{min}$ 所允许的最高进

出节流口面积比 K_J。

6）根据这些推荐的面积比，选择实际进出节流口面积 A_{JB}、A_{JA} 后，表格计算出实际面积比，以及在相应的不同正反向负载时各腔压力、流量，供校验。

附录 B 光盘内容

在随书所附的光盘中有下述内容。

1．液压估算 2013.xls

2．各章插图

在文件夹“各章插图”中收集了各章的插图。目的是为了帮助读者更清楚地阅读，也可供企业技术培训、大学教师教学选用。

3．作者已发表过的部分文章

在文件夹“作者已发表过的部分文章”中收录了作者已在国内杂志上公开发表过的部分文章，供读者参考。

1）《阀研发的趋势》，<流体传动与控制>，2004-06。这是作者编译的，原作者为德 H. Murrenhoff 穆伦霍夫教授。

2）《德国亚琛工大流体传动与控制教材简介》，<液压气动与密封>，2003-06。

3）《德国亚琛工大流技所的科研状况简介 2013》，<流体传动与控制>，2013-06。

4）《中国大学液压教材必须作重大改进》，<液压气动与密封>，2009-06。

5）《流体技术的过去和将来》——介绍巴克教授的新书《从流体技术 1955 年到 2009 年的研发历史说起》，<液压气动与密封>，2010-05。

6）《测试是液压的灵魂》，<液压气动与密封>，2010-06。

7）《关于中国液压工业的差距与优势》，<液压气动与密封>，2010-09。

8）《国外液压研发动态介绍 2011》，<液压气动与密封>，2012-01。

9）《液压阀的安装连接方式》，<流体传动与控制>，2012-02。

10）《纠正一些关于稳态液动力的错误认识》，<液压气动与密封>，2010-09。

11）《2013 汉诺威工业博览会见闻》，<液压气动与密封>，2013-10。

12）《什么是液压阀》，<液压气动与密封>，2012-11。

13）《液压是一门实验科学》，<液压气动与密封>，2012-12。

14）《大学液压教材应该编成丛书》，<液压气动与密封>，2013-12。

15）《第四次工业革命》，<流体传动与控制>，2014-02。

16）《不拒绝小改进——2014 拉斯维加斯国际流体动力展见闻》，<液压气动与密封>，2014-06。

17）《德国大学工程学科的教与学》，<流体传动与控制>，2014-04。

18）《做好耐久性试验》，<液压气动与密封>，2014-10。

参 考 文 献

[1] 路甬祥. 液压气动技术手册[M]. 北京：机械工业出版社，2007.

[2] 张海平. 液压螺纹插装阀[M]. 北京：机械工业出版社，2011.

[3] 吴根茂，等. 新编实用电液比例技术[M]. 杭州：浙江大学出版社，2006.

[4] Univ.-Prof. Dr.-Ing. Backé, W. Grundlagen der Ölhydraulik[M]. 7.Auflage.IHP, RWTH Aachen. Aachen: Shanker Verlag, 1988.

[5] Univ.-Prof. Dr.-Ing. Murrenhoff. Grundlagen der Ölhydraulik[M]. 5.Auflage. IFAS, RWTH Aachen. Aachen: Shanker Verlag, 2007.

[6] Prof. Dr.-Ing. Habil. Dietmar Findeisen. Ölhydraulik-Handbuch für die hydrostatische Leistungsübertragung in der Fluidtechnik[M]. 5.Auflage. Berlin Heidelberg: Springer-Verlag, 2005.

[7] Prof. Dr.-Ing. habil. Dieter Will, Prof. Dr.-Ing. habil. Norbert Gebhardt. Hydraulik-Grundlagen, Komponenten, Schaltungen[M]. 5.Auflage. Heidelberg Dordrecht London New York: Springer-Verlag, 2011.

[8] Prof. Dipl.-Ing. Gerhard Bauer, Ölhydraulik[M]. 9.Auflage. Wiesbaden: Vierweg+Teubner Fachverlage, 2009.

[9] 李壮云. 液压元件与系统[M]. 3 版. 北京：机械工业出版社，2011.

[10] 李宏，张钦良. 最新挖掘机液压和电路图册[M]. 北京：化学工业出版社，2011.

[11] Univ.-Prof. Dr.-Ing. Murrenhoff. Fluidtechnik für mobile Anwendungen[M]. 5.Auflage. IFAS, RWTH Aachen. Aachen: Shanker Verlag, 2011.

[12] 王兴元，李丽. 常见挖掘机液压图和电路图[M]. 北京：人民交通出版社，2011.

[13] 王红兵. 节能回路的对比分析[J]. 液压气动与密封，2010(9): 33-36.

[14] 权龙. 工程机械多执行器电液控制技术研究现状及其最新进展[J]. 液压气动与密封，2009(1): 40-43.

[15] 姜继海. 液压传动[M]. 4 版. 哈尔滨：哈尔滨工业大学出版社，2009.

[16] Lu Yongxiang. Entwicklung vorgesteuerter Proportionalventile mit 2-Wege-Einbauventil als Stellglied und mit geräteinterner Rückführung [D]. Aachen: RWTH Aachen, 1981.

[17] 路甬祥，胡大纮. 电液比例控制技术[M]. 北京： 机械工业出版社，1988.

[18] 盛敬超. 液压流体力学[M]. 北京： 机械工业出版社，1980.

[19] Univ.-Prof. Dr.-Ing. Backé,W.，Univ.-Prof. Dr.-Ing. Murrenhoff. Steuerungs- und Schaltungstechnik II [M]. 4.Auflage, IFAS, RWTH Aachen. Aachen: Fotodruck J. Mainz GmbH, 1993.

[20] 李万莉. 工程机械液压系统设计[M]. 上海：同济大学出版社，2011.

[21] ISO 1219-1:2012 Fluid power systems and components-Graphic symbols and circuit diagrams-Part 1: Graphic symbols for conventional use and data-processing applications[S].

[22] 杨乃乔. 国外液力传动发展新动向[J]. 液压气动与密封，2011(10): 1-3.

[23] 曾斌. 静液压多马达传动系统浅析[J]. 液压气动与密封，2011(10): 49-51.

[24] 林海斌. 闭式非驱动液压系统应对冲击负载的解决方案[J]. 液压气动与密封，2011(10): 59-61.

[25] 张海平. 流体技术的过去和将来[J]. 液压气动与密封，2010(5): 1-2.

[26] 章宏甲. 金属切削机床液压传动[M]. 南京：江苏科学技术出版社，1980.

[27] 张海平. 测试是液压的灵魂[J]. 液压气动与密封，2010(6): 1-5.

[28] 英国标准学会. BS ISO 5598:2008 Fluid power systems and components - Vocabulary[S]. 伦敦：英国标准学会，2008.

[29] 全国液压气动标准化技术委员会. GB/T 17446—2012 流体传动系统及元件 词汇[S]. 北京：中国标准出版社，2013.

[30] 张海平. 纠正一些关于稳态液动力的错误认识[J]. 液压气动与密封，2010(9): 10-15.

[31] 张国贤. 开关叶片泵[J]. 流体传动与控制，2012(4): 58-59.

[32] 张国贤. 高速开关转阀[J]. 流体传动与控制，2012(5): 57-59.

[33] 姜继海. 二次调节压力偶联静液传动技术[M]. 北京：机械工业出版社，2013.

[34] P Dengler, M Geimer. Hybrider hydraulischer Antriebsstrang[J]. O+P，2012(9):16-21.

[35] 黄宗益，等. 东芝负载敏感压力补偿挖掘机液压系统[J]. 建筑机械化，2005(5):29-31.

[36] Dr.Med. Sabine Schonert-Hirz. Machen Sie Ihren Kopf fit für die Zukunft[M]. Frankfurt/New York: Campus Verlag, 2009.

[37] Christoph Latour. Elektrohydraulisches Flow-Matching (EFM)–Die nächste Generation von Load-Sensing-Steuerungen[C]. 2006 Ulm: Mobile, 2006:211-217.

[38] 杨华勇，等. 汽车电液技术[M]. 北京：机械工业出版社，2013.

[39] 李建国. 定量泵变转速控制差动缸系统特性的研究[J]. 液压气动与密封，2013(5):21-24.

[40] 张海平. 德国汉诺威 2011 展会观摩报告[J]. 液压气动与密封，2011(6):5-9.

[41] 张海平. 国外液压研发动态介绍[J]. 液压气动与密封，2012(1):9-15.

[42] 张海平. 2013 汉诺威工业博览会见闻[J]. 液压气动与密封，2013(10):1-4.

[43] S Hanke. Trends bei Bau- und erdbewegungsmaschine[J]. O+P, 2013(7-8):304-308.